DIE EXPLOSIVSTOFFE

MIT BESONDERER BERÜCKSICHTIGUNG

DER NEUEREN PATENTE

BEARBEITET

VON

DR. RICHARD ESCALES

SIEBENTES HEFT

INITIALEXPLOSIVSTOFFE

LEIPZIG

VERLAG VON VEIT & COMP.

1917

INITIALEXPLOSIVSTOFFE

VON

DR. RICHARD ESCALES
UND
DR. ALFRED STETTBACHER

MIT ZAHLREICHEN FIGUREN

LEIPZIG
VERLAG VON VEIT & COMP.
1917

Druck von Metzger & Wittig in Leipzig.

Vorwort.

Auf das im vergangenen Jahr erschienene sechste Heft folgt nunmehr das siebente Heft dieser Sammlung über Explosivstoffe. Es trägt den Titel „Initialexplosivstoffe“ und stellt den umfangreichsten aller bisher erschienenen Bände dar. Die kurze Bezeichnung gilt darum nicht viel mehr als ein Stichwort, um den Charakter des Buches hervorzuheben; denn der Inhalt behandelt nicht nur die fabrikatorische Herstellung und Verwendung dieser „fulminanten“ Sprengstoffe, sondern umschließt das weite, nach allen Richtungen hin ausgebaute Gebiet der Initialzündung, von den Zündhütchen, Sprengkapseln, Geschoßdetonatoren, den einfachen und detonierenden Zündschnüren bis zu den elektrischen Zündungsarten. Dabei haben neben der internationalen Patentliteratur und den anderweitig bekannt gewordenen Neuerungen und Verbesserungen, auch die wissenschaftlichen Forschungsergebnisse weitgehendste Berücksichtigung gefunden, so daß die Darstellung im praktischen wie im theoretischen Sinne den Anspruch auf Vollständigkeit machen darf.

Noch mehr als an dem vorhergehenden, hat Herr Dr. Stettbacher an dem vorliegenden Bande als Mitarbeiter teilgenommen und durch wissenschaftliche und praktische Beiträge, die größtenteils in der Zeitschrift für Schieß- und Sprengstoffwesen erschienen, zum Teil aber auch zum ersten Male in diesem Buche niedergelegt sind, sowie durch Überlassung von Originalphotographien und Zeichnungen (Fig. 36, 37, 39, 40, 43, 49, 78) das Seine zu dem Inhalt beigesteuert. Es mag noch erwähnt werden, daß die kritischen Bemerkungen, soweit sie in den allgemeinen theoretischen Abschnitten und namentlich aber auch bei der Besprechung der einzelnen Patente vorkommen, meistenteils aus seiner Feder stammen.

München, August 1916.

Dr. R. Escales.

Inhalt.

Erster Abschnitt.

Geschichtliches.

I. Initialzündung in Waffen und Geschossen.[1]

Die staunenswerte Vollkommenheit unserer Waffen und Geschosse hängt aufs engste mit der Entwicklung der Initialzündung zusammen. Die Schnelligkeit und Sicherheit des heutigen Infanteriefeuers vom Repetier- bis zum Maschinengewehr, die unfehlbar präzise Wirkung der modernen Schrapnells und Granaten — die ganze Vortrefflichkeit unserer Waffentechnik gründet sich zuletzt auf die Güte und Verläßlichkeit der Zündung. Die Verbesserung der Schießeinrichtungen läuft parallel mit der Verbesserung der Zündung; die Entwicklungsgeschichte der Handfeuerwaffen ist der beste Beweis dafür.

Bei den ersten Feuerwaffen erfolgte die Entzündung der Pulverladung durch ein Stück glimmender Kohle, später durch ein glühendes Eisen, Loseisen genannt. Der Laufmantel hatte in der Nähe des Bodens eine Öffnung, das Zündloch, das sich außen zu einer trichterförmigen Zündpfanne erweiterte, um das Zündpulver oder das Zündkraut aufnehmen zu können. Durch Berührung mit dem glühenden Körper wurde das Zündkraut angesteckt, die Flamme schlug durch das Zündloch und setzte die Treibladung in Brand. An Stelle des Loseisens trat 1378 die Lunte, ein Strick aus locker gesponnenem Hanfgarn, der mit Bleizuckerlösung getränkt wurde. Bei diesen ältesten Feuerwaffen war der Schütze beim Schußabtun genötigt, das Auge vom Ziele abzuwenden und auf Lunte und Zündpfanne zu richten, so daß von Treffsicherheit keine Rede sein konnte.

Eine Verbesserung wurde durch das um die Mitte des 15. Jahrhunderts (1440 bis 1470) aufkommende Luntenschloß erreicht. Dieses bestand in einem abdrückbaren Hahn, der durch einen Schlitz die Lunte aufnahm. Beim Abzug des Hahnes bewegte sich dieser dann abwärts und brachte die zwischen die Hahnlippen

[1] Teilweise nach einem gleichbetitelten Aufsatz von Dr. Utescher bearbeitet, Zeitschr. f. Schieß- u. Sprengst. 1914, S. 101, 123, 146, 161.

geklemmte Lunte auf die Zündpfanne. Eine weitere Erhöhung der Zielsicherheit bei schneller Abgabe des Schusses gestattete das Luntenschnappschloß, bei dem der Hahn nicht mehr durch einen steten Druck auf den Abzug nach der Pfanne geführt wird, sondern nach dem Spannen durch Auslösen einer Feder mit einem Schlage niederklappt.

Alle diese frühen Schlösser hatten neben umständlicher Handhabung den Nachteil, daß der Schütze stets eine glimmende Lunte mit sich führen mußte, um zum Schießen bereit zu sein. Dies legte den Gedanken nahe, den Funken nach Art der Reibfeuerzeuge erst in dem Augenblick und an der Stelle zu erzeugen, wo er das Zündkraut entflammen sollte. Es entstanden, etwa um 1500 herum, die sogenannten Mönchsbüchsen, die an der linken Rohrseite eine hin und her bewegliche, als Feile ausgebildete Zugstange besaßen, welche an einem durch Federkraft angedrückten Feuerstein Funken riß. Aus der geraden Feile der Mönchsbüchse entwickelte sich die gebogene Feile (Viertelrad), und diese bildete dann den Übergang zu dem um die Mitte des 17. Jahrhunderts vollendeten Radschloß.

Ungefähr zu gleicher Zeit mit dem Reibfeuerzeug war auch das Schlagfeuerzeug aufgekommen; es entstand das Steinschnappschloß und aus diesem das Steinschloß, welches 1500 bis 1520 über die Niederlande nach Deutschland kam. Ein nach Art des Luntenschnappschlosses gespannter und ausgelöster Hahn schlägt mit einem eingeklemmten Stück Schwefelkies auf die vor der Pfanne befindliche gerauhte Schlagfläche nieder. Allmählich kam man von der Verwendung des Schwefelkieses als Funkenerzeuger ab, und bediente sich eines Feuersteins oder geschliffenen Achats. Zur größeren Sicherheit der Zündung schloß man das Steinschloß in ein Blechgehäuse, welches die Zündvorrichtung vor Wind und Regen schützte. Aber auch dieses verbesserte Steinschloß stellte die Entzündung des Pulvers noch häufig in Frage, zudem erforderte der komplizierte Mechanismus sorgfältige Bedienung, so daß man neben anderen Übelständen noch weit entfernt von einer zuverlässigen Vorrichtung war.

Nachdem man sich zwei Jahrhunderte hindurch des mechanisch erzeugten Funkens bedient hatte, wurden im Anfange des 19. Jahrhunderts durch die chemische Wissenschaft der Lösung des Zündungsproblems neue Wege gewiesen. Die Entdeckung des französischen Chemikers Berthollet (1786), daß Chlorate mit brennbaren Stoffen explodieren, und die Darstellung des Knallquecksilbers durch den Engländer Howard (1799) führten zur Herstellung der sogenannten chemischen Schlösser, bei denen der zur Entflammung der Pulverladung dienende Feuerstrahl unter Vermeidung des Zündkrautes durch Schlag auf einen empfindlichen Satz erzeugt wird. Von hier an beginnt die folgenreiche Entwicklung der Perkussions- oder Initialzündung in Feuerwaffen. Zunächst bediente man sich eines Kaliumchloratsatzes unter Beimengung von Schwefel und Kohle, da man die Gefährlichkeit des Knallquecksilbers fürchtete. Das Gemenge wurde angefeuchtet und wie Schießpulver gekörnt, oder es wurden etwa erbsengroße Zündpillen gefertigt, die zum Schutze gegen Feuchtigkeit mit Wachs überzogen wurden. Das erste Patent auf ein Gewehr mit Perkussionszündung durch solche Zündpillen geht auf den Schotten Alexander Forsyth ins Jahr 1807 zurück. In den folgenden zehn Jahren lieferte Paris allein drei weitere Modelle, von denen dasjenige von Lepage (1810) als die Muttererfindung des späteren Zündnadelschlosses gelten kann. Lepages Patent betraf ein Schloß mit verdeckter Zündpfanne. Die Pfanne saß auf einem durchbohrten Zündstift und durch den Deckel führte ein von einer Spiralfeder gehaltener Schlagstift, der durch den niederschlagenden Hahn auf die Zündmasse getrieben wurde. Diese bestand aus 10 Teilen Jagdpulver und 5 Teilen Kaliumchlorat, enthielt aber auch manchmal schon einen Zusatz von Knallquecksilber. Das Schloß von Lepage bildete den Übergang zu der Erfindung des Büchsenmachers Dreyse, der 1820 ein Schloß konstruierte, bei dem eine Nadel durch den Schlag des Hahnes vorgeschnellt wurde und das in der Pulverkammer befindliche Knallpräparat durch Anstechen zur Explosion brachte. Aus diesem Modell ging dann 1828 das eigentliche Zündnadelschloß hervor, dem die Schlösser der Handfeuerwaffen bis in die Neuzeit gleichen. Die Zündnadel durchdringt, mittels Spiralfeder vorgeschnellt, die Pulverladung der Patrone und sticht die Zündpille an, deren Feuerstrahl das Pulver entflammt. Der Zündpillensatz bestand aus 52·4 % Kaliumchlorat und 47·6 % Schwefelantimon. Die Einrichtung der Patrone zeigt Fig. 1. 1836 gelang es dann Dreyse, sein Zündnadelsystem mit der Hinterladung zu vereinen.

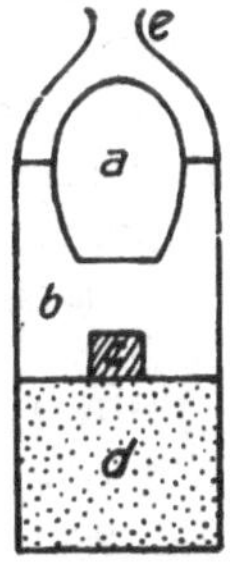

Fig. 1. Patrone zum Zündnadelschloß.
a Langblei, *b* Spiegel, *c* Zündpille, *d* Pulverladung. *e* Papierhülse.

Die Zündhütchen. Eine Erfindung von fast ebenso großer Tragweite wie die des Zündnadelgewehres wurde gegen das Jahr 1817 gemacht, nämlich diejenige des Zündhütchens. Die Eigenschaft des Knallquecksilbers, durch Stoß und Schlag leicht zu explodieren, führte bald nach seiner Entdeckung zu Versuchen, dasselbe zu Perkussionszündungen zu verwenden. Das Prinzip der Perkussionszündungen war zwar um diese Zeit bereits bekannt und, wie schon angeführt, in den sogenannten chemischen Schlössern mit empfindlichen Chloratsätzen angewandt worden. Die Entzündung der Zündpillen durch Schlag mittels eines Hahnes oder Schlagbolzens auf die Zündpfanne des Gewehres war jedoch weder bequem noch sehr zuverlässig und außerdem stark von äußeren Einflüssen abhängig. Man kam daher auf den Gedanken, den Zündstoff in eine metallene Hülle einzuschließen und in dieser Form für die Schlagschlösser zu verwenden. Und damit war das Zündhütchen erfunden. Anfänglich blieb das Knallquecksilber für diese Zündsätze noch außer Anwendung; man verwendete den alten Knallsatz, bestehend aus 70·6% Kaliumchlorat, 17·6% Schwefel und 11·8% Kohle, preßte diesen in kupferne Hülsen, überzog ihn zum Schutze gegen Feuchtigkeit und Herausfallen mit Firnis oder bedeckte ihn mit einem Stanniolplättchen. Diese Zündhütchen wurden auf den durchbohrten Zündstift (Piston) aufgesetzt und durch den Schlag eines Hahnes zur Explosion gebracht, wobei der Zündstrahl durch das Piston in die Treibladung schlug. Die erste derartige Waffe wurde 1820 von Deboubert in Paris hergestellt, und bald entstanden in verschiedenen Ländern große, auf Massenfertigung eingerichtete Zündhütchenfabriken.

Nach Guttmann wäre der englische Büchsenmacher Josef Egg der erste gewesen, der Zündhütchen herstellte, und zwar schon im Jahre 1815. Der Erfinder des Zündhütchens ist zurzeit aber noch nicht mit unumstößlicher Sicherheit ermittelt. Oberst Haucker nimmt in seinem Buche „Die Jagd" dies Verdienst ausschließlich für sich in Anspruch und andere Autoren schreiben es einem Schotten Alexander Forstyth zu. Welche Bewandtnis es auch mit diesen beanspruchten und zugeschriebenen Erfinderprioritäten haben mag: — so viel steht fest, daß um das Jahr 1817 die ersten Perkussionsschlösser in Aufnahme gelangten und nunmehr die Bahn für eine äußerst schnelle Entwicklung des Handfeuerwesens geebnet war. Zuerst wurde noch bei den damaligen Vorderladern Pulver, Geschoß und Zündhütchen gesondert geladen, bald aber schuf Berdan in Amerika die metallene Einheitspatrone. Aber auch interessante Zwischenstufen in dieser Entwicklung lassen sich beobachten. Hier sei nur an das bayrische Podewils-Hinterladergewehr erinnert, bei welchem Treibmittel und Geschoß in einer Papierpatrone vereinigt waren, das Zündhütchen aber in hergebrachter Weise auf einen Zündkegel (Piston) aufgesetzt werden mußte.

Obschon die ersten Zündhütchen noch allerhand Nachteile zeigten, die eine rasche Einführung verhinderten, so siegte die neue Zündungsart doch bald dadurch, daß bei ihr Versager — im Gegensatz zu dem allgemein verbreiteten Steinschloß — nur noch in sehr beschränkter Anzahl auftraten (1 % gegen 15 %). Der erste größere Truppenversuch mit Zündhütchen wurde 1828 in Hannover gemacht. Durch Vereinigung der Nadel- oder Schlagbolzenzündung mit einer Patrone, die das mit Knallquecksilberzündsatz gefüllte Zündhütchen enthielt, war die Frage der Handfeuerwaffenzündung endgültig gelöst. Von 1831 an trat allgemein das Knallquecksilber als wesentlicher Bestandteil in die Zündsätze ein. Dieser Initialzündstoff zeigte jedoch wegen seiner hohen Brisanz einen mangelhaften Zündungseffekt, da die bei der Explosion auftretende Flamme häufig nicht zur Entzündung des Pulvers hinreichte. Erst eine Mischung des Knallquecksilbers mit den bisher hauptsächlich verwendeten Zündmitteln, Kaliumchlorat und Schwefelantimon, lieferte einen Zündsatz mit großer Empfindlichkeit und heißer Stichflamme. Um die durch die anorganischen Beimengungen herabgeminderte Empfindlichkeit des Knallquecksilbers zu erhöhen, setzte man zur Vermehrung der inneren Reibung etwas Glaspulver zu und bewirkte dann durch Schellack oder Gummiarabikum ein Zusammenhalten der Zündmasse. Die erste Einheitspatrone mit Metallzündhütchen wurde 1832 von Lefaucheux konstruiert. Die Patronenhülse war aus Pappe. Der angesetzte, aus Messingblech gepreßte Boden trug in seiner Mitte in einer Vertiefung das Zündhütchen; als Widerlager diente diesem der Amboß, neben dem zwei Zündlöcher zu der Pulverladung führten. 1845 stellte Flobert eine Patrone mit Kupferhülse und eingesetztem Zündhütchen her. Beim deutschen Reichsheere wurde die Metallpatrone aus Messing mit Zentralzündung 1871 eingeführt (11 mm-Gewehr M 71), in Frankreich 1879.

Seit der Einführung der Zündhütchen haben die Zündsätze in ihrer Zusammensetzung nur wenig Änderung erfahren; als Hauptbestandteile sind immer noch Knallquecksilber, Kaliumchlorat, Schwefelantimon, Glas und ein Bindemittel wie Schellack oder arabischer Gummi geblieben. Einzig die Mengenverhältnisse dieser Bestandteile sind Schwankungen unterworfen gewesen, worüber die folgende Tabelle (S. 6) Auskunft gibt.

Diese Zündsätze sind größtenteils noch heute im Gebrauch. Für die Munition der Handfeuerwaffen hat sich eine Mischung,

Bestandteil	1 %	2 %	3 %	4 %	5 %	6 %	7 %	8 %	9 %
Knallquecksilber . .	10	10	13	27	18	30	30	40	48·8
Kaliumchlorat . . .	37	42	43	37	35·5	25	30	24	24·4
Schwefelantimon . .	40	35	34	29	28	40	16	—	26·2
Glas	13	13	10	7	8·5	5	20	31	—
Bindemittel	0·6	—	0·6	0·6	0·5	0·5	4	5	0·6

die ungefähr dem Zündsatz 4 oder 5 entspricht, am besten bewährt; sie ist fast in allen Staaten eingeführt worden, ohne daß es einer neuen Erfindung bisher geglückt wäre, sie zu verdrängen.

Die in den letzten 30 Jahren unternommenen Versuche, bessere Zündsätze herzustellen, beziehen sich auf den teilweisen oder ganzen Ersatz des gefährlichen teuren Knallquecksilbers und auf die Herstellung eines Zündsatzes, dessen Explosionsgase kein Rosten des Gewehrlaufs bewirken. Das Armeedepartement der Vereinigten Staaten gab 1898 folgende knallquecksilberfreie Zündmischung an:

Kaliumchlorat	49·4 %
Schwefelantimon	25·1 %
Schwefel	8·8 %
Glas	16·7 %

Diese angebliche Neuerung stellt aber nichts anderes als die ersten Perkussionssätze dar, deren man sich vor Einführung des Knallquecksilbers in der Zündsatzfabrikation bediente. Einen anderen Zündsatz ohne Knallquecksilber hat sich 1912 der Amerikaner Buell patentieren lassen; die Zusammensetzung ist:

Kaliumchlorat	50 %
Schwefelantimon	20 %
Bleisuperoxyd	25 %
Trinitrotoluol	5 %

Aber auch dieser Satz dürfte mit dem eben genannten keinen besonderen Fortschritt bedeuten.

Seit kurzem sucht man auch in die Waffentechnik jene hochbrisanten Initialsubstanzen einzuführen, die in der Sprengtechnik bereits schon das Knallquecksilber zu verdrängen beginnen. Darunter gehört in erster Linie das Bleiazid, das nach mehreren Patenten (vgl. S. 224) der Rheinisch-Westfälischen Sprengstoff-A.-G. an Stelle des Knallquecksilbers und dessen Ersatzmischungen treten soll. Da sich das Bleiazid bis zu Drucken von 10000 kg pro Quadratzentimeter pressen und verdichten läßt und dann an Brisanz und Initialwirkung außerordentlich zunimmt, so soll es sich vorzüglich zu Geschoßzündern eignen, wo eine feste, kompakte und unveränderliche Zündmasse besonders erwünscht und notwendig ist. Auch das teurere Silberazid scheint wieder bevorzugt zu werden, da es sich vor allen andern Verbindungen durch hervorragende Beständigkeit gegen jeden atmosphärischen Einfluß erwiesen hat. Als weiteres Ersatzmittel für Knallquecksilber werden von E. v. Herz (vgl. D.R.P. 258679, S. 227) die Perchlorate der Diazoverbindungen von aromatischen Kohlenwasserstoffen (Benzol, Toluol, Xylol, Naphthalin, Anthrazen usw.) ihrer Homologen und Substitutionsprodukte, sowie der nitrierten Kohlenwasserstoffe vorgeschlagen. Als metallfreie, völlig vergasbare organische Substanzen mögen diese Verbindungen vor den anderen Zündsätzen viele Vorteile haben; indessen wird erst eine längere Erfahrung über ihre praktische Eignung zu Patronen- und Geschoßzündung entscheiden können. Ganz neu ist ferner ein Vorschlag obigen Patentinhabers (D.R.P.-Anmeldung H 63188), wonach das normale Bleisalz des Trinitroresorzins $C_6H(NO_2)_3O_2Pb$ zur Darstellung von Zündsätzen jeder Art Waffen verwendet werden soll.

Ungefähr mit dem Jahre 1900 begannen die Versuche zu einer sehr wichtigen Neuerung in der Herstellung der Zündsätze. Man hatte schon lange herausgefunden, daß der große Übelstand des Nachrostens der Gewehrläufe auf den Kaliumchloratzusatz zurückzuführen sei, und es handelte sich jetzt darum, entweder einen anderen harmloseren Sauerstoffträger zu finden oder dem Zündsatz Stoffe zuzumischen, welche die bei der Detonation entstehenden schädlichen Gase unwirksam machten. Die ersten sogenannten rostfreien Zündhütchen fertigte 1901 die Rheinisch-Westfälische Sprengstoff-A.-G. Der Zündsatz enthielt Bariumnitrat an Stelle von Kaliumchlorat und einen Zusatz von Pikrinsäure, die den trägen Salpeter wirksam unterstützen sollte. Seine Zusammensetzung war:

Knallquecksilber	39 %
Bariumnitrat	41 %
Schwefelantimon	9 %
Pikrinsäure	5 %
Glaspulver	6 %

Einen ähnlichen Zusatz verwandte 1902 die Firma Basse und Selve. Das Kaliumchlorat war gleichfalls durch Bariumnitrat ersetzt worden; dazu kam aber noch ein Zusatz von Bariumkarbonat zur Neutralisation etwaiger saurer Explosionsgase. Folgendes gibt die Zusammensetzung dieses Satzes an:

Knallquecksilber	40%
Bariumnitrat	25%
Bariumkarbonat	6%
Schwefelantimon	25%
Glaspulver	4%

1904 nahm die Westfälisch-Anhaltische Sprengstoff-A.-G. ein Patent auf einen Zündsatz, in dem an Stelle des Kaliumchlorats ein Chromat gesetzt wird. Die Chromate sollen bei der Detonation die entsprechenden Metalloxyde in feinster Verteilung liefern, so daß sich diese als rostschützender Überzug auf der Laufwandung niederschlagen. Nachstehende Tabelle gibt einige Zündsätze solcher Zusammensetzung wieder.

	Prozent		Teile	
Knallquecksilber	36	36	40	40
Kaliumbichromat	—	—	10	—
Bleichromat	40	—	26	20
Bleisuperoxyd	—	—	—	16
Quecksilberchromat	—	40	—	—
Schwefelantimon	20	20	—	—
Glaspulver	4	4	6	6

Im Jahre 1908 hat sich Dr. A. Lang in Karlsruhe einen rostfreien Zündsatz patentieren lassen (vgl. D.R.P. 209812 v. 24. Sept. 1908), bei dem kein Sauerstoffträger benutzt wird, sondern Metallpulver, wie Magnesium und Aluminium, die mit Schwefel zusammengeschmolzen werden und entweder als Aufsatz auf Knallquecksilber dienen oder nach dem Pulverisieren diesem beigemengt werden.

W. Meyer, Berlin, hat 1911 mehrere Auslandspatente auf rostfreie Zündsätze genommen, bei denen als Sauerstoffträger auch Bariumnitrat dient; neu ist die gleichzeitige Verwendung von Bleisuperoxyd und Kaliumsilizid, wie folgende beiden Beispiele zeigen:

Knallquecksilber	25%	20%
Bariumnitrat	25%	40%
Schwefelantimon	15%	20%
Bleisuperoxyd	35%	10%
Kaliumsilizid	—	10%

Die rostfreien Zündsätze enthalten also fast allgemein Bariumnitrat. Wenn dazu noch einige Prozent eines brisanten Sprengstoffs, wie Pikrinsäure, Trinitrotoluol usw., gemischt werden, so steht der resultierende Zündsatz einem chlorathaltigen an

Empfindlichkeit, Zündfähigkeit und Lagerbeständigkeit kaum nach. Der erstrebte Erfolg ist damit erreicht worden.

Geschützzündung.

Während bei den Handfeuerwaffen das Bedürfnis nach einer besseren Zielmöglichkeit und Feuergeschwindigkeit schon zu Anfang des 15. Jahrhunderts den ersten Schritt zu einer stetigen Vervollkommnung der Abfeuervorrichtung tun ließ, genügte bei den Geschützen, deren Rohr bis zum Losgehen des Schusses unverrückbar fest auf irgendeiner Unterlage ruhte, noch lange die ursprüngliche rohe Art des Abfeuerns, die gleichzeitig mit den ersten Feuerwaffen ins Leben getreten war: das in einem Fläschchen mitgeführte Zündkraut (Mehlpulver) wurde in das Zündloch gefüllt, mittels einer runden Messingnadel etwas festgestampft und durch Lunte oder Zündstab gezündet. Die Zündungsart versagte natürlich bei widrigen Witterungsverhältnissen nur allzuhäufig; man soll daher schon 1521 sogenannte Zündlichte — mit Mehlpulver gefüllte Papierhülsen, die beim Entzünden mit der glimmenden Lunte eine heiße, nicht leicht verlöschende Flamme gaben — zum Abfeuern der Geschützladungen angewandt haben. Erst mit dem Beginne des 18. Jahrhunderts finden wir die ersten Anzeichen zu einer Verbesserung auf dem Gebiete der Geschützzündung; indessen war man noch weit davon entfernt, die am Gewehr gemachten Erfahrungen auf das Geschütz zu übertragen, sondern man begnügte sich zunächst damit, der Lunte einen kräftigeren Zündkörper beizugeben. Etwa um 1750 wurden neben der Lunte durchweg Zündlichte mitgeführt, die etwa 16 Zoll lang waren und 12 bis 15 Minuten Brenndauer hatten. Die mit Zündpulver gefüllten, in das Zündloch einzusetzenden Röhrchen hießen Schlagröhren; die ersten derselben waren aus Papier gedreht, später jedoch fing man an, sie aus Metall (Kupfer, Weißblech, Zinn) zu fertigen und mit einem Gemisch von Mehl- und Kornpulver vollzuschlagen. Gleichzeitig mit den Schlagröhren kamen die Stoppinen auf, deren man sich vorzugsweise bei langsamem Feuern bediente. Es waren dies Stäbchen aus Holz oder Draht, die mit Baumwollgarn umwickelt und 5 bis 6 Stunden in Anfeuerungsmasse gelegt wurden.

Erst nach 1800, mit dem Auftreten der Perkussionszündung, ging man allmählich daran, die bei der Handfeuerwaffenzündung gesammelten Erfahrungen auch auf die Geschützzündung anzuwenden. Versuche mit einer Perkussionszündung wurden erstmals in Metz 1809, dann in Kassel 1815 angestellt. Bemühungen, das Zündhütchen für Geschützzündungen zu verwenden, scheiterten zunächst daran, daß man es nicht unmittelbar hinter die Kartusche bringen konnte, sondern auf ein Piston aufsetzen mußte, was natürlich eine ganz unsichere Zündung zur Folge hatte. Besonderen Erfolg hatte die Übertragung der Perkussionsmethode auf die Schlagröhre, indem man in ein auf der Röhre aufgesetztes flaches Blechnäpfchen eine Zündpille aus Kaliumchlorat und Schwefelantimon setzte und diese durch einen frei geführten oder in einem Scharnier beweglichen Hammer zur Detonation brachte. Das Blechnäpfchen besaß einen umgebogenen Rand und im Boden vier Durchbohrungen für den Zündstrahl. Der Perkussionsschlagröhren-Zündsatz setzte sich gewöhnlich aus 20 Teilen Kaliumchlorat, 18 Teilen Schwefelantimon und 3 Teilen Glaspulver zusammen. Zu dem anfänglich nur aus Schwarzpulver bestehenden Satz der eigentlichen Schlagröhre gab man um 1830 auch einen Zusatz von 100 bis 150 Teilen Salpeter und 50 bis 100 Teilen Schwefel auf 100 Teile Pulver.

Um 1850 herum entstand eine wichtige Neuerung, indem man das schon in der Mönchsbüchse verkörperte Friktionsprinzip auf die Geschützzündung übertrug und in den oberen Teil der Schlagröhre eine Reibvorrichtung einsetzte. Letztere bestand aus einer kurzen, an beiden Enden zugewürgten Papierhülse, in die ein Satz aus Kaliumchlorat, Schwefelantimon und Glaspulver gefüllt war. In den Reibsatz reichte ein gerauhter Draht, der außen zu einer Öse für den Haken der Abzugsschnur zusammengedreht war. Beim Herausziehen des Reiberdrahtes entzündete sich der Satz, und seine Flamme übertrug sich über eine kleine Zwischenladung von Mehlpulver auf die festgeschlagene Ladung der Schlagröhre.

Nach dem Feldzuge 1870/71, vornehmlich aber nach Einführung des rauchschwachen Pulvers vollzog sich eine Neubewaffnung, durch die der Geschützzündung neue Aufgaben erwuchsen. Zunächst zeigte sich, daß der Feuerstrahl der alten Schlagröhre nicht mehr zur Entzündung der Geschützladung ausreichte. Das neue Pulver war schon an sich schwerer entzündlich, außerdem entwickelte es einen bedeutend höheren Gasdruck als Schwarzpulver. Eine Zündung, die weiter in das Zündloch hineinreichte und einen kräftigeren Feuerstrahl lieferte als die Schlagröhre, gewann man in der Feldschlagröhre (Fig. 2). Diese besteht aus einer zylindrischen Messingröhre, die etwa 3 cm länger ist als die der Schlagröhre. Sie nimmt im oberen Teil die Reibvorrichtung auf, eine oben zusammengewürgte Papierhülse mit Zündsatz und gerauhtem Reiberdraht, dann eine Füllung von losem Geschützpulver und schließlich fünf walzenförmig gepreßte Pulverkörner, welche durch einen unteren Verschluß aus Paraffinpapier und Talkumkitt festgehalten werden. Der Zündsatz der Reibvorrich-

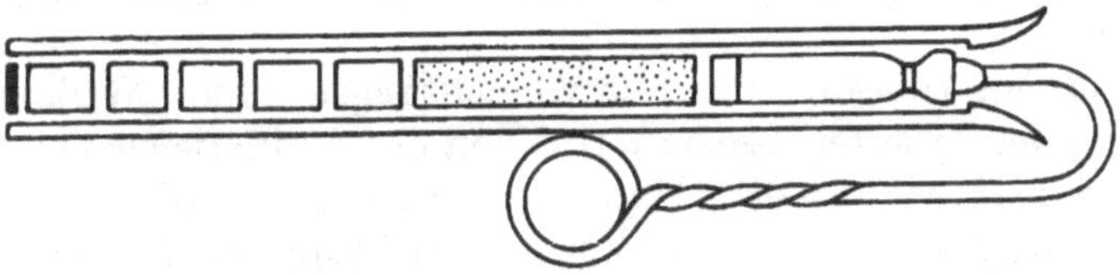

Fig. 2. Feldschlagröhre.

tung besteht aus 100 Teilen Kaliumchlorat, 100 Teilen Schwefelantimon, 25 Teilen Glaspulver und $2^1/_2$ Teilen arabischem Gummi.

Mit der Feldschlagröhre war außer der Sicherheit der Zündung und der gesteigerten Feuergeschwindigkeit auch der gasdichte Abschluß nach hinten verbessert worden. Als aber 1893 die schweren Geschütze der Fußartillerie aufkamen und eine Durchbohrung des Rohrkörpers eine zu große Gefährdung der Haltbarkeit bedeutet hätte, da mußte, zumal als die axiale Zentralzündung durch den Flachkeilverschluß hindurchgeführt wurde, an Stelle der Feldschlagröhre eine gasdicht nach hinten abschließende Zündung gefunden werden. Es entstand die Reibzündschraube (Fig. 3), deren Messinggehäuse aus einem zylindrischen Teil zur Aufnahme der Reibvorrichtung, dem Gewindeteil, der zum Einschrauben in den Zündlochstollen dient, und dem geriffelten Kopf besteht. Der Reibsatz ist in eine Papierhülse gefüllt, die in der konischen Bohrung eines aus Schwarzpulver über einen Dorn geschlagenen Pulverkornes steckt. Der Reiberdraht hat in einiger Entfernung über der Rauhung einen kegelförmigen Ansatz, der in den trichterförmigen Teil der Bohrung des Schraubenkörpers paßt und nach dem Abziehen einen gasdichten Abschluß bewirkt. Der Zündsatz der Reibzündschraube setzt sich aus 100 Teilen Kaliumchlorat, 60 Teilen Schwefelantimon, 30 Teilen Knallquecksilber und $2^3/_4$ Teilen Gummi arabikum zusammen. — Bei Küstenbatterien findet man an Stelle der Reibzündschraube eine ähnlich gebaute Glühzündschraube, die das gleichzeitige

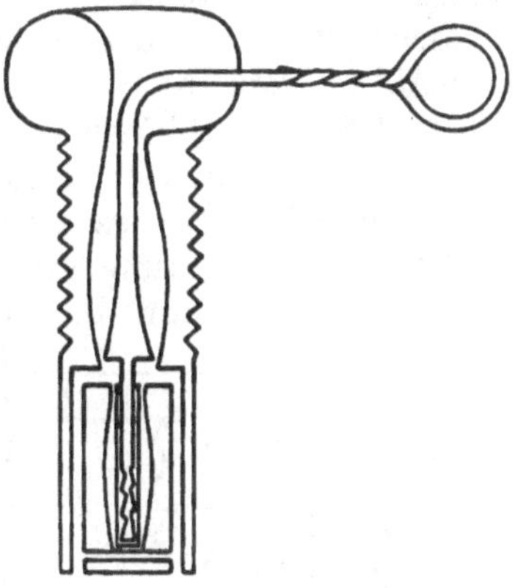

Fig. 3. Reibzündschraube.

Abfeuern aller Geschütze einer Batterie mittels des elektrischen Stromes gestattet. Der Zündsatz besteht hier aus 4 Teilen Schießwolle, 1 $^1/_2$ Teilen Kaliumchlorat und 1 $^1/_2$ Teilen Schwefelantimon.

Bei den neuesten Geschützvorrichtungen, deren Wirkung die Vorteile des Infanteriefeuers mit denen des Artilleriefeuers vereint, wie die Mitrailleusen, Maschinengewehre und Revolverkanonen, nähert sich die Zündereinrichtung wieder mehr derjenigen der Handfeuerwaffe. Bei den Revolverkanonen von Hotchkiss und Nordenfeldt z. B. werden die Granaten in eine aus Messing gezogene Kartuschhülse eingesetzt, an deren Boden bei Verwendung von rauchlosem Pulver eine Beiladung von Schwarzpulver angebracht wird; das Zündhütchen kommt dann in die mit Amboß versehene Zündglocke. Die Abfeuervorrichtung ist ganz entsprechend dem Schloß der Handfeuerwaffen gebaut, der Schlagbolzen wird durch die beim Schließen des Verschlusses gespannte Schlagfeder gegen das Zündhütchen vorgeschnellt. Der in den Zündhütchen enthaltene Satz ist im wesentlichen derselbe wie bei den Handfeuerwaffen, braucht aber bei der kräftigen Abfeuervorrichtung nicht ganz so empfindlich zu sein. Somit hat sich auch das Zündhütchen für die Artillerie recht gebrauchsfähig erwiesen.

Mit der Einführung größerer Schnellfeuergeschütze in Feld- und Fußartillerie kam die Schlagzündschraube auf, eine der Reibzündschraube ähnliche Vorrichtung, jedoch unter Verwendung eines Zündhütchens. Das Messinggehäuse der Schlagzündschraube (Fig. 4) besteht aus einem flachen Kopf, dem Gewindeteil und dem zylindrischen Zapfen; es hat eine zylindrische Bohrung zur Aufnahme des Zündhütchens, der durchbohrten Amboßschraube, die in ein Muttergewinde eingeschraubt wird und dem Zündhütchen als Widerlager dient. Die Pulverladung setzt sich aus losem Geschützpulver und einem gepreßten Pulverkorn zusammen, die durch den unteren Verschluß, eine Paraffinpapierplatte und Schellacktalkumkitt, festgehalten werden. Beim Abfeuern trifft der Schlagbolzen den Kopf des Schraubengehäuses und bringt das Zündhütchen zur Explosion, dessen Feuerstrahl durch die Bohrung der Amboßschraube hindurch die Pulverladung entflammt.

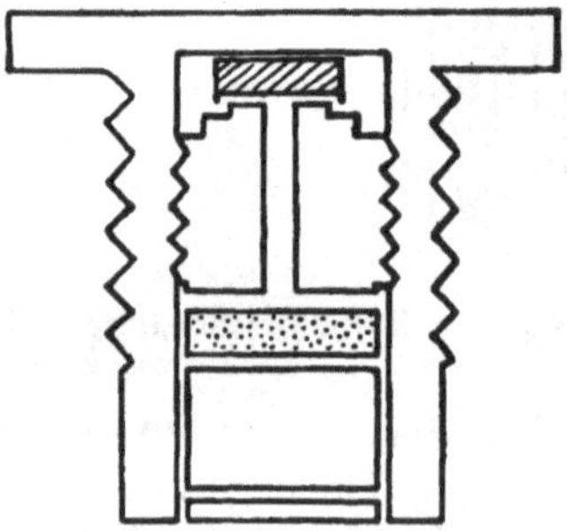

Fig. 4. Schlagzündschraube.

Geschoßzündung.

Feuertragende Geschosse spielten bereits in den Kriegen des Altertums eine Rolle; schon die Griechen und später noch mehr die Römer verstanden es, mittels besonderer Wurfmaschinen, Ballisten, wie die mächtigen Katapulte und Onager z. B., Feuerbrände in Form brennender Pfeile oder Holzpfähle, glühender Metallstücke, ausgehöhlter hölzerner, steinerner oder metallener Gefäße, die mit brennendem Schwefel, Pech oder Harz angefüllt waren, bis auf Hunderte von Metern weit weg zu schleudern. Auch in der langen Zeit des Mittelalters, bis zu der Verbreitung der Feuerwaffen, übte man diese von dem Altertum her übernommene Kunst des Inbrandschießens, und zwar teilweise noch mit viel mächtigeren Wurfmaschinen. Mit der Erfindung des Schießpulvers und der Feuerwaffen wurde dann das Schießwesen aufs gründlichste umgestaltet und damit auch der Entwicklung der Brandgeschosse eine ganz andere Richtung gegeben. Zwar schoß man die ersten Jahrhunderte nur steinerne oder eiserne Vollkugeln; später jedoch, etwa gegen das 16. Jahrhundert, tauchte der Gedanke auf, die Kraft des Pulvers nicht nur zum Treiben massiver Projektile zu benutzen, sondern es auch in ausgehöhlte Geschosse zu füllen, damit es diese am Ziele zu zahlreichen Sprengstücken zertrümmere und womöglich noch einen Brand entfache. Sprengkräftige Granaten und Bomben wurden zuerst in Deutschland etwa um das Jahr 1570 hergestellt: man setzte zwei halbkugelförmige Schalen zu einer Hohlkugel zusammen und füllte sie mit einer Sprengladung von Schwarzpulver. Es mußte nun eine Vorrichtung gefunden werden, welche die Entzündung des Sprenginhalts erst am Ziele bewirkte. Bei den ersten Geschossen dieser Art diente hierzu der Säulenzünder, eine kegelförmige Holzröhre mit zylindrischer Bohrung, die mit Pulversatz gefüllt war; der Zünder wurde durch ein in die Schale der Granate gebohrtes Mundloch in die Ladung getrieben. Sein Brandsatz wurde beim Abfeuern durch die Flamme der Geschützladung entzündet und brachte nach dem Abbrennen die Sprengladung zur Detonation. Die Länge des Zünders wurde der Flugzeit des Geschosses entsprechend gewählt, etwa so, daß dieses nach 14 bis 20 Sekunden krepierte. Beim Schießen auf verschiedene Entfernungen mußte man eine Anzahl verschieden langer Zünder mitführen, oder aber eine Säge, um die Holzröhren zu zerschneiden und so die Zünder „tempieren“ zu können.

Fast ein volles Jahrhundert blieb Deutschland im alleinigen Besitz von Sprenggranaten, und mehr als zwei Jahrhunderte beherrschte der einfache Säulenzünder die Schießtechnik. Es waren aber auch Zünder nach dem Prinzip des Steinschlosses herzustellen versucht worden, so 1596 von Sebastian Hälle und 1650 von Simienowicz. Letzterer befestigte an einem beweglichen Stifte im Innern des Geschosses einen Feuerstein, der beim Aufschlag an einer gerauhten Stahlfläche entlang getrieben wurde; der hierdurch erzeugte Perkussionsfunke entzündete die Ladung. Im Laufe des 18. Jahrhunderts lernten auch die übrigen Länder Sprenggeschosse herstellen, und nach 1800 begegnet man überall eifrigen Bemühungen, den Säulenzünder zu verbessern, ihn namentlich leicht tempierbar zu machen. So ließ der englische Major Shrapnel (1803) den Satz für eine kürzere Brennzeit bis zu dem entsprechenden Punkte ausbohren, bei welchem seine mit Bleikugeln gefüllte Sprenggeschosse kurz vor dem Ziel zerspringen sollten. Besser einstellbare Zünder lieferten die Verbesserungen des schwedischen Generals v. Helvig (1825) und des französischen Obersten Parizot (1838); diese wurden 1850 von verschiedenen Ländern angenommen.

Um 1830 herum waren auch wieder Bestrebungen rege geworden, die Geschoßzündungen nach der Perkussionsmethode einzurichten. Nach mehreren, kaum verwirklichten Vorschlägen wurde 1850 verschiedentlich versucht, das Knallquecksilber dafür heranzuziehen. So befestigte man 1847 nach dem Beispiel v. Wahrendorffs auf der Geschoßspitze ein Piston und setzte darauf ein Zündhütchen, das beim Aufschlag explodierte. Derartige Zünder wurden im Laufe des folgenden Jahrzehnts in den meisten Ländern eingeführt, aber ihre Betätigung hing so sehr von einem günstigen Aufschlag des Geschosses ab, daß sie bald durch glücklichere Konstruktionen abgelöst wurden. Mit der Heraufkunft der gezogenen Hinterlader, die in Preußen etwa um 1860 begann, verlor sich der Spielraum zwischen Geschoß und Ladung und damit auch der Platz für einen Säulenzünder. Der Zünder mußte jetzt an der Geschoßspitze untergebracht werden; seine Betätigung konnte nun nicht mehr durch die Geschützladung erfolgen, sondern bedingte eine besondere Zündvorrichtung. Hier wurde ein ganz neuer Gedanke nutzbar gemacht, nämlich das Beharrungsvermögen auszunutzen, um beim Aufschlag oder durch den Rückstoß der Pulvergase einen beweglichen Bolzen auf ein Knallpräparat aufzuschießen. Dieser Gedanke einer beweglichen Zündvorrichtung ging von dem englischen Hauptmann Douglas aus und wurde von dem englischen Ingenieur Armstrong 1858 in Wirklichkeit umgesetzt. In Preußen verwirklichte 1860 General v. Neumann dieselbe Idee und baute folgenden Zünder: Eine Zündschraube mit Zündhütchen und ein beweglicher durchbohrter Nadelbolzen werden in die Mundlochschraube eingesetzt; beim Aufschlag fliegt die Nadel vor und sticht das Zündhütchen an, dessen Feuerstrahl durch die Nadelbohrung in die Sprengladung schlägt. In diesem Zünder ist zum erstenmal die Verwendung von Zündhütchen und Nadelstich vereint, — eine Kombination, die sich in der Folgezeit in Gewehr und Geschütz am besten bewähren sollte.

Bald wurde aber das Bedürfnis nach einem leicht auf verschiedene Brennzeiten einstellbaren Zünder wieder reger denn je, hatte man doch erkannt, daß die mit dem Neumannschen Zünder ausgerüsteten Schrapnells nur dann ihre volle Wirkung entfalteten, wenn sie in der Luft, kurz vor dem Ziele explodierten. Den Weg zu einem kontinuierlich stellbaren Zünder hatte schon der belgische Hauptmann Bodmann 1835 gewiesen, der den Zündsatz in einem Zünderkörper außerhalb des Geschosses ringförmig anordnete. Dieser Ringzünder erfuhr 1854 eine wesentliche Verbesserung durch den kurhessischen Hauptmann Breithaupt. Er gliederte den Zünder, lagerte in den festen Teil den ringförmigen Satz von 7 Sekunden Brenndauer und darüber eine drehbare Scheibe, deren eine Öffnung die Benutzung der ganzen Satzlänge gestattete. Die Konstruktion erlaubte es, jede Einstellung beliebig abzuändern oder rückgängig zu machen, was gegenüber den früheren ein großer Vorzug bedeutete.

Im Jahre 1866 verfiel der preußische Hauptmann Richter auf den glücklichen Gedanken, die bewegliche Zündvorrichtung unter Ausnützung des Rückstoßes, den das Geschoß beim Abfeuern erfährt, mit dem Breithauptschen gegliederten Zünder zu vereinigen, und löste damit endgültig die Aufgabe, den Zeitzünder für gezogene Geschütze brauchbar zu machen.

Die Grundlage für den Aufbau des Richterschen Zünders (Fig. 5) bildet der aus Weißmetall (6 Teile Zinn und 1 Teil Antimon) bestehende Zünderteller *a* mit Gewinde zum Einschrauben in das Geschoß und messingenem Schraubenstifte *b*. Dieser trägt das Satzstück *c* und die Stellmutter *d*. Durch den Schaft des Zündertellers führt die mit losem Kornpulver gefüllte Schlagkammer *e*. Als oberer Abschluß der Kammer dient das außen durch einen Zeiger gekennzeichnete gepreßte Pulverkorn *f*, als unterer eine Papier- und eine Stanniolplatte. Auf den Zünderteller ist eine Tuchplatte geklebt, die über dem Pulverkorn ein Loch hat. Auf den Schraubenstift wird das gleichfalls aus Weißmetall bestehende Satzstück geschoben und durch die Stellmutter gegen die Tuchplatte des Tellers gepreßt. Das Satzstück trägt an der unteren Fläche eine ringförmige Ausdrehung, und den mit Kornpulver vollgepreßten Satzkanal von $9\,^1/_2$ Sekunden Brennzeit, in Achtelsekunden geteilt. Der Kanal ist nicht in sich geschlossen, sondern es ist etwas

Metall — die Brücke — stehen geblieben. Sie befindet sich unterhalb des Brandloches, einer Bohrung im Satzstück zur Aufnahme des Vorsteckers. Der Satzkanal ist in einer Nase bis auf die Brücke verlängert. In der im wesentlichen zylindrischen Bohrung des Satzstückes hängt mittels zweier spröden Metallarme (Brecher) der Pillenbolzen *i* mit der gepreßten Zündpille *k*. Ihr gegenüber ist am Boden des Satzstückes die Zündnadel *l* aus Neusilber angebracht. Beide sind durch den Vorstecker getrennt. Vor dem Laden wird das Satzstück so weit gedreht, daß der die gefundene Brennzeit angebende Teilstrich über dem Zeiger des Zündertellers steht, und der Vorstecker herausgezogen. Durch den Rückstoß der Pulvergase brechen beim Abfeuern die den

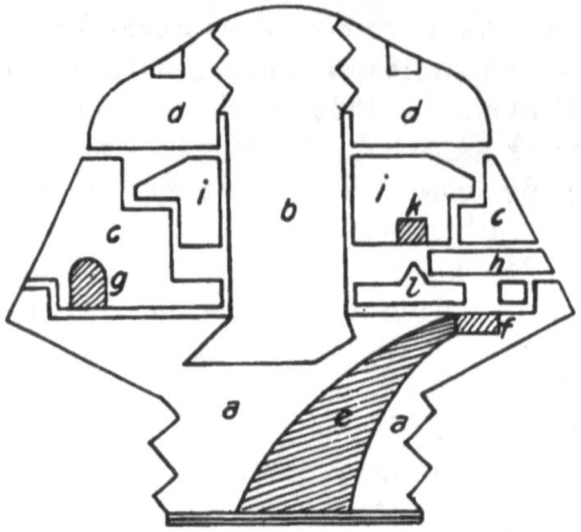

Fig. 5.
Richterscher Zünder.

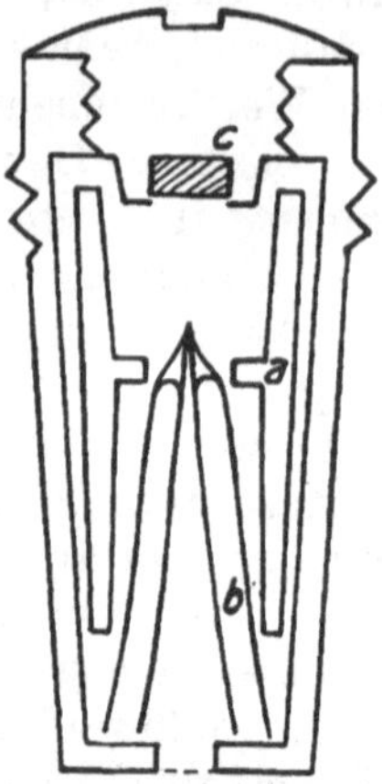

Fig. 6.
Feldgranatzünder C/80.

Pillenbolzen tragenden Arme ab und die Zündpille schießt sich auf die Nadel. Ihr Feuerstrahl entzündet durch das Brandloch die Nase des Satzringes, dieser brennt bis zu dem eingestellten Teilstrich, und hier, an der Stelle des Zeigers, wird das Feuer über das gepreßte Pulverkorn durch die Schlagkammer nach der Sprengladung geleitet.

Der Richtersche Zünder fand zunächst nur bei der Fußartillerie Eingang; jedoch schon im Feldzuge 1870/71 wurden Feldschrapnells unter Verwendung des Feldschrapnellzünders C/70 eingeführt, einem Zünder, der sich im Prinzip von dem Richterschen Zeitzünder nicht unterschied. Nach dem Kriege ging in Deutschland wie in den übrigen Ländern ein zielbewußter Ausbau des Zünderwesens mit der Neubewaffnung Hand in Hand. In Preußen entstand die Zündvorrichtung C/73, die sich indessen von dem Neumannschen Granatzünder nur wenig unterschied; ein neues Prinzip jedoch wurde mit dem preußischen Feldgranatzünder C/80 (Fig. 6) zur Anwendung gebracht, nämlich die Bildung des Nadelbolzens aus Zündnadel und Schlagstück im Geschoß durch den Rückstoß der Pulverladung. Durch diese Einrichtung ist die Sicherung des Zünders durch einen Vorstecker überflüssig gemacht. Der Zünder ist folgendermaßen eingerichtet:

Das Schlagstück *a* sitzt auf der konischen Zündnadel *b*, die aus verzinntem Stahl gefertigt ist, federnd auf und hält die Nadel in bestimmter Entfernung vom Zündhütchen *c* fest. Beim Abfeuern schiebt es sich nach rückwärts über die Nadel und beim Aufschlag fliegt der so gebildete Nadelbolzen gegen das Zündhütchen vor. Das Einschrauben des Zünders in das Mundlochfutter der Granate erfolgt erst kurz vor dem Schuß. Das Zusammenschießen von Nadel und Schlagstück erfordert jedoch so viel Kraft, daß dieser Zünder nur für Flachbahngeschütze mit großer Ladung Verwendung finden konnte. Für Steilfeuergeschütze wurde er erst brauchbar, nachdem man ihn mittels eines Gewinderinges so in das Geschoß eingesetzt hatte, daß er sich beim Rückstoß ein kurzes Stück zurückbewegen konnte und so die Kraft des Schlagstückes durch sein Gewicht verstärkte (Granatzünder C/82).

In Frankreich wurde seit 1875 der Budinsche Zünder eingeführt, der im wesentlichen nach dem Prinzip des preußischen Feldgranatzünders C/80 gebaut ist, und aus einem Schlagstück mit zwei gegeneinander verschiebbaren Teilen besteht. Auch die englischen Aufschlagzünder jener Zeit zeigen keine grundsätzlichen Abweichungen von den deutschen und französischen Modellen. — Eine neue Umgestaltung erfuhren die Zünder mit der Einführung brisanter Sprengstoffe als Granatfüllung an Stelle des bisherigen Schwarzpulvers. Im Jahre 1886 führte Frankreich, kurz nach der Entdeckung der Detonationsfähigkeit der Pikrinsäure durch Turpin, die Pikrinsäure unter dem Namen Melinit als Granatfüllung ein. Da die brisanten Sprengstoffe, wie die Pikrinsäure und das hernach eingeführte Trinitrotoluol nur mittels Sprengkapsel zur Explosion gebracht werden können, mußte zwischen Sprengladung und Zündvorrichtung eine Zwischenladung, die sogenannte Zündladung eingeschaltet werden. Hierzu wählte man einen gepreßten oder gegossenen Körper aus Pikrinsäure bzw. Trinitrotoluol, der eine Sprengkapsel umschließt. In Deutschland ging man 1888 zur Pikrinsäure als Granatfüllung über und setzte vor dem Einschrauben des Granatzünders 82 eine Zündladung aus geschmolzener Pikrinsäure in das Mundlochfutter des Geschosses. Etwas bequemer gestaltete sich das Fertigmachen der Granate nach Einführung der geladenen Mundlochbüchse, die den Zündladungskörper bereits enthielt, so daß nur noch der Zünder aufgeschraubt zu werden brauchte. Zwischen Zünder und Zündladung konnte noch eine Verzögerung eingesetzt werden in Gestalt eines gepreßten Pulverkornes; damit sollte das Geschoß seine zerstörende Wirkung erst dann entfalten, nachdem es eine gewisse Strecke in das Ziel eingedrungen war. Dies Prinzip der Verzögerung zur Erzielung einer Minierwirkung hat auch bei späteren Zündern Verwendung gefunden. Eine völlig abweichende Art der Verzögerung zeigt der russische Aufschlagzünder für Schießwollgranaten vom Jahre 1889, der ein Bodenzünder ist. Der Nadelbolzen muß nach Auftreffen des Geschosses erst eine bedeutende Arbeit verrichten, ehe er das Zündhütchen anstechen kann: er muß die Widerlager eines Sicherheitszylinders aufbiegen und einen 2 mm starken Aufhalter aus Blei durchstoßen.

Von den bisher besprochenen Zündern haben alle bis auf den soeben angeführten russischen den Nachteil, daß sie die Geschoßspitze schwächen, wodurch namentlich die Wirkung gegen harte Panzerziele leidet; man ging daher auch in anderen Ländern dazu über, die Zündvorrichtung in den Boden des Geschosses zu verlegen; so in dem englischen Fuze Percussion Base Large Nr. 2 M/IIc. Die Pulvergase drücken beim Abfeuern eine Platte zusammen und schieben eine Spindel vor, so daß ein Sicherungsbolzen, der Zentrifugalkraft folgend, herausfliegen und dem Nadelbolzen den Weg freigeben kann.

Für die weitere Ausgestaltung der Brennzündungen waren folgende drei Richtungen maßgebend. 1. Das Schrapnell der schweren Festungsgeschütze mit großer Schußweite konnte nur Verwendung finden, wenn dem Zünder eine längere Brenndauer gegeben wurde. Dies erreichte Preußen im Schrapnellzünder C/72 durch Übereinanderlegen zweier Satzstücke, von denen das obere bis 10 Sekunden, das untere von 10 bis 18 Sekunden reichte. Hierdurch wurde die Reichweite auf 4500 m erhöht. 2. Bei den bisherigen Brennzündern waren Blindgänger unvermeidlich, wenn aus irgendeinem Anlasse der Satzring nicht in Brand geriet, während des Fluges erlosch oder auf zu lange Brenndauer gestellt war, und 3. machte sich das Bedürfnis nach einer Einrichtung geltend, durch die das Einschießen mit Granaten vor jedem Schrapnellschießen vermieden wurde, weil bei dem verschiedenen Gewicht beider Geschosse doch nie ein übereinstimmendes Ergebnis möglich war. — Die beiden letzten Forderungen wurden dadurch erfüllt, daß man dem Brennzünder stets einen Aufschlagzünder mitgab. Dadurch gewann man gleichzeitig noch den sehr bedeutenden Vorteil, daß man für den Fall des plötzlichen Erscheinens eines nahen Zieles, während mit Schrapnells auf größere Entfernung geschossen wurde, ohne Zeitverlust zum

Feuern mit Aufschlagzündung übergehen konnte. Auch wurde mit der Doppelzündung eine vielseitigere Geschoßwirkung erreicht, da neben der Streuwirkung gegen lebende Ziele bei Brennzündung eine Ausnutzung der lebendigen Kraft des Einzelgeschosses gegen leichte Deckungen bei Aufschlagzündung stattfinden konnte.

Der erste Zünder dieser Art war der preußische Doppelzünder C/85 (Fig. 7) mit Doppelzündschraube C/85 (Fig. 8).

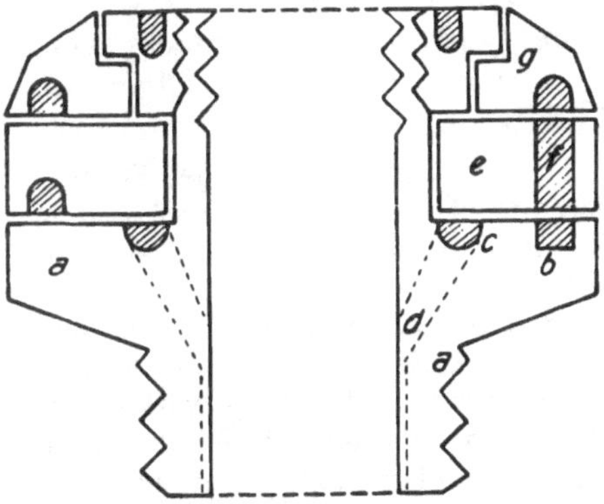

Fig. 7. Doppelzünder C/85.

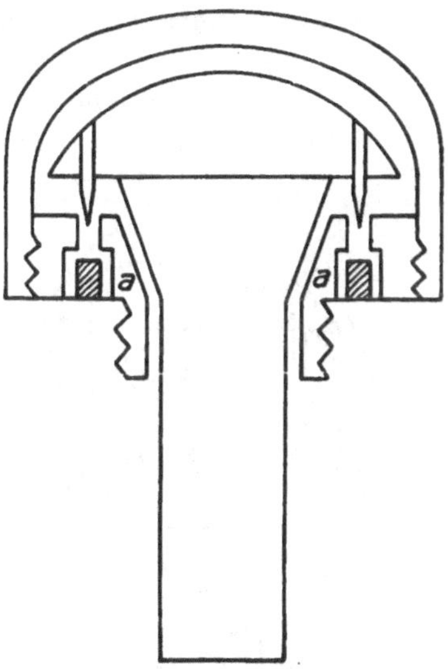

Fig. 8. Doppelzündschraube C/85.

Der Brennzünder ist entsprechend dem Schrapnellzünder C/72, also nach dem Prinzip des Richterschen Zeitzünders gebaut. Sein Hauptteil ist der Zünderteller *a*, in dessen Schaft ein Gewinde zum Einschrauben in das Geschoß geschnitten ist, und in dessen zylindrische Bohrung die Doppelzündschraube eingeschraubt wird. In der Oberfläche des Tellers befindet sich eine Bohrung *b*, als Lager für ein Pulverkorn und eine ringförmige Ausdrehung *c*, die mit losem Kornpulver gefüllt ist. Sie ist mit dem Pulverkorn durch ein mit dem Innenraum des Tellerschaftes durch sechs schräge Brandlöcher *d* verbunden und oben durch eine eingeschraubte Platte abgedeckt. Auf dem Zünderteller ruht das untere Satzstück *e*, dessen Brandloch *f* am Satzringanfang zylindrisch nach oben gebohrt ist. Den Abschluß bildet das obere Satzstück mit einer Brennzeit bis $13^5/_8$ Sekunden, die durch das untere auf $26\,^2/_8$ Sekunden erweitert wird. Die Doppelzündschraube enthält im Schaft eine Aufschlagzündung nach Art des Feldgranatzünders C/80. Zwischen dem Schaft und der Sicherheitskappe aus Stahl liegt der Gewindering *a*, der zwei Zündhütchen trägt. Senkrecht über ihnen sind im Kopf der Bolzenkapsel zwei Zündnadeln befestigt; beim Abfeuern wird durch den Rückstoß der Aufschlagzünder in der Zündschraube scharf. Ferner schiebt sich die Bolzenkapsel in den Gewindering hinein, die beiden Zündhütchen werden angestochen und ihr Feuerstrahl entzündet den Satzring im oberen Satzstück. Das Feuer durchläuft erst das obere, dann das untere Satzstück und schlägt durch die ringförmige Schlagladung und die sechs Brandlöcher an der Bolzenkapsel vorbei in die Sprengladung. Soll der Doppelzünder nur als Aufschlagzünder verwendet werden, so wird er so gestellt, daß die Brücke des unteren Satzstückes über dem Pulverkorn des Zündertellers liegt.

Der Doppelzünder C/85 erfuhr schon im folgenden Jahre eine wichtige Verbesserung durch die Doppelzündschraube C/86 (Fig. 9). Diese ist kleiner als die vom Jahre 1885 und weicht von ihr hauptsächlich in folgenden Punkten ab:

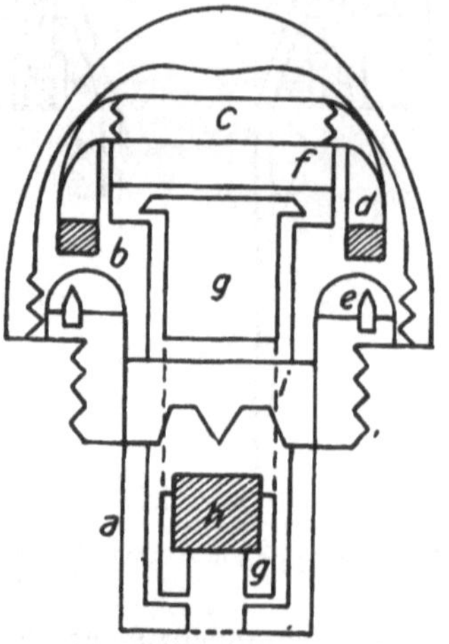

Fig. 9. Doppelzündschraube C/86.

Durch den Rückstoß der Pulvergase drückt die Bolzenkapsel *a* den Sperring *b* zusammen und schießt sich in den Gewindering *c*. Dadurch werden die Zündhütchen *d* von den Nadeln *e* angestochen, und der Feuerstrahl entzündet das Pulverkorn *f*. Ist dies abgebrannt, so ist der Weg für den Schlagbolzen *g* frei, und das in ihm enthaltene Zündhütchen *h* kann sich beim Aufschlag auf die Nadel *i* aufschießen, die, durch einen Schlitz im Schlagbolzen hindurchgreifend, an der Wand der Bolzenkapsel festgenietet ist. Der Doppelzünder C/86 hat von der älteren Konstruktion den Vorzug größerer Sicherheit, da der Schlagbolzen durch das Pulverkorn und die kleinen Zündhütchen durch den Sperring festgehalten sind; außerdem ist die Wirkung der Aufschlagzündung sicherer, weil der Feuerstrahl des Zündhütchens einen erheblich kürzeren Weg zurückzulegen hat.

Eine Änderung der bestehenden Zünder wurde Ende der achtziger Jahre nötig, als die brisanten Geschoßfüllungen in Form geschmolzener Pikrinsäure, die bisher verwendeten Schwarzpulverladungen verdrängten. Wie bei den Granat-Aufschlagzündern wurde die Einschaltung einer Zündladung mit Sprengkapsel erforderlich. In Deutschland gab man dem Doppelzünder C/85 eine verlängerte Zünderschraube, die den Zündladungskörper aufnahm (Doppelzünder 88). Ähnliche Einrichtungen wurden auch in den übrigen Ländern geschaffen. Die Verbesserungen der nächstfolgenden Jahre erstrecken sich hauptsächlich auf Erhöhung der Brenndauer, vermehrte Sicherheit und größere Einfachheit in Handhabung und Zündung, sowie auf Verbesserung und Verbilligung des Materials. Frankreich vergrößerte 1889 Durchmesser und Höhe des Kopfes seines Doppelzünders M/84, so daß die Satzröhren verlängert und ein Zünder von 46 Sekunden Brennzeit (bisher 22 Sekunden) geschaffen werden konnte. In Deutschland wurde die Herstellung eines verbesserten Zünders mit der Einführung des neuen Schrapnells von 1891 verbunden, dessen Hartbleikugeln in einem dünnen Stahlmantel untergebracht sind. Der neue Zünder, Doppelzünder 92, ist auf dem Prinzip der Doppelzündschraube C/76 aufgebaut: seine Vorzüge sind längere Brenndauer (17,8 Sekunden bei 4500 m Reichweite) und größere Schußbereitschaft.

Neben den mannigfachen Verbesserungen, die man in verschiedener Richtung und mit gutem Erfolge an den Zündern anbringen konnte, sind in den letzten Jahren Bestrebungen im Gange, Feuerbereitschaft und Wirkung der Artillerie noch weiter dadurch zu erhöhen, daß man die Munition einheitlich zu gestalten, d. h. ein Geschoß herzustellen sucht, das sowohl die Wirkung der Granate wie die des Schrapnells zu erzielen gestattet. Bisher konnte man sich wohl desselben Zünders für beide Geschoßarten bedienen, aber diese mußten getrennt mitgeführt werden. Durch Vereinigung beider in einem Einheitsgeschoß wird die Fabrikation, die Ausrüstung und Ausbildung und der Munitionsersatz wesentlich vereinfacht, und es ist bei Mitnahme eines einzigen Geschoßtyps möglich, das Ziel mit Granat- oder Schrapnellwirkung zu beschießen. Unter diesen Gesichtspunkten regte Generalmajor Richter 1904 an, die Kugeln des Schrapnells anstatt mit Schwefel oder Kolophonium mit dem als Granatfüllung dienenden Sprengstoff festzulegen und ihn je nach der beabsichtigten Wirkung unter bloßer Zerstäubung oder unter Detonation auflösen zu lassen. Danach fiel der Zündung die Aufgabe zu, mittels besonderer Einrichtung eine beliebige Betätigung des Füllmittels zu bewirken: entweder unter Explosion das Geschoß zu zerstören, die Brisanzfüllung in Staub aufzulösen und die Kugeln freizugeben (Schrapnellwirkung) oder aber den Sprengstoffinhalt zu detonieren und Geschoßkörper wie Füllkugeln in zahlreiche Sprengstücke zu zerlegen (Granatwirkung). Diese Aufgabe konnte erst durch Einführung des Trinitrotoluols, eines unempfindlichen und chemisch indifferenten brisanten Sprengstoffs gelöst werden, der die Metalle — Geschoßwände und Füllkugeln — nicht wie Pikrinsäure unter Bildung stoß- und schlagempfindlicher Salze angreift, sondern unbedenklich mit Metallen in Berührung gebracht werden darf.

Ungefähr seit dem Jahre 1905 hat man sich in den einzelnen Staaten um die Herstellung solcher Einheitsgeschosse bemüht und diese durch zahlreiche Neukonstruktionen zu hoher Vollkommenheit gebracht. In Deutschland ist dieses System besonders durch die Brisanzschrapnell-Konstruktionen[1] von Ehrhardt van Essen verbessert worden; Fig. 10 zeigt das Brisanzschrapnell M/06 im Längsschnitt.

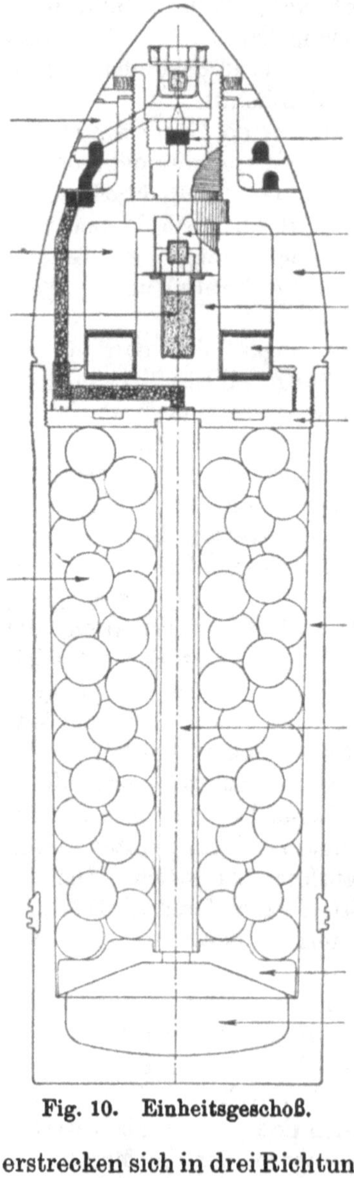

Fig. 10. Einheitsgeschoß.

Als Zünder findet ein rohrsicherer Doppelzünder System Ehrhardt Verwendung, dessen Brennzeit für Steilbahngeschütze bis zu 34 Sekunden gesteigert wird. Um aus dem Zünder gleichfalls eine möglichst große Zahl wirksamer Sprengstücke zu erhalten, werden seine Einzelteile anstatt aus Aluminium aus Stahl bzw. Hartmessing gefertigt.

Allen bisher beschriebenen Zündungen dient zur Einstellung die Brenndauer einer verschieden langen Satzsäule. Nun ist aber nicht zu verkennen, daß die Verwendung eines brennbaren Pulversatzes als genaues Zeitmaß verschiedene Mängel anhaften. Zunächst verändert sich ein Brennzünder schon bei längerer Lagerung durch die Hygroskopizität des Satzes; dann ist die Brenndauer auch in hohem Maße vom Luftdruck abhängig. Es hat daher nicht an Bemühungen gefehlt, den Brennzünder durch eine mechanische Einrichtung zu ersetzen. Dahin zielende Versuche gehen auf das Jahr 1865 zurück und erstrecken sich in drei Richtungen, indem sie den Antrieb des Zünders

[1] E. Neumann, Auf dem Wege zum Einheitsgeschoß, Zeitschr. f. Schieß- u. Sprengst. 1911, S. 128, 151, 170.

erstens durch die Schwerkraft oder den Luftwiderstand, zweitens durch eine sich bewegende Flüssigkeit und drittens durch ein Uhrwerk zu erreichen suchten. Von diesen drei Zünderarten hat allein die letzte Aussicht, den Brennzünder zu verdrängen, und zwar in Form eines Zeitzünders, dessen Mechanismus ähnlich dem einer Uhr durch eine gespannte Feder angetrieben wird. Die ersten Modelle zu solchen Uhrzündern wurden 1865 und 1878 in Amerika geschaffen; sie waren jedoch so kompliziert und unpraktisch wie

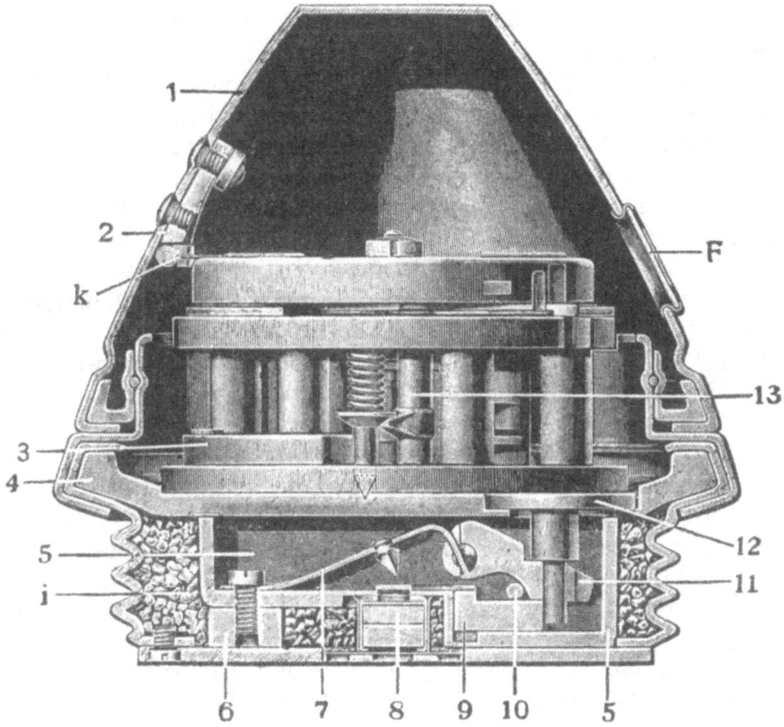

Fig. 11. Krupps mechanischer Doppelzünder vor dem Schuß.

die späteren der neunziger Jahre. Der erste praktisch anwendbare Zünder war der von Bäcker 1901 konstruierte Zeitzünder, aus dem dann 1905 der Kruppsche mechanische Doppelzünder[1] hervorging, als der einzige mechanische Zeitzünder der Welt, welcher durch umfangreiche Versuche in jeder Richtung mit bestem Erfolg erprobt ist. Fig. 11 zeigt diesen Zünder im Längs-

[1] Derselbe, Fried. Krupps Uhrzünder, Zeitschr. f. Schieß- u. Sprengst. 1912, S. 1 u. 25.

schnitt. Der Mechanismus des Zünders zerfällt 1. in das Gehwerk, 2. in die Aufschlagzündung und 3. in das Gehäuse mit Stellvorrichtung für die Zeitzündung, von denen jeder dieser Teile sich wieder aus zahlreichen Zünderteilen zusammensetzt. Das Uhrwerk, die Seele der Zeitzündung, wird durch das Beharrungsvermögen eines Bolzens beim Rückstoß der Pulvergase ausgelöst; der Antrieb geschieht durch Federkraft und zwar — nicht wie bei einer gewöhnlichen Uhr durch eine Wickelfeder — sondern durch eine gerade Feder. Das Uhrwerk des Kruppschen mechanischen Doppelzünders besitzt eine Hemmung mit Unruhe; diese Unruhe kann je nach dem gewählten Übersetzungsverhältnis der Räder in der Sekunde 60 bis 300 Schwingungen machen. Die Abweichungen im Gange des Werkes können daher auf weniger als eine hundertstel Sekunde eingeschränkt werden, — verglichen mit dem Brennzünder, eine überraschend große Genauigkeit, die am schlagendsten aus den Schießergebnissen mit Kruppschen Uhrzündern hervorgeht. Der Zünder läßt folgende Benutzungsweisen bzw. Stellungen zu: 1. Zeitzündung, 2. Null- oder Kartätschenstellung und 3. Aufschlagzündung. Ferner ist er in günstigster Weise zum Drei- oder Vierfachzünder ausbildbar und deshalb berufen, bei der Konstruktion der modernen Einheitsgeschosse noch eine große Rolle zu spielen.

II. Initialzündung bei Sprengstoffen.

Der erstbenutzte Sprengstoff war das Schwarzpulver. Jahrhunderte lang schon war dieser Stoff als Treibmittel in den verschiedenen Schußwaffen benutzt worden, aber erst gegen Ende des 17. Jahrhunderts fing man auch an, die Explosivkraft des Schießpulvers im Berg- und Straßenbau zum Sprengen von Steinen und zur Beseitigung von Hindernissen aller Art zu gebrauchen. Die erste sichere Nachricht über die Verwendung von Schießpulver zur Sprengarbeit findet sich in dem Protokolle des Schemnitzer Berggerichtsbuches vom 8. Februar 1627, wonach ein Tiroler Bergmann, Kaspar Weindl, die erste Sprengung an diesem Tage durchgeführt hätte. Von Schemnitz aus wurde die Sprengarbeit nach Böhmen und dem Harze eingeführt, und zwar 1632 in Clausthal, 1645 in Freiberg, 1670 in England und 1724 in Schweden.

Die Zündungsart der Schwarzpulver-Sprengladungen unterschied sich nicht wesentlich von derjenigen der Treibladungen in größeren Waffen. Die Explosion wurde durch direkte Feuerzündung, meistens durch Funken oder Flamme ausgelöst; zum Schutz und zur Sicherheit gegen umherfliegende Sprengstücke bediente man sich bald eines Feuerübertragungsmittels, das während des Abbrennens gestattete, sich zu entfernen und in genügende Sicherheit zu bringen. So bildete sich zuerst der Halmzünder oder die Stoppine aus, ein mit feinkörnigem Pulver gefülltes Röhrchen aus Stroh, an welches noch ein kurzer Schwefelfaden geklebt wurde. Letzterer wurde nun zunächst entzündet, das Feuer griff auf die pulvergefüllte Stoppine über und von dieser auf die Schwarzpulver-Sprengladung. Dieses Verfahren war begreiflicherweise sehr unsicher und unzuverlässig; bei schlechter Witterung, bei Nässe, Regen, bei Sprengungen in feuchten, nassen Bohrlöchern versagte diese Art der Zündung nur zu häufig und mußte dann wiederholt, oft mehrfach wiederholt werden. Es war daher ein sehr willkommener Fortschritt, als 1831 mit der Erfindung der Bickfordschen Zündschnur ein Zündmittel von viel größerer und allgemeinerer Anwendbarkeit geschaffen wurde, das in der Folgezeit eine der wichtigsten Rollen bei der Zündung von Sprengladungen spielen sollte.

Mehr als zwei Jahrhunderte lang blieb das Schwarzpulver das einzig bekannte Sprengmittel. Erst das 19. Jahrhundert brachte neue Sprengstoffe, zunächst die sogenannten Nitrokörper, die Salpetersäureester von Zellulose und ähnlichen Kohlehydraten. Nachdem Braconnot 1832 durch Einwirkung konzentrierter Salpetersäure auf Holzfasern, Stärkemehl u. dgl. die ersten explosiven organischen Nitrokörper erhalten hatte, erfolgte dann im Jahre 1846 die folgenreiche Entdeckung der Schießbaumwolle und des Nitroglyzerins. Beide Substanzen erwiesen sich stark explosiver Natur und dem Schwarzpulver an Sprengkraft weit überlegen. Es regten sich daher bald Bestrebungen, die Kraft der neuentdeckten Explosivstoffe in den Dienst der Technik zu stellen; allein man stieß dabei auf eine besondere Schwierigkeit, darin bestehend, die Sprengkraft dieser Stoffe bequem und sicher auszulösen. Es stellte sich nämlich heraus, daß die übliche, für Schwarzpulver ausreichende Methode der Auslösung durch einfache Zündung mit einer Flamme oder einer Zündschnur nicht genügte, um jederzeit mit Sicherheit den explosiblen Zerfall herbeizuführen; anderseits machte man aber die schlimme Erfahrung, daß diese Körper gegen Stoß und Schlag überhaupt gegen jede mechanische Einwirkung sehr empfindlich waren und leicht und mit großer Gewalt explodierten — im Gegensatz zum Schwarzpulver, das auf diese Art fast gar nicht zur Explosion zu bringen ist. Das äußerliche Verhalten des Schwarzpulvers war also bei diesen organischen Sprengstoffen gleichsam auf den Kopf gestellt; denn während jenes bei fast völliger Unempfindlichkeit durch Flamme, ja selbst schon durch Funken explodiert, konnte man Nitroglyzerin ruhig anzünden und mit Flamme ohne Gefahr abbrennen lassen, dagegen durch Schlag zu heftigster Explosion bringen.

Nun stand man vor der großen Aufgabe, eine geeignete Methode zu schaffen, welche es ermöglichte, die Sprengkraft dieser neuen Explosivstoffe jederzeit sicher auszulösen, d. h. man stand vor dem großen und wichtigen Problem der Explosionseinleitung, oder wie man sich später ausdrückte, der Initialzündung. Der erste, der sich mit diesem Problem eingehend beschäftigte, war der junge schwedische Ingenieur Alfred Nobel. Dieser hatte sich bereits schon in den Jahren 1859 bis 1861 gemeinsam mit seinem Vater Emanuel Nobel mit der fabrikatorischen Herstellung und Verwertung des Nitroglyzerins abgegeben, nachdem beide schon früher durch einige Versuche mit diesem Stoff zu der Überzeugung gelangt waren, daß das Nitroglyzerin der Explosivstoff der Zukunft werden müsse. Bereits im Jahre 1862 war es dem jungen Nobel gelungen, Nitroglyzerin zum erstenmal in größerem Maßstabe zu erzeugen und nun galt es, Mittel und Wege zu finden, das fabrizierte Produkt zuverlässig und vollständig zur Detonation zu bringen. Die praktische Auslösung und Auswertung der Sprengkraft des Nitroglyzerins gestaltete sich jetzt für Nobel zu einem Problem, das ihn fortdauernd und nachhaltig beschäftigen sollte; er ahnte wohl bei den Bemühungen, die er sich damals für seinen Gegenstand angelegen sein ließ, kaum die umwälzende, revolutionäre Bedeutung, die in der Auffindung eines solchen Auslösungsmittels dem ganzen zukünftigen Entwicklungsgang der Sprengtechnik zukommen sollte.

Zu Anfang des Jahres 1863 begann Nobel die ersten Versuche, das nach ihm benannte Öl, das Nitroglyzerin für Sprengzwecke zu benutzen. Zuallererst verwendete er das Nitroglyzerin nicht für sich, sondern als Zusatz[1] zu Schwarzpulver, Schießbaumwolle oder anderen Substanzen, um letztere sprengkräftiger zu machen. Nobel führte die Versuche auf folgende Weise[2] aus:

Patronenhülsen von Zinkblech, an einem Ende offen, wurden mit gewöhnlichem Schwarzpulver gefüllt und dazu so viel Nitroglyzerin gegossen, als in den Zwischenräumen des Pulvers Platz hatte; die Hülse wurde hierauf mit einem Korkstopfen genau verschlossen und die Patrone so in das Bohrloch gesteckt, daß der

[1] Schwed. Pat. vom 14. Okt. 1863; engl. Pat. 2359 vom 24. Febr. 1863.
[2] Dingl. polyt. Journ. Bd. 171, S. 243.

Korkstopfen nach unten kam, d. h. das feste Gestein berührte. Der Zwischenraum zwischen Patrone und Bohrlochwand wurde dann mit Schwarzpulver so ausgefüllt, daß letzteres die Patrone nicht allein ringsum umhüllte, sondern auch von oben bedeckte; diese äußere Hülle von Schwarzpulver wurde dann mittels einer Zündschnur zur Explosion gebracht, welch letztere sich dem mit Sprengöl getränkten Schwarzpulver mitteilte. Nobel versuchte nun weiter diesen Gedanken, Schwarzpulver als Zündpulver zu verwenden, und versuchte, ob es möglich wäre, durch Beiladungen von Schwarzpulver das Sprengöl selbst zur Explosion zu bringen, so wie er vorher mit Sprengöl getränktes Schwarzpulver hatte explodieren lassen.

In seinem bayrischen Patente hat sich Nobel eingehend hierüber geäußert; es seien daher im folgenden die wichtigsten Stellen im Wortlaut[1] wiedergegeben:

Es gibt eine Unzahl chemischer Stoffe, welche in einem offenen Raum angezündet werden können, ohne zu explodieren, z. B. Nitroglyzerin, Nitromannit, salpetersaurer Harnstoff, die Äthyl- und Methylnitrate usw.; sie erleiden zwar an der Berührungsstelle des Feuers eine Zersetzung, jedoch zu langsam, um eine Explosion hervorzubringen; aus diesem Grunde haben diese Stoffe bisher keine Anwendung als Ersatzmittel des Pulvers gefunden. Einige dieser Körper, z. B. das Nitroglyzerin, detonieren mit großer Heftigkeit durch einen Hammerschlag; die Detonation erfolgt aber nur an der Berührungsstelle und das übrige erleidet weder eine Verpuffung noch eine Anzündung. Der Grund dieser Erscheinung liegt darin, daß das Nitroglyzerin und analoge Stoffe nicht durch Entzündung, sondern durch Erwärmung ihrer Masse auf 180° explodieren. Es hat das Nitroglyzerin nämlich zwei Zersetzungsgrade — der sehr langsame, wenn die Wärmeleitung als einzige Wärmequelle dient, und die äußerst heftige, wenn die Temperatur der ganzen Masse durch Druck bis auf 180° gesteigert wird. Um eine Totalexplosion hervorzubringen, ist es demnach notwendig, während des kurzen Verlaufs einer Explosion (höchstens etwa $^1/_{300}$ Sekunde) die ganze Masse bis auf 180° zu erwärmen.

Meine Erfindung besteht hauptsächlich in der Lösung dieses Problems, und das Nitroglyzerin ist der Körper, dessen ich mich vorzugsweise bediene. Mein Verfahren ist ein zweifaches:

I. Durch Mischen des Nitroglyzerins mit Schießpulver, Pyroxylin oder analogen Stoffen, wobei die letzteren ihre Wärme beim Verbrennen dem Nitroglyzerin augenblicklich mitteilen.

II. Vermittelst Erwärmung des Nitroglyzerins durch den Druck, welcher eine Lokaldetonation des Nitroglyzerins oder anderer explodierender Stoffe hervorbringt.

---

[1] Nach Bayr. Kunst- u. Gewerbebl. 1866, S. 684.

Es kann diese lokale Explosion auf verschiedene Art erzeugt werden, z. B.

1. wenn man Nitroglyzerin oder analoge Stoffe in Röhren mit Schießpulver — oder gleichwirkenden, zur Erwärmung beitragenden Stoffen — umgibt oder umgekehrt;
2. wenn man in dem Nitroglyzerin oder analogen Stoffen nur einen kleinen Zünder einsetzt, der mit Pulver oder ähnlichem Stoffe gefüllt ist;
3. durch einen starken elektrischen Funken, dessen Feuer nicht an der Oberfläche des Nitroglyzerins, sondern in die Masse hineindringt;
4. mittels eines Zündhütchens;
5. durch langsame Erwärmung eines geringen Teiles des Nitroglyzerins oder anderer explosiver Stoffe, welche dann die Wirkung durch den Druck fortpflanzen;
6. durch eine einfache Zündschnur. Dieses gelingt, wenn das Nitroglyzerin von allen Seiten eingeschlossen ist und das vergaste Nitroglyzerin nicht entweichen kann, bevor der angesammelte Druck die Totalerwärmung bis auf 180° oder die Totalexplosion hervorbringt.

Ich gebrauche vorzugsweise die oben im zweitenPunkte erwähnten Pulverzünder.

Da a) das Nitroglyzerin und die analogen Körper (welche in offenem Raume ohne Explosion entzündbar sind) zwar vor Jahren entdeckt, aber in der Praxis keine Anwendung gefunden haben, weil ihre Totalexplosion nicht hervorzubringen war; b) diese Körper nicht nur in offenem, sondern beinahe ganz verschlossenem Raume entzündet werden können, ohne zu explodieren; c) ein Hammerschlag nur eine Lokalexplosion hervorbringt und selbst an dem Hammer nach der Detonation noch flüssiges Nitroglyzerin haftet; d) sogar die Erhitzung der Totalmasse des Nitroglyzerins in einem offenen Geschirr keine Totalexplosion bewirkt; e) ich diese Stoffe aus dem Gebiete der Wissenschaft für die Industrie nutzbar gemacht habe und f) flüssige explosive Körper — wie das Nitroglyzerin — noch nicht zu technischen Zwecken gebraucht worden sind, so beanspruche ich als meine Erfindung:

1. die schnelle Erwärmung des Nitroglyzerins und analoger Körper durch Mischen derselben mit Schießpulver, Pyroxylin oder gleichen Stoffen — und den Gebrauch dieses Pulvers sowohl als Schieß- und Sprengpulver;
2. die plötzliche Erhitzung zum Explosionsgrade des Nitroglyzerins und analoger Körper oder Mischungen von diesen, durch den heftigen Druck einer lokalen Explosion, welche dann, in der Richtung des Widerstandes wirkend, eine Totalexplosion herbeiführt;
3. den ausschließlichen Gebrauch des Nitroglyzerins und analoger Stoffe oder Mischungen davon als Sprengsatz, insoweit dieser Gebrauch sich auf die oben erwähnten Erfindungen zurückführen läßt.

Der erste Teil des bayrischen Patents entspricht dem in Schweden und England 1863 genommenen, während der weitere Teil durch das schwedische Patent vom 15. Juli 1864 bzw. das englische Patent 1813 vom 20. Juli 1864 geschützt war. Praktisch versuchte Nobel eine Reihe verschiedener Anordnungen. Zunächst versuchte er es mit schwarzpulvergefüllten Holzzündern, die unten durch einen Kork verschlossen und oben durch ein enges Loch eine Zündschnur von angemessener Länge aufnehmen konnten. Dieser Patent-Holzzünder wurde dann in das mit Sprengöl gefüllte Bohrloch so weit hinuntergelassen, daß er etwa zur Hälfte in dem Öle schwamm. Nach dem Eintauchen des Zünders wurde die Zündschnur festgehalten und der übrige Teil des Bohrloches mit losem Sand ausgefüllt (Fig. 12).

Bei horizontalen und schwebenden Bohrlöchern, wo das Nitroglyzerin nicht direkt eingegossen werden konnte, wurden mit Sprengöl gefüllte Patronen angewendet. Der für die Patrone bestimmte Patent-Holzzünder wurde mit feinem Pulver gefüllt, mit der nötig langen Zündschnur versehen und dann in die Patrone so weit hineingedrängt, daß das Ende des Zünders sicher im Öle stak. Zuletzt schob man das Ganze ins Bohrloch und besetzte den übrigen Raum mit Sand. Nobel konstruierte auch Papppatronen mit doppeltem Boden (Fig. 13), worin sich unten eine Schicht von Pulver befand, welches durch eine Zündschnur zur Explosion gebracht wurde; auf das Pulver kam zunächst über einem durchbohrten Boden noch eine Kreideschicht und erst oberhalb dieser das Nitroglyzerin. Auch wandte Nobel ein System von zwei Patronen bzw. Hülsen an: unten im Bohrloch eine mit Sprengöl gefüllte und mit einem Kork verschlossene Hülse, darüber eine mit Schwarzpulver, in welche eine durch eine Korkscheibe oben festgehaltene Zündschnur eingeführt wurde. Nobel verfuhr ferner so, daß er in eine Hülse unten das Sprengöl und darüber, durch einen Kork getrennt, das Schwarzpulver brachte (Fig. 13).

Eine weitere Anordnung war die, wonach Pulver sich in einer inneren Glasröhre, das Sprengöl sich in einer äußeren Patrone befand, wie Fig. 14 das veranschaulicht. Das durch eine Zündschnur zur Explosion gebrachte Schwarzpulver zerschlägt zunächst das innere Glasrohr und erteilt dann dem äußeren Nitroglyzerin den nötigen Zersetzungsstoß. Statt Glasröhren verwandte Nobel auch Metallbehälter aus Weißblech, welche in Form einer Düte gerollt und mit Schwarzpulver gefüllt waren, sogenannte „Nobels Zünder". Welche Wichtigkeit diesen Nobelschen Pulverzündern zur Explosionseinleitung für Nitroglyzerin damals schon beigemessen wurde, beweist eine Stelle aus dem Hamburger Gewerbeblatt vom Jahre 1864, wo es neben den sprengtechnischen Vorzügen des Nitroglyzerins heißt: „Die Explosion des Nitroglyzerins bei Sprengungen wird durch einen kleinen Pulverzünder bewerkstelligt, auf dessen Konstruktion und Anbringung das Geheimnis des Erfinders beruht.“ (Fig. 14.)

Nun unternahm Nobel einen bedeutungsvollen Schritt, indem er seine Pulverzünder durch Knallquecksilber-Zündhütchen

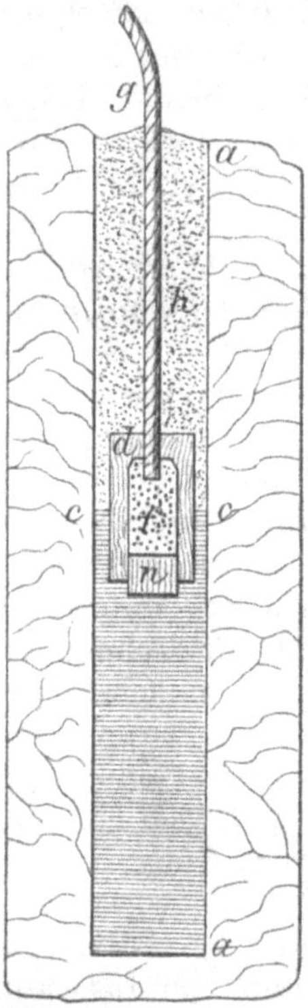

Fig. 12. *a* Bohrloch, *c* Niveau des Sprengöls im Bohrloch, *d* Holzzünder, *f* Pulverkammer, *g* Zündschnur, *h* Besatz, *n* Kork.

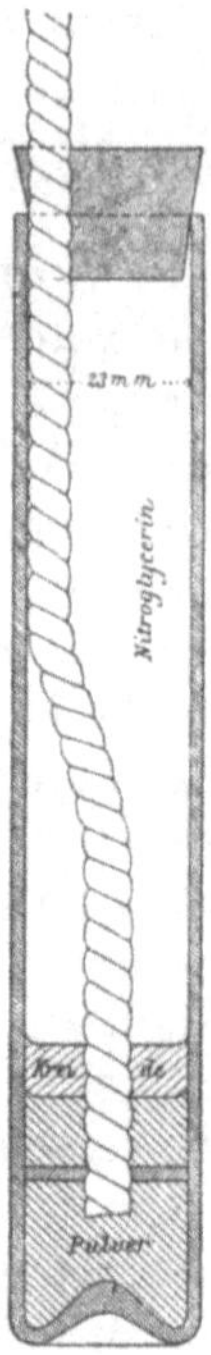

Fig. 13.

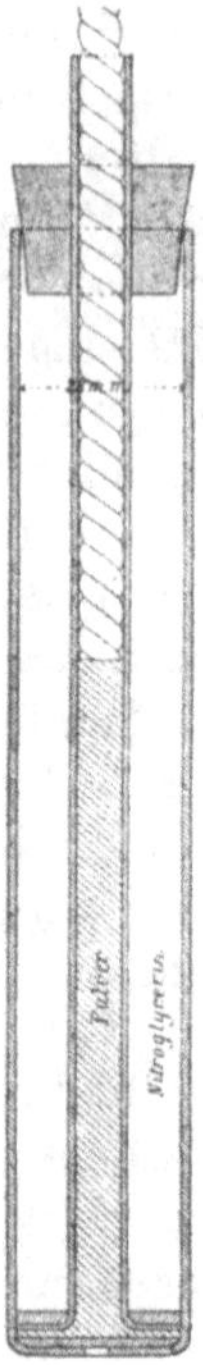

Fig. 14.

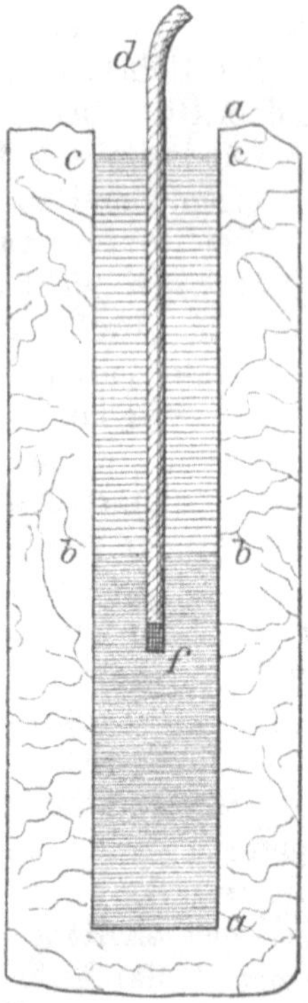

Fig. 15. *a a* Bohrloch, *b* Niveau des Nitroglyzerins, *c* Niveau des Wassers, *d* Zündschnur, *f* Zündhütchen.

zu ersetzen versuchte. Diese waren kleine kupferne Zylinderchen (vgl. S. 344), welche mit dem (im Jahre 1800 von Howard entdeckten) brisantesten Explosivstoff Knallquecksilber gefüllt und bereits seit 1815 für Handfeuerwaffen im Gebrauch waren. Bereits in seinen Patenten vom Jahre 1864 erwähnt Nobel diese Zündhütchen; in einer im Bayerischen Kunst- und Gewerbeblatt, Jahrgang 1865, S. 577, erschienenen Publikation wird als einfachstes

Verfahren bei vertikalen und nach unten gerichteten Bohrlöchern folgendes angegeben:

Das Sprengöl wird in das Bohrloch hineingegossen; anstatt Besatz wird der über dem Öl befindliche Raum des Bohrloches mit Wasser angefüllt. An einer Zündschnur von angemessener Länge wird, nachdem dieselbe gerade abgeschnitten ist, ein Patentzündhütchen fest angepaßt; die Zündschnur wird in das Bohrloch so weit hinuntergelassen, daß das Patentzündhütchen sicher im Öle steckt, jedoch nicht zu tief, damit der Druck mehr nach unten wirke (Fig. 15). Dazu wird bemerkt: Diese Methode ist noch zu wenig benutzt worden, als daß sie mit Bestimmtheit, trotz ihrer Einfachheit, der zweiten gegenüber in allen Fällen empfohlen werden könnte.

Auch bei Unterwasser-Sprengungen verwandte Nobel seine Patentzünder. Er führte ein Blechrohr bis auf den Grund des Unterwasserbohrloches, goß durch den Trichter des Rohres, welcher über die Wasseroberfläche hervorragen mußte, das Sprengöl, welches sich über dem Boden des Bohrloches ansammelte, und ließ dann die Zündschnur mit den Patentzündhütchen durch das Blechrohr auf die Sohle des Bohrloches hinab. Schließlich wurde das Blechrohr vorsichtig herausgezogen und die Ladung war beendet.

Nobels Patentzünder enthielten zuerst Schwarzpulver, dann Schwarzpulver und Knallquecksilber und später Knallquecksilber allein. Besonders als Nobel im Jahre 1867 statt des reinen Nitroglyzerins Mischungen desselben mit Kieselguhr verwandte — das erste Dynamit — hat er zur Explosionserregung den stärksten Stoff, das Knallquecksilber, für sich benutzt und unter Weglassung des Schwarzpulvers die noch heute gebräuchlichen Knallquecksilber-Sprengkapseln angewandt. Diese Sprengkapseln enthielten natürlich bedeutend mehr Knallquecksilber als die nur zur Zündung von Treibmitteln bestimmten Gewehrzündhütchen. Nobel hatte zur Aufnahme seiner Knallpräparate die schon früher erwähnten Metallbehälter aus Weißblech benutzt, später aber, bei Verwendung reinen Knallquecksilbers, konstruierte er kleine kupferne Kapseln, die in seinem englischen Patent[1] 1345 vom 7. Mai 1867 erstmals beschrieben sind. Wie weit Nobel damals schon Wesen und Wirkung seiner Neuerung begriffen hatte und wie er mit seinen Ansichten den späteren Theorien vorausgeeilt war, bezeugen einige Äußerungen aus dem oben angeführten Patent: „. . . Man ersieht hieraus, daß eine starke Knallquecksilber-Sprengkapsel, gleichgültig unter welchen Bedingungen, ob an freier Luft oder im Bohrloch, die Explosion bedingt. ... Die Sprengkapsel kann

[1] Das schwedische Patent ist vom 19. Sept. 1867.

jede beliebige Form aufweisen, — aber dessen ungeachtet wird ihre Wirkung immer darin bestehen, durch Erzeugung eines plötzlichen Druckes oder sehr heftigen Stoßes den Zerfall einer Sprengstoffmasse herbeizuführen."

Nobel zeigte also, daß bei Zwischenschaltung einer mit Knallquecksilber gefüllten Kupferkapsel zwischen die Zündflamme einer Zündschnur und den Nitroglyzerin-Sprengstoff volle Explosion des Sprengstoffs erzielt wird; er machte somit die höchst interessante und für die Sprengtechnik folgenreiche Entdeckung, daß die Explosion einer verhältnismäßig geringen Menge eines sehr brisanten Knallpräparates wie Knallquecksilber genüge, um beliebige Mengen von Sprengöl, auch wenn diese sich in ganz leichtem Einschlusse befinden oder selbst teilweise freiliegend sind, mit voller Sicherheit zur Detonation zu bringen. Man nennt die Methode, die Detonation von Sprengmitteln durch die Explosion kleiner Mengen starker Knallpräparate zu bewirken, „Zündung durch Detonation" und die einleitende Explosion selbst „Initialexplosion". Will[1] sagt in einem Vortrage über die Bedeutung dieser Nobelschen Erfindung folgendes:

Die Einführung dieser Knallquecksilbersprengkapseln in die Sprengtechnik ist es sonach, welche die sprengtechnische Verwertung des Nitroglyzerins ermöglicht hat. Und so einfach und klein auch jetzt der Schritt erscheint, von der Verwendung des Knallquecksilbers in Zündhütchen der Perkussionswaffen zu der Auswertung dieses Stoffes in Sprengkapseln zur Umwandlung der Zündschnurzündung in eine Stoßwelle, welche die Detonation der neuen Sprengstoffe bewirkt, so hat man doch, und, wie ich glaube, mit Recht, darauf hingewiesen, daß er für die Entwicklung der Sprengtechnik ein Schritt von ungeheurer Bedeutung gewesen ist. Schon allein die Tatsache, daß sie dadurch um einen so gewaltigen brisanten Sprengstoff wie das Nitroglyzerin bereichert wurde, d. h. einen Sprengstoff von viel plötzlicherer, durchschlagenderer Detonationswirkung, als sie mit dem Schwarzpulver bewirkt werden konnte, ist nicht hoch genug anzuschlagen. Die festesten Gesteine, die härtesten Metalle, denen genüber die Sprengkraft des Schwarzpulvers versagte, ließen sich nun bezwingen, und man hat nicht übertrieben, wenn man darauf hingewiesen hat, daß erst hierdurch solche Riesenwerke wie die keinem Hindernis weichenden Verkehrswege unserer Zeit, Tunnelbauten, wie der Gotthard- und Simplontunnel, die großen Kanalbauten, wie der Panamakanal, und ähnliche Wunder menschlicher Schaffenskraft möglich geworden sind.

Die sprengkraftauslösenden Wirkungen der Sprengkapsel sollten aber nicht allein den Nitroglyzerinsprengstoffen zugute

---

[1] Der Fortschritt in der Auslösung der explosiblen Systeme und sein Einfluß auf die Sprengstoffindustrie, Verhandl. d. Ver. z. Beförd. d. Gewerbefleißes.

kommen: schon im folgenden Jahre 1868, kurz nach Nobels Patentierung der Sprengkapsel, zeigten Abel und Brown[1], daß auch die Nitrozellulose, die bei einfacher Zündschnurzündung ohne Einschluß nur rasch verbrennt, durch Verwendung solcher Knallquecksilbersprengkapseln, ebenfalls zu voller Detonation kommt. Dadurch war auch der militärischen Sprengtechnik ein neuer, das Schwarzpulver vielmal übertreffender Sprengstoff zugeführt worden, der in Form von Sprengkörpern, Torpedo- und Minenladungen u. a. bald eine große Bedeutung erlangen sollte.

Indessen ist die Verwendungsmöglichkeit dieser beiden wirkungsvollen Sprengmittel aus Glyzerin und Zellulose vielleicht noch nicht das wesentlichste Geschenk, welches wir der Einführung der Sprengkapsel verdanken. Der gewaltige Aufschwung, den die organische Chemie in der zweiten Hälfte des vergangenen Jahrhunderts nahm, vermehrte den Schatz an neuen Verbindungen durch eine größere Zahl sauerstoffreicher Körper, die aromatischen Nitrokörper. Die Eigenschaft der Salpetersäure, aus organischen Verbindungen explosible Systeme zu erzeugen, erstreckt sich nicht allein auf alkoholartige Körper wie das Glyzerin und die Zellulose, sondern auch auf die sogenannten aromatischen Verbindungen, in erster Linie auf die aromatischen Kohlenwasserstoffe Benzol, Toluol u. a., und auf die Phenole, wie Karbolsäure und ähnliche. Die so erzeugten Explosivkörper entstehen ebenfalls durch den Eintritt eines Teiles der Salpetersäure an die Stelle von Wasserstoffatomen des organischen Atomkomplexes; sie sind aber chemisch anders konstruiert als die vorbesprochenen Sprengstoffe, insofern sie den Salpetersäurerest NO_2 als Nitrokörper in anderer, stabilerer Form enthalten als die weniger beständigen Salpetersäureester Nitroglyzerin und Nitrozellulose. Man betrachtete die wirklichen aromatischen Nitroverbindungen zunächst als ganz harmlose Körper, und vor Erfindung der Nobelschen Sprengkapsel lag nichts ferner als der Gedanke, sie für Sprengzwecke auszuwerten. Nachdem nun aber die Initialzündung in so überraschender Weise vervollkommnet war, lag es nahe, diese Zündung auch an trägeren Systemen zu versuchen, um zu sehen, inwieweit auch sie detonationsfähig wären.

Im Jahre 1885 machte Turpin[2] in Paris die aufsehenerregende Entdeckung, daß die Pikrinsäure oder das Trinitrophenol detonationsfähig sei und durch genügend starke Sprengkapselzündung zu dem heftigst explodierenden Sprengstoff werde. Die

---

[1] Engl. Pat. 3115 vom 10. Okt. 1868.

[2] Franz. Pat. 167512 vom 7. Febr. 1885, D.R.P. 38734 vom 12. Jan. 1886.

Pikrinsäure war schon seit Ende des 18. Jahrhunderts bekannt und in der Industrie allgemein als Farbstoff angewandt worden, ohne daß man in ihr eine explosible, für Sprengzwecke verwendbare Substanz vermutet hätte. Zwar hatte Sprengel[1] schon im Jahre 1873 dargetan, „daß die Pikrinsäure allein eine genügende Menge Sauerstoff enthalte und ohne die Hilfe von fremden Oxydationsmitteln einen mächtigen Explosivstoff abgebe, wenn sie durch ein Zündhütchen abgefeuert werde." Aber weder Sprengel noch jemand anders scheint dieser Beobachtung besondere Wichtigkeit beigelegt zu haben, bis die Entdeckung Turpins den alten Versuch in neuer Überraschung der Welt bekannt gab. Was die Pikrinsäure vor den beiden früheren Sprengstoffen Nitroglyzerin und Schießbaumwolle auffällig unterschied, war ihre große Handhabungssicherheit, ihre fast völlige Unempfindlichkeit gegenüber mechanischer Einwirkung und schließlich ihre schwierigere Detonationsfähigkeit durch Sprengkapselzündung, so daß Turpin als Initialsubstanz anfänglich statt des Knallquecksilbers das noch heftiger explodierende Knallsilber wählte. In der zitierten Patentschrift wird angeführt, daß die geschmolzene Pikrinsäure das Maximum an Unempfindlichkeit besitze und im Freien selbst durch ein Zündhütchen mit 3 g Knallsilber noch nicht zur Explosion gebracht werde, daß die Explosion jedoch erfolge, wenn die Masse in einen Behälter eingeschlossen, z. B. als Granatfüllung verwendet werde. Dagegen lasse sich pulverförmig kristallisierte Pikrinsäure schon durch 1·5 g Knallsilber detonieren, weshalb man der gepreßten oder geschmolzenen am besten eine Zwischenmasse aus pulverförmiger Pikrinsäure vorschalte, welche das mit Knallsilber gefüllte Sprenghütchen enthalte. Damit war Turpin auf das späterhin so wichtig gewordene Prinzip der Zwischenzündladungen verfallen, das bereits von Browns 1872 zur Detonation nasser Schießbaumwolle angewandt wurde, indem er auf die nasse Hauptmasse einen Aufsatz trockener Schießwolle brachte und diesen initiierte, worauf sich dann die Detonation der trockenen Ladung auch auf die nasse übertrug. Als dann die Pikrinsäure gegen Ende der achtziger Jahre in den meisten Staaten als Geschoßfüllmittel eingeführt wurde, benutzte man allgemein als Detonator die alten Knallquecksilber-Sprengkapseln in Verbindung mit einer pulverförmigen Zwischenladung von Pikrinsäure.

Aber auch die vielgenannte Pikrinsäure hat dem Fortschritt weichen müssen. Die Ausdehnung der Sprengkapselversuche ergab,

[1] Vortrag in der Chemical Society in London.

daß unter den aromatischen Nitrokohlenwasserstoffen ähnlich sprengkräftige, noch unempfindlichere Systeme vorlagen, welche nicht die Wasserlöslichkeit, Giftigkeit und nicht die gefahrdrohende Eigenschaft der Salzbildung besaßen. Unter diesen hat sich vor anderen das Trinitrotoluol für Kriegszwecke, zumal als Granat- und Minensprengstoff, ganz besonders bewährt, da es an Unempfindlichkeit, Rohrsicherheit die Pikrinsäure noch weit übertrifft (vgl. Tabelle S. 139). Infolge seiner größeren Unempfindlichkeit ist das Trinitrotoluol etwas schwerer detonierbar als die Pikrinsäure, erfordert also etwas größere, stärkere Sprengkapseln; auch hier wird das geschmolzene oder gepreßte Produkt durch Vermittlung einer explodierenden Zündladung lose gepreßten, kristallinischen Trinitrotoluols initiiert.

Die Erkenntnis, daß die neutralen, mehrfach nitrierten aromatischen Kohlenwasserstoffe trotz ihrer großen Stabilität mittels der Sprengkapseln sicher auslösbare explosible Systeme sind, hat dann aber weiter eine unerwartet wertvolle Anwendung außerhalb des militärtechnischen Gebietes gefunden. Sie hat zur Einführung einer neuen Art von Sprengstoffen geführt, die als mechanisches Gemenge dem alten Schwarzpulver verwandt sind, von ihm in ihren Eigenschaften aber doch so weit abweichen, daß ihre Einführung eine tiefgreifende Änderung in der Sprengtechnik, zumal in Bergwerksbetrieben verursacht hat: die Klasse der Sicherheits- oder Ammoniaksalpeter-Sprengstoffe. Es sind dies sehr unempfindliche, in der Handhabung gänzlich ungefährliche und dabei doch recht kräftige Sprengstoffe, die für den Kohlenbergwerksbau besonders dadurch wertvoll sind, daß sie bei der Explosion infolge niedriger Explosionstemperatur nicht zünden, d. h. keine schlagenden Wetter verursachen, also schlagwettersicher sind. Nur erfordern sie zur vollständigen Explosion vorzüglich wirkende, sehr starke Sprengkapseln, da sie praktisch weder durch Schlag noch durch Flammenzündung explodierbar sind.

Wir verdanken also der Sprengkapsel nicht nur die von Nobel erstrebte Einführung der Nitroglyzerinsprengstoffe (Nitroglyzerin, Dynamit, Sprenggelatine) in die Sprengtechnik. Weit über dieses Problem hinausgehend hat sie uns die militärische Auswertung der Schießbaumwolle, die Verwendung sehr wenig sensibler Systeme wie Trinitrotoluol und verwandter Körper und schließlich die bezüglich der Sicherheit der Handhabung und Verkehr so wertvollen Ammonsalpeter-Sprengstoffe — denen sich heute noch die Chlorat- und Perchlorat-Sprengstoffe anschließen — erschlossen.

Kehren wir jetzt nach dieser kleinen Abschweifung wieder zu

der Geschichte der Sprengkapsel zurück. Wie wir bereits schon gesehen haben, enthielten die Nobelschen Kapseln vom Jahre 1867 reines Knallquecksilber. Man erkannte jedoch bald mehrere Übelstände dieses Füllmittels: einmal wurden die Metallwandungen der Kapseln durch das Knallquecksilber angegriffen — amalgamiert — und der Zündinhalt leicht verdorben, dann war ferner die Initialwirkung infolge der unvollständigen, wenig Wärme entwickelnden Zersetzung des reinen Knallquecksilbers nicht immer genügend. Man mischte deshalb dem Knallquecksilber die zur völligen Verbrennung nötige Menge Kaliumchlorat bei, — ein Zusatz, welcher zwar die Schnelligkeit der Zersetzung etwas verminderte, dafür aber durch Volumvergrößerung und Temperaturerhöhung der Gase die Sprengkapselwirkung vergrößerte. So entstand ein Sprengsatz, der durchschnittlich 80 bis 85% Knallquecksilber und 20 bis 15% Kaliumchlorat enthielt; diese Mischung war dem Knallquecksilber nicht nur an Energiegehalt, sondern auch an Billigkeit und leichter Verarbeitbarkeit überlegen und ist auch heute noch allgemein im Gebrauch.

Die Entwicklung der Sprengtechnik stellte indessen immer mannigfaltigere und höhere Anforderungen an die Wirkung der Sprengkapseln, und seit der Einführung der Pikrinsäure in die Militärsprengtechnik sehen wir den Knallsatz sich nach einer ganz neuen Richtung hin entwickeln. Der reine und der mit Kaliumchlorat gemischte Knallsatz sind nämlich gegen Feuchtigkeit verhältnismäßig empfindlich und büßen leicht von ihrer Wirksamkeit etwas ein, auch vermögen sie unempfindlichere Systeme, wie geschmolzene oder gepreßte Pikrinsäure z. B., nur teilweise oder gar nicht zu detonieren. Man kam deshalb auf den glücklichen Gedanken, einen Teil des Knallquecksilbersatzes in der Sprengkapsel durch einen brisanten Sprengstoff zu ersetzen, der gegen Feuchtigkeit weniger empfindlich, nach Art und Weise der Zwischenzündladungen der Sprengstoff leicht und vollständig detonieren sollte. Wiederum war es Nobel, der den neuen Schritt zur Sprengkapselverbesserung unternahm: er konstruierte eine aus zwei Zellen bestehende Kapsel, deren obere Zelle mit Knallquecksilber, die untere mit Pikrinsäure oder einer anderen durch Knallquecksilber detonierbaren Substanz gefüllt war (franz. Pat. 184129 v. 9. Juni 1887). Ein anderer, ähnlicher Vorschlag betraf schwach konisch geformte Kapseln, in dessen oberem engeren Teil sich das Knallquecksilber, im unteren Teil dagegen flockige Schießbaumwolle befand. Ferner hat Nobel die erste knallquecksilberfreie Zündsatzmischung empfohlen (engl. Pat. 16919 vom 2. Oktober 1888), bestehend aus: 2 Teilen Kollodium, gelöst in 12 Teilen Azeton, 1 Teil Nitroglyzerin, 4 Teilen Kaliumpikrat und 8 Teilen Kaliumchlorat. Trauzl befürwortete in gleicher Zeit die Anwendung von Nitrozellulose, getränkt mit Nitroglyzerin, im Verhältnis 2 : 3 oder zu gleichen Teilen; andererseits empfahl er für Sprenggelatine Knallsätze aus Schießbaumwolle und Chlorat oder Nitrat, welche sehr wirksam sein sollen. Seit 1892 fabrizierte die Nobels Explosives Co., Ltd., Sprengkapseln, die mit einer Mischung gleicher Teile Schießbaumwolle und Nitroglyzerin mit oder ohne Zusatz von Calcium- oder Magnesiumkarbonat gefüllt waren.

Im Jahre 1900 wurde dann fast zu gleicher Zeit von Bielefeldt und Wöhler die Anwendung von aromatischen Nitrokörpern, vorzugsweise von aromatischen Nitrokohlenwasserstoffen als teilweiser Ersatz des Knallquecksilbers in Sprengkapseln vorgeschlagen. Wöhler hob namentlich das Trinitrotoluol hervor, als das billigste und kräftigste Ersatzmittel des Knallquecksilbers (engl. Pat. 21065/1900) und gab eine Sprengkapselfüllung an, die in ihrer Anordnung heute noch vorbildlich geblieben ist. Etwa zwei Drittel des Knallquecksilber-Kaliumchloratgemisches sind durch kristallinisches Trinitrotoluol ersetzt, das lose in die Kapsel gepreßt wird; der übrig bleibende Knallquecksilbersatz kommt dann auf das Trinitrotoluol zu liegen, wo er noch durch ein in der Mitte durchlochtes Plättchen zugedeckt werden kann, zum Schutz gegen äußere Einflüsse und Herausfallen des Satzes. Solche Sprengkapseln sind nicht nur billiger und haltbarer, sondern auch zündkräftiger. Statt des Trinitrotoluols verwendet man neuerdings mit großem Vorteil das noch wirksamere Tetranitromethylanilin (vgl. Tetrylkapseln, S. 311). Auch hier kommt auf den Zündsatz ein kleines, in der Mitte durchbohrtes Kupferhütchen, das neben der Verbesserung der Zündung auch eine zuverlässigere Sicherung des Kapselinhalts bildet.

Es hat auch nicht an umfangreichen Versuchen gefehlt, das Knallquecksilber in der Sprengkapsel völlig durch andere Stoffe zu ersetzen, da das Knallquecksilber seines hohen Preises, seiner Giftigkeit, seiner umständlichen und gefährlichen Fabrikation wegen viele Nachteile in sich birgt. In neuerer Zeit hat man nach dieser Richtung gewisse Fortschritte erzielt. Die Curtiusschen Arbeiten über die Stickstoffwasserstoffsäure hatten in den Schwermetallsalzen dieser Säure hochexplosive Verbindungen kennen gelehrt, die sich ähnlich dem Knallquecksilber verhalten, ja dieses an Initiierfähigkeit noch weit übertreffen. Untersuchungen, die im Königlichen Militärversuchsamt zu Anfang der neunziger Jahre ausgeführt wurden, ergaben, daß ein vorteilhafter Ersatz des Knallquecksilbers in Sprengkapseln durch das Silber- und Quecksilbersalz, besonders aber auch durch das billigere Bleisalz der Stickstoffwasserstoffsäure möglich sei. Unabhängig von diesen Untersuchungen haben dann später Wöhler und Matter die Fertigung von Sprengkapseln aus diesem Bleiazid empfohlen (D.R.P. 196824 vom 2. März 1907), die wegen besonders guter Haltbarkeit in feuchter Luft rasch Eingang gefunden haben. Große Fabriken, wie die Rheinisch-Westfälische Sprengstoff-A.-G., fertigen heute schon hauptsächlich nur noch solche Kapseln, die neben einer Füllung von Tetranitromethylanilin eine Zündpille von einigen Zentigramm Bleiazid enthalten (D.R.P. 238942 vom 30. Juni 1910). Nach dem gleichen Patent läßt sich Bleiazid auch in der Weise verwenden, daß man es nicht als vollen Ersatz des Knallquecksilbers benutzt, sondern mit diesem zusammen verarbeitet. Es lassen sich hierdurch vor allem sehr hohe Ladedichten erreichen, bis über 2000 Atmosphären, während bei Knallquecksilber allein schon bei 250 Atmosphären die Gefahr des „Totpressens“ besteht. Auch mit anderen brisanten Stoffen, wie Diazobenzolnitrat- und Schwefelstickstoff, die ohne Azide als Initiatoren völlig unbrauchbar sind, lassen sich Azide unter Vermeidung des Knallquecksilbers sehr vorteilhaft verwenden.

Mit anderen knallquecksilberfreien Sprengsätzen bzw. Knallquecksilber-Ersatzmitteln beschäftigen sich mehrere Patente. Einen rein anorganischen, äußerst brisanten, lagerbeständigen, nicht hygroskopischen und billigen Zündsatz erhält man nach Calvet (D.R.P. 263231 vom 12. Juni 1912) durch Mischen von Persulfocyansäure, Isodithiocyansäure oder Pseudoschwefelcyan (bzw. ihrer Salze) mit Kaliumchlorat oder Perchlorat. Zahlreicher sind die Vorschläge zu knallquecksilberfreien Initialsätzen auf organischer Grundlage. Darunter sind zu nennen: das Hexamethylentriperoxyddiamin, $N(CH_2—O—O—CH_2)_3N$ (v. Girsewald, D.R.P. 274522 vom 14. September 1912) und das Nitrobisdiazobenzolperchlorat, $C_6H_3NO_2(N = NClO_4)_2$ (E. Herz, D.R.P. 258679 vom 27. April 1911); ferner das Benzoylperoxyd, $C_6H_5CO—O—O—CO·C_6H_5$ (A. Jacques und G. Wells (engl. Pat. 23450 vom 14. Okt. 1912) und der Nitropentaerythrit (Claessen, D.R.P. 265025 vom 8. Dez. 1912). Fast alle diese organischen Initialexplosivstoffe zeichnen sich durch hervorragende Zündwirkung aus, welche in einem Fall selbst die der Azide übertrifft.

Die Sprengkapseln werden innerhalb des Sprengstoffs, im Innern einer Dynamitpatrone z. B., zur Explosion gebracht; sie müssen also noch mit einer Vorrichtung versehen werden, durch welche sie aus ausreichender Entfernung detoniert werden können. Dazu dienen die bereits erwähnten Bickfordschen Zündschnüre oder die elektrische Zündung, die wiederum Gegenstand einer beträchtlichen und interessanten Fabrikation ist (vgl. die ausführliche Darstellung S. 441). Diese elektrischen Zünder werden z. B. derart hergestellt, daß an das Ende zweier isolierter Kupfer- oder Eisendrähte kleine Zündköpfchen aufgelötet sind, in welchen die Zuleitungen durch einen sehr feinen Platindraht miteinander verbunden sind, so daß ein durch die Drähte geschickter Strom diesen feinen Verbindungsdraht zum Glühen bringt. Dieses Drahtende wird mit einem Köpfchen einer Masse umgeben, welche wie eine Kupfersulfür-Chlorat-Mischung oder ähnliches leicht und sicher zur Zündung kommt. Das Köpfchen kann auch wie bei den Spaltzündern aus einer Masse hergestellt sein, welche nicht nur leicht entzündlich ist, sondern auch den elektrischen Strom leitet. Die Leitung wird z. B. durch eingeengte Metallteilchen oder Kohle derart bewirkt, daß der Strom noch so viel Widerstand findet, daß eine ausreichende Erhitzung zur Entzündung des Zündköpfchens statt hat und so eine Zündung durch glühenden Draht unnötig wird. Man kann auch so verfahren, daß in dem Zündköpfchen die Drahtenden sich nicht berühren, aber so angebracht sind, daß beim Durchsenden des elektrischen Stromes ein Funken zwischen ihnen überspringt, der die Zündung des Köpfchens besorgt (sogenannter Funkenzünder). Je nach der Stärke oder Spannung des zur Verfügung stehenden Stromes, der Art der Leitungen, der Anzahl der gleichzeitig abzugebenden Schüsse usw. ist die eine oder die andere der Vorrichtungen vorzuziehen. — Die Herstellung solcher elektrischer Zünder stellt eine an Feinmechanik erinnernde Arbeit dar, zumal hinsichtlich der minutiösen Ausführung der Zündköpfchen, von denen z. B. jedes einzelne auf richtige Leitfähigkeit geprüft werden muß. Die Drähte mit den Zündköpfchen werden in die Sprengkapseln fest eingekittet, so daß ein Verschieben der Drahtenden im Innern der Kapsel beim Transport ausgeschlossen ist.

Zur Kennzeichnung der Bedeutung, welche die Sprengkapselindustrie inzwischen gewonnen hat, sei angeführt, daß Deutschland allein annähernd 40 bis 50 Millionen Stück Sprengkapseln fabriziert.

Zündung durch detonierende Zündschnüre.

Die neueste fabrikatorische Phase der Sprengkapseln bildet natürlich keinen Abschluß der Vervollkommnung der Initialzündungsmethoden. Schon spielt die sogenannte detonierende Zündschnur bei gewissen Arbeiten eine Rolle. Man versteht hierunter solche Zündschnüre, welche nicht mit Schwarzpulver gefüllt sind, sondern mit einem brisanten Sprengstoff, wie Trinitrotoluol, Trinitrobenzol, Pikrinsäure, oder mit Knallquecksilber, das durch Vermengung mit Paraffin oder ähnlichen Stoffen gegen Schlag unempfindlich gemacht worden ist. Derartige Zündschnüre unterscheiden sich von den Bickfordschen dadurch, daß sie eine an einem Ende hervorgerufene Detonation des Sprengstoffs mit großer Geschwindigkeit, z. B. einer Geschwindigkeit von 5000 bis 7000 m pro Sekunde, fortpflanzen. Eine solche Zündschnur vermag also die Wirkung einer Sprengkapsel auf weite Entfernung zu übertragen, so daß man auf diese Weise Fernzündungen brisanter Sprengstoffe vornehmen kann, ohne die Sprengkapsel in den Sprengkörper selbst einzuführen. Das bietet mancherlei Vorteile, zumal im Hinblick auf die Sicherheit. Die Einführung und eventuell Entfernung einer Sprengkapsel aus einem Sprengkörper bleibt immer eine Vorsicht erfordernde Arbeit.

Als Vorläufer der detonierenden Zündschnüre ließen sich die von Eales[1] und Nobel[2] aus Zellulosenitrat bzw. Glyzerinnitrat hergestellten Zündschnüre betrachten, wenn es den Erfindern damals nicht mehr auf die Schaffung einer Zündschnur mit zusammenhängender Zündsatzmassenseele, als auf die Erreichung einer bis zur Detonation gesteigerten Brenngeschwindigkeit angekommen wäre. Letztere Aufgabe scheint man sich in Frankreich zuerst gestellt zu haben, wo man bereits schon im Jahre 1879 detonierende Zündschnüre (cordeaux détonants, tubes détonants) mit Hydrozellulosenitratfüllung in die Armee einführte. Ähnliche detonierende Zündschnüre mit Füllungen aus Schießwolle oder Dynamit und Mänteln aus Blei, Zinn, Guttapercha oder dgl., die einen lichten Durchmesser von ca. 1 mm besaßen und Fortpflanzungsgeschwindigkeiten von 5000 bis 6000 m pro Sekunde aufwiesen, wurden Ende der achtziger Jahre gleichfalls in Frankreich versucht.[3]

In Österreich wurde 1887 bei den technischen Truppen eine detonierende Knallquecksilberzündschnur[4] mit einer Fortpflanzungsgeschwindigkeit von 4000 bis 5000 m pro Sekunde eingeführt. Diese Zündschnüre waren wohl sehr wirksam, aber

[1] D.R.P. 1853 aus dem Jahre 1877.
[2] D.R.P. 45712 vom 22. Nov. 1888.
[3] Annales des Mines, Bd. 14, S. 197 ff. (1888).
[4] Über Momentan-Zündschnüre, Zeitschr. f. Schieß- u. Sprengst. 1907, S. 173.

auch sehr gefährlich in der Handhabung. Um die Empfindlichkeit des trockenen Knallquecksilbers herunterzusetzen, versuchte General Hess zunächst Zündschnüre mit wassergesättigter Fulminatseele, die sich bei der Initiierung genau so verhielten, wie eine trockene Zündschnur, gegenüber mechanischen Impulsen aber sehr unempfindlich waren. Wasser war jedoch als Phlegmatisierungsmittel nicht zu verwenden, da es im gefrorenen Zustande das Fulminat sehr empfindlich macht. Hess griff daher zu wässeriger Glyzerinlösung; mit solcher Lösung getränkte Knallquecksilberzündschnüre zeigten sich sehr unempfindlich, konnten aus einer Distanz von 50 m beschossen werden, ohne zu explodieren, wurden aber mit einer Sprengkapsel Nr. 6 vollkommen initiiert. Diese Schnur, welche vom k. k. technischen Militärkomitee hergestellt worden war, ließ aber nach neueren Untersuchungen gewisse Mängel des wässerigen Glyzerins als Phlegmatisierungsmittel erkennen; so daß man zu einer Knallzündschnur mit Hartparaffin überging, welche das Knallquecksilber mit 20 % festem Paraffin phlegmatisiert enthält. Diese Knallzündschnur ist seit 1906 für die Ausrüstung der österreichischen technischen Truppen normiert und vertritt die detonierende Zündschnur.

Zu Beginn der neunziger Jahre kamen bei den französischen Genietruppen die detonierenden Zündschnüre ebenfalls in Gebrauch; die militärische Zündschnur bestand zuerst aus Schießbaumwolle später aus Melinit. Die verbesserte Melinit-(Pikrinsäure-) Zündschnur wurde dann 1906 in Frankreich allgemein für die Feldtruppen eingeführt. Kurz vorher hatte der französische Sprengingenieur Lheure ein Verfahren zur Herstellung einer neuen, handhabungssicheren Detonationszündschnur mit Trinitrotoluolfüllung angegeben (D.R.P. 182031 vom 15. Dez. 1904) und diese Zündungsart aus dem engen militärischen Anwendungsbereich in die allgemeine Praxis, zumal in den Bergwerksbetrieb übertragen. Diese Zündschnur hat bereits schon eine große Verbreitung und Verwendung gefunden. In den letzten Jahren werden auch Detonationszündschnüre fabriziert, die an Stelle des Trinitrotoluols das noch wirksamere, schneller detonierende Tetranitromethylanilin enthalten und eine Fortpflanzungsgeschwindigkeit bis zu 8000 m pro Sekunde aufweisen.

Die neuesten Bestrebungen auf dem Gebiete der Zündschnurfabrikation laufen darauf hinaus, die detonierende Zündschnur mit der langsam brennenden Bickford-Zündschnur zu einer Einheitsschnur zu vereinigen, welche nach Belieben ein langsam brennendes oder ein detonierendes Leitfeuer ermöglicht. Eine solche kombinierte Zündschnur stellt Harlé (D.R.P. 205287 vom

24. Dez. 1908) in der Weise her, daß er eine innere, mit einem brisanten Sprengstoff (Trinitrotoluol) gefüllte Bleiröhre mit einem schwarzpulvergefüllten Schlauchrohr umschließt. Bei gewöhnlicher Flammenzündung pflanzt die Schwarzpulverseele das Feuer mit einer Geschwindigkeit von ungefähr 1 cm pro Sekunde regelmäßig fort; bei Initiierung mit Sprengkapselzündung dagegen detoniert die Trinitrotoluolseele mit einer Geschwindigkeit von 4400 m/sec. Als allerneueste Konstruktion dieser Art ist die italienische Ballistit-Zündschnur zu betrachten. Diese Zündschnur stellt ein mit Ballistit (bestehend aus gleichen Teilen Schießbaumwolle und Nitroglyzerin, einem kleinen Prozentsatz Schwarzpulver und $^1/_2\%$ Anilin) gefüllte, einfache Bleiröhre von 5·5 mm Durchmesser dar, besteht also nur aus einer Seele und ist viel weniger kompliziert als das Muster von Harlé. Wird die Ballistit-Zündschnur mit offener Flamme entzündet, so brennt sie mit 1 m Geschwindigkeit in 4 Minuten ab; bei Initiierung mit einer 1 g-Sprengkapsel dagegen erreicht sie eine Detonationsgeschwindigkeit von etwa 5000 m in der Sekunde.

Kumulative Initiierung durch detonierende Zündschnüre. Neuere Zündungsversuche mit detonierenden Zündschnüren haben gezeigt, daß die Initiierfähigkeit außerordentlich erhöht werden kann, wenn man die sogenannte kumulative Zündung anwendet, d. h. die Mitte einer detonierenden Zündschnur in den zu detonierenden Sprengstoff legt (Fig. 16) und nun die Detonationswelle von beiden Seiten durch die Zündschnur schickt, so daß inmitten des Sprengstoffs ein Zusammentreffen dieser Wellen statt hat. Hier liegt eine Arbeitsweise vor, die bei weiterem Ausbau noch erheblich stärkere Initiierwirkungen liefern kann, als wir sie mit Sprengkapseln bisher zu erzielen imstande waren.

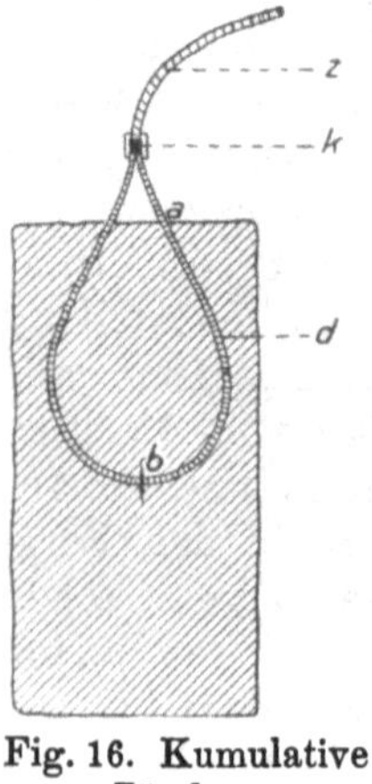

Fig. 16. Kumulative Zündung.

Faßt man das im zweiten Teile dieses geschichtlichen Abschnittes Gesagte zusammen, und betrachtet man die ungeahnte Entwicklung der gesamten Sprengtechnik seit der zweiten Hälfte des vergangenen Jahrhunderts bis auf den heutigen Tag, so sieht man, daß dieser ganze große Fortschritt nur durch die fortschreitenden Verbesserungen auf dem Gebiete der Initialzündung möglich war, ja, daß wir die Erschließung ganz neuer, bis dahin unbebauter Reiche explosibler Verbindungen, wie unserer modernen Militär- und Sicherheitssprengstoffe, einzig und allein der Vervollkommnung der Sprengkapsel verdanken.

Zweiter Abschnitt.

Das Wesen der Initialzündung.

Erster Teil.

Allgemeine Betrachtungen.

Neuerdings betrachtet man die Explosivstoffe als instabile Systeme, die einem Gleichgewichtszustande sich zu nähern bestrebt und in freiwilliger Umsetzung mit fast unendlich kleiner Geschwindigkeit begriffen sind. Das Wesen der Explosion bestünde dann darin, daß diese unter gewöhnlichen Verhältnissen mit unmerklicher Geschwindigkeit verlaufende Umwandlung durch besondere Mittel derart beschleunigt wird, daß der Gleichgewichtszustand fast augenblicklich eintritt. Diese Auffassung gibt zwar eine leicht faßliche Erklärung des Explosionsvorganges, stößt aber bei heterogenen Systemen (Schießpulver und anderen mechanischen Sprengstoffmischungen z. B.) auf Schwierigkeiten, weil hier die aufeinander wirkenden Bestandteile gar nicht soweit in Berührung kommen, um den besagten Reaktionsvorgang zu ermöglichen. Zudem ist die Art der Zersetzung bei gewöhnlicher Temperatur eine ganz andere, als bei den hohen Temperaturen der Explosion. Darum wird man zweckmäßiger, in Ermangelung einer sicheren Erklärung des Wesens der Explosivstoffe, für das Zustandekommen einer Explosion nach Brunswig folgende drei Hauptbedingungen aufstellen:

1. Exotherme Reaktion des fraglichen Vorganges,
2. ausreichender Grad von Sensibilität des Explosivstoffs,
3. Auslösung des Vorganges durch einen geeigneten Initialimpuls.

Die dritte Bedingung steht zu der zweiten in enger Beziehung und ist für die praktische Verwendung der Sprengstoffe ganz besonders wichtig, weil sie die Möglichkeit an die Hand gibt, die Auslösung der explosiven Umsetzung jederzeit und beliebig in der einfachsten Weise von unserem Willen abhängig zu machen. Diese Auslösung erfolgt nun durch besondere Zündmittel, die zusammenfassend als Initialzündungen bezeichnet werden.

Die hohe Bedeutung des Initialimpulses beruht aber nicht nur allein auf der Auslösung, sondern auch auf der weiteren Fortpflanzung der explosiven Umsetzung. Die Auslösung der chemischen Umsetzung durch den Initialimpuls erfolgt zunächst nur an einer einzigen kleinen Stelle des Sprengstoffs. Von dieser Stelle aus pflanzt sich dann die Umsetzung, vorausgesetzt, daß die durch den Initialimpuls ausgelöste Energie von nun an größer ist, als der durch Leitung und Strahlung entstehende Verlust, durch den Sprengstoff selber fort, indem sie sich schließlich bis zur Höchstgeschwindigkeit beschleunigt. Der Explosivstoff übernimmt also selbst die Rolle des Initialimpulses und leitet damit das zweite Stadium oder den zweiten Auslösungsprozeß ein. Für den Verlauf dieses zweiten Teilvorganges ist natürlich die Beschaffenheit des Sprengstoffs besonders maßgebend, da die Fortpflanzungsgeschwindigkeit hauptsächlich von ihr abhängt.

Als Initialzündung oder allgemeiner als Initialimpuls ist jede Anregung zu bezeichnen, die ein sensibles, der exothermen Umwandlung fähiges System zum plötzlichen Zerfall, zur — Explosion bringen kann. Die Natur des Impulses ist dabei ganz gleichgültig: ob nun die Zersetzung eines Explosivstoffs in den mannigfaltigen Formen der mechanischen Energie, wie Stoß, Druck und Reibung oder der strahlenden Energie, wie Wärme, Licht, Elektrizität usw. oder auch als chemische Energie in Form von Zündschnüren und Sprengkapseln eingeleitet werde: die Hauptsache ist der plötzliche Zusammensturz des Sprengstoffmoleküls. Aufgabe der Technik ist es, für jeden Fall die Auswahl zu treffen, welche die Sprengkraft in der bequemsten Form auszulösen gestattet.

Praktisch kommt für die Auslösung der aufgespeicherten Energie brisanter Sprengstoffe nur die Sprengkapsel in Betracht. Der wirksame Bestandteil der Sprengkapsel ist eine hochexplosive Verbindung, wie z. B. Knallquecksilber. Es erhebt sich nun die Frage, welche Eigenschaften es im besonderen seien, welche das Knallquecksilber zu der ausgezeichneten Rolle eines Initialzündstoffs oder Detonators befähigen.

Ohne Zweifel ist es die Leichtigkeit, womit das Knallquecksilber durch einfache und bequeme Mittel, wie gewöhnliche Zündschnurzündung z. B., zur momentanen, heftigsten Explosion zu bringen ist und der daraus entstehende enorme Druck, der von der Stelle der Zündkapsel aus den molekularen Bau des Sprengstoffs erschüttert und einen augenblicklichen Zerfall der ganzen Sprengstoffmasse bewirkt. Die Chemie kennt eine große Anzahl heftig explodierender Substanzen, die dem Knallquecksilber an Explosivkraft überlegen sind, die sich aber trotzdem wenig oder gar nicht zu Detonatoren eignen. Dies liegt einesteils an der übermäßig großen Empfindlichkeit, welche die Gefahr einer unbeabsichtigten Explosion derart erhöht, daß diese Körper praktisch unanwendbar werden, andernteils an der Unempfindlichkeit, welche eine Explosion entweder zu langsam oder mit praktisch nicht geeigneten Mitteln hervorrufen läßt. Das Knallquecksilber hält die Mitte zwischen diesen Körpern; seine Empfindlichkeit bereitet der Verarbeitung und Anwendung weder zu große Schwierigkeiten, noch hindert sie die leicht und sicher zu bewirkende Explosion dieser Substanz.

Die Explosion aller brisanten Sprengstoffe ist ein exothermer Reaktionsvorgang, d. h. durch den Zerfall wird Wärme frei; das explosive System bedarf also für seine Umwandlung nicht der Zufuhr äußerer Energie, sondern entwickelt selber Wärme und beschleunigt dabei die Umsetzung aus sich selbst heraus. Für eine exotherme Umsetzung ist es darum gleichgültig, ob der sie veranlassende Initialexplosivstoff exothermer oder endothermer Natur sei. Immerhin besteht insofern ein Unterschied, als die bei einer endothermen Bildung gebundene Wärmemenge, die bei der explosiven Zersetzung wieder frei wird, sich zu derjenigen Wärmemenge addiert, die bei der Bildung der Explosionsprodukte aus den Elementen eines Sprengstoffs entsteht; während sich die bei der explosiven Umwandlung eines exothermen Sprengstoffs gebildete Wärmemenge, um die bereits durch die positive Bildungswärme des Explosivstoffs verausgabte Wärmemenge verringert. Im letzteren Falle wird also durch den Explosionsvorgang weniger Wärme frei, als bei den endothermen Verbindungen; und daraus erklärt es sich auch, daß die technisch verwendeten Initialzünder, das Knallquecksilber und das Bleiazid, stark endotherme Verbindungen sind. Die große frei werdende Wärmemenge befähigt sie, durch das dadurch hervorgerufene heftige Ausdehnungsbestreben der Explosionsgase den für die Zündung brisanter Sprengstoffe erforderlichen hohen Druck zu erzeugen. Gleichzeitig ist für diese beiden wichtigsten Initialzünder die Explosionstemperatur, bis zu welcher die Explosionsprodukte erhitzt werden, sehr hoch; für Knallquecksilber[1] wurden 3594° und für Bleiazid 3483° errechnet. Indessen ist die freiwerdende Energiemenge nicht im geringsten proportional der initiierenden Kraft solcher Explosivstoffe, hat doch das Knallquecksilber einen viermal geringeren Energiegehalt als Sprenggelatine.

Das hervorragendste Merkmal der Initialexplosivstoffe ist, wie wir bereits schon gesehen haben, die Empfindlichkeit oder Sensibilität. Diese Eigenschaft scheint in enger Beziehung zu der negativen Bildungswärme dieser Verbindungen zu stehen,

[1] **Martin, Über Azide und Fulminate, Darmstadt 1913.**

da es sich gezeigt hat, daß gerade stark endotherme Substanzen in besonderem Grade empfindlich sind. Diese Verbindungen vermögen im allgemeinen mehr Wärme zu entwickeln als exotherme, was mit der Beobachtung übereinstimmt, daß die Empfindlichkeit unter sonst gleichen Verhältnissen um so größer ist, je höher die bei der explosiven Umsetzung freiwerdende Wärmemenge ist. So sind beispielsweise die Salze der Stickstoffwasserstoffsäure in viel höherem Grade endotherm und auch viel sensibler, als das schon sehr empfindliche Knallquecksilber.

Die wichtigste Eigenschaft eines Initialexplosivstoffs ist aber seine Brisanz. Allgemein läßt sich die Brisanz definieren als eine Beziehung zwischen Zeit und Druck, derart, daß denjenigen Stoffen, die in der kürzesten Zeit ihren Maximaldruck erreichen, der höchste Grad von Brisanz zukommt. In ähnlicher Weise hat Hess[1] die Brisanz als die in der Zeiteinheit geleistete Arbeit bezeichnet. Bestimmend für die Brisanz sind der Energieinhalt, die Detonationsgeschwindigkeit und die Ladedichte, die einander gegenseitig ergänzen. Die Bedeutung dieser drei Faktoren liegt in der Erzeugung eines sehr hohen Anfangsdruckes, der sich seinerseits wieder in einem heftigen Gasstoß äußert. Ein vierter, allerdings nur mechanischer Faktor zur Drucksteigerung und damit zur Stoßverstärkung ist durch den festen Einschluß des Initialzünders in die Sprengkapsel gegeben; dadurch vollzieht sich die Drucksteigerung schneller, und es genügt zur Erreichung des erforderlichen Anfangsdrucks eine geringere Menge des Zündstoffs, als es ohne festen Einschluß der Fall wäre.

Für einen Initialexplosivstoff von größter Wichtigkeit ist dessen Detonationszeit, d. h. die Zeit, die der Initialzünder braucht, bis sich alle Bestandteile, die der Umsetzung in Gase fähig sind, umgesetzt haben. Nur wenn der Initialimpuls mit außerordentlicher Geschwindigkeit unter augenblicklicher Entwicklung des gesamten Energieinhalts — also nahezu adiabatisch — verläuft, ist bei der relativ geringen Energiemenge dieser Körper, ein großer Wärmeverlust durch Leitung und Strahlung unmöglich und eine hohe Druckwirkung garantiert: hieraus erhellt sofort die Bedeutung der Detonationsgeschwindigkeit als einer der wesentlichsten Faktoren für die Brisanz. Man versteht darunter die Geschwindigkeit, mit der die explosive Umsetzung innerhalb einer Sprengstoffmasse fortschreitet. Man nimmt an,

---

[1] Kast, Anleitung, S. 1022.

der Explosionsvorgang vollziehe sich in Initialsprengstoffen in gleicher Weise wie bei den brisanten Sprengstoffen, nur daß der unempfindlichere Sprengstoff des starken Sprengkapselimpulses zur Einleitung der Explosionswelle bedürfe, während der weit empfindlichere Initialzünder nur einen schwachen Anstoß, wie Funken oder Schlag, erfordere, um zur Explosion zu kommen.

C. E. Bichel[1] zerlegt den Explosionsvorgang bei brisanten Sprengstoffen in zwei Phasen und unterscheidet einen dynamischen und einen statischen Vorgang. Bei dem dynamischen Vorgang werden die heißen Zerfallgase und Dämpfe, die ein enormes Raumbedürfnis haben, gegen die Wandungen des Einschlusses geschleudert, und zwar mit einer gewissen lebendigen Energie, deren Größe durch die Formel $\frac{m v^2}{2}$ wiedergegeben wird; hierin ist m die Masse der Zersetzungsprodukte des Sprengstoffs und v die Detonationsgeschwindigkeit. Demnach ist die Stoßkraft in erster Linie von der Detonationsgeschwindigkeit abhängig. Nun gibt es aber brisante Sprengstoffe mit Detonationsgeschwindigkeiten bis zu 8000 m/sec, während diejenige des Knallquecksilbers nach Bichel nur etwa 4000 m/sec beträgt. Auch jene Sprengstoffe mit höheren Detonationsgeschwindigkeiten können durch direkte Flamm- und Schlagwirkung zur Detonation gebracht werden, aber nur nach vorhergehender Verbrennung einer verhältnismäßig sehr großen Menge des Sprengstoffs in festem Einschluß oder durch eine ungewöhnlich große Schlagarbeit. Eine Zündung durch eine derart große Menge und große Energiezufuhr ist aber für die Praxis nicht zu gebrauchen, und so ergibt sich die weitere, für den Initialzünder notwendige Eigenschaft, schon durch die geringe Energiezufuhr eines Pulverstrahles, elektrischen Funkens oder leichten Schlages und schon in sehr kleiner Menge seine Fortpflanzungsgeschwindigkeit in kürzester Zeit bis zur Detonationsgeschwindigkeit zu steigern. Es folgt daraus, daß es für einen Initialzündstoff vor allem auf eine hohe Auslösungs- oder Anfangsgeschwindigkeit ankommt; erst die Verbindung großer Brisanz mit hoher Auslösungsgeschwindigkeit befähigt den Initialzünder, trotz geringer Energiezufuhr und kleiner Menge in sehr kurzer Zeit die große Detonationsgeschwindigkeit zu erreichen, die ihrerseits durch ihren Impuls die geringe Anfangsgeschwindigkeit des brisanten Sprengstoffs plötzlich bis zu dessen maximaler Detonationsgeschwindigkeit zu steigern vermag. In dieser höheren Anfangsgeschwindigkeit ver-

[1]) Glückauf, S. 465 (1905).

mutet Wöhler[1] auch die Ursache, weshalb die Schwermetallazide dem Knallquecksilber an Initiierungsvermögen so erheblich überlegen sind.

Der für einen Initialzünder so wichtige Faktor der Detonationsgeschwindigkeit hängt naturgemäß in erster Linie von seiner chemischen Beschaffenheit ab; aber auch die physikalische Beschaffenheit macht häufig einen großen Einfluß geltend. Ganz besonders gilt dies für die Dichte, mit welcher bei den brisanten Sprengstoffen Druck und Detonationsgeschwindigkeit und damit auch die Brisanz in geradem Verhältnis stehen, so daß eine Erhöhung der einen auch eine Erhöhung der andern Größen bedingt. Diesen Einfluß der kubischen Dichte, d. h. des Verhältnisses des Gewichts zum Volumen der Ladung, erklären Wöhler und Matter[2] durch die größere Homogenität der Masse des Explosivstoffs bei höherer Dichte. Der Hauptvorteil einer großen kubischen Dichte, ist jedoch die gleichzeitige Erreichung einer hohen Ladedichte. Unter Ladedichte versteht man den Quotienten aus dem Ladungsgewicht und dem zur Verfügung stehenden Explosionsraum. Man nimmt an, daß das Volumen der Gase nicht unbegrenzt entsprechend dem Druck sich verringere, sondern ein kleinstes Volumen erreicht werde, über das hinaus die Gasmoleküle auch durch den größten Druck bei konstanter Temperatur sich nicht weiter verdichten lassen. Dieses kleinste Volumen nennt man das Kovolumen der Gase. Unter der Voraussetzung nun, daß die explosive Umsetzung mit sehr großer Geschwindigkeit erfolgt und der Explosivstoff in einem festen Einschluß sich befindet, kann bei einer hohen spezifischen Dichte des Explosivstoffes der Fall eintreten, daß das Kovolumen der Gase größer ist als der ursprünglich vom Sprengstoff selbst eingenommene Raum; der Druck wird dann unendlich groß, und der festeste Einschluß ist nicht imstande, die Gase auf das Sprengstoffvolumen zurückzudrängen. Deshalb kommt für die Erzeugung hohen Druckes in erster Linie die Ladedichte in Betracht, welche den ebenfalls druckerzeugenden aber weniger maßgebenden Energiegehalt des Initialexplosivstoffs ergänzt. Knallquecksilber hat die hohe spezifische Dichte von 4·43 — die höchste aller Explosivstoffe — und der Fall, daß der Druck theoretisch unendlich groß wird, ist hier leicht zu erreichen, ganz wie bei den Aziden, die ähnlich hohe Dichten aufweisen.

Daraus ergibt sich, daß neben der leichten Detonationsfähigkeit durch Wärme und Schlag und neben der hohen Deto-

[1] Zeitschr. f. angew. Ch. 1911, S. 2095.

[2] Zeitschr. f. Schieß- u. Sprengst. 1907, S. 182.

nationsgeschwindigkeit es besonders die Ladedichte ist, die diese Stoffe so außerordentlich zu Initialzündern geeignet macht, da die die Initialwirkung hervorrufende Stoßkraft zuerst von dem durch Detonationsgeschwindigkeit und Ladedichte bestimmten Maximaldruck abhängt und erst in zweiter Linie von der durch den Energieinhalt bewirkten Gas- und Wärmeentwicklung, die ja weit hinter derjenigen der brisanten technischen Sprengstoffe zurückbleibt.

Es ist noch nicht allzulange her, seitdem man den Beziehungen zwischen Initialzündung und Explosionswirkung nachzugehen versucht und gefunden hat, daß die Explosionswirkung eines brisanten Sprengstoffs, abgesehen von seiner äußeren Form und von seiner chemischen und physikalischen Beschaffenheit, sehr von der Art und Weise der Initiierung abhängt, und zwar sehr viel mehr als man bisher angenommen hatte. Während die früheren Ansichten gemeinhin in der Vorstellung gipfelten, die Explosivkraft einer gegebenen Sprengstoffmasse sei ein für allemal bestimmt, gleichgültig wo und wie sie initiiert werde, wenn nur die Zündladung genügend groß sei, so weiß man heute, daß derselbe Sprengstoff mit ganz verschiedenen Explosionswirkungen detonieren kann, je nach der Art der Zündung, die man wählt.

In dieser Hinsicht besonders merkwürdig ist die vor einigen Jahren entdeckte kumulative Initiierung[1], wie sie in den Patenten von C. Claessen und von H. Brunswig beschrieben ist. Hier wird eine detonierende Zündschnur in der Weise durch die Sprengstoffladung hindurchgeführt, daß bei gleichzeitiger Zündung der Schnurenden ein Zusammentreffen der Detonationswellen im Zentrum der Sprengmasse statt hat (Fig. 16, S. 42). Von dem Treffpunkt der beiden Wellen geht nun eine Detonationswirkung aus, die alle bisher bekannten Zündungen weit übertrifft. Bisher glaubte man den Grad der Initiierung abhängig von der Menge des Initialexplosivs; jetzt aber weiß man, daß mit der gleichen Menge Initialsprengstoff verschieden starke Initialwirkungen hervorgerufen werden können, je nachdem die Detonationswellen frei auslaufen oder sich entgegenkommen. A priori müßte man annehmen, daß zwei in eine Sprengstoffmasse eingeführte Detonationszündschnüre mit frei auslaufenden Detonationswellen mindestens die gleiche zündende Wirkung ausüben würden, wie eine Zündschnur allein, in der die Wellen einander entgegenlaufen, — ja man könnte sogar zu der

---

[1] Dr. C. Claessen, Brit. Pat. 21344/1912 und Dr. H. Brunswig, Amerik. Pat. 1042643/1912.

Annahme versucht sein, daß der Effekt im letzteren Falle geringer wäre, da die Detonationswellen, statt sich in ihrer Wirkung zu summieren, gegenseitig aufhöben. In Wirklichkeit jedoch ist die Wirkung erheblich stärker und zwar nicht nur quantitativ, sondern auch qualitativ. Nach den Proben, die man mit verschiedenen Detonationsschnüren ausgeführt hat, scheint sich die detonative Wirkung der einseitig gezündeten Schnur bei zweiseitiger Zündung zu verdoppeln, so daß eine Lheure-Trinitrotoluol-Zündschnur von ca. 6000 m Detonationsgeschwindigkeit, nach obiger Anordnung gezündet, Wirkungen einer solchen von 12000 m hervorbrächte. Ob es nun die Stoßkraft der mit ungeheurer Geschwindigkeit seitlich sich ausbreitenden Detonationswellen oder ob es die ungewöhnlich große Verdichtung im Treffpunkt ist, welche dieses hohe Initiierungsvermögen bedingt, läßt sich zurzeit nicht entscheiden.

Eine andere überraschende Erscheinung, die noch schwieriger zu erklären sein dürfte, liegt einer Erfindung der Westfälisch-Anhaltischen Sprengstoff-A.-G. zugrunde. Hier handelt es sich ebenfalls um eine verstärkte Explosionswirkung, aber nicht durch das Mittel der Initialzündung, sondern durch besondere Formgebung des Sprengkörpers. Höhlt man nämlich einen massiven Brisanzkörper, z. B. einen Trinitrotoluolzylinder, von unten herauf konisch aus (Fig. 17), so ergibt sich bei geringerer Sprengstoffmenge eine viel stärkere Spreng- und Druckwirkung auf die Unterlage als bei dem schwereren massiven Körper. Eine ausführliche Darstellung über die Wirkungsweise dieser Brisanzhohlkörper findet sich von Egon Neumann in der Zeitschrift f. d. ges. Schieß- und Sprengstoffwesen, Jahrgang 1914, S. 183.

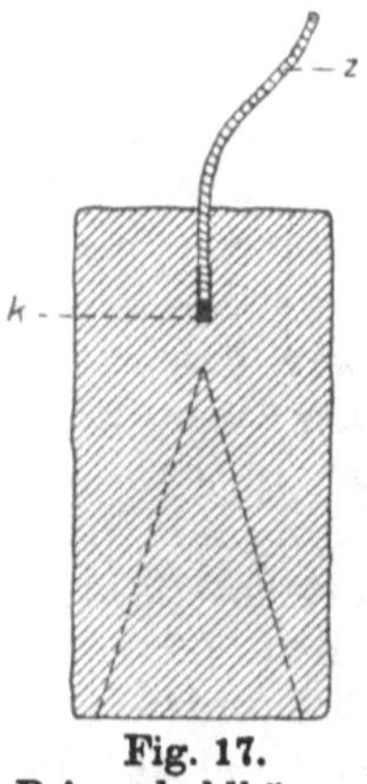

Fig. 17. Brisanzhohlkörper.

Zur Erklärung der überraschend größeren Wirkung der ausgebohrten Preßkörper gegenüber den schwereren Vollkörpern wird angeführt, daß, wenn der Sprengkörper im oberen Teile über der ausgehöhlten Kegelspitze gezündet wird, die Detonation des Vollkörpers lagenweise nach unten fortschreite, und daß die untersten Teile des massiven Sprengkörpers, die zuletzt zur Detonation kommen, einen gewissen Schutz gegen die Wirkung der Explosionsgase der oberen Sprengkörperteile bildeten, so daß die Unterlage wahrscheinlich erst durch die Detonation der unteren Teile des Sprengkörpers angegriffen werde. Es ist aber nicht einzusehen, warum bei der Detonation der oberen Sprengkörperteile die darunter liegende, mehr als tausendmal leichtere Luft des Hohlraums einen stärkeren Druck auf die Unterlage ausüben soll, als die entsprechende Masse des Sprengstoffs. Nimmt man in der nach Fig. 17 skizzierten Weise einen Voll- und einen Hohlkörper an und denkt beide in Detonation begriffen, etwa in dem Moment, wo die Detonationswelle gerade die Höhe der punktierten Kegelspitze erreicht, so kann man im zweiten Falle wohl kaum von einer direkten Wirkung der Explosionsgase auf die Unterlage sprechen, da bei einem brisanten Sprengstoff die Luft, zumal wenn sie wie hier noch eingeschlossen ist, sich wie ein festes Medium verhält. Ist diese Annahme aber richtig, so erweist sich obige Erklärung als unzutreffend: — eher wäre das Umgekehrte vorauszusehen, da eine elastische bewegliche Luftunterlage den Druck der oberen Explosionsgase nicht so vollkommen zu übertragen vermag wie eine dichte kompakte Sprengstoffmasse gleichen Volumens. — Die überlegene Wirkung der Brisanzhohlkörper ist wohl besser dadurch zu erklären, daß die eingeschlossene Luft den Stoß der oberen Explosionsgase einseitig und unmittelbar nach unten fortpflanzt, während bei dem sukzessive nach unten vergasenden Vollkörper, bei der zentrifugalen Ausbreitung der Explosionskraft, die Hälfte der Energie sich nach oben ausbreitet und von Schicht zu Schicht der nach unten wirkenden Hälfte der darüber liegenden Schicht entgegenarbeitet. Indessen ist es auch wohl möglich, daß der Luft eine besondere spezifische Wirkung zukommt, daß sie hier als Drucküberträger eine eigene Rolle übernimmt, die uns noch unbekannt ist.

Zweiter Teil.

Theorien und Definitionen.

Die explosionsauslösende Wirkung dei Initialzündstoffe ist in mehreren Theorien zu erklären versucht worden. Abel glaubte das Wesen der Initialzündung durch die Annahme eines Wellensynchronismus zwischen Detonator und Sprengstoff, oder gemäß seiner Unterscheidung, zwischen primärem und sekundärem Explosivstoff erklären zu können. Er stützte sich dabei auf die Beobachtung, daß die heftigst explodierenden Substanzen wie Chlor- und Jodstickstoff, Diazobenzolnitrat usw. nur in großer Menge oder garnicht imstande waren, die Sprengkraft detonierender Stoffe auszulösen, während das Knallquecksilber ausnahmslos schon in kleinen Mengen die vollständige Detonation bewirkte. Diese Sonderstellung des Knallquecksilbers in der Reihe direkt detonierender Explosivstoffe schrieb Abel einer Art Resonanzerscheinung zu, er dachte sich, daß Knallquecksilber bei seiner Detonation molekulare Schwingungen erzeuge, welche die Moleküle des zu initiierenden Sprengstoffs in Mitschwingung und dadurch in Mitdetonation versetzten.

Diese Abel'sche Theorie des Wellensynchronismus' zwischen Initialsubstanz und Sprengstoff wurde von L. Wöhler[1] einer eingehenden Kritik unterzogen und schließlich aus mehreren Gründen verworfen. So schwierig es auch sein wird, diese Theorie weiter zu stützen, so seien hier an dieser Stelle doch einige Bedenken[2] gegen einzelne Einwände angeführt, die dort gegen den Wellensynchronismus gemacht worden sind.

Abel fand, daß die „heftigst explodierenden" Sprengstoffe Chlor- und Jodstickstoff ohne initiierende Wirkung auf Nitroglyzerin und Schießbaumwolle sind; nur einmal vermochten 3·25 g Chlorstickstoff die Detonation zu bewirken, während schon 0·32 g Knallquecksilber, also der zehnte Teil dazu unter gleichen Verhältnissen genügten. Wöhler erklärt diesen auffälligen Unterschied durch die ungeheuren Augenblicksdrucke, die das Knallquecksilber vor dem Chlorstickstoff voraushabe und führt dann weiter an, daß bei annähernd gleicher Gasentwicklung für Chlorstickstoff und Knallquecksilber die Wärmen sich nur wie 316 zu 411 Kalorien (pro 1 kg) verhalten, und daß vor allem die Ladedichte des Knallquecksilbers, des spezifisch schwersten aller Sprengstoffe, von Chlorstickstoff nicht annähernd erreicht werde. Trotz der kleinen Kalorienzahl und der geringern Dichte des Chlorstickstoffs ist es aber dennoch sehr fraglich, ob dieser Körper bei seiner beispiellosen Brisanz doch nicht etwa gleiche oder noch höhere Augenblicksdrucke als Knallquecksilber zu erzeugen vermag. Daß der Chlorstickstoff dem Knallquecksilber an Brisanz bedeutend überlegen sein muß geht aus den furchtbar zerschmetternden Wirkungen hervor, die dieser Körper auf Glas und Gußeisen erzeugt. Nimmt man vergleichsweise die Dichte des Chlorstickstoffs zu $^1/_3$ der Dichte des Knallquecksilbers an (Chlorstickstoff ist bedeutend schwerer als Wasser) und die Kalorienzahl bei der Explosion des ersteren zu $^3/_4$ der Kalorienzahl des zweiten, so ergibt sich bei Annahme gleicher Zersetzungsgeschwindigkeit nur ein viermal kleinerer Augenblicksdruck des Chlorstickstoffs gegenüber dem Knallquecksilber — eine Zahl, welche zur Erklärung der oben angeführten zehnfachen Differenz ganz ungenügend ist. Zieht man aber noch

---

[1] Zeitschr. f. Schieß- u. Sprengst. 1907, S. 183.

[2] Stettbacher, Zeitschr. f. Schieß- u. Sprengst. 1914, S. 342.

die höhere Zersetzungsgeschwindigkeit des Chlorstickstoffs in Rechnung, so stellt sich die Annahme viel höherer Augenblicksdrucke des Knallquecksilbers im Vergleich zu jenem noch ungünstiger.

Jedenfalls geht aus dieser Überlegung hervor, daß eine Erklärung der viel geringeren Detonationswirkung des Chlorstickstoffs gegenüber dem Knallquecksilber auf anderem Wege zu suchen ist, und zwar auf einem Wege, zu dem uns der ursächliche Zugang vorläufig verschlossen zu sein scheint. Auch der Hinweis auf ein Experiment V. Meyers[1], nach welchem durch Knallquecksilber detoniertes Dynamit zum Teil explodierte, zum Teil unverändert umhergeschleudert wurde, kann heute nicht mehr als stichhaltiger Einwand gegen den Abel'schen Wellensynchronismus gelten, nachdem die Erfahrung gelehrt hat, daß schwer detonierbare Sprengstoffe, wie gepreßtes oder geschmolzenes Trinitrotoluol z. B., nur durch besondere Zwischenzündladungen von gleichem oder ähnlichem Sprengstoff zur Explosion zu bringen sind. Ferner, daß man die Sprengkapseln gegenwärtig ganz allgemein nach dem Prinzip der Zündladungen mit verschwindend kleinen Mengen Initialsubstanz herstellt und die Detonationsübertragung durch einen explodierenden Nitrokohlenwasserstoff, Trotyl oder Tetryl z. B., bewerkstelligt, spricht eher für als gegen Abels Theorie.

Nach Berthelot[2] hat man sich die Detonation eines brisanten Sprengstoffs als ein plötzlicher, wellenförmig durch die ganze Masse fortpflanzender Zerfall, hervorgerufen durch die kinetische Energie des Detonatorstoßes, zu denken. Die eigentliche Ursache der entstehenden Detonationswelle führte man auf die Kraft des plötzlichen Initialimpulses zurück. Indessen betrachtet man nach neueren Anschauungen den Druck als solchen oder die durch ihn bewirkten heftigen Umwandlungen nicht mehr für hinreichend, die Detonationswelle eines sekundären Sprengstoffs auszulösen. Martin[3] schließt sich mit Berthelot der Vorstellung an, daß es wesentlich die durch den gewaltigen Druck erzeugte adiabatische Erhitzung des an den Initialzünder angrenzenden Mediums sei, welche die außerordentliche Reaktionsgeschwindigkeit der Detonationswelle einleite. Mit Hilfe der gefundenen Explosionsdrucke lassen sich die Temperaturen in der verdichteten Luft am Rande des Sprengstoffs nach der Beziehung

$$T = T_1 \left(\frac{p}{p_1}\right)^{\frac{k-1}{k}}$$

---

[1] Lieb. Ann. 1891, Bd. 264, S. 127.

[2] Sur la force des matières explosives I. 1883.

[3] Über Azide und Fulminate, Darmstadt 1913.

berechnen, wobei T_1 und p_1 Anfangstemperatur und Anfangsdruck vorstellen, z. B. 273° abs (= 0°) und 1 Atmosphäre (= 1·033 kg), während k das Verhältnis der beiden spezifischen Wärmen bei konstantem Volumen bedeutet; man erhält so zwischen 6000 bis 8000° liegende Werte, welche den plötzlichen Detonationsvorgang nach den Gesetzen der chemischen Kinetik einigermaßen begreiflich machen. Beispielsweise genügt schon ein Kompressionsdruck von 200 Atmosphären, um Luft vorübergehend von 0° auf 1000° zu erhitzen.

Die Ansicht, daß der explosive Zerfall eines Sprengstoffs weniger die Folge eines mechanischen Stoßes, als vielmehr die Folge einer thermischen Reaktion der in unmeßbar kurzer Zeit entstandenen und adiabatisch hoch erhitzten Detonatorgase sei, findet einige Analogien unter bekannten Erscheinungen, z. B. in der detonativen Umsetzung eines Explosivstoffs durch Schlag und durch Überhitzung. Die Wirkung des Fallhammerschlags z. B. erklärt sich am ungezwungensten durch die Annahme, daß die als Umwandlungsprodukt der verschwindenden Bewegungsenergie entstehende Wärme den geschlagenen Teil auf eine Temperatur erhitzt, bei welcher ein plötzliches Ansteigen der Zersetzungsgeschwindigkeit zur explosiven erfolgt. Wie gefährlich schnelles Überhitzen von Sprengstoffen, ja nicht einmal von Sprengstoffen (z. B. Kaliumchlorat) sein kann, beweisen die vielen Explosionen, die sich dieser Ursache wegen schon ereignet haben.

Aber wie soll nun mit dieser Thermal-Hypothese die als Initiierung durch Influenz bekannte Detonationsübertragung auf größere Entfernung erklärt werden? — Wolff macht sich über den Vorgang der explosiven Fernwirkung folgende Vorstellung: Im ersten Entwicklungsabschnitt des Explosionsvorganges, wo die Explosionsgase noch stark zusammengepreßt sind, erfährt das dieselben umgebende Medium, gewöhnlich Luft, infolge des großen Widerstandes, den die Luft gegen das Ausweichen leistet, an der Berührungsfläche eine hochgesteigerte Luftverdichtung mit unmittelbar darauffolgender Luftverdünnung, welche sich beide in longitudinaler Wellenbewegung fortpflanzen. Berthelot[1] zerlegte die durch den Initialimpuls ausgelöste Explosionswelle wiederum in zwei besondere Arten von Stoßwellen: in eine rein chemische Stoßwelle, der eigentlichen Explosionswelle, bestehend in einer ununterbrochenen Umwandlung chemischer Energie in kalorische und mechanische, und in eine physikalische Stoßwelle, die, mit dem Quadrate der Entfernung abnehmend,

[1] Sur la force des matières explosives I, S. 122. 1883.

ihre kinetische Energie ständig in der inerten Umgebung zerstreut. Da die Explosionsgase stets nur in geringe Entfernung fortgeschleudert werden und eine Explosionsübertragung dieserart vollkommen ausgeschlossen ist, so kann als Detonationsträger nur eine Explosionswelle in Betracht kommen. Man schreibe nun der physikalischen Stoßwelle Berthelot's diese Aufgabe zu: die Welle wird sich vom Explosionszentrum fortpflanzen, mit zunehmender Entfernung an Itensität sehr schnell abnehmen und wohl kaum imstande sein, beim Auftreffen auf einen gleichen oder ähnlichen Sprengstoff die nach obiger Hypothese verlangten Drucke zu erzeugen, welche an der Grenzfläche des entfernten Sprengstoffs adiabatisch jene spezifische, hohe Temperatur hervorbrächten, die zur detonativen Zerfallsgeschwindigkeit notwendig ist. Andererseits könnte man im Sinne der drahtlosen Telegraphie an eine Wellenübertragung denken, die dem durch einen Luftweg entfernten Sprengstoff die Rolle eines wellensammelnden Relais oder Kohärers beimessen würde. Aber damit käme man ja beinahe wieder zum Wellensynchronismus zurück. Daß der Initialimpuls nicht wohl ausschließlich eine Wirkung der adiabatisch hoch erhitzten Detonatorgase sein kann, beweist auch das als außerordentlich initiierkräftig gepriesene Silberacetylenid, Ag_2C_2, welches bei der Explosion in die beiden unvergasbaren Bestandteile Silber und Kohlenstoff zerfällt. Man mag aus dem Vorgebrachten ersehen, wie kompliziert und heikel gerade das kleine Kapitel der Initialzündung ist und wie viele bestechende Theorien, unter dem Lichte der Verallgemeinerung besehen, in das Dunkel der unbekannten Vorgänge zurückfliehen müssen.

Verfänglich wird auch das Thema der Detonationsgeschwindigkeit, sobald man dasselbe auf die Gruppe der Initialsprengstoffe anwendet. Erinnern wir uns noch einmal den oben angeführten Definitionen der Detonationsgeschwindigkeit und Detonationszeit, so sehen wir, daß von allen Konstanten eines Sprengstoffs, diese beiden die wichtigsten sind, diejenigen, die über die Eigenschaften eines Sprengstoffs das meiste aussagen und darum zusammen mit den Ausdrücken für die Kraft und Energie der Sprengstoffe, im besonderen mit dem „charakteristischen Produkte" Berthelots (Produkt aus dem Volumen der reduzierten Explosionsgase V_0 und der Wärmemenge Q eines Kilogramms Sprengstoff) und dem sogenannten Energieinhalt (Produkt aus dem mechanischen Wärmeäquivalent A und der Wärmemenge Q), die Wirkungsweise eines Explosivstoffs am erschöpfendsten kennzeichnen. Die Bestimmung der Detonationsgeschwindigkeit begegnet heute keinen Schwierigkeiten mehr, wenigstens bei den sekundären Sprengstoffen; größer dagegen ist die Schwierigkeit bei den Initialexplosivkörpern, von denen bisher nur die Detonationsgeschwindigkeit des Knallquecksilbers[1] — zu 3920 m/sec — ermittelt worden zu sein scheint. Folgende Tabelle zeigt einige der sprengtechnisch wichtigen Daten des Knallquecksilbers neben denen des Dynamits und der Pikrinsäure.

	Detonationsgeschwindigkeit m/s	Volumen d. Explosionsgase von 1 kg Sprengstoff bei 0°/760 V_0	Wärmemenge von 1 kg Sprengstoff in Cal. Q	Charakteristisches Produkt $V_0 \cdot Q$	Energieinhalt $A \cdot Q$
Knallquecksilber	3920	314	410	129 000	175 000
Pikrinsäure . . .	7700—8200	869	810	704 000	345 000
Dynamit 75% .	7000—7500	535	1290	690 000	550 000

Danach verhält sich das Volumen der Explosionsgase des Knallquecksilbers zu dem der Pikrinsäure und des Dynamits rund wie 1 : 3 : 2 und die Wärmemenge wie 1 : 2 : 3, während das charakteristische Produkt des Knallquecksilbers gar nur den fünften bis sechsten Teil desjenigen der Pikrinsäure und des Dynamits ausmacht; auch beträgt die Detonationsgeschwindigkeit des Knallquecksilbers kaum mehr als die Hälfte der beiden Sprengstoffe.

Angesichts dieser Proportionen vergleiche man jetzt die Drucke, die diese drei Körper bei der Detonation auf ihre Unterlage ausüben. Der Explosionsdruck freiaufliegenden Knallquecksilbers wird auf 31 000 kg pro Quadratzentimeter geschätzt[2], derjenige brisanter Sprengstoffe, wie des Dynamits[3], aber höchstens zu 10 000 Atmosphären, also kaum den dritten Teil des Explosionsdruckes des an Energieinhalt fünfmal ärmeren Knallquecksilbers. Woher dieser unerklärliche Unterschied? Wie ist es möglich, daß ein Explosivstoff mit kleinerer Detonationsgeschwindigkeit und mit geringerer Gas- und Wärmeentwicklung beim explosiven Zerfall dennoch eine größere Brisanz vor vielen anderen Explosivstoffen voraushaben kann? Und wie kann der weit überlegene Druck explodierenden Knallquecksilbers gegenüber dem Dynamit erklärt werden, wenn man die Richtigkeit der sprengstofflichen Bestimmungszahlen der beiden Substanzen nicht in Zweifel ziehen will?

---

[1] Bichel, Glückauf 41, S. 1195. 1905.
[2] Gody, Matières explosives, S. 297. 1907.
[3] Häussermann, Sprengst. u. Zündwaren, S. 12.

Dieser paradoxale Widerstreit[1], der sich aus der einfachen Gegenüberstellung von theoretischen, aber dennoch streng auf empirischen Grundlagen ruhenden Überlegungen mit augenscheinlichen Tatsachen ergibt, kann nur aus einer Ungenauigkeit der Sprengstoffkonstanten oder dann aus unrichtiger, falscher Auffassung jener Vorgänge, auf die sich die Konstanten beziehen, hervorgegangen sein. Werfen wir deshalb einen prüfenden Blick auf die in obiger Tabelle verzeichneten Konstanten. Die Werte V_0 und Q können wohl kaum beanstandet werden, da sie schon mehrfach von den verschiedensten Autoren in genügender Übereinstimmung gefunden und bestätigt wurden. Auch der von Bichel bestimmte Wert der Detonationsgeschwindigkeit von Knallquecksilber, läßt bei Anwendung unserer vervollkommneten Meßapparate keine große Fehlergrenze zu, wenigstens keine solche, innerhalb welcher der obige Widerstreit auch nur schwach ausgeglichen werden könnte. Wo steckt nun der Widerspruch und wo ist er zu finden?

Zwischen der Geschwindigkeit explosiver Vorgänge und den begleitenden Explosionsdrucken herrscht ein inniger Zusammenhang. Mit je größerer Geschwindigkeit die chemische Umsetzung ausgelöst und fortgepflanzt wird, um so weniger Wärme geht für die Expansionsbewegung durch Strahlung und Leitung verloren und um so mehr Energie verbleibt dann für die Ausdehnung und damit für den Druck der Explosionsgase. Nun zeigt aber das Knallquecksilber bei höchstem Explosionsdrucke nur einen geringen Wärmeinhalt der sich ausdehnenden Explosionsgase, einen Wärmeinhalt, der bei einer Detonationsgeschwindigkeit von 4000 m/sec niemals für jene Druckwirkungen hinreichte. Soll das Knallquecksilber bei seinem vor allen brisanten Sprengstoffen zurücktretenden Wärmeinhalt trotzdem höhere Explosionsdrucke hervorbringen als diese, so ist das nur möglich durch eine viel höhere Zerfallsgeschwindigkeit. Die Umwandlung des festen, schweren Knallquecksilbers in Gasform muß so rapide vor sich gehen, daß die Ausdehnung der gasförmigen Explosionsprodukte annähernd adiabatisch

[1] Inzwischen ist dieser Widerstreit durch eine kürzlich publizierte Experimentalarbeit von Stettbacher (Zeitschr. f. Sch. u. Spr. 1915, S. 214—216) bereinigt worden. Es wurde nachgewiesen, daß der Explosionsdruck frei detonierenden Knallquecksilbers, Blei- und Silberazids stark hinter dem Drucke der brisanten Sprengstoffe steht, demnach die Detonationsgeschwindigkeit des Knallquecksilbers zu 3920 m/sec wohl richtig ist und diejenige der Schwermetallazide nicht größer sein kann. Vgl. hierzu S. 187: Brisante Sprengstoffe und Initialsprengstoffe in ihrem Verhältnis zueinander.

verläuft, d. h. in einer so kurzen Zeit, daß die geringe Explosionswärme fast gänzlich in mechanische Expansionsarbeit verwandelt wird und durch Leitung und Strahlung nur ein verschwindend kleiner Betrag verloren geht.

Vermutlich wird man die Schuld an obiger Diskrepanz der Detonationsgeschwindigkeit beizumessen haben, sofern man letztere definiert als die Geschwindigkeit, mit der die explosive Zersetzung eine Sprengstoffmasse durchschreitet. Wie aber, sollte der Explosionsvorgang bei Knallquecksilber anderen Gesetzen gehorchen, als denjenigen, die wir auf die Vorgänge bei brisanten Sprengstoffen schon längst anzuwenden gewohnt waren? Und sollten die initialen Sprengstoffe eine Sonderstellung vor allen anderen einnehmen? Oder ist die ganze vorwürfige Streitfrage nur die Folge einer Unklarheit oder Zweideutigkeit eines Begriffs, über den man sich noch nicht genügend Klarheit verschafft hat? — Daß der Begriff der Detonationsgeschwindigkeit nicht zu den eindeutigsten festbestimmten gehört, daß er auf verschiedene Vorgänge angewandt und in andere Vorstellungen vermengt wird, geht recht deutlich aus folgender Stelle Brunswigs[1] hervor: „Ob die Geschwindigkeit der Expansionsbewegung im Beginne als identisch anzusehen ist mit der Geschwindigkeit der Auslösung oder Fortpflanzung einer explosiven Reaktion, dürfte mindestens zweifelhaft sein; denn, wenn Gase expandieren, findet ein Transport von Masse statt, während in der Explosionswelle nur eine chemische Zustandsänderung sich ausbreitet. Ist aber die Geschwindigkeit, mit welcher die Explosionsgase im ersten Augenblick expandieren, nicht gleich der Detonationsgeschwindigkeit, dann kann auch z. B. die kinetische Energie der Gase nicht gleich dem Produkte aus halber Masse derselben und dem Quadrate der Detonationsgeschwindigkeit gesetzt werden."

Ob man nun den hohen Explosionsdruck des Knallquecksilbers im Sinne der angeführten Stelle einer besonderen Expansionsgeschwindigkeit oder einer anderen Ursache zuschreiben will: — soviel ist sicher, daß man mit der Detonationsgeschwindigkeit sich nur in Widersprüche verwickelt, aus denen man mit diesem Begriffe nicht mehr herauskommt. Vielleicht ist der Explosionsverlauf bei endothermen Explosivkörpern wie Knallquecksilber ein ganz anderer, als derjenige bei brisanten Sprengstoffen mit exothermer Zersetzung. Welchen Einfluß die endotherme und die exotherme Reaktionsweise auf die Natur der

---

[1] Explosivstoffe, S. 54.

Explosion eines Explosivkörpers haben kann, dafür ist das Knallquecksilber selbst das beste Beispiel. Bei seiner Zersetzung zerfällt das Knallquecksilber nach der Gleichung $Hg(CNO)_2 = Hg + 2CO + N_2$ unter Entwicklung von 89 l Gas und 116 Cal. Wärme (für 1 g-Molekül). Mischt man nun, wie es in der Technik geschieht, der Verbindung die zur vollständigen Verbrennung nötige Menge Kaliumchlorat hinzu, so werden bis 213 Cal. frei; trotz der doppelten Energievermehrung hat sich aber das wesentlichste Moment eines Initialstoffs, die Brisanz, vermindert. Das Knallquecksilber ist also durch die hinzugekommene exotherme Reaktion seinem Zwecke weniger dienlich geworden. Es ist überhaupt eine bekannte Tatsache, daß oxydierende, auf vollständige Verbrennung berechnete Zusätze die Detonationsgeschwindigkeit eines Sprengstoffs herabsetzen.

Aber auch a priori ist leicht einzusehen, daß ein rein endothermer Zersetzungsvorgang sich von einem exothermen wesentlich unterscheiden muß. Betrachtet man z. B. Chlorstickstoff oder ein Schwermetallazid, so bedeutet die Explosion nichts anderes, als ein momentanes Auseinanderschleudern der endotherm verbundenen Atome in die Elemente der beiden Komponenten Chlor und Stickstoff bzw. Schwermetall und Stickstoff. Von dem Augenblicke an, wo ein geringfügiger Anlaß die Trennung auslöste, zerfällt die Verbindung mit unwiderstehlicher Gewalt in die gasförmigen bzw. den gasförmigen Bestandteil, ohne daß eine weitere Veränderung vor sich geht, als diejenige der Expansion durch den frei gewordenen endothermen Wärmebetrag. Intermediäre chemische Reaktionen der Elemente unter sich sind nicht möglich, oder höchstens erst dann, wenn die explosive Dissoziation bereits erfolgt und die Wirkung schon vorüber ist. Anders dagegen ist das Verhalten der eigentlichen Sprengstoffe. Hier beginnt der erste Schritt der Explosion mit einem oxydativen Zerfall von der Stelle des erfolgten Initialimpulses aus; aber erst später, wenn der Oxydationsprozeß allgemein die Masse bis auf das letzte Molekül ergriffen hat und die nunmehr entstehenden Oxydationsprodukte sich unter der frei werdenden Wärme auszudehnen anfangen, setzt die eigentliche Explosionswirkung ein. Unter mächtiger, ungestümer Volumvergrößerung entfalten sich die Gase oder sie geben, wenn sie auf ein Hindernis stoßen, ihre kinetische Energie an den äußeren Widerstand ab, indem sie diesen zertrümmern oder zermalmen. Diesen sekundären Explosionsvorgang darf man sich jedoch nicht so glatt, stetig und gleichmäßig verlaufend vorstellen; die Kurve von der beginnenden Vergasung bis zum höchsten Volumen, dem größten Maximaldruck, wird nichts weniger als eine gerad ansteigende Linie vorstellen, sondern unruhig oszillierend von einer stetig verlaufenden Kurve abirren, als ein treues Abbild der inneren Reaktionen, welche die Explosionsprodukte in dieser kurzen Zeit aufeinander ausüben. (Es ist ja bekannt, wie abhängig der Explosionsverlauf von äußeren Bedingungen, der Ladedichte z. B., sein kann, und wie verschieden die Zusammensetzung der Gase und damit auch die energetische Leistung derselben ist.) Bei den stark endothermen Initialstoffen sind dergleichen Erscheinungen unmöglich; sowie einmal die explosive Zersetzung eingeleitet ist, schnellen die Bestandteile auseinander. In steter steiler Kurve erreicht hier der Explosionsdruck sein Maximum, ohne daß der Verlauf durch Zwischenreaktionen gemildert oder verlangsamt werden könnte. Um einen bildlichen Vergleich heranzuziehen, ließe sich die Explosion eines endothermen Initialkörpers als ein hartes Auseinanderprallen unelastischer Bestandteile, die Explosion exothermer brisanter Sprengstoffe dagegen durch elastische, in ihrem geraden Laufe durch Zwischenvorgänge abgelenkte und gebrochene Schleuderprodukte darstellen. Die exothermische Reaktion bedingte mehr einen federnden, die endotherme mehr einen harten, starren Explosionsverlauf.

Um für die Initialwirkung der verschiedenen Initialkörper einen vergleichbaren zahlenmäßigen Ausdruck in die Hand zu bekommen, hat man den Begriff der Arbeitsdichte[1] eingeführt, d. h. der Arbeitsfähigkeit pro Volumeinheit und Detonationsgeschwindigkeit. Schon L. Wöhler[2] hat die Initiierungsfähigkeit eines Detonators von dessen Stoßarbeit pro Zeiteinheit abhängig gemacht, also von einem gewissen Effekt, der in der Hauptsache durch eine große Explosionsgeschwindigkeit und eine hohe Ladedichte bestimmt wird. Nach der neuen Definition der Arbeitsdichte ist ein Initialzünder um so wirksamer, je größer seine Arbeitskraft pro Kubikzentimeter und Sekunde ist. Letztere Größe wird auch als Effektdichte bezeichnet. Dieselben Größen der Arbeitsdichte und der Detonationsgeschwindigkeit bestimmen übrigens auch in gleicher Weise die Brisanz, welche analog der Effektdichte in den Ausdruck $B = \frac{A \cdot d}{t}$ gefaßt werden kann, wobei A die Arbeitsfähigkeit pro Gramm, d die Dichte und t die zur Umsetzung nötige Zeit ist.

---

[1] Martin, Über Azide und Fulminate, S. 37.

[2] Zeitschr. f. Schieß- u. Sprengst. 1907, S. 181.

Der Arbeitsinhalt kann als diejenige **Maximalarbeit** aufgefaßt werden, welche das im Eigenvolumen entwickelte und durch die freigewordene Wärme des Zerfalls erhitzte Gas bei seiner Entspannung zu dem atmosphärischen Druck zu leisten vermag. Besitzen die bei der Detonation verschiedener Initialexplosivstoffe entstehenden Gase ein annähernd gleiches Verhältnis der spezifischen Wärmen bei konstantem Druck und konstantem Volumen $\left(\frac{C_p}{C_v}\right)$, wie das bei den **Aziden** und **Fulminaten** der Fall ist, so kann man als Vergleichswert für die Arbeitsfähigkeit vereinfacht setzen:

$$A = p\,(v - a),$$

wo p und v die Anfangswerte des Drucks und des Volumens bei der Explosion im Eigenvolumen und a das **Kovolumen** vorstellt. Die Arbeitsfähigkeit A ist dem **Berthelot**schen „charakteristischen Produkt" annähernd proportional, bildet aber so wenig wie dieses eine genügende Charakteristik eines Sprengstoffs.

An den Beispielen einiger Azide und Fulminate hat **Martin**[1] neben anderen wichtigen Konstanten auch die Arbeitsdichten ermittelt. Der Druck (p) bei der Explosion im Eigenvolumen wurde aus den thermischen Daten der Detonationswärmen und spezifischen Wärmen der Zerfallsprodukte bzw. aus den daraus gefundenen Explosionstemperaturen errechnet. Die experimentelle Bestimmung der Wärmetönung des explosiven Zerfalls geschah in der Berthelot-Mahler-Bombe. Folgende Tabelle zeigt einige der erhaltenen Werte.

	Calorien pro g Substanz	Calorien pro Mol.
Knallquecksilber . .	397	99 164
Silberfulminat	470	68 223
Cadmiumfulminat . .	509	98 420
Merkuroazid	266	50 897
Silberazid.	452	65 523
Bleiazid	364	104 869
Cadmiumazid	558	108 180

Für die Berechnung der **Explosionstemperaturen** sind neben obigen kalorimetrischen Werten die spezifischen Wärmen der gasförmigen und festen oder flüssigen Explosionsprodukte erforderlich. Die theoretische Explosionstemperatur bestimmt sich dann (unter Berücksichtigung der von **Le Chatelier** und

[1] Über Azide und Fulminate, S. 37.

Mallard aufgestellten Beziehung zwischen der Abhängigkeit der molekularen Wärmekapazität des Stickstoffs und des Kohlenoxyds von der Temperatur: C = 4,8 + 0,0006 t) nach der Gleichung: $(4.8 + 0.0006\, t) \cdot a \cdot t + C_{\text{fest}} \cdot t_s \cdot M + C_{fl.} \cdot (t - t_s)\, M = E_M$, wo t_s die Schmelztemperatur des Metalls, a die Anzahl Mole Gas, die pro Mol Azid oder Fulminat frei werden, bedeutet, M das Molekulargewicht des Explosivs und E_M die aus obiger Tabelle entnommene, von der Schmelzwärme befreite Detonationswärme pro Mol ist.

Mit Hilfe der nach obiger Formel berechneten Explosionstemperatur läßt sich dann nach dem Gasgesetz und der van der Waalsschen Korrektion des Volumens der Druck ermitteln, der bei der idealen Detonation im Eigenvolumen des festen Explosivstoffs entstünde:

$$p = \frac{1.033 \cdot v_0 \cdot T}{(1 - [\alpha + u]) \cdot 273}\ \text{kg/cm}^2.$$

Darin bedeutet v_0 das Volumen der von 1 cm³ festem Azid oder Fulminat entwickelten Gase bei 0° und 1·033 kg Atmosphärendruck (aus der Zersetzungsgleichung berechenbar), T die berechnete absolut gezählte Explosionstemperatur, u das Volumen des festen oder flüssigen Metalls und α das Kovolumen, nach Sarrau = $0{\cdot}001 \cdot v_0$ gesetzt.

Daraus ergibt sich, unabhängig von den beiden letzten Größen α und u, die Arbeitsdichte:

$$A_d = \frac{1.033 \cdot v_0 \cdot T}{273 \cdot 100}\ \text{kg} \cdot \text{m/cm}^3.$$

Die folgende Tabelle zeigt die Explosionstemperatur t, den Druck p und die Arbeitsdichte A_d mit dem Ladegewicht L, d. h. der Anzahl Gramme im Kubikzentimeter, welche mit einem Preßdruck von 1100 kg/cm² erhalten wurde.

	Explosionstemperatur t^0	Explosionsdruck kg/cm²	Arbeitsdichte kg · m/cm³	Ladegewicht g/cm³
Knallquecksilber	3594	∞	152·15	3·298
Silberfulminat	3667	91812	101·0	3·02
Cadmiumfulminat	3634	∞	152·0	3·002
Merkuroazid	3063	91958	110·4	3·78
Silberazid	3548	79190	95·95	2·98
Bleiazid	3483	96080	98·96	3·01
Cadmiumazid	3920	128800	119·3	2·20

Den unter den Fulminaten verzeichneten Drucken ist, wie aus den erhaltenen unendlichen Größen für Knallquecksilber und

Knallcadmium hervorgeht, jedenfalls kein absoluter Wert zuzusprechen; die Unkenntnis des Kovolumens, das bei diesen hohen Drucken der Sarrau'schen Beziehung nicht mehr folgt und wahrscheinlich kleiner ist als 0·001 v_0, gestattet eine Errechnung der absoluten Größe des Explosionsdrucks nicht.

Inwiefern nun die Arbeitsdichte als Vergleichsmaß für das Initiierungsvermögen der verschiedenen Fulminate und Azide gelten kann, und in welcher Beziehung diese theoretischen Rechnungsgrößen zu den praktisch ermittelten Grenzladungen der betreffenden Initialkörper stehen, wird unten folgende, nach den ausführlichen Versuchen Martins[1] zusammengestellte Übersicht zeigen.

Zu den Initiierungsversuchen wurden verschieden empfindliche Nitrokörper der aromatischen Reihe benutzt, hauptsächlich Tetranitromethylanilin, Pikrinsäure, Trinitrotoluol und Trinitroanisol, von denen sich das erstere am leichtesten und das letztere am schwersten detonierbar erwies. Zur Prüfung wurden in eine Sprengkapsel zunächst 0·5 g des zu initiierenden Sprengstoffs eingedrückt, darauf der Initialzünder mit Innenkapsel mit einem Druck von 1100 kg/cm² langsam aufgepreßt und dann diejenige Menge Fulminat oder Azid ermittelt, welche bei dieser Anordnung gerade noch die Detonation des Sprengstoffs veranlaßt.

von	Grenzladungen auf			
	Tetranitromethylanilin	Pikrinsäure	Trinitrotoluol	Trinitroanisol
Knallquecksilber . .	0·29	0·30	0·36	0·37
Silberfulminat. . . .	0·02	0·05	0·095	0·23
Cadmiumfulminat .	0·008	0·05	0·11	0·26
Merkuroazid	0·045	0·075	0·145	0·55
Silberazid	0·02	0·035	0·07	0·26
Bleiazid	0·025	0·025	0·09	0·28
Cadmiumazid	0·01	0·02	0·04	0·2

Vergleicht man diese Werte mit den korrespondierenden Arbeitsdichten, so überrascht einen der Mangel jeglichen Parallelismus. Bei kleiner Arbeitsdichte weisen die Azide fast ausnahmslos ein größeres Initiierungsvermögen auf als die entsprechenden Fulminate. Aber auch unter sich allein zeigen weder die Azide noch die Fulminate irgendwelche Gesetzmäßigkeiten; am auffälligsten gibt sich dies beim Knallquecksilber und

[1] Über Azide und Fulminate, S. 41—44.

Knallsilber kund, wo das erstere bei anderthalbfacher Arbeitsdichte gegenüber dem zweiten, ein 14- bis 15fach und ein 6fach kleineres Initiierungsvermögen gegen Tetranitromethylanilin und Pikrinsäure zeigt, als Knallsilber. Wenn Silberfulminat auch eine etwas größere Explosionswärme besitzt, als das Quecksilbersalz, so ändert das wenig an dem obigen Unterschied, da es dem Knallquecksilber dennoch bezüglich Energieinhalt und Ladedichte nachsteht. Die Initiierfähigkeit wie die Brisanz ist eine Funktion von Energieinhalt, Ladedichte und Detonationsgeschwindigkeit. Der Vorrang des Knallsilbers vor dem Knallquecksilber kann deshalb nur in einer größeren Zersetzungsgeschwindigkeit liegen, und in der Tat zeigen Reagenzglasversuche recht deutlich die überlegene Brisanz des ersten gegenüber dem zweiten: kleine Mengen Knallquecksilber verpuffen nur, und ohne Schädigung des Glases, während ein gleiches Quantum Knallsilber dasselbe unter lautem Knall zertrümmert. L. Wöhler[1] erklärt diesen Unterschied aus einer kleineren Anfangsgeschwindigkeit des Knallquecksilbers bei gewöhnlicher Zündung und bei kleineren Mengen; in größeren Mengen aber, wo das Knallquecksilber bei einfacher Zündung wie sein eigner Detonator wirke, würde die eigentliche maximale Detonationsgeschwindigkeit sofort erreicht, so daß die Wirkung jetzt proportional dem Energieinhalte ausfiele und selbst diejenige des Knallsilbers dann überträfe. Diese Erklärung findet eine gewisse Bestätigung darin, daß Knallquecksilber, wenn man ihm eine kleine Menge Knallsilber beimischt, eine stark gesteigerte Brisanz erlangt, infolge der erhöhten Anfangsgeschwindigkeit durch das empfindlichere Silbersalz.

Faßt man das Vorgebrachte dieses letzten Abschnitts über Arbeitsdichte und Initialwirkung nochmals zusammen, so ergibt auch dieser neu eingeführte Begriff der Arbeitsdichte nicht viel Bemerkenswertes über die Wirkung von Initialexplosivstoffen, zumal nicht nach der praktischen Seite hin, wo ein richtiges Bild von obigem Zusammenhange von größtem Nutzen wäre. So lange man über die Detonationsgeschwindigkeit dieser Gruppe von Explosivstoffen im unklaren ist und sie überhaupt nicht einmal kennt, so lange wird man auch keine zutreffenden Schlüsse über die initiierende Wirkung solcher Verbindungen machen können.

---

[1] Zeitschr. f. angew. Ch. **1911**, S. 2093.

Dritter Abschnitt.

Das Knallquecksilber.

Erster Teil.

Geschichte und Konstitution des Knallquecksilbers.

Wie so viele andere wichtige Entdeckungen, die in der Chemie Epoche gemacht haben, verdankt auch das Knallquecksilber seine Entdeckung einem glücklichen Zufall. Zwar sollte hier weder der Stein der Weisen noch etwa das Gold nach ehrwürdiger Tradition der Alchemisten gefunden werden, denn dazu war man in dieser Zeit bereits zu fortgeschritten; nichtsdestoweniger aber sollte die Entdeckung des Knallquecksilbers aus einer Reihe von Versuchen hervorgehen, welche bizarre Theorien und phantastische Vorstellungen zu verwirklichen bestrebten. Im Jahre 1800 ließ ein junger englischer Chemiker E. Howard[1] auf rotes, mit Alkohol zerriebenes Quecksilberoxyd Salpetersäure einwirken. Gemäß der damaligen Anschauung sollte der Alkohol als Wasserstoffträger mit der Salpetersäure als Sauerstoffträger Salzsäure bilden, welche durch den Vermittler Quecksilberoxyd an Quecksilber gebunden werden sollte; aber an Stelle des erwarteten Quecksilberchlorids erhielt der erstaunte Chemiker Knallquecksilber. Das weiße, krystallisierte Salz, das Howard anfangs für Sublimat ansah, gab nicht die Reaktionen der gebundenen Salzsäure, sondern detonierte, zur höchsten Überraschung des Entdeckers, beim Übergießen mit konzentrierter Schwefelsäure mit größter Heftigkeit.

Howard hielt auf Grund seiner Versuche das Knallquecksilber für eine Verbindung von „ätherischem Salpetergas“ (nitrous etherized gas, unser heutiges Äthylnitrit), Oxalsäure und Quecksilber. Ferner schrieb er der Verbindung, wie allen Quecksilberoxalaten, einen Überschuß an Sauerstoff zu, womit die explosiven Eigenschaften teilweise erklärt werden sollten. Die Anschauungen des Entdeckers standen völlig im Banne der damals herrschenden Theorien; trotz der umfangreichen Untersuchungen, die Howard über die Natur seiner neuen merkwürdigen Verbindung anstellte, kam er über die obigen irrtümlichen Auffassungen nicht hinaus, sondern übertrug diese auch auf das gleichfalls von ihm im Jahre 1800 aufgefundene Knallsilber.

---

[1] Philos. Transact. of the Royal Soc. of London for 1800, S. 204.

Howards Entdeckung scheint in der wissenschaftlichen Welt großes Interesse gefunden zu haben; denn schon im nächsten Jahre beschäftigte sich auch der damals bereits berühmte Berthollet[1] mit dem Gegenstande. Er behandelte Knallquecksilber mit verdünnter Schwefelsäure, erhielt aber an Stelle von Oxalat nur Quecksilberoxydulsulfat und konnte auch mit Salzsäure zu keiner Oxalsäure gelangen. Berthollet lieferte den genauen Nachweis, daß die Oxalsäure nicht zu den Bausteinen des Fulminatmoleküls gehört, ferner, daß das Quecksilber in der gleichen Oxydationsstufe, wie im Sublimat enthalten sei. Die Verbindung faßte er auf als zusammengesetzt aus hoch oxydiertem Quecksilber, Ammoniak — das sich bei der energischen Behandlung mit Kalilauge daraus entwickelte — und einer unbekannten Substanz, welche ihm nahe verwandt mit Alkohol zu sein schien. In den folgenden anderthalb Dezennien beschäftigten sich Fourcroy und Thénard und Descostils mit dem Knallquecksilber, ohne jedoch auf dem von Howard und Berthollet eingeschlagenen Wege wesentlich weiter zu kommen. Descostils[2] unterwarf das Knallsilber einer analytischen Untersuchung und ermittelte den Silbergehalt annähernd richtig zu 71% (Theorie 72·00).

Im Jahre 1821 begann sich Liebig im Gay Lussac'schen Laboratorim mit der Erforschung der knallsauren Salze zu beschäftigen. Die ersten Abhandlungen, die Liebig als Frucht seiner Untersuchungen über das Knallsilber veröffentlichte, enthielten noch so viele Ungenauigkeiten und Unrichtigkeiten, daß sie keine Förderung gegenüber dem bis dahin vorhandenen Material bedeuteten. Jedoch schon zwei Jahre später wurde der irrtümliche Inhalt der Erstlingsarbeit in einer klassischen Untersuchung[3], die Liebig gemeinsam mit Gay Lussac unternahm, richtig gestellt, die Zusamensetzung des Knallsilbers mit einer für die damalige Zeit unerreichten Genauigkeit bestimmt, und damit erst die Möglichkeit einer erfolgreichen Erforschung dieser Substanz angebahnt. Darin wurde der sichere Nachweis erbracht, daß Knallquecksilber und Knallsilber nur verschiedene Salze ein und derselben Säure seien. Liebig sah in den Salzen der Knallsäure salzartige Verbindungen, zusammengesetzt aus Metallknallsäuren und Metalloxyden, ähnlich den damals schon bekannten Derivaten der komplexen Eisencyanradikale oder metallhaltiger Weinsäuren, in denen das Metall, wie wir heute

---

[1] Bibl. Brit. XVIII, S. 259. 1801.

[2] Ann. chim. (1) 62, S. 198 (1807); Gilberts Ann. 28, S. 44 u. 160.

[3] Ann. de chim. et de Phys. 25, S. 285 (1824).

sagen, maskiert ist. Zu dieser Auffassung der Fulminate als Komplexsalze war Liebig bei der Umsetzung des Knallsilbers mit Chlorkalium gekommen, die er ganz richtig aus dem Verhalten jenes Doppelsalzes ableitete, das wir heute noch als das Kaliumsalz einer komplexen Silberknallsäure $[Ag(CNO)_2]K$ ansehen. Neben Liebig beschäftigte sich auch Berzelius mit dem Problem der Zusammensetzung des Knallquecksilbers; er hatte sich bereits der Erstlingsresultate Liebigs bemächtigt und aus den dort niedergelegten, jedoch sehr mangelhaften Analysenwerten folgende Formeln[1] aufgestellt:

$Ag + 2N_4C_4H_{12}O_7 + 4aq.$	$Hg + N_4C_4H_{12}O_7 + 2aq.$
Knallsilber.	Knallquecksilber.

Diese Formeln wurden jedoch hinfällig durch die schon erwähnte berühmte Arbeit von Liebig und Gay Lussac aus dem Jahre 1824, wo die Zusammensetzung des Knallsilbers aufs genaueste ermittelt wurde. Auf Grund dieser Bestimmungen konnte festgestellt werden, daß Kohlenstoff und Stickstoff im selben Verhältnis zueinander stehen, wie im Cyan und daß dem Knallquecksilber folgende Formel zukommen müsse:

$$Ag_2O_4C_4N_2 \ (O=8,\ C=6)$$

Hierbei sollten zwei Atome Sauerstoff zum Silber und die übrigen zu der aus Cyan und Sauerstoff bestehenden „Cyansäure" gehören. Als im Jahre 1822 Wöhler das cyansaure Silber entdeckte, entstand nun wegen der gleichen prozentischen Zusammensetzung dieses Salzes mit dem Knallsilber die wichtige Streitfrage der Isomerie. Während Berzelius und seine Schule anfangs starr der These anhingen, gleich zusammengesetzte Verbindungen müßten identisch sein und könnten sich auch in ihrem inneren Aufbau nicht unterscheiden, sprach sich Gay Lussac, und mit diesem auch Liebig, dahin aus, daß in der Knallsäure eine der Zusammensetzung nach gleiche, in der Anordnung der Atome jedoch von der Cyansäure verschiedene Säure vorliege. Berzelius, der an der Zuverlässigkeit der Knallsilberanalyse durch Gay Lussac und Liebig immer noch Zweifel hegte, hielt das Knallsilber für anders zusammengesetzt als das Silbercyanat; er betrachtete es als „cyanichtsaures Silberoxyd", das etwa die Mitte zwischen Blausäure und Cyansäure halten sollte. In der Folgezeit bemühte sich Liebig, die Art der gegenseitigen Verbindung der einzelnen Bestandteile in der Knallsäure aufzuklären; aber weder durch die Einwirkung von Schwefelwasserstoff und Chlor auf

[1] Berz. Jahresber. 4, S. 114 (1825).

Fulminate, noch durch andere Versuche vermochte er die Frage einer Lösung näher zu bringen.

Nachdem alle Versuche fehlgeschlagen hatten, die Aufklärung der Isomerie der Knallsäure mit Wöhler's Cyansäure zu bewirken, stellte Berzelius 1844 das Bestehen einer solchen Isomerie neuerdings in Abrede. Als aber 1848 Gladstone durch Einwirkung von Schwefelwasserstoff auf Kupferammonfulminat Harnstoff und Sulfocyansäure erhielt, waren die engen Beziehungen zwischen der Knallsäure und der Cyansäure unwiderleglich dargetan, so daß sich jetzt Berzelius für die Theorie der Isomerie erklärte und bald deren eifrigster Vorkämpfer wurde. Allein mit dieser Erkenntnis war das Dunkel, das über dem Knallsäurekonstitutionsproblem schwebte, noch nicht erhellt, und weit entfernt von einer sicheren Handhabe, woran man das Problem hätte fassen können, begann man weiterzutasten. Im Laufe der vierziger Jahre bereitete sich indessen eine neue Anschauung über die Zusammensetzung der knallsauren Salze vor; die entdeckte Nitrierung der mehrwertigen Alkohole und Kohlehydrate, die Herstellung des Nitroglyzerins, des Nitromannits und der Schießbaumwolle und anderer detonierfähiger Körper förderte neue Ansichten über das Wesen der Explosivstoffe zutage. Als Trägerin der Brisanz erkannte man die Nitrogruppe, und es lag nun nahe, dieses Radikal auch in der Konstitution der Knallsäure anzunehmen. Da man bei der Zersetzung der Fulminate durch Säuren stets Blausäure bemerkt hatte, so formte sich aus jener Parallele die Vorstellung, daß die Knallsäure als ein gemischter Typ, als eine homologe nitrierte Blausäure, als Nitroacetonitril aufzufassen sei.

Diese gegen Ende der vierziger Jahre zuerst aufgetauchte Ansicht, die Knallsäure auf Grund ihrer Explosivität und Bildungsweise als Nitrosubstitutionsprodukt einer mit Blausäure homologen Substanz $CN \cdot CH_2NO_2$ aufzufassen, finden wir zuerst in Gerhardts Lehrbuch der organischen Chemie[1]. In der Folge hob Kekulé diese Betrachtungsweise aus der Sphäre der bloßen Spekulation heraus, indem er das Nitroacetonitril dem von ihm neu geschaffenen Typus des Methans einordnete und in genetischen Zusammenhang mit dessen einzelnen Gliedern zu bringen suchte, etwa nach folgendem Schema:

C H H H H	Methan
$C(NO_2)Cl$ Cl Cl	Chlorpikrin
C H H H(CN)	Acetonitril
$C(NO_2)H$ H(CN)	Nitroacetonitril

[1] Précis de chim. organ. 2, S. 445.

Diese Ableitungen, sowie die Identität der Knallsäure mit dem Nitroacetonitril suchte Kekulé auch experimentell zu beweisen, und zwar hauptsächlich durch das Studium der Chloreinwirkung auf Knallquecksilber. Die Reaktion gab außer Chlorcyan noch das ebenfalls äußerst stechend riechende Chlorpikrin. zwei Produkte, die neben dem Cyanradikal die Existenz der Nitrogruppe beweiskräftig darzutun schienen. Demgegenüber haben sich Liebig, Poggendorff und Wöhler ablehnend verhalten, mit dem Hinweis, daß es viele explodierende Körper ohne Sauerstoffgehalt gebe und daß der Stickstoff in der Knallsäure nicht als Sauerstoffverbindung vorliegen könne, weil Kupferammonfulminat durch Schwefelwasserstoff in Harnstoff und Rhodanwasserstoff zerlegt werde. Auch der russische Chemiker Schischkow[1], der zwei Jahre vor der Arbeit Kekulés, durch Einwirkung von Alkalihaloiden auf Knallquecksilber die einbasische Fulminursäure von der Formel $C_3H_3N_3O_3$ entdeckt hatte, schloß auf Grund der Beständigkeit dieser neuen Säure gegen Reduktionsmittel wie Schwefelammon z. B., daß die Knallsäure keine Nitrogruppe enthalten könne. Vielmehr hielt er die Knallsäure für eine komplizierte Verbindung minderwertigen Charakters, in deren Salzen das Metall am Stickstoff hafte. Die Theorien Schischkows, die sich zum Teil auf glänzende Experimentalarbeiten stützen konnten, taten dem Ansehen der Gerhardt-Kekuléschen Formel keinen Eintrag und vermochten die Auffassung der Knallsäure als Nitroacetonitril bis in die achtziger Jahre hinein nicht zu erschüttern.

Mit dem Jahre 1883 tritt die Knallsäureforschung in ein neues Stadium ein. Carstanjen und Ehrenberg[2] und gleichzeitig Steiner[3] stellten die fundamentale Tatsache fest, daß bei der Zerlegung der Fulminate durch konzentrierte Salzsäure Hydroxylamin auftritt. Die Abspaltbarkeit von Hydroxylamin aus der Knallsäure erinnerte sofort an die gleiche Umsetzung bei den eben erst aufgefundenen Isonitrosoverbindungen V. Meyers, und Steiner stellte auf Grund dieser Ähnlichkeit für Knallsäure eine Di-isonitrosoäthylen-Formel auf:

$$\begin{array}{l} C{=}N{-}OH \\ \| \\ C{=}N{-}OH \end{array}$$

Ferner stellten Steiner und Ehrenberg durch quantitative Versuche fest, daß bei der Säureabspaltung aller Stickstoff das

[1] Petersburg, Acad. Bull. 14, S. 97 (1855); A. 97, 53.
[2] Journ. f. prakt. Chem. 25, S. 232 (1883).
[3] Ber. 16, S. 1484 (1883).

Molekül als Hydroxylamin verläßt, wodurch die Nitroacetonitrilstruktur der Knallsäure unhaltbar wurde. Dazu kam weiter die Beobachtung, daß neben Hydroxylamin bei der Spaltung durch Salzsäure Ameisensäure auftritt. Damit konnte der Vorgang scharf umgrenzt und in den Ausdruck

$$C_2H_2O_2N_2 + 4H_2O = 2HCOOH + 2NH_2OH$$

gefaßt werden. Mittlerweile war es Scholvien[1] gelungen, durch Eintragen von Natriumfulminat in verdünnte Schwefelsäure zu einer Lösung der freien Knallsäure zu gelangen. Aber zu isolieren vermochte er die Säure nicht, da sie sich, in ätherischer Lösung höchstens 10 Minuten beständig, in zwei isomere Säuren, die Metafulminursäure und die Isocyanilsäure verwandelt.

Trotzdem die Knallsäure als Hydroxylaminderivat klar erkannt war, machte sie im Laufe der achtziger Jahre neue proteusartige Konstitutionsverwandlungen durch; aber ihre wahre Natur blieb dennoch hinter all diesen wechselnden Formelgewandungen unerklärt und verborgen. Die in diese Zeit fallende mächtige Entwicklung der Stickstoffchemie begann nun die mannigfaltigsten Formeln neben die Steinersche zu reihen. Die meisten davon tragen als gemeinsames Merkmal die Ableitung vom Äthan, einem dicarbonidischen System, weil man bei der Diskussion der Konstitutionsverhältnisse immer die Muttersubstanz Äthylalkohol wie eine fixe Idee vor Augen hatte und zudem im Glauben an die Bibasicität der Knallsäure seit Liebigs Untersuchungen über die gemischten binären Knallsalze befangen war. Wir übergehen die vielen fruchtlosen Versuche aus jener Zeit, wonach die Knallsäure beispielsweise mit dem Glyoximperoxyd oder mit dem Oxyfurazan

Glyoximperoxyd Oxyfurazan

identisch sein sollte, und wenden uns den Arbeiten von Scholl[2] zu, welche die Chemie der Knallsäure in neue Bahnen lenkten. Scholl und Holleman konnten zu Anfang der neunziger Jahre den leicht erfolgenden Übergang der Knallsäure in Derivate der Cyansäure an neuen Reaktionen scharf nachweisen, und bei dem

[1] Journ. f. prakt. Chem. 32, S. 461 (1885).

[2] Entwicklungsgeschichte der Theorien über die Natur der sog. Knallsäure und ihrer Derivate 1893.

Oximcharakter der Knallsäure, der durch ihre Spaltung in Ameisensäure und Hydroxylamin sicher erwiesen war, erinnerten diese Reaktionen lebhaft an den Mechanismus der Beckmannschen Umlagerung, nach der Oxime in die isomeren Säureamide umgelagert werden, z. B.

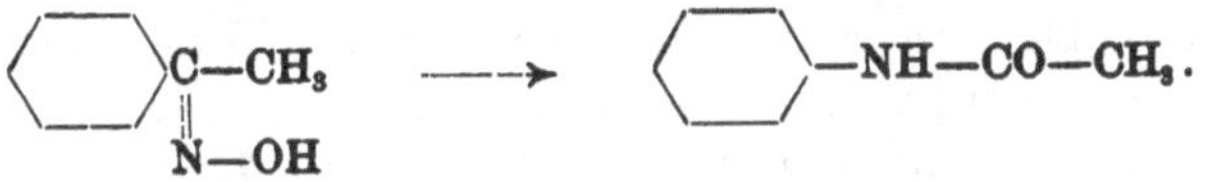

Acetophenonoxim Acetanilid

Aus dieser Analogie zog Scholl den Schluß, daß der regierende Kern in der Knallsäure mit der einfachsten Isonitrosoverbindung, dem der Cyansäure isomeren Carbyloxim C=N—OH identisch sei. Damit hatte Scholl als erster das Konstitutionsrätsel der Knallsäure gelöst, und jetzt rückten die Beziehungen der Knallsäure zur Isocyansäure in nächste Parallele zum Beckmannschen Umlagerungsvorgang:

$$\mathrm{C{=}N{-}OH} \longrightarrow \mathrm{C}\!<\!\begin{matrix}\mathrm{O}\\ \mathrm{NH}\end{matrix}$$

Carbyloxim Isocyansäure

Da aber die Annahme eines zweiwertigen Kohlenstoffatoms in dieser Zeit zu gewagt erschien und außerdem die Vorstellung von der Bibasizität der Knallsäure noch über der Forschung lastete, gab Scholl der dimolekularen Steinerschen Strukturformel

$$\begin{matrix}\mathrm{C{=}NOH}\\ \| \\ \mathrm{C{=}NOH}\end{matrix}$$

für die Knallsäure vorerst den Vorzug vor der des einfachen Isonitrosomethylens.

Hatten nun Scholls Überlegungen auf Grund seiner wichtigen Spaltungs- und Umlagerungsreaktionen der Fulminate die Carbyloximstruktur der Knallsäure in den Bereich höchster Wahrscheinlichkeit gerückt, so war es dann dem amerikanischen Chemiker Nef vorbehalten, unabhängig von Scholl und gestützt auf vortreffliche Experimentaluntersuchungen, das letzte entscheidende Wort in dieser Konstitutionsfrage mitzusprechen. Die Vermutung, die Knallsäure sei identisch mit dem Oxim des Kohlenoxyds, dem Carbyloxim, die Scholl bereits schon geäußert hatte, wurde jetzt durch die Untersuchungen Nefs zur festen, unwiderlegbaren Tatsache. Dafür erbrachte Nef zwei Experimentalbeweise von absoluter Sicherheit:

1. Bildung von Formylchloridoxim aus freier Knallsäure und Chlorwasserstoff,

2. Synthese des Knallquecksilbers aus Nitromethannatrium und Quecksilberchlorid.

Schon früher war Scholl[1] die Isolierung des Formylchloridoxims geglückt; er hatte diese Verbindung jedoch als salzartiges Derivat der Knallsäure betrachtet und ihr weiter keine Bedeutung beigemessen. Dagegen zeigte Nef[2], daß bei der Zersetzung der Fulminate durch verdünnte Salzsäure nicht, wie Ehrenberg geglaubt hatte, die freie Knallsäure auftritt, sondern daß diese vielmehr, aus ihren Salzen freigemacht, spontan ein Molekül Chlorwasserstoff addiert und in das schön krystallisierende Chlorid der Formhydroxamsäure übergeht:

$$C{=}N{-}OH + HCl = {}^{H}_{Cl}{>}C{=}N{-}OH$$

Nef nannte das entstehende Additionsprodukt Formylchloridoxim. Von größter Wichtigkeit, sowohl für die Konstitution dieser Verbindung wie für diejenige der Knallsäure, war nun die Entdeckung der glatten Rückwärtszerlegung des Formylchloridoxims in Knallsilber und Chlorsilber mit Hilfe von Silbernitrat

$${}^{H}_{Cl}{>}C{=}NOH + 2\,AgNO_3 = C{=}NOAg + AgCl + 2\,HNO_3.$$

Gleichzeitig gelang Nef die Synthese der Knallsäure aus Nitromethan und somit auch die Lösung ihrer merkwürdigen Bildung aus Äthylalkohol und Salpetersäure. Die Knallsäuresynthese wird durch folgende Gleichungen ausgedrückt:

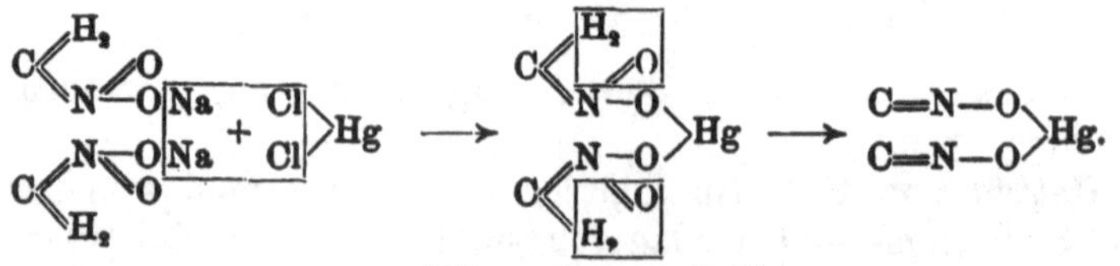

Nitromethanquecksilber

Nitromethannatrium und Quecksilberchlorid in wässeriger Lösung setzen sich in Kochsalz und gelbes Nitromethanquecksilber um, welch letzteres Salz beim Erhitzen in Wasser unter einfacher Wasserabspaltung zum Teil in Knallquecksilber übergeht.

Damit hatte Nef das Konstitutionsrätsel der Knallsäure, an dem sich sukzessive fast alle Größen der Chemie während eines Jahrhunderts vergeblich beteiligt hatten, endgültig gelöst, so daß die Forschungen der letzten Jahre, die noch eine Reihe

[1] Ber. 27, S. 2816 (1894).
[2] Ann. d. Chem. 280, S. 305 (1894).

neuer Bildungsweisen brachten, hier nur noch ergänzendes Material liefern konnten.

1. Die Synthesen der Knallsäure und ihrer Salze.

Abgesehen von der seit dem Jahre 1800 bekannten Bildungsweise der Knallsäure aus Alkohol und Salpetersäure in Form des Knallquecksilbers, ist die von Nef aus dem Jahre 1894 entdeckte Bildung des Quecksilberfulminats von Nitromethan her, als die erste vollständige Synthese der Knallsäure zu betrachten. Zwei weitere Synthesen, die in den folgenden Jahren von Schülern Nefs mitgeteilt worden sind, haben nur untergeordnetes Interesse, da sie sich vollkommen an die von Nef entdeckten, bereits schon erwähnten Bildungsweisen aus Nitromethanquecksilber und Formhydroxamsäurechlorid anschließen. So hat Jones[1] das basische Quecksilbersalz des Nitromethans durch verdünnte Salzsäure quantitativ in Knallquecksilber überzuführen vermocht, und Biddle[2] hat gezeigt, daß Acetylformhydroxamsäurechlorid beim Stehen in wässeriger Silbernitratlösung sich langsam zu Knallsilber, Chlorsilber und Essigsäure umsetzt:

$$\begin{matrix}H\\Cl\end{matrix}\!\!>C{=}NO{-}CO{-}CH_3 \xrightarrow[H_2O]{2\,AgNO_3} C{=}NOAg + AgCl + CH_3COOH + 2\,HNO_3.$$

Eine interessante Erweiterung ist dagegen die Überführung der Malonsäure durch salpetrige Säure in Knallquecksilber nach F. Angelico[3]. Die Reaktion wird in ihrem Wesen auf die von Nef entdeckte Spaltung des Nitromethanquecksilbers zurückgeführt; in Wirklichkeit jedoch wird der Prozeß nach einer Darstellung von G. Ponzio[4] über Isonitrosomalonsäure, Isonitrosoessigsäure und Methylnitrolsäure verlaufen:

$$HOOC{-}\overset{\overset{NOH}{\|}}{C}{-}|COO|H \longrightarrow HOOC{-}\overset{\overset{NOH}{\|}}{C}H + HNO_3 \longrightarrow \underset{\text{Methylnitrolsäure}}{H{-}\overset{\overset{NOH}{\|}}{C}{-}NO_2} + CO_2 + H_2O.$$

Methylnitrolsäure zerfällt aber, analog dem Formhydroxamsäurechlorid, glatt in Knallsäure und salpetrige Säure

$$HON{=}C\!<\!\begin{matrix}H\\NO_2\end{matrix} \longrightarrow C{=}NOH + HNO_2.$$

Den entgegengesetzten Prozeß, die Synthese der Methylnitrolsäure aus Knallsäure und salpetriger Säure, hat C. Palazzo einige Zeit nachher verwirklicht.

---

1 Amer. chem. Journ. 20, S. 27 (1897).
2 Ann. d. Chem. 310, S. 19 (1900).
3 Atti della R. Accad. dei Lincei 10, S. 476 (1901).
4 Gazz. chim. 34, S. 510 (1903).

Eine weitere Bildungsweise der Knallsäure hat H. Wieland[1] angegeben; sie beruht auf dem Zerfall der Amidomethylnitrosolsäure, die in analoger Reaktion, wie die oben erwähnte Methylnitrolsäure, aus Dioxyguanidin entsteht:

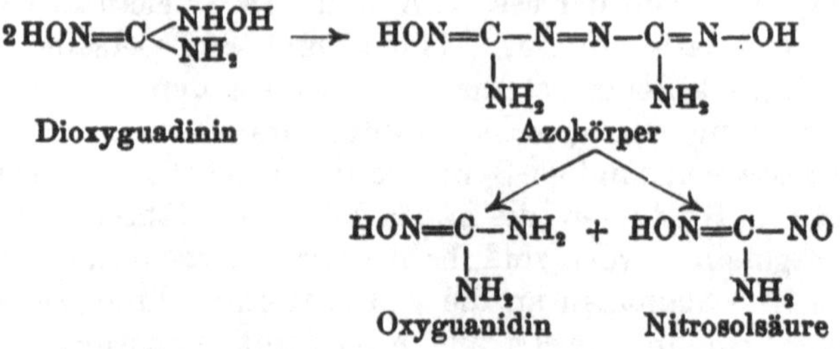

Die Amidomethylnitrosolsäure zerfällt dann bei Anwesenheit von Silbernitrat in salpetersaurer Lösung in Stickstoff, Wasser und Knallsilber[2]

$$\genfrac{}{}{0pt}{}{ON}{H_2N}{>}C{=}NOH \longrightarrow N_2 + H_2O + C{=}N{-}OH\,.$$

Schließlich sei noch einer sehr merkwürdigen Entstehungsweise der Knallsäure gedacht, nämlich der von H. Wieland[3] beobachteten Isomerisation von Formonitriloxyd in Knallsäure:

Formonitriloxyd

Methylnitrolsäure in ihrer Salzform spaltet sich in salpetrige Säure und eine sehr reaktionsfähige neutrale Verbindung, welche die Zusammensetzung $(CHON)_n$ besitzt und in ihren Reaktionen ungefähr die Mitte zwischen Knallsäure und Isocyansäure hält

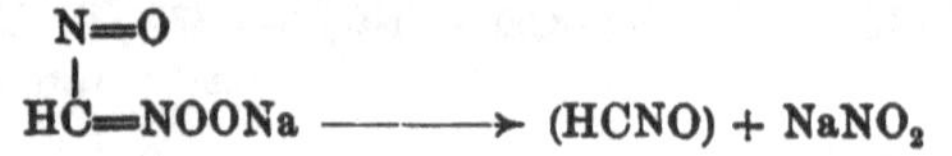

Die Verbindung gehört der polymeren Reihe an, gibt aber alle Reaktionen des einfachen Formonitriloxyds 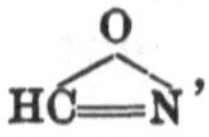, ebenso wie dem Trioxymethylen alle Reaktionen des Formaldehyds zukommen. Aus dieser Analogie leitete Wieland ein „Trifulmin“ von folgender Konstitutionsformel ab:

---

[1] Ber. 38, S. 1446 (1905).
[2] Ber. 42, S. 820 (1909).
[3] Ebenda, 42, S. 803 (1909).

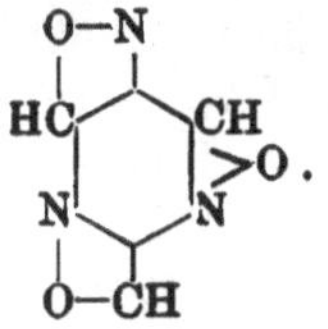

Das Trifulmin, das durch einen stark explosiven Charakter ausgezeichnet ist, wird durch Alkalien in Isocyansäure und durch Mineralsäuren in Knallsäure verwandelt

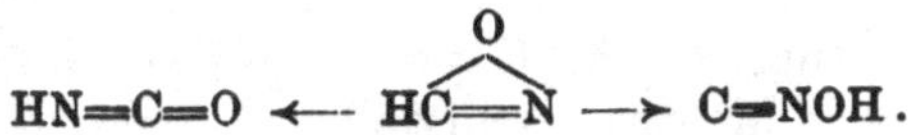

Diese Nebeneinanderstellung zeigt, wie das dritte Isomere, die im Trifulmin isolierbare, existenzfähige Modifikation des Formonitriloxyds mit den beiden schon länger bekannten Isomeren, der Isocyansäure und der Knallsäure, durch leicht erfolgende Übergänge verbunden ist.

2. Der Knallsäurebildungsprozeß aus Äthylalkohol und Salpetersäure.

Die Umwandlung des Äthylalkohols in Knallsäure stellt ein solches Labyrinth chemischer Umformungen dar, daß es nicht verwunderlich ist, wenn die ersten Kapazitäten des neunzehnten Jahrhunderts vergeblich in diesen dunkeln Gängen chemischer Reaktionen herumirrten. Da die Forschung stets im Bannkreise der rätselhaften Bildung aus Alkohol und Salpetersäure stand, so sind die mühsamen Irrfahrten nach der Knallsäurekonstitution und Entstehung aus jenen beiden Bestandteilen erklärlich. Erst zu Anfang unseres Jahrhunderts, als die Struktur des Knallsäuremoleküls durch synthetische Bildungsweisen auf anderen Wegen einwandfrei festgestellt worden war, konnte dann der komplizierte Mechanismus der alten Knallsäurebildung in seine Bestandteile zerlegt und jedes Glied der langen Umwandlungskette für sich freigelegt werden.

Das Verständnis für die merkwürdige Reaktion der Knallsäurebildung aus Alkohol und Salpetersäure wurde erst angebahnt, als man der Aufschließung der Knallsäurekonstitution näher gerückt war: abgesehen von den völlig unzulänglichen Erklärungsversuchen aus der ersten Hälfte des vergangenen Jahrhunderts, war Schischkow[1] der erste, der eine schematische Formulierung der Knallsäurebildung unternahm:

1. $C_2H_6O + N_2O_3 \longrightarrow \underline{2CONH} + 2H_2O$

2. $C_2H_6O + HNO_3 + 2NO_2 \longrightarrow \underline{C_2H_3O_2.NO_2} + 2NO + 2H_2O.$

[1] Ann. d. Chem. 101, S. 216 (1857).

Darnach entstünden aus dem Alkohol mit Salpetersäure nebeneinander Cyansäure und Nitroessigsäure, welche ihrerseits unter Abspaltung von Wasser und Kohlendioxyd zu Knallsäure weiter reagieren sollten.

Spätere Erklärungen von Holleman und Steiner suchten die Einführung des Stickstoffs in das Alkoholmolekül einigermaßen begreiflich zu machen: der erstere ließ nach seiner Glyoximperoxydformel die Methylgruppe des Äthylalkohols durch fortwährend neugebildete Salpetrigsäure unter Aufnahme von Stickstoff und Sauerstoff in Glyoximperoxyd übergehen, das mit der Knallsäure identisch sein sollte,

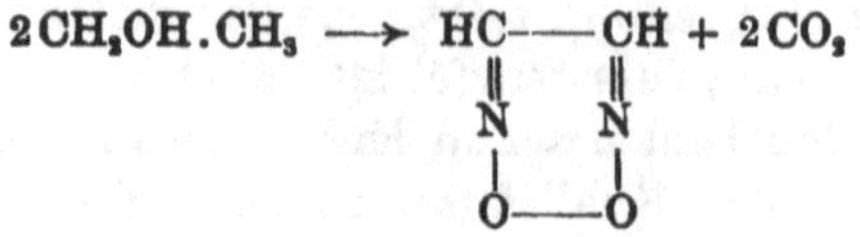

Glyoximperoxyd,

während der zweite auf die Di-isonitrosoäthylenformel verfiel, die namentlich von Scholl verteidigt wurde:

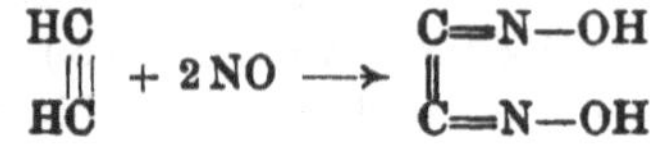

Dieser Bildungsvorgang schien indessen schwer begreiflich und unwahrscheinlich, da man sich nicht erklären konnte, wie aus dem gesättigten Alkohol durch Oxydation mit Salpetersäure erst Acetylen und dann unter Addition von zwei Molekülen Stickoxyd Knallsäure entstehen sollte. So war denn das Rätsel der alten Knallsäurebildung nach wie vor in dasselbe Dunkel der Unerklärlichkeit gehüllt, und selbst als Nef zu Anfang der neunziger Jahre das Konstitutionsproblem der Knallsäure einwandfrei gelöst hatte, sollte noch mehr als ein Dezennium verstreichen, ehe der alt bekannte und technisch im großen Maßstabe durchgeführte Knallsäurebildungsprozeß seine endgültige Erklärung erfuhr.

Im Jahre 1905 bestätigte Lothar Wöhler[1] die schon von anderen Chemikern gemachte Wahrnehmung, daß Methylalkohol des Übergangs in Fulminate nicht fähig sei und machte zugleich die Beobachtung, daß sich Acetaldehyd noch glatter als Äthylalkohol in Fulminat überführen lasse. Dadurch ward der Weg der Knallsäurebildung vom Alkohol über den Aldehyd geführt; aber auch diese Erkenntnis war vorläufig nur eine kurze Etappe auf der langen Strecke zum Ziele. Erst als mit der früher schon

[1] Ber. 38, S. 1346 (1905).

besprochenen Methylnitrolsäure, welche in Knallsäure und Salpetrigsäure zerfällt, das verbindende Mittelstück gefunden worden war, begann sich das Geheimnis der Reaktion aufzuhellen. Wieland hat auf Grund seiner umfangreichen Experimentalarbeiten den langen komplizierten Reaktionsprozeß von den Ausgangsprodukten bis zu dem Endprodukt Knallquecksilber stufenweise formuliert; der Weg, den die Fulminatsynthese aus Alkohol nimmt, ist folgender:

1. Oxydation des Äthylalkohols zu Acetaldehyd:

$$CH_3-CH_2OH \longrightarrow CH_3-C{<}^{H}_{O}.$$

2. Nitrosierung des Acetaldehyds zu Isonitrosoacetaldehyd:

$$CH_3-C{<}^{H}_{O} \longrightarrow \begin{array}{l} CH-C{<}^{H}_{O}. \\ \| \\ NOH \end{array}$$

3. Oxydation des Isonitrosoacetaldehyds zu Isonitrosoessigsäure:

$$\begin{array}{l} CH-C{<}^{H}_{O} \\ \| \\ NOH \end{array} \longrightarrow \begin{array}{l} CH-COOH. \\ \| \\ NOH \end{array}$$

4. Nitrierung der Isonitrosoessigsäure zu Nitrolessigsäure:

$$\begin{array}{l} CH-COOH \\ \| \\ NOH \end{array} \longrightarrow \begin{array}{l} CNO_2-COOH \\ \| \\ NOH \end{array}$$

5. Zerfall des dicarboniden Systems der Nitrolessigsäure in Methylnitrolsäure und Kohlensäure:

$$\begin{array}{l} C-NO_2-COOH \\ \| \\ NOH \end{array} \longrightarrow \begin{array}{l} C{<}^{H}_{NO_2} + CO_2 \\ \| \\ NOH \end{array}$$

6. Dissoziation der Methylnitrolsäure in Knallsäure und salpetrige Säure (Methylendissoziation):

$$\begin{array}{l} C{<}^{H}_{NO_2} \\ \| \\ NOH \end{array} \longrightarrow \begin{array}{l} C + HNO_2 \\ \| \\ N-OH \end{array}$$

Aus dieser Darstellung ergibt sich die salpetrige Säure als das treibende Agens der Fulminatsynthese. Da im Verlauf der Reaktion (Stufe 1 und 3) fortwährend neue salpetrige Säure aus der im Überschuß vorhandenen Salpetersäure gebildet wird, genügen schon geringe Mengen davon zur Einleitung. Dies geht daraus hervor, daß ausgekochte, von salpetriger Säure befreite Salpetersäure weder mit Alkohol noch mit Aldehyd zur Knallsäurebildung taugt. Bemerkt sei übrigens, daß sich die Knallsäure nur in Form ihres gegen verdünnte Salpetersäure beständigen Quecksilber- oder Silbersalzes festhalten läßt. — Die einzelnen Phasen und ihre Zwischenprodukte der oben angeführten Fulminatsynthese sind durch Wöhler und andere Experimentatoren sichergestellt worden; nur die zweite Etappe konnte bisher nicht isoliert werden, da die Reaktionsfähigkeit des Isonitrosoacetaldehyds gegenüber der salpetrigen Säure vermutlich erheblich größer ist als diejenige des Aldehyds, und die Reaktion immer gleich weiter geht.

Die Knallsäure ist indessen nicht das einzige Produkt der Einwirkung von Salpetersäure auf Alkohol, sondern es treten während und nach des Reaktionsprozesses eine Reihe anderer Verbindungen auf, die zeigen, daß der oben dargestellte Weg zur Knallsäure zum Teil auch nur streckenweise durchlaufen wird. Bekanntlich verläuft die Bildung des Knallquecksilbers sehr stürmisch: Alkohol und Salpetersäure erwärmen sich, die Mischung gerät ins Sieden, wallt heftig auf und unter lebhafter Ausstoßung dicker, weißer, explosiver Dämpfe, die gute Abzugsleitungen erfordern, beginnt die Abscheidung des Knallquecksilbers. Die entweichenden brennbaren Dämpfe bestehen größtenteils aus Äthylnitrit und Äthylnitrat und dem ebenfalls in reichlicher Menge auftretenden Acetaldehyd, vermischt mit Kohlensäure und Stickstoffoxyden. Außerdem treten die von Debus entdeckten Produkte Glyoxal, Glyoxylsäure und die seit langem in diesem Zusammenhang bekannte Oxalsäure auf.

Zweiter Teil.

Ausgangsprodukte für die Darstellung des Knallquecksilbers.

1. Salpetersäure.

a) Darstellung.

Die Salpetersäure ist ein Produkt der Großindustrie und wird stets in besonderen Fabriken erzeugt. Als technische Ausgangsmaterialien dienen Chilesalpeter und Schwefelsäure, welche zusammen in gußeisernen oder tönernen Retorten nach der Gleichung

$$NaNO_3 + H_2SO_4 = HNO_3 + NaHSO_4$$

bei mäßiger Wärme umgesetzt werden. Die der Gleichung

$$2\,NaNO_3 + H_2SO_4 = 2\,HNO_3 + Na_2SO_4$$

entsprechende Reaktion verläuft bei höherer Temperatur, wobei sich ein nicht unerheblicher Teil der entsprechenden Salpetersäure in Stickstoffdioxyd und Sauerstoff zersetzt. Aber auch die bei niedriger Temperatur verlaufende Reaktion der ersten Gleichung, ist von mannigfaltigen Nebenprozessen begleitet, welche zumeist von der wasserentziehenden Wirkung der konzentrierten Schwefelsäure herrühren; man benutzt daher nicht Schwefelsäure von 66° Bé, sondern etwa von 60° Bé, und zwar mit einem Überschuß von 20 bis 50% über die theoretische Menge. Nur für die Erzeugung rauchender Salpetersäure (spezif. Gew. über 1·50) gelangt Schwefelsäure von 66° Bé zur Verwendung.

Die Salpetersäuredämpfe werden in einer Reihe von Kondensationstöpfen (Bonbonnes, Tourills) und Kühlschlangen aus Steinzeug verdichtet, und zwar in der Anordnung Tourill-Kühlschlange-Tourill-Kühlschlange-Tourill. Von diesen Kondensationsvorlagen treten die Dämpfe in einen Kondensationsturm, der mit Schwefelsäure und Wasser gespeist wird, wobei im ersten Falle nitrose Säure (Nitrose), verwendbar für die Schwefelsäurefabrikation, im zweiten Falle schwache Salpetersäure entsteht. Aus den Vorlagen läßt sich die dort kondensierte Säure unter hydraulischem Verschluß abziehen und, wenn nötig, in farblose und rote stickstoffdioxydhaltige Säure trennen. Bei der Fabrikation der Salpetersäure läßt sich die Bildung von braunroten Stickstoffoxyden nie völlig vermeiden. Man „bleicht" die erzeugte gelbe bis rote Säure durch Einblasen von Luft, oder man führt gleich dem der Retorte entströmenden Dampfgemisch von Salpetersäure, Stickstoffdioxyd und Wasser Druckluft zu.

Die Salpetersäuredarstellung ist in den letzten Jahren durch verschiedene Neuerungen, namentlich durch Guttmann und Valentiner verbessert worden. Nach dem Guttmannschen Verfahren wird (D.R.P. 63799, 73421 und 136679), wie soeben angeführt, Luft in die aus den Salpeterretorten entweichenden Gase geblasen, während man nach Valentiner (D.R.P. 63207 und 88321 im Vakuum destilliert und direkt und ohne Bleiche weiße Säure vom spezifischen Gewicht 1·5 erhält. Andere, zum Teil modifizierte Verfahren, sind beschrieben in den D.R.P. 106962, 144633, 170532 und dem Franz. Pat. 406969.

Die Stärke der Salpetersäure richtet sich, wie bereits erwähnt, nach der Konzentration der angewandten Schwefelsäure. Aus solcher von 60° Bé erhält man eine Salpetersäure von 40 bis 42° Bé, entsprechend einer Dichte von 1·38 bis 1·41, während man zur Erzeugung konzentrierter Salpetersäure dann Schwefelsäure von 66° Bé und für rauchende Salpetersäure (1·52), außerdem scharf getrockneten (chlorfreien) Chilesalpeter verwenden muß.

In neuester Zeit versucht man von verschiedenen Gesichtspunkten das alte Salpetersäureverfahren aus Salpeter zu durchbrechen, und zwar haben einerseits die Versuche, Salpetersäure aus Ammoniak und anderseits diejenigen, Salpetersäure aus Luft zu gewinnen, seit kurzem größere Bedeutung gewonnen als man nur ahnen konnte. Nach dem ersten, namentlich von Ostwald ausgearbeiteten Verfahren (Engl. Pat. 698 vom Jahre 1903, Amerik. Pat. 858904) wird Ammoniak mit Luft gemischt, bei höherer Temperatur über eine geeignete Kontaktsubstanz geleitet und zu Salpetersäure oxydiert; als katalytische Stoffe dienen fein verteiltes Platin oder ein anderes Platinmetall, ferner Eisenoxyd, Thoroxyd und Gemische von diesem mit Ceroxyd.

Noch interessanter und wichtiger als diese beiden Verfahren ist die Salpetersäuregewinnung mittels Elektrizität aus dem Stickstoff der Luft. Da die einst so reichen Salpeterlager Chiles in den nächsten Dezennien der Erschöpfung entgegengehen, so bedeutet die Nutzbarmachung der unerschöpflichen Vorräte ungebundenen Luftstickstoffs einen wirtschaftlichen Fortschritt von ungeheurer Tragweite. Die Technik tritt damit an die höchsten Aufgaben heran, welche das Wohl, selbst die Existenz der Menschheit betreffen und die Lösung dieses Problems ist ein ungeahnter Sieg der Wissenschaft über die Natur. Das Prinzip des Verfahrens, den Luftstickstoff elektrisch zu verbrennen, ist schon sehr lange bekannt, aber man glaubte immer, daß der Stromverbrauch viel zu groß und die gebildete Salpetersäuremenge viel zu klein sei, als daß an eine technische Ausführung gedacht werden könnte. Zuerst erregte das Verfahren von Bradley und Lovejoy Aufsehen; es wurde unter Benutzung der Niagarawasserkräfte im großen ausgeübt. Dann hörte man von dem Verfahren Kowalskis (D.R.P. 179288), das aber wie das vorhergehende bald zum Stillstand kam. Dagegen hat sich für den Großbetrieb das Verfahren der Norweger Birkeland und Eyde praktisch bewährt, ebenso das Schönherrsche Verfahren, das von der Badischen Anilin- und Sodafabrik ausgebeutet wird und nach welchem Lichtbogen von noch nicht dargestellter Länge verwendet werden, die ruhig im Innern von Röhren brennen und an denen die Luft entlang geführt wird. Die norwegischen Werke, die nach diesem Verfahren arbeiten, vermögen nicht nur mit dem Chilesalpeter zu konkurrieren, sondern auch bereits schon eine ganz befriedigende Rentabilität zu erzielen.

In neuerer Zeit, vornehmlich mit der Einführung und Ausnützung der neuen Salpetersäuregewinnungsmethoden, haben sich die Verbesserungsvorschläge und damit auch die Patentliteratur stark vermehrt; die folgende Zusammenstellung gebe eine Übersicht[1] über die neueren Patente zur Herstellung, Reinigung und Konzentration von Salpetersäure:

1. Patente betreffend Konzentration und Herstellung hochkonzentrierter Salpetersäure: Valentiner & Schwarz in Leipzig-Plagwitz (D.R.P. 144633 vom 1. Januar 1902). — Dr. J. Waldbauer in Löwen (Belgien) (D.R.P. 155006 vom 21. Dez. 1902). — Dr. Otto Dieffenbach (D.R.P. 174736 vom 8. Sept. 1903, Österr. Pat. 28968/1907). — Salpetersäure-Industrie-Gesellschaft, G. m. b. H. in Gelsenkirchen (D.R.P. 180052 vom 28. Sept. 1905, Brit. Pat. 18603/1906, Schweiz. Pat. 37900/1906, Österr. Pat. 28680/1907). — Dr. O. Boeters in Charlottenburg und Dr. R. Wolffenstein in Berlin (D.R.P. 189865 vom 19. Dez. 1905 und D.R.P. 191912 vom 25. Nov. 1906, Brit. Pat. 28449/1906, Franz. Pat. 371797/1906, Österr. Pat. 34170 und 34576/1908, Amerik. Pat. 864217/1907). — Chemische Werke vorm. Dr. H. Byk in Charlottenburg (D.R.P. 208143 vom 6. Okt. 1907, Brit. Pat. 20366/1908, Österr. Pat. 41931/1909, Amerik. Pat. 928545/1909, D.R.P. 217476 vom 8. Sept. 1907, Schweiz. Pat. 45318/1909, Franz. Pat. 400305/1909, Österr. Pat. 43492/1910). — Dr. C. Übel in Darmstadt (D.R.P. 210803 vom 12. Juni 1904). — Dr. E. Brauer in Leipzig (D.R.P. 222680 vom 17. Juni 1909, Brit. Pat. 14381/1910, Österr. Pat. 47105/1910, Franz. Pat. 417166/1910). — Dr. O. Engels und Dr. F. Dürre in Lübeck (D.R.P. 229096 vom 25. Dez. 1908). — Aktiebolaget Swedish Nitric Syndicate in Stockholm (D.R.P. 233031 vom 11. April 1909, Brit. Pat. 10592/1909, Schweiz. Pat. 48703/1909, Österr. Pat. 43740/1910, Franz. Pat. 402079/1909, D.R.P. 236341 vom 11. April 1909, Brit. Pat. 10591/1909, Österr. Pat. 50652/1911, Franz. Pat. 402078/1909). — Dr. O. Dieffenbach und Dr. C. Übel in Darmstadt (D.R.P. 238370 vom 3. Juli 1909). — Dipl.-Ing. H. Pauling in Köln (D. R.P. 257809 vom 31. März 1910 und 274165 vom 25. Sept. 1912, Brit. Pat. 22322/1910, Schweiz. Pat. 53245/1910, Österr. Pat. 48815 vom 1. März 1911, Franz. Pat. 420803/1910 und 461326/1913, Amerik. Pat. 1031864/1912 und 1074287/1913). — Ferner die ausländischen Patente: Schweiz. Pat. 53244/1910, 56360/1911 und 57531/1911. — Österr. Pat. 26684/1906, 38937/1909 und 48816/1911 — Franz. Pat. 357221/1905, 358373/1905, 374902/1907, 420804 1910, 432990/1911, 447106/1912, 455531 und 455532/1914 und 462290/1913. — Brit. Pat. 1905: 19986, 1906: 3680, 1907: 4254, 1910: 22320 und 1913: 7597. — Amerik. Pat. 819262/1906,

[1] Vgl. die Zusammenstellung in Zeitschr. f. Schieß- u. Sprengst. 1914, 317—320 und 329—332.

854928/1907, 920224/1909, 1008690 und 1009197/1911 und 1031865/1912.

2. Patente betreffend kontinuierliche und andere Gewinnungsverfahren: Chemische Fabrik Griesheim-Elektron in Frankfurt a. M. (D.R.P. 170532 vom 23. Febr. 1904). — Bad. Anilin-und Sodafabrik in Ludwigshafen (D.R.P. 227377 vom 29. Nov. 1908, Franz. Pat. 406969/1909). — H. Schellhaass in Mannheim (D.R.P. 241711 vom 8. April 1911). — F. W. de Jahn in New-York (D.R.P. 252374 vom 23. April 1911). — Akt.-Ges. der Chem. Fabrik Pommerensdorf in Stettin (D.R.P. 261634 vom 19. Sept. 1911). — Saccharinfabrik A.-G. vorm. Fahlberg, List & Co. in Magdeburg-Westerhüsen (D.R.P. 267869 vom 2. Okt. 1912, Franz. Pat. 464561/1913, Brit. Pat. 3264/1913). — Ferner die ausländischen Patente: Franz. Pat. 386783/1908. — Brit. Pat. 1908: 2382, 1913: 19881 und Amerik. Pat. 648322/1900, 755378/1904, 781826/1905 und 982466/1911.

Die Salpetersäure kommt als Handelsware in folgenden verschiedenen Produkten vor:

1. Verdünnte Salpetersäure, einfaches Scheidewasser von der Dichte 1·26 = 30° Bé und einem Gehalt von 42% Salpetersäure;
2. stärkere Salpetersäure, doppeltes Scheidewasser von der Dichte 1·332 = 36° Bé von 52% Salpetersäure;
3. konzentrierte Salpetersäure von der Dichte 1·4 = 40° Bé mit 65·30% Salpetersäure und
4. roterauchende Salpetersäure von der Dichte 1·5 = 48° Bé, 94%ige wechselnde Mengen Untersalpetersäure enthaltend.

Für besondere Zwecke hat man noch eine chemisch reine Salpetersäure von 40° Bé, die absolut chlorfrei ist.

Der Transport wie die Aufbewahrung der Salpetersäure erfolgt in 20 bis 25 l haltenden Glasballons, die in Stroh eingebettet sind und in einen Korb gestellt werden müssen. Die Art dieser Verpackung ist unbequem, gefährlich und erfordert seitens der Arbeiter große Achtsamkeit, doch hat sich bis jetzt noch keine andere bewährt. Es ist notwendig, das Stroh zu imprägnieren, um es vor Selbstentzündung zu schützen; mit Salpetersäure getränktes Stroh beginnt alsbald unter Bildung von Nitrokörpern sich zu zersetzen, so daß leicht, ohne äußere Wärmezufuhr, heftige Verbrennung einsetzen kann. Um Salpetersäure aufzubewahren, wähle man einen kühlen Ort und schütze die Ballons besonders vor direktem Licht.

b) Eigenschaften.

Die reine Salpetersäure ist eine wasserhelle, an der Luft stechend riechende, Dämpfe ausstoßende, sehr ätzende Flüssigkeit, die sich am Lichte zersetzt und unter Bildung von Stickoxyden allmählich gelb färbt. Ihr spezifisches Gewicht beträgt bei 0° 1·559, bei 15° 1·530. Sie siedet bei 86° unter teilweiser Zersetzung und erstarrt kristallinisch, wenn man sie auf —47° abkühlt; wird sie destilliert, so steigt infolge Zersetzung in Stickstofftetroxyd und Sauerstoff der Siedepunkt, bis er bei 126° konstant bleibt und ein vierfaches Hydrat der Salpetersäure ($2\,HNO_3 + 3\,H_2O$) übergeht. Wird eine verdünnte Säure destilliert, so geht anfangs eine schwächere Säure über, wobei das Thermometer fortwährend steigt, bis bei 120·5 ein konstant siedender Teil von 68% Salpetersäure entweicht. Die Temperatur bleibt bis zu Ende der Destillation die gleiche. Die 68%ige Säure besitzt bei 15·5° das spezifische Gewicht 1·41, ist also dieselbe Säure, die beim Erhitzen von konzentrierter Salpetersäure erhalten wird. Da sich die Salpetersäure mit Wasser in allen Verhältnissen mischt, so ist das spezifische Gewicht ein sehr wichtiges Kriterium für ihre Reinheit und dient zur Gehaltsbestimmung wasserhaltiger Handelsware. Die nachstehende Tabelle gibt die spezifischen Gewichte und Prozentgehalte der Salpetersäuren an.

Die Salpetersäure besitzt ein großes Lösungsvermögen; mit Ausnahme von Gold und den Platinmetallen löst sie alle Metalle. Auffallend ist das Verhalten gegen einige Metalle der Eisengruppe, wie Eisen, Brom, Wolfram, welche von konzentrierter Säure nicht angegriffen werden. — Die Konzentration der Säure ist von großem Einfluß auf die Zusammensetzung der Spaltungsprodukte der Salpetersäure. So kann man unter passenden Verhältnissen bei der Einwirkung von sehr verdünnter Salpetersäure auf Zink Wasserstoff erhalten;

$$Zn + 2\,HNO_3 = Zn(NO_3)_2 + H_2$$

jedoch sehr schwer, denn schon bei einiger Konzentration der Säure wirkt der Wasserstoff sofort reduzierend unter Bildung von anderen Stickstoffoxyden auf die Salpetersäure ein. Es entstehen Stickstoffoxyd und Stickstoffdioxyd. Bei Einwirkung der Salpetersäure auf Metalle, wie Kupfer, Quecksilber usw., entsteht bei mäßiger Konzentration und Wärme farbloses Stickoxyd, das an der Luft sofort unter Sauerstoffaufnahme in braunes Stickstoffdioxyd übergeht.

$$3\,Hg + 8\,HNO_3 = 3\,Hg(NO_3)_2 + 4\,H_2O + 2\,NO$$

Volumgewicht der Salpetersäure bei 15° (nach Lunge und Rey).

Bezogen auf Wasser von 4°.

Vol.-Gew. bei $\frac{15^0}{4}$ (luftleer)	Grade Béaumé	Grade Twaddell	100 Gew.-Tle. enthalten		1 Liter enthält kg	
			HNO_3	Säure von 40° Bé	HNO_3	Säure von 40° Bé
1·100	13·0	20	17·11	27·63	0·188	0·304
1·105	13·6	21	17·89	28·89	0·198	0·320
1·110	14·2	22	18·67	30·15	0·207	0·335
1·115	14·9	23	19·45	31·41	0·217	0·350
1·120	15·4	24	20·23	32·67	0·227	0·366
1·125	16·0	25	21·00	33·91	0·236	0·381
1·130	16·5	26	21·77	35·16	0·246	0·397
1·135	17·1	27	22·54	36·40	0·256	0·413
1·140	17·7	28	23·31	37·65	0·266	0·430
1·145	18·3	29	24·08	38·89	0·276	0·446
1·150	18·8	30	24·84	40·12	0·286	0·462
1·155	19·3	31	25·60	41·35	0·296	0·478
1·160	19·8	32	26·36	42·57	0·306	0·494
1·165	20·3	33	27·12	43·80	0·316	0·510
1·170	20·9	34	27·88	45·03	0·326	0·526
1·175	21·4	35	28·63	46·24	0·336	0·543
1·180	22·0	36	29·38	47·45	0·347	0·560
1·185	22·5	37	30·13	48·66	0·357	0·577
1·190	23·0	38	30·88	49·87	0·367	0·593
1·195	23·5	39	31·62	51·07	0·378	0·610
1·200	24·0	40	32·36	52·26	0·388	0·627
1·205	24·5	41	33·09	53·23	0·399	0·644
1·210	25·0	42	33·82	54·21	0·409	0·661
1·215	25·5	43	34·55	55·18	0·420	0·678
1·220	26·0	44	35·28	56·16	0·430	0·695
1·225	26·4	45	36·03	57·64	0·441	0·712
1·230	26·9	46	36·78	59·13	0·452	0·730
1·235	27·4	47	37·53	60·61	0·463	0·748
1·240	27·9	48	38·29	61·84	0·475	0·767
1·245	28·4	49	39·05	63·07	0·486	0·785
1·250	28·8	50	39·82	64·31	0·498	0·804
1 255	29·3	51	40·58	65·54	0·509	0·822
1·260	29·7	52	41·34	66·76	0·521	0·841
1·265	30·2	53	42·10	67·99	0·533	0·860
1·270	30·6	54	42·87	69·23	0·544	0·879
1·275	31·1	55	43·64	70·48	0·556	0·898
1·280	31·5	56	44·41	71·72	0·568	0·918
1·285	32·0	57	45·18	72·96	0·581	0·938
1·290	32·4	58	45·95	74·21	0·593	0·957
1·295	32·8	59	46·72	75·45	0·605	0·977
1·300	33·3	60	47·49	76·70	0·617	0·997
1·305	33·7	61	48·26	77·94	0·630	1·017
1·310	34·2	62	49·07	79·25	0·643	1·038
1·315	34·6	63	49·89	80·57	0·656	1·059
1·320	35·0	64	50·71	81·90	0·669	1·080
1·325	35·4	65	51·53	83·22	0·683	1·103
1·330	35·8	66	52·37	84·58	0·697	1·126
1·3325	36·0	66·5	52·80	85·27	0·704	1·137
1·335	36·2	67	53·22	85·95	0·710	1·148

Vol.-Gew. bei $\frac{15^0}{4}$ (luftleer)	Grade Béaumé	Grade Twaddell	100 Gew.-Tle. enthalten		1 Liter enthält kg	
			HNO_3	Säure von 40° Bé	HNO_3	Säure von 40° Bé
1·340	36·6	68	54·07	87·32	0·725	1·171
1·345	37·0	69	54·93	88·71	0·739	1·193
1·350	37·4	70	55·79	90·10	0·753	1·216
1·355	37·8	71	56·66	91·51	0·768	1·240
1·360	38·2	72	57·57	92·97	0·783	1·265
1·365	38·6	73	58·48	94·44	0·798	1·289
1·370	39·0	74	59·39	95·91	0·814	1·314
1·375	39·4	75	60·30	97·38	0·829	1·339
1·380	39·8	76	61·27	98·95	0·846	1·366
1·3833	40·0	76·7	61·92	100·00	0·857	1·383
1·385	40·1	77	62·24	100·51	0·862	1·392
1·390	40·5	78	63·23	102·12	0·879	1·420
1·395	40·8	79	64·25	103·76	0·896	1·447
1·400	41·2	80	65·30	105·46	0·914	1·476
1·405	41·6	81	66·40	107·24	0·933	1·507
1·410	42·0	82	67·50	109·01	0·952	1·537
1·415	42·3	83	68·63	110·84	0·971	1·568
1·420	42·7	84	69·80	112·73	0·991	1·600
1·425	43·1	85	70·98	114·63	1·011	1·633
1·430	43·4	86	72·17	116·55	1·032	1·667
1·435	43·8	87	73·39	118·52	1·053	1·701
1·440	44·1	88	74·68	120·61	1·075	1·736
1·445	44·4	89	75·98	122·71	1·098	1·773
1·450	44·8	90	77·28	124·81	1·121	1·810
1·455	45·1	91	78·60	126·94	1·144	1·848
1·460	45·4	92	79·98	129·17	1·168	1·886
1·465	45·8	93	81·42	131·49	1·193	1·927
1·470	46·1	94	82·90	133·88	1·219	1·969
1·475	46·4	95	84·45	136·39	1·246	2·012
1·480	46·8	96	86·05	138·97	1·274	2·058
1·485	47·1	97	87·80	141·63	1·302	2·103
1·490	47·4	98	89·60	144·70	1·335	2·156
1·495	47·8	99	91·60	147·93	1·369	2·211
1·500	48·1	100	94·09	151·99	1·411	2·278
1·501	—	—	94·60	152·78	1·420	2·293
1·502	—	—	95·08	153·55	1·428	2·306
1·503	—	—	95·55	154·31	1·436	2·319
1·504	—	—	96·00	155·04	1·444	2·332
1·505	48·4	101	96·39	155·67	1·451	2·343
1·506	—	—	96·76	156·27	1·457	2·353
1·507	—	—	97·13	156·86	1·464	2·364
1·508	48·5	—	97·50	157·47	1·470	2·374
1·509	—	—	97·84	158·01	1·476	2·384
1·510	48·7	102	98·10	158·43	1·481	2·392
1·511	—	—	98·32	158·79	1·486	2·400
1·512	—	—	98·53	159·13	1·490	2·406
1·513	—	—	98·74	159·45	1·494	2·413
1·514	—	—	98·90	159·72	1·497	2·418
1·515	49·0	103	99·07	160·00	1·501	2·424
1·516	—	—	99·21	160·22	1·504	2·429
1·517	—	—	99·34	160·43	1·507	2·434
1·518	—	—	99·46	160·63	1·510	2·439
1·519	—	—	99·57	160·81	1·512	2·442
1·520	49·4	104	99·67	160·97	1·515	2·447

Bei anderen Metallen, wie Zinn und Antimon, entsteht vorwiegend Untersalpetersäure und die Metalle werden in Zinn- bzw. Antimonsäure umgewandelt, die sich als weißes, in Säure und Wasser unlösliches Pulver abscheiden.

c) Prüfung.

In der Praxis geschieht die Bestimmung der Salpetersäure mittels eines geprüften Aräometers, woraus sich der Gehalt an reiner Salpetersäure aus den Tabellen (vgl. S. 84 und 85) ersehen läßt. Zur Bequemlichkeit, zumal für die Zwecke der Knallquecksilberfabrikation, ist noch eine Tabelle über den Gehalt einer Salpetersäure von 40° Bé angegeben. Dies Verfahren ist aber, so praktisch und schnell ausführbar es auch ist, mit großer Unsicherheit verknüpft, da die Dichte konzentrierter, besonders roter rauchender Salpetersäure in ganz unregelmäßiger Weise von der Dichte reiner Salpetersäure abweicht. Für wichtigere Bestimmungen ermittelt man den Säuregehalt durch Titration mit Normalnatronlauge, indem man die Probe genügend verdünnt. Als Indikator kann Methylorange verwendet werden, nur hat man dabei zu beachten, den Indikator erst kurz vor der Neutralisation hinwegzusetzen bzw. zu erneuern. Zur Titration wägt man z. B. 5 g der zu prüfenden Säure ab, bringt diese in einem Meßkolben mit Wasser auf 250 cm³ und titriert davon 25 cm³ = 0,5 g. Als Indikator kann auch Phenolphtalein dienen. Die Anzahl der verbrauchten Kubikzentimeter mit 2 multipliziert, gibt die Salpetersäuremenge in Prozenten an.

Die technische Salpetersäure enthält stets geringe Beimengungen von Chlor und Schwefelsäure, die jedoch einen gewissen Mindestbetrag nicht überschreiten sollen. Zur Prüfung auf Chlor versetzt man 5 cm³ der Salpetersäureprobe mit 20 cm³ destilliertem Wasser und gibt Silbernitratlösung (1 : 10) hinzu: entsteht statt einer bloßen Trübung ein flockiger Niederschlag, so ist die Anwendung der Säure bedenklich und nicht zu empfehlen. Schwefelsäure wird in einer gleichen Probe mit Bariumchlorid nachgewiesen; es soll sich kein weißer, körniger Niederschlag bilden. Ein minimaler Schwefelsäuregehalt der Salpetersäure ist zwar für deren Anwendung nicht störend, doch ist die Säure minderwertig. Schließlich unterlasse man es nicht, die für die Knallquecksilberfabrikation dienende Salpetersäure vor dem Einpressen in die Entwicklungsgefäße durch Glaswolle oder ein Tonsieb zu filtrieren.

Über die vollständige Bestimmung der Salpetersäure vgl. Bd. 6, Seite 97.

2. Alkohol.

Der für die Knallquecksilberfabrikation in Betracht kommende Alkohol (Äthylalkohol, Weingeist, Spiritus) wird als Handelsspiritus von meistens 94 bis 96 % Alkoholgehalt bezogen. Dieser Spiritus ist natürlich — abgesehen von dem Wassergehalt, nie rein, sondern enthält stets, je nach der Darstellungsweise, noch andere Alkohole beigemengt, die indessen dem beabsichtigten Fabrikationszweck nicht hinderlich sind. Im folgenden sei eine Übersicht über die verschiedenen Verfahren der Spiritusfabrikation gegeben.

Als Rohmaterialien für die Alkoholgewinnung werden benutzt:

1. Alkoholhaltige Materialien wie Wein, Abfälle von Wein, von Bier usw.;
2. zuckerhaltige Materialien, wie Zuckerrüben, Melasse und süße Früchte;
3. stärkehaltige Materialien, wie Kartoffeln und Getreide.

Alkoholhaltiges Material bedarf zur Spiritusgewinnung nur der Destillation, während bei zuckerhaltigem zunächst der Zucker durch die Hefegärung in Alkohol übergeführt und danach letzterer abdestilliert werden muß. Enthält schließlich das Rohmaterial nur Stärkemehl, so muß letzteres zunächst in Zucker umgewandelt werden, was meistens durch Diastase, selten durch Kochen mit verdünnten Säuren geschieht; der Zucker wird dann wieder vergoren und der Alkohol durch Destillation von der Maische getrennt. Demnach ist eigentlich nur die Spiritusgewinnung aus stärkehaltigen Rohstoffen zu beschreiben, da die Einzelheiten der Fabrikation aus zucker- und alkoholhaltigem Material mit inbegriffen sind. Geringfügige Abweichungen werden zum Schluß erörtert werden.

a) Darstellung des Spiritus aus Kartoffeln[1] und aus Getreide.

Zuerst werden die Kartoffeln in besonders konstruierten Kartoffelwaschmaschinen sorgfältig gewaschen und dann durch Dampf gar gekocht (gedämpft), um die Stärke in eine leicht verzuckerbare Form überzuführen. Das Dämpfen geschieht meist in dem sog. Henze-Dämpfer, einem nach unten konisch zugespitzten Apparat, worin die Kartoffeln mit Dampf von 2 bis 3 Atmosphären weichgekocht und dann (mittels des Dampfes) durch einen scharf-

[1] H. Blücher, Auskunftsbuch, Berlin 1913.

kantigen Rost hindurch in den Maischbottich gedrückt werden. Hierdurch sind die Kartoffeln aber noch nicht genügend zerkleinert, sondern sie müssen im Maischbottich durch eine Art von Holländer oder auch in einer, zwischen dem Henzedämpfer und dem Maischbottich in die Rohrleitung eingeschalteten Mühle zu Brei zermahlen werden. Schon vorher ist das Malz in zerquetschter Form zugesetzt worden, so daß bei der Verbreiung der Kartoffeln eine innige Mischung mit dem Malz entstanden ist. Das im Malz enthaltene Ferment Diastase bewirkt nun die Verzuckerung der Kartoffelstärke in etwa einer halben Stunde; am günstigsten ist hierfür eine Temperatur von 55°. Früher mußte man die Wärme auf etwa 65° steigern, um die mit den Materialien zugeführten und aus der Luft hineingelangten, den Gärungsprozeß schädlich beeinflussenden Bakterien abzutöten; neuerdings erreicht man dasdelbe besser und bequemer durch einen geringen Zusatz von Flußsäure oder Natriumfluorid bei der Vergärung. Die verzuckerte Maische wird durch Wasserkühlung und Luftkühlung auf 15 bis 20° abgekühlt, worauf man Kunsthefe zusetzt und so in den Gärbottichen den Zucker zu Alkohol vergären läßt. Da in Deutschland die Spiritusfabrikation nach dem Maischraum besteuert wird, so maischt man gewöhnlich dick ein. Bei der Gärung steigt die Temperatur um etwa 17°; vorher darf die Maische nicht mehr als etwa 14° warm sein, weil beim Überschreiten einer Temperatur von 31° die Gärung leidet. Die Gärung verläuft in drei Phasen: Angärung, Hauptgärung und Nachgärung; ferner unterscheidet man steigende, fallende und wälzende Gärung. Die gesetzlich zulässige Gärdauer beträgt drei Tage. 1 kg Stärkemehl liefert theoretisch 71·6 Literprozent Alkohol; in der Praxis werden zwischen 48 und 63 Literprozent erzielt. (Literprozent Alkohol bezeichnet das Produkt aus der Anzahl der Liter mit den Volumprozenten des Spiritus).

Für die Spiritusfabrikation aus Getreide kommen Mais, Gerste, Reis, Weizen, und Roggen in Betracht; hiervon gibt Mais die beste, Roggen die schlechteste Ausbeute. Das Mais wird zunächst ungeschrotet im Henzedämpfer unter Umrühren gekocht, dann unter steigendem Druck gedämpft und schließlich durch ein scharfkantiges Ventil hindurch in den Maischbottich geblasen. Ähnlich werden auch die anderen Getreide verarbeitet.

Aus der vergorenen, reifen Maische muß der Alkohol durch Destillation abgeschieden werden. Die Maische enthält 8 bis 13 Volumprozent Äthylalkohol, daneben aber auch mehr oder weniger Amyl-, Propyl-, Butylalkohol usw. Destilliert man die Maische aus einem einfachen Destillationsapparat, so erhält man ein

Produkt, das weniger als 40% Alkohol enthält; mit den sehr vollkommenen Destillationsapparaten unserer Zeit, den Spirituskolonnenapparaten, läßt sich jedoch in einer einzigen Operation ein Spiritus von 75 bis 95% Alkoholgehalt gewinnen. Viele dieser Rektifikationsapparate arbeiten kontinuierlich, d. h. auf der einen Seite verläßt der Spiritus den Apparat, während andererseits die entgeistete Maische — Schlempe genannt — herausfließt und eine neue Menge weingarer Maische eingefüllt wird. Bei den automatischen Apparaten geschieht das Einfließen der Maische in gleichmäßiger, dem Fortgang der Destillation angepaßter Menge vollständig selbstregulierend, während der Spiritusstrahl durch ein Alkoholometer und ein Thermometer gemessen wird. Das Prinzip eines neuen, sowohl für Spiritus wie für Benzol brauchbaren Rektifikationsapparates ist in dem D.R.P. 140824 wiedergegeben.

Der Rohspiritus enthält neben 75 bis 95 Volumprozent Äthylalkohol und Wasser, noch andere Alkohole, ferner Furfurol, Acetal, Essigsäureäther usw.; hiervon wird der Amylalkohol zusammen mit Propyl- und Butylalkohol, sowie den Estern der Essigsäure, Kapron- und Kaprinsäure unter der Kollektivbezeichnung Fuselöl zusammengefaßt. Um diese Bestandteile zu entfernen, wird der Rohspiritus einer Raffinierung unterzogen. Dies geschieht meist in besonderen Fabriken, wobei der Rohspiritus durch Holzkohle filtriert und so vom Fuselöl befreit und weiter sehr sorgfältig rektifiziert wird. Man erhält so Weinsprit und Feinsprit mit 96 Volumprozent Alkohol, Primasprit (94 bis 96%), Sekundasprit (90 bis 92%), während die übrigen Fraktionen, Vorlauf, Lutter und Nachlauf auf andere Produkte verarbeitet oder mit einer neuen Portion Rohspiritus zusammen rektifiziert werden. — Andere Methoden zur Raffinierung des Rohspiritus, wie die Behandlung mit Soda, Kalk, Chlorkalk, Permanganat usw. sind weniger wichtig. Durch wiederholtes Schütteln von Spiritus mit fetten Ölen kann man eine vollständige Entfuselung erreichen. Von Ilges ist ein besonderer Feinspritautomat konstruiert worden, der die Gewinnung von fuselfreiem Feinsprit direkt aus der Maische ermöglicht.

b) Andere Verfahren[1] der Spiritusdarstellung.

Von zuckerhaltigen Rohstoffen, die auf Spiritus verarbeitet werden, sind 1. die Rüben (Zuckerrüben), 2. Melasse

---

[1] Nach H. Blüchers Auskunftsbuch, Berlin 1913.

und 3. süße Früchte zu nennen. Spiritus aus Rüben wird in Deutschland nicht viel gewonnen. Die Vergärung des Rohzuckers der Rüben ist nach seiner Inversion möglich; man vergärt entweder Rübenbrei oder besser Rübensaft. In letzterem Falle mazeriert man die Rübenschnitzel mit warmem, säurehaltigem Wasser (oder Schlempe) und versetzt den Saft durch Hefe oder durch gärenden Rübensaft in Gärung. Die Melasse wird neuerdings, seitdem man den darin enthaltenen Zucker direkt gewinnt, wenig mehr vergoren. Soll letzteres geschehen, so muß sie mit der 3 bis 4fachen Menge Wasser verdünnt und dann durch Zusatz von Säuren genau neutralisiert oder höchstens ganz schwach angesäuert werden; die Gärung erfolgt durch Kunsthefe. Süße Früchte, wie Kirschen, Zwetschen usw. werden nur im Kleinbetrieb vergoren; man zerquetscht sie, überläßt den Saft der freiwilligen Gärung und destilliert dann.

In neuer Zeit sind die Versuche, Spiritus aus Holz zu gewinnen, wichtig geworden. Namentlich das durch die D.R.P. 111868, 118540, 121869, 123911 und 130980 geschützte Verfahren von Classen hat unter Umständen Aussicht, praktische Bedeutung zu gewinnen. Das Holz wird in Form von Sägespänen verwendet; zur Verzuckerung wird nach dem neuesten der genannten Patente wässerige schweflige Säure benutzt. Die Inversion der verzuckerten Masse zu Dextrose bewirkt man durch Erhitzen mit gespanntem Dampf. Dann wird die schweflige Säure abgeblasen und die aufgeschlossene Masse mit Wasser ausgekocht, worauf die Flüssigkeit nach dem Neutralisieren zur Gärung fertig ist. Aus dem angewandten Holz werden nach der Patentschrift durchschnittlich 25% aufgeschlossen, von welchen 90% vergärbar sind. Bei der praktischen Ausführung des Classenschen Verfahrens seitens der Gesellschaft Lignum Inversion Co. bei Chicago arbeitet man mit 3%iger schwefliger Säure und erhitzt mit Dampf bei 7 Atmosphären Druck auf 165°. Man gewinnt aus 100 kg ungefähr 12 l reinen Alkohol.

Angeführt seien noch die verschiedenen Verfahren der Spiritusgewinnung aus den Ablaugen der Zellstoffabrikation (Sulfitsprit), aus Torf und aus Fäkalien; ferner die sich mehrenden Versuche, Alkohol synthetisch zu erzeugen, z. B. nach dem D.R.P. 149893 durch Einwirkung von Ozon auf ein Gemisch von Acetylen und Wasserstoff bei niedriger Temperatur, oder nach dem Verfahren von Arachequenne durch Erhitzen eines Gemisches von Metalloxyden mit gepulvertem Koks im elektrischen Ofen, Behandlung des entstandenen Karbids Äthylogen mit

Wasser, Schwefelsäure und Verseifung der gebildeten Ätherschwefelsäure in Alkohol und Schwefelsäure.

Der aus den Kolonnenapparaten destillierte Feinsprit enthält immer noch 4—5 Volumprozent Wasser, ist also noch kein absoluter Alkohol. Um solchen zu erhalten, muß der Sprit mit wasserentziehenden Substanzen, wie Chlorkalzium oder Ätzkalk behandelt und dann nochmals destilliert werden. Interessant seiner Eigentümlichkeit halber ist das D.R.P. 142502, nach welchem man zur Gewinnung von absolutem Alkohol den Spiritus unter Zusatz von Benzol fraktioniert.

c) Eigenschaften.

Absoluter Alkohol (99·8 %) ist wasserklar, leichtflüssig, riecht angenehm und schmeckt scharf brennend. Das spezifische Gewicht beträgt 0·80625 bei 0° und 0·79367 bei 15°. Er zieht aus der Luft Wasser an und wirkt auf organische und anorganische Stoffe wasserentziehend: aus diesem Verhalten erklärt sich die Giftigkeit des Alkohols im konzentrierten Zustande, sowie die Fähigkeit, organische Substanzen zu konservieren. Alkohol ist mit Wasser in allen Verhältnissen mischbar unter gleichzeitiger Temperaturerhöhung und Volumverminderung. Durch Verdünnung mit Wasser erfolgt bei Weingeist eine Erhöhung der Dichte, die um so größer ist, je mehr Wasser zugegeben wird, so daß aus der Dichte des verdünnten Weingeistes mit Hilfe von Tabellen unter Berücksichtigung der jeweiligen Temperatur der richtige Gehalt an 100 %igem Alkohol festgestellt werden kann.

Folgende Tabelle (siehe S. 92) nach Tralles vergleicht das Volumgewicht und den Gehalt in Volumprozent eines wässerigen Alkohols bei 15·56°.

Das Aräometer von Tralles gibt direkt Volumprozent an. Ein Spiritus von 70 % Tralles ist ein solcher, der in 100 Teilen bei der Normaltemperatur von 15·56° 70 Volumprozent absoluten Alkohol enthält. Aus den gefundenen Volumprozenten berechnet man die Gewichtsprozente, indem man das spezifische Gewicht des absoluten Alkohols (0·7937) durch das spezifische Gewicht des in Frage kommenden Spiritus dividiert und den Quotienten mit seinem Volumprozentgehalt multipliziert.

Während der reine absolute Alkohol infolge Abwesenheit jeglicher alkoholischen Beimengungen stets den gleichen angenehmen Geruch und Geschmack zeigt, welchseln diese Eigenschaften bei den Feinspriten je nach der Reinheit und Provenienz des Produktes. So zeigt der aus Kartoffeln erzeugte Sprit, selbst

Alkohol Volumprozent	Volumgewicht	Alkohol Volumprozent	Volumgewicht	Alkohol Volumprozent	Volumgewicht	Alkohol Volumprozent	Volumgewicht
1	0·9976	26	0·9689	51	0·9315	76	0·8739
2	0·9961	27	0·9679	52	0·9295	77	0·8712
3	0·9947	28	0·9668	53	0·9275	78	0·8685
4	0·9933	29	0·9657	54	0·9254	79	0·8658
5	0·9919	30	0·9646	55	0·9234	80	0·8631
6	0·9906	31	0·9634	56	0·9213	81	0·8603
7	0·9893	32	0·9622	57	0·9192	82	0·8575
8	0·9881	33	0·9609	58	0·9170	83	0·8547
9	0·9869	34	0·9596	59	0·9148	84	0·8518
10	0·9857	35	0·9583	60	0·9126	85	0·8488
11	0·9845	36	0·9570	61	0·9104	86	0·8458
12	0·9834	37	0·9559	62	0·9082	87	0·8428
13	0·9823	38	0·9541	63	0·9059	88	0·8397
14	0·9812	39	0·9526	64	0·9036	89	0·8365
15	0·9802	40	0·9510	65	0·9013	90	0·8332
16	0·9791	41	0·9494	66	0·8989	91	0·8299
17	0·9781	42	0·9478	67	0·8965	92	0·8265
18	0·9771	43	0·9461	68	0·8941	93	0·8230
19	0·9761	44	0·9444	69	0·8917	94	0·8194
20	0·9751	45	0·9427	70	0·8892	95	0·8157
21	0·9741	46	0·9409	71	0·8867	96	0·8118
22	0·9731	47	0·9391	72	0·8842	97	0·8077
23	0·9720	48	0·9373	73	0·8817	98	0·8034
24	0·9710	49	0·9354	74	0·8791	99	0·7988
25	0·9700	50	0·9335	75	0·8765	100	0·7937

bei der sorgfältigsten Rektifikation einen anderen Geruch und Geschmack, als der aus Getreidesorten gewonnene. — Über die Feuergefährlichkeit des Alkohols sind von Dr. Mohr (Jahresbericht des Vereins der österreichischen Spiritusindustrie) Mitteilungen gemacht worden; darnach erfolgt die Entzündung des Alkohols durch offene Flamme oder durch glühende Kohle. Bei 42 Volumprozenten hört die Entzündlichkeit ganz auf. Mit Luft gemischter Spiritusdampf gibt ein explosives Gasgemenge, doch ist eine Explosion nur dann möglich, wenn mindestens 100 g Spiritus in 1 m³ vorhanden sind, welcher Gehalt 5·2 Volumprozenten entspricht. Nach der Dampfdichte kann die Explosion nur bei einer Temperatur von mindestens 18° erfolgen. Die Entzündungstemperatur steigt mit zunehmendem Wassergehalt und ist bei:

93	Gewichtsprozent	= 96·6	Volumprozent	bei	18°
80	„	= 85.5	„	„	20°
70	„	= 77·0	„	„	22°
60	„	= 67·7	„	„	24°
50	„	= 57·8	„	„	26°

Tabelle der Volumgewichte eines wässerigen Alkohols bei verschiedenen Temperaturen (nach Mendelejeff).

Gewichtsprozent des Alkohols	Volumgewicht des wässerigen Alkohols (Wasser von 4° = 1) bei 0°	10°	20°	30°
0	0·99988	0·99975	0·99831	0·99579
5	0·99135	0·99113	0·98945	0·98680
10	0·98493	0·98409	0·98195	0·97892
15	0·97995	0·97816	0·97527	0·97142
20	0·97566	0·97263	0·96877	0·96413
25	0·97115	0·96672	0·96185	0·95628
30	0·96540	0·95998	0·95403	0·94751
35	0·95784	0·95174	0·94514	0·93813
40	0·94939	0·94255	0·93511	0·92787
45	0·93977	0·93254	0·92493	0·91710
50	0·92940	0·92182	0·91400	0·90577
55	0·91848	0·91074	0·90275	0·89456
60	0·90742	0·89944	0·89129	0·88304
65	0·89595	0·88790	0·87961	0·87125
70	0·88420	0·87613	0·86781	0·85925
75	0·87245	0·86427	0·85580	0·84719
80	0·86035	0·85215	0·84366	0·83483
85	0·84789	0·83967	0·83115	0·82232
90	0·83482	0·82665	0·81801	0·80918
95	0·82119	0·81291	0·80433	0·79553
100	0·80625	0·79788	0·78945	0·78096

d) Denaturierter Spiritus.

In den meisten Staaten unterliegt der reine Spiritus einer so hohen Besteuerung, daß er für die industrielle Anwendung viel zu teuer würde. In Deutschland z. B. beträgt der Preis von 100 kg

	versteuert	unversteuert
Alkohol, absolut 98%	301,— M.	146,— M.
Alkohol, absolut 99·5—100%	310,— M.	155,— M.

Der Fabrikpreis wird also bereits um das Doppelte überragt; in Frankreich und England und besonders in Italien ist die Alkoholsteuer noch höher. Indessen sind für den zu Industriezwecken dienenden Spiritus seitens der Finanzbehörden Ausnahmebestimmungen getroffen worden, dahingehend, den technisch verwendeten Alkohol durch Zugabe anderer Stoffe für die Branntweinerzeugung unbrauchbar zu machen, zu „denaturieren", zu vergällen und dann unversteuert für jene Zwecke durchzulassen. Dies wurde zuerst in England eingeführt, wo man als Denaturierungsmittel Holzgeist anwendete, da ein geringer Zusatz davon den Weingeist ungenießbar macht. In manchen Ländern wurde anfangs, bei noch niederer Spiritussteuer die Verwendung von reinem Sprit gestattet, wenn nachgewiesen werden konnte, daß er nur für industrielle Zwecke diente. Infolge der erhöhten Spiritussteuer war jedoch ein Unfug seitens der Konsumenten zu befürchten, so daß strengere Verordnungen für den Handel erlassen werden mußten, die zunächst darin bestanden, daß für Industriezwecke aller Weingeist zu denaturieren sei und nur eine gewisse, für die Pharmazie dienende Menge der Steuerabgabe enthoben sei. In manchen Industrien war es den Fabrikanten anheimgestellt, sich ein Denaturierungsmittel zu wählen; so war es gestattet, den bei der Fabrikation von Knallquecksilber verwendeten Spiritus mit Salpetersäure zu denaturieren.

Die Denaturierung soll also die betreffenden Stoffe zum menschlichen Genuß untauglich machen, darf aber ihre sonstige (beabsichtigte) Verwendung nicht hindern. So erklärt sich, daß die Denaturierungsmittel verschieden sind, je nach dem Verwendungszweck. Den Spiritus vergällt man mit Holzgeist (Methylalkohol), Pyridinbasen, Rosmarinöl, Lavendelöl, Terpentinöl, Tieröl, Azeton, Benzin, Benzol, Solventnaphta u. a. m. Die folgende Tabelle, welche der Zeitschrift des Vereins deutscher Ingenieure entnommen ist, enthält Angaben über die zum Denaturieren des Spiritus in verschiedenen Ländern verwendeten Mittel; zum Teil sind die Zahlen Ergebnisse von chemischen Analysen, weil die Denaturierverfahren in vielen Staaten geheim gehalten werden.

Spiritusart und Bezeichnung	Spez. Gewicht bei 15°	Methylen und seine Verunreinigungen	Pyridin oder Pyridinbasen	Azeton	Benzol	Benzin (unrein)
Frankreich	0·832	7·5	—	2·5	—	0·5
Deutschland (denaturiert)	0·819	1·5	0·5	0·5	—	—
„ (Motorenspiritus)	0·825	0·75	0·25	0·25	2·0	—
Österreich (denaturiert)	0·835	3·75	0·5	1·25	—	—
„ (Motorenspiritus)	0·826	0·5	Spur	Spur	2·5	—
Rußland	0·836	10·0	0·5	5·0	—	—
Italien (Motorenspiritus)	0·835	6·5	0·65	2·0	1·0	—
Schweiz	0·837	5·0	0·32	2·2	—	—

In Deutschland wird seit dem Jahre 1887 der vollständig denaturierte Spiritus mit einer Mischung versetzt, welche aus 4 Teilen Holzgeist von einem bestimmten Unreinheitsgrade und 1 Teil Pyridinbasen besteht. Von dieser Mischung werden auf 100 l reinen Alkohol 2·5 l zugesetzt. Seit dem 1. Oktober 1912 ist als zweite vollständige Denaturierungsart ein Verfahren zugelassen, bei welchem auf 100 l reinen Alkohols 1·5 l des vorher beschriebenen allgemeinen Denaturierungsmittels, 2 l Benzol und 0·25 l einer Kristallviolettlösung (Hexamethylpararosanilinchlorhydrat) zugesetzt werden. Die Menge des Farbstoffs ist so bemessen, daß sie nur ein Millionstel des vergällten Spiritus beträgt.

Wie bei der Knallquecksilberfabrikation erwähnt ist, wird der Spiritus in Mengen von 1 bis zu 8 hl bezogen und am Gebrauchsorte durch die Behörden in einer für die Verwendung nicht hinderlichen Weise denaturiert.

e) Untersuchung des Spiritus.

Gehaltsbestimmung. Die Bestimmung des Alkohols im Spiritus geschieht durch die Ermittelung des spezifischen Gewichts. Dazu bedient man sich im Laboratorium des Aräometers, der Westphalschen Wage oder des Pyknometers. Da reiner absoluter Alkohol bei 15° ein spezifisches Gewicht von 0·79425 besitzt, so muß der Gehalt eines Spiritus an Alkohol um so größer sein, je niedriger das spezifische Gewicht des Spiritus ist. Der dem gefundenen spezifischen Gewicht entsprechende Alkoholgehalt in Volumprozenten ergibt sich aus der Tabelle, Seite 92; handelt es sich um Volum- und Gewichtsprozente, so benutzt man die Tafel zur Ermittlung des Alkoholgehaltes von Alkoholwassermischungen aus dem spezifischen Gewicht von K. Windisch.[1]

In der Praxis stellt man den Alkoholgehalt von Spiritus mittels des Alkoholometers fest. Das in Deutschland zulässige Alkoholometer gibt Gewichtsprozente an. Da das spezifische Gewicht um so geringer ist, je höher die Temperatur und umgekehrt (vgl. Tabelle Seite 93), so muß die Spindelung entweder bei derjenigen Temperatur, für welche das Instrument eingerichtet ist — Normaltemperatur = 15° — ausgeführt werden, oder wenn bei einer anderen Temperatur die Spindelung geschieht, so muß eine Korrektion auf die Normaltemperatur stattfinden. Zu dieser Korrektion dient die von der kaiserlichen Normaleichungskommission herausgegebene Tafel zur Ermittlung des Alkoholgehaltes von Spiritusmischungen.

Die in Deutschland für den Spiritushandel übliche Einheit ist das Literprozent, wobei ein Literprozent = 10 cm³ absoluten Alkohol ist.

Fuselöl. Zum Nachweis des Fuselöls verdunstet man den größten Teil des Spiritus bei niedriger Temperatur und schüttelt

---

[1] Berlin 1893. Verlag von J. Springer.

den Flüssigkeitsrest mit dem gleichen Volumen Äther. Beim Verdunsten der ätherischen Lösung bleibt das Fuselöl zurück, welches am Geruch erkannt wird. — Zur Bestimmung des Fuselöls bedient man sich des Röse-Herzfeld-Windischschen Apparates: Man bestimmt durch das spezifische Gewicht genau die Alkoholmenge und bringt den Spiritus dann auf eine Konzentration von 30 Volumprozent Alkohol nach der Formel $x = \frac{10v - 300}{3}$, worin v die gefundenen Volumprozente, x die auf 100 cm³ Spiritus zuzusetzenden Kubikzentimeter Wasser ausdrücken; nach der Verdünnung muß das spezifische Gewicht nochmals kontrolliert und eventuell die Konzentration durch Zusatz von absolutem Alkohol korrigiert werden, bis das spezifische Gewicht bei 15° genau 0·96564 beträgt. Der Ausschüttlungsapparat wird mit reinstem Chloroform bei 15° bis zum Teilstrich 20 gefüllt; dann gibt man 100 cm³ des 30 volumprozentigen Spiritus und 1 cm³ Schwefelsäure vom spezifischen Gewicht 1·2857 hinzu, verschließt den Apparat, schüttelt 150 mal kräftig durch, bringt den Apparat dann durch Einsenken in auf 15° temperiertes Wasser in vertikaler Lage zum Schwimmen und liest nach dem Absetzen des Chloroforms die Steighöhe desselben bei 15° ab. Der Gehalt an Fuselöl ergibt sich dann aus folgender Tabelle, welcher die Beobachtungen des kaiserl. Gesundheitsamtes zugrunde liegen.

Steighöhe cm³	Fuselöl Volumprozent	Steighöhe cm³	Fuselöl Volumprozent	Steighöhe cm³	Fuselöl Volumprozent	Steighöhe cm³	Fuselöl Volumprozent
0·01	0·0066	0·18	0·1194	0·34	0·2255	0·51	0·3382
0·02	0·0133	0·19	0·1260	0·35	0·2321	0·52	0·3448
0·03	0·0199	0·20	0·1326	0·36	0·2387	0·53	0·3514
0·04	0·0265	0·21	0·1393	0·37	0·2455	0·54	0·3581
0·05	0·0332	0·22	0·1459	0·38	0·2520	0·55	0·3647
0·06	0·0398	0·23	0·1525	0·39	0·2586	0·56	0·3713
0·07	0·0464	0·24	0·1591	0·40	0·2652	0·57	0·3780
0·08	0·0531	0·25	0·1658	0·41	0·2719	0·58	0·3846
0·09	0·0597	0·26	0·1724	0·42	0·2785	0·59	0·3912
0·10	0·0663	0·27	0·1790	0·43	0·2851	0·60	0·3979
0·11	0·0729	0·28	0·1857	0·44	0·2918	0·61	0·4045
0·12	0·0796	0·29	0·1923	0·45	0·2984	0·62	0·4111
0·13	0·0862	0·30	0·1989	0·46	0·3050	0·63	0·4168
0·14	0·0928	0·31	0·2055	0·47	0·3117	0·64	0·4244
0·15	0·0996	0·32	0·2122	0·48	0·3183	0·65	0·4310
0·16	0·1061	0·33	0·2188	0·49	0·3249	0·66	0·4377
0·17	0.1127	—	—	0·50	0·3316	—	—

Freie Säuren bestimmt man durch Titration mit $^1/_{10}$ oder $^1/_{20}$ normaler alkoholischer Kalilauge unter Benützung von Phenolphtaleïn als Indikator; in Betracht kommen hierbei meistens die durch Gärung entstandenen Fettsäuren, wie Essigsäure, Ameisensäure, Buttersäure, Caprinsäure usw. Ein Gehalt an Aldehyd ist der Knallquecksilberbereitung nicht hinderlich; zu dessen Nachweis destilliert man von 500 cm³ Spiritus 100 cm³ ab und gießt in das Destillat eine wässerige Lösung von m-Phenylendiaminchlorhydrat: eine sich zwischen beiden Flüssigkeiten innerhalb 2 bis 4 Minuten bildende gelbrote Zone zeigt Aldehyd an. Auf Furfurol prüft man durch Versetzen von 10 cm³ Spiritus mit 10 Tropfen Anilin und 2 Tropfen Salzsäure: bei Gegenwart von Furfurol färbt sich die Flüssigkeit rosarot. Zur Prüfung auf ein Gehalt an leicht oxydierbaren Körpern (Aldehyd, Furfurol, usw.) eignet sich am besten die Barbetsche Permanganatmethode[1], welche darauf beruht, daß Äthylalkohol nur sehr langsam auf Permanganat einwirkt, während die Verunreinigungen im Sprit dasselbe rasch reduzieren. 50 cm³ des auf 95 Volumprozent gebrachten Sprits werden mit 1 cm³ einer 0·02%igen Kaliumpermanganatlösung versetzt; die Entfärbungsdauer ist je nach der Menge und Art der Nebenbestandteile verschieden. Feinsprite, welche die Permanganatlösung in weniger als 1 Minute entfärben, sind als ungenügend zu betrachten. Sämtliche Sprite sollen frei von Furfurol sein.

Über die Untersuchung der Denaturierungsmittel vgl. Lunge-Berl, Chemisch-technische Untersuchungsmethoden, 6. Aufl. 1911. Bd. 4, S. 183—188.

3. Quecksilber.

a) Vorkommen und Gewinnung.

Das Quecksilber kommt wie die Edelmetalle in der Natur frei vor; es findet sich teils gediegen in Erdadern, wo es durch Freilegung leicht gewonnen werden kann, teils findet es sich auch als Silberamalgam. In Europa ist ein solches Vorkommen selten. Die berühmtesten Fundorte sind Almaden in Spanien; größere und reichere Fundorte jedoch haben Amerika und Ostindien. Hauptsächlich aber kommt das Quecksilber an Schwefel gebunden als Zinnober (Merkurblende), HgS, vor. In der Form des Zinnobers, welcher als rote Malerfarbe wie als Medikament schon seit den ältesten Zeiten in Gebrauch steht, wird es auch in Österreich bei Idria in Krain, bei Rosenau in Böhmen und bei Szlama in Ungarn angetroffen. In Deutschland sind die Fundorte unbedeutend und deren Ausbeute an Quecksilber gering. Aber selbst die größten europäischen Lager werden an Reichhaltigkeit

[1] Zeitschr. f. anal. Ch. 31, S. 99 (1892).

von den überaus ergiebigen Lagern Mexikos und Kaliforniens übertroffen.

Die Quecksilbergewinnung aus Zinnober gestaltet sich ziemlich einfach. Durch einfaches Rösten der Merkurblende in Gefäß-, Schacht- oder Flammöfen wird der Schwefel des Erzes durch den Luftsauerstoff bei Rotglut oxydiert.

$$HgS + O_2 = Hg + SO_2$$

Beide Zinnoberbestandteile verflüchtigen sich dann nach obiger Gleichung und der Quecksilberdampf wird in besonderen Vorlagen aufgefangen und kondensiert. Nach einer anderen Methode geschieht die Zerlegung des Zinnobererzes mittels Eisen oder Kalk, an welche der Schwefel gebunden wird, während sich das Quecksilber verflüchtigt. Dieser Prozeß, der in Gefäßöfen vorgenommen wird, entspricht, je nachdem die Zerlegung durch Eisen oder durch Kalk bewirkt wird, den Gleichungen:

$$HgS + Fe = Hg + FeS$$

$$4HgS + 4CaO = 4Hg + 3CaS + CaSO_4.$$

Das schwefelhaltige Quecksilbererz wird dabei in eisernen Retorten, deren Hälse, aus dem Ofen herausragend, in gekühlte Vorlagen münden, unter Zusatz von Kalk oder Eisenabfällen erhitzt, wobei das Quecksilber überdestilliert. Als Kondensationsvorrichtungen benutzt man entweder gemauerte Kammern, oder besser, in Wasser eintauchende Ton- oder Eisenröhren; auch gläserne Kondensatoren haben Verwendung gefunden.

Nach einem Vorschlage H. Beckers kann man die Quecksilbergewinnung im elektrischen Ofen vornehmen, indem man diesen beständig mit einer Kalk-Zinnobermischung beschickt und das verdampfende Quecksilber in gekühlten Gefäßen auffängt. Die verschiedenen vorgeschlagenen nassen Verfahren zur Quecksilberdarstellung haben sich nicht eingeführt. Dagegen scheint die elektrolytische Darstellung, wobei der Zinnober unter Anwendung von Kochsalzlösung oder Salzsäure an der Anode leicht zersetzt und Quecksilber an der Kathode abgeschieden wird, Aussicht auf Einführung in die Technik zu haben.

Das gewonnene Quecksilber befreit man von mechanischen Verunreinigungen, indem man es durch Beutel aus Leder oder Leinwand durchpreßt; es enthält aber immer noch als Verunreinigung geringe Mengen von Blei, Zinn, Wismut oder Zink, die auch durch wiederholte Destillationen nicht zu entfernen sind. Indessen ist der Prozentsatz dieser metallischen Beimengungen meistens so gering, daß deren Anwesenheit für die Knallquecksilberdarstellung belanglos ist.

b) Reinigung.

In der Praxis prüft man das Quecksilber auf seine direkte Verwendbarkeit nach einer ganz einfachen Methode: das Metall wird auf ein Filtrierpapier gebracht und über ein Stück dieses Papieres laufen gelassen; zeigt sich das Quecksilber dabei wenig beweglich, entstehen statt der runden Tropfen ovale längliche Flüssigkeitsgebilde, die ihre Form auch beim Fortbewegen beibehalten oder sich noch mehr verlängern, und bleibt auf dem Papier ein dunkler Streifen zurück, so ist das Material stärker verunreinigt und muß mit verdünnter Salpetersäure 1:1 mehrmals geschüttelt werden, wobei sich die fremden Metalle oxydieren und auflösen, während das schwerer angreifbare Quecksilber unverändert bleibt. Auch Kaliumbichromat und Schwefelsäure leisten in Abwechslung mit verdünnter Salpetersäure gute Dienste. Am einfachsten aber läßt man das unreine Produkt in feinem Strahle kontinuierlich durch eine hohe Schicht verdünnter Salpetersäure rieseln, wäscht mit Wasser und trocknet es. Chemisch reines Quecksilber jedoch läßt sich aus solch verunreinigtem Quecksilber nicht erhalten. Um dasselbe von den mechanischen Verunreinigungen, wie Staub, Schmutz zu befreien, kann man es durch Filtrierpapierfilter tropfen lassen, indem man an der Spitze des Filters eine kleine Öffnung macht, durch welche das Quecksilber in Form eines feinen Strahles abläuft.

Besonders bewährt hat sich das Verfahren von R. Finkener, eine Abänderung desjenigen von Ulex, bestehend in einer Reinigung durch Eisenchlorid.

Man übergießt ca. 5 kg verunreinigtes Quecksilber in einer sehr starkwandigen Zweiliterstöpselflasche mit 250 cm^3 gewöhnlicher Salzsäure und 75 cm^3 einer konzentrierten Lösung von Eisenchlorid. Durch kräftiges Schütteln (das während 3 bis 6 Tagen häufig wiederholt wird) findet eine Zerteilung des Quecksilbers in zahllose Tröpfchen statt, welche mit einer Schicht von Chlorür (Kalomel) überzogen sind und sich deshalb nicht vereinigen. Die gelbe Eisenchloridlösung geht in eine blaßgrüne Chlorürlösung über. — Nach mehreren Tagen spült man den Inhalt der Flasche in eine große und starke Porzellanschale von ca. 5 l Inhalt, wäscht viermal mit je 2 l heißem und salzsaurem Wasser durch Aufrühren und Dekantieren aus (zur Entfernung von $PbCl_2$ usw.), stellt dann die Schale auf ein kochendes Wasserbad, gießt die konzentrierte Lösung von 200 g frischem Zinnchlorür zu dem Quecksilber, erwärmt unter Umrühren mit einem Porzellanspatel, bis alles Quecksilber zusammengelaufen ist, wäscht das Quecksilber in der Schale durch fließendes Wasser, trocknet es mit sauberen Handtüchern und gießt es durch ein durchstoßenes Papierfilter in die starkwandige Porzellan-Vorratsflasche. War das Quecksilber sehr stark verunreinigt, so wird ein entsprechend größerer Eisenchloridsatz angewendet.

Über ein neues einfaches Quecksilberreinigungsverfahren berichtete kürzlich C. Margot.[1] Danach bringt man das verunreinigte Quecksilber in ein schräg gestelltes Eisenrohr und läßt einen Luftstrom hindurchperlen. Erwärmt man dann auf etwa 150°, so oxydieren sich die Verunreinigungen und das unangegriffene Quecksilber kann hinterher dekantiert und filtriert werden.

Das Quecksilber kommt in schmiedeisernen Flaschen in den Handel, welche in Almaden (Spanien) und in Mexiko 34·5 kg, in Kalifornien 34·7 kg fassen; die größte Menge kommt in London auf den Markt, wo z. Z. die Flasche von ca. 35 kg Inhalt 175·— M. kostet.

c) Eigenschaften.

Das Quecksilber stellt bei gewöhnlicher Temperatur eine silberweiß glänzende, sehr bewegliche Flüssigkeit dar, die schon bei Zimmertemperatur, noch mehr aber bei mäßiger Erwärmung verdunstet. Das spezifische Gewicht beträgt 13·59; der Erstarrungspunkt liegt bei — 39·4° und der Siedepunkt bei 357·3°. Nahe dem Siedepunkt oxydiert sich das Quecksilber und geht in rotes Quecksilberoxyd über, welche Verbindung aber bei weiterer Temperatursteigerung (500°) wieder in Quecksilber und Sauerstoff zerfällt. Von Salpetersäure wird es schon in der Kälte angegriffen, von Schwefelsäure erst in der Hitze; verdünnte Salzsäure oder verdünnte Schwefelsäure sind ohne Wirkung.

Da sich das Quecksilber schon bei gewöhnlicher Temperatur merklich verflüchtigt, und die Quecksilberdämpfe für die Gesundheit sehr nachteilig sind, so hat man im technischen Betriebe Vorkehrungen zu treffen, um die Arbeiter vor Vergiftungsfällen zu schützen. Quecksilber in irgendeiner Form resorbiert, kündigt sich zuerst durch Speichelfluß und metallischen Geschmack im Munde an, darauf können Erkrankungen des Zahnfleisches und der Knochen, aber auch solche der Lunge, Leber, Niere und des Nervensystems folgen. Die Empfindlichkeit gegen Quecksilber ist übrigens individuell außerordentlich verschieden.

d) Prüfung und Untersuchung.

Prüfung des Quecksilbers auf Verunreinigungen. Wenn mit heißer Lauge von Fett und Staub befreites Quecksilber

[1] Arch. phys. et nat. Genf 38, 46 (1914).

keine blanke, konvexe Oberfläche zeigt, am Glase „schmiert" und beim Umschwenken (1 cm³) in einer größeren Porzellanschale Fäden von Metall und dunkel gefärbte Striche entstehen, ist es durch andere Metalle wie z. B. Zinn, Blei, Zink, Kupfer, Wismut, und Kadmium verunreinigt. Für den qualitativen Nachweis der metallischen Verunreinigungen gibt Lunge[1] folgende Vorschrift:

Man destilliert etwa 20 g Quecksilber aus einer Glasretorte bis auf etwa 1 g ab und untersucht den Rückstand. Beim Auflösen in heißer Salpetersäure (1·2 spez. Gewicht) etwa sich abscheidende Zinnsäure wird nach dem Kochen mit Wasserzusatz abfiltriert, das Filtrat zur Abscheidung des Bleies mit Schwefelsäure eingedampft und aus dem Filtrate davon Quecksilber, Kupfer und Wismut durch Schwefelwasserstoff gefällt. Heiße Salpetersäure löst Kupfer und Wismut aus dem Niederschlage auf; Kupfer erkennt man an der Blaufärbung der Lösung beim Übersättigen mit Ammoniak, Wismut an der weißen Fällung von basischem Nitrat, wenn man die im Reagensglas stark eingekochte Lösung mit viel Wasser verdünnt. In dem Filtrate von dem Quecksilber-, Kupfer- und Wismut-Niederschlag kann Zink, event. Kadmium und Eisen nachgewiesen werden.

Quantitative Analyse des Quecksilbers. Diese ziemlich langwierige Untersuchung geschieht am besten nach dem Verfahren von Fresenius[2]:

Man löst 100 g Substanz in reiner, mäßig starker, überschüssiger Salpetersäure in einem Kolben auf und erhält die Lösung einige Zeit im Sieden, um anfangs entstandenes Oxydulnitrat vollkommen in das Oxydsalz überzuführen. Ein hierbei etwa bleibender Rückstand (Zinnsäure, Antimonoxyde, Bleiantimonat, Gold (?)] wird abfiltriert, zur Abscheidung des Bleies mit Schwefelleber geschmolzen, aus dem Filtrate vom Schwefelblei Zinn und Antimon als Schwefelmetalle ausgefällt, in einer Asbestfilterröhre gesammelt, getrocknet und im Chlorstrome erhitzt. In dem mit etwas Salzsäure und Weinsäure versetzten Wasser der Vorlage sammeln sich hierbei die Chloride von Zinn und Antimon an; sie werden aus der Lösung durch H_2S gefällt und der Niederschlag zunächst aufbewahrt. Auf dem Asbest des Filterröhrchens kann Gold zurückgeblieben sein; man behandelt mit Königswasser und prüft die eingedampfte Lösung mit Eisenvitriol.

Die saure Lösung des Quecksilbernitrats wird in eine Porzellanschale gebracht, mit 56 g (30 cm³) reiner Schwefelsäure, die vorher mit 120 cm³ Wasser verdünnt worden, versetzt, die Mischung zur Trockne gebracht und schließlich bis zur vollständigen Austreibung der Salpetersäure erhitzt. Nach dem Erkalten weicht man den Rückstand mit Wasser auf (wobei viel Sulfat in Lösung geht, aber auch reichlich basisches Sulfat ungelöst bleibt) und spült alles in eine 3 bis 4 l haltende

[1] Chemisch-technische Untersuchungsmethoden, Berlin 1905 Bd. 2, S. 179.
[2] Zeitschr. f. analyt. Ch. 2, S. 343.

Stöpselflasche. Die Sulfate der verunreinigenden Metalle sind teils in der Lösung, teils im Niederschlage enthalten.

Zu dem Flascheninhalt setzt man Ammoniak bis zur alkalischen Reaktion, dann einen reichlichen Überschuß von Schwefelammonium, schüttelt und digeriert 24 Stunden hindurch in mäßiger Wärme und unter häufigem Umschütteln. Wenn dann die über dem dichten schwarzen Niederschlage stehende Flüssigkeit nicht gelb gefärbt erscheint, fehlt es an Schwefelammonium; man setzt in diesem Falle gelbes Schwefelammonium hinzu und digeriert noch einige Stunden. Den massigen, schwarzen Niederschlag bringt man auf ein großes Filter und wäscht ihn mit $(NH_4)_2S$-haltigem Wasser aus. — Aus dem Filtrate fällt man durch Ansäuern mit Salzsäure und Digerieren Zinn, Antimon und Arsen, läßt zwei Tage stehen, hebert die geklärte Flüssigkeit ab und bringt den hauptsächlich aus Schwefel bestehenden Niederschlag, verunreinigt mit den anfangs (aus den in Salpetersäure unlöslichen) erhaltenen Schwefelmetallen auf ein Filter, wäscht zuerst mit Wasser, dann mit absolutem Alkohol aus, extrahiert den Schwefel mit reinem Schwefelkohlenstoff und behandelt den Rückstand auf dem Filter mit heißem, gelbem Schwefelammonium (wobei Spuren von Quecksilber und Kupfer auf dem Filter bleiben), fällt Zinn, Antimon und Arsen durch Ansäuern als Schwefelmetalle aus und trennt sie voneinander (Fresenius, Quant. Analyse, 6. Aufl. I, S. 165).

Zur Extraktion von Kupfer, Silber, Wismut, Blei, Zink und Kadmium aus dem Schwefel-Quecksilberniederschlage spritzt man denselben mit möglichst wenig Wasser vom Filter in einen Kolben von 0·5 l Inhalt, setzt 50 cm³ reine Salpetersäure (1·2 spez. Gewicht) und 1 g Ammoniumnitrat hinzu und erhält eine Stunde hindurch im gelinden Kochen. Durch Filtrieren und Auswaschen des nicht angegriffenen Schwefelquecksilbers erhält man sämtliche oben aufgeführten Metalle als Nitrate in Lösung. Diese wird fast vollständig eingedampft, der Rückstand etwas verdünnt und vorhandenes Silber durch einige Tropfen Salzsäure gefällt. Das Filtrat vom Chlorsilber wird mit überschüssiger, reiner Schwefelsäure abgedampft, mit wenig Wasser aufgenommen und das Bleisulfat abfiltriert. Aus dem Filtrate hiervon fällt man nach Zusatz von wenig Salzsäure Kupfer, Wismut und Kadmium durch Schwefelwasserstoff und trennt sie nach Fresenius, Quant. Analyse, II, S. 478; in Lösung bleiben Zink und Eisen, die man in einem fast ganz mit der Lösung angefüllten Kolben durch Zusatz von Ammoniak, Chlorammonium und Schwefelammonium und längeres Stehenlassen als Schwefelmetalle abscheidet.

Eine genaue Bestimmung des etwaigen Gehalts an Eisen im Quecksilber setzt voraus, daß man mit eisenfreien Reagentien und eisenfreiem Filtrierpapier gearbeitet hat. Das extrahierte Schwefelquecksilber wird dadurch auf seine Reinheit geprüft, daß man eine Probe davon nach dem Trocknen durch Erhitzen in einem Porzellantiegel (unter dem Abzuge) verflüchtigt: es darf kein Glührückstand im Tiegel bleiben.

Sauerstoffhaltiges Quecksilber gibt das gelöste Oxyd ab, wenn man es in einer Flasche häufig mit stark verdünnter Salzsäure schüttelt. Aus dem in Lösung gegangenen Quecksilber ergibt sich die Menge des im Quecksilber gelöst gewesenen Quecksilberoxyds.

Dritter Teil.

Darstellung des Knallquecksilbers.

1. Synthetische und Laboratoriumsmethoden.

Seit den letzten zwei Dezennien kann man die Darstellungsmethoden von Knallquecksilber in *zwei Hauptklassen* einteilen, nachdem man etwa 90 Jahre lang seit der Entdeckung durch *Howard* 1800 nur eine einzige gekannt und angewandt hatte. Zur *ersten Klasse* gehört die alte und auch heute noch technisch ausschließlich benutzte Methode der Einwirkung von Salpetersäure und Quecksilber auf Äthylalkohol oder — wie die neueren Untersuchungen dargetan haben — auf andere organische Verbindungen, die mindestens zwei Kohlenstoffatome im Molekül besitzen, wie Lignon, Dimethylacetal, Acetaldehyd, Paraldehyd, Methaldehyd und Malonsäure; zur *zweiten* gehören die spät entdeckten synthetischen Verfahren von *Scholl*, *Nef* und *Wieland*, die im folgenden nochmals angeführt seien:

1. *Scholl* erhielt das Knallquecksilber aus *Formylchloridoxim* (Monochlorformoxim) und Natronlauge mit nachheriger Behandlung mit Sublimat:

$$\begin{matrix}H\\Cl\end{matrix}\!\!>C{=}N{-}OH + 2\,NaOH = C{=}N{-}ONa + NaCl + 2\,H_2O$$

$$2\,C{=}N{-}ONa + HgCl_2 = \begin{matrix}C{=}N{-}O\\C{=}N{-}O\end{matrix}\!\!>Hg + 2\,NaCl.$$

2. *Nef* bekam durch Einwirkung von *Nitromethannatrium* auf Quecksilberchloridlösung das Knallquecksilber in schlechter Ausbeute:

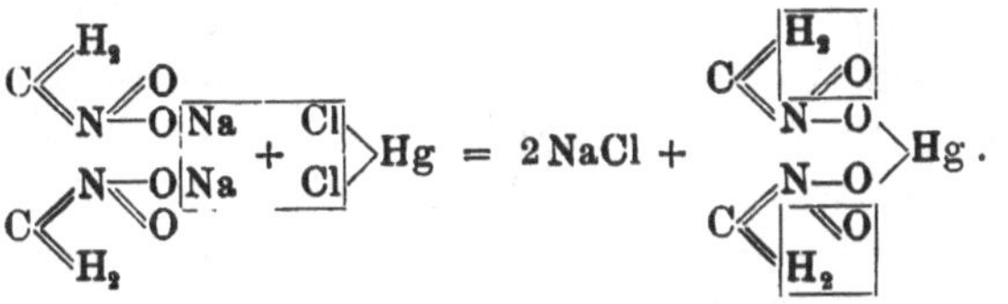

Das Nitromethanquecksilber spaltet beim Erwärmen Wasser ab und geht dann in Knallquecksilber über.

3. *Wieland* endlich stellte durch Erwärmen eines Gemisches von *Methylnitrolsäure*, Wasser, Salpetersäure und Mer-

kurinitrat einen Niederschlag von Knallquecksilber hernach folgender Gleichung:

$$2\,{}^{H}_{NO_2}{>}C{=}NOH + Hg(NO_3)_2 = Hg(CNO)_2 + 2\,HNO_3 + 2\,HNO_2.$$

Diese drei Methoden haben wegen schlechter Ausbeuten und hohen Preises der organischen Ausgangskomponente nur theoretisches Interesse; für die praktische Darstellung des Knallquecksilbers im Laboratorium und in der Technik kommt einzig und allein das alte Verfahren der Einwirkung einer Quecksilber-Salpetersäurelösung auf Alkohol in Betracht.

Liebig[1] beschreibt seine Methode der Knallquecksilberdarstellung folgendermaßen:

Ein Gewichtsteil von metallischem Quecksilber wird in 12 Gewichtsteilen Salpetersäure vom spezifischen Gewicht 1·36—1·40 gelöst. Nachdem sich das Quecksilber gelöst hat, gießt man dazu in zwei Portionen 11—12 Gewichtsteile gewöhnlichen Spiritus. Die zweite Hälfte wird erst zugegeben, wenn die Lösung schon in starkes Sieden gerät.

Später änderte Beckmann[2] die Liebigsche Methode etwas um, und zwar wurden 50 g Quecksilber in 600 g Salpetersäure vom spezifischen Gewicht 1·4 gelöst und dazu allmählich 550 g Spiritus von 98·5% zugegossen. Vor dem Zusammengießen hatten beide Flüssigkeiten eine Temperatur von 25—30°. Die zweite Hälfte wurde zugegeben, wenn die Farbe der Lösung von hellgelb in rotbraun überging, wobei Beckmann empfiehlt, die zweite Hälfte nur allmählich zuzugeben, je nach der Stärke der Reaktion. Nachdem aller Alkohol zugesetzt ist und dann keine weißen, sondern nur noch schwache rote Dämpfe entstehen, mäßigt Beckmann die Reaktion durch Zugießen von über einem Liter Wasser.

Nach diesen beiden Verfahren wird zu der Quecksilber-Salpetersäurelösung der Alkohol zugegeben; heute dagegen macht man es umgekehrt und gießt wie durchweg in der Technik die Quecksilbersalpetersäurelösung in den Alkohol. Lobry de Bruyn[3] löste zu diesem Verfahren ein Teil Quecksilber in zwölf Gewichtsteilen Salpetersäure vom spezifischen Gewicht 1·34 und goß die auf 70° erwärmte Lösung zu zehn Gewichtsteilen Alkohol von 90%. Diese Arbeitsweise soll vor derjenigen Liebigs und Beckmanns den Vorzug der Gefahrlosigkeit haben.

---

[1] Liebig Ann. 95, S. 284.
[2] Ber. 19, S. 993.
[3] Ber. 19, S. 1370.

2. Technische Darstellungsmethoden.

Die fabrikmäßige Darstellung des Knallquecksilbers weicht nicht sehr von den Laboratoriumsverfahren ab, da die Verarbeitung des Quecksilbers nie in großen Mengen auf einmal geschieht, sondern immer auf einzelne Portionen bis höchstens 500 g beschränkt bleibt. Wohl liegt keine Gefahr vor, wenn man auch die doppelte oder eine mehrfache Menge nimmt; der Arbeiter aber würde solche Quantitäten schwer bewältigen, so daß man praktisch nie über $^1/_2$ kg Quecksilber für eine Verarbeitung hinausgeht.

Zusammenfassend läßt sich die technische Darstellung des Knallquecksilbers etwa auf folgende Norm bringen:

1 Teil Quecksilber (gewöhnlich 500 g) wird in einem Glasballon in 10 Teilen Salpetersäure von 40° Bé aufgelöst und diese Lösung in einen anderen geräumigen Glasballon gegeben, welcher 10 Teile Alkohol (96 %) enthält. Nach einiger Zeit beginnt bei genügender Zimmertemperatur (20°) die Umwandlung, welche sich anfänglich nur durch schwache Gasentwicklung bemerkbar macht. Bald darauf gerät die Flüssigkeit ins Sieden, und unter starkem Schäumen entweichen zuerst farblose flüchtige Nebenprodukte, wie Kohlensäure, Äthylnitrit, sodann rote Dämpfe von Stickstoffoxyden. Für alle diese Gase muß, teils wegen ihrer Entzündlichkeit, teils wegen ihrer Giftigkeit, für guten Abzug und gute Kondensation gesorgt werden. Die Reaktion dauert eine Viertelstunde, nach welcher Zeit sich das Knallquecksilber in kleinen schweren, meistens grau gefärbten Nadeln abscheidet. Der Inhalt des Glasballons wird nunmehr auf ein Filter gebracht und mit Wasser gewaschen, bis Lackmus keine Rötung mehr zeigt. Den nassen Knallsatz befreit man hierauf von dem größten Teile seiner Feuchtigkeit entweder an freier Luft oder in einem mäßig erwärmten, zuweilen auch evakuierten Raume. Die Ausbeute an Knallquecksilber beträgt 125 Teile auf 100 Teile Quecksilber.

Im folgenden seien einige Spezialvorschriften für die Herstellung des Knallquecksilbers aus verschiedenen Fabriken angeführt: Nach J. Tschelzow[1] werden in der Kälte 450 g Quecksilber in 1000 g Salpetersäure vom spezifischen Gewicht 1·40 gelöst; außerdem werden 3500 g Salpetersäure von demselben spezifischen Gewicht auf einem Sandbad auf 80° erwärmt. Nachdem das Quecksilber sich gelöst hat, gießt man die Quecksilberlösung, sowie die erwärmte Salpetersäure zu 5 l Alkohol. Das Komponentenverhältnis ist in diesem Falle, in Gewichtsteilen ausgedrückt, ein Teil Quecksilber auf zehn Teile Salpetersäure und neun Teile Spiritus von 96%. Nach dieser Vorschrift kommen also auf ein

---

[1] Explosive Stoffe II, S. 294 (russische Ausgabe 1883).

Gewichtsteil Quecksilber nur neun Teile Alkohol zur Anwendung, statt wie in anderen Vorschriften zehn und mehr Teile. L. Wöhler[1], der die Reaktionen des Alkohols beim Knallquecksilberbildungsprozeß genau untersucht hat, ist zu dem Schlusse gekommen, daß bei Darstellung von Knallquecksilber in größeren Mengen 2 l Alkohol zu 95% auf je 200 g Quecksilber genügen, — also ein Gewichtsteil Quecksilber auf 8·15 Teile 95%igen Alkohol. — Aber auch diese Menge Alkohol scheint noch sehr bedeutend; vergegenwärtigt man sich nämlich, daß theoretisch aus 1 kg Quecksilber 1·42 kg Knallquecksilber entstehen, so muß man über den großen Überschuß an Alkohol und Salpetersäure staunen, der erforderlich ist, um dem Quecksilberatom den 0·42 kg betragenden Atomkomplex $(CNO)_2$ anzuhängen. Wäre es möglich, den gesamten Stickstoff der Salpetersäure und allen Kohlenstoff des Alkohols zum Aufbau des Knallquecksilbermoleküls zu verwenden, so benötigte man auf 1 kg Quecksilber nur ungefähr 1 kg Salpetersäure von 1·40 spezifischem Gewicht und 0·48 kg Spiritus von 96%. Leider geht die Reaktion in diesem Verhältnis nicht vor sich; englische Versuche haben gezeigt, daß bei Anwendung der Materialien in anderen Verhältnissen entweder gar kein Knallquecksilber oder nur geringe Mengen erhalten werden. So soll schon bei Behandlung von einem Gewichtsteil Quecksilber mit acht Gewichtsteilen Salpetersäure von 1·37 spezifischem Gewicht und 6·5 Teilen Spiritus von 0·896 spezifischem Gewicht kein Knallquecksilber mehr entstehen.

In den meisten Fabriken wird das Knallquecksilber nach zwei Methoden fabriziert, wobei man weißes und graues Knallquecksilber bekommt — ein Unterschied, auf den bei den Eigenschaften dieser Substanz ausführlich zurückzukommen sein wird. Das graue Knallquecksilber wird in einer Fabrik folgendermaßen dargestellt:[2]

400 g Quecksilber werden in 4200 g Salpetersäure von 40° Bé gelöst und zu 4 l 96%igem Spiritus gegeben. Vor dem Zusammengießen wird der Spiritus auf 40° und die Lösung auf 50—60° erwärmt. Gewichtsverhältnisse: auf 1 Teil Quecksilber kommen 10·5 Teile Salpetersäure und 8·118 Teile Spiritus. Andere Fabriken erzeugen das graue Knallquecksilber durch Lösen von 1 Pfund Quecksilber in 11 Pfund Salpetersäure von 40° Bé und Zugießen zu 10·6 Pfund Spiritus von 96·5%, wobei die Lösung gewöhnlich vorher erwärmt wurde. Gewichtsverhältnisse: auf 1 Teil Quecksilber kommen 11 Teile Salpetersäure und 10·625 Teile Spiritus.

---

[1] Ber. 38, S. 1345.
[2] Zeitschr. f. Schieß- u. Sprengst. 1910, S. 42.

Zur Darstellung von weißem Knallquecksilber wird in einigen Fabriken folgendes Verfahren gebraucht:

500 g Quecksilber löst man in 4500 g Salpetersäure von 40° Bé; zu der Lösung gibt man 5 g Salzsäure von 15° Bé und 5 g Kupfer hinzu. Die Lösung gießt man zu 5 l Alkohol von 92—95%. Die Temperatur in dem Raum, wo die Reaktion ausgeführt wird, wird auf 20° gehalten. Gewichtsverhältnisse: auf 1 Teil Quecksilber — 9 Teile Salpetersäure und 8·30—8·16 Teile Spiritus. — Außerdem wird in einer Fabrik halbweißes Knallquecksilber dargestellt und zwar so: 500 g Quecksilber werden in 3·2 l Salpetersäure von 40° Bé gelöst dazu 3·5 g Kupfer hinzugefügt und das Ganze zu 5 l Spiritus von 96% gegossen. Die Temperatur der Lösung und des Spiritus soll je 40° betragen.

Kleine Fabriken, die z. B. nur Zündhütchen erzeugen, operieren noch häufig mit Glasretorten, wobei die Dämpfe in einen Kanal aus Holz und dann mittels Ventilator direkt über den First ins Freie geleitet werden, indem auf den entweichenden Alkohol und Aldehyd Verzicht geleistet wird. Empfehlenswerter

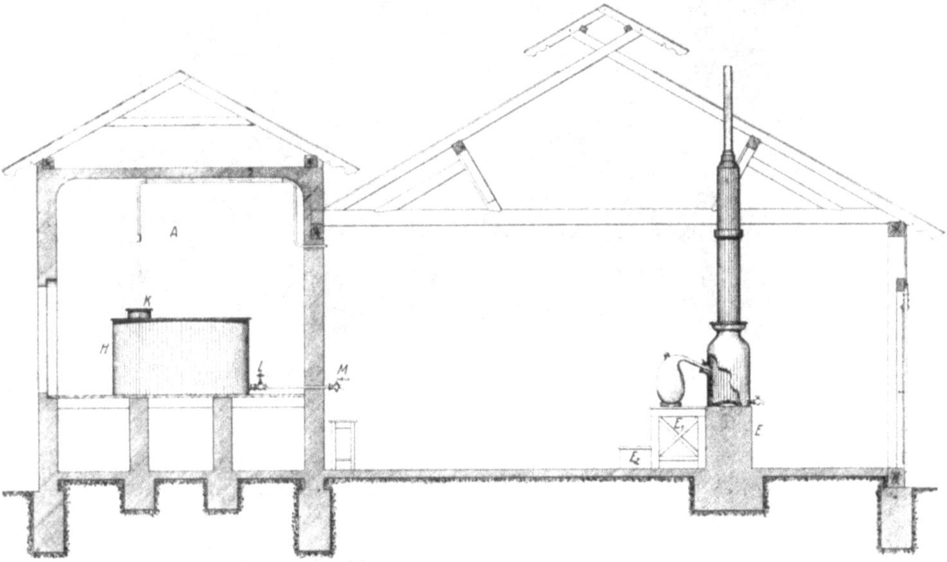

Fig. 18.
Knallquecksilber-Darstellungsanlage mit Retorte und Kondensationsröhre.

ist es aber, jede Retorte mit einem Tourill, und dieses wieder mit einem Rückflußkühler aus vertikal gestellten Tonröhren zu verbinden, der nur die leichtest flüchtigen Verbindungen wie Aldehyd und Salpetrigsäure-Äthyläther durch das Dach ins Freie führt. Diese Dämpfe verursachen selbst bei forciertem Betrieb keine nennenswerte Belästigung der Umgebung. Fig. 18[1] veranschaulicht eine derartige Anlage. Das zylindrisch geformte Tourill endet oben in einer weiten Öffnung mit Muffe, hat seitlich einen nach innen geneigten Stutzen zur Aufnahme des Retortenhalses und auf der anderen Seite, dicht über dem Boden einen Ablaßhahn. Die Muffenverbindungen zwischen Rohr und Tourill und zwischen den Rohren untereinander werden mit Glyzerinkitt gedichtet. Dieser stets weiche, vorzüglich abdichtende Glyzerinkitt hat vor dem erhärtenden Wasserglaskitt den Vorzug, daß er bei Auswechslung von Rohren oder Tourills nicht weggemeißelt werden muß, sondern bequem mit

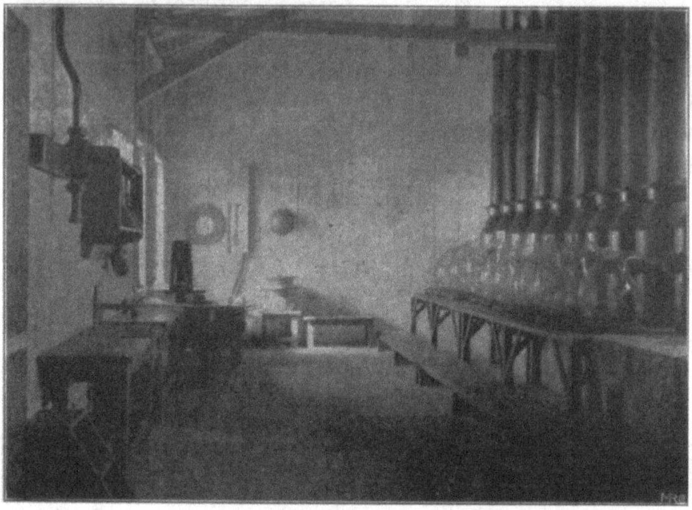

Fig. 19. Inneres einer Knallquecksilberfabrik.

dem Holzspatel aus den Muffen entfernt werden kann, was die Sicherheit in einem Betriebe, wo man mit der Anwesenheit von Knallquecksilber zu rechnen hat, wesentlich erhöht. (Glyzerinkitt wird hergestellt, indem man getrockneten Ton zerstört und zerreibt, durch ein Sieb von 25 Maschen pro cm^3 gehen läßt und das Pulver mit gewöhnlichem Rohglyzerin von 28^0 Bé mit den Händen bis zur Glaskittkonsistenz zusammenknetet.) Zur Abdichtung des Retortenhalses in dem seitlichen Stutzen findet ein starker Gummiring von kreisrundem Querschnitt Verwendung. Dieser Ring muß einerseits straff auf dem Retortenhals sitzen und andererseits einen etwas größeren Druchmesser haben, als das innere Ende

[1] Zeitschr. f. Schieß- u. Sprengst. 1911, S. 6.

des sich konisch verjüngenden Stutzens. Vorstehende Abbildung (Fig. 19) zeigt das Innere der in der vorhergehenden Figur im Aufriß dargestellten Knallquecksilberfabrik.

In größeren Fabriken jedoch, wo beträchtliche Mengen Knallquecksilber erzeugt werden, z. B. für die Herstellung von Sprengkapseln, ist man genötigt, die entwickelten Dämpfe zu kondensieren und auch den flüchtigen Alkohol zu gewinnen. Hierzu dient gewöhnlich eine Tourillanlage, die nach einem der folgenden Schematas angeordnet ist (Fig. 20 und 21).

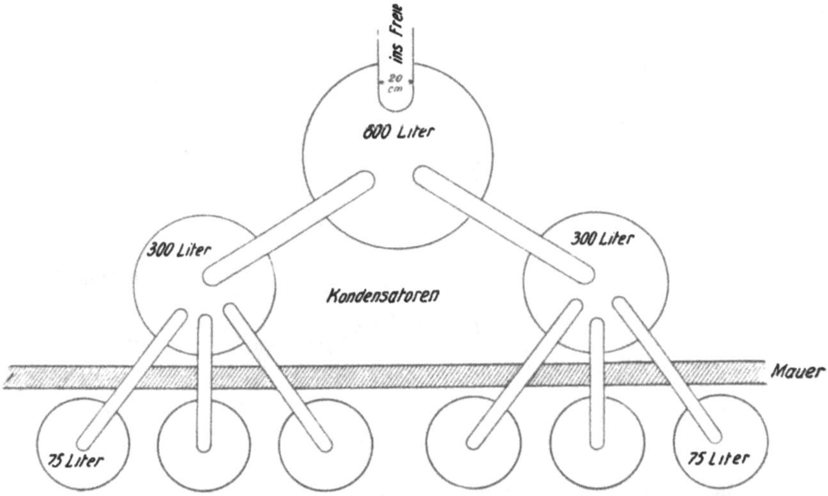

Fig. 20. Generatoren für Knallquecksilber.

Die folgende Tourillanlage (Fig. 21) gestattet eine vollkommenere Kondensation der bei der Knallquecksilberdarstellung entweichenden Dämpfe. Eine ähnliche Einrichtung, bestehend aus gläsernen Entwicklungsballons, mit Kühlmantel versehenen Tourills und einem Schornstein beschreibt auch Guttmann.[1]

Als Entwicklungsgefäße dienen große 60 bis 75 l fassende Kochflaschen (Fig. 22), deren Hals mindestens 8 cm im Durchmesser haben muß, damit die Dämpfe widerstandslos entweichen können. — Solche aus Ton bestehende Gefäße werden in einigen Fabriken an Stelle der Glasretorten verwendet. Die Form ist meistens zylindrisch, der Boden trichterförmig und mit einem Entleerungsstutzen in der Mitte desselben und die Größe bis auf die Verarbeitung von 1 kg Quecksilber bemessen. Zur Beobachtung des Reaktionsverlaufes sind Glasfenster eingekittet, welche aber die Vor-

[1] Die Industrie der Explosivstoffe, S. 150 (1895).

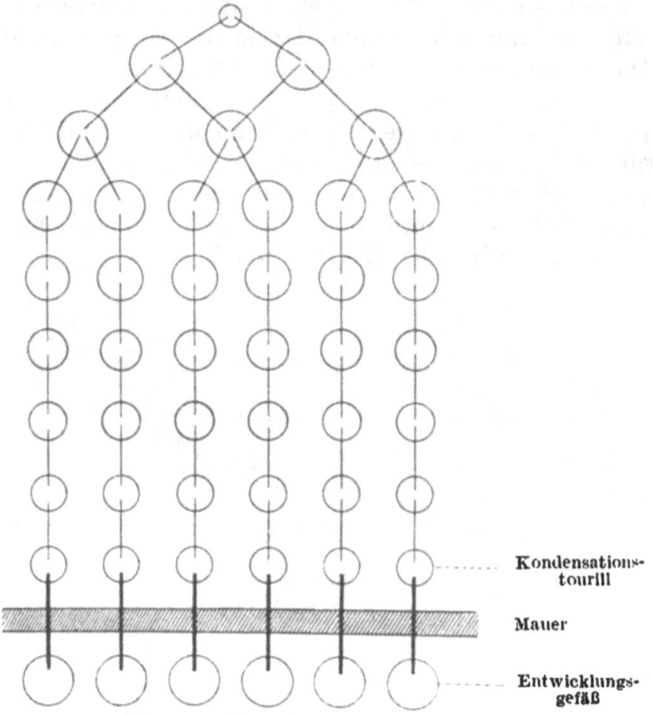

Fig. 21. Tourillanlage.

gänge lange nicht so gut verfolgen lassen wie die Glasretorten. Ferner ist die Entleerung dieser Gefäße nicht sonderlich bequem

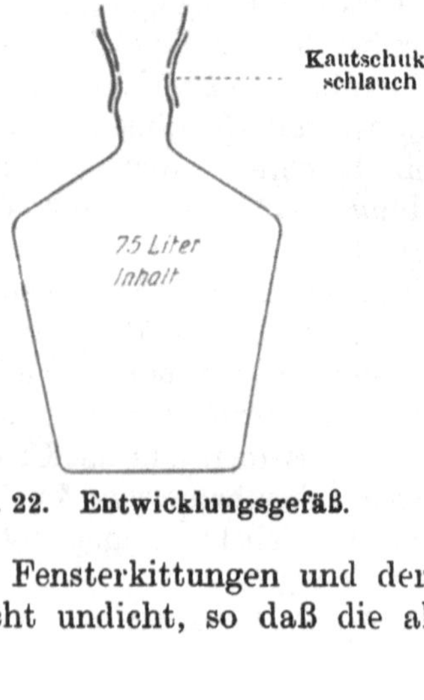

Fig. 22. Entwicklungsgefäß.

und zudem werden die Fensterkittungen und der Verschluß des Entleerungsstutzens leicht undicht, so daß die alte traditionelle

Glasretorte durch diese Tongefäße nicht sobald verdrängt werden dürfte.

In je einer dieser 75 l haltenden Entwicklungsflaschen wird $^1/_2$ kg Quecksilber verarbeitet, und zwar verwendet man dazu:

4·5 kg = 3180 cm^3 Salpetersäure von der Dichte 1·40;

5 l Alkohol von mindestens 94 %; ferner um den Prozeß gewissermaßen einzuleiten und um gleichzeitig eine hellere Farbe des Knallquecksilbers zu erzielen

5 g Kupfer in Form von Blechabfällen, und

5 g rohe konzentrierte Salzsäure.

Zuerst wird das Quecksilber in Lösung gebracht; man operiert gewöhnlich so, daß man gegen Abend das Quecksilber in besonderen Kolben mit der Salpetersäure zusammenbringt und dann ruhig sich selbst überläßt. Für Portionen von 0·5 kg Quecksilber benützt man meist mäßig starkwandige Erlenmeyer-Kolben von 4 l Inhalt, und löst das Quecksilber bei mäßiger Wärme unter einem gutfunktionierenden Abzug auf. In der warmen Jahreszeit ist kaum eine Wärmezufuhr nötig; im Winter erwärmt man die Kolben gelinde auf einer Eisenplatte, die mit gesiebtem Sand überdeckt ist. Nach Ablauf einer gewissen Zeit, nachdem das ganze Quecksilber in Lösung gegangen und der Kolben auch hinreichend abgekühlt ist, kann die Lösung ohne weiteres verwendet werden. Der chemische Prozeß bei der Auflösung des Quecksilbers in Salpetersäure erfolgt in ähnlicher Weise wie der des Kupfers:

$$\underset{3\cdot 200}{3\,Hg} + \underset{8\cdot 63}{8\,HNO_3} = 3\,Hg(NO_3)_2 + 4\,H_2O + 2\,NO\,.$$

600 Gewichtsteile Quecksilber benötigen demnach 500 Teile 100 %ige Salpetersäure, oder, da die angewandte Salpetersäure von 40° Bé nur 65 %ig ist, 775 Teile Salpetersäure zur Lösung. Man verwendet nun, um die Lösung praktisch durchzuführen, für je einen der Erlenmeyerkolben 1·5 l Salpetersäure von der Dichte 1·4 = 40° Bé, was noch nicht die Hälfte der anzuwendenden Säure ausmacht. An jedem Kolben wird eine Marke angebracht, welche anzeigt, wie weit die Säure nachzufüllen ist.

Nachdem nun die Quecksilberlösungen vorbereitet sind, wird zunächst der Alkohol in eines der 75 l fassenden Entwicklungsgefäße gebracht, und hierauf das aufgelöste Quecksilber mit der nötigen Menge Kupfer. Die Temperatur soll 25° betragen; ist sie geringer, so wird das Eintreten der Reaktion verzögert. Die Bildung kann aber unter Umständen dann plötzlich und mit großer Heftigkeit vor sich gehen, so daß die Gefäße zu heiß werden und leicht springen können. — Besondere Vorsicht ist ferner beim Verbinden der Tourills anzuwenden.

Bei richtigem Gange beginnt der Prozeß gewöhnlich nach 15 Minuten und währt etwa 45 Minuten. Der Eintritt der Reaktion macht sich durch ein Schäumen der Flüssigkeit bemerkbar, es beginnt das „Kochen" und es entweichen in großen Mengen sehr giftige und belästigende flüchtige Verbindungen, worunter sich besonders Aldehyd- und Äthylnitritdämpfe bemerkbar machen; außerdem aber entweichen auch Blausäure, Cyanäthyl, Ameisensäure und deren Äthylester, Kohlendioxyd, Kohlenmonoxyd, Stickoxyd und Untersalpetersäure, so daß man auf vollkommene Abdichtung der Abzugsleitung sorgfältig bedacht sein muß, damit die Luft des Arbeitsraumes nicht verunreinigt wird. In dem Maße als die Reaktion fortschreitet, scheidet sich das Knallquecksilber aus bis zum Erkalten des Flascheninhalts.

In der Zündhütchenfabrik von Victor Alder in Oberlaa bei Wien geschieht die fabrikatorische Herstellung des Knallquecksilbers folgendermaßen:[1]

In 4·5 kg 40grädiger wasserheller Salpetersäure, die sich in einer weithalsigen Fünfliterflasche aus weißem Glase befindet, werden 35—40 g granuliertes Zink gelöst, wobei sich die Säure infolge Aufnahme niederer Stickstoffoxyde gelbrot färbt; die Auflösung erfolgt in Serien von 15 Flaschen. Hat sich das Zink gelöst, so kommt in jede Flasche ein Quantum von 500 g reinem Quecksilber welches in 40-cm^3-Fläschchen abgewogen bereit steht. Beim Auflösen des Quecksilbers (im Winter durch Erwärmen auf dem Wasserbade zu beschleunigen) entsteht N_2O_3 welches der Flüssigkeit, vom Flaschenboden aus beginnend, eine dunkelgrüne Färbung erteilt. Zur Vermeidung von Verlusten durch Herausspritzen empfiehlt es sich die Flaschen mit lose schließenden Glasstopfen zu bedecken, welche die Gase entweichen lassen, die emporgeschleuderten Flüssigkeitströpfchen aber zurückhalten. Die erhaltene Lösung ist im Sommer durch Einstellung der Flaschen in kaltes Wasser abzukühlen, weil sie andernfalls mit dem Spiritus zu heftig reagiert und schlechte Ausbeute an Knallquecksilber gibt. Den 15 Glasflaschen entspricht eine Serie von 15 Glasretorten zu 50 l Inhalt. Diese Retorten stehen mit einer in Fig. 18 und 19 beschriebenen Kondensationsanlage in Verbindung. Durch den Tubus der Retorten füllt man unter Zuhilfenahme eines Blechtrichters in jede derselben 4·6 kg mit Terpentinöl denaturierten Spiritus von 91 Vol.-Prozent Alkoholgehalt (spez. Gewicht 0·83) ein, fügt 30 g der 56grädigen Kupfernitratlösung hinzu und schließlich den Inhalt einer der vorstehend erwähnten Lösungsflaschen, sobald auf deren Boden kein metallisches Quecksilber mehr zu bemerken ist und der Flascheninhalt eine Temperatur von 20 bis 25^0 angenommen hat. Nach kurzer Zeit steigen in der Flüssigkeit unter eigentümlichem leisen Knattern Gasblasen empor erst einzelne, dann unter Temperaturerhöhung immer mehr und mehr, bis endlich unter starkem Schäumen

[1] Zeitschr. f. Schieß- u. Sprengst. 1911, S. 5.

und Sieden die Entwicklung dicker weißer Dämpfe eintritt, wobei das Knallquecksilber in Kristallen ausfällt. Allmählich läßt das „Kochen" wieder nach, die Retortengase werden durchsichtiger und nehmen eine gelbrote Farbe an; diese Rotfärbung der Dämpfe ist in manchen Fabriken nicht beliebt, weil man in ihr die Ursache schlechter Ausbeuten erblickt. Sie läßt sich augenblicklich zum Verschwinden bringen, wenn man Wasser oder Spiritus nachgießt; allein es wurde beobachtet, daß namentlich bei Nachguß von Spiritus das Knallquecksilber stets einen höheren Gehalt an metallischem Quecksilber aufweist — was vielleicht einer Reduktionswirkung des nachträglich zugefügten Alkohols auf das bereits gebildete Knallquecksilber beizumessen ist. Hat sich das bedeutend verminderte Flüssigkeitsquantum vollständig beruhigt, so nimmt man die Retorten ab, stellt sie zum völligen Auskühlen beiseite und bringt die nächste Serie mit der Kondensation in Verbindung.

a) Sammeln, Waschen und Sieben des Knallquecksilbers.

Bevor das in den einzelnen Retorten oder sonstigen Entwicklungsgefäßen abgeschiedene Knallquecksilber weiter behandelt werden kann, wird es zuerst in weiten, glatten zylinderförmigen Tongefäßen, meistens Steinguttöpfen, gesammelt. Folgende Figur (23) zeigt einen solchen Steinguttopf (1 : 10) zur Aufnahme des Knallquecksilbers. Der Topf hat eine Höhe von 40 bis 50 cm einen Inhalt von 15 l und ist innen und außen glasiert.

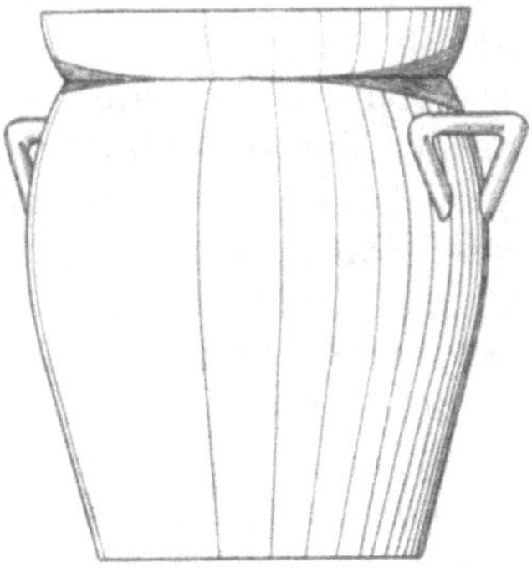

Fig. 23. Steinguttopf. 1 : 10.

Fig. 24. Spülkanne. 1 : 10.

Nachdem die von der Kondensation genommenen Retorten gut abgekühlt sind, und das Knallquecksilber aus der Mutterlauge auskristallisiert ist, werden die Korkstopfen aus den Retortentuben entfernt, damit durch Luftzug die noch vorhandenen schädlichen Gase entweichen können. Zum Entleeren einer Retorte braucht man zwei Arbeiter: der erste schüttelt den Retorteninhalt tüchtig durcheinander und stürzt ihn durch den Tubus in einen der oben abgebildeten Steinguttöpfe, während der zweite mit einer in Fig. 24 wiedergegebenen Spülkanne aus Zinkblech von 2 l Inhalt, über deren Ausgangsrohr ein Stückchen Kautschukschlauch gezogen ist, durch den Tubus kaltes Wasser in die Retorte gießt, mit welchem das noch an den Wandungen haftende Knallquecksilber abgespült und samt dem Wasser durch den ersten Arbeiter in einen zweiten Topf gleicher Form und Größe gestürzt wird. Das Knallquecksilber setzt sich als schwerer Niederschlag rasch zu Boden; sind die Töpfe voll, so wird die oben stehende Flüssigkeit in 30 bis 35 cm hohe, ebenfalls zweihenklige Töpfe abgegossen, die noch viel Salpetersäure enthaltende Mutterlauge (13 Bé) aus dem ersten Topf durch ein doppeltes Tuch in Glasballons koliert und das Spülwasser des zweiten Topfes in die Neutralisierfässer gebracht, wo dessen Unschädlichmachung durch Abstumpfen mit Kalkbrei unter gleichzeitigem Zusatz von etwas Schwefelleberlösung zur Zerstörung der geringen Mengen gelösten Knallquecksilbers, geschieht. Überhaupt dürfen Knallquecksilberlaugen weder Flußläufen noch dem Erdboden zugeführt werden, weil im ersten Falle die Fischzucht gefährdet und im zweiten der Erdboden derart mit Quecksilbersalzen infiziert würde, daß das Brunnenwasser gesundheitsschädlich werden könnte.

Sobald nun der erste Topf bis zu etwa zwei Drittel seiner Höhe mit Knallquecksilber gefüllt ist, wird er beiseite gestellt. Angetrocknete Ränder müssen mit der Spülkanne begossen oder besser durch wegspülen entfernt werden; ebenso soll der Erd- oder Holzboden an der Stelle, wo die Entleerung der Retorten stattfindet, öfters angefeuchtet werden, damit beim Treten auf verspritztes Knallquecksilber keine Explosion eintrete. Das in den Töpfen angesammelte Knallquecksilber ist nicht nur durch anhaftende Salpetersäure, sondern auch durch wasserunlösliche Ätherarten verunreinigt und in diesem Zustand für die Zündsatzfabrikation ungeeignet. Einzelne Fabriken nehmen bei der Reinigung auf die obigen Ätherarten — Äthylnitrat und Äthylnitrit — keine Rücksicht, sondern waschen das aus den Retorten kommende Knallquecksilber mit kaltem Wasser bis zum Verschwinden der sauren Reaktion. Das in den Steinguttöpfen angesammelte Knallquecksilber wird mehrmals mit frischen Mengen kalten Wassers versetzt, mit einem Holzpistill gut durchgerührt, durch Dekantation vorgereinigt und auf besonderen Filtriervorrichtungen zu Ende gewaschen. Die hierzu verwendeten Filter bestehen aus starkem Tuche, das auf einen Rahmen im Ausmaße von 1 bis 1·2 m im Quadrat gespannt wird; unter diesem Filter wird ein zweites angebracht, um die anfangs trüb durchgehende Flüssigkeit von dem Knallquecksilber zu befreien. Der Rahmen dieses zweiten Filters besteht aus zwei Teilen, wovon der untere ausgefräst und der obere diesem entsprechend angepaßt ist, so daß das Filtriertuch ohne Zuhilfenahme von Stiften befestigt werden kann. Bei größeren Filtriermengen ist es praktisch, mehrere, d. h. 3 bis 4 Filter nebeneinander auf gemeinsamem Tische zu verwenden. Als Waschwasser wird nur vollkommen klares kaltes Wasser benutzt, das nicht zu hart sein soll. Knallquecksilber geht fast keins in Lösung, da sich 1 Teil dieses Salzes erst in 1400 Teilen Wasser von 12° und in 130 Teilen heißem löst. Während des Waschens wird der Niederschlag fortwährend mit einem Holzlöffel vorsichtig durchgerührt; besonders hat man auf die vollständige Entfernung aller Säuren und Quecksilbersalze zu achten. Die Prüfung geschieht mit empfindlichem Lackmuspapier. Um sicher zu sein, daß auch das Innere des Niederschlages entsäuert ist, nehme man eine spezielle Knallquecksilberprobe aus dem Inneren, und lasse das Lackmuspapier längere Zeit mit ihr in Berührung. Im Betriebe ist es von größter Wichtigkeit, ein absolut säurefreies Präparat herzustellen; denn selbst ganz geringe Mengen von Säure geben beim Trocknen eine konzentrierte, so daß dann beim Aufbewahren der Kapseln oder schon beim Pressen von Zündsätzen leicht Explosionen entstehen können.

Diese für die praktische Verarbeitung des Knallquecksilbers so notwendige Säurefreiheit läßt sich aber selbst durch gründliches Waschen nie völlig erreichen; immer wird ein kleiner Rest des wasserunlöslichen Äthylnitrats und Äthylnitrits zurückbleiben. Ersteres verflüchtigt sich wegen seines höheren Siedepunktes (87°) auch beim Trocknen nicht, letzteres siedet zwar schon bei 16·4°, kann aber in Vermengung mit dem Nitrat bei der im Trockenhaus herrschenden Temperatur doch teilweise zurückgehalten werden. Es besteht dann die Gefahr, daß das neutral gewaschene Knallquecksilber infolge Abspaltung saurer Stickstoffoxyde aus dem leicht zersetzbaren Nitrit nach einiger Zeit wieder saure Reaktion annimmt. Zur Entfernung der beiden Ätherarten, die sich übrigens leicht an dem bekannten obstartigen Geruch erkennen lassen, läßt man in der oben schon erwähnten Alderschen Zündhütchenfabrik der Waschung mit Wasser eine solche mit 82 bis 85%igem Spiritus vorangehen. Schwächeren zu nehmen ist nicht möglich, weil ein solcher die Äther nicht mehr zu lösen vermag. Dieser Waschspiritus, der aus dem Satzspiritus (vgl. S. 364) gewonnen wird, darf weder Sulfide enthalten, noch alkalisch reagieren und selbst bei starker Verdünnung mit Wasser

8*

keinen Niederschlag geben. Oskar Hagen[1] beschreibt den Hergang beim Waschen folgendermaßen:

In zwei Trichtertische, 200 cm lang, 60 cm breit und 90 cm hoch, deren 5 cm starke Platten je drei kreisrunde, konisch nach unten verlaufende Ausschnitte von 25 cm Durchmesser enthalten, setzt man sechs große Tontrichter von 40 bis 45 cm oberem Durchmesser und 55 bis 60 cm Höhe einschließlich des Halses, gibt in jeden Trichter eine Handvoll nußgroßer, erst mit verdünnter Salpetersäure, dann mit Wasser gewaschener Kieselsteine, breitet darüber das Koliertuch aus dichtgewebter Leinwand in doppelter Lage, schöpft mit einem runden Holzlöffel (Durchmesser ca. 14 cm) das zu reinigende Knallquecksilber aus den Sammeltöpfen auf die so vorbereiteten Filter, bedeckt seine Oberfläche mit einem zweiten Tuch, schlägt die Enden des ersten Tuches darüber und gießt nun aus einem Glaskrug oder einer größeren weithalsigen Flasche den Spiritus auf. Mit der Spirituswaschung wird so lange fortgefahren, bis eine Probe des Filtrats bei reichlichem Wasserzusatz sich nicht mehr trübt. Hieran schließt sich die Waschung mit Wasser, die als beendet gilt, wenn die ablaufende Flüssigkeit ein spez. Gewicht von 1·0 zeigt, und ein an den Trichterhals geheftetes blaues Lackmuspapier auch bei längerer andauernder Berieselung nicht gerötet wird. Den nach Aufguß des ersten Wassers verdrängten, ziemlich reinen Spiritus verwendet man vorteilhaft zum Vorwaschen der nächsten Charge. Nach beendeter Wasserwaschung wird das Decktuch von der Oberfläche entfernt, daran haftendes mit der Spülkanne in einen sauber gereinigten Steinguttopf gespült, das Koliertuch mit dem Knallquecksilber aus dem Trichter gehoben und in denselben Steinguttopf gesenkt. Dann faßt es der eine Arbeiter an zwei Ecken und zieht es etwas hoch, wobei der größte Teil des schweren Niederschlages herabgleitet, bzw. im Topf bleibt. Die kleinen Reste, welche noch am Tuche hängen, spült der zweite Arbeiter mit der Kanne in den Topf, in welchem man auf diese Weise den Inhalt von zwei bis drei Trichtern unterbringt. Zur Verhütung des Eintrocknens bleibt stets eine Schicht Wasser darüber.

Das auf irgend eine Weise gereinigte Knallquecksilber, sei es nun nach dem oben beschriebenen Alderschen Arbeitsverfahren oder durch bloßes Waschen mit Wasser bis zur Neutralisation bewirkt, enthält meistens noch grobe Verunreinigungen, wie Fasern, Holzteilchen, Ton- oder Glasstücke von dem Entwicklungsgefäße, von denen es durch Absieben getrennt werden muß. Das noch stark feuchte Knallquecksilber wird durch feine Siebe durchgearbeitet; einige Fabriken benutzen hierzu Haarsiebe von 45 cm Durchmesser und 50 Maschen pro Quadratzentimeter, während in der Alderschen Fabrik Seidengaze mit 100 Maschen pro Quadratzentimeter verwendet wird. Am letzten Orte wird die Seidengaze über einen 25 cm weiten und 20 cm langen Glaszylinder, der beid-

[1] Zeitschr. f. Schieß- u. Sprengst. 1911, S. 29.

seitig offen und mit wulstartig verdickten Rändern versehen ist, gebunden und das Knallquecksilber in eine große, mit ungefähr 30 l Wasser beschickte Tonschale von 80 bis 90 cm Durchmesser gesiebt. Das zu siebende Knallquecksilber befindet sich in einem Topf auf einem danebenstehenden niederen Tische; dort wird es mit einem starken Holzspatel tüchtig gerührt, um eventuell vorhandene Quecksilberkügelchen zu Boden sinken zu lassen. Dann schöpft man mit einem säurefreien Holzlöffel annähernd 1 kg der durchgerührten Masse aus dem Topf in das Seidensieb, senkt dies in das Wasser der Schale und dreht und schüttelt so lange, bis sich auf dem Sieb bloß noch grobe Körner und Verunreinigungen befinden, welche mit der gewöhnlichen Laboratoriumsspritzflasche in eine nebenstehende kleine Tonschale gespült und später vernichtet werden. Der letzte Rest wird unter der Bezeichnung „metallhaltig" in besonderen Töpfen aufbewahrt. Ist die ganze Partie abgesiebt und in der großen Schale vereinigt, so rührt man auch hier mit einem Holzspatel kräftig durch, läßt absetzen, hebert das Wasser ab und schöpft das Knallquecksilber in die auf Seite 118 abgebildeten Steinguttöpfe. Diese sollen von besonders guter Qualität, innen weiß und außen grau glasiert sein und gegen 15 l Fassungsraum besitzen. Das in den Töpfen angesammelte Knallquecksilber ist von grauer Farbe, grob kristallinischer Beschaffenheit und enthält nach Abguß des darüber geschichteten Wassers 30 bis 40% Feuchtigkeit.

b) Zerreiben des gewaschenen und gesiebten Knallquecksilbers.

Bevor das gewaschene und gesiebte Knallquecksilber verwendungsfähig, z. B. für die Herstellung der Zündsätze tauglich ist, muß es noch möglichst fein zerrieben werden: einmal um die Explosionen beim Pressen, die vorwiegend auf das Brechen von Kristallen zurückzuführen sind, zu verringern und dann, um eine

Fig. 25. Holzpistill.

recht innige und gleichmäßige Mischung bei der Herstellung von Zündsätzen zu erreichen. Diese Operation wird in Porzellanreibschalen von 30 cm Durchmesser und 15 cm Tiefe und mit 30 cm langen Holzpistillen (Ahorn- oder Rotbuchenholz), welche an jedem Ende eine 5 cm starke Verbreiterung als Reibfläche besitzen, vorgenommen (Fig. 25). Gewöhnlich wird in 4 Schalen zu gleicher Zeit gerieben; jede Schale wird dabei mit zirka 1·5 kg des gewaschenen feuchten Knallquecksilbers beschickt und dieses unter starkem Druck mit dem Holzpistill eine halbe Stunde lang gerieben, was ganz ungefährlich ist, sofern dafür gesorgt wird, daß keine trockenen Ränder entstehen. Während des Reibens wird viel Wasser abgeschieden; damit der Knallquecksilberbrei nicht zu dünnflüssig wird und das Reiben nicht in Rühren ausartet, wird das Wasser von Zeit zu Zeit durch den Ausguß der Reibschale in eine kleinere Porzellanschale abgegossen. Das leichte Quecksilberoxalat, das bald in kleineren, bald in größeren Mengen als Begleiter des Knallquecksilbers auftritt, wird mit dem Abgußwasser größtenteils weggeschwemmt. Während des Reibens setzt sich regelmäßig Material an den Schaft des Pistills und die Wandung der Reibschale; damit dieses nicht trocken wird und ungerieben bleibt, dienen 4 bis 5 mm starke Spatel aus Ahorn- oder Rotbuchenholz (Fig. 26, 27, 28), womit das festgedrückte Knallquecksilber entfernt werden kann.

Fig. 26.

Fig. 27.
Spatel.

Fig. 28.

Bevor das geriebene Material wieder in die 15-Litertöpfe zurückbefördert wird, muß die Tara derselben kontrolliert werden, da es vorkommt, daß, namentlich bei mangelhafter Glasur, Veränderungen des Steingutes durch Aufnahme oder Abgabe von Wasser hervorgerufen werden. Der Reibschaleninhalt wird dann in geneigter Lage durch einen Holzspatel in den Topf gestoßen und die Reste mit der Spritzflasche nachgespült, worauf die Schale von neuem mit 1·5 kg Knallquecksilber beschickt und der Prozeß wiederholt wird. Ist der tarierte Steinguttopf bis zu zwei Dritteln seiner Höhe angefüllt, so enthält er ungefähr 20 kg Knallquecksilber; alles an der oberen Wandung hängende wird nun nach unten gespült, das Knallquecksilber mit einer Schicht Wasser überdeckt, der Topf mit Pergamentpapier zugebunden und nach dem Knallquecksilberkeller abtransportiert.

Das geriebene Knallquecksilber bleibt nun im Keller 2 bis 3 Tage der Ruhe überlassen, während welcher Zeit es sich infolge seines hohen spezifischen Gewichts fest zusammensetzt, daß man das darüberstehende Wasser leicht abgießen und häufig den Topf umkehren kann, ohne daß der Inhalt herausfällt. Es hat dann einen ziemlich konstanten Feuchtigkeitsgehalt von 15%, der bei der Bestimmung der Ausbeute und auch beim Abwägen der Portionen in der Zündsatzfabrik zugrunde gelegt werden kann. Für hochprozentige Knallsätze, wo schon geringe prozentische Differenzen an Knallquecksilber die Schlagkraft beeinflussen, muß das Knallquecksilber länger gelagert und der Feuchtigkeitsgehalt stichweise ab und zu bestimmt werden. Auf keinen Fall aber wird man die Gesamtmenge trocknen und trocknes Produkt abwägen oder aufbewahren, wie dies in Lehr- und Handbüchern etwa noch zu lesen steht. Zur Bestimmung der Ausbeute wird das Deckwasser abgegossen und jeder Topf einzeln gewogen. Die theoretische Ausbeute beträgt 142%; die praktische dagegen erreicht nur 125 bis 128%. Bei einem Marktpreis des Quecksilbers von M. 5.— pro Kilo und einer normalen Durchschnittsausbeute von 125% stellen sich die Selbstkosten des gereinigten und geriebenen Knallquecksilbers auf 9 bis 10 M. pro Kilo Trockensubstanz.

Über die Knallquecksilberfabrikation und ihre Gefahren sind von Klocke[1] Mitteilungen gemacht worden. Danach sind in den ersten Phasen der Fabrikation — Lösung des Quecksilbers in Salpetersäure, chemische Reaktion zwischen der salpetersauren Quecksilberlösung und dem Alkohol — die Gefahren der Quecksilbervergiftung, sowie die Wirkung der nitrosen Gase bedenklich. Bei der nun folgenden Waschung können Explosionen eintreten, und bei den weiteren Reinigungsoperationen, wo die Hände direkt mit dem Knallquecksilber in Berührung kommen, entstehen Eiterungen, welche anscheinend durch das feuchte Gemisch von Knallquecksilber mit reduziertem metallischem Quecksilber hervorgerufen werden. Besonders nachteilig sind die Verrichtungen, welche ein Durchkneten des Knallquecksilbers mit anderen Bestandteilen, wie z. B. für Sprengkapsel- und Zündsatzmischungen, notwendig machen. Die Hände sollten hierbei durch Gummihandschuhe geschützt sein; in der Regel werden die Handschuhe aber erst angezogen, wenn die Arbeiter ausgeeiterte Löcher in den Fingern spüren.

---

[1] Soziale Medizin und Hygiene 1907, S. 84.

c) Die Verarbeitung der Nebenprodukte der Knallquecksilberfabrikation.

Die bei der Knallquecksilberfabrikation entstehenden Nebenprodukte betreffen:

1. Die Mutterlauge aus den Retorten.
2. Die Tourillkondensationen (Destillat der Reaktionsdämpfe).
3. Den gebrauchten Waschspiritus.
4. Die Knallquecksilberabfälle.

1. Die Mutterlauge aus den Retorten.

Dieses Nebenprodukt gehört zu dem lästigsten und schwierigst zu beseitigenden der Knallquecksilberfabrikation; es stellt eine mehr oder weniger stark nach Salpeteräther riechende Salpetersäure von 13° Bé dar, welche geringe Mengen Knallquecksilber nebst anderen Quecksilberverbindungen teils gelöst, teils in Suspension enthält. Das einfachste Mittel zur Unschädlichmachung und Beseitigung der Mutterlauge besteht in der Abstumpfung der freien Säure mit Kalkbrei und dem Ableiten der neutralen bzw. alkalischen Flüssigkeit entweder in eine Grube oder in einen Wasserlauf. Dieses Abstumpfen wird in großen Holzbottichen vorgenommen, welche dicht über dem Boden eine 5 bis 6 cm weite, durch einen Holzspund verschließbare Ablaßöffnung besitzen. Man fügt zu der Lauge so lange Kalkmilch hinzu, bis die Flüssigkeit schwach alkalisch ist: das Quecksilber wird gefällt und setzt sich mit etwas unzersetztem Kalk als schwerer Niederschlag zu Boden. Die darüber stehende klare Flüssigkeit läßt man abfließen, während der Niederschlag, sobald dessen Menge zunimmt, ebenfalls entfernt wird, indem man ihn in kleinere leicht tragbare Gefäße schaufelt und an einem sicheren Orte allmählich trocknen läßt. Zu diesem Abscheidungsverfahren ist zu bemerken, daß die Lauge vor dem Neutralisieren an einem kühlen Orte mindestens eine Woche, am besten in großen Tonzylindern, aufbewahrt werden soll, damit von dem noch in Lösung befindlichen Knallquecksilber möglichst viel auskristallisiert; da aber stets noch ein kleiner Rest von Knallquecksilber unausgeschieden zurückbleibt, so bilden sich mit dem zur Neutralisation benutzten Kalk explosive Verbindungen, welche bei der Verarbeitung des Quecksilberniederschlags zur Vorsicht mahnen.

Die Rückstände vom Kalk-Quecksilber-Niederschlag gibt man am besten an eine chemische Fabrik ab; man kann sie aber auch selbst aufarbeiten. Die einfachste Art ist die Destillation aus eisernen Retorten mit abnehmbarem Helm; die Feuerung geschieht mit Koks und wird bis zur Rotglut gesteigert:

das frei gewordene Quecksilber destilliert ab und wird in Wasservorlagen aufgefangen. Dieserart regeneriertes Quecksilber ist nicht sehr rein, kann aber trotzdem zur Knallquecksilbergewinnung benützt werden. Eine andere Methode gestattet die direkte Gewinnung des Quecksilbers aus den Abfallaugen. Der Kalkniederschlag wird in roher Salzsäure gelöst und das gebildete Quecksilberchlorid durch allmähliches Zufügen von Zinkabfällen unter Abscheidung metallischen Quecksilbers zersetzt. Sehr vorteilhaft ist die Gewinnung des Quecksilbers aus solchen Lösungen auf elektrolytischem Wege.

Nimmt man an, daß bei gut geleiteten Arbeiten aus 500 g Quecksilber 650 g Knallquecksilber entstehen (theoretisch 710 g), so würden dieser Menge 457 g Quecksilber entsprechen; es müßten also bei Anwendung von 500 g Quecksilber 43 g (= 8·6 %) in die Filtrate gelangen. Umgerechnet auf eine mittlere Anlage, die zur Erzeugung von Sprengkapseln durchschnittlich pro Monat 1000 kg Quecksilber verarbeitet, macht bis 86 kg Quecksilber aus. Rechnet man das Quecksilber zu dem geringsten Marktpreis von 540 M. pro 100 kg, so beträgt der Preis des regenerierten Quecksilbers unter den obigen Verhältnissen 464 M. pro Monat. Selbst wenn man 10 % Verluste annimmt, so ist das Aufarbeiten der Rückstände noch immer lohnend.

Handelt es sich mehr um die Unschädlichmachung, um die Zerstörung des explosiven Knallquecksilbers, so stehen mehrere Verfahren zu Gebote. Das eine fußt auf der Beobachtung Kekulés, daß Knallquecksilber beim Kochen mit Wasser in nichtexplosive Quecksilberverbindungen und Kohlensäure zerlegt wird. So werden in einigen Fabriken die zu zerstörenden Mutterlaugen und Waschwässer in einem großen, gußeisernen, emaillierten Kessel mit Dampf 4 Stunden lang bis auf 98° erwärmt. Nach dem Kochen wird die Lauge samt Niederschlag abgelassen und nach dem Absetzen des letzteren die darüberstehende Flüssigkeit abgehebert, neutralisiert und weglaufen gelassen. Der Niederschlag kann auf Quecksilber verarbeitet werden. Als das beste Mittel zur Zerstörung des Knallquecksilbers in den Rückständen galt bisher die Zersetzung mit Salzsäure, welche auf die salpetersäurehaltige Lauge unter Bildung von Chlor einwirkt. Kekulé formuliert den Vorgang folgendermaßen:

$$Hg(CNO)_2 + 3\,Cl_2 = HgCl_2 + CNCl + CCl_3NO_2.$$

Die Zersetzung muß in geschlossenen Gefäßen ausgeführt werden, weil die höchst durchdringend riechenden und giftigen Verbindungen Chlorcyan und Chlorpikrin durch Exhaustoren in hohe Kamine geführt werden müssen. Die Methode ist umständlich und erheischt eine Reihe besonderer Vorrichtungen. In der Alderschen Fabrik versetzt man die neutralisierte Lauge zur Zerstörung des noch vorhandenen Knallquecksilbers mit Schwefelleber, jedoch ist hier die Möglichkeit nicht ausgeschlossen, daß durch Umsetzung des Knallquecksilbers mit dem Schwefelnatrium explosive Natriumverbindungen entstehen, wie mehrere Unfälle bereits dargetan haben.

2. Die Tourillkondensationen.

Die in der Kondensationsvorrichtung angesammelte, mit dem Namen Rohäther bezeichnete Flüssigkeit ist eine Mischung von Wasser, Alkohol, Salpetersäure, Aldehyd, Salpetersäureäthyläther, Salpetrigsäureäthyläther, geringen Mengen Quecksilber und Blausäure. Mehr als ein Drittel des Rohäthers besteht aus Alkohol, dessen Wiedergewinnung sich lohnt; zu diesem Zweck werden die sauren Bestandteile mit Kalk abgestumpft und der Rest einer fraktionierten Destillation unterworfen. Der beim Neutralisieren erhaltene Niederschlag kann den anderen Quecksilberrückständen zugefügt und auf Quecksilber verarbeitet werden. Der wiedergewonnene Alkohol ist meist nur 70 bis 80%ig; man kann ihn für die Knallquecksilberfabrikation verwenden, indem man ihn in kleinen Portionen oder als Nachguß dem frischen Alkohol (Abschrecken) zusetzt. Ferner kann man ihn durch nochmalige Destillation auf 94 bis 95% konzentrieren. Aber auch hier ist der Alkohol nie rein, sondern stets mit geringen Mengen Aldehyden und Salpeteräther vermischt, welche Produkte durch Destillation nicht getrennt werden können. Im folgenden geben wir eine von O. Hagen[1] stammende Beschreibung der Wiedergewinnung des Spiritus aus dem Rohäther wieder:

Wenn es die lokalen Verhältnisse gestatten, plaziert man den Neutralisierbottich (80 cm hoch, 100 cm Durchmesser) über der Destillierblase, so daß sein Inhalt nach dieser ablaufen kann. Die Blase wird aus zwei Kupferschalen mit Flanschen zusammengesetzt und hat bei 80 cm Durchmesser eine Höhe von 100 cm. Die untere Schale besteht aus 6 bis 7 mm starkem Blech, die obere aus solchem von 3 bis 4 mm Stärke; beide werden in den Flanschen mit Asbest gedichtet. Die obere Schale, der Helm, hat einen 15 cm weiten Einfüllstutzen mit Muffe, die untere einen kupfernen, 3 bis 4 cm weiten Ablaßstutzen mit Hahn, sie ist in eine etwas weitere Schale aus 20 bis 25 mm starkem Gußeisen gebettet. Auf dem Flansch der oberen Schale liegt ein 10 mm starker schmiedeeiserner Ring, welcher mit der Flansche der Gußeisenschale verschraubt ist. Zwischen Ring und Eisenflansche liegen

[1] Zeitschr. f. Schieß- u. Sprengst. 1911, S. 45.

die Flanschen der beiden Kupferschalen und zwischen diesen die Asbestdichtung; durch festes Anziehen der Verbindungsschrauben wird also einesteils eine dichte Verbindung der beiden Kupferschalen, andernteils aber auch ein geschlossener Hohlraum um den unteren Blasenteil herum geschaffen, durch den man Niederdruck-Heizdampf leitet. Die Destillierblase steht durch ein 125 cm langes Kupferrohr von 12 cm Durchmesser mit einer kupfernen Kühlschlange aus 5 cm weitem Rohr (Wandstärke 3 mm) in Verbindung, welche in einem Bottich von 100 cm Höhe und 75 cm Durchmesser untergebracht ist; denselben durchfließt während der Destillation das Kühlwasser. Das Verbindungsrohr zwischen Blase und Schlange, welches Neigung nach letzter haben soll, wird nach dem Einlassen der Charge in der Muffe des Einfüllstutzens und in einer gleich großen Muffe am oberen Ende der Schlange durch Verschmieren mit Glyzerinkitt abgedichtet. Zur Aufnahme des aus der Schlange ablaufenden Destillats dient ein Holzgefäß mit Seitenhenkel.

Um die bei der fraktionierten Destillation des Rohäthers erzielbare Ausbeute an regeneriertem Spiritus zu bestimmen, wurde das nach Verarbeitung von 36 kg Quecksilber in der Kondensation verdichtete Destillat gesammelt; es betrug ungefähr 400 l. (Dieses Quantum richtet sich natürlich nach der Lufttemperatur und ist im Winter größer als im Sommer.) Die 400 l Rohäther wurden im Neutralisierbottich mit Kalkbrei bis zur alkalischen Reaktion verrührt und nach dem Absetzen durch das eiserne Ablaufrohr des Bottichs in die Destillierblase abgelassen, wobei sich letztere bis 20 cm über die Flanschenverbindung füllte. Hierauf wurde das Verbindungsrohr auf Blase und Schlange gesetzt, seine Enden in den Muffen mit Glyzerinkitt verstrichen und der Wasserhahn am Kühler und das Dampfventil an der Blase geöffnet; das Anwärmen dauerte 20 Minuten, das Abtreiben der Charge 6 Stunden. Der 15 l betragende, obstartig riechende Vorlauf hatte ein spezifisches Gewicht von 0·910 bei 14°, reagierte sauer und enthielt 94 bis 95% wasserunlösliche Ätherarten. Im weiteren Verlaufe der Destillation ging das spezifische Gewicht der aus der Schlange ablaufenden Flüssigkeit allmählich auf 0·865 zurück, um gegen Ende der Operation wieder auf 0·910 zu steigen. Nach dem Vorlauf wurden noch 180 l Destillat gewonnen; es reagierte neutral, war in Wasser löslich und bestand in der Hauptsache aus Alkohol und Wasser.

Andere Fabriken destillieren größere Mengen von Rohäther, je nach Anlage von 1000 bis zu 2000 l auf einmal; die eisernen Destillierkessel besitzen dann meistens einen Aufsatz aus gleichem Material, der eine leichtere Trennung der hochsiedenden Dämpfe des Alkohols vor den niedrigsiedenden des Vorlaufs bewirkt. Sobald der Ablauf von der Kühlschlange geringer wird und der Alkohol schwach ist, wird die Destillation unterbrochen und der Kesselinhalt nach dem Erkalten entleert. Dieser stellt in der Regel eine dicke Lösung von Calciumnitrat dar, die für Düngerzwecke mit Glaubersalz und trockenem Gips versetzt wird und in festem Zustande mit einem Stickstoffgehalt von 10 bis 12% verwendet werden kann.

Im Rohäther, als auch in dessen Destillation, findet sich häufig, zum großen Nachteil der kupfernen Gefäße, metallisches Quecksilber. Man destilliert deswegen an manchen Orten aus Holzbottichen unter direktem Einleiten von Dampf, erhält aber hierbei einen stark verdünnten Spiritus.

3. Der gebrauchte Waschspiritus.

Dieser ist meistens stark verdünnt, enthält neben Äthylnitrat und Äthylnitrit freie Salpetersäure und hat deshalb nur geringen Wert. Zu dessen Regenerierung versetzt man mit Kalkmilch, hebert vom Niederschlag klar ab, verrührt zur Abscheidung des in Lösung befindlichen Quecksilbers mit gefälltem Schwefelzink und fährt mit dem Zusatze desselben solange fort, bis das mit Salzsäure versetzte Filtrat durch Schwefelwasserstoff nicht mehr verändert wird. Sollte keine richtige Klärung erfolgen, so gibt man zu der in Arbeit befindlichen Flüssigkeit etwas angerührtes gefälltes Tonerdehydrat hinzu, welches rasch klärt. Nach 2 bis 3 Tagen wird abgezogen, der Spiritus in die Blase gefüllt und abdestilliert.

4. Die Knallquecksilberabfälle.

Knallquecksilberabfälle zerstört man am besten durch Behandlung mit kalter konzentrierter Salzsäure: es entstehen Quecksilberchlorid und Hydroxylaminchlorhydrat; ist jedoch Salpetersäure zugegen, so tritt diese Reaktion nicht ein, sondern es bilden sich neben Quecksilberchlorid, die giftigen und heftig riechenden Verbindungen Chlorcyan und Chlorpikrin. Gewöhnlich wandern die Knallquecksilberrückstände in die Zündsatzabfälle, deren Verarbeitung bzw. Vernichtung später bei den Zündsätzen beschrieben wird.

d) Anlage einer Knallquecksilberfabrik.

Trotz der außerordentlichen Explosivität des Knallquecksilbers, welche diejenige aller andern technisch hergestellten Sprengstoffe um ein mehrfaches übertrifft, kommen die Eigenschaften dieses Körpers bei einer Fabrikanlage wenig in Betracht, da, wie wir bereits gesehen haben, das Knallquecksilber in allen Phasen seines Werdeganges in feuchtem Zustande sich befindet und darum ganz ungefährlich ist. Wenn man eine derartige Anlage nicht unbesorgt neben anderen Fabrikobjekten errichtet, so geschieht dies lediglich wegen der aus der Kondensation entweichenden Dämpfe, auf deren Giftigkeit und Feuergefährlichkeit schon an früherer Stelle hingewiesen wurde. In Rücksicht auf diese Dämpfe wird man eine Knallquecksilbererzeugungsstätte etwas abseits von Bevölkerungszentren zu errichten haben, jedoch nur soweit, als leichte und bequeme Zufuhrmöglichkeiten für Rohmaterialien garantiert sind. Bei größeren Betrieben wird sich die Errichtung einer Schmalspurbahn von 60 cm Spurweite zur Beförderung der Salpetersäureballons und der großen, oft 700 bis 800 l fassenden Spiritusfässer ganz gut lohnen. Fig. 29 zeigt den Grundrißplan einer Knallquecksilberfabrik im Maßstab 1 : 600.

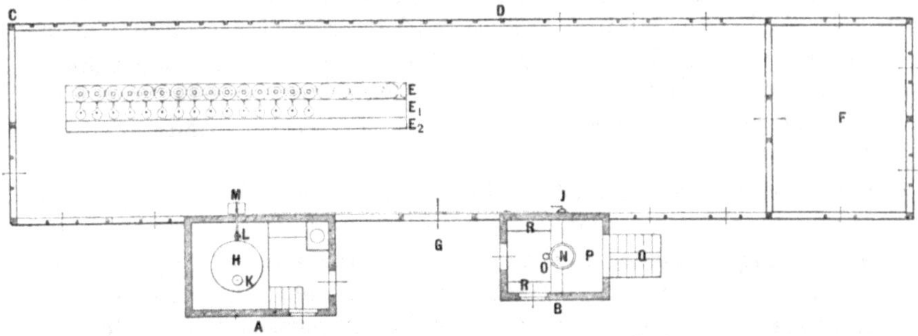

Fig. 29. Grundriß einer Knallquecksilberfabrik. 1 : 600.

Die Anlage besteht aus einem Hauptgebäude mit großem Arbeitssaal, worin die Retorten- und Kondensationsbatterie (Tourilles) aufgestellt ist und in welchem auch das Waschen des Knallquecksilbers und die Denaturierung des Spiritus vorgenommen wird. Der angrenzende Raum *F* des großen Hauptgebäudes dient entweder zur Unterbringung der Fabrikationsrequisiten oder als Betriebslaboratorium. Die kleinen Anbauten *A* und *B* sind massiv ausgebaute Räume zur Aufnahme des Spiritus- und Salpetersäurereservoirs. Der Keller, der Aufbewahrungsort für das feuchte Knallquecksilber, ist möglichst nahe und zwischen der Erzeugungs- und Verbrauchsstelle (Satzmischlokal) angelegt, um jeden unnötigen Hin- und Hertransport von Material zu vermeiden.

Das Hauptgebäude kann aus Ziegelmauerwerk mit hart gedecktem Dach, oder aus Holz mit Dachpappeabdeckung aufgeführt werden. Wählt man für den großen Arbeitsraum die Holzkonstruktion, so empfiehlt es sich, im Innern Wände und Diele mit wasserbeständiger und daher abwaschbarer Farbe, wie z. B. „Indurin“ (von R. Avenarius) zu weißen; für Türen und Fenster ist dagegen Ölfarbenanstrich vorzuziehen. Sowohl im gemauerten als auch im hölzernen Gebäude stellt man den Fußboden aus Zement (Beton) her, und zwar mit ganz schwacher Neigung von der Mitte aus nach beiden Längsseiten, an denen sich flache Ablaufrinnen für verschüttetes Wasser u. dergl. befinden.

Der große Arbeitsraum hat in erster Linie zwei Hauptanforderungen zu genügen: Geräumigkeit und gute Ventilation. An Platz darf es beim Arbeiten nicht fehlen; man soll die vielen Geräte, großen Glasretorten, Flaschen, Schalen, Töpfe und Trichter ungehindert abstellen können, ohne die Verbindungswege zu versperren. Besondere Beachtung ist den Ventilationsvorrichtungen dieses Raumes zu schenken, da nicht selten der Fall eintritt, daß sich durch Zufall oder Mißgeschick größere Mengen Gase ansammeln. Außer Dachreitern und weiten Dunstschloten empfiehlt sich die Anlage von Hängeflügeln, die, nebeneinander angeordnet, eine ganze Wand bilden — in Fig. 29 von *C* bis *D*. Dadurch läßt sich das Arbeitslokal rasch entlüften und gegebenenfalls von den giftigen Knallquecksilberreaktionsgasen befreien. Diese Flügel sind 240 cm hoch und 90 cm breit; sie hängen oben mit je zwei eisernen Haken in Kloben, die in einen durchlaufenden Querbalken eingeschlagen sind und können nach außen aufgeklappt und durch untergestellte Stützen offen gehalten werden. Im Arbeitsraum befindet sich das aus Beton herzustellende Postament *E* (Fig. 29) für die Tourilles, sowie der davor befindliche Tisch *E*, mit dem Tritt E_2, beide in einer Länge von 12·5 m, damit später bei Bedarf die Kondensationsbatterie für die Aufnahme von 20 Retorten vergrößert werden kann. Den Zugang zu diesem Lokal bildet die Haupteingangstüre *G*, wodurch die großen Spiritusfässer gerollt und ihr Inhalt auf dem Platze zwischen der Kondensationsbatterie und dem Nebenraum *F* der finanzamtlichen Denaturierung unterworfen wird. Der Spiritus wird gewöhnlich in Posten von 2000 l bezogen und durch Terpentin- oder Tieröl denaturiert. Ist die amtliche Kontrolle vorüber, so wird der Spiritus aus den Fässern nach dem Reservoir *H* von einem Fassungsraum von ungefähr 2500 l, in den Anbau *A* übergepumpt. Zu diesem Zweck ist bei *J* eine doppelwirkende Flügelpumpe aus Messing mit abschraubbarem Saugschlauch an der Wand befestigt, deren Förderkraft 100 bis 150 Minutenliter betragen soll. Das Reservoir erhält zum Anzeigen des Spiritusstandes ein durch Hähne absperrbares und entleerbares Glasrohr. In das untere, zirka 30 mm weite Ablaßrohr ist ein Ventil *L* eingesetzt, welches nur beim Arbeiten geöffnet wird und verhindert, daß Spiritus während der Betriebspausen durch den Hahn *M* unbefugterweise abgezapft wird. Die in die Retorten einzufüllenden Spiritusportionen von 4·6 kg werden nicht abgewogen, sondern in einer 6 l haltenden Flasche mit Marke abgemessen. Diese Flasche wird direkt am Abzapfhahn *M*, dessen vorderes Ende zum Schutz des Glases mit einer Korb- oder Holzhülse umgeben ist, gefüllt.

Im Anbau *B* ist das 70 cm hohe und 80 cm weite tönerne Salpetersäure-Reservoir *N* und die aus gleichem Material bestehende Abmeßvorrichtung *O* für die Salpetersäure untergebracht. Das Reservoir steht auf einem 90 cm hohen Betonblock und ist an seiner rückwärtigen Seite in der Höhe des oberen Randes mit einer hölzernen, 100 cm breiten Laufbühne *P* zum Aufstellen der Säureballons umgeben. An der vorderen Seite hat das Salpetersäurereservoir leicht über dem Boden einen Ablaufstutzen mit eingeschliffenem Schnabelhahn. Darunter befindet sich, auf einer mit Schieferplatte abgedeckten Betonkonsole ruhend, die Abmeßvorrichtung, welche aus einem 10 cm hohen und 21 cm weiten flachzylindrischen Gefäß mit Ablaufstutzen besteht. Im Stutzen sitzt ein eingeschliffener Schnabelhahn von 10 mm lichter Weite. Dieses Gefäß steht in einer 30 cm weiten Tonschale, welche die beim Füllen des Meßgefäßes überlaufende Salpetersäure aufnimmt. Das bis zum Rande gefüllte Meßgefäß enthält dann genau 4·5 kg Salpetersäure von 40° Bé, die durch den kleinen Schnabelhahn in die weithalsige Quecksilberauflösungsflasche abgelassen wird. — Im Anbau *B* sind noch die beiden 40 cm breiten, aus starken ungehobelten Brettern hergestellten Wandkonsolen *K* zu erwähnen. Sie ruhen mit einem Ende auf dem Betonblock unter dem Salpetersäurereservoir, mit dem anderen auf einer neben der Eingangstür an der Wand befestigten Leiste und dienen zum Abstellen der Lösungsflaschen während des Füllens und Quecksilberauflösens.

Der Keller zur Aufbewahrung des Knallquecksilbers ist abseits von den übrigen Fabrikobjekten so angelegt, daß sein Deckengewölbe nur wenig oder gar nicht über den Erdboden hervorragt. Seine Grundfläche beträgt 3·5×4·5 m bei einer Höhe von 2 m. Der Eingang soll möglichst schwache Neigung und keine Stufen haben. Die Knallquecksilbertöpfe werden am besten auf Bretter gelegt, vorsichtiger aber ist es noch, dieselben in Holzbottiche zu stellen, welche 10 bis 15 cm hoch mit Wasser gefüllt sind. Für den Keller muß ein Dunstschlot angeordnet sein, der aber jedes Eindringen von Schnee oder Regen oder Kälte ausschließt. Frostsicherheit ist überhaupt eine der Hauptbedingungen, welche an den Aufbewahrungsort des feuchten Knallquecksilbers zu stellen ist. Ein gefährliches Objekt stellt der Keller nicht dar, selbst wenn er mehrere Hundert Kilo von Knallquecksilber enthält; nur muß dieses feucht sein, und zwar ohne Ausnahme, ohne jede Spur trockenen Produkts.

3. Reinigungsverfahren für Knallquecksilber.

Schon früher suchte man das meistens grau abgeschiedene Knallquecksilber durch Umkristallisieren aus irgendeinem Lösungsmittel zu reinigen und ein weißes Produkt zu erzeugen. Die hierbei angewandten Lösungsmittel — Wasser und Alkohol — waren wegen der geringen Löslichkeit des Knallquecksilbers zu diesem Zwecke wenig geeignet; es dauerte daher nicht lange, daß man auf der Suche nach Umkristallisierungsmitteln die bekannten Eigenschaften des Cyankaliums und des Ammoniaks entdeckte, nach welchen das Knallquecksilber unter Bildung komplexer Verbindungen gelöst und durch Säurezusatz wieder abgeschieden werden kann. Zu den altbekannten Lösungsmitteln Kaliumcyanidlösung und Ammoniak kommt noch ein drittes, neues, von Solonina[1] entdecktes hinzu, das — Pyridin.

Angesichts dieser drei Reinigungsmittel, die bis jetzt einen Erfolg gehabt oder wenigstens einen solchen in Aussicht gestellt haben, bleibt doch immer eine gewisse Unsicherheit bestehen, da gerade die Reinigungsoperation neue Momente des Zerfalls und der Verunreinigung mit sich schleppen kann. Denkt man an die Eigenschaften des Knallquecksilbers, wie sie sich bei der heutigen Kenntnis der Konstitution dieser Verbindung ergeben, an die enorme Reaktionsfähigkeit des ungesättigten Methylenkohlenstoffs einerseits und an die Labilität der primär entstandenen Reduktionsprodukte andererseits, so fallen obige Bedenken stark ins Gewicht und es wird erklärlich, daß jedes Lösungsmittel überhaupt eine partielle Zersetzung bewirken muß. Gewöhnliches, technisches Knallquecksilber gibt meistens trübe Lösungen, herrührend von sekundären Reaktionen; dazu kommt ferner das sehr wichtige Verhalten der meisten, vielleicht aller Lösungen von Knallquecksilber, sich schon von Anfang an im Zersetzungszustand zu befinden. Wäre dies ganz allgemein der Fall, so wäre das Knallquecksilber überhaupt nur im trockenen Zustande beständig.

Zur Reinigung des Knallquecksilbers wird dieses nach Liebig in heißem Wasser gelöst und heiß filtriert. Nach dem Erkalten scheiden sich seidenartig glänzende, schwach gelblich gefärbte Kristalle ab, welche Kristallwasser enthalten und nach Schischkow[2] die Zusammensetzung $Hg(CNO)_2 + \frac{1}{2} H_2O$ besitzen. Diese Methode ist etwas umständlich und hat den Nachteil, daß Verluste durch Zersetzung des Knallquecksilbers beim Kochen mit Wasser entstehen. Von den drei Reinigungsverfahren, die heute hauptsächlich ange-

---

[1] Zeitschr. f. Schieß- u. Sprengst. 1910, S. 69.
[2] Rec. des Trav. chim. des Pays-Bas, 15, S. 156.

wandt werden, ist als die älteste die Cyankaliummethode von Steiner zu nennen. Danach wird das Knallquecksilber durch Behandeln mit Cyankaliumlösung in der Kälte in die wasserlösliche Doppelverbindung $Hg(CNO)_2 \cdot KCN$ übergeführt und die filtrierte Lösung behufs Wiederabscheidung des Knallquecksilbers mit Salpetersäure versetzt: das ausfallende Produkt ist rein weiß und stellt ein feines Pulver dar, welches aus mikroskopisch kleinen verfilzten Kriställchen besteht. Philip[1] erhielt nach dieser Methode Ausbeuten zwischen 50 und 52 % des angewandten Knallquecksilbers. Als er nun das gereinigte Knallquecksilber nach dem Boforser-Verfahren (S. 148) alkalimetrisch und jodometrisch auf den Fulminatgehalt prüfte, da ergab sich nach der ersten Methode ein Fulminatgehalt, der denjenigen des ungereinigten Produktes kaum überschritt, ja in einem Falle sogar etwas unterschritt. Die zweite jodometrische Methode brachte aber die merkwürdige Differenz von mehr als 1·2 % zwischen rohem und gereinigtem Knallquecksilber und, was noch auffälliger war, eine Differenz von 1·3 % zwischen der alkalimetrischen (98·40 %) und der jodometrischen (97·10 %) Methode selber, angewandt auf das gleiche cyankaliumgereinigte Knallquecksilber. Die Frage ist nun, welche der beiden Methoden die richtige sei, d. h. welche den richtigen absoluten Fulminatwert angebe. Die Differenz 1·30 % bedeutet einen alkalischen Bestandteil der hier als Merkurifulminat berechnet wurde. Dieser alkalische Überschuß oder, wie ihn Philip benennt, — die Hyperalkalinität kann nach demselben Autor nur von dem Cyankalium herrühren und er hält die Annahme vom Vorhandensein von Quecksilbercyanid als am wahrscheinlichsten. Auf Grund dieser Untersuchungen faßt er sein Urteil über diese Methode dahin zusammen, daß das cyankaliumgereinigte Knallquecksilber nicht ohne weiteres als rein angesehen werden dürfe. Die Methode ist übrigens auch, wie Solonina[2] gezeigt hat, wegen der Unsicherheit der vollständigen Wiederabscheidung des Knallquecksilbers und wegen der durch die Salpetersäure bewirkten Blausäureentwicklung wenig empfehlenswert.

a) Ammoniakmethode zur Reinigung des Knallquecksilbers.

Löst man Knallquecksilber in konzentriertem Ammoniak auf, so bekommt man eine mehr oder weniger getrübte Flüssigkeit (die weißen Präparate geben durchschnittlich stärkere Trübungen

[1] Zeitschr. f. Schieß- u. Sprengst. 1912, S. 200.
[2] Ebenda 1910, S. 69.

als die grauen), die sich beim Stehen unter Abscheidung eines dunklen Bodensatzes klärt. Läßt man weiter stehen, so treten deutliche Zeichen des Zerfalls auf, indem sich auf der Oberfläche sowie an den Gefäßwänden dunkel grüngelbe oder rötliche Massen abscheiden. Man muß deshalb das gelöste Knallquecksilber, je früher desto besser, durch irgendein Mittel zur Abscheidung bringen. Dies geschieht durch einfachen Wasserzusatz oder besser durch verdünnte Säure bis zur Neutralisation des Ammoniaks. Im folgenden seien einige solcher Reinigungsversuche von Philip[1] angegeben:

1. Weißes Knallquecksilber in der 30fachen Menge Ammoniak gelöst, ziemlich starke Trübung; über Nacht stehen gelassen; Abscheidung von gelben und rötlichen Partikeln; wird klar filtriert und mit Essigsäure neutralisiert, nach 2 Stunden das Knallquecksilber abfiltriert und getrocknet. Ausbeute 52·5%. Der Fulminatgehalt steigt von 98·70% auf 99·93% (jodometrisch).
2. Weißes Knallquecksilber, wie vorhin gelöst, aber mit konzentrierter Essigsäure neutralisiert: starke Wärmeentwicklung bis zum Sieden der Flüssigkeit. Ausbeute 72%. Steigerung des Fulminatgehaltes von 98·35 auf 99·34%.
3. Weißes Knallquecksilber, wie oben gelöst und schnell filtriert; Abscheidung mit 30%iger Essigsäure unter Kühlung bewirkt, so daß die Temperatur nicht über 35° steigt. Ausbeute 80%. Der Fulminatgehalt steigt von 98·57% auf 99·78% (alkalimetrisch) und von 98·60% auf 100·02% (jodometrisch).
4. Graues Knallquecksilber in der 20fachen Menge Ammoniak gelöst, schnell filtriert; 5 Minuten nach der Fällung filtriert, sonst wie oben. Ausbeute 86%. Fulminatgehalt erhöht sich von 99,46% auf 99·77% und von 99·46% auf 100·02%.

Mit den beiden letzten Beispielen sind die jodometrischen Werte bis zu den Zahlen eines reinen Knallquecksilbers angelangt, während die alkalimetrischen Werte infolge der schnelleren Zersetzung der gereinigten Präparate etwas unter 100 bleiben. — Der Ammoniak-Essigsäureprozeß gibt also ohne Schwierigkeit Produkte, die den Forderungen eines reinen Merkurifulminates genügen.

b) Pyridinmethode zur Reinigung des Knallquecksilbers.

Diese neue, von Solonina[2] vorgeschlagene Methode besteht in der Anwendung käuflichen Handels-Pyridins, von dem 6·9 cm³ 1 g graues Knallquecksilber aufnehmen. Die erhaltene hellgelbe

---

[1] Zeitschr. f. Schieß- u. Sprengst. 1912, S. 223.

[2] Ebenda 1912, S. 223.

Lösung wird filtriert und das Filtrat derart in Wasser geleitet, daß auf jedes Gramm Knallquecksilber 100 cm³ Wasser kommen. Der abgeschiedene, großblätterige Niederschlag wird mit Wasser gewaschen (200 cm³ Wasser auf je 1 g Knallquecksilber). Philip[1] reinigte 2 Proben grauen Knallquecksilbers; im ersten Falle wurde nur so weit gewaschen, daß ein deutlicher, wenn auch nicht starker Geruch nach Pyridin noch vorhanden war, im zweiten Falle bis zum Verschwinden des Geruchs. Beide Präparate wurden bei 50° getrocknet. Ausbeute 80%. Der Fulminatgehalt stieg im ersten Falle von 99·31% auf 99·50 (alkalimetrisch) und 99·55% (jodometrisch) und im zweiten von 99·12% auf 100·12 und 99·79%. Warum die jodometrischen Zahlen die alkalimetrischen bedeutend übersteigen, kann keine Erklärung gegeben werden. — Der Pyridin-Wasserprozeß hat entschiedene Vorzüge, da eine Pyridinknallquecksilberlösung keine große Neigung zu Zersetzungen zu haben scheint.

Im technischen Betriebe dürfte indessen kaum eine dieser Reinigungsmethoden praktische Verwendung finden; man begnügt sich da mit einer gründlichen Waschung des Knallquecksilbers bis zur vollständig neutralen Reaktion, — wie bei der technischen Fabrikation ausführlich beschrieben ist. Wohl aber wird man vorteilhaft nach einer dieser drei Methoden greifen — beispielsweise zum Ammoniak-Essigsäure-Prozeß — wenn es sich um analytisch reines Knallquecksilber handelt, wie solches zu Kontrollanalysen, zum Einstellen von Lösungen notwendig erforderlich ist.

4. Graues und weißes Knallquecksilber.

Stellt man Knallquecksilber nach den alten bewährten Vorschriften aus Quecksilber, Salpetersäure und Alkohol ohne irgend einen fremden Zusatz dar, so erhält man stets ein mehr oder weniger grau gefärbtes Produkt, das nie rein weiß ist, sondern auch in den hellsten Nuancen entweder etwas ins Graue oder Gelbliche hinüberspielt: Lobry de Brun meint, daß die graue Farbe daher komme, daß die Reaktion nicht ganz zu Ende gegangen sei; andre führen das graue Aussehen des Knallquecksilbers allgemein auf eine Verunreinigung mit feinst verteiltem, flüssigem Quecksilber zurück und verschiedene Forscher, wie z. B. Berthelot, Vieille, und Tschelzow hielten auf Grund von Knallquecksilberanalysen an der Annahme fest, daß Quecksilberfulminat metallisches Quecksilber enthalten müsse. Der theoretische Quecksilbergehalt von Knallquecksilber beträgt 70·42%; dagegen ergaben die Bestimmungen

[1] Ztschr. f. Schieß- u. Sprengst. 1912, S. 222.

von Berthelot und Vieille 71 %. Diese Annahme, daß jedes, auch das reinste Knallquecksilber durch einen ganz geringen Prozentsatz von metallischem Quecksilber verunreinigt sein müsse, ist durch die Untersuchungen von Kapitän Andreas Solonina[1] widerlegt worden. Nach den neuesten verbesserten Analysenmethoden konnten sowohl aus grauem wie aus weißem Knallquecksilber beinahe theoretische Werte für Quecksilber erhalten werden. Auch durch die Goldplattenprobe und durch die mikroskopische Untersuchung ließen sich weder bei dem weißen noch bei dem grauen Produkte, sofern es rein war, die geringsten Spuren von metallischem Quecksilber ermitteln. Wohl ist das fabrikmäßig dargestellte Knallquecksilber häufig durch Quecksilber verunreinigt, was sich unter dem Mikroskop bei starker Vergrößerung schnell zu erkennen gibt. Im folgenden sind einige mikrophotographische Aufnahmen[2] von reinem und quecksilberhaltigem Knallquecksilber reproduziert. Fig. 30 zeigt bei 150facher Vergrößerung eine

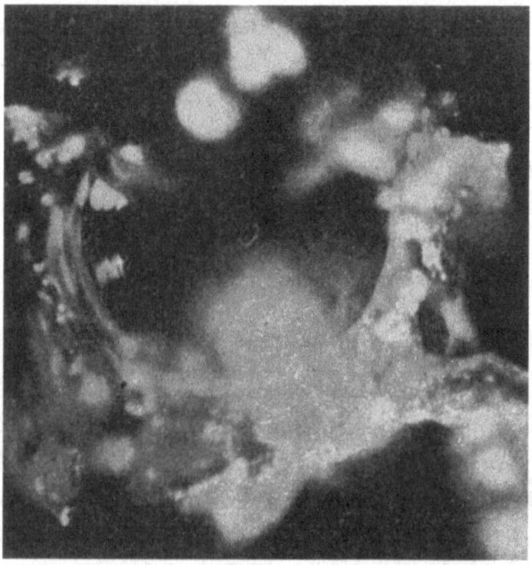

Fig. 30. Knallquecksilberprobe.

Knallquecksilberprobe aus einer Fabrik, wo man sogar mit bloßem Auge Quecksilbertröpfchen unterscheiden konnte. Fig. 31 gibt eine Aufnahme von grauem Knallquecksilber wieder, das in einer Fabrik dargestellt wurde, Fig. 32 von weißem Knallquecksilber aus derselben Fabrik, durch Zusatz von Kupfer und Salzsäure dargestellt. Aus diesen Aufnahmen ersieht man die sehr wenig aus-

[1] Zeitschr. f. Schieß- u. Sprengst. 1910, S. 43, 67.

[2] Ebenda 1910, S. 43 u. 45.

gebildeten großen Kristalle des **grauen** und die schönen, wenig zersplitterten Kristalle des **weißen** Knallquecksilbers. Beide Ab-

Fig. 31. Graues Knallquecksilber.

bildungen verraten keine Quecksilbertröpfchen. Indessen wird durch die mikroskopische Untersuchung allein, die Frage nach einer

Fig. 32. Weißes Knallquecksilber.

Quecksilberbeimengung nie ganz zu lösen sein, da es nicht ausgeschlossen ist, daß Quecksilber in den Knallquecksilberkristallen gelöst ist oder deren Hohlräume ausfüllt.

Das Bestreben der Fabriken, ein möglichst weißes Knallquecksilber zu fabrizieren, ist wohl zum Teil mit der unbefriedigenden Farbe des grauen und dem Gefühl der ungenügenden Reinheit in Verbindung zu bringen, da allgemein, auch beim Chemiker, die Neigung besteht, ein schön weißes Präparat für besonders rein anzusehen. Nach den neuesten analytischen Untersuchungen von R. Philip[1] scheint der Augenschein jedoch zu trügen. Bereits oben wurde schon erwähnt, daß die Annahme, graues Knallquecksilber als ein mit metallischem Quecksilber verunreinigtes Präparat anzusehen, durchaus nicht stichhaltig ist. Nun zeigen aber genau ausgeführte Analysen der beiden Knallquecksilbersorten, daß die bisherigen Ansichten über Reinheit und Farbe ins Gegenteil auszuwechseln sind. Graues und weißes Knallquecksilber nach der von Philip modifizierten Brownsdonschen Methode titriert, ergab einen bedeutend höheren Prozentgehalt des ersten: 0·7 bis 1 % mehr als das weiße (vgl. Tabelle S. 150). Außer den analytischen Resultaten scheinen aber auch noch andere Umstände zugunsten der Reinheit des grauen Knallquecksilbers zu sprechen. Löst man graues oder gereinigtes Knallquecksilber in Thiosulfatlösung (wie es für die Brownsdonsche Titrieranalyse notwendig ist), so bemerkt man anfänglich praktisch keine Trübung der Flüssigkeit; hingegen war dies bei sämtlichen weißen, die untersucht wurden, der Fall, indem eine schwache, schwefelähnliche Trübung entstand, die sich wohl hauptsächlich aus metallischem oder etwas Schwefelquecksilber zusammensetzte. Ebenfalls kann beobachtet werden, daß rein weißes Knallquecksilber während des Lösens auf der Oberfläche schwach graugefärbt wird. Läßt man die Lösung längere Zeit stehen, so trübt sie sich stärker und scheidet einen immer reichlicher werdenden bräunlich-schwarzen Niederschlag ab, der hauptsächlich aus Schwefelquecksilber bestehen dürfte. Bei grauem Knallquecksilber treten ähnliche Erscheinungen auf, aber später und in geringerem Umfange.

Die Natur der Farbe des grauen Knallquecksilbers — insofern sie nicht von metallischem Quecksilber herrührt — ist nicht aufgeklärt. Unter dem Mikroskop zeigen sich die grauen Präparate immer mehr oder weniger ungleichmäßig von dem graugelben Farbstoffe durchsetzt und zwar nicht nur so, daß verschiedene Kristalle verschiedene Sättigung aufweisen, sondern daß auch typisch ausgebildete Einzelkristalle fleckenweise eine stärkere oder schwächere Färbung annehmen können. Philip vermutet, daß die Färbung kolloidaler Natur sei, und daß man es hier mit Körpern zu

---

[1] Zeitschr. f. Schieß- u. Sprengst. 1912, S. 158—160.

tun habe, die der Azulmsäure oder ähnlichen braunen Verbindungen nahe stehen.

Über den Einfluß von verschiedenen Zusätzen bei der Darstellung von Knallquecksilber aus Alkohol behufs Erlangung eines möglichst weißen Präparates sind von Kapitän Solonina[1] eingehende Untersuchungen angestellt worden. Diese bestätigen die von L. Wöhler[2] und Theodorowitsch gemachte Erfahrung, daß man, um ganz weißes Knallquecksilber zu bekommen, zu der Salpetersäurelösung etwas konzentrierte Salzsäure und metallisches Kupfer zufügen muß (zirka 1 : 1000). In einer langen Reihe von Versuchen mit verschiedenen Zusätzen wurde festgestellt, welcher der beiden Zusätze, Salzsäure oder Kupfer, auf das Weißwerden des Knallquecksilbers den größeren Einfluß hat. Die Versuche wurden je mit 50 g Quecksilber, 450 g Salpetersäure vom spezifischen Gewicht 1·38 und 500 cm^3 96 $^0/_0$igem Spiritus ausgeführt und die Zusätze vor dem Zusammengießen manchmal zum Spiritus oder aber zur Quecksilberlösung gegeben. Im ganzen wurden 15 Versuchsserien zu je 5 bis 6 Versuchen ausgeführt; die folgende Tabelle gibt eine Übersicht davon.

Serie-Nr.	Zusatz zu g		Temperatur der Quecksilberlösg.	Farbe des Knallquecksilbers
	Alkohol	Quecksilberlösung		
1	Cu_2Cl_2 1	—	25°	weiß, mit geringem Stich ins Graue
2	Cu_2Cl_2 2	—	25°	weiß
3	1·5	—	25°	weiß
4	—	Cu_2Cl_2 1·3	25°	heller, aber mehr gelblich als bei 11 (ohne Zusätze)
5	$Cu(NO_3)_2$ 3·8	—	25°	Farbe wie ohne Zusatz (11)
6	$CuSO_4.5H_2O$ 5·5	—	—	dunkler als 11
7	—	0·5 cm^3 HCl 15° Bé, 0·5 Cu		weiß
8	Cu_2Cl_2 0·8	—	—	weiß
9	—	Cu_2Cl_2 0·8	—	weiß
10	1 cm^3 HCl 15° Bé	—	—	rein weiß
11	Ohne Zusatz		37·5°	grau
12	—	1 cm^3 HCl 15° Bé	37·5°	rein weiß
13	1 cm^3 HCl 15° Bé		26°	rein weiß
14	—	1 g NaCl	26°	grau, aber etwas heller als 11
15	—	$2 BaCl_2 . 2 H_2O$	26°	weiß wie 1

Aus den Untersuchungen all dieser Proben, zieht der Verfasser den Schluß, daß die weiße Farbe des Knallquecksilbers durch

[1] Zeitschr. f. Schieß- u. Sprengst. 1910, S. 42.
[2] Ber. 38, S. 1348.

den Zusatz von Chlorverbindungen und nicht von Kupfer bedingt wird; den Zusatz von Salzsäure allein hält er aber nicht für vorteilhaft, weil man zu viel Oxalsäure bekommt und weil die Kristalle weniger gleichmäßig sind und zudem bald grau werden. Setzt man aber noch Kupfer zu, dann bekommt man bessere Resultate; am besten ist die direkte Zugabe von Kupferchlorür. Bei Zusatz von 1 bis 2 g Kupferchlorür auf je 50 g Quecksilber wird ein Knallquecksilber erhalten, das ganz frei von metallischem Quecksilber ist, regelmäßigen Kristallbau hat und dessen Kristalle durchsichtig sind. Besonders schön weißes Knallquecksilber erhält man, wenn man auf 50 g Quecksilber 1·5 g Kupferchlorür nimmt.

5. Eigenschaften des Knallquecksilbers.

a) Physikalische und chemische Eigenschaften.

Das Knallquecksilber stellt grau bis weiße, seidenglänzende, zart anzufühlende Nadeln aus aneinander gereihten Oktaëdern dar, welche unmittelbar nach der Darstellung wasserfrei, jedoch aus heißem Wasser kristallisiert, ein halbes Molekül Wasser enthalten. In kaltem Wasser und Alkohol ist es fast unlöslich, in heißem Wasser dagegen löst es sich in 130 Teilen. Bessere Lösungsmittel sind Ammoniak- und Cyankaliumlösung, Pyridin und Salpetersäure, aus welchen Lösungen das Knallquecksilber durch Wiederausfällen in gereinigtem Zustande gewonnen werden kann. — Knallquecksilber besitzt einen süßlich metallischen Geschmack und ist, wie alle Quecksilberverbindungen, sehr giftig; die toxische Wirkung ähnelt derjenigen Cyanide, weshalb die Carbyloximstruktur dieses Salzes als ungesättigte Verbindung mit zweiwertigem Kohlenstoffatom auch physiologisch bestätigt wird. Die Dichte des Knallquecksilbers ist die höchste aller bekannten Explosivstoffe, sie beträgt 4·43. Diese Dichte kann durch Pressen noch erhöht werden; trotz seiner Empfindlichkeit gegen Stoß und Schlag vermag das Knallquecksilber die größten Drucke auszuhalten, sofern die Steigerung nicht plötzlich, sondern allmählich geschieht. Selbst bei den höchsten erreichbaren Pressungen bis zu 7000 kg/cm trat keine Explosion ein; dagegen explodierte das Knallquecksilber schon bei dem geringsten Drucke sofort, wenn es mit Sand oder Kohlenpulver vermischt war. Merkwürdigerweise geht aber mit zunehmendem Drucke eine Empfindlichkeitsabnahme parallel, so daß von etwa 700 Atmosphären an das Knallquecksilber seine Initiierfähigkeit mehr und mehr einbüßt und schließlich die Erscheinung des „Totpressens" zeigt.

Durch mäßigen Schlag, sowie durch Reibung mit harten Körpern erfolgt Detonation unter rötlicher Lichterscheinung. Die Leichtigkeit, mit welcher die explosive Zersetzung herbeigeführt werden kann, ist je nach den Umständen verschieden groß. So explodiert die trockene Substanz zwischen Eisenplatten durch Schlag unfehlbar, während die Explosion zwischen Eisen und Blei weniger leicht, meistens nur schwer erfolgt; ein Schlag von Holz auf Holz bleibt in der Regel unwirksam. Große Kristalle sind gegen Schlag viel empfindlicher als kleine; wandelt man grobkristallinisches Knallquecksilber durch Mahlen unter Wasser in feinstes Pulver um, so verliert es viel von seiner Empfindlichkeit, wohl aus dem Grunde, weil sich jetzt die Teilchen gegenseitig leichter verschieben lassen. Feuchtes Knallquecksilber ist beinahe ungefährlich; schon mit 5% Wasser läßt es sich durch Schlag nicht mehr ganz zur Explosion bringen. Zwischen Hammer und Amboß detonieren nur die getroffenen Teile; die Zersetzung teilt sich den benachbarten nicht mit. Dagegen ist es nach Versuchen von Cross und Bevan immerhin möglich, daß in Wasser suspendiertes Knallquecksilber explodiert, wenn das Ganze in eine metallische Hülle eingeschlossen ist, und einzelne Teile direkt getroffen werden. In deutschen Fabriken sind Fälle[1] beobachtet worden, wo Knallquecksilber bei der Fabrikation im nassen Zustand explodierte. So wird von einem Falle berichtet, in welchem eine Explosion erfolgte in dem Momente, als der Arbeiter die Retorte von ihrem Halter abnahm und die Flüssigkeit von dem Knallquecksilber abgießen wollte. Am gleichen Platze wird auch über einen anderen Fall berichtet, wobei die Explosion eines Trockengemisches aus Knallquecksilber und Kaliumchlorat einen in 2 m Entfernung befindlichen gleichartigen Satz von 15 bis 17% Wassergehalt zum Explodieren brachte. Aus diesen Tatsachen wird an der erwähnten Stelle der Schluß gezogen, daß auch nasses selbst unter Wasser befindliches Knallquecksilber explodiert, einerlei, ob die Erwärmung durch Stoß oder Reibung geschieht.

Erhitzt man Knallquecksilber, von 70° angefangen, langsam weiter, so explodiert es nach Hess bei 152°; erhitzt man es rasch, so explodiert es bei 187°. Wird das freiliegende Präparat durch einen brennenden Körper entzündet, so verpufft es nur mit mäßigem Knalle; durch den Induktionsfunken jedoch erfolgt Detonation. Setzt man Knallquecksilber nach Art der Stabilitätsprüfung längere Zeit einer Temperatur von 90 bis 95° aus, so verwandelt es sich nach Hess und Dietl in ein braungelbes Pulver von unveränderter

[1] O. Guttmann, Industrie der Explosivstoffe 1895, S. 462.

Kristallform, welches nicht explosiv und sogar schwer verbrennlich ist. Diese Erscheinung wird einer Art Isomerisierung oder Polymerisierung zugeschrieben. Die Prüfung wurde in der Weise vorgenommen, daß in einem Reagensglas 0·5 g loses Knallquecksilber in einem Wasserluftbade bei 90 bis 95° ausgesetzt wurden. Nasses Knallquecksilber verlor die Explodierbarkeit innerhalb 75 ½ Stunden, im Exsikkator getrocknetes nach 81 Stunden; mit Alkohol und Äther gewaschenes und durch Abblasen getrocknetes Präparat hielt 97 Stunden aus. Spuren von Salpetersäure, welche von der Waschung im Knallquecksilber zurückgeblieben waren oder künstlich hinzugefügt wurden, hatten zur Folge, daß das Knallquecksilber seine Explodierbarkeit 14 bis 22 Stunden länger beibehielt.

In Berührung mit Metallen, wie Zink, Kupfer, Eisen, Aluminium usw., zersetzt sich das Knallquecksilber langsam, besonders in feuchtem Zustande. Das Quecksilber wird dabei durch das betreffende Metall ersetzt, verliert seine Schlagempfindlichkeit und erzeugt jene Versager, denen man bei lang und schlecht gelagerten Kapseln häufig begegnet. Es ist darum unerläßlich, das Knallquecksilber vor der direkten Berührung mit dem Metall durch einen Lacküberzug zu schützen. — Als Salz der sehr unbeständigen Knallsäure neigt das Knallquecksilber zu Zersetzlichkeit, namentlich gegen kochende Agentien. Anhaltendes Kochen mit Wasser bewirkt völlige Zerlegung in Quecksilberoxyd, Hydroxylamin und Kohlensäure, Erhitzen mit Salpetersäure in Quecksilbernitrat und Kohlensäure. Auch mäßig verdünnte Schwefelsäure und Salzsäure zersetzen es unter Gasentwicklung, wobei stets der Geruch nach Blausäure auftritt. Durch Chlor wird feuchtes Knallquecksilber in Sublimat, Chlorcyan und Chlorpikrin gespalten und gründlich zerstört, ebenso durch Schwefelwasserstoff, indem Quecksilbersulfid, Schwefelcyanammonium und Kohlensäure entstehen.

b) Sprengtechnische Eigenschaften.

Entsprechend den Eigenschaften, die einer initiierfähigen, praktisch brauchbaren Substanz zukommen müssen, ist das Knallquecksilber, verglichen mit den gebräuchlichen brisanten Sprengstoffen, ziemlich empfindlich gegen mechanische Einwirkung. Folgende Tabelle[1] gibt einen Vergleich der Schlagempfindlichkeit des Knallquecksilbers im Verhältnis zu anderen Explosivstoffen. Die Bestimmungen wurden mit einem Fallbär von 2 kg Gewicht ausgeführt.

[1] Zeitschr. f. Schieß- u. Sprengst. 1914, S. 52.

Explosivstoff	Fallhöhe in cm
Knallquecksilber	2
Nitroglyzerin	4
Dynamit	7
Nitrozellulose	20
Pikrinsäure	35
Trinitrotoluol	60
Schwarzpulver	100
Fulmenit (Ammonsalpetersprengstoff) .	über 180

Die explosiven Eigenschaften des Knallquecksilbers sind schon von Berthelot und Vieille[1] eingehend studiert worden; beide Forscher haben festgestellt, daß der Zerfall nach der Gleichung:

$$Hg(CNO)_2 = Hg + 2\,CO + N_2 + 116\ \text{Cal.}$$

vor sich geht. Ein Gramm-Mol. liefert dabei 89 l Gas. Folgende Tabelle gibt eine vergleichende Übersicht über die sprengtechnischen Eigenschaften des Knallquecksilbers mit einigen Initialsprengstoffen und verwandten Substanzen.

Initial-sprengstoff	Spezifisches Gewicht	Explosionswärme für 1 kg Kal.	Verpuffungstemperatur	Ausbauchung im Bleiblock mit 2 g cm³	Durchschlag von 1 g auf Bleiplatte	Minimalladung zur Initiierung von 1 g Pikrinsäure g	Formel
Knallquecksilber	4·43	410	190°	25·6	sehr gut	0·25	$Hg(CNO)_2$
Silberazid	—	452	290°	22·6	gut	0·0237	AgN_3
Bleiazid	—	364	320°	21·7	gut	0·020	$Pb(N_3)_2$
Diazobenzolnitrat	1·37	690	90°	43·1	mäßig	—	$C_6H_5N_2.NO_3$
Nitrodiazobenzolperchlorat	—	—	155°	—	gut	0·015	$C_6H_4NO_2N_2.ClO_4$
Schwefelstickstoff	2·22	700	190°	39·2	mäßig	—	N_4S_4
Chloratotrimerkuraldehyd	—	—	130°	15·3	gut	0·4	$ClO_3Hg.Hg_2O{\equiv}C{-}COH$
Knallnatrium	1·92	—	150°	14·9	schlecht	—	NaCNO
Basisches Nitromethanquecksilber	—	—	160°	7·5	schlecht	—	$Hg{<}^{O}_{O}{>}C{=}NO$ / $Hg{<}^{O}_{O}{>}C{=}NO$ ${>}Hg$

Das Knallquecksilber gehört zu den Explosivstoffen, welche die größten Wirkungen auf die nächste Umgebung ausüben; es gleicht hierin ganz den brisanten Sprengstoffen der Technik,

[1] Mem. des Poudres et Salp. II, S. 3.

obschon sein Volumen der Explosionsgase und seine Explosionswärme stark hinter jenen zurückstehen. Diese Wirkung des Knallquecksilbers — die Brisanz — zeigt sich besonders in der zermalmenden, pulverisierenden Art, womit diese Substanz bei der Explosion alles mit ihr in Kontakt befindliche zerstört. Die auffallend brisante Wirkung des Knallquecksilbers im Vergleich zu der ballistischen des Schießpulvers ist durch einen Versuch Abels klar dargetan worden. Eine mit 6·5 g Knallquecksilber geladene Bombe wurde bei der Explosion fast zu Staub zersprengt, während eine gleich große mit 49·7 g Schießpulver geladene Bombe in mehrere Stücke zerrissen wurde, welche weit fortgeschleudert wurden. Im ersten Falle lagen die Sprengstückchen nahe dem Explosionspunkte: der bei weitem größte Teil der explosiven Kraft war demnach auf die Zerstörung des Zusammenhanges der Eisenmasse verwendet worden. Diese Wirkung des Knallquecksilbers ist zurückzuführen auf: 1. die schnelle, fast augenblickliche Zersetzung, 2. die große Dichte und 3. die Stabilität der Explosionsgase, welche keine Dissoziation erleiden.

Angesichts der Zersetzungsgeschwindigkeit des Knallquecksilbers nimmt Gody[1] an, daß die Verbindung schon völlig zersetzt sei, bevor die gasförmigen Produkte nur Zeit gefunden haben, sich auszudehnen: die Folge davon ist ein jäher Druck der plötzlich entstandenen Gase, welcher jedes Hindernis von sich stößt oder, wie im Falle einer widerstandsfähigen Unterlage, dasselbe ezrmalmt und zerschmettert. Gody schätzt diesen Druck auf 31000 kg/cm², eine Zahl, die indessen zweifellos zu hoch bemessen ist.

Die Explosionsprodukte des Knallquecksilbers sind Kohlenoxyd, Stickstoff und Quecksilber — Körper, welche fast gar keine Dissoziation erleiden. Alle freiwerdende Wärme wird also gänzlich für die Ausdehnung dieser Gase verbraucht: daher der plötzliche Druck, den das explodierende Knallquecksilber hervorruft. Aus diesem Grunde und infolge der Leichtigkeit, durch Schlag und Flamme zu explodieren, eignet sich diese Substanz so hervorragend als Zündungsmittel. Das Knallquecksilber ist der explosionskräftigste aller angewandten Initialsprengstoffe; würde es schon in ganz kleinen Mengen die maximale Zersetzungsgeschwindigkeit erreichen, wie etwa die Azide, es stände noch heute als das unerreichte Zündmittel dar (vgl. S. 186).

Knallquecksilber behält seine Detonationsfähigkeit beim starken Abkühlen bis auf die Temperatur der flüssigen Luft bei; auch hat man es bei starken Drucken komprimiert, ohne

[1] Matières explosives, S. 279.

bei geeigneter Auslösung seiner Explosion, etwa durch elektrischen Funken oder glühenden Draht, die obere Grenze der

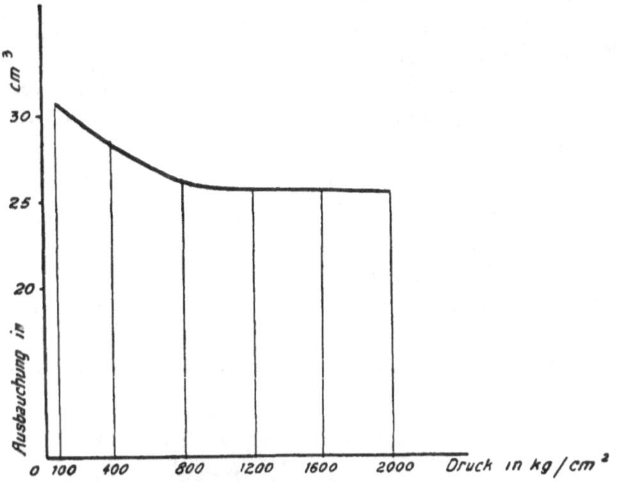

Fig. 33. Diagramm der Ausbauchung in Abhängigkeit vom Ladedruck.

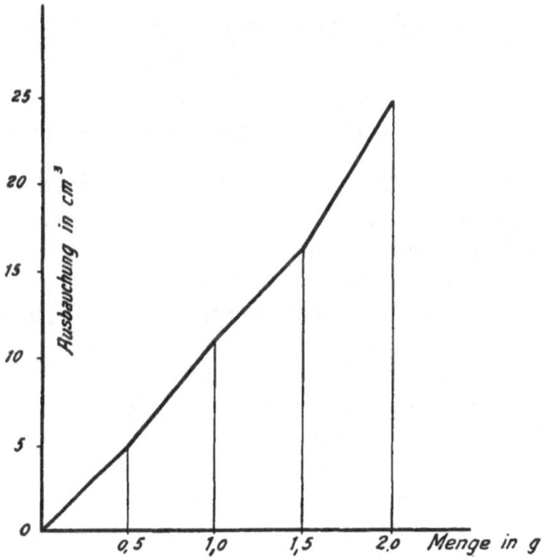

Fig. 34. Diagramm der Ausbauchung in Abhängigkeit von der Menge.

Dichte und Detonationsfähigkeit zu erreichen. Um zu erfahren, in welchem Grade die Ergebnisse der Trauzlschen Bleiblockprobe von der Kompressionsdichte des Knallquecksilbers abhängig sind, bestimmten L. Wöhler[1] und O. Matter die Ausbauchung, welche Knallquecksilber erzeugt, wenn es in eine Kupferhülse Nr. 8 eingeführt und mit Ladedrucken von 100 bis 2000 kg pro Quadratzentimeter, also von 30·1 bis 602 kg pro Hülse von 0·301 cm^2 Querschnitt komprimiert war (Fig. 33).

Das Diagramm der Ausbauchung im Bleiblock in Abhängigkeit vom Ladedruck zeigt für Knallquecksilber eine geringe Verminderung mit zunehmender Dichte bis zu einem Druck von etwa 800 kg/cm^2; darüber hinaus bis zu 2000 kg, entsprechend einem Anwachsen der Dichte von 2·98 auf 3·35, war ein Einfluß des Preßdruckes auf die Größe der Bleiblockausbauchung nicht erkennbar. Das Diagramm der Ausbauchung in Abhängigkeit von der Menge zeigt bei Knallquecksilber gute Proportionalität (Fig. 34).

Folgende Figur (35) gibt die entsprechenden Bleiblockproben im Schnitt wieder:

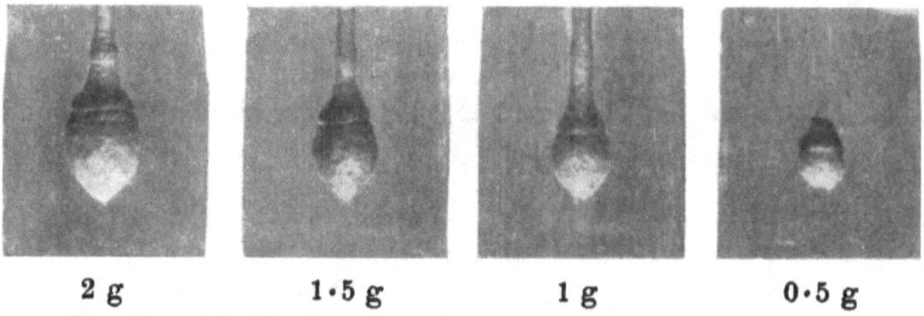

Fig. 35. Bleiblockausbauchungen von Knallquecksilber.

6. Analytische Untersuchung des Knallquecksilbers.

Zu den gewöhnlichen Verunreinigungen des technisch dargestellten Knallquecksilbers gehören hauptsächlich freie Salpetersäure, herrührend von ungenügender Waschung, Chlor, von Kupferchlorür oder Salzsäurezusatz stammend, Oxalsäure, gebildet durch Oxydation des Alkohols, metallisches Quecksilber und Quecksilbersalze, meistens lösliche Quecksilberoxydulsalze. Auf freie Säure prüft man qualitativ mit blauem Lackmuspapier, welches sich bei reingewaschenem Knallquecksilber nicht röten soll; auf leichtzersetzliche Quecksilbersalze durch Verreiben in feuchtem Zustande mit etwa der halben Menge Natriumbikarbonat. wobei eine bläuliche Färbung nicht auftreten darf. Quecksilberchlorür, das infolge Salzsäurezusatzes bei der Fabrikation zur Erzielung einer weißen Farbe häufig vorhanden ist, wird konstatiert durch Lösen in konzentrierter Salzsäure und Prüfen des Rückstandes in Ammoniak. Das metallische Quecksilber endlich,

[1] Zeitschr. f. Schieß- u. Sprengst. 1907, S. 245.

das öfters dem grauen Knallquecksilber beigemengt ist, wird am schnellsten unter dem Mikroskop bei 150 bis 1000facher Vergrößerung festgestellt (vgl. die Abbildungen S. 132 u. 133).

a) Quantitative Bestimmung.

Die Methoden, die gegenwärtig zur Untersuchung des Knallquecksilbers angewendet werden, bezwecken entweder die Bestimmung des Gesamtquecksilbers, sei es als Chlorür, Sulfid oder elektrolytisch abgeschieden, oder die Analyse solcher Bestandteile — die eigentliche Fabrikmethode — welche die Rolle von Verunreinigungen spielen, wie z. B. metallisches Quecksilber, Oxalat, Chlor, Merkuroverbindungen usw. Die zweiten Methoden, die in der Fabrikpraxis allgemein angewandt werden, sind demnach indirekte Verfahren, welche über den Gehalt an Knallquecksilber kein sicheres Urteil gestatten.

Die Ermittlung des genauen Knallquecksilbergehalts eines fabrikmäßig dargestellten Produkts läuft auf eine möglichst exakte Quecksilberbestimmung hinaus. Chemisch reines Knallquecksilber enthält 70·42% Quecksilber; der Reinheitsgrad eines technischen Produkts hängt demnach von den Abweichungen des praktisch gefundenen Quecksilberwertes von dem theoretischen ab. Den Gesamtgehalt an Quecksilber, des chemisch gebundenen wie auch des freien, kann man nach mehreren Methoden bestimmen. Unter dem Gesamtquecksilbergehalt ist zu begreifen:

1. das freie, vorwiegend in grauen, aber auch in weißen Knallquecksilbersorten häufig beigemengte metallische Quecksilber,
2. das im Knallquecksilber chemisch gebundene Quecksilber und
3. das in der unstabilen stickstoffhaltigen „Merkuroverbindung“[1], welche das Knallquecksilber begleitet, enthaltene Quecksilber.

Die älteste Methode zur quantitativen Bestimmung des Knallquecksilbers stammt von H. Rose[2], wonach das Quecksilber als Calomel, Quecksilberchlorür abgeschieden wird. Zu diesem Zwecke wird das Knallquecksilber in schwach verdünnter heißer Salzsäure gelöst (wobei längeres Erhitzen wegen der Flüchtigkeit des gebildeten Sublimats zu vermeiden ist), und dann als Chlorür mittels phosphoriger Säure, längeres Stehenlassen in der Kälte oder Erhitzen auf etwa 60°, Abfiltrieren durch ein getrocknetes und gewogenes Filter und Trocknen bei 100° bestimmt.

---

[1] Bezeichnung für die Nebenprodukte des Knallquecksilbers, die immer bei der Darstellung von Knallquecksilber durch Einwirkung von salpetersaurer Quecksilberlösung auf Spiritus oder andere organische Verbindungen entstehen und den Merkurosalzen entsprechende Reaktionen geben.

[2] Pogg. Ann. 110, S. 529 (1860).

Zwei neue Methoden der Knallquecksilberbestimmung bestehen darin, daß man das Quecksilber als Sulfid oder elektrolytisch abscheidet. Bei der ersten Methode, der Abscheidung des Quecksilbers in Form von Sulfid, kann man nach A. Solonina[1] gleichzeitig die Bestimmung der Oxalsäure verbinden. In diesem Falle wird nun nicht das Gesamtquecksilber, sondern nur das dem vorhandenen Knallquecksilber entsprechende Quecksilber, das sogenannte „metallische Quecksilber" — wie der Fabrikausdruck lautet — bestimmt. Das chemisch gebundene Quecksilber im Knallquecksilber wird nämlich in den Fabriken nicht ermittelt, sondern nur der Gehalt der begleitenden Quecksilberverbindungen und des metallischen Quecksilbers. Zur Analyse löst man das Knallquecksilber im Ammoniak, und zwar nimmt man nach Solonina auf 1 g Fulminat am besten 32 cm³ dreifaches Ammoniak, d. h. eine mehrfach größere Menge als nach den üblichen Fabrikmethoden angewandt wird. Dadurch erreicht man die vollständige Lösung des Knallsalzes und vermeidet gleichzeitig die Gefahr, daß sich das Knallquecksilber aus konzentrierter ammoniakalischer Lösung (5 bis 10 cm³) wieder abscheidet. Die Lösung wird filtriert und auf dem Filter mit derselben Menge konzentrierten Ammoniaks nachgewaschen. Außerdem werden noch 30 cm³ verdünntes Ammoniak und 25 cm³ Wasser nachgespült. Nach dieser Methode erhielt Solonina mit grünlich gefärbtem Knallquecksilber aus einer Fabrik 2·23 % Quecksilber, während die Fabrikanalyse einen Wert von 2·9 % ergab. Soll nun weiter die Oxalsäure bestimmt werden, so wird das Quecksilber aus der ammoniakalischen Lösung mit Schwefelammonium ausgefüllt, abfiltriert und das Filtrat mit Chlorcalcium versetzt: die Oxalsäure schlägt sich als Calciumoxalat nieder, welches nach 12 Stunden Stehen abfiltriert, bei 100° getrocknet und mit dem Filter gewogen wird. Durch Wägen des getrockneten Quecksilbersulfids läßt sich dann leicht das gesammte Quecksilber bestimmen, indem man den aus der ammoniakalischen Lösung herrührenden Betrag an Quecksilber zu dem unlöslichen hinzurechnet. Besser aber ist zur Bestimmung des gesamten Quecksilbers das direkte elektrolytische Verfahren, das nach Solonina[2] folgendermaßen ausgeführt wird:

Zu 1 g Knallquecksilber in einem kleinen Kölbchen gibt man 5 cm³ Wasser, hernach 5 cm³ Schwefelsäure vom spezifischen Gewicht 1·84 und erwärmt eine Stunde lang auf dem Wasserbade. Dann gießt man 10 cm³ rauchender Salpetersäure vom spezifischen Gewicht 1·52 hinzu, erwärmt 24 Stunden lang bis zum völligen Vertreiben der

[1] Zeitschr. f. Schieß- u. Sprengst. 1910, S. 71.
[2] Ebenda 1910, S. 71.

Salpetersäure, gibt allmählich Wasser hinzu, bis sich das Quecksilbersulfat löst und gießt die Lösung in eine Platinschale, indem man das Kölbchen mit 175 cm³ 5%iger Schwefelsäure ausschwenkt. Die Platinschale wurde vorher mit einer Kupferschicht von 0·2 g Gewicht überzogen. Stromstärke 0·5 bis 1 Ampere bei 3 bis 3½ Volt; Versuchsdauer 20 Stunden. Wenn man eine zu dicke Kupferschicht nimmt, so wird der Niederschlag nach der Elektrolyse nicht fest genug, so daß sich Teile leicht davon ablösen, besonders wenn man mit großer Stromstärke arbeitet. Die Platinschale wurde, ohne den Strom zu unterbrechen, mit Wasser gewaschen, dann nachher zweimal mit Wasser und mit absolutem Alkohol. Getrocknet wurde sie im Exsikkator über Chlorcalcium, in dem auch ein Gläschen mit Quecksilber gestellt war. Weil das Trocknen lange Zeit dauert, so kommt dem Gläschen mit Quecksilber im Exsikkator eine sehr wichtige Rolle zu; denn führt man das Trocknen ohne Quecksilber aus, so beobachtet man im Laufe der Zeit eine beständige Gewichtsabnahme der Platinschale. Ist aber im Exsikkator Quecksilber anwesend, so bleibt das Gewicht konstant.

Zur Prüfung dieser beiden Methoden wurden Analysen mit chemisch reinem Knallquecksilber ausgeführt. Bei der Elektrolyse erhielt Solonina 70·39% und bei Fällung mit Schwefelammonium 70·50% Quecksilber, statt der theoretischen 70·42%. Schließlich sei noch die organische Elementaranalyse erwähnt, welche durch Verbrennung gleichzeitig den im Knallquecksilber enthaltenen Kohlenstoff und Stickstoff samt dem Quecksilber genau zu bestimmen gestattet. Hierbei sind aber zwei Schwierigkeiten zu berücksichtigen: erstens die Explosivität des Knallquecksilbers und zweitens das Sublimationsvermögen des Quecksilbers. Man trifft deshalb die Vorkehrung, daß man das fein gepulverte Knallquecksilber mit einer größeren Menge Kupferoxyd vermischt und daß man das Quecksilber in einem U-förmigen Chlorcalciumrohr auffängt, in dem ein Teil des Chlorcalciums durch feine Goldblättchen ersetzt ist. Im übrigen gleicht die Ausführung der Analyse derjenigen der stickstoffhaltigen Substanzen.

b) Titrimetrische Methoden.

Titrimetrische Methoden zur Bestimmung des Knallquecksilbers sind von Divers und Kawakita[1] und von Brownsdon[2] angegeben worden. Die erste Methode, die sich durch Einfachheit auszeichnet, besteht in der Titration der durch Lösen des Knallquecksilbers in rauchender Salzsäure gebildeten Ameisensäure mit Kalilauge und gleichzeitiger Ausführung eines blinden Versuchs mit

[1] Journ. Chem. Soc. 45, S. 17 (1884).
[2] Chem. News 89, S. 303 (1904).

derselben Menge rauchender Salzsäure. Die Bestimmung erfolgt also aus der Differenz zwischen einer Titration der Summe der Säuren (Salzsäure + Ameisensäure) und einer gleichzeitig mit derselben Menge rauchender Salzsäure ausgeführten. Die Unsicherheit dieser Methode ist augenscheinlich; sie dürfte sich deshalb kaum Eingang in die Praxis verschaffen. — Nach der volumetrischen Bestimmung von Brownsdon wird das Knallquecksilber mit überschüssiger Natriumthiosulfatlösung zersetzt, und die erhaltene alkalische Lösung mit $^1/_{10}$ n-Schwefelsäure titriert. Das Einstellen der Schwefelsäurelösung erfolgt mit reinem Knallquecksilber, das durch Lösen in reiner Cyankaliumlösung, Ausfällen mit verdünnter Salpetersäure, Auswaschen und Trocknen bei 80 bis 90° aus gewöhnlichem Produkt erhalten wird. (Höhere Temperaturen sind zu vermeiden, da sich das Knallquecksilber bei solchen Wärmegraden in feuchtem Zustande teilweise zersetzt.) 0·04 bis 0·05 g dieses gereinigten Präparats werden in einem 100 cm³ Meßkolben durch Schütteln mit 50 cm³ Wasser und 1 g Natriumthiosulfat gelöst. Dann, nachdem bis zur Marke aufgefüllt worden ist, werden der Lösung 25 cm³ entnommen und mit $^1/_{10}$-n-Schwefelsäure und Methylorange titriert. Man zieht das Mittel aus drei Bestimmungen. Diese Methode soll aber nach den Kontrollanalysen Soloninas nicht immer zuverlässige Resultate liefern. Bei der Analyse von grauem Knallquecksilber, das 4·26% Oxalsäure enthielt, wurden z. B. mehr als 100% Quecksilber gefunden.

Die Brownsdonsche Titriermethode, die von Solonina und hernach von T. Wennerström[1] durchprobiert wurde, ist von R. Philip[2] zum Gegenstand eingehender Untersuchungen gemacht worden. Als erste Schwierigkeit zur Kontrolle dieses Verfahrens stellte sich die Herstellung eines reinen Vergleichsmaterials heraus; denn die Knallquecksilberreinigungsverfahren nach Brownsdon und seiner Nachfolger können für die Reinheit solcher Präparate zurzeit keine Garantie liefern. Der Verfasser weist nach, daß das nach der Cyankalium- oder Ammoniak- oder der Pyridinmethode gereinigte Knallquecksilber gar nicht immer den nötigen Reinheitsgrad besitzt, da gerade durch den Reinigungsprozeß neue Verunreinigungen hineingeführt werden können. Auch die Bestimmung des Quecksilbergehaltes gibt keinen sicheren Haltepunkt: so können von Merkurioxalat, infolge der sehr wenig verschiedenen Molekulargewichte — 280 gegen 284 von Knallquecksilber — bedeutende Mengen vorhanden sein, ohne der prozentischen Zu-

---

[1] Zeitschr. f. Schieß- u. Sprengst. 1912, S. 109.
[2] Ebenda 1912, S. 110ff., 156ff.

sammensetzung Eintrag zu tun, ferner bedingt ein Gehalt von 10 % Oxalat (3 % Oxalsäure bewirken eine Vergrößerung des Quecksilbergehalts von nur 0·1 %) einen Fehler, der immer noch die in analytisch erlaubte Grenze fällt. Um diese Übelstände zu eliminieren, wurde nach einem Weg gesucht, die Brownsdonsche Methode derart einzurichten, daß die verbrauchte Menge Säure direkt als Maß für das titrierte Quantum Knallquecksilber gelten kann. Dazu mußte der stöchiometrische Verlauf der Reaktion erforscht werden. Man kann annehmen, daß beim Lösen von Knallquecksilber in Natriumthiosulfat Natriumfulminat neben einer leicht löslichen Komplexverbindung entsteht.

$$Hg(CNO)_2 + 2\,Na_2S_2O_3 = [Hg(S_2O_3)_2]Na_2 + 2\,NaCNO$$

Das Natriumfulminat, als das Salz einer sehr schwachen Säure, ist in wässeriger Lösung hydrolytisch gespalten

$$2\,NaCNO + 2\,HOH \rightleftarrows 2\,NaOH + 2\,CNOH$$

und kann, genau wie eine Cyankaliumlösung, mit Normalsäure und Methylorange titriert werden. Nach diesem Reaktionsschema entspricht 1 Mol. Knallquecksilber 2 Mol. Natriumhydroxyd, es verlangt daher

1 Gramm-Molekül $Hg(CNO)_2 = 284·1$ g 20000 cm³ $^1/_{10}$n H_2SO_4,
$^1/_{1000}$ Gramm-Molekül $Hg(CNO)_2 = 0·2841$ g 20 cm³ $^1/_{10}$n H_2SO_4.

Titriert man aber 0·2841 g Knallquecksilber mit $^1/_{10}$ normaler Schwefelsäure, so erhält man je nach der Art der Ausführung einen Verbrauch von 39 bis 39·5 cm³, also beinahe die doppelte Menge. Dieselbe Menge bekommt man mit wenig Änderung bei wechselnden Quantitäten von Natriumthiosulfat, solange dieses im Überschuß da ist; geht man jedoch mit letzterem herunter, so tritt unterhalb 40 cm³ $^1/_{10}$ n-Natriumthiosulfatlösung eine Änderung ein, indem sich das Knallquecksilber allerdings immer noch zur Komplexverbindung löst, die Alkaleszenz hingegen zurückgeht und der Umschlagspunkt nicht mehr scharf zu erkennen ist. Umgekehrt hört die Proportionalität bei konstant bleibender Menge Thiosulfat und steigenden Knallquecksilbermengen auf, sobald das Verhältnis $Hg(CNO)_2 : Na_2S_2O_3 = 0·2841$ g : 40 cm³ oder molar = 1 : 4 überschritten wird. Demnach sind zur Ausbildung der maximalen Alkalinität (= 4 OH) der Lösung pro Mol. $Hg(CNO)_2$ wenigstens 4 Mol. Natriumthiosulfat nötig, statt der in obigem Schema eingesetzten 2 Mole. Wie die beiden weiteren OH-Ionen durch Hydrolyse entstehen, bleibt vorläufig im Dunkeln, sicher ist nur, daß dies auf Kosten des überschüssigen Natriumthiosulfats geschehen kann.

Ausführung der Brownsdonschen Titrationsmethode nach dem von Philip[1] abgeänderten Verfahren.

Man bereitet eine 20%ige Auflösung von kristallisiertem Natriumthiosulfat, $Na_2S_2O_3 \cdot 5H_2O$, läßt diese einige Zeit stehen, bis der zuerst milchig abgeschiedene Schwefel sich zusammengeballt hat, und dekantiert sodann oder filtriert. — Die Einwage des Knallquecksilbers soll so groß bemessen werden, daß der Verbrauch einer zehntelnormalen Säure 40 bis 50 cm³ ausmacht, entsprechend Mengen von 0·284 bis 0·355 g. Für die hier gemachten Versuche wurden fast überall 0·3000 g verwendet, die theoretisch bei reinem Fulminat 42·25 cm³ verlangen würden. — Das Knallquecksilber wird mit etwas destilliertem Wasser in ein etwa 300 cm³ fassendes Becherglas, dessen konische Form etwa die Mitte zwischen Zylinderbecher und Erlenmeyerkolben hält, eingeführt. Darauf werden 30 cm³ 20%ige Thiosulfatlösung hinzugegeben, die Zeit notiert und der Becher in Rotation gehalten bis alles gelöst ist. Wenn einzelne Sorten von Knallquecksilber eine ausgeprägte Tendenz zum Hinaufkriechen an der Becherwandung zeigen, so spült man von Zeit zu Zeit diese Partien herab.

Die Lösung nimmt eine Zeit von ½ bis 2 Minuten in Anspruch. Man beginnt, nach Zusatz von Methylorange, das Titrieren womöglich immer nach der gleichen Zeit, von dem Zusatz des Thiosulfats an gerechnet. In den meisten Fällen wird es möglich sein, nach 1 Minute anzufangen. Die Flüssigkeitsmenge beträgt jetzt 100 cm³. Von Methylorange gibt man gleichviel Tropfen hinzu (blaßgelbe Farbe: 5 Tropfen der Lösung 1 : 5000) und titriert so weit, bis die Umschlagsfarbe derjenigen gleichkommt, die man in 150 cm³ destilliertem Wasser und Methylorange wie oben mit 2 Tropfen $^1/_{10}$n-Schwefelsäure erhält. (Der Umschlag nach 1 Tropfen ist meistens zu undeutlich.) — Da der wirkliche Neutralpunkt auf diese Weise um 2 Tropfen = 0·08 cm³ überschritten wird, so entstünde dadurch ein Fehler, der aber durch die gleichartige Einstellung der Schwefelsäure kompensiert wird. Dieselbe wird in analoger Weise gegen Soda (0·20 bis 0·22 g) vorgenommen, so daß der Verbrauch auch hier 40 bis 45 cm³ beträgt.

Die so für das Knallquecksilber erhaltenen Werte bedürfen aber einer Korrektion. Um in einer Natriumthiosulfatlösung, bestehend aus 30 cm³ 20%iger Lösung, 120 cm³ Wasser (= 6 g : 150) und Methylorange die Umschlagfarbe hervorzurufen, ist eine größere Säuremenge erforderlich als für 150 cm³ Wasser und Methylorange, und zwar ist der Verbrauch etwa 8 Tropfen. Jeder Tropfen entspricht 0·042 cm³ im Mittel, oder rund 0·04 cm³. Die Differenz $8 - 2 = 6 \times 0{\cdot}04 = 0{\cdot}24$ cm³ gibt also die Zahl an, womit die Titrationswerte in diesem Falle zu korrigieren sind. Diese Korrektion bezieht sich auf die Alkaleszenz des Natriumthiosulfats und ist demnach negativ. Eine Korrektion in positivem Sinne ist unter Umständen anzubringen, wenn das Titrieren, z. B. wegen Schwierigkeiten beim Auflösungsprozeß,

---

[1] Zeitschr. f. Schieß- u. Sprengst. 1912, S. 156.

nicht beim Eintritt der zweiten Minute erfolgen kann. Für 1 Minute Verspätung berechnet sich ein Zurückgang der Alkaleszenz auf $0 \cdot 12$ cm³, mit welcher Zahl die Werte demnach zu korrigieren sind. Im ganzen also: $-0 \cdot 24 + 0 \cdot 12 = -0 \cdot 12$ cm³. In den allermeisten Fällen jedoch löst sich das Knallquecksilber in weniger als 1 Minute auf, so daß die letztere, positive Korrektion wegfällt.

Berechnung. Für 0·3 g Knallquecksilber ist der Fulminatgehalt bei einem Verbrauch von T cm³ Säure

$$= \frac{T}{42 \cdot 25} \cdot 100 = T \cdot 2 \cdot 3678\,\%,$$

für $0 \cdot 2841$ g $= {}^1/_{1000}$ Gramm-Molekül

$$= \frac{T}{40} \cdot 100 = T \cdot 2 \cdot 5\,\%,$$

und allgemein bei Einwage von p Gramm

$$= \frac{T}{40} \cdot \frac{0 \cdot 28408}{p} \cdot 100 = T \frac{0 \cdot 7102}{p}\,\%.$$

Jodometrische Bestimmung des Fulminatgehaltes im Knallquecksilber.

Das vorhergehend beschriebene Brownsdonsche Verfahren gründet sich auf die chemischen Veränderungen, die beim Lösen des Knallquecksilbers in Thiosulfatlösung vor sich gehen; sowohl das Knallquecksilber wie das damit reagierende Natriumthiosulfat wandelt sich in neue Verbindungen um, und zwar unter teilweiser Zersetzung und Spaltung des Thiosulfats, wodurch dann jene Alkalinität der Lösung entsteht, die ein Maß für den Fulminatgehalt abgibt. Der Gedanke lag nun nahe, statt des zersetzten Thiosulfats, den unzersetzten Teil auf jodometrischem Wege zu bestimmen, um so mehr, als die Schärfe der Jod-Stärke-Reaktion diejenige aller anderen Indikatoren übertrifft. R. Philip[1], der dies Verfahren in die Praxis eingeführt hat, beschreibt dessen Ausführung folgendermaßen:

0·3 g Knallquecksilber werden abgewogen und in ein konisches Becherglas eingespült und 50 cm³ einer ${}^1/_{10}$n-Natriumthiosulfatlösung aus einer genau kalibrierten Pipette hinzugegeben. Der Becher wird umgeschwenkt und das Knallgasquecksilber von der Wand heruntergespült, bis die Lösung erfolgt. Man versetzt mit einigen Tropfen Methylorange und neutralisiert die Flüssigkeit mittels einer schwachen Säure (etwa ${}^1/_{10}$normal), bis schwache Rötung eintritt. Man findet einen Verbrauch von 41 bis 40 cm³, je nachdem das Lösen schneller oder langsamer, das Titrieren früher oder später erfolgt. — Nach Zusatz einiger Tropfen Stärkelösung wird mit ${}^1/_{10}$n-Jodlösung titriert. Der Verbrauch beträgt z. B. 29 cm³. Die Differenz $50 - 29 = 21$ cm³

[1] Zeitschr. f. Schieß- u. Sprengst. 1912, S. 158.

$^1/_{10}$ Jod zeigt die äquivalente Menge $Na_2S_2O_3$ an, die von dem Knallquecksilber und der Schwefelsäure zersetzt wurde. Diese Zahl, 21 cm³, kommt offenbar der Hälfte derjenigen von 42·25 cm³ fast gleich, die wir oben für 0·3 g Merkurifulminat bei der Brownsdonschen Titration kalkuliert haben.— Folglich wäre der Gehalt an Fulminat $= \frac{21}{21 \cdot 125} \cdot 100 = 99 \cdot 41\,\%$.

Der Fulminatgehalt eines Knallquecksilbers berechnet sich allgemein nach der Formel

$$\frac{F_j\,(T-t)\,.\,100}{\frac{20\,p}{0 \cdot 28408}} = 1 \cdot 4204\, F_j \frac{T-t}{p}\,\%,$$

wobei F_j der Faktor der $^1/_{10}$-n-Jodlösung, T die für 50 cm³ $^1/_{10}$n-Thiosulfatlösung nötigen Kubikzentimeter Jodlösung, t die für das Zurücktitrieren von 50 cm³ mit Knallquecksilber versetzte $^1/_{10}$n-Thiosulfatlösung verbrauchte Jodlösung und p das Gewicht des angewandten Knallquecksilbers bedeutet.

Folgende Tabelle gibt einen Vergleich zwischen den beiden Methoden:

Knallquecksilber-Typus	Alkalinität $^1/_{10}$ H_2SO_4 cm³ 0·3000 g Knallquecksilber Titrierzeit 1'—2·5'		Verbrauch von $^1/_{10}$ Thiosulfat in cm³ für 0·3000 g Knallquecksilber		Fulminatgehalt Alkalimetr. nach Brownsdon modifiz. %	Fulminatgehalt Jodometr. %	Differenz J—A
Weiß	41·80 41·86 41·80 41·78	41·81 −0·24 (Korr.)	20·80 20·80 20·83	20·81	98·39	98·51	+0·12
Weiß	41·84 41·80	41·82 −0·24	20·78 20·84	20·81	98·41	98·51	+0·10
Grau grobkrist.	42·12 42·08 42·14	42·11 −0·24	20·98 20·98 20·96	20·97	99·10	99·27	+0·17
Grau	42·22 42·26	42·24 −0·24	21·02 21·06	21·04	99·41	99·60	+0·19

Knallsilber.

Das Knallsilber oder Silberfulminat, auch als Brugnatellis oder Howard's Knallsilber bezeichnete Verbindung, ist das dem Knallquecksilber analoge Silbersalz der Knallsäure von der Formel Ag—O—N=C. Die Darstellung ist ganz ähnlich derjenigen des Knallquecksilbers nach dem Salpetersäure-Alkohol-Prozeß. Nach Gay-Lussac und Liebig[1] löst man 1 Teil Silber in 20 Teilen Salpetersäure vom spezifischen Gewicht

[1] Ann. chem.-phys. 25, S. 285.

1·36 bis 1·38, gibt diese Lösung zu 27 Teilen 85 bis 90 %igem Alkohol und erwärmt schwach zum Sieden: das Knallsilber scheidet sich in weißen, seidenglänzenden, undurchsichtigen Nadeln ab, die nach dem völligen Erkalten der Lösung auf ein Filter gebracht und dort so lange mit kaltem Wasser gewaschen werden, bis das Filtrat nicht mehr sauer reagiert. — Nach einem anderen Verfahren stellt man Knallsilber durch Einleiten von salpetriger Säure (dargestellt durch Reduktion der Salpetersäure mit Stärkemehl oder arseniger Säure As_2O_3) in eine alkoholische Lösung von Silbernitrat dar. Das auf die eine oder andere Weise dargestellte, auf dem Filter neutralgewaschene Knallsilber wird schließlich getrocknet, und zwar am besten und ungefährlichsten, indem man das noch nasse Filter in Stücke und Streifen zerreißt, und diese auf Filterpapier zum Abdunsten an einen lauwarmen Ort legt. Das getrocknete Präparat wird dann in kleinen Partien in Pappschachteln aufbewahrt.

Das Knallsilber kristallisiert in lichtempfindlichen, feinen glänzenden Nadeln, welche in kaltem Wasser sehr wenig und auch in siedendem nicht stark löslich sind (1 Teil in 36 Teilen kochenden Wassers). Dagegen löst es sich in Ammoniak oder in Alkalichloridlösung zu sehr explosiven Doppelsalzen auf von der Formel $AgNH_4(CNO)_2$ und $AgK(CNO)_2$. Letzteres wird z. B. erhalten, wenn man Kaliumchlorid zu einer siedenden Lösung von Knallsilber hinzugibt und bis zur Kristallisation des Inhaltes abdunstet. Das Knallsilber besitzt einen ausgesprochenen metallischen Geschmack und ist als ungesättigte Carbonylverbindung gleich allen anderen Fulminaten höchst giftig. Die hervorragendste Eigenschaft des Knallsilbers jedoch ist seine außerordentliche Explosivität, welche diejenige des Knallquecksilbers noch weit übertrifft, so daß bei der Bereitung und Handhabung dieses Körpers stets die peinlichste Vorsicht obwalten muß. Da Knallsilber schon durch schwachen Schlag zwischen harten Gegenständen, ja selbst unter Wasser explodiert, so bedient man sich zum Umrühren statt der Glasstäbe solcher von Holz. Das getrocknete Produkt darf nur in Kartenblättern aufgenommen werden und, wenn es zerrieben werden soll, nur mit den Fingern oder mit Korkstopfen in Porzellanmörsern behandelt werden — dies alles, wie es sich von selbst versteht, stets in kleinen Quantitäten. Durch Schlag oder durch den elektrischen Funken sowie durch Berührung mit Flamme oder einem erhitzten Körper (Metalldraht z. B.) detoniert es äußerst heftig mit durchdringend betäubendem Knalle; das gleiche tritt durch Berührung mit einem Tropfen Schwefelsäure oder mit Chlorgas ein. Im luftverdünnten

Raume sollen die explosiven Eigenschaften des Knallsilbers (nach Heeren) erheblich abgeschwächt werden; es soll an Stelle der Explosion nur Verbrennung mit Feuererscheinung stattfinden. Knallsilber kann bis auf 130° erhitzt werden, ohne daß Explosion eintritt; nach den neuesten Bestimmungen von Martin liegt die Verpuffungstemperatur sogar erst bei 170°, also nur wenig unterhalb der des Knallquecksilbers (190°). In betreff der Schlagempfindlichkeit zeigt sich hier in viel verstärkterem Maße als bei Knallquecksilber die für alle hochsensiblen Substanzen so hervortretende Abhängigkeit der Sensibilität von der Kristallgröße.

Obwohl die Arbeitsdichte des Knallsilbers nur etwa zwei Drittel derjenigen des Knallquecksilbers beträgt (vgl. Tabelle S. 62), so übertrifft es doch an Brisanz und Initiierfähigkeit die Quecksilberverbindung bei weitem. Der Grund hierin liegt nicht an der größeren Detonationsgeschwindigkeit des Knallsilbers, sondern an der größeren Anfangsgeschwindigkeit, welche schon bei ganz kleinen Mengen zu der maximalen Detonationsgeschwindigkeit führt, während diejenige des Knallquecksilbers erst nach Verbrennung größerer Mengen auftritt (vgl. die Durchschlagsproben S. 185). Wie sehr das Knallsilber dem Knallquecksilber dieserwegen an Initiierfähigkeit überlegen ist, zeigt folgende Zusammenstellung.

	Pikrinsäure	Tetranitromethylanilin
Knallsilber	0·05	0·02
Knallquecksilber . .	0·30	0·29

Die Zahlen bedeuten die Mengen von Fulminat, die gerade noch zur vollständigen Detonation von 0·5 g des betreffenden Sprengstoffes notwendig waren.

An eine allgemeine Anwendung des Knallsilbers zu Initialzündungen ist wegen seiner Reibungsempfindlichkeit nicht zu denken. Turpin versuchte es zwar nach Entdeckung der Detonationsfähigkeit der Pikrinsäure im Jahre 1885, zu Perkussionszündungen für geschmolzene Pikrinsäureladungen in Hohlgeschossen vorzuschlagen, mußte aber begreiflicherweise bald wieder von diesem Vorhaben abkommen. Indessen scheint man dem Knallsilber in letzter Zeit erneute Aufmerksamkeit zuzuwenden, indem man es in geringen Mengen zur Sensibilisierung des Knallquecksilbers oder anderer Initialsubstanzen benutzt. Wird es z. B. zu 10% dem Knallquecksilber beigemischt, so vergrößert sich die Empfindlichkeit des letzteren nur wenig, dagegen erhöht sich die Initiierfähigkeit derart, daß sie sich derjenigen des reinen Knallsilbers nähert.[1] — Sonst findet das Knallsilber meist zu Spielereien, zur Herstellung von Knallbonbons, von Knallerbsen, Knallfidibus usw. Verwendung. In Knallbonbons z. B. ist eine geringe Menge Knallsilber an einem Kartonstreifen angebracht, auf dem ein anderer mit einer rauhen Fläche befestigt ist: durch die beim Auseinanderziehen bewirkte Reibung erfolgt Explosion. Knallerbsen enthalten Glasperlen, an denen Knallsilber mit feinem Papier umwunden angebracht ist.

Zum Schlusse mag noch eines anderen Knallsilbers gedacht werden, das schon lange bekannt, aber heute noch nicht völlig erforscht ist. Dieses Präparat, welches die Bezeichnung Bertholletsches Knallsilber führt, wird erhalten, wenn man frisch gefälltes Silberoxyd in konzentriertem Ammoniak löst und die Lösung verdunsten läßt: es scheidet sich ein schwarzes Pulver aus, das schon beim leisesten Drucke mit großer Heftigkeit explodiert. Eine Anwendung ist deshalb unmöglich. Nach Raschig wäre dieses Knallsilber Silbernitrid von der Formel Ag_3N. — Die Literaturangaben über die Explosivkraft des Bertholletschen Knallsilbers sind fast durchweg übertrieben. Wie einige Versuche ergaben, steht die Wirkung dieser Substanz eher hinter der des Fulminats zurück, dagegen ist die Empfindlichkeit gegen Schlag und Wärme außerordentlich viel größer: so findet z. B. beim Eindampfen einer ammoniakalischen Silberoxydlösung regelmäßig Explosion statt, also bereits zwischen 80 und 90°.

Die Howardsche Alkohol-Salpetersäuremethode zur Darstellung des Knallquecksilbers und des Knallsilbers ist für unedlere Metalle nicht anwendbar. Durch Substitution des Quecksilbers im Knallquecksilber hat man andere Fulminate darzustellen versucht, und schon Liebig hat ein solches Verfahren für die Darstellung des Knallsilbers angewandt, indem er Knallquecksilber mit Wasser, Silber- und Platinfeile kochte. Diese Methode versagt aber bei unedlen Metallen; die Substitution des Quecksilbers bzw. Silbers durch doppelte Umsetzung ist nicht möglich, weil die Neigung der Knallsäure zur Bildung komplexer Salze zu sehr ausgeprägt ist. Erst durch Anwendung von Natriummetall als Amalgam konnte L. Wöhler[2] unter Äthylalkohol das Edelmetall vollständig eliminieren und ein reines

---

[1] W. C. White, Zündsatz für Torpedos, Sprengladungen usw. Engl. Pat. 13983/1906 (vgl. S. 198).

[2] Chem.-Ztg. 1913, S. 993.

Knallnatrium NaCNO erhalten. Bei anderen Metallen aber gibt diese Methode kein günstiges Resultat; denn das eliminierte Edelmetall erscheint in ganz feiner Verteilung, verunreinigt das entstandene Salz stark und läßt sich nicht trennen. Jedoch durch Anwendung von Methylalkohol, welcher die entstehenden Salze löst, war es möglich, eine Reihe neuer Knallsalze darzustellen (Kalium-, Calcium-, Strontium-, Barium-, Mangan-, Kadmium- und Thalliumfulminat). Umsatz und Filtration muß zur Vermeidung von Hydrolyse unter trockener Wasserstoffatmosphäre erfolgen. Cuprofulminat läßt sich beispielsweise aus Knallsilber (nicht Knallquecksilber) unter Wasser und Wasserstoff rein darstellen. Für Knallquecksilber und Knallsilber wurde die einfache Molekulargröße festgestellt (in Anilin). Aus den mittels der Berthelot-Mahler-Bombe festgestellten Detonationswärmen wurden die Bildungswärmen berechnet: sie stehen in Parallelismus mit der Stellung der betreffenden Metalle in der Spannungsreihe. Auch die Sensibilität gegen Schlag und Wärme nimmt mit dem Adel des Elementes zu, aber unter der Bedingung, daß der Einfluß der Kristallgröße oder der dämpfenden Wirkung der Luftzwischenräume nicht in Frage kommt. Die Fulminate des Kupfers, Kadmiums und Thalliums sind initiierfähig.

Vierter Abschnitt.

Die Azide.

Trotzdem die Chemie an hochexplosiven Verbindungen mannigfaltigster Gattung nicht den geringsten Mangel leidet, so hat sich dennoch bis auf den heutigen Tag das Knallquecksilber als der erste und meistverwendete Initialsprengstoff siegreich behaupten können. Zwar hatte man schon lange darnach getrachtet, das Knallquecksilber durch Einführung anderer Explosivsubstanzen aus seiner bevorzugten Stellung zu verdrängen; die Versuche wurden aber fast jedesmal auf kurz oder lang wieder aufgegeben. Die ersten ernsthaften Bestrebungen dieser Art gehen auf das Jahr 1893 zurück, wo im militärischen Versuchsamt zu Spandau durch W. Will[1] und Lenze auf den Vorschlag von Curtius sehr eingehende Versuche über die praktische Verwendung von Silberazid, Bleiazid und Mercuroazid angestellt wurden. Infolge eines tödlichen Unfalls wurden die Versuche wieder abgebrochen, ohne daß

[1] L. Wöhler, Zeitschr. f. angew. Ch. 1911, S. 2099.

damals die später von L. Wöhler erkannten praktischen Vorteile[1] der Azide vor dem Knallquecksilber, wie wesentlich größere Unempfindlichkeit gegen Schlag, Temperatur, Druck, Feuchtigkeit und vor allem die große Ersparnis von Substanz wegen größerer Brisanz, erkannt werden konnten.

Längere Zeit lag dieses Versuchsfeld wieder brach, bis L. Wöhler von neuem an die Aufgabe des Knallquecksilbersatzes in Initialzündern herantrat und in einer Reihe von Untersuchungen[2] eine größere Anzahl hochexplosiver Verbindungen systematisch auf den Zweck der Initiierfähigkeit hin prüfte. Es betraf dies:

Schwefelstickstoff N_4S_4,
Diazobenzolnitrat $C_6H_5-N_2NO_3$,
Knallnatrium NaCNO,
Basisches Nitromethanquecksilber $Hg\left\langle\begin{matrix} NO=C\left\langle\begin{matrix}O\\O\end{matrix}\right\rangle Hg \\ NO=C\left\langle\begin{matrix}O\\O\end{matrix}\right\rangle Hg\end{matrix}\right.$,
Perchloratotrimerkuralaldehyd $ClO_4Hg.(Hg_2O)\equiv C-COH$,
Chloratotrimerkuraldehyd $ClO_3Hg.(Hg_2O)\equiv C-COH$,
Silberazid AgN_3.

Die vergleichsweise Prüfung aller dieser Explosivkörper ergab bald die große Überlegenheit des Silberazids als Initialsubstanz, und Wöhler wandte nun seine Untersuchungen, unabhängig und ohne Kenntnis der von Will und Lenze vom Kriegsministerium geheim gehaltenen Vorversuche, den Aziden, speziell dem Bleiazid zu. Dieses Salz von der Formel $Pb(N_3)_2$ wird schon seit mehreren Jahren von der Rheinisch-Westfälischen Sprengstoff-A.-G. in Köln technisch fabriziert und als Ersatz des Knallquecksilbers in Sprengkapseln in den Handel gebracht. Da die Azide bis heute die einzigen Verbindungen sind, die neben dem Knallquecksilber aufkommen und sich behaupten konnten, so wenden wir uns zuerst der Besprechung dieser Körperklasse zu.

I. Die Stickstoffwasserstoffsäure.

Eine der interessantesten explosiven Verbindungen des anorganischen Körperreichs ist die von Curtius im Jahre 1890 entdeckte Stickstoffwasserstoffsäure von der Formel N_3H. Sie ist die stickstoffreichste aller bekannten Verbindungen und im Gegensatz zum basischen Ammoniak, welches mit ihr die gleiche Anzahl elementarer Atome teilt, eine ausgesprochene Säure, deren Wasserstoff durch ein beliebiges Metall ersetzt werden kann. Das charak-

---

[1] D.R.P. 196824, im Besitze der Rhein.-Westfäl. Sprengstoff-A.-G. Köln.
[2] Zeitschr. f. Schieß- u. Sprengst. 1907, S. 181, 203, 244, 265.

teristische Merkmal jedoch ist ihre außerordentliche, beispiellose Explosivität, die an Heftigkeit diejenige aller anderen bisher bekannten Explosivstoffe, selbst die des Chlorstickstoffs, zu übertreffen scheint.

1. Darstellung.

Curtius[1] erhielt die elementare Stickstoffwasserstoffsäure zuerst aus organischen Abkömmlingen, den Säureaziden durch Verseifung mit alkoholischem Kali. Die Säureazide von der Formel $R-CO-N_3$ entstehen allgemein bei Einwirkung von salpetriger Säure auf Säurehydrazide von der Formel $R-CO-NH-NH_2$, z. B.

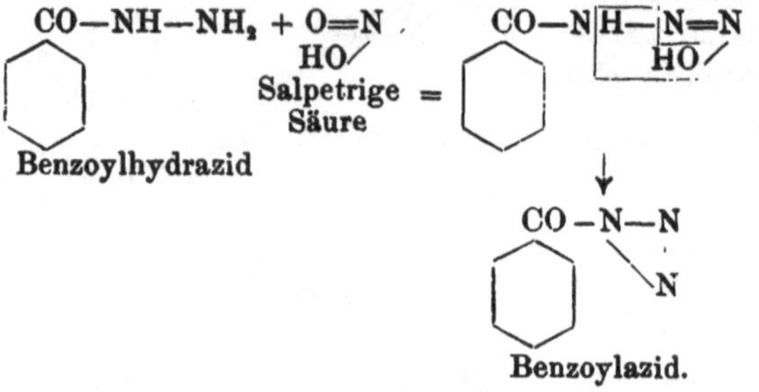

Durch Verseifung mit alkoholischem Kali spaltet sich das Benzoylazid unter Kaliumsalzbildung in die organische Säure und Stickstoffwasserstoffsäure:

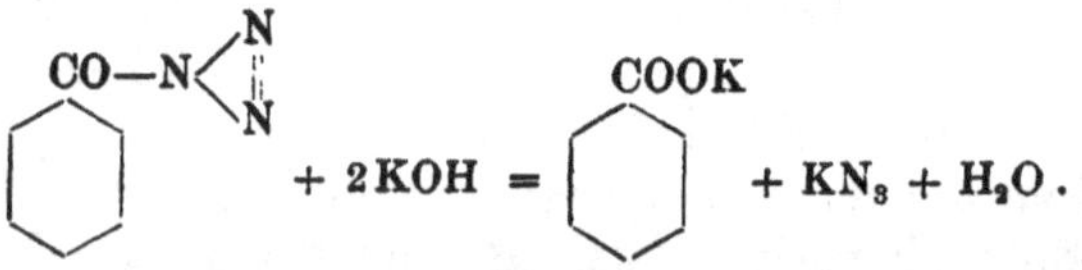

Das Stickstoffkalium oder Kaliumazid liefert beim Destillieren mit verdünnter Schwefelsäure zunächst eine stark verdünnte Stickstoffwasserstoffsäure, die durch wiederholte Fraktionierung und Behandlung mit Chlorcalcium völlig entwässert werden kann. Auf diese Weise wurde die Stickstoffwasserstoffsäure von Curtius erstmals dargestellt.

Eine weitere Bildungsweise dieser Säure wurde 1891 und 1892 von Nölting, Grandmougin und Michel[2] gefunden; sie ist der Curtiusschen analog und besteht in der Einwirkung alkoholischen Kalis auf o- und p-substituierte Diazobenzolimide. So spaltet sich das Phenylazid $C_6H_5N_3$, das aus Phenylhydrazin und salpetriger Säure gebildete Diazobenzolimid in Phenolkalium und Kaliumazid. Zu der gleichen Klasse von Reaktionen

[1] Ber. 23, S. 3023. [2] Ebenda 24, S. 3341.

gehört auch die von Thiele[1] 1892 entdeckte Zersetzung des Diazoguanidinnitrats 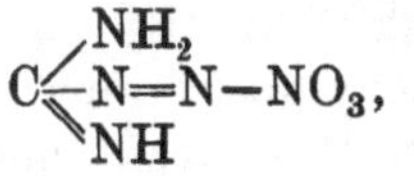 welches nach Hantzsch und Vogt[2] als Carbamidimidazidnitrat 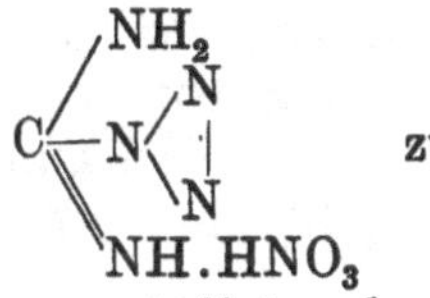 zu betrachten ist.

Statt von aromatischen Stickstoffwasserstoffsäurederivaten auszugehen, kann man, wie Curtius 1893 fand, eine wässerige Lösung der Säure direkt aus Hydrazinhydrat und salpetriger Säure erhalten:

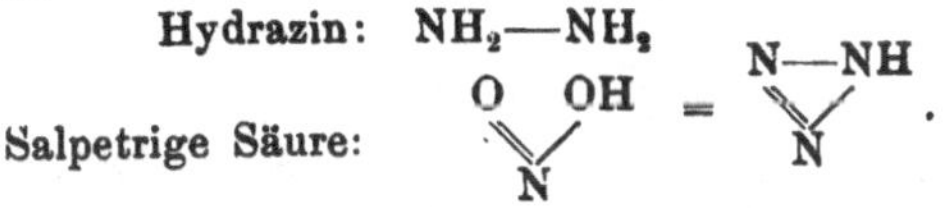

Billiger verwendet man aber nach Dennstedt und Göhlich[3] Hydrazinsulfat und Kaliumnitrit in wässeriger Lösung.

Alle bis jetzt beschriebenen Reaktionen gehen in letzter Linie vom Hydrazin aus. Prinzipiell davon verschieden ist die von W. Wislicenus[4] 1892 aufgefundene Bildungsweise der Stickstoffwasserstoffsäure aus Stickoxydul und Ammoniak:

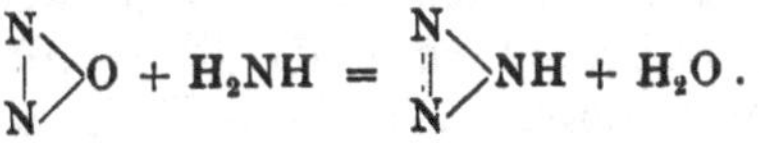

Die Reaktion erfolgt im Sinne dieser Gleichung beim Überleiten von trockenen Stickoxydul über Natriumamid bei 150 bis 250°

$$N_2|O + H_2|NNa = \underset{\text{Natriumazid}}{N_3Na} + H_2O\,.$$

Die Hälfte des angewandten Amids wird aber durch das entstehende Wasser in Ammoniak und Natriumhydroxyd gespalten. Destillation der erhaltenen Schmelze mit verdünnter Schwefelsäure liefert freien Stickstoffwasserstoff. Diese Reaktion des Stickoxyduls mit Natriumamid bildet heute die Grundlage für die technische Darstellungsweise aller Azidpräparate. — Nach einem Verfahren von Torley und Matter[5] wird das Natriumazid in schneeweißen Kristallen und mit einer Ausbeute bis zu 90% (d. h. 45% bezogen auf die Menge angewandten Amids) gewonnen.

Ein neues Verfahren zur Herstellung von Stickstoffwasserstoffsäure bzw. deren Salzen stammt von H. Staudinger.[6] Da-

[1] Ann. Chem. 270, S. 1.
[2] Ebenda 314, S. 339.
[3] Chem Ztg. 21, S. 876.
[4] Ber. 25, S. 2084.
[5] D.R.P. 276069 vom 24. Mai 1913.
[6] D.R.P. 273667 (vgl. S. 222).

nach entsteht diese Säure in guter Ausbeute, wenn man auf Hydrazinhydrat bzw. Hydrazoniumsalze die Nitrosamime von sekundären Aminen, wie Diphenylnitrosamin, in alkalisch-alkoholischer Lösung einwirken läßt. Die Reaktion erfolgt bei gewöhnlicher Temperatur langsam, beim Erwärmen schneller und zwar im Sinne der Gleichung:

$$(C_6H_5)_2NNO + N_2H_4 + NaOH = NaN_3 + (C_6H_5)_2NH + 2H_2O.$$

Schließlich ist noch die originelle Methode von Tanatar[1] anzuführen, nach welcher Stickstoffwasserstoffsäure entsteht durch Einwirkung von Hydrazin auf eine Chlorstickstofflösung in Benzol, gemäß der Gleichung: $N_2H_4 + NCl_3 = N_3H + 3HCl$.

2. Eigenschaften.

Die reine, wasserfreie Stickstoffwasserstoffsäure ist bis jetzt nur zweimal dargestellt worden: erstmals von Curtius und Radenhausen[2] und später von Dennis und Isham[3] 1907. Der Siedepunkt wurde übereinstimmend zu 37° gefunden, wenn auch nicht scharf markiert, wie von Curtius angegeben worden war. Der Schmelzpunkt liegt bei —80°. Das Azoimid ist eine starke einbasische Säure, die nach ihrem elektrischen Leitungsvermögen die Essigsäure übertrifft, sonst aber unmittelbar mit der Chlorwasserstoffsäure vergleichbar ist. Ammoniak erzeugt dicke Nebel von Ammoniumazid. Eine 7%ige wässerige Lösung löst Eisen, Zink, Kupfer, Magnesium unter heftiger Wasserstoffentwicklung auf. Das Gas wird vom Wasser leicht absorbiert; beim Destillieren der wässerigen Flüssigkeit entweicht zuerst ein Teil gasförmig, dann destilliert zwischen 90 und 100° eine sehr konzentrierte wässerige Säure über. Die wässerige Lösung besitzt bis zu ziemlich starker Verdünnung den stechenden Geruch des Gases; ein darüber gehaltenes blaues Lackmuspapier wird stark hellrot gefärbt. Die reine Lösung ist vollkommen haltbar.

Die reine Säure, wie sie durch Trocknen der bei fraktionierter Destillation erhaltenen konzentrierten wässerigen Säure mit Chlorcalcium gewonnen wird, ist eine wasserhelle, leicht bewegliche Flüssigkeit von unerträglich reizendem Geruch. Die Bildungswärme beträgt —61·6 Kalorien. Die Stickstoffwasserstoffsäure ist giftig; sie explodiert, namentlich im wasserfreien Zustande, mit beispielloser Gewalt, doch erstreckt sich der Wirkungsbereich der Explosion wie bei allen hochbrisanten Substanzen nicht sehr weit. Die Ver-

---

[1] Ber. 32, S. 1499.
[2] Journ, f. prakt. Chem. (2) 43, S. 206.
[3] Ber. 46, S. 458—468.

bindung ist gegen äußere Einflüsse höchst empfindlich, kann mitunter aus unbekannten Ursachen von selbst explodieren und ist darum äußerst gefährlich zu handhaben. Als Radenhausen ein mit etwa 0·7 g wasserfreier Säure gefülltes Röhrchen aus einer Kältemischung herausnahm, explodierte der Inhalt von selbst mit furchtbarer Gewalt. Die entstehenden Glassplitter besaßen trotz der staubförmigen Feinheit eine derartige Durchschlagskraft, daß sie selbst entfernter stehende, dickwandige Glasflaschen beiderseits glatt durchschlugen unter Bildung stecknadelfeiner, kaum wahrnehmbarer Löcher. Mit dem Reste der damals dargestellten wasserfreien Säure versuchte Curtius die Dampfdichte nach Hofmann zu bestimmen: es gelang ihm glücklich, die Substanz mit der Pipette in ein Röhrchen überzufüllen, abzuwägen und in das Barometerrohr einzuführen; in demselben Augenblick indessen, als das etwa 0·05 g Säure enthaltende Fläschchen die Quecksilberoberfläche berührte, erfolgte eine unbeschreiblich heftige Explosion, wobei der Apparat zu Staub zertrümmert und das Quecksilber in äußerst feiner Zerteilung bis in die entferntesten Stellen des sehr großen Zimmers verbreitet wurde.

3. Konstitution.

Aus der von Dennis und Isham ausgeführten Dampfdichtebestimmung nach V. Meyer, wie aus den Versuchen von Curtius mit Stickstoffammonium, geht die einfache Formel HN_3 hervor. Allgemein wird der Stickstoffwasserstoffsäure die Konstitution eines Azoimides

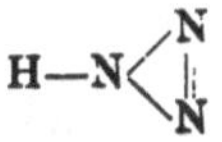

mit ringförmig gebundenem Stickstoff zugeschrieben; als Hauptstütze für diese Annahme dient die von Wislicenus gefundene Bildungsweise aus Stickoxydul und Natriumamid. Indessen bestehen aber auch Reaktionen, welche auf eine Analogie der Stickstoffwasserstoffsäure mit der Rhodanwasserstoffsäure hindeuten, und statt des Stickstoffringes des Azoimids, mehr eine offene Stickstoffkette in der von Thiele[1] angenommenen Form: $N{\equiv}N{=}N{-}H$ vermuten lassen. Dafür spricht einmal die blutrote Färbung der wässerigen Ferriazidlösung, welche von allen bekannten Eisensalzen nur noch im Ferrirhodanid ein Analogon hat, ferner die Bildung von Natriumrhodanid aus Natriumamid und Schwefelkohlenstoff,

$$NaNH_2 + SCS = NaNCS + H_2S,$$

[1] Ber. 44, S. 2522 (1910).

welche ganz derjenigen von Natriumazid aus Natriumamid und Stickoxydul entspricht. Vielleicht liegt hier ein ähnlicher Fall vor, wie bei den Diazoverbindungen, wo zur Erklärung der verschiedenen Reaktionen, mehrere Konstitutionsformeln angenommen werden müssen.

II. Die Azide.

Die Darstellung der Salze der Stickstoffwasserstoffsäure, der Azide geschieht heute ausnahmslos nach der bereits schon angeführten Reaktion nach Wislicenus, durch Überleiten trockenen Stickoxyduls über Natriumamid zwischen 150 bis 250°, nach neueren Verfahren bei höchstens 200°:

$$NaNH_2 + N_2O = NaN_3 + H_2O.$$

Das so erhaltene Natriumazid ist das Ausgangsprodukt für die Herstellung aller anderen Azide, namentlich der technisch wichtigen Schwermetallazide, insbesondere des Bleiazids. Durch Behandlung des leicht löslichen Natriumazids mit einem löslichen Schwermetallsalz, z. B. Bleiacetat, erhält man durch doppelte Umsetzung, gemäß der Gleichung

$$2\,NaN_3 + Pb(COOCH_3)_2 = Pb(N_3)_2 + 2\,NaCOOCH_3$$

Bleiazid, als ein schwerer feiner Niederschlag. — Über die Einzelheiten der technischen Darstellungsweise[1] ist noch wenig bekannt gegeben worden, was wohl darauf zurückzuführen ist, daß sowohl die Fabriken wie die mit ihnen in Verbindung stehenden Fachleute derartige Mitteilungen im Interesse ihres eigenen Vorteils unterdrücken und der Allgemeinheit vorenthalten.

1. Eigenschaften der wichtigsten Azide.

Entsprechend der Ähnlichkeit der Stickstoffwasserstoffsäure mit der Chlorwasserstoffsäure sind die Azide den Chloriden in jeder Beziehung vergleichbar. Silbernitrat und Merkuronitrat fällen auch in verdünnter salpetersaurer Lösung die Stickstoffwasserstoffsäure quantitativ als Stickstoffsilber N_3Ag bzw. Stickstoffkalomel $(N_3)_2Hg_2$. Beide Reaktionen können zur Abscheidung und Reinigung der Säure benutzt werden.

Natriumazid, NaN_3, bildet klare, farblose, stark doppeltbrechende hexagonale Kristalle, die beim Erhitzen auf verhältnismäßig hohe Temperatur unter gelber Lichterscheinung verpuffen, durch Schlag jedoch nicht explodieren. 100 Teile Wasser lösen bei 17° 41·7 Teile, 100 Teile Alkohol bei 16° 0·3153 Teile. Das Salz

[1] Vgl. Zeitschr. f. Schieß- u. Sprengst. 1916, Neuere Initialexplosivstoffe, S. 34—36.

besitzt schwach alkalische Reaktion und sehr salzigen Geschmack, ist weder flüchtig noch hygroskopisch und wird durch Eindampfen seiner Lösung nicht verändert.

Das technische Natriumazid, wie es z. B. von Kahlbaum in Berlin in den Handel gebracht wird, stellt ein schwach bräunliches Pulver dar, das sich in Wasser mit braungelber Farbe klar löst. Soll eine solche Lösung zur Darstellung von Schwermetallaziden benutzt werden, so ist es erforderlich, dieselbe vor der Fällung zu filtrieren, da sonst harte Verunreinigungen, wie Sandkörner oder Glassplitter, nachträglich Explosionen veranlassen können. Natriumazid ist infolge seiner Beständigkeit zum Bahnversand zugelassen.

Kaliumazid, KN_3, quadratische Kristalle von annähernd gleicher Löslichkeit in Wasser und in Alkohol wie das Natriumsalz. Die wässerige Lösung zersetzt sich dagegen beim Eindampfen. Die Verpuffungstemperatur liegt ebenfalls ziemlich hoch.

Ammoniumazid, NH_4N_3, kristallisiert in großen, glänzenden nichthygroskopischen Kristallen, die sich schon bei Zimmertemperatur langsam verflüchtigen, schwach alkalisch reagieren und in Wasser und 80%igem Alkohol leicht löslich sind. Das Salz schmilzt bei 160° und beginnt zugleich zu sieden. Die Dämpfe sind vollkommen dissoziiert und sehr giftig. Bei schnellem Erhitzen explodiert Ammoniumazid sehr heftig und entbindet dabei ein Gasvolumen, das größer ist als bei irgendeinem der bekannten Explosivkörper.

Bleiazid, $Pb(N_3)_2$, ist in kaltem Wasser unlöslich, auch in heißem Wasser viel schwerer löslich als Chlorblei, nur ungefähr 0·5 g im Liter, dagegen löslich in einem Überschuß von Bleiacetat, dem gewöhnlichen Fällungsmittel aus Natriumazidlösung. Nach dem Erkalten aus heißer wässeriger Lösung erscheint das Salz in zentimeterlangen, glänzenden farblosen Nadeln, denen des Bleichlorids täuschend ähnlich, aber schon bei ganz gelindem Erwärmen mit furchtbarer Gewalt explodierend. Anhaltendes Kochen mit Wasser zersetzt das Salz unter Abscheidung einer nicht explosiven Bleiverbindung und unter Freiwerden von Stickstoffwasserstoffsäure. Die Verpuffungstemperatur liegt sehr hoch, bei 327°.

Stettbacher[1] beschreibt die Darstellung des Bleiazids folgendermaßen:

Das Blei- wie auch das Silberazid wird durch doppelte Umsetzung von Natriumazid mit einem entsprechenden löslichen Metallsalz in wässeriger Lösung hergestellt. Da es nun nicht gleichgültig ist, in

---

[1] Zeitschr. f. Schieß- u. Sprengst. 1916, S. 34.

welcher Weise die Umsetzung vorgenommen wird, seien vorerst ein paar allgemeine Bemerkungen über die Fällung von Schwermetallaziden aus Natriumazidlösung vorausgeschickt.

Wer eine solche Umsetzung am besten in annähernd stöchiometrischen Mengenverhältnissen zu bewerkstelligen glaubte, würde beim Waschen des Niederschlages eigentümliche Beobachtungen machen: das eine Mal liefe ihm das Waschwasser klar, ein anderesmal würde er vielleicht eine schwache, auch durch langes Waschen kaum verschwindende Trübung bemerken, und schließlich in einem dritten Falle stünde er vor der widersinnigen Erscheinung, daß die Filtrationsflüssigkeit mit den ersten Waschwässern ziemlich klar, dann aber, je weiter er das Waschen fortsetzte, immer trüber und zuletzt fast milchig durchginge. Eine genauere Untersuchung würde ihn dann belehren, daß er im ersten Falle das klare Filtrat einem kleinen Überschuß an Schwermetallsalz verdankte, während er im zweiten Falle die Umsetzungsmenge genau nach Äquivalenten und im dritten mit einem kleinen Überschuß an Natriumazid vorgenommen hätte. Daraus ergibt sich der wertvolle Fingerzeig, die Azidfällungen stets mit einem kleinen Plus an Schwermetallsalz vorzunehmen. Dabei ist es gleichgültig, nach welcher Richtung die Umsetzung geschehe, ob die Natriumazidlösung zu der Metallsalzlösung gegossen oder ob in umgekehrter Reihenfolge vorgegangen werde: die Hautpsache bleibt der erwähnte Überschuß an Schwermetallsalz. Jedoch ist es am empfehlenswertesten, das Metallsalz zu der Natriumazidlösung zuzufügen, weil man auf diese Weise, nach Ende der Fällung, gleich den nötigen Überschuß zumessen kann.

Nach dem D. R. P. 224669 neutralisiert man die alkalische Natriumazidlösung mit verdünnter Salpetersäure und fällt dann mit Bleinitrat. So wird natürlich jede Alkalinität nach der Fällung und damit auch ein Überschuß an Bleisalz vermieden; allein bei diesem Verfahren ist die Neutralisierung unumgänglich, weil das Natriumazid direkt nach der Bildung aus Natriumamid — also zur Hälfte noch mit Natriumhydroxyd verunreinigt — auf Bleiazid weiterverarbeitet wird. Die Darstellungsweise ist nicht nur die billigste, sondern auch die einzig richtige für die Großfabrikation. Selbstverständlich darf man auch die reine Natriumazidlösung vor der Fällung neutralisieren, z. B. mit verdünnter Essigsäure, und dann das lösliche Bleisalz (Bleiazetat z. B.) in stöchiometrischer Menge zusetzen.

Für die Fällung des Bleiazids aus Natriumazidlösung wendet man am bequemsten Bleiazetat in nicht zu konzentrierter Lösung an:

$$Pb(CH_3 \cdot CO_2)_2 + 2\,NaN_3 = Pb(N_3)_2 + 2\,CH_3 \cdot COONa\,.$$

Jede zur Azidbereitung dienliche Lösung muß vorher filtriert werden, am besten unmittelbar vor dem Zusammengießen, weil man so am sichersten ist, daß keine Fremdkörper hineingelangt sind. Die Lösungen hebt man zweckmäßig in Bechergläsern auf; dasjenige, worin die Ausscheidung stattfinden soll, muß so groß sein, daß der Inhalt ohne Gefahr des Verschüttens stark geschwenkt werden kann.

Bleiazid durch kalte Fällung. Unter fortwährendem lebhaftem Schwenken der Natriumazidlösung fügt man die Bleiazetatlösung in kleinen Anteilen zu, und zwar derart, daß man die Zugabe in dem Maße folgen läßt, als der schwere käsige Niederschlag sich in der geschwenkten Flüssigkeit verteilt hat. Sollte sich die Bleiazidfällung zusammenballen, so setzt man einen Augenblick aus, schüttelt die Masse auseinander und fährt mit dem Zugießen des Bleiazetats in gewohnter Weise fort. Der schwere Niederschlag setzt sich rasch zu Boden und an der überstehenden opaleszierenden Flüssigkeit läßt sich durch Zutropfen von Bleilösung leicht feststellen, ob der Endpunkt erreicht ist oder nicht. Am Schlusse fügt man dann den kleinen Überschuß noch hinzu, schwenkt tüchtig um, läßt absetzen, gießt die überstehende Lösung nach Möglichkeit ab, verdünnt mit Wasser und filtriert. Das Waschen des Niederschlages soll so weit geführt werden, bis das Filtrat kein Blei mehr konstatieren läßt, was ziemlich bald erreicht ist.

Nach dem Abtropfen des Waschwassers breitet man das Filter auf einer mehrfach gefalteten Lage Filtrierpapier aus, verteilt den Niederschlag mit einem Hornspatel und trocknet bei 50°.

Bleiazid durch warme Fällung. Aus der analytischen Chemie ist hinreichend bekannt, wieviel schneller, sauberer und leichter filtrierbar Niederschläge aus heißer Lösung ausfallen als aus kalter. Dies ist auch hier der Fall; allein diese Vorteile erkauft man hier mit wachsender Gefahr. Jedenfalls ist besondere Vorsicht am Platze, und man sollte mit dem Vorwärmen der Lösungen nicht zu hoch gehen, beispielsweise nicht über 50°. Denn je näher man dem Siedepunkt rückt, desto mehr nimmt die Löslichkeit des Bleiazids zu und desto größer ist die Wahrscheinlichkeit, daß sich beim Erkalten etwas (wenn auch nur sehr wenig) auskristallisiere. Kristallisiertes Bleiazid ist aber äußerst empfindlich, und nach dem Erkalten solcher Fällungen besteht die große Gefahr, daß durch Zerbrechen einer kleinen Kristallnadel z. B. der ganze Niederschlag explodiert. Deshalb ist es geraten, jeder stärkeren Abkühlung durch baldiges Filtrieren zuvorzukommen und nach dem Ablaufen der warmen Flüssigkeit sofort die kalte Waschung anzuschließen. Auf diese Weise gelangt man schnell zu einem Präparat, dessen Handhabung nicht gefährlicher ist als die des kalt gefällten.

Das Bleiazid, ebenso das Silberazid, klebt wie alle käsigen Niederschläge beim Trocknen zusammen, so daß das Wasser sich nicht eben schnell verflüchtigt. Da der Verpuffungspunkt des Bleiazids sehr hoch (über 320°) liegt, kann man die Trockentemperatur ohne besondere Gefahrvergrößerung von 50 auf 100° steigern und die Entwässerung beschleunigen.

Nach dem Erkalten löst man die Bleiazidkrusten mit Hilfe eines Hornspatels vom Filter und zerkleinert sie in kleinen Portionen, indem man sie mit einem sauberen Kork durch die Maschen eines engmaschigen Roßhaar- oder Messingsiebes drückt, — eine ziemlich gefährliche Arbeit,

gegen die man sich besser schützen kann, wenn man den Kork mit einer langen Tiegelzange faßt und das Zerdrücken — nicht Zerreiben! ohne direkte Mitwirkung der Finger ausführt. Das trockene, zerkleinerte Bleiazid bewahrt man an einem lichtgeschützten Orte auf.

Wird das Bleiazid aus kalten Lösungen gefällt, und zwar in der Weise, daß man die Bleiacetatlösung tropfenweise in eine durch Schütteln bewegte Natriumazidlösung einträgt, so erhält man ein Produkt, das infolge seiner feinen Struktur verhältnismäßig unempfindlich ist und dem Knallquecksilber an Sensibilität merklich nachsteht, dagegen bei der Explosion schon in kleinen Mengen seine mächtige Brisanz offenbart. Bleiazid explodiert mit betäubendem, im Vergleiche zu Silberazid etwas dumpferen Knall, unter Entwicklung fahlblauer Bleidämpfe.

An diesem Orte soll auch die vieldiskutierte Frage[1] nach der Beständigkeit und Haltbarkeit des Bleiazids in Sprengkapseln gestreift werden. In den letzten Jahren sind zwei Unfälle mit fertig geladenen Bleiazidkapseln vorgekommen, welche in der Literatur zum Teil völlig mißdeutet und meistens einer gefährlichen Empfindlichkeit dieses Initialstoffs zur Last gelegt wurden. Verschiedenerorts schob man die Schuld der Lichtempfindlichkeit des Bleiazids zu, indem man das optisch veränderte Azidmolekül für besonders gefährlich hielt. Nachdem nun aber durch Wöhler die Einflußlosigkeit dieser Lichtveränderungen für die detonative Anwendung der Azide, zumal des Bleiazids, experimentell dargetan worden ist (vgl. S. 168), ist die Ursache der erwähnten Bleiazidkapsel-Unfälle auf ganz anderem Gebiete zu suchen. Genaue Nachforschungen ergaben nun, daß das Bleiazid in den Kapseln durch eine bis dahin unvermutete und übersehene Zersetzung gefährlich werden kann: nämlich durch Einwirkung feuchter, stark kohlensäurehaltiger Luft, wie z. B. bei offen verwahrten oder nachlässig verpackten Sprengkapseln in Bergwerken. Schon durch Kochen mit Wasser setzt Bleiazid gasförmige Stickstoffwasserstoffsäure in Freiheit. Ein gleiches geschieht nun mit Kohlensäure bei gewöhnlicher Temperatur und die entstehende Stickstoffwasserstoffsäure greift jetzt das Kupfer der Sprengkapselwandungen an unter Bildung des höchst explosiven Kupferazids. Ein schwacher Stoß oder sonst eine unbedeutende Einwirkung genügt dann, um solch angegriffene, verdorbene Kapseln zur Explosion und damit Unfälle der oben erwähnten Art hervorzubringen. Trockene Kohlensäure wirkt jedoch nicht ein, so daß für trocken ge-

[1] Zeitschr. f. Schieß- u. Sprengst. 1916, S. 36.

lagerte oder hermetisch abgeschlossene Bleiazidkapseln diese Gefahr nicht zu befürchten ist. Deshalb dürfte Bleiazid für elektrische Zünder, welche stets luftdicht abgeschlossen sind, das geeignetste, d. h. das billigste, sicherste und wirksamste aller Zündmittel darstellen, namentlich in Verbindung mit Tetranitromethylanilin.

Das Vertrauen zu den Vorzügen des Bleiazids ist also gerechtfertigt bis auf dessen Verhältnis zur — Kohlensäure.

Quecksilberazid kommt in 2 Formen vor, als Merkuroazid, Hg_2N_6, Stickstoffkalomel und als Merkuriazid, HgN_6; das erstere wird aus einer Lösung von Natriumazid durch Merkuronitrat gefällt, bildet feine Nadeln, die sich am Lichte gelb färben und in Wasser ganz unlöslich sind. Das Merkuriazid ist von besonderem Interesse, weil es mit dem Knallquecksilber gleiches Molekulargewicht, gleiches spezifisches Gewicht, gleiche Gasentwicklung und nach Berthelot auch annähernd gleiche Wärmeentwicklung zeigt; es ist äußerst explosiv, namentlich in Form großer Kristalle, wie sie aus einer konzentrierten heißen wässerigen Lösung durch langsam erkaltendes Auskristallisieren entstehen. Merkuriazid explodiert mit prächtig hellblauem Licht; es ist das brisanteste aller Azide.

Silberazid, AgN_3, ist dem Chlorsilber sehr ähnlich, in Wasser ganz unlöslich, löslich dagegen in Ammoniak und daraus in zentimeterlangen, fast farblosen Nadeln kristallisierend, die schon beim Zerbrechen furchtbar explodieren. Silberazid verpufft bei 297°. Seine Brisanz ist nicht so groß wie die des Bleiazids (vgl. die Durchschlagsproben 1 und 2 in Fig. 37).

Ein chemisch wichtiges Unterscheidungsmerkmal des Silberazids von dem Silberchlorid ist die Zersetzlichkeit des ersteren durch Salpetersäure: während Silberchlorid durch verdünnte und konzentrierte Salpetersäure unverändert bleibt, spaltet Silberazid Stickstoffwasserstoffsäure ab, welche sehr leicht an ihrem Geruche erkannt werden kann. Salpetersäure bietet somit ein bequemes Mittel, um gefährliche Reste von Silberazid zu zerstören. An dieser Stelle sei jedoch gleich erwähnt, daß man Reste von Silber- oder von Bleiazid am einfachsten und sichersten durch Trocknen und Abbrennen in kleinen Anteilen unschädlich macht.

Die Herstellung[1] des Silberazids wird praktisch durch doppelte Umsetzung von Silbernitrat (in 5%iger Lösung) mit einer nicht zu konzentrierten Natriumazidlösung vorgenommen:

---

[1] Zeitschr. f. Schieß- u. Sprengst. 1916, S. 36.

$$NaN_3 + AgNO_3 = AgN_3 + NaNO_3.$$

Die Fällung geschieht, wie bei Bleiazid beschrieben, kalt und warm durch langsames, vorsichtiges Zugeben der Silbernitratlösung in die stark bewegte Natriumazidlösung; auf diese Weise wird verhindert, daß sich der flockige, käsige Niederschlag zusammenballt und Lösungsmittel einschließt, welches durch Waschen schwer zu entfernen ist. Man setzt so lange Silbernitratlösung hinzu, bis keine Fällung mehr entsteht, läßt absetzen, gießt die klare, über dem Niederschlag stehende Flüssigkeit ab und wäscht den Azidkörper auf dem Filter so lange mit destilliertem Wasser, bis das Filtrat mit Kochsalzlösung nur noch eine schwach opaleszierende Trübung zeigt. Hierauf breitet man das noch nasse Silberazid auf dem Filter aus und trocknet 24 bis 48 Stunden im Trockenschrank bei 50°.

Das auf diese Weise hergestellte und getrocknete Silberazid kann dann mit Korken durch ein Roßhaarsieb gedrückt und für den weiteren Verwendungszweck zerkleinert werden. Nach all diesen Operationen hat das Silberazid eine rotviolette Farbe angenommen; zu seiner Aufbewahrung wählt man am besten einen lichtgeschützten Ort.

Im Vergleich zu den anderen Aziden wie zu den anderen Initialsprengstoffen gehört das Silberazid zu den beständigsten, zuverlässigsten und stärksten Zündmitteln überhaupt.

2. Sensibilität der Azide.

Die Sensibilität der Azide, ganz besonders gegen mechanische Einwirkung scheint in außerordentlichen Maße von der physikalischen Beschaffenheit, von der Kristallgröße, abzuhängen. Besonders gefährlich erweisen sich in dieser Hinsicht Blei- und Merkuriazid, und zwar um so mehr, je gröber kristallin die betreffenden Salze sind. Der geringfügigste Anlaß, ein kleiner Bruch des Kristalls oder sonst eine äußere Beeinflussung, die für die Sinne nicht einmal wahrnehmbar zu sein braucht, veranlaßt dann die Explosion. So läßt sich ein Merkuriazid erhalten, dessen Kriställchen nur eine Länge von 0·06 bis 0·09 mm aufweisen; die Empfindlichkeit gegen ein 500 Gramm-Fallgewicht beträgt in diesem Falle 65 mm Fallhöhe.[1] Größere Kristalle jedoch, etwa bis 3 mm, explodieren trocken schon beim Berühren mit der Federfahne wie Jodstickstoff. Läßt man dagegen eine konzentrierte Lösung sehr langsam in einem Bassin mit kochend heißem Wasser, mit diesem erkaltend auskristallisieren, so entstehen Kristalle,

---

[1] Wöhler, Zeitschr. f. angew. Ch. 1911, S. 2095.

die jeweils mit Sicherheit ganz freiwillig unter Wasser detonieren und dann infolge der großen Brisanz alles übrige Material zur Explosion bringen. Die Bildung derartiger Kristalle muß daher durch entsprechende Leitung der Kristallisation peinlich vermieden werden, da die schweren Unglücksfälle, die bei den mit den ersten Aziden angestellten Versuchen und auch noch in jüngerer Zeit[1] vorgekommen sind, wahrscheinlich auf eine Art Selbstzersetzung größerer Kristalle zurückgeführt werden müssen. Bei den Fulminaten ist diese Eigenschaft viel weniger auffällig; auch verhalten sich die verschiedensten Metallsalze der Knallsäure untereinander viel ähnlicher, was möglicherweise dem überwiegenden Einfluß der organischen Säurekomponente zuzuschreiben ist.

Die Empfindlichkeit eines Sprengstoffs ergibt sich aus seinem Verhalten gegen Temperaturerhöhung und Schlagwirkung; jene Temperatur und jene Schlagarbeit, bei welcher gerade noch Explosion eintritt, zählen überhaupt zu den charakteristischsten Merkmalen eines Explosivstoffs. Zur vergleichsweisen Ermittlung der in untenstehender Tabelle angeführten Verpuffungstemperaturen einiger Azide und Fulminate wurde der von L. Wöhler und O. Matter[2] angegebene Apparat benutzt. Eine oben offene, dünnwandige Kupferhülse, die eine kleine Menge des zu untersuchenden Sprengstoffs enthielt, wurde etwa eine halbe Minute in ein geschmolzenes Metallbad aus Woodschem Metall eingetaucht. Trat nach dieser Zeit keine Explosion ein, so wurde die Temperatur um 5° erhöht, und der Versuch so lange wiederholt, bis sich die explosionsartige Zersetzung durch einen deutlichen Knall bemerkbar machte.

Verpuffungstemperaturen.[3]

Silberazid	297°	Silberfulminat	170°
Bleiazid	327°	Quecksilberfulminat	186°
Merkuroazid	281°	Cadmiumfulminat	210°
Cadmiumazid	291°	Natriumfulminat	215°

Auffällig ist das hohe Temperaturintervall zwischen den Aziden und Fulminaten, besonders bei Bleiazid, dessen Verpuffungstemperatur um 140° höher als diejenige des Knallquecksilbers liegt. Um auch den Einfluß der Stoffmenge und der Zeit auf die Verpuffungstemperaturen bei den verschiedenen Aziden kennen zu lernen, wurden für verschiedene Mengen bei verschiedenen Tempe-

[1] Rhein.-Westf. Sprengstoff-A.-G. 1910.
[2] Zeitschr. f. Schieß- u. Sprengst. 1907, S. 204.
[3] Aus „Über Azide und Fulminate" von Dr. Martin.

raturen jeweilen die Zeiten ermittelt, die bis zum Explosionseintritt verstrichen. Bleiazid lieferte folgende Werte:

0·005		0·01		0·02 g Azid	
342°	76 Sek.	340°	80 Sek.	339°	108 Sek.
339°	90 „	337°	125 „	331°	225 „
338°	97 „	331°	183 „	329°	240 „
337°	—	329°	—	327°	—

Die Verpuffungstemperatur des Bleiazids wie diejenige aller anderen Azide, sinkt demnach mit wachsender Substanzmenge, sowie bei langsamerer Erwärmung und nährt sich einer Grenze hin, die um 327° herum liegt.

Was nun die Empfindlichkeit der Azide gegen Schlag und Stoß betrifft, so herrscht bei diesen Substanzen eine auffallende Vieldeutigkeit, die sich ganz nach der physikalischen Form und Beschaffenheit der Kristalle richtet. Beim Merkuriazid wurde ein derartiges Beispiel bereits schon angeführt. Ähnlich verhält sich auch das Bleiazid, das in feinster Verteilung durch kalte Fällung, erst bei 260 mm Fallhöhe detoniert, bei großen Kristallen aber seine Empfindlichkeit so weit steigern kann, daß es spontan in seine Bestandteile zerfällt. Wöhler gelang es, speziell an diesem Beispiel festzustellen, daß mit der wachsenden Kristallgröße eine stetige Zunahme der Empfindlichkeit gegen Schlag einhergeht.

3. Lichtempfindlichkeit der Azide.

Unter den Einwänden, die man gegen die technische Anwendung der Azide erhoben hat, ist immer und immer wieder die Lichtempfindlichkeit genannt worden, und man hat die gefährliche Selbstzersetzung größerer Kristalle, die man auf Kristallspannungen zurückführte, sogar durch den Einfluß des Lichtes erklären wollen. Ferner vermutete man in der optischen Oberflächenzersetzung der Azide eine Erscheinung, die auf die Detonationsfähigkeit einen sehr nachteiligen Einfluß ausüben müsse. Andererseits erklärte Wöhler[1] diese Veränderungen einer technischen Verwendung nicht hinderlich, da sie sich nur auf die äußerste Oberfläche der Azidkristalle erstreckten, und die tiefer liegenden Schichten auch bei längerer Belichtung durch diese dünne Oberflächenschicht geschützt würden, so daß eine Veränderung der explosiven Eigenschaften nicht hervorgebracht werde.

Nach den Beobachtungen Wöhlers ist die oberflächliche Schwärzung der farblosen Azidkristalle am Licht nicht auf die Bil-

[1] Zeitschr. f. angew. Ch. 1911, S. 2098.

dung von farbigen Subaziden zurückzuführen, wie man das von den Silberhaloiden her etwa vermuten könnte, sondern auf die Spaltung in freies Metall und Stickstoff. Bekk[1] vermochte mit Silberazid ähnlich wie mit Silberchlorid und -bromid ein latentes, entwickelbares Lichtbild aufzunehmen. Dabei wurde gefunden, daß die direkte Schwärzung der Silberazidkörner vom Innern aus erfolgt und beim Schwärzungsprozeß Stickstoff als Spaltungsprodukt auftritt. Beim Merkuroazid konnte Wöhler unter dem Mikroskop deutlich Quecksilbertröpfchen und an einem Manometer den Druck des entstandenen Stickstoffs bestimmen. Es wurde somit erwiesen, daß die Lichtverfärbung der Azide auf der Ausscheidung feinst verteilten Metalls beruht. In welchem Zusammenhange nun diese optischen Oberflächenveränderungen der Azide zu den technisch wichtigen Eigenschaften der Initiierfähigkeit stehen, haben L. Wöhler und W. Krupko[2] in einer längeren Untersuchung dargetan. Dazu benutzten sie Silberazid, Merkuroazid, Cuproazid und Bleiazid und wiesen nach, daß die Verfärbung dieser Azide im Sonnen- oder Quecksilberlicht mit Stickstoffentwicklung verbunden ist, die manometrisch in Quarzgefäßen gemessen wurde. Die Belichtungsprodukte enthielten keine Subazide, wie die Sensibilitätsprobe nachher zeigte. Die Subazide sind nämlich verhältnismäßig schwer detonierbar; die belichteten Azide hingegen hatten gegenüber den unbelichteten an Empfindlichkeit gegen Schlag und Temperaturerhöhung nichts eingebüßt. Die Untersuchung ergab, daß die Belichtungsprodukte aus Gemischen von unverändertem Azid und fein verteiltem Metall bestanden, welch letzteres in Form von Kolloidverbindungen die ursprünglichen Salze zu färben vermag.

Von besonderem Interesse ist das Verhalten des Bleiazids. Es zersetzt sich am Licht ziemlich schnell, wobei es graugelbe bis graubraune Farbe annimmt. Wird es an der Luft oder unter Wasser dem Licht ausgesetzt, so tritt Oxydation des Bleies ein unter Bildung von basischem Bleiazid; dabei bildet sich Ammoniak. Man kann sich den Vorgang etwa folgendermaßen vorstellen:

1. $PbN_6 + 2\,H_2O = Pb(OH)_2 + 2\,HN_3$,
2. PbN_6 (im Licht) $= Pb + 3\,N_2$,
3. $Pb + HN_3 + 2\,H_2O = Pb(OH)_2 + N_2 + NH_3$.

Ein basisches Bleiazid von der Zusammensetzung $PbO \cdot PbN_6$ erhält man durch 12 bis 14stündiges Erhitzen von berechneten Mengen Bleiazid und Bleihydroxyd im Druckrohr unter Wasser

[1] Chem. Zentralbl. II, 1424 (1914).
[2] Ber. 46, S. 2045—2057 (1913).

bei 140°. Wie das neutrale gehört auch das basische Bleiazid zu den hochexplosiven Substanzen.

In der folgenden Tabelle sind die in der Originalarbeit in den Text eingeflochtenen Angaben über die Sensibilität der einzelnen Substanzen zusammengestellt. Die Angaben für die Empfindlichkeit gegen Schlag beziehen sich auf 0·05 g trockene feinpulverige Substanz, gepreßt unter einem 0·1 mm dicken Kupferblättchen mit einem Druck von 2460 kg/cm². Die Bestimmungen wurden mit dem Fallpendel[1] ausgeführt. Die Prüfung auf Empfindlichkeit gegen Temperaturerhöhung erfolgte im Rose-Metallbad.

Substanz	Fallhöhe mm		Pendelgewicht g	Temperatur, bei der Detonation erfolgte,	
	unbelichtet	belichtet		unbelichtet	belichtet
Silberazid	315	315	640	300°	305°
Merkuroazid	200	180	600	295°	330°
Bleiazid	210	205	600	345°	345°
Bleiazid unter Wasser .	bei 315 mm noch		600	—	—
Bleiazid belichtet . .	keine Detonation		600	—	450°
Bleiazid basisch . . .	280	—	600	390°	—

Mit der wachsenden Kristallgröße steigert sich die Empfindlichkeit gegen Schlag außerordentlich. Große Merkuri- und Cupriazidkristalle detonieren zuweilen schon beim Berühren mit der Federfahne. Die Temperaturempfindlichkeit ändert sich dagegen mit der Kristallgröße nicht wesentlich. Bemerkenswert ist auch, daß die Sensibilität von Bleiazid mit 30% Wasser gegen Schlag von derjenigen trockenen Bleiazids nicht verschieden ist.

Faßt man die Resultate aus obiger Tabelle zusammen, so ergibt sich, daß die Lichtempfindlichkeit der Azide, zumal des technisch angewandten Bleiazids, beinahe ohne Einfluß für die detonative Anwendung dieser Körper ist.

[1] Zeitschr. f. angew. Ch. 24, S. 2093 (1911).

Fünfter Abschnitt.

Andere Initialsprengstoffe.

I. Anorganische Verbindungen.

1. Schwefelstickstoff.

Den Schwefelstickstoff oder das Stickstofftetrasulfid N_4S_4 erhält man nach Fordos und Gélis[1] durch Einleiten der genügenden Menge trockenen Ammoniaks in eine stark gekühlte Lösung von 1 Teil Schwefeldichlorid SCl_2, in 8 bis 10 Volumen Schwefelkohlenstoff nach der Gleichung:

$$16\,NH_3 + 6\,SCl_2 = N_4S_4 + 12\,NH_4Cl + S_2.$$

Man leitet so lange Ammoniak ein, bis der neben Salmiak entstehende, anfangs rote, dann braunrote Niederschlag wieder verschwunden und die Flüssigkeit goldgelb geworden ist. Man filtriert vom Salmiak ab, läßt das Filtrat freiwillig verdunsten, wobei zuerst der Schwefelstickstoff, dann der leichter lösliche Schwefel auskristallisiert. Die Reinigung geschieht durch fraktioniertes Kristallisieren aus Schwefelkohlenstoff. Als Lösungsmittel wurde auch Benzol vorgeschlagen; jedoch gibt Schwefelkohlenstoff nach Wöhler bessere Resultate.

Der Schwefelstickstoff kristallisiert aus Schwefelkohlenstoff in derben, goldgelb bis orangeroten rhombischen Kristallen; aus Benzol dagegen in langen, dünnen, dunkelroten Nadeln von der Farbe des Kaliumbichromats. Sein spezifisches Gewicht beträgt 2·22 (Berthelot und Vieille). Er hat einen schwachen, die Schleimhäute reizenden, erst beim Erwärmen auftretenden Geruch, sublimiert bei 135° in feinen gelbroten Kristallen und schmilzt bei 158°. Von Wasser wird er weder benetzt noch gelöst; auch in Alkohol, Äther und Holzgeist ist er nur wenig löslich. Der Schwefelstickstoff ist gegen mechanische Einwirkung minder empfindlich als Knallquecksilber und verzischt direkt gezündet ruhig und ohne jeden Knall. Bei Zündung von Schwefelstickstoffkapseln wurde mehrfach ein anfängliches Hinauspfeifen der gelben Dämpfe beobachtet, bis plötzlich Detonation eintrat. Die Entzündungstemperatur liegt bei 190°. Trotz seines großen Energiegehaltes und seiner großen Verbrennungswärme (vgl. Tabelle S. 139), ist der Schwefelstickstoff von sehr geringem Initiierungsvermögen; 0·5 g dieser Substanz vermochten weder

---

[1] Liebigs Annalen 78, S. 71; 80, S. 256.

1 noch 0·5 g Pikrinsäure[1] zu detonieren. Gleich dem Diazobenzolnitrat zeigt der Schwefelstickstoff im Bleiblock (Fig. 87 S. 321) weit größere Arbeitsfähigkeit als Knallquecksilber; dagegen auf der Bleiplatte geringere Stoßkraft als dieses. Nichtsdestoweniger ist der Schwefelstickstoff ein sehr brisanter Körper, dank seiner großen Gas- und Wärmeentwicklung und seiner hohen Dichte und Detonationsgeschwindigkeit. Diese Brisanz kommt aber erst zur Geltung durch schnelle Erhitzung oder durch starken Stoß und Schlag. Er wird erst brauchbar zur Initialwirkung, wenn die Einleitung seiner Detonation nicht allmählich, sondern plötzlich geschieht. Mischt man ihm geringe Mengen Knallquecksilber oder Bleiazid (einige Zentigramme) bei, so erlangt der Schwefelstickstoff sofort seine große Detonationsgeschwindigkeit und vermag jetzt beliebige Mengen Trinitrotoluol zu detonieren.

Der Schwefelstickstoff ist in mehreren Patenten als Bestandteil zu Zündsätzen für Sprengkapseln und Zündhütchen vorgeschlagen worden, so in dem Schweiz. Pat. 62358/1913 und den D.R.P. 238942/1910 und 277566/1913.

2. Schwermetallverbindungen des Acetylens.

Der stark ungesättigte aliphatische Kohlenwasserstoff Acetylen CH≡CH zeigt gleich seinen höheren Homologen die merkwürdige Eigenschaft, daß seine beiden Wasserstoffatome nach Art der Säuren durch Metalle ersetzbar sind, und zwar entstehen primäre und sekundäre Metallsalze (Acetylenide), je nachdem nur ein oder beide Wasserstoffatome substituiert sind. Dessenungeachtet ist das Acetylen aber keine Säure; es ist nicht zur Ionenbildung befähigt und seine Azidität kann nur äußerst gering sein.

Die primären Alkalisalze C_2HK und C_2HNa entstehen beim Erhitzen der Metalle in Acetylengas; sie sind nicht explosiv, werden aber mit Wasser heftig zersetzt. Von den Schwermetallverbindungen kommen hauptsächlich Kupfer-, Quecksilber- und Silberacetylenid in Betracht. Die Schwermetallacetylenide unterscheiden sich von denen der Alkali- und Erdalkalimetalle durch ihre Wärmeempfindlichkeit und Beständigkeit gegen Wasser. Das Acetylenkupfer fällt beim Einleiten von Acetylen in eine ammoniakalische Lösung von Kupferchlorür als wasserunlöslicher rotbrauner Niederschlag aus, der trocken bei 120° heftig explodiert.

---

[1] Zeitschr. f. Schieß- u. Sprengst. 1907, S. 267.

Nach Blochmann[1] wäre das Acetylenkupfer kein Acetylenid, sondern eine Verbindung von der Formel $C_2H_2Cu_2O$; nach neueren Untersuchungen aber ist der rotbraune, amorphe Niederschlag nichts anderes als Cuproacetylenid[2], C_2Cu_2. Viel explosiver als das Cuproacetylenid ist das Silberacetylenid, C_2Ag_2, das beim Einleiten von Acetylen in eine ammoniakalische Lösung von Silbernitrat als gelber bis weißer, lichtempfindlicher, sehr explosiver Niederschlag entsteht. Nach dem Franz. Pat. 321285 vom Jahre 1902 wird Acetylensilber erhalten, wenn man einen Strom reinen Acetylens in eine mit Salpetersäure schwach angesäuerte Silbernitratlösung leitet. Dieses Acetylensilber fällt — im Gegensatz zu dem aus ammoniakalischer Silbernitratlösung gefällten — weiß aus, ist unlöslich, kann zwischen 100 und 110° getrocknet werden und ist gegen Reibung, Schlag und Pressung von großer Unempfindlichkeit; doch tritt beim Entzünden heftige Explosion ein.

Komplizierter ist der Fall bei den Acetyleniden des Quecksilbers. Die Untersuchung der beim Zusammentreffen des Acetylens mit Quecksilbersalzen sich abspielenden Vorgänge wird durch die Fähigkeit dieser Salze, den ungesättigten Kohlenwasserstoff durch Anlagerung eines Moleküls Wasser in Acetaldehyd überzuführen, erschwert. Man ist deshalb auch noch heute nicht in allen Fällen sicher, ob in den zum Teil recht kompliziert zusammengesetzten Derivaten noch direkte Abkömmlinge des Acetylens oder schon solche des Acetaldehyds vorliegen. Das eigentliche Quecksilberkarbid, C_2Hg, Mercuriacetylenid gewinnt man durch Einleiten von Acetylen in eine alkalische Quecksilberjodid-Kaliumjodid-Lösung (Nesslers Reagens) als weißen, höchst explosiven Niederschlag, der mit verdünnter Salzsäure Acetylen entwickelt. Ein Hydrat dieses Acetylenids von der Formel $C_2Hg \cdot {}^1/_3H_2O$ ist beim Einwirkenlassen von Acetylen auf eine Ammonkarbonat enthaltende Lösung von Quecksilberoxyd in konzentriertem Ammoniak beobachtet worden; das weiße Pulver zersetzt sich gegen 110° und explodiert bei raschem Erhitzen mit großer Heftigkeit unter Abscheidung von Kohle. Ein Mercuroacetylenid-Hydrat $C_2Hg_2 \cdot H_2O$ fällt als grauer Niederschlag aus, wenn man eine Suspension von Mercuroacetat in Wasser unter Abschluß des Tageslichts mit Acetylen sättigt. Aus Mercuriacetatlösung fällt Acetylen einen schleimigen, weißen

---

[1] Ann. d. Phys. 173, S. 174.

[2] V. Meyer und P. Jacobson, Lehrbuch der Chemie, Bd. I, 867—870 (1907).

Niederschlag der Zusammensetzung $3C_2Hg.2HgO.2H_2O$, der vielleicht ein basisches Acetylenid $3C_2Hg.2Hg(OH)_2$ darstellt und nicht explosiv ist. Bei der Einwirkung von Acetylen auf wässerige Sublimatlösungen bildet sich unter Freiwerden von Salzsäure ein amorpher, weißer Niederschlag, der aus Trichlormercuri-Acetaldehyd $(ClHg)_3C—CHO$ besteht.

Nach den Patenten von Wilhelm Venier[1] werden Acetylenquecksilber und Acetylensilber durch Fällung der entsprechenden Metallnitrate mit Acetylen aus ammoniakalischer Lösung gewonnen; Quecksilbernitrat z. B. liefert ein weißes amorphes Pulver, das Knallquecksilber an Explosivität übertrifft.

Über das Acetylensilber, das heißt der für die Sprengtechnik, zumal für die Zwecke der Initialzündung schon am meisten versuchten Verbindung, sind die Literaturangaben ebenso spärlich wie unklar; nach einer Veröffentlichung von A. Stettbacher[2] lassen sich die wichtigsten Ergebnisse darüber etwa folgendermaßen zusammenfassen:

Silberacetylenid kann auf drei verschiedene Art und Weisen hergestellt werden: erstens aus ammoniakalischer, zweitens aus neutraler und drittens aus salpetersaurer Lösung; es entstehen so zwei grundverschiedene Produkte, die in ihren explosiven Eigenschaften stark voneinander abweichen. Die erste Form betrifft das aus ammoniakalischer Lösung gefällte Acetylensilber, die zweite das aus neutraler und salpetersaurer Lösung abgeschiedene Produkt.

1. Silberacetylenid aus ammoniakalischer Lösung:

5 g Silbernitrat werden in 40 g Wasser gelöst und so viel konzentriertes Ammoniak hinzugegeben, bis der braune Silberoxydniederschlag verschwunden ist. Nun leitet man unter starkem Schwenken reines (d. h. von Ammoniak, Schwefelwasserstoff und Phosphorwasserstoff befreites) Acetylen durch die auf 80 bis 100 cm^3 verdünnte Lösung. Zuerst beobachtet man einen gelben, dann brauner und schmutziger werdenden Niederschlag, der sich bei längerem Einleiten aufhellt und schließlich als grauweiße Masse zu Boden setzt. Die klare Flüssigkeit ist dabei häufig von prächtig glänzenden Silberhäuten bedeckt. Der Niederschlag wird jetzt auf einem Filter neutral gewaschen, auf Filtrierpapier ausgebreitet und im Trockenschrank bei 50° getrocknet. 5·000 g Silbernitrat lieferten Acetylenniederschläge von 3·498 bzw. 3·521 g, was ziemlich genau der Formel eines sekundären Silbercarbids, Ag_2C_2, entspricht. — Das ammoniakalisch gefällte Silberacetylenid ist — außer in Säuren — in allen Lösungsmitteln unlöslich. Gegen Wärme ist es recht unbeständig,

---

[1] Österr. Pat. 40471 u. 40472 vom 3. Dez. 1906 sowie Engl. Pat. 6705 vom 20. März 1906.

[2] Zeitschr. f. Schieß- u. Sprengst. 1916, S. 1—4.

indem es unter oberflächlicher Rußausscheidung schwarz wird. Temperaturen über 100° befördern diese Zersetzung ziemlich schnell; schon in weniger als einer Stunde kann das Präparat ein koksartiges Aussehen erhalten.

2. Acetylensilber aus neutraler Lösung.

5 g Silbernitrat werden in 80 bis 100 g Wasser gelöst und wie oben mit Acetylen behandelt: es entsteht ein weißer milchiger Niederschlag, der sich zu voluminösen Flocken zusammenballt und bald absetzt. Der mit Wasser gewaschene Niederschlag ist lichtempfindlich; er färbt sich ähnlich dem Silberazid rotviolett, nur nicht so schnell. Dieses Silberacetylenid ist gegen Wärme viel beständiger; es kann mehrere Stunden über 100° erwärmt werden, ohne seine weiße Farbe wesentlich zu verändern.

3. Acetylensilber aus schwach salpetersaurer Lösung.

5 g Silbernitrat werden unter Zusatz von 2 bis 3 cm^3 konzentrierter Salpetersäure (1·40) in 80 bis 100 g Wasser gelöst und durch die Lösung ein kräftiger Acetylenstrom geleitet: zuerst milchige Trübung, dann rein weiße flockige Fällung, bis die Flüssigkeit in einen Brei verwandelt ist. Dieser Niederschlag besitzt die größte Ähnlichkeit mit dem aus neutraler Lösung gefällten; er färbt sich ebenfalls rotviolett, ist gleichermaßen von käsiger Beschaffenheit und kann unbeschadet um seine Zusammensetzung bei 100 bis 110° getrocknet werden, wie jener. Ausbeute etwa 3,9 g.

Die Abscheidung des Silberacetylenids aus neutraler, besonders aber aus schwach salpetersaurer Lösung, vollzieht sich schneller und sauberer als aus ammoniakalischer. Sowohl in neutraler wie in salpetersaurer Silbernitratlösung konnte beim Einleiten von Acetylen niemals eine gelbe Fällung beobachtet werden: die Fällung ist stets milchweiß. Darin unterscheiden sich diese beiden Acetylenbildungsprozesse wesentlich von den aus ammoniakalischer Lösung.

Konstitution der aus neutraler und salpetersaurer Lösung gefällten Silberacetylenids.

Wie die angenäherten Ausbeutezahlen dieser beiden Acetylenidsorten ergaben, lieferten 5 g Silbernitrat durchschnittlich 0·3 bis 0·4 g mehr an Acetylenid als bei ammoniakalischer Fällung. Die Moleküle der aus neutraler und salpetersaurer Lösung gefällten Produkte sind größer und sehr wahrscheinlich sauerstoffhaltig, vielleicht im Sinne der in der Literatur angegebenen Doppelverbindungen $Ag_2C_2 \cdot AgNO_3$ oder $AgC{\equiv}CH \cdot AgNO_3$. Letztere Mutmaßung, die sich auch in einigen Lehrbüchern findet, konnte jedoch nicht bestätigt werden; denn 5·000 g Silbernitrat lieferten aus schwach salpetersaurer Lösung 3·930 g Acetylensilber, eine Zahl, die mit keiner der folgenden Zusammensetzungen in Einklang zu bringen ist:

$AgNO_3$,	$Ag_2C_2 . Ag_2O$,	Ag_2C_2 $AgNO_3$,	$AgC{\equiv}CH . AgNO_3$.
5	3·47	4·20	4·44

Explosive Eigenschaften der Silberacetylenide.

Das aus ammoniakalischer Lösung gefällte Silberacetylenid steht an Explosionswirkung weit hinter dem aus neutraler oder schwach salpetersaurer Lösung abgeschiedenen zurück. Erhitzt oder angezündet, verpufft es mit dumpfem Knall unter starker Rußabscheidung. Seine Brisanz ist — verglichen mit den beiden anderen — gering. Die Verpuffungstemperatur liegt niedrig, etwa zwischen 120 und 140°. Die Verbindung ist bedeutend schlagempfindlicher als Knallquecksilber; sie ist überhaupt recht wenig stabil und für eine technische Verwendung kaum geeignet.

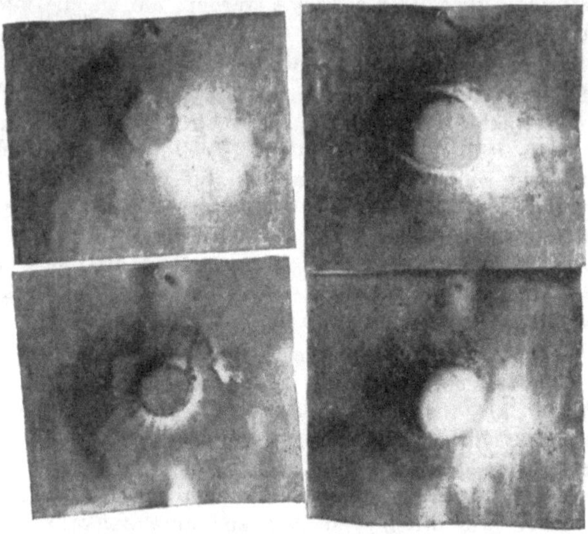

1 3

2 4

Fig. 36. Schußproben auf 1³/₄ mm-Bleiplatten.

Platte 1: Acetylensilber aus ammoniakalischer Lösung (1 g)
„ 2: „ „ „ „ (2 g)
„ 3: „ „ neutraler „ (1 g)
„ 4: „ „ salpetersaurer „ (1 g)

Die aus neutraler und salpetersaurer Lösung gewonnenen Silberacetylenide sind auch in ihren explosiven Eigenschaften identisch. Angezündet explodieren sie mit sehr scharfem, hellem Knall, heller noch als selbst Silberazid. Die Verpuffungspunkte liegen hier 20 bis 30° höher als beim ammoniakalischen Acetylenid, sind aber ebenso schwankend und ungenau wie bei diesem, — ein Zeichen für die schlechte Stabilität bei höherer Temperatur. Bei längerem Erwärmen über 100° werden die Präparate violett und zunehmend dunkler, so daß es nicht geraten erscheint, sie zwischen 100 und 110° zu trocknen. Bei schnellem Erhitzen tritt schon bei 150° Explosion ein;

erhitzt man gemächlicher, so steigt der Verpuffungspunkt auf 160, 170, 180° und noch höher. Steigert man die Temperatur sehr langsam (innerhalb 4 bis 5 Stunden), tritt stille Zersetzung ein, und gegen 270° bleibt schließlich ein Rückstand, der jede Explosivität verloren hat und zur Hauptsache aus Silber besteht.

Das Initiierungsvermögen dieser beiden Acetylensilber ist ziemlich groß, wie folgende Übersicht zeigt:

Silberacetylenid		Silberazid	Knallquecksilber
aus neutraler Lösung	aus salpetersaurer Lösung	Grenzladungen für Tetryl	
0·10 g Detonation 0·08 g „ 0·07 g Grenzladung	0·09 g Detonation 0·08 g „ 0·07 g Grenzladung	0·02 g	0·29 g
0·06 g Versager	0·06 g Versager	—	—

Die obigen Bestimmungen beziehen sich auf Tetryl. Die beiden Acetylensilber erweisen sich somit als recht initiierkräftige Substanzen, welche das Knallquecksilber um das Vierfache übertreffen. — Alles in allem, dürften diese Silberacetylenide, namentlich das aus salpetersaurer Lösung gefällte, einer technischen Anwendung sehr wohl fähig sein. Allerdings darf dabei eine gewisse Unbeständigkeit gegen Temperaturen von mehr als 100° nicht übersehen werden.

II. Organische Verbindungen.

1. Diazoperchlorate.

Fast alle hochexplosiven Substanzen, die man bisher auf Initiierungsfähigkeit geprüft hatte, waren entweder metall-, meistens quecksilberhaltig oder dann, wie beispielsweise Schwefelstickstoff, infolge zu langsamer Auslösungsgeschwindigkeit, für diesen Zweck sonst nicht geeignet. Die einzige organische Verbindung, die ihrer großen Explosionsfähigkeit wegen zu Hoffnungen berechtigte, das Diazobenzolnitrat[1], erwies sich infolge seiner geringen Stoßkraft als Zündstoff gänzlich unbrauchbar; selbst 0·5 g dieser Substanz vermochten 0·5 g der sonst empfindlichen Pikrinsäure nicht zu detonieren, trotz der weit größeren Arbeitsfähigkeit des Diazobenzolnitrats im Vergleich zu Knallquecksilber.

War somit an eine Anwendung der einfachen Diazoverbindungen in dieser Richtung nicht zu denken, so blieb noch eine Aussicht auf die komplizierteren Diazokörper, und Edmund

[1] Wöhler, Zeitschr. f. Schieß- u. Sprengst. 1907, S. 267.

Herz[1] ist es gelungen, perchlorsaure Diazoverbindungen aromatischer Kohlenwasserstoffe zu Initialzündern zu benutzen. Diese Körper haben vor den bisher zu diesem Zwecke verwendeten Sprengstoffen den Vorzug größerer Wohlfeilheit, ungefährlicher Herstellung, zumal auch in sanitärer Beziehung, und insbesondere den der sicheren und vollständigen Initialwirkung. Außerdem ist diese Klasse von Explosivkörpern, im Gegensatz zu den bisher angewandten, vollkommen schlagwettersicher. Während die einfachen Diazoverbindungen, wie das Chlorid, Sulfat und Nitrat, in Wasser selbst bei Anwesenheit freier Säure leicht löslich sind, erweisen sich die Diazoperchlorate in reinem Wasser schwer, und in perchlorsäurehaltigem fast gar nicht löslich. Die günstige Folge dieser Schwerlöslichkeit ist die gänzliche Abwesenheit von Hygroskopizität und die viel größere Beständigkeit gegenüber Feuchtigkeit. Man kann diese Verbindungen lange Zeit in wasserdampfgesättigter Luft halten, ohne daß sie feucht würden oder Zersetzung und Einbuße ihrer explosiven Eigenschaften erlitten.

Diazoniumperchlorate sind erstmals von D. Vorländer[2] dargestellt worden; Benzoldiazoniumperchlorat wurde folgendermaßen erhalten: 9·0 g Anilin werden in 125 cm³ 20⁰/₀iger Perchlorsäurelösung mit 7·5 g Natriumnitrat in 10 cm³ Wasser bei 0 bis 5⁰ diazotiert. Während der Diazotierung löst sich das zuweilen in großen Tafeln auskristallisierende Anilinperchlorat auf, und bald scheidet sich Benzoldiazoniumperchlorat in weißen prismatischen Nadeln aus. Auch durch Vermischen einer 10⁰/₀igen Benzoldiazoniumchloridlösung mit verdünnter Perchlorsäurelösung (4:100) kann man das Diazoniumperchlorat als weißen kristallinischen Niederschlag ausfällen. Der voluminöse Niederschlag wird filtriert und mit Eiswasser oder Methylalkohol gewaschen. — Im Gegensatz zu Diazobenzolnitrat explodiert das Diazoniumperchlorat auch im nassen Zustande. Trocken ist es natürlich noch explosiver. Im übrigen übertrifft es sowohl im trockenen als im feuchten Zustande an Haltbarkeit das Benzoldiazoniumnitrat; während sich das Nitrat auch nach völligem Auswaschen stark gelbbraun färbt, bleibt das Perchlorat längere Zeit weiß.

K. A. Hofmann und H. Arnoldi[3] erhielten Benzoldiazoniumperchlorat durch Diazotieren von 2 g Anilin in 200 cm³ Wasser bei Anwesenheit von 6 cm³ rauchender Salz-

---

[1] D.R.P. 258679 vom 27. April 1911.
[2] Ber. 39, S. 2713 (1906).
[3] Ber. 39, S. 3147 (1906).

säure und 10 cm³ käuflicher Überchlorsäure durch Zusatz von 1·5 g Natriumnitrit unter Eiskühlung; die sich in Menge abscheidenden farblosen Kristallnadeln wurden mit Wasser, Alkohol und Äther reingewaschen. Das getrocknete Diazoperchlorat wird als gefährliche Substanz beschrieben, die bei leichtem Stoß, sogar beim Auffallen auf Holz furchtbar heftig explodiert. Die Wirkung übertrifft die des Diazonitrates bedeutend; schon einige Zentigramme dieser Substanz schlagen tiefe Löcher in hartes Holz, ohne jedoch auf 2 dm Entfernung dünne Glasgefäße u. dgl. zu beschädigen. Die Löslichkeit des Benzoldiazoniumperchlorates in reinem Wasser wurde bei 0° zu 1 : 70 gefunden. Noch schwerer löslich erwies sich das Perchlorat des o-Diazotoluols,

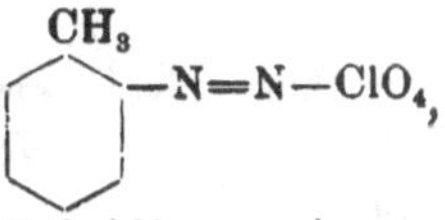

, das man nach obenstehender Vorschrift aus o-Toluidin gewinnen kann.

Die Beständigkeit der Diazoperchlorate gegen Wasser und mechanische Einwirkung läßt sich noch steigern durch die Einführung von Halogen, negativer Gruppen, ganz besonders der Nitrogruppe in den Benzolkern. Speziell die Nitrogruppe eignet sich vorzüglich, da sie den Sauerstoffgehalt der Verbindung erhöht und die Explosionswirkung verstärkt. Die beständigste und brisanteste dieser Verbindungen scheint das m-Nitrodiazobenzolperchlorat,

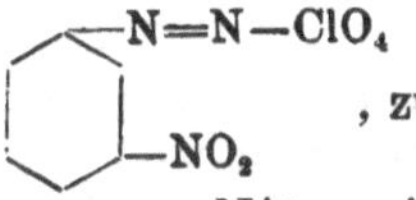

, zu sein. Zu ihrer Darstellung wird reines kristallisiertes m-Nitranilin in überschüssiger, verdünnter Perchlorsäure (1·12 spez. Gew.) aufgelöst, wobei der Überschuß so zu bemessen ist, daß nach Beendigung der Reaktion noch freie Säure vorhanden ist, und die Lösung mit der zur Diazotierung nötigen Menge Natriumnitrit entweder in fester Form oder in stark konzentrierter Lösung versetzt. Aus der kühl gehaltenen Lösung fällt das gebildete Nitrodiazobenzolperchlorat sofort als feines Kristallmehl aus, das nach dem Absetzen von der überstehenden Flüssigkeit getrennt und einer wiederholten Waschung mit stark verdünnter Perchlorsäure, Alkohol und Äther unterworfen wird. Genau so verläuft die Darstellung der Mono- und Dinitrodiazoperchlorate der Homologen des Benzols und der mehrkernigen Verbindungen.

Bei der Diazotierung des m-Nitranilins zu Nitrodiazobenzolperchlorat braucht man aber durchaus nicht nach obigem Schema zu verfahren, sondern man ersetzt einen Teil der Überchlorsäure vorteilhaft durch Salzsäure. Nach Stettbacher[1] diazotiert man im Sinne der Gleichung:

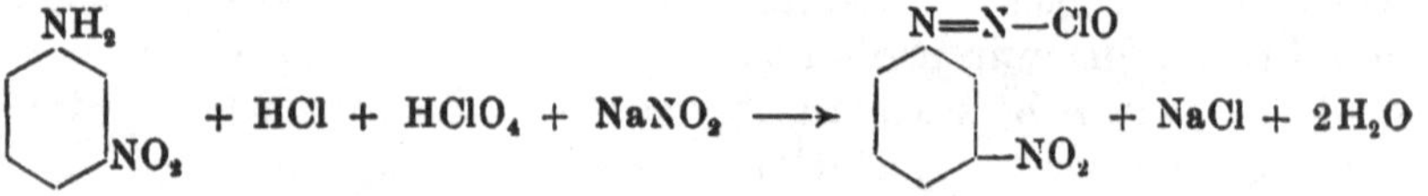

138	36	100	69	249
	↓	↓		
	HCl 1·19	HClO 1·12		
	37·2%	20%		
138	96·7	500	69	
5	3·50	18·12	2·49	9·02

Theoretisch erforderten 5 g m-Nitranilin 3·50 g konzentrierte Salzsäure (1·19), 18·12 g 20%ige Überchlorsäure (1·12) und 2·49 g Natriumnitrit zur Diazotierung; praktisch jedoch nimmt man die Säuren stets im Überschuß. Eigentlich sollte die Salzsäure ganz durch Überchlorsäure ersetzt werden, da, wie theoretisch zu erwarten ist, sich sonst das Diazoniumchlorid an Stelle des Diazoniumperchlorates bildet. Allein in diesem Falle kommt die stärkere Azidität der Salzsäure gegenüber der Perchlorsäure nicht zur Geltung: erstens, weil die Salzsäure gerade nur zur Zersetzung des Natriumnitrits hinreichen soll, und zweitens, weil das Diazoperchlorat gegenüber dem löslichen Diazochlorid unlöslich ist, sich sofort abscheidet, daher von selbst aus dem Wettbewerb mit der Salzsäure tritt. Der letzteren Eigenschaft wegen darf man darum praktisch sehr gut einen überschuß von Salzsäure nehmen.

Beispiel der Diazotierung von m-Nitranilin zu perchlorsaurem Salz: 5 g m-Nitranilin werden in einem 600 bis 800 cm³ fassenden Erlenmeyerkolben derart mit 200 g Wasser versetzt, daß zuerst etwa ein Viertel des Wassers mit 5 cm³ konzentrierter Salzsäure und 22 cm³ 20%iger Überchlorsäure zugegeben wird. Unter Schwenken und Schütteln gehen die gelben Nadeln in Lösung, und nun setzt man die letzten drei Viertel des Wassers hinzu, welche rasch alles noch Ungelöste in eine klare, prächtig gelbe Flüssigkeit überführen. Jetzt wird der Kolbeninhalt zu etwa einem Drittel mit fein zerstoßenem Eis versetzt und unter Schwenken eine konzentrierte Lösung von 2·51 g Natriumnitrit (geschmolzen in Stangen) zugetropft oder in kleinen Anteilen eingetragen: das Diazoniumperchlorat scheidet sich sofort in blaßgelben filzigen Kriställchen aus, die Flüssigkeit gegen Ende der Reaktion ganz erfüllend. Meistens wird hierbei alles Eis durch die Reaktionswärme geschmolzen. Arbeitet man mit konzentrierteren Lösungen und gibt die berechnete Menge Natriumnitrit in fester Form hinzu, so kann leicht salpetrige Säure entstehen, erkenntlich an der intensiv orangeroten Färbung unmittelbar nach

[1] Zeitschr. f. Schieß- u. Sprengst. 1916, S. 148.

Zugabe des Nitrits. Deshalb ist es empfehlenswerter, im Sinne des angegebenen Beispiels zu diazotieren. — Ein größerer Überschuß an Perchlorsäure, als die hier angegebene etwa anderthalbfache Menge zu nehmen, hat keinen Zweck, da dies weder auf die Fällung noch auf die Ausbeute Einfluß hat.

Nach beendigter Reaktion sinkt das gebildete m-Nitrobenzoldiazoperchlorat zu Boden, so daß die darüber liegende klare Flüssigkeit abgegossen werden kann. Zur Isolierung des Körpers saugt man am besten auf der Nutsche mit Hilfe einer Wasserstrahlpumpe ab, wäscht unmittelbar mit stark verdünnter Perchlorsäurelösung oder auch nur mit kaltem Wasser nach und läßt darauf noch Alkohol und zuletzt Äther folgen. Die weiße, schwach gelbstichige filzige Kristallmasse ist bald trocken gesaugt und muß nun unter großer Vorsicht aus der Nutsche auf Papier verteilt werden. Will man das Präparat aufbewahren, so benutzt man am besten kleine flache Papierschachteln. 5 g m-Nitranilin lieferten etwa 7·5 g reines, trockenes Diazoperchlorat, statt der theoretischen Menge von 9·02 g.

Eigenschaften. Das Nitrodiazobenzolperchlorat bildet nach dem Waschen mit Alkohol und Äther eine sehr feine, lockere, weiße Kristallmasse, die viel schwerer löslich ist als das vorbeschriebene unsubstituierte Homologe. Chemisch ist es auch beständiger als dieses; beispielsweise tritt am Licht keine merkliche Verfärbung ein. In Berührung mit konzentrierter Schwefelsäure findet keine Explosion statt, sondern die Verbindung wird glatt ohne jede Gasentwicklung gelöst.

Hinsichtlich seiner explosiven Eigenschaften unterscheidet sich das Nitrodiazobenzolperchlorat nur wenig von dem einfachen Benzoldiazoperchlorat; der Einfluß der Nitrogruppe wirkt lange nicht so zerfallbeschleunigend und brisanzvermehrend, wie es in der Literatur dargetan wird. Die auffälligste Veränderung betrifft allein den Verpuffungspunkt, der in mehreren Versuchen über 150°, etwa zwischen 154 und 155° befunden wurde. Die Substanz erleidet beim Erwärmen keine Zersetzung, höchstens daß sie bei Temperaturen über 100° ihre schwach gelbe Farbe etwas vertieft. Auch die Schlagempfindlichkeit ist durch den Eintritt der Nitrogruppe vermindert worden; sie bleibt aber dennoch — etwa im Vergleich zu Knallsilber — sehr groß, wie folgende Fallhöhen zeigen:

Benzoldiazoperchlorat	3—4 cm
Nitrobenzoldiazoperchlorat.	10—12 „
Knallsilber	40—50 „

Die Diazoniumperchlorate sind auch in nassem Zustande explosiv: auf Eisen z. B. explodieren sie schon mit leichtem Hammerschlag, jedoch mit sehr gedämpftem Knall. Läßt man ein Reagensglas, das mit langen in der Diazotierungsflüssigkeit schwimmenden Nadeln von Diazobenzolperchlorat erfüllt ist, auf den Boden fallen, so explodiert der Inhalt, ganz wie als ob die Flüssigkeit mit den äußerst empfindlichen Nadeln von Merkuriazid gesättigt wäre.

Trotz des fürchterlichen Knalls, womit das Nitrodiazobenzolperchlorat schon in kleinen Mengen explodiert, ist seine Brisanz doch nicht besonders groß; seine Durchschlagskraft steht ziemlich hinter der von Bleiazid zurück. In Mengen[1] von 0·05 g z. B. steht sie selbst der des Knallsilbers etwas nach; in größeren Mengen dagegen, etwa von 0·1 g an, erhöht sich die Wirkung etwas, so daß jetzt die Brisanz von Silberazid kaum mehr übertroffen wird (Fig. 37). Was den Diazoniumperchloraten an Zersetzungsgeschwindigkeit abgeht, ersetzen sie aber reichlich durch ihre große Energie: daher der Luftdruck, der ohrgefährdende Schall, den schon wenige Zentigramm in der Nähe verursachen. Die bei der Explosion des Nitrodiazobenzolperchlorats frei werdende Energie ist viel größer als diejenige irgend eines anorganischen Explosivkörpers; verglichen mit Bleiazid z. B., wird sie mindestens das Dreifache desselben betragen. Die Explosivgleichung lautet:

2 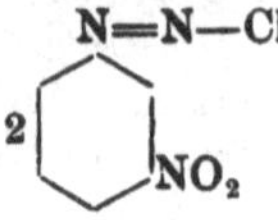

$= 3 N_2 + 9 CO + 3 H_2O + 2 HCl + 3 C$.

Ist die Verbrennung auch noch nicht vollständig, so ist sie dennoch günstiger als bei jedem aromatischen Nitrosprengstoff, und rechnet man jetzt noch den endothermen Energiebetrag hinzu, der durch die Diazogruppe in das Molekül eingetreten ist, so erscheint das Nitrodiazobenzolperchlorat als ein sehr energiereicher Explosivstoff. Demgemäß ist auch die zerstörende Kraft dieser Verbindung sehr groß und dem durchschlagskräftigeren Bleiazid gewaltig überlegen: während 0·2 g des Azids ein Tannenholzprisma[2] von den Dimensionen 3 × 4 × 9 cm nur in vier große Stücke zerteilten, zerfetzten 0·2 g Nitrodiazobenzolperchlorat das Holzstück unter gleichen Bedingungen in mehr als hundert kleine und kleinste Späne. Nur schade, daß dieser Stoff infolge seiner außerordentlichen Empfindlichkeit kaum einer praktischen Anwendung fähig sein wird.

Hervorgehoben sei noch, daß die Bisdiazoperchlorate, wie auch deren Nitrosubstitutionsprodukte, trotz ihres größeren Sauerstoffreichtums und der viel günstigeren Verbrennungsgleichung, den einfachen Diazoniumperchloraten an Explosionswirkung kaum oder nur wenig überlegen sind.

Sehr wirksame und stabile Verbindungen erhält man auch aus den einfachen und den substituierten Diaminen durch Diazotierung in perchlorsaurer Lösung; die beständigste und zugleich brisanteste davon ist das Nitrobisdiazobenzolperchlorat,

---

[1] Stettbacher, Die hochexplosiven Körper der Chemie, Prometheus S. 531.

[2] Ebenda, S. 532.

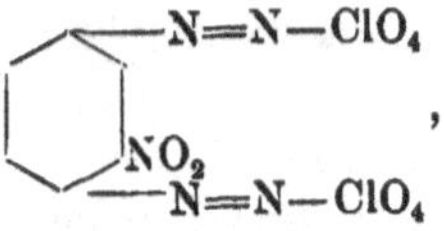

, erhalten durch Diazotierung des Nitro-p-phenylendiamins in perchlorsaurer Lösung in Form eines schweren, feinen Mehles. Die Zündfähigkeit dieser Substanz soll diejenige des Knallquecksilbers, ja selbst die der Azide übertreffen; schon Mengen von 0·015 bis 0·02 g Nitrobisdiazobenzolperchlorat vermögen eine in einer Sprengkapsel befindliche Ladung von Pikrinsäure zu detonieren. Soll Nitrodiazobenzolperchlorat allein als Sprengkapselfüllung Verwendung finden, so genügen zur Detonierung von Guhr- und Gelatinedynamit, Sprenggelatine, Chedditen, Pikrinsäure und Trinitrotoluol Mengen von 0·02 bis 0·05 g; selbst die unempfindlichen Ammonsalpetersprengstoffe werden durch Kapselfüllungen von 0·1 bis 0·3 g vollständig detoniert.

Eine Nachprüfung der von Herzschen Patentangaben lieferte den Beweis, daß die Diazobenzolperchlorate außerordentlich initiierkräftige, aber sehr unbeständige Substanzen sind. Vollkommen reingewaschene und stabilisierte Muster dieser Verbindungen wurden schon nach 14 Tagen in weit fortgeschrittener Zersetzung befunden. Abgesehen von der großen Empfindlichkeit, wird diese Körperklasse als Zündmittel unmöglich in der Praxis Fuß fassen können.

2. Hexamethylentriperoxyddiamin.

Diese Verbindung von der Formel $N\begin{cases}CH_2-O-O-CH_2\\CH_2-O-O-CH_2\\CH_2-O-O-CH_2\end{cases}N$ wurde früher aus Diformalperoxydhydrat und Ammoniak oder aus Formaldehyd, Ammonpersulfat und Wasserstoffsuperoxyd in schlechter Ausbeute dargestellt. Nach einem neuen Verfahren von Dr. Conway v. Girsewald[1] läßt man auf konzentrierte Lösungen von Salzen des Hexamethylentetramins Wasserstoffsuperoxyd mit organischen oder anorganischen Säuren einwirken. Beispielsweise werden 28 g Hexamethylentetramin und 42 g Zitronensäure in 140 g 30$^0/_0$iger Wasserstoffsuperoxydlösung gelöst: die Lösung erwärmt sich anfangs und scheidet dann reichliche Mengen von Hexamethylentriperoxyddiamin in kleinen rhombischen Kristallen aus. Der weiße Körper ist in den meisten Lösungsmitteln unlöslich und kann daher durch einfaches Waschen mit Wasser und Alkohol sofort rein und trocken erhalten werden. Die Ausbeute beträgt 27·5 g = 66$^0/_0$ der Theorie.

---

[1] D.R.P. 263459 vom 14. Sept. 1912.

Das Hexamethylentriperoxyddiamin ist ausgezeichnet durch große Brisanz und ein Initiiervermögen, welches dasjenige des Knallquecksilbers um den vier- bis fünffachen Betrag übertrifft. Nach dem D.R.P. 274522 vom 14. September 1912 des gleichen Inhabers soll diese Verbindung an Stelle der bisher gebräuchlichen Initialsprengstoffe, wie Knallquecksilber, Silber- und Bleiazid, zur Füllung von Sprengkapseln und Zündhütchen Verwendung finden.

Allein auch dieser Verbindung scheint wie der vorhergehenden, wegen großer Empfindlichkeit und Unbeständigkeit beim Lagern, nur eine kurze Zukunft in der Sprengstoffchemie beschieden zu sein.

3. Benzoylsuperoxyd.

Benzoylsuperoxyd von der Formel 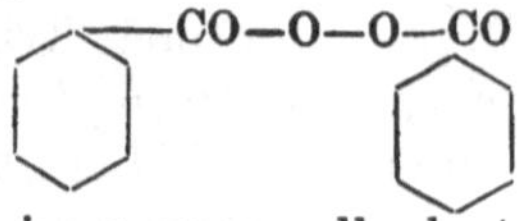

entsteht beim Übergießen von trockenem Bariumsuperoxydhydrat mit Benzoylchlorid. Man zieht das Produkt mit Wasser aus, wäscht den Rückstand mit verdünnter Sodalösung und kristallisiert aus Schwefelkohlenstoff um. Eiue größere Ausbeute erhält man, wenn man zum Benzoylchlorid erst Wasser und dann Bariumsuperoxydhydrat gibt (Beilstein II, 1158). Das Benzoylsuperoxyd bildet rhombische Kristalle, die in Äther, Benzol und Schwefelkohlenstoff leicht löslich sind, bei 103·5° schmelzen und beim Erhitzen heftig explodieren. Es wird nach dem englischen Patent 23450 vom 14. Oktober 1912 zu Knall- und Zündsätzen, insbesondere zu leicht explodierenden elektrischen Zündmischungen vorgeschlagen.

4. Nitropentaerythrit.[1]

Ein neuer, kürzlich dargestellter Körper ist der Nitropentaerythrit (DRP. 265025 vom 8. Dezember 1912), welcher, gleich dem irrtümlich benannten Nitroglyzerin, ein Salpetersäureester ist und das vierfache Nitrat des vierwertigen Alkohols Pentaerythrit von der Formel $C(CH_2.OH)_4$ darstellt. Der Nitropentaerythrit zeichnet sich durch ein starkes Explosionsvermögen und namentlich durch große Arbeitsfähigkeit aus, weshalb er sich zu Sprengkapselfüllungen und Zwischenzündladungen vorzüglich eignen soll. Praktische Versuche bestätigten diese Angaben; nur wurde die Empfindlichkeit dieses festen Salpetersäureesters so nitroglyzerinähnlich befunden, daß ein Zusammenpressen in Kapseln, zumal aber in größeren Mengen für Detonatoren stets mit Gefahr verbunden ist.

[1] Vgl. Stettbacher, Pentaerythrit und sein Salpetersäureester. Zeitschr. f. Schieß- u. Sprengst. 1916, Nr. 11.

5. Brisanz und Durchschlagsvermögen der Initialexplosivstoffe.

Die Brisanz oder das, was annähernd als der sichtbare Ausdruck für diesen Begriff gelten kann: das Durchschlagsvermögen der Initialexplosivstoffe, kann ebenso bequem wie leicht und gefahrlos ermittelt werden, wenn man kleine Mengen der betreffenden Substanzen auf dünnem Eisenblech explodieren läßt. Man gibt den Explosivstoff, beispielsweise 0·05 oder 0·1 g, in Form eines kreisrunden Häufchens auf das Blech

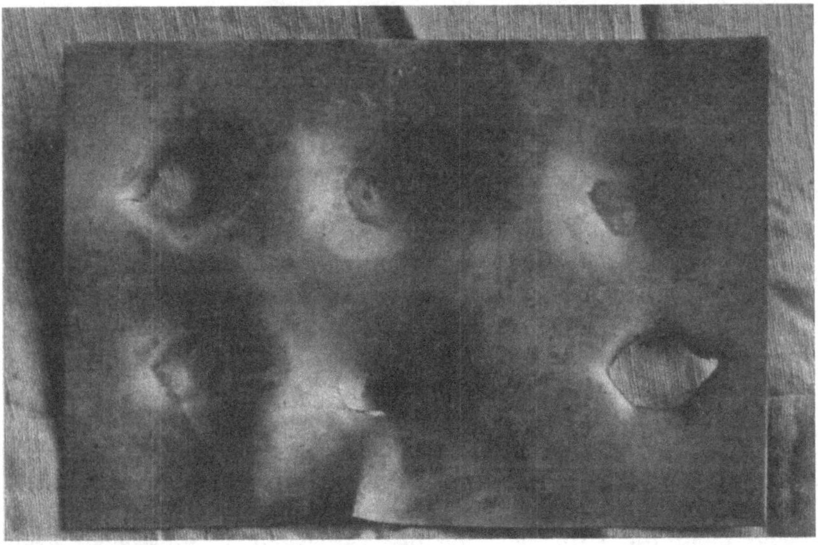

Fig. 37.

Oben, von links nach rechts:
0·10 g Bleiazid 0·10 g Silberazid 0·10 g Knallsilber
Unten:
0·10 g Acetylensilber 0·10 g Nitrodiazobenzolperchlorat 0·09 g Knallquecksilber 0·01 g Bleiazid.

und bewirkt Explosion durch eine daruntergestellte Flamme: je nach der Brisanz des Explosivkörpers oder der Dicke der Unterlage entsteht Durchschlag oder auch nur bloße Ausbuchtung an der Aufliegestelle. Die Ergebnisse fallen überraschend gleichmäßig und zuverlässig aus — trotz der Befürchtung, daß Durchmesser und Höhe der Probehäufchen nie in gleicher Anordnung getroffen werden könnten, demnach also auch die Explosionsbilder von Fall zu Fall entsprechend voneinander abweichen müßten. Vorstehende Fig. 37 veranschaulicht sechs solcher Explosionsproben auf Weißblech von etwa 0·6 mm Dicke.

Bleiazid schlägt die Blechunterlage durch, und zwar in einem Umfange, der um ein Mehrfaches größer ist als derjenige des explodierenden Häufchens. Silberazid, Silberfulminat und Silberacetylenid (aus schwach salpetersaurer Lösung) dagegen bewirken nur Ausbauchungen, alle von schätzungsweise gleicher Größe — ein Gleichheitsverhältnis, das bei Anwendung anderer Mengen ziemlich erhalten bleibt, so zum Beispiel[1] bei 0·05 g und auch bei 2 g. Nitrodiazobenzolperchlorat läßt neben der Ausbauchung noch zwei kleine Risse erkennen; dessen ungeachtet besteht aber zwischen der Brisanz dieses und der drei vorhergehenden Körper kein wesentlicher Unterschied; ja, bei kleineren Mengen (0·05 g) wird sein Durchschlagsvermögen eher kleiner als das des Knallsilbers[2], während es in größeren (2 g) nicht zunimmt. Am größten ist die Wirkung bei dem 90/10%igen Knallquecksilber-Bleiazidgemisch. Während reines Knallquecksilber in diesen und in größeren Mengen (bis 0·2 g) ohne jede Beschädigung der Unterlage verpufft, bewirkt eine kleine Beimengung von Bleiazid einen Durchschlag, der den des Bleiazids bedeutend übertrifft. Die Ursache dieser Erscheinung beruht, wie schon an anderer Stelle dieses Buches hervorgehoben wurde, auf der Eigenschaft des Knallquecksilbers, in diesen kleinen Mengen mit der Geschwindigkeit der Beimengung zu detonieren und dabei gleichzeitig seinen größeren Energieinhalt zu äußern.

Allein dieser Energieüberschuß würde noch nicht hinreichen, den großen Durchschlagsunterschied zwischen dem mit Bleiazid initiierten Knallquecksilber und dem Bleiazid zu erklären, wenn nicht die Druckwirkung der vergasenden undissoziierbaren Metallkomponente im Knallquecksilber hinzukäme: Knallquecksilber vergast bei der Explosion ganz, während Bleiazid zu etwa zwei Drittel unvergasbares Blei liefert, das überdies noch Wärme entzieht. Darum denn auch die außerordentliche Brisanz des Merkuriazids, welche der des Bleiazids ebenso überlegen ist wie das Durchschlagsvermögen dieses gegenüber Silberazid.

Ersetzt man in dem erwähnten Gemenge das Bleiazid durch Silberfulminat und initiiert 0·09 g Knallquecksilber mit 0·01 g des letzteren, so wird der Durchschlag nicht so groß — kaum größer als der des Bleiazids, d. h. die Detonationsgeschwindigkeit des Knallsilbers ist kleiner als die des Bleiazids — wenigstens in diesen kleinen Mengen. Ein ana-

---

[1] Die hochexplosiven Körper der Chemie. Prometheus, S. 551.
[2] Ebenda, S. 531.

loger Versuch mit Nitrodiazobenzolperchlorat lieferte ebenfalls den direkten Beweis, daß die Detonationsgeschwindigkeit der Diazoverbindungen kleiner ist als die des Bleiazids, ein Ergebnis, das die Durchschlagsproben mit 0·1 und 2g vollauf bestätigen.

III. Brisanz- und Initialsprengstoffe in ihrem Verhältnis zueinander.[1]

Von jeher haben die Initialsprengstoffe eine Sonderstellung neben den technisch verwerteten brisanten Sprengstoffen eingenommen, und so wenig wie früher, so wenig hat man sie bis heute in ein klares Verhältnis zu den letzteren zu setzen vermocht. Noch immer unterscheidet die Wissenschaft zwei verschiedene Klassen von Explosivstoffen, sondert das Heer unserer zahllosen Sprengkörper in zwei Lager und wirft die einen, je nach einigen für die Praxis zufällig in Betracht kommenden Merkmalen und Eigenschaften, zu den brisanten, die anderen zu den initiierenden Sprengstoffen, — nicht anders, als ob hier eine breite, unüberbrückbare Kluft vorhanden wäre. Forscht man nach der Ursache, welche die beiden Sprengstoffklassen allezeit in so achtungsvoller, beinahe abergläubischer Entfernung hielt und einige der hochexplosiven Substanzen der Chemie mit einem geheimnisvollen Nimbus umgeben konnte, so findet sich kein anderer Grund, als die verhältnismäßig seltene, stets auf kleine Mengen beschränkte Anwendung dieser Verbindungen, infolge ihrer umständlichen, kostspieligen und gefährlichen Herstellung und Handhabung. Die Angst vor diesen gefährlichen Körpern überstieg meistens den Mut der Experimentatoren, sich mit derartigen Dingen zu beschäftigen, zumal die Unglückschronik fortlaufend Unfälle dieser Sorte zu verzeichnen hatte und im übrigen das Interesse, mangels praktischer Aussichten und Verwertungsmöglichkeiten, wie überall in solchen Fällen stets ein geringes blieb. So ist es denn möglich, daß gerade die Sprengstoffchemie auf ihrem sonst so wissenschaftlich durchwühlten Boden noch manchen Fleck Erde besitzt, der von dem Pflug der Forschung noch unberührt geblieben ist. Die folgende Untersuchung bezweckt nun, gestützt durch zahlreiche Experimente, die Beziehungen zwischen der Explosion frei aufliegender Initial- und Brisanz-Sprengstoffe und deren Druck auf die Unterlage qualitativ festzustellen und damit das Schisma der beiden Klassen von Explosivkörpern aufzuheben.

---

[1] Nach einem Aufsatz von Dr. A. Stettbacher, Zeitschr. f. Schieß- u. Sprengst. 1915, S. 214—216.

Ungeachtet all unserer wissenschaftlichen Methoden und Apparate ist man über den absoluten Druck frei über einer Unterlage detonierender Sprengstoffe noch ganz im Unklaren. Die spärlichen, verstreuten Literaturangaben, die sich hier und da aufs Papier verirrt haben, sind unter sich so widerspruchsvoll, daß deren Unzulänglichkeit schon von einigen wenigen Experimenten dargetan werden kann. Über das Knallquecksilber finden sich derartige Daten am häufigsten, was bei der ausgeprägten Eigenart dieses Explosivstoffs nicht verwunderlich ist. In den Lehrbüchern liest man regelmäßig von einem enormen Explosionsdruck, der 27000 bis 28000 kg pro Quadratzentimeter betrage und die Folge der außerordentlich großen Zersetzungsgeschwindigkeit und Dichte dieser Substanz sei. Gody[1] schätzt den Druck explodierenden Knallquecksilbers sogar auf 31000 Atmosphären und bezeichnet ihn als den größten unter den Sprengstoffen. Über den Druck brisanter Sprengstoffe sind die Lehrbücher im allgemeinen zurückhaltender und schweigsamer, und wenn irgendwo einmal eine Angabe auftaucht, so steht die Zahl weit unter der des Knallquecksilbers, gewöhnlich unter der Hälfte des Knallquecksilber-Explosionsdrucks. Beispielsweise schätzt C. Haeussermann[2] den Explosionsdruck von Schießbaumwolle, Nitroglyzerin und Pikrinsäure auf 14000, 12000 und 13000 Atmosphären, — Werte, die, wie der für Knallquecksilber oben angegebene, wahrscheinlich aus Explosionsvolumen und Explosionstemperatur abgeleitet worden sind. In einem anderen Buche findet sich der Druck explodierenden flüssigen Azetylens „ungefähr gleich dem der brisanten Sprengstoffe“ zu 5000 bis 6000 Atmosphären verzeichnet.

Der Widerspruch obiger Angaben ist in die Augen springend. Wie kann das Knallquecksilber mit seinem kleinen Gasvolumen, seiner geringen Explosionswärme, seiner geringen Arbeitsfähigkeit einen Druck erzeugen, der denjenigen der viel energiereicheren, brisanten Sprengstoffe um mehr als das Doppelte übertrifft? (Vgl. Tabelle S. 193.)

Dort, an eben angeführter Stelle, wird noch die unumstößliche Richtigkeit obiger Druckangaben verfochten und der hohe Explosionsdruck des Knallquecksilbers aus einer außerordentlich rasch, annähernd adiabatisch verlaufenden Zersetzung des Knallquecksilbermoleküls zu erklären gesucht, unter Anzweiflung der von Bichel ermittelten Detonationsgeschwindigkeit von 3920 m/sec.

---

[1] Traité des Matières explosives. 279 (1907).

[2] Sprengstoffe und Zündwaren. 1894.

Praktische Versuche auf diesem Gebiete führten nun zu dem überraschenden Ergebnis, daß alle Druckangaben, wie z. B. die oben zitierten, gründlich falsch sind, und daß der Druck frei explodierenden Knallquecksilbers ebenso wie derjenige anderer Initialsprengstoffe — umgekehrt der bisherigen Annahmen — weit unter dem Explosionsdrucke der brisanten Sprengstoffe liegen muß, — ganz in Übereinstimmung mit den ermittelten Werten der Detonationsgeschwindigkeit und des Energieinhalts. Wenn die folgenden Untersuchungen auch keine absoluten, zahlenmäßigen Daten zu liefern imstande sind, so werden sie uns doch aus dem Banne alter Büchervorurteile helfen und jenem Wege zuführen, der für das Verständnis der modernen Technik der Initialzündungen einzuschlagen ist.

Zur vergleichenden Druckbestimmung frei detonierender Initial- und Brisanz-Sprengstoffe wurden drei Versuchsreihen mit verschieden starker Unterlage angeordnet:

Erste Versuchsreihe. Vergleichsweise wurden je 52 g Knallquecksilber und Bleiazid und 51 g Tetranitromethylanilin mit 1 g Tetryl-Azid-Kapsel in einem offenen, starkwandigen Nickeltiegel detoniert. Fig. 38 zeigt den Tiegel im Mittelschnitt mit den Niveaulinien der betreffenden Sprengladungen. Der Explosivstoff wurde jedesmal mit einem Korkstopfen lose zusammengepreßt; die Schichthöhe wechselte aber entsprechend der verschiedenen Dichte der angewandten Substanzen beträchtlich. Als Unterlage diente ein etwa 6 cm breiter und 12 mm dicker Streifen aus Schmiedeisen, welcher, zur Verstärkung und Verdeutlichung des Durchschlags, auf einen zweiten, ebenso dicken Eisenstreifen gelegt wurde, der in der Mitte ein Loch von etwa 5 cm Durchmesser besaß. In jedem Falle wurde der geladene Tiegel derart auf die 12 mm Eisenunterlage gesetzt, daß er ungefähr über die Mitte der 5 cm-Öffnung zu liegen kam. Die Zündung erfolgte mit gewöhnlicher Zündschnur, mit dem Unterschiede, daß Knallquecksilber und Bleiazid direkt durch den Feuerstrahl der Schnur entzündet wurden, während bei Tetranitromethylanilin erst die Sprengkapsel zur Explosion gebracht werden mußte.

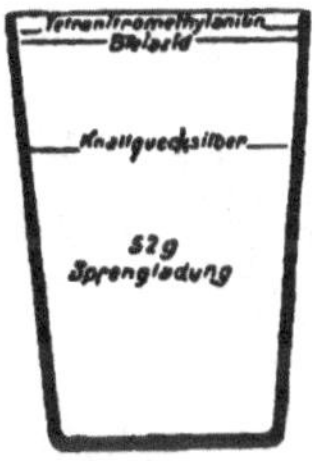

Fig. 38. Nickeltiegel (1/2 natürl. Größe).

Die Explosionswirkung veranschaulichen die Photogramme der Figuren 39 und 40, und zwar zeigt Fig. 39 die Unterlage von oben gesehen, während Fig. 40 die Rückseite in gleicher Richtung darstellt. Auf dem obersten, zusammenhängenden Metallstreifen (Fig. 39) sind deutlich drei runde Eindrücke zu unterscheiden: der erste (von links gezählt) stammt von Tetranitromethylanilin, der zweite, kleinste, über der Mitte nach rechts liegende, von Bleiazid und der kurz darauf-

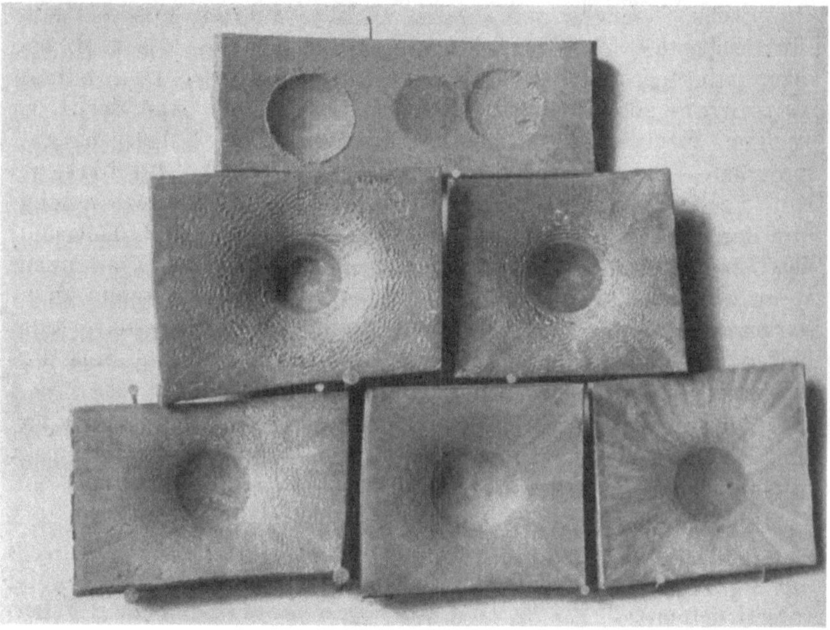

Fig. 39.

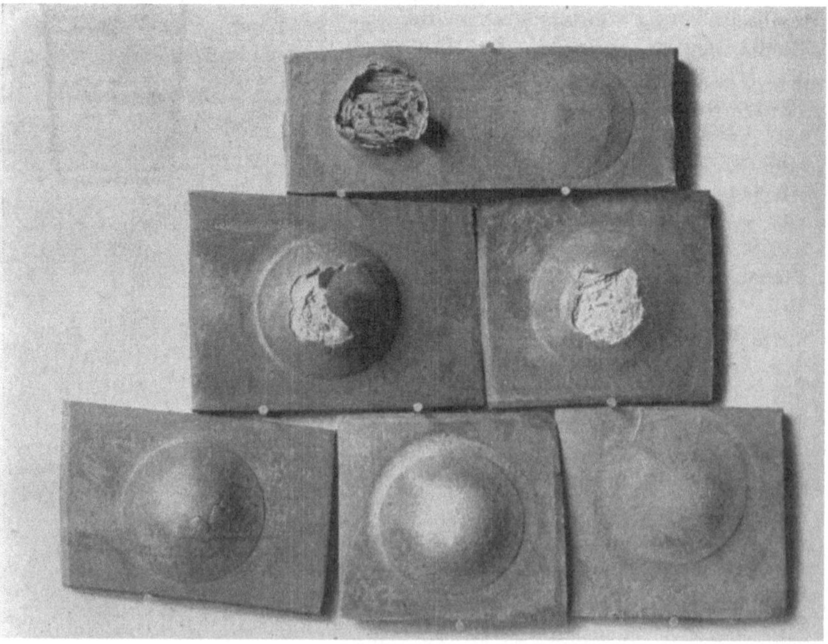

Fig. 40.

folgende größere von Knallquecksilber. Fig. 40 gibt in gleicher Reihenfolge die konvexe Rückseite wieder.

Bei Tetranitromethylanilin ist der Eindruck am stärksten und tiefsten, und auf der Rückseite ist das zähe Schmiedeisen aufgerissen, obgleich dieser Sprengstoff die kleinste Dichte und das größte Volumen besaß. Bleiazid, von etwas größerer Ladungsdichte, hat dagegen gar keinen Eindruck hinterlassen; das einzig Sichtbare ist eine kleine Scheibe, die notdürftig den darüber liegenden Sprengstoffzylinder verrät. Bei Knallquecksilber vergrößert sich der Eindruck wieder, ohne jedoch irgendwelche Spuren auf der Rückseite zu hinterlassen. Berücksichtigt man die hohe Dichte der Knallquecksilberladung, so erscheint diese Substanz, trotz der verhältnismäßig großen Ausschalung der Unterlage, ebenso wie das Bleiazid, dem Tetranitromethylanilin an Druckwirkung stark unterlegen. — In merkwürdigem Parallelismus mit der materiellen Zerstörung wurde bei diesen und den nachfolgenden Versuchen der Knall befunden: bei Tetranitromethylanilin eine gewaltige, bodenerzitternde Lufterschütterung mit eigentümlichem Hall, bei Bleiazid nur ein kurzer Trommelfellstoß ohne Aushallen. Auch Knallquecksilber erzeugte nur eine schnelle, abgebrochene Luftwelle, wenn auch kräftiger als Bleiazid: die Energie dieser Explosivkörper ist eben zu gering, um eine Luftmasse heftig in Bewegung zu setzen.

Zweite Versuchsreihe. Diese Versuche wurden mit einer Ladung von 51 g Sprengstoff folgender Art bzw. Zusammensetzung ausgeführt: 1. Tetranitromethylanilin, 2. Pikrinsäure, 3. Knallquecksilber, 4. Knallquecksilber-Kaliumchlorat-Gemisch 85/15 % und 5. Bleiazid. Als Sprengstoffbehälter diente ein breiter, flacher, 44 g schwerer Tiegel aus getriebenem Eisen, der in Fig. 41 in halber natürlicher Größe dargestellt ist, und als Unterlage fanden quadratisch oder schwach rechteckig zerschnittene Schmiedeeisenblechstücke von 8 mm Dicke Verwendung. Wie bei der ersten Versuchsreihe, wurde auch hier die Explosion stets über dem 5 cm weiten Loch einer zweiten Eisenunterlage ausgeführt. Bleiazid, Knallquecksilber und Knallquecksilber-Kaliumchlorat-Gemisch wurden direkt mit Zündschnur gezündet; Tetranitromethylanilin und Pikrinäure (feinst kristallisiert) unter Zuhilfenahme einer 1 g Azid-Tetryl-Kapsel (für je 50 g lose angedrückten Sprengstoff). Selbstverständlich mußten Beschaffenheit und Anordnung des Sprengstoffs für jeden Fall so gewählt werden, daß vollständige Detonation eintrat.

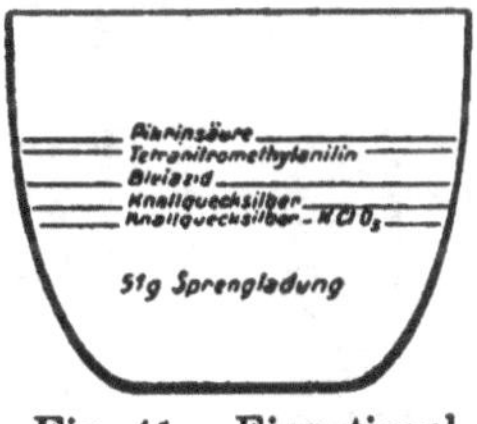

Fig. 41. Eisentiegel ($^1/_2$ natürl. Größe).

Die Photogramme von Fig. 39 und 40 zeigen Ober- und Unterseite der fünf 8 mm Eisenplatten nach dem Schuß, und zwar oben von links nach rechts: Tetranitromethylanilin und Pikrinsäure, unten: Knallquecksilber, 85/15 % Knallquecksilber-Kaliumchlorat-Gemisch und

Bleiazid. Auch hier drängt sich die überlegene Druckwirkung der brisanten Sprengstoffe dem Beschauer auf den ersten Blick auf: bei Tetranitromethylanilin ist die Unterlage total durchschlagen (auf der Photographie Fig. 39 deutlich sichtbar), bei Pikrinsäure die Unterseite stark aufgerissen, während die Initialsprengstoffe nur schwache Eindrücke aufweisen, — mit einer einzigen Ausnahme des reinen Knallquecksilbers, dessen Platte auf der Rückseite einige ganz kleine Risse erkennen läßt. Sehr schön gezeichnet ist eine schuppenartige Rauhung der Eisenoberfläche, herrührend von den Splittern des Tiegels, welche durch die Gewalt der Explosion strahlenförmig über die Platte fegten. Diese Schuppung ist am größten bei den brisanten Sprengstoffen, geringer bei Knallquecksilber und nur spurenweise vorhanden bei Knallquecksilber-Chlorat-Gemisch und Bleiazid. Trotz der geringen Dichte der beiden brisanten Sprengstoffe zeigen sich diese den drei dichten Initialsprengstoffen an Kraft und Druckwirkung auffällig überlegen. — Hinsichtlich des Knalls konnten auch hier die Erscheinungen der ersten Versuchsreihe bestätigt werden; dagegen entstand bei der Explosion des 85/15% Knallquecksilber-Kaliumchlorat-Gemisches eine Lufterschütterung, die an Heftigkeit alles andere übertraf — wohl eine Folge der starken Energievergrößerung durch den Chloratzusatz. Diese Platte zeigt eine sanfte Einwölbung ohne irgendeine Verletzung der Ober- und Unterseite: ein Beweis der alten Erfahrung, daß die Brisanz eines einheitlichen Sprengstoffs durch Zusatz von Oxydationsmitteln vermindert wird.

Dritte Versuchsreihe. Um die Vergleiche von der Sprengstoffmenge und dem Material der Unterlage unabhängig zu machen, wurden drei weitere Versuche mit je 11 g Substanz angestellt und zwar mit Tetranitromethylanilin, Trinitrotoluol und Silberazid. Zur Aufnahme des Sprengstoffs diente eine unten verlötete Weißblechhülse (Fig. 42) aus $^1/_{10}$ mm dickem, verzinntem Eisenblech und als Unterlage eine 4 mm dicke Platte aus Stahlblech. Tetranitromethylanilin und Trinitrotoluol wurden in feinst pulverisiertem Zustande zu je 10 g in die Hülse schwach angedrückt, darüber je 1 g Silberazid ausgebreitet und beide Schichten soweit zusammengedrückt, bis ihr Niveau ziemlich genau demjenigen von 11 g schwach geschüttelten Silberazid entsprach (Fig. 42). In jedem der drei Fälle erfolgte die Detonation durch direkte Zündschnurzündung. Wie nach den vorangegangenen Versuchen kaum anders zu erwarten war, zeigten sich auch hier die brisanten Sprengstoffe dem Initialsprengstoff an Explosivkraft stark überlegen. Die unterste Reihe von Fig. 43 veranschaulicht die drei 4 mm-Stahlplatten nach der Explosion, diesmal in der umgekehrten Reihenfolge, Silberazid, Trinitrotoluol und Tetranitromethylanilin. Silberazid hinterließ

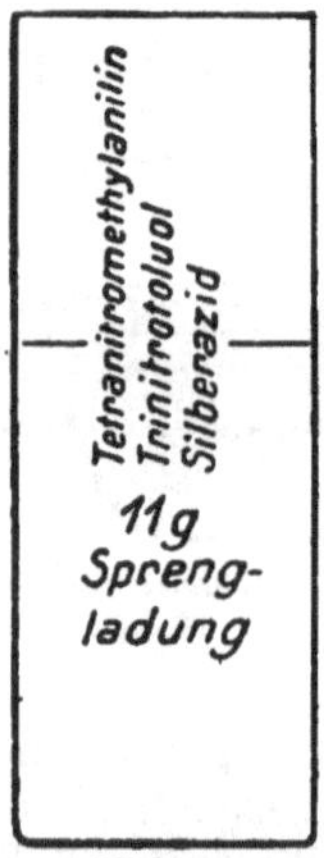

Fig. 42. Weißblechhülse (natürl. Größe).

nur einen schwachen Eindruck an der Stelle der aufliegenden Hülse; Trinitrotoluol dagegen schlug ein Loch durch die Platte, das etwa halb so groß wie der Hülsenboden war, und Tetranitromethylanilin durchlochte die Unterlage gar in der Größe des überliegenden

Fig. 43.

Sprengstoffkörpers. (Die auf der Oberfläche der Stahlplatten erscheinende Strahlung ist nur optischer Natur und kann hier nicht — wie etwa auf Bleiplatten, entsprechend den zwei überstehenden Sprengkapselproben — als Maß für die Brisanz angesehen werden.)

Die drei Versuchsreihen bezeugen übereinstimmend die Überlegenheit der brisanten Sprengstoffe gegenüber den Initialsprengstoffen, und zwar sowohl hinsichtlich des Arbeitsvermögens wie auch hinsichtlich der Brisanz und Detonationsgeschwindigkeit.

Sprengstoff	Explosionswärme Kal.	Arbeit m/kg	Detonationsgeschwindigkeit
Pikrinsäure	810	354000	8183
Trinitrotoluol	730	312000	7618
Knallquecksilber	410	175000	3920
Bleiazid	364	155000	—
Silberazid	452	192000	—

Da vom Knallquecksilber Energieinhalt und Detonationsgeschwindigkeit bekannt sind und von Blei- und Silberazid die Energieinhalte, so lassen sich auf Grund der Versuchsreihen interessante Schlüsse auf die noch unbekannten Detonationsgeschwindigkeiten der Azide ziehen. Die Bleiazidproben auf den 12 mm und 8 mm Eisenplatten zeigen eine auffallend kleine Druckwirkung gegenüber den Knallquecksilberproben, trotzdem der Energieinhalt beider Explosivstoffe nur wenig voneinander verschieden ist. Wohl steht die Ladedichte des Bleiazids in beiden Fällen ziemlich hinter derjenigen des Knallquecksilbers zurück, allein die Differenz des Explosionsdrucks ist so groß, daß ungeachtet dessen die Detonationsgeschwindigkeit des Bleiazids kaum an die des Knallquecksilbers heranreichen dürfte. Sofern solche qualitative Versuche überhaupt Schätzungen zulassen, mag die Detonationsgeschwindigkeit des Bleiazids zwischen 3000 bis 4000 m in der Sekunde liegen; jedenfalls übertrifft sie diejenige des Knallquecksilbers nicht, denn sonst müßte das Bleiazid bei dem nur wenig kleinern Energieinhalte einen stärkeren Eindruck hinterlassen, als es der Fall ist. Auch die Detonationsgeschwindigkeit des Silberazids wird sich ungefähr dem Betrage des Bleiazids nähern. Eine direkte Vergleichsprobe mit Knallquecksilber liegt zwar nicht vor; aber aus der viel geringeren Wirkung, die das Silberazid neben Tetranitromethylanilin und Trinitrotoluol auf der 4 mm Stahlblechplatte hinterlassen hat, muß bei dem relativ großen, das Knallquecksilber noch übersteigenden Energieinhalt auf eine durchaus mittelmäßige Detonationsgeschwindigkeit geschlossen werden. Die an einem anderen Orte[1] ausgesprochene Vermutung, daß die Detonationsgeschwindigkeiten der Azide sehr groß sein und jedenfalls diejenigen unserer brisantesten Sprengstoffe noch übertreffen müßten, hat sich damit als irrig herausgestellt. Daß übrigens die Azide dem Knallquecksilber an Druckwirkung unterlegen sind, offenbaren jene bekannten Initiierungsversuche mit reinem Knallquecksilber, dem zur eigenen Initiierung eine kleine Menge Azid beigemischt wird: erlangt jetzt das mit Azid initiierte Knallquecksilber sofort seine maximale Zersetzungsgeschwindigkeit, so übersteigt die Zündwirkung nun selbst die des reinen Azids. (Knallquecksilber in kleinen Mengen — etwa bis 0·15 g — direkt gezündet, verpufft nämlich nur ohne zu explodieren; seine höchste Detonationsgeschwindigkeit erlangt es erst in größeren Mengen, wo es sich stufenweise selbst initiiert und zu immer schnellerer Zersetzung anregt. Mischt man aber kleine Mengen Azid zu, so erreicht das Knallquecksilber schon in ganz kleinen Mengen die maximale Zersetzungsgeschwindigkeit: es explodiert dann völlig mit den Eigenschaften des Azids, jedoch

[1] Prometheus 1915, S. 482.

mit der ihm eigenen stärkeren Wirkung, entsprechend seiner größeren Energie und Detonationsgeschwindigkeit.)

Hiermit ist nun auch ebenso bündig wie einleuchtend der Beweis für die schon längst bekannte, jedoch von vielen Seiten noch bezweifelte Tatsache erbracht, warum Sprengkapseln, die einen meistens den größten Teil des Zündstoffs durch einen brisanten Sprengstoff ersetzt enthalten, leistungsfähiger, ja viel leistungsfähiger sind, als solche mit reinem Initialsprengstoff — etwa Knallquecksilber oder Bleiazid — gefüllte. Fig. 43 zeigt oben zwei Bleiplattenproben von Sprengkapseln: die erste 1 mm dicke Bleiplatte ist mit 1·4 g einer Mischung von 90% Knallquecksilber und 10% Kaliumchlorat beschossen, die zweite (rechts) mit einer Füllung von 0·8 g Tetranitromethylanilin und 0·06 bis 0·07 g Silberazid. Man wird aus dem Photogramm unschwer ersehen, wie viel größer das Loch und wie viel feiner die Strahlung bei der zweiten Platte ist als bei der ersten, die doch mit mehr als dem anderthalbfachen Gewichte Sprengsatz beschossen wurde.

Nachdem nun das Verhältnis zwischen Initial- und brisantem Sprengstoff klargestellt ist, werden sicherlich bald auch die übertriebenen, ungeheuerlichen Vorstellungen, die man sich von der Zerstörungskraft einiger hochexplosiver Körper der Chemie bisher gemacht hatte, verschwinden. Und damit stehen wir unversehens vor der Frage: Warum hat man das Knallquecksilber und ähnlich fulminante Explosivstoffe fortwährend zu den heftigst wirkenden Explosivstoffen gezählt und für diese Substanzen Explosionsdrucke ausgerechnet, die in Wirklichkeit durch keinen Versuch bestätigt werden konnten? Weshalb ist der Druck explodierenden Knallquecksilbers zuungunsten der Drucke brisanter Sprengstoffe, wie Nitroglyzerin und Pikrinsäure z. B., ständig so überschätzt worden? Und warum konnte man jene Widersprüche so lange auf sich beruhen lassen, die sich theoretischerseits aus der mäßigen Detonationsgeschwindigkeit, der kleinen Explosionswärme und dem geringen Explosionsvolumen des Knallquecksilbers doch augenscheinlich ergaben?

Daran trägt die allbekannte Eigenschaft des Knallquecksilbers und seiner Verwandten, schon in ganz geringen Mengen und durch die einfachsten Mittel zur vollen Explosion zu gelangen, gewiß die meiste Schuld. An diesen Substanzen offenbarten sich die Wirkungen der brisanten Sprengstoffe am eindringlichsten und sinnenfälligsten: läßt man beispielsweise etwa 5 Hundertstel Gramm Knallsilber oder Bleiazid auf dünnem Eisenblech ($^1/_{10}$ mm) explodieren, so wird die Blechunterlage unter unheimlichem, ohrbetäubendem Knalle durchschlagen. Weil hier also die brisanten Detonationserscheinungen so schlagend und verblüffend in Erscheinung treten — im Gegensatz zu den brisanten technischen Sprengstoffen, die nur in größeren Mengen und schwierig, unter Vermittlung initiierender Explosivstoffe detonierbar sind — kam man in Versuchung, die Leichtigkeit und Heftigkeit, womit die kleinsten Mengen explodierten, als Maß der Explosivkraft zu nehmen; man sagte sich, etwa nach Art des Überschlagrechners, wenn 5 Zentigramm mit einer solchen Vehemenz explodieren, wie groß muß die Wirkung bei fünf-, zehn-, hundert- oder gar tausendfacher Menge sein; man ließ sich vom Sichtbaren, Augenfälligen überreden und fragte sich nicht: würden 5 Zentigramm Nitroglyzerin, wenn ich sie in diesen Mengen ebenso vollständig detonieren könnte, wie sie bei der Explosion eines ganzen Liters detonieren, nicht ebenso laut und so stark, wenn nicht noch stärker, explodieren als jene 5 Hundertstelgramm Knallsilber oder Bleiazid? Läßt man Nitroglyzerin — nach einem bekannten Vorlesungsexperiment — tropfenweise auf eine Metallplatte fallen, deren Temperatur langsam über den Zersetzungspunkt des Sprengöls gesteigert wird, so explodiert in der Nähe der Verpuffungstemperatur jeder Tropfen mit gewaltigem, erschütterndem Knalle, jedenfalls ebenso stark, wenn nicht stärker, als die entsprechenden Mengen Knallsilber oder Bleiazid. Hier ist einer der ganz seltenen Fälle, wo wir einen der heftigsten brisanten Sprengstoffe in kleinsten Mengen völlig detonieren sehen können.

Wir sehen also, daß die Initialexplosivstoffe den gebräuchlichen brisanten Sprengstoffen sowohl an Schnelligkeit der Zersetzung wie auch an Kraftwirkung nachstehen und daß der ganze, oft so nachdrücklich hervorgehobene Unterschied lediglich in der leichten, einfachen und schon in kleinsten Mengen zu bewirkenden Detonierbarkeit der Initialexplosivstoffe liegt. Wir sehen ferner, daß — absolut genommen — diejenigen Sprengstoffe als die stärksten, wirkungsvollsten zu gelten haben, die, wie etwa das Nitroglyzerin-Molekül, nach der idealen Verbrennungsgleichung gebildet sind. Derartige Sprengstoffe besitzen dann meistens auch die größte Detonationsgeschwindigkeit.

Sechster Abschnitt.

Patente betreffend die Herstellung von Initialsprengstoffen und Sprengkapselzündsätzen.

I. Zündsätze mit Knallquecksilber als Hauptbestandteil.

D.R.P. 124103 vom 10. Juni 1898.

Dr. Ugo Alvisi in Rom. — Zündsatz aus Knallquecksilber und Ammoniumperchlorat.

Zur Entzündung von Sprengstoffen, wie Dynamit, Pikrinsäure usw., dienen oft Zündkapseln, in denen zu dem Knallquecksilber Salpeter, chlorsaures Kali usw. hinzugemischt sind, zum Zwecke, der großen Brisanzkraft des Knallquecksilbers auch Vortreibkraft hinzuzufügen.

Den Gegenstand vorliegender Erfindung bildet nun ein Zündsatz dieser Art, welcher, wie zahlreiche Versuche ergeben haben, alle bisher bekannten weit übertrifft. Derselbe besteht aus einer Mischung von Knallquecksilber und Ammoniumperchlorat; infolge seiner bei der Explosion vollständig erfolgenden Vergasung entwickelt das Ammoniumperchlorat auch die größte Vortreibkraft.

Die besten Ergebnisse werden erzielt mit einer folgendermaßen dosierten Mischung:

Knallquecksilber	83 %,
Ammoniumperchlorat	17 %.

Wenn nun zugleich in die zu entzündenden Sprengstoffe Ammoniumperchlorat eingeführt wird, so kann die Knallquecksilberdosis in den Zündsätzen bis auf 40 % herabgemindert werden, und die Wirkungen bleiben stets ausgezeichnete.

Diese Zündsätze werden ebenso wie die gewöhnlichen hergestellt, und zu der Mischung von Knallquecksilber und Ammoniumperchlorat können auch andere explosive, entzündliche usw. Stoffe hinzugefügt werden. Jedoch ist es nicht gut, Kalisalze (außer Kaliumperchlorat), wie z. B. Salpeter oder chlorsaures Kali hinzuzufügen, weil diese Salze dadurch, daß sie durch Doppelumsetzung auf das Ammoniumperchlorat wirken, Kaliumperchlorat und (zerfließliches) Ammoniumnitrat bzw. Kaliumperchlorat und zersetzbares, chlorsaures Ammonium bilden würden.

Die neuen Zündsätze werden in derselben Weise wie die gewöhnlichen in Anwendung gebracht.

Patentanspruch: Zündsatz aus Knallquecksilber, gekennzeichnet durch die Beimischung von Ammoniumperchlorat mit und ohne andere Zusätze.

Engl. Pat. 3238 vom 8. Februar 1902.

F. Hess in Österreich. — Sprengstoff.

Zündstoffe, wie Knallquecksilber, können handhabungssicher gemacht werden durch Vermischen mit Wasser, oder wässerigen Glyzerinlösungen, Paraffin, Vaseline, Fetten, Ölen, Harzen und ähnlichen nichtexplosiven Substanzen, oder dadurch, daß man sie sehr hohen Preßdrucken unterwirft. Die so behandelte Maße wird dann mit einer kleinen Menge der auf gewöhnliche Art zubereiteten Mischung angewendet.

Engl. Pat. 6705 vom 20. März 1906.

Wilhelm Venier in Wien. — Verfahren zur Herstellung eines Explosivstoffs.

Der nach dem vorliegenden Verfahren erhältliche Explosivstoff soll in erster Linie zur Bereitung von Zündsätzen für Zündhütchen, Sprengkapseln und sonstige Zünder Verwendung finden. Hergestellt wird er, indem man Acetylen- oder Allylengas durch eine ammoniakalische Lösung eines geeigneten Metallsalzes, z. B. Quecksilbernitrat, leitet. Bei Anwendung von Acetylen wird hierbei ein weißer Körper erhalten, der im trockenen Zustande noch eine höhere Explosivität zeigt als Knallquecksilber. Derselbe kann in reinem Zustand oder mit anderen Substanzen gemischt zur Füllung von Zündhütchen usw. verwendet werden. Als besonders geeignet für den genannten Zweck werden z. B. folgende Mischungen empfohlen:

	I	II
Kaliumchlorat	4	60
Acetylenverbindung	2	—
Schwefel	1	—
Knallquecksilber	—	60
Aluminiumpulver	—	5
Gemisch aus gleichen Teilen Acetylensilber und Kaliumpikrat	—	20

Um die Explosivkraft der letzteren Mischung, die außerordentlich hoch ist, herabzusetzen, kann man der Mischung einen Teil Kaliumnitrat und einen Teil amorphen Phosphor zusetzen.

Engl. Pat. 13983 vom 19. Juni 1906.

W. C. White in Glendholme, England. — Zündsatz für Torpedos, Sprengpatronen, Sprengladungen u. dgl.

Die Erfindung betrifft die Herstellung eines billigen und doch sehr wirksamen Zündsatzes aus Knallquecksilber und Knallsilber, der ein ausgezeichnetes Ersatzmittel für Knallsilber darstellt. Dieser Zündsatz, der vom Erfinder „Whitite“ genannt wird, kann z. B. durch Vermischen von Knallquecksilber mit Knallsilber im Verhältnis von $87^1/_2$ zu $12^1/_2$% hergestellt werden, und zwar kann die Mischung sowohl im trockenen als auch im feuchten Zustand vorgenommen werden. — Selbstverständlich ist die Herstellung des Zündsatzes nicht an das angegebene Mischungsverhältnis gebunden; vielmehr kann letzteres in der verschiedensten Weise abgeändert werden.

Franz. Pat. 397253 vom 30. November 1908.

Société Française des Munitions de chasse, de tir et de guerre in Frankreich. — Anwendung von Mangandioxyd bei der Herstellung von Zündsätzen.

Die Erfindung besteht darin, daß bei der Herstellung von Zündsätzen Mangandioxyd (Braunstein) verwendet wird. Infolge dieses Zusatzes sollen die Zündsätze weder zu vorzeitigen Explosionen noch zu Versagern neigen. Da das Mangandioxyd im Gegensatz zu den sonst für die Herstellung von Zündsätzen verwendeten Oxydationsmitteln, eine endotherme Verbindung ist, so wird die zur Zersetzung erforderliche Wärme dem Knallquecksilber entnommen, dessen heftige Wirkung infolgedessen abgeschwächt wird. Das Mangandioxyd wirkt mithin als Milderungsmittel, erhöht aber gleichzeitig wegen seiner großen Härte die Empfindlichkeit gegen Reibung und Stoß.

Österr. Pat. 40619 vom 15. Juni 1909.

Wilhelm Venier in Wien. — Sprengkapsel mit phlegmatisiertem Zündsatz.

Vorliegende Erfindung betrifft eine Sprengkapsel, welche zwei Zündsätze enthält, von denen der eine sich durch große Unempfindlichkeit gegen Stoß und Schlag, ferner durch große Stabilität in feuchter Luft auszeichnet. Bei den bisher üblichen Sprengkapseln dieser Art sind die beiden Zündsätze, der sog. phlegmatisierte sowie der zur Initialzündung desselben dienende brisantere Zündsatz übereinander angeordnet, wodurch die Berührungsfläche der beiden wesentlich beschränkt ist. Gemäß vorliegender Erfindung sind die beiden Zündsätze derart angeordnet, daß der phlegmatisierte Zündsatz mit einer Höhlung gepreßt ist, die zur Aufnahme des brisanteren Zündsatzes dient. (Die erläuternden Figuren sind auf S. 315 wiedergegeben.) Dies hat den Vorteil, daß einerseits der brisantere Zündsatz in den phlegmatisierten vollständig eingebettet ist und dadurch gegen äußere Einflüsse gesichert erscheint, während andererseits dadurch die Berührungsflächen zwischen den beiden Zündsätzen zur Erhöhung der Wirkung aufeinander vergrößert werden.

Als phlegmatisierter Zündsatz kann Knallquecksilber verwendet werden, welchem zur Abschwächung der Empfindlichkeit außer dem üblichen Zusatz von Kaliumchlorat oder Kaliumperchlorat, noch ein weiterer Körper, z. B. Paraffin, zugesetzt ist. Dadurch wird das Knallquecksilber in seiner Wirkung derart abgeschwächt, daß es durch Schlag nicht zur Detonation gebracht werden kann und, wenn es angezündet wird, nur langsam verbrennt. Als geeignete Mischung dieses bekannten phlegmatisierten Zündsatzes kann beispielsweise folgende Verwendung finden:

5 Gewichtsteile Knallquecksilber, 0·5 bis 1·0 Gewichtsteile Paraffin und 1·0 bis 1·5 Gewichtsteile Kaliumperchlorat. Die einzelnen Be-

standteile werden zur Herstellung des Zündsatzes zunächst gemischt, sodann mit Benzol zu einem Teig angemacht, der getrocknet und gekörnt und dann in die Kapsel eingefüllt wird. Zur Phlegmatisierung des Zündsatzes kann statt Paraffin auch Trinitrotoluol mit einem Zusatz von Öl (z. B. Rizinusöl) verwendet werden. Als brisanterer Zündsatz zur Initialzündung für den phlegmatisierten Zündsatz dient gemäß vorliegender Erfindung Acetylensilber in Mischung mit Knallquecksilber, wobei praktische Versuche einer Mischung von zwei Gewichtsteilen Knallquecksilber mit einem Gewichtsteil Acetylensilber gute Resultate ergeben haben.

Österr. Pat. 40471 vom 1. Juli 1909.

Wilhelm Venier und Leopold Ullrich, beide in Wien. — Zündmasse für elektrische Zünder.

Den Gegenstand der vorliegenden Erfindung bildet eine Zündmasse, welche sich von allen bisher verwendeten Zündmassen durch ihre leichte Entzündbarkeit durch den elektrischen Strom und durch ihre bedeutend geringere Empfindlichkeit gegen Stoß und Reibung vorteilhaft unterscheidet. Das Wesen der vorliegenden Erfindung besteht in dem Zusatz von Acetylensilber bzw. Acetylenquecksilber zu einer Knallquecksilber enthaltenden Mischung. —In der französischen Patentschrift Nr. 321285 ist zwar die Verwendung von Acetylensilber als Ersatz von Knallquecksilber für Zündmassen vorgeschlagen worden. Die Erfinder haben nun durch Versuche festgestellt, daß die Mischung von Knallquecksilber und Acetylensilber bzw. Acetylenquecksilber für elektrische Zündung besonders geeignet ist.

Das verwendete Acetylenquecksilber wird beispielsweise derart hergestellt, daß man in eine Lösung von salpetersaurem Quecksilberoxyd $\{Hg(NO_3)_2\}$ Acetylengas einleitet. Es wird hierdurch ein weißes amorphes Pulver erhalten, welches äußerst fein verteilt werden kann. Noch wirkungsvoller als das Acetylenquecksilber hat sich das Acetylensilber erwiesen. Wird das Acetylenquecksilber bzw. das Acetylensilber mit Knallquecksilber vermengt, so wird dadurch eine Masse erhalten, welche gegen elektrische Einwirkung sehr empfindlich ist, dagegen ihre Empfindlichkeit gegen Stoß und Reibung verringert. Als besonders geeignet hat sich nachstehende Mischung für den angegebenen Zweck ergeben.

60 Teile Knallquecksilber,
60 „ eines Sauerstoffträgers (z. B. Kaliumchlorat).
5 „ eines Metallpulvers (z. B. Aluminium) und
20 „ einer Mischung von gleichen Teilen Acetylensilber und Kaliumpikrat, oder statt dieser Mischung
20 „ der anfangs erwähnten Acetylenquecksilberverbindung.

Diese Zündmasse eignet sich zur Verwendung von Zündern für Patronen, Sprengzwecke, Blitzlichtzündungen u. dgl.

Österr. Pat. 40472 vom 1. Juli 1909 (Zusatzpatent zu Nr. 40471). Wilhelm Venier und Leopold Ullrich, beide in Wien. — Zündmasse für Sprengkapseln.

In dem Stammpatente Nr. 40471 ist eine Zündmasse beschrieben, welche für elektrische Zündungen durch schwache Ströme geeignet ist, und die der Hauptsache nach aus Knallquecksilber Kaliumchlorat und einer Substanz besteht, welche durch einen schwachen elektrischen Funken gezündet werden kann. Dabei ist für das Mischungsverhältnis der einzelnen Bestandteile maßgebend, daß die durch den elektrischen Funken zündbare Substanz ihre diesbezügliche Zündfähigkeit behält. Als solche Substanz ist in dem Stammpatente insbesondere Acetylensilber oder Acetylenquecksilber genannt.

Praktische Versuche haben nun ergeben, daß diese Körper in entsprechendem Verhältnisse gemischt, zur Füllung von Perkussionskapseln und Sprengkapseln an Stelle von Knallquecksilber geeignet sind, wobei durch den Zusatz des Acetylensilbers oder Acetylenquecksilbers zu dem Knallquecksilber die explosive Wirkung des letzteren ganz wesentlich erhöht werden kann, ohne daß dadurch die Empfindlichkeit des Knallquecksilbers gegen Reibung und Stoß erhöht würde. Es wird im Gegenteil durch diese Zusätze die vorgenannte Empfindlichkeit wesentlich vermindert. — Als beispielsweise Ausführungsform einer solchen Mischung kann folgende dienen:

Kaliumchlorat	1 Teil
Acetylensilber . . .	2 Teile
Knallquecksilber . . .	4 Teile

Die Wirkung dieser Mischung ist bei geringerer Empfindlichkeit als jener des reinen Knallquecksilbers ungefähr gleich jener Chlorstickstoffe und wird durch die Erhöhung der Brisanz bedingt. So vermag z. B. 0·05 g dieser Mischung, lose auf einen 3 mm starken Karton aufgelegt und durch Glut entzündet, denselben vollständig zu durchschlagen, während eine gleiche Menge von Knallquecksilber ohne Beschädigung des Kartons auf demselben verpufft.

II. Zündsätze, in denen das Knallquecksilber größtenteils durch einen aromatischen[1] oder sonst einen Nitrosprengstoff ersetzt ist.

D.R.P. 81805 vom 2. Oktober 1894. Brit. Pat. 18682/1894. Amerik. Pat. 529334 vom 13. Februar 1894.

Hudson Maxim in New York. — Fulminathaltige Zündmasse.

Die vorliegende Erfindung bezweckt die Herstellung einer Zündmasse zur Entzündung großer Mengen von kräftigen Explosivstoffen, besonders für Lufttorpedos und Projektile, bei denen zur Erzielung

[1] Patente, betreffend Herstellung und Verwendung aliphatischer und aromatischer Nitrokohlenwasserstoffe sind in Band 6 dieser Sammlung auf Seite 82 und 284 zusammengestellt.

der höchsten Zerstörungseffekte eine große Quantität Zündstoff verwendet werden muß.

Bekanntlich besteht eine der Hauptschwierigkeiten im Gebrauche starker Explosivstoffe für Projektile und Lufttorpedos darin, eine genügende Menge der Zündmasse, besonders Knallquecksilber, mit Sicherheit schleudern zu können, um eine vollständige Detonation des geschleuderten kräftigen Explosivstoffes zu erzielen. Wenn die Menge der Zündmasse genügend gering zur Erzielung der nötigen Sicherheit gehalten wird, so ergibt sich eine unvollständige oder eine Sekundärdetonation des Explosivstoffes. Wird andererseits eine genügende Menge der Zündmasse angewendet, um eine vollständige Detonation zu sichern, so entsteht wiederum die Gefahr einer vorzeitigen Detonation infolge der Empfindlichkeit der in großer Menge vorhandenen Zündmasse.

Diese Mängel werden nun bei der vorliegenden Zündmasse dadurch beseitigt, daß man das Fulminat (z. B. Knallquecksilber) mit einem nitrierten Kohlenhydrat (z. B. Pyroxylin) zweckmäßig in gelöstem Zustande behandelt. Die Teilchen des Fulminats werden dadurch mit einem Häutchen des aufgelösten Pyroxylins überzogen und so jedes Teilchen von dem nächsten durch eine Pyroxylinschicht getrennt, welche die Reibung der Teilchen aneinander bei einem Schlag und die Abbröckelung derselben bei der Verarbeitung und dem Gebrauch verhindert. Die Bindung der Teilchen ist eine derartige, daß die Masse mittels Stahlmesser oder Scheere in Streifen zerschnitten werden kann. Es empfiehlt sich, die Mischung noch mit zweckmäßig ebenfalls gelöstem Nitroglyzerin, sowie mit einem Moderiermittel, besonders Nitrobenzol, Nitronaphthalin oder Gummi, zu versetzen. Letzteres setzt die Empfindlichkeit der Zündmasse gegen Schlag und Stoß noch weiter herab, ohne die Verbrennungsgeschwindigkeit zu beeinflussen.

Die praktische Ausführung der Erfindung gestaltet sich am besten wie folgt:

Nitroglyzerin wird mit Pyroxylin bis zur Konsistenz des natürlichen Gummis verdickt. Man erzielt dies durch Anwendung von 75 bis 85 Teilen Nitroglyzerin auf 15 bis 25 Teile Pyroxylin, je nach der gewünschten Steifheit oder Elastizität des Produktes. Um die Mischung zu erleichtern, wird eine genügende Menge eines Lösungsmittels für das Nitroglyzerin zugesetzt, um die Masse hinreichend weich und teigig zu machen und dadurch ihre innige Mischung mit der gewünschten Menge Knallquecksilber zu ermöglichen. Alsdann wird (75 bis 85%, der Masse) ein Fulminat, am besten Knallquecksilber, zugemischt. Das angewandte Lösungsmittel, als welches zweckmäßig eine leichtflüchtige Flüssigkeit zu wählen ist, besonders Aceton, wird nunmehr verdampft. Die Konsistenz, die Elastizität sowie dər Charakter, die Empfindlichkeit der hinterbleibenden Masse, kann durch entsprechende Abänderung der Mengenverhältnisse der Bestandteile wunschgemäß variiert werden.

Die Masse läßt sich auch porös oder schwammig herstellen. Zu diesem Zweck wird dieselbe, vor der Verdampfung des flüchtigen Lösungsmittels und sobald sie eine geeignete Konsistenz erlangt hat, bei Gegenwart von Luft gut durchgerührt. Auf diese Weise erhält man eine nachgiebige, elastische Zündmasse, welche, selbst wenn zur Ausdehnung oder zum Entweichen ihrer Teilchen kein freier Raum vorhanden ist, infolge ihrer zahlreichen Poren jedem Drucke leicht nachgibt und daher nicht, wie die nicht porösen, inkompressiblen Zündmassen, empfindlich gegen Stoß und Schlag ist.

Die gewünschte Porosität der Masse kann ferner auch durch Zusatz eines höher nitrierten Pyroxylins (Trinitrozellulose) in fein verteiltem Zustande erzielt werden. Der Zusatz erfolgt am besten gleichzeitig mit demjenigen des Fulminats. In diesem Falle muß sich das zur Herstellung des gummiartigen Nitroglyzerinkörpers benutzte Pyroxylin in einem niedrigeren Grade der Nitration befinden und ein flüchtiges Lösungsmittel angewendet werden, welches faserartiges hochnitriertes Pyroxylin nicht auflöst. Für diesen Zweck eignet sich besonders Holzgeist, welcher die niedrigen Nitrierungsstufen des Pyroxylins sehr leicht löst, während er die höheren ungelöst läßt.

Es ist klar, daß der Zusatz von Nitroglyzerin, obwohl er sich aus den angeführten Gründen sehr empfiehlt, doch nicht unbedingt notwendig ist. Es lassen sich vielmehr auch ohne dasselbe gute Resultate erzielen, besonders wenn die Zündmasse in der vorher beschriebenen Weise porös hergestellt wird. Wenn aber das Material weder porös gemacht, noch Nitroglyzerin angewendet ist, also das Fulminat einfach mit Kollodium (Kollodiumwolle) oder gelöstem Pyroxylin (Schießbaumwolle) gemischt und das Lösungsmittel verdampft wird, so resultiert eine sehr dichte, harte, hornartige Masse, welche die wünschenswerten Eigenschaften einer Zündmasse nicht besitzt.

Die nach vorstehenden Methoden hergestellte Zündmasse kann durch Rollen, Pressen, Formen oder Schneiden in die ihrem Gebrauche entsprechende Gestalt übergeführt werden.

Die beschriebene Mischung von Nitroglyzerin und Pyroxylin ist an sich sehr unempfindlich gegen Schlag und Stoß und kann durch die bekannten Mittel nicht zur Detonation gebracht werden. Tatsächlich darf man ein solches Gemisch, wenn es 25% Pyroxylin enthält, als unfähig der Detonation bezeichnen. Wenn dasselbe aber mit einem empfindlicheren Explosivstoff, besonders mit Knallquecksilber, gemengt ist, kann die Explosionsempfindlichkeit durch Steigerung der Quantität dieses Explosivstoffes allmählich erhöht werden. Sehr gute Resultate ergeben sich bei Anwendung gleicher Teile des Fulminats und der Nitroglyzerin-Pyroxylinmischung; jedoch ist ein Überschuß des ersteren vorzuziehen.

In einigen Fällen ist es wünschenswert, Moderiermittel, besonders Nitrobenzol, Nitronaphthalin oder einen geeigneten Gummi zuzufügen, was in jedem Stadium des Herstellungsverfahrens geschehen kann. Die Empfindlichkeit gegen Stoß wird dadurch noch weiter herabgesetzt, ohne daß die Verbrennungsgeschwindigkeit wesentlich beeinflußt wird.

Die nach dem beschriebenen Verfahren hergestellte Zündmasse ist, obwohl sie durch Schlag zur Entzündung gebracht werden kann, viel weniger empfindlich gegen einen solchen als das reine Fulminat oder die bisher bekannten Mischungen desselben mit anorganischen Stoffen. Die Masse ist besonders vorteilhaft wegen der außerordentlich großen Wärmemengen, welche durch das Nitroglyzerin bei seiner Verbrennung entwickelt werden, während der gummiartige, elastische Charakter der Masse sie genügend unempfindlich gegen Stoß macht, so daß sie mit Sicherheit aus den Geschützen geschleudert werden kann. Ein Hauptvorteil des Knallquecksilbers als Zündstoff besteht in der Dichte und dem Gewicht seiner Zersetzungsprodukte; da aber diese Gase schwer sind und sich nur wenig ausdehnen, so wird die Temperatur stark herabgesetzt und die Wirkung des Fulminats sehr wesentlich verringert oder sogar gänzlich verhindert. Wenn nun bei der vorliegenden Erfindung Nitroglyzerin mit dem Knallquecksilber verbunden wird, so bewirken die durch das Nitroglyzerin entwickelten außerordentlich großen Wärmemengen, daß die Temperatur der Verbrennungsprodukte des Knallquecksilbers erhalten bleibt und dessen brisanter Charakter noch wirksamer hervortritt.

An Stelle des Pyroxylins können zur Verdickung des Nitroglyzerins auch andere analog wirkende Substanzen, besonders nitrierte Stärke, verwendet werden.

Patentanspruch: Zündmasse, bestehend aus einem Fulminat und einem zweckmäßig gelösten nitrierten Kohlenhydrat (z. B. Pyroxylin), mit oder ohne Zusatz von zweckmäßig ebenfalls gelöstem Nitroglyzerin und einem Moderiermittel (z. B. einem Nitrokohlenwasserstoff).

Engl. Pat. 23954 vom 1. Dezember 1899.

J. W. Fowler. — Sprengkapsel.

Die Erfindung betrifft eine aus zwei Teilen bestehende Sprenghülse, von denen die innere kleinere mit Nitroglyzerin gefüllt wird.

Engl. Pat. 20133 vom 8. November 1900.

M. Bielefeldt. — Mischungen für Initialzündungen für Spreng- und Perkussionskapseln,

wobei das Knallquecksilber entweder ganz oder teilweise durch Pikrinsäure, Mono- und Dinitrophenol, Mono-, Di- und Trinitrotoluol, Nitronaphthalin, Trinitrotoluol, Nitronaphthalin, Trinitrokresol und dessen Salze, Trinitroresorzin und dessen Salze, Nitrozellulose, Sprenggelatine oder Diazoverbindungen ersetzt werden kann.

Patent 23889 vom gleichen Jahre verwendet statt Knallquecksilber Mischungen aus Trinitronaphthalin und Kaliumchlorat.

Engl. Pat. 21065 vom 21. November 1900.

L. Wöhler. — Sprengkapsel.

Nach der Erfindung werden zu Sprengkapselfüllungen hauptsächlich Trinitrotoluol, Nitrokohlenwasserstoffe, Nitrophenole und deren Salze sowie Nitroglyzerin, Dynamit -und Schießbaumwolle angewendet. Der Ladung wird ein kleiner Teil Knallquecksilber aufgedrückt und diese Schicht entweder durch ein durchlochtes Metallplättchen (nach Fig. 44) oder durch ein Metallhütchen bedeckt (Fig. 45).

Fig. 44.

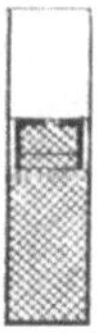

Fig. 45.

Franz. Pat. 320199 vom 4. April 1902.

Westfälisch-Anhaltische Sprengstoff-Aktien-Gesellschaft. — Neuer Zündsatz für Zündhütchen und Sprengkapseln.

Erfinderin hat durch längere Versuche gefunden, daß die Nitrokresole, insbesondere das Mono-, Di- und Trinitrokresol und das Trinitroresorzin vorzügliche Ersatzmittel des Knallquecksilbers sind. Alle diese Nitrokörper, wie auch ihre Salze, vermögen in Mischung mit Kaliumchlorat oder ähnlichen Sauerstoffträgern das Knallquecksilber vollkommen zu ersetzen; ihr Vorteil vor diesem besteht darin, daß ihre Herstellung viel billiger und die Handhabung viel weniger gefährlich ist. — Außerdem ermöglicht die Benutzung von Nitrokresol oder von Trinitroresorzin die Anwendung viel größerer Sprengkapseln, als dies bisher mit Knallquecksilber der Fall war. Dies hat einmal zur Folge, daß viele Sprengstoffe leichter detonieren, und daß besonders schwer detonierbare Sprengmittel, die mit Knallquecksilber nur unvollkommen zersetzt werden, mit Sprengkapseln dieser Art völlig detoniert und ausgenutzt werden können. Diese Vorteile sichern den Nitrokresolen und dem Trinitroresorzin die weitgehendste Verwendung zur Herstellung von Zündhütchen und Sprengkapseln irgendwelcher Art.

Für die Anwendung der Nitrokresole ist es gleichgültig, ob dieses oder jenes Isomere dazu benutzt wird; für die Praxis wird einfach das Kresolgemisch nitriert, wie es aus dem Teer gewonnen wird. Mit der Zahl der eingeführten Nitrogruppen wächst die Explosivkraft der betreffenden Kresolnitroprodukte. Zu Sprengkapselfüllungen sind folgende Zusammensetzungen empfohlen:

	I	II	III	IV
Mononitrokresol	85	—	—	—
Dinitrokresol	—	72	—	—
Trinitrokresol	—	—	65	—
Trinitroresorzin	—	—	—	65
Kaliumchlorat	15	28	35	35

Die Entzündung von mit dieser Füllung besetzten Zündhütchen oder Sprengkapseln kann unter Umständen auch mit Hilfe von Knallquecksilber-Zündhütchen und -Sprengkapseln oder mit ähnlich gefüllten Zündmitteln bewirkt werden.

Franz. Pat. 326055 vom 3. November 1902. Engl. Pat. 24633 vom 10. November 1902.

Westfälisch-Anhaltische Sprengstoff-Aktien-Gesellschaft (J. Wetter). — Zündsatz für Zündhütchen und Sprengkapseln.

Für den Ersatz des Knallquecksilbers in Zündkapseln und Detonatoren werden folgende Mischungen vorgeschlagen:

	I	II
Trinitronaphthalin	25	25
Dinitronaphtholsulfosäure	10	—
Quecksilberrhodanat	30	30
Dinitronaphtholsulfosäure-Diamidophenol. o.	—	10
Kaliumchlorat	35	35

Die Zündsatzmischungen sind jedoch nicht an diese zwei Beispiele gebunden, sondern können beliebig variieren.

D.R.P. 166804 vom 18. März 1905. Franz. Pat. 355695 vom 28. Juni 1905. Brit. Pat. 13340/1905. Amerik. Pat. 827768 vom 7. August 1906.

Dr. Claessen in Berlin. — Verfahren zur Herstellung von Zündsätzen.

In neuerer Zeit hat man in der Industrie der Initialzündungen wichtige Fortschritte dadurch erzielt, daß man an Stelle der Knallquecksilber und gewisse anorganische Substanzen (z. B. chlorsaures Kali) enthaltenden Sprengkapseln solche hergestellt hat, die einen Teil des Knallquecksilbers durch Pikrinsäure oder Trinitrotoluol ersetzt enthalten.

Man hat gefunden, daß man mit einer Sprengkapsel, welche 0·7 bis 0·8 g Pikrinsäure oder Trinitrotoluol enthält, auf welche dann eine kleine Initialkapsel von 0·4 g Knallquecksilber aufgesetzt ist, eine Wirkung erzielt, welche sich praktisch als gleichwertig mit derjenigen einer 2 g enthaltenden Kapsel erwiesen hat. Diese Wirkung läßt sich leicht nachprüfen durch eine vergleichende Messung der Größe des Durchschlages, welcher beim Entzünden der Sprengkapsel auf einer Bleiplatte erzielt wird. Parallel mit der Größe dieser Wirkung erwies sich auch die Fähigkeit der Initiierung von Sprengstoffen, zumal von Ammoniaksalpetersprengstoffen.

Versuche haben nun ergeben, daß eine weit größere Durchschlagskraft erzielt wird, wenn man an Stelle der Pikrinsäure oder des Trinitrotoluols Tetranitromethylanilin (s. Beilstein, II, 326) zur Füllung von Sprengkapseln verwendet, und daß bei Anwendung der gleichen Menge dieses Körpers eine ganz überraschende Steigerung der Durchschlagskraft gegenüber der Pikrinsäure oder dem Trinitrotoluol erzielt wird.

Diese Erhöhung der Durchschlagskraft kann naturgemäß noch dadurch modifiziert werden, daß man das Tetranitromethylanilin mit den üblichen Zusätzen, insbesondere mit Sauerstoffträgern nach Bedarf vermischt.

Patentanspruch: Verfahren zur Herstellung von Zündsätzen, dadurch gekennzeichnet, daß an Stelle der bisher gebräuchlichen Pikrinsäure oder des Trinitrotoluols Tetranitromethylanilin verwendet wird, zwecks Erhöhung der Durchschlagskraft von Sprengkapseln u. dgl.

D.R.P. 168490 vom 7. April 1905 (Zusatz zu D.R.P. 166804). Engl. Pat. 13340 vom 28. Juni 1905. Franz. Pat. 355695 vom 28. Juni 1905.

Dr. Claessen in Berlin. — Verfahren zur Herstellung von Zündsätzen.

Weitere Versuche haben ergeben, daß auch das Tetranitroäthylanilin und Mischungen von Tetranitroäthylanilin mit Tetranitromethylanilin als ausgezeichnete Ersatzstoffe für Pikrinsäure und Trinitrotoluol bei der Herstellung von Zündsätzen zwecks Erhöhung ihrer Durchschlagskraft dienen können. Das Tetranitroäthylanilin hat auch noch vor dem Tetranitromethylanilin den Vorzug einer viel billigeren Darstellungsweise, was bei der Fabrikation im großen einen erheblichen wirtschaftlichen Vorteil bedeutet.

Patentanspruch: Verfahren zur Herstellung von Zündsätzen, dadurch gekennzeichnet, daß an Stelle des in Patent 166804 angegebenen Tetranitromethylanilins, Tetranitroäthylanilin oder Mischungen beider verwendet werden.

Amerik. Pat. 827768 vom 25. Juli 1905. Engl. Pat.

K. W. Will, Berlin. — Zündsatz.

Die Erfindung betrifft die Herstellung von Zündsätzen, Füllungen von Granaten und Torpedos usw. aus Tetranitromethyl- und Tetranitroäthylanilin. Tetranitromethylanilin und Tetranitroäthylanilin in Verbindung mit Knallquecksilber sollen eine viel wirksamere Initialzündung ergeben, als dies bisher mit Zündsätzen aus Pikrinsäure, Trinitrotoluol und knallsaurem Salz der Fall war.

Engl. Pat. 19402 vom 26. September 1905.

Fritz Gehre, München. — Verfahren zur Herstellung von Sicherheitszündkapseln.

Das Verfahren besteht im wesentlichen darin, daß man Kupferhülsen mit Di- und Trinitromesitylen oder Di- und Trinitropseudocumol oder mit Di- und Trinitroxylol füllt und diese Ladung dann mit einer schwachen Lage von Knallquecksilber bedeckt.

Franz. Pat. 376339 vom 3. April 1907. Engl. Pat. 8156 und 8157 vom 8. April 1906.

Otto Frhr. von Schroetter. — Verfahren, Ladungen feuchter Schießwollpulver zur Detonation zu bringen.

Bekanntlich kann Schießbaumwolle im durchnäßten Zustande weder durch Knallquecksilber noch durch andere kräftige Sprengstoffe wie Nitroglyzerin, Dynamit usw. zur Detonation gebracht werden. Dagegen gelingt dies, wie von Brown festgestellt wurde, durch Anwendung von trockener Schießbaumwolle als Detonationsüberträger. Es wurde nun gefunden, daß feuchte Schießbaumwolle in beliebiger Menge und mit vollkommener Sicherheit durch Nitrokörper der aromatischen Reihe, wie Trinitrophenol, Trinitrobenzol, Trinitroanilin usw. zur Detonation gebracht werden kann, wobei die Wirkung einer solchen nassen Schießbaumwolladung durch geeignete Wahl des Detonationsüberträgers noch gesteigert werden kann. Die Anwendung der genannten Nitroverbindungen als Detonationsüberträger hat vor derjenigen der trockenen Schießbaumwolle den Vorteil, daß sie die Explosion der feuchten Ladungen auch in den Fällen bewirkt, in welchen Schießbaumwolle versagt, wie z. B. dann, wenn die Ladungen längere Zeit unter Wasser liegen müssen und der Überträger infolgedessen feucht geworden ist.

Engl. Pat. 7625 vom 29. März 1910.

O. Silberrad in Buckhurst Hill, Essex. — Zünder für Sprengstoffe.

Die Erfindung bezweckt, Projektile, welche mit Sprengstoffen vom Typ des Lyddits gefüllt sind sicher und vollständig zur Explosion zu bringen. Dieser Zweck wird durch eine Zwischenladung von Pikrinsäure, Trinitrobenzol, Trinitrotoluol in gepulverter Form erreicht, die für sich durch eine Knallquecksilberkapsel zur Detonation gebracht wird. Das Zwischenladungspulver wird in einem besonderen mit einem Zünder bekannter Art ausgestatteten Magazin derart untergebracht, daß es nur durch eine Papierschicht von dem Knallquecksilber des Zünders getrennt ist, worauf diese Einrichtung schließlich in bekannter Weise in den Boden des Projektils eingesetzt wird.

D.R.P. 241697 vom 8. Juli 1910. Franz. Pat. 425996 vom 13. Februar 1911. Engl. Pat. 3907 vom 9. August 1910.

Dr. Bernhard Flürscheim in Fleet, England.

In diesem Patent wird die Verwendung des Tetranitroanilins und seiner Derivate, namentlich wie Acetyltetranitranilin, Trinitroaminophenol, des Methyl-Nitroderivates, als Explosionserreger zu Zündmassen beschrieben. Ähnlich wie Trinitrotoluol und Tetranitromethylanilin in Verbindung mit Knallquecksilber oder mit Azid bisher Anwendung gefunden haben, so können auch die oben genannten Derivate benutzt werden besonders zweckmäßig in folgender Zusammensetzung:

1. Knallquecksilber	25	Teile	
Tetranitroanilin	75	„	
2. Knallquecksilber	25	„	
Methylnitrotetranitroanilin	75	„	
3. Knallquecksilberkomposition (mit 20% $KClO_3$)	10	„	z. B. 0·1 g,
Tetranitroanilin	90	„	z. B. 0·9 g.

Diese drei Beispiele beziehen sich auf Detonatormischungen, worin gewöhnlich der Nitrokörper und Explosionserreger nicht gemischt, sondern übereinander geschichtet werden.

Schweizer. Pat. 55940 vom 9. Januar 1911. Österr. Pat. 60263 vom 1. März 1913.

Dr. B. J. Flürscheim in Fleet, England. — Verfahren zur Herstellung von Zündmassen.

Das in der österreichischen Patentschrift 55445 hinsichtlich seiner Darstellung beschriebene Tetranitroanilin von der Konstitution

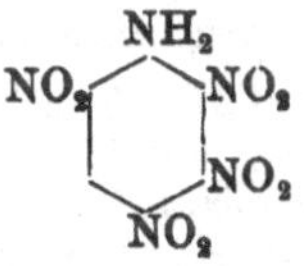

vereinigt in sich, wie durch Versuche festgestellt wurde, in höherem Maße als irgendeine andere Nitroverbindung die für einen brisanten Sprengstoff erforderlichen Eigenschaften, nämlich hohe Sprengkraft (dieselbe ist höher als die irgendeiner anderen als Sprengstoff angewendeten festen Verbindung), einfache, billige Darstellungsweise, Beständigkeit gegen mechanische und Wärmeeinwirkungen, kristallinische Struktur, einheitliche Zusammensetzung, hohes spezifisches Gewicht usw. — Das Tetranitroanilin kann in Zündmassen, zusammen mit einem Explosionserreger, wie Knallquecksilber der Aziden, verwendet werden — wie bisher z. B. Trinitrotoluol und Tetranitromethylanilin in dieser Weise Verwendung gefunden haben — zweckmäßig nach folgendem Beispiel:

Tetranitroanilin	0·65 g
überschichtet mit Knallquecksilber	0·25 „

Patentanspruch: Verfahren zur Herstellung von Zündmassen, dadurch gekennzeichnet, daß ungefähr 0·65 g Tetranitroanilin mit ungefähr 0·25 g Knallquecksilber überschichtet werden.

D.R.P. 265025 vom 8. Dezember 1912. Franz. Pat. 451925 vom 14. Dezember 1912. Schweizer. Pat. 61926 vom 7. Dezember 1912. Brit. Pat. 29901 vom 28. Dezember 1912. Österr. Pat. 64976 vom 15. Dezember 1913.

Dr. C. Claessen in Berlin. — **Verfahren zur Herstellung von Zündsätzen für Sprengkapseln, Zündhütchen und Geschoßzündungen.**

Seit mehreren Jahren hat man in der Industrie der Initialzündungen wichtige Fortschritte dadurch erzielt, daß man an Stelle der Knallquecksilber und gewisse anorganische Substanzen (z. B. Kaliumchlorat) enthaltenden Sprengkapseln usw. solche hergestellt hat, die einen Teil des Knallquecksilbers durch Pikrinsäure, Trinitrotoluol oder Tetranitromethylanilin ersetzt enthalten. Diese Sprengkapseln wiesen gegenüber den mit Kaliumchlorat hergestellten Zündsätzen eine weit größere Initiierfähigkeit auf.

Es wurde nun gefunden, daß man diese Initiierfähigkeit der Zündsätze noch bedeutend erhöhen kann, wenn man an Stelle der genannten Körper, also Pikrinsäure, Trinitrotoluol oder Tetranitromethylanilin, Nitropentaerythrit $C\begin{cases} CH_2-NO_3 \\ CH_2-NO_3 \\ CH_2-NO_3 \\ CH_2-NO_3 \end{cases}$ zur Herstellung derselben verwendet. So wurde beispielsweise gefunden, daß man mit einer Sprengkapsel, welche 1 g Nitropentaerythrit und eine Aufladung von 0·2 g Bleiazid enthält, durchschnittlich im Bleiblock von 10 × 10 cm Abmessung eine Nettoausbauchung von etwa 46 cm³ erhielt, während Sprengkapseln mit 1 g Tetranitromethylanilin und einer Aufladung von 0·2 g Bleiazid unter gleichen Bedingungen geschossen, nur 34 bis 35 cm³ Ausbauchung ergaben. 1 g Trinitrotoluol mit 0·2 g Bleiazidaufladung ergibt, unter den gleichen Bedingungen geschossen, nur 29 bis 30 cm Ausbauchung.

Auch für die Initiierung von sehr schwer detonierbaren Sprengstoffen, wie z. B. kristallinisches Trinitrotoluol mit 10% Rizinusölzusatz, erwies sich dieser Körper viel geeigneter als die bisher verwendeten. So z. B. liefern 50 g mit 10% Rizinusöl phlegmatisiertes Trinitrotoluol, in einem kegelförmigen Bleiblock von 40 cm Durchmesser geschossen, mit einer Nitropentaerythrit-Azidkapsel von der oben angegebenen Ladung im Mittel 1365 cm³ Ausbauchung, während bei gleicher Initiierung mit einer Tetranitromethylanilin-Bleiazidkapsel gleicher Ladung nur 1275 cm³ Ausbauchung erhalten wurden. Aber nicht allein für die Füllung von Sprengkapseln und die Initiierung von Sprengstoffen übertrifft dieser Körper alle bisher bekannten Initialzündungen, sondern er eignet sich auch vorzüglich zur Zündung brisanter

Geschoßladungen, da er eine große Detonationssicherheit gewährleistet und gegen äußere Einflüsse, wie Erwärmung, Feuchtigkeit usw. vollständig unempfindlich ist. Selbstverständlich kann dieser Körper auch in geeigneter Mischung mit Tetranitromethylanilin, Trinitrotoluol, Pikrinsäure und ähnlichen Körpern, welche zur Initialzündung bisher Verwendung gefunden haben, benutzt werden.

Der Nitropentaerythrit wird in folgender Weise hergestellt: Fein gepulverter Pentaerythrit $C \left< \begin{array}{l} CH_2{-}OH \\ CH_2{-}OH \\ CH_2{-}OH \\ CH_2{-}OH \end{array} \right.$ wird in einem großen Überschuß von konzentrierter Salpetersäure von 96 % unter Umrühren langsam eingetragen. Sollte bei der Nitrierung die Temperatur über 30° steigen, so kühlt man mit Wasser und setzt mit dem Eintragen des Pentaerythrits aus, bis sich die Mischung wieder unter 30° abgekühlt hat. Nachdem aller Pentaerythrit eingetragen, setzt man konzentrierte Schwefelsäure im großen Überschuß hinzu, wodurch der in der Salpetersäure zum größten Teil sich in Lösung befindende Nitropentaerythrit fast quantitativ ausgefällt wird. Das erhaltene Nitroprodukt wird von der Säure getrennt und mit kaltem Wasser bis zur neutralen Reaktion ausgewaschen. Zweckmäßig verreibt man hierbei den Körper mit Wasser zusammen in einer Reibschale unter Anwendung eines Holzstabes. Der nun erhaltene neutrale Nitrokörper wird getrocknet und zwecks Reinigung aus Azeton umkristallisiert. Das so erhaltene Produkt ist vollständig stabil und gibt selbst nach 2stündigem Erhitzen auf 80° keinen Test. Der Stickstoffgehalt beträgt 17·72 %.

Vor dem bekannten, durch Stoß heftig detonierenden Tetranitroerythrit zeichnet sich der Nitropentaerythrit durch absolute Stabilität und große Handhabungssicherheit aus, welche Eigenschaften den Körper überhaupt erst befähigen, zur Fabrikation von Zündsätzen Verwendung zu finden. Der Tetranitroerythrit ist zur Herstellung von Zündsätzen seiner explosiven Eigenschaften wegen überhaupt unbrauchbar, was die in Daniels „Dictionnaire des Matières explosives" 1902, S. 481 angegebenen Unglücksfälle zur Genüge beweisen.

Patentanspruch: Verfahren zur Herstellung von Zündsätzen für Sprengkapseln, Zündhütchen und Geschoßzündungen, dadurch gekennzeichnet, daß Nitropentaerythrit allein oder im Gemisch mit Tetranitromethylanilin, Trinitrotoluol, Pikrinsäure und ähnlichen Körpern unter Aufsatz einer Initialladung von Knallquecksilber, Knallquecksilbergemischen oder Bleiazid Verwendung findet.

D.R.P. 281497 vom 27. Mai 1913. Franz. Pat. 459979 vom 29. Mai 1913. Schweizer. Pat. 64712 vom 27. Mai 1913. Brit. Pat. 13086 vom 5. Juni 1913.

Dr. Conrad Claessen, Deutschland. — Verfahren zur Herstellung von Sprengkapseln für Minenarbeit und militärische Zwecke.

Die Erfindung betrifft solche Sprengkapseln, welche einen Nitrokörper (Trinitrotoluol, Tetranitromethylanilin, Nitropentaerythrit usw.) als Hauptfüllung enthalten, der ein empfindlicher Zündsatz, z. B. Knallquecksilber oder Bleiazid, aufgesetzt ist. Der Erfinder hat nun festgestellt, daß die ausschließliche Benutzung von Bleiazid oder von Knallquecksilber für den genannten Zweck nicht vorteilhaft ist, da Bleiazid schwer entzündlich ist, während Knallquecksilber bereits bei dem geringsten Gehalt an Feuchtigkeit unwirksam wird, und er schlägt deshalb vor, die aus einem Nitrokörper bestehende Hauptladung zunächst mit einem Aufsatz von Bleiazid (etwa 0·2 g) und dann noch mit einem solchen von Knallquecksilber oder von einer Mischung aus Knallquecksilber mit Kaliumchlorat zu versehen. Derartige Sprengkapseln sollen sich schon durch eine gewöhnliche Zündschnur leicht zur Detonation bringen lassen und völlig unempfindlich gegen Feuchtigkeit sein.

D.R.P. 284400 vom 5. Juli 1913. (Zusatz zu D.R.P. 281497.) Dr. Conrad Claessen in Deutschland. — Verfahren zur Herstellung von Sprengkapseln für bergbauliche und militärische Zwecke.

Gegenstand des Patentes 281497 bildet ein Verfahren zur Herstellung von Sprengkapseln, welches darin besteht, daß man auf die mit einem geeigneten Nitrokörper geladenen Kapseln zunächst eine Ladung von Bleiazid und dieser eine Ladung von Knallquecksilber oder Knallquecksilber-Kaliumchloratgemisch aufsetzt. Bei diesen Kapseln ist die Aufgabe des Knallquecksilbers nicht mehr diejenige eines Initialkörpers, der einen anderen Körper zur Detonation bringen soll, sondern nur noch diejenige eines Zündungsüberträgers, der die Stichflammenwirkung der Zündschnur auf das Bleiazid überträgt. Der Erfinder hat nun festgestellt, daß derselbe technische Effekt, leichtere Entzündlichkeit und Beständigkeit in feuchter Atmosphäre, erreicht werden kann, wenn an Stelle von Knallquecksilber oder Knallquecksilber-Kaliumchloratgemisch andere geeignete, leicht entzündliche und gegen Feuchtigkeit unempfindliche Stoffe oder Mischungen, wie z. B. Schwarzpulver, Schießbaumwolle, rauchloses Pulver, Pikrate, Perchloratverbindungen u. a. m., als Flammenüberträger ausgesetzt werden können. Auch diese Aufsätze können natürlich mit oder ohne Innenkapsel erfolgen. Die Ladungen für solche Sprengkapseln können beispielweise bestehen aus: 1. Tetranitromethylanilin (Tetryl) 0·85 g, Bleiazid 0·15 g, Kaliumpikrat 0·05 g; 2. Tetranitromethylanilin 0·85 g, Bleiazid 0·15 g, Kaliumchlorat mit 20% Milchzucker 0·10 g.

D.R.P. 277594 vom 23. August 1913. Vereinigte Köln-Rottweiler Pulverfabriken in Berlin. — Verfahren zur Herstellung von Sprengstoffen.

In diesem Patent wird eine Mischung von 55 Teilen Trinitrotoluol und 45 Teilen Hexanitroäthan zur Füllung von Sprengkapseln (an

Stelle von Trinitrotoluol oder Tetranitromethylanilin) empfohlen; die Masse kann schon mit sehr geringen Mengen Knallquecksilber detoniert werden und vermag dann andere Sprengstoffe vollständig zur Detonation zu bringen.

Das Hexanitroäthan wird durch Nitrierung des von Scholl dargestellten Tetranitroäthankaliums (Ber. 31, 647) gewonnen. Als Nitrierungsmittel dient ein Gemisch von rauchender Salpetersäure 1·52 und Schwefelsäure 1·84. Die Nitrierung vollzieht sich glatt bei etwa 60° in üblicher Weise.

III. Knallquecksilberfreie Zündsätze.

D.R.P. 148203 vom 1. September 1901.

Rheinische Dynamitfabrik in Köln am Rhein. — Verfahren zur Herstellung von Sprengstoffen.

Die vorliegende Erfindung betrifft einen vollständigen Ersatz des Knallquecksilbers und gründet sich auf die Beobachtung, daß gewisse Rhodanmetallverbindungen, insbesondere Rhodanammoniakverbindungen des Kupfers mit oxydierenden Substanzen Explosivstoffe bilden. Nach den Angaben des Patentes 119803 ist ebenfalls schon beobachtet worden, daß derartige Gemische explosive Eigenschaften annehmen können; eine Nutzanwendung im Sinne vorliegender Erfindung ist jedoch nicht gemacht worden.

Mischt man Rhodanammonium mit Kaliumchlorat innig zusammen und füllt den so entstehenden Zündsatz in eine Kupfersprengkapsel, so wird, wenn durch Zuhilfenahme einer Zündschnur der Zündsatz zur Entzündung gelangt, keine Explosion, sondern nur eine rapide Verbrennung erreicht. Sobald man aber 2 bis 3 Tropfen Alkohol oder ein auf Rhodanammonium ähnlich lösend wirkendes Agens auf den Zündsatz in der Sprengkapsel gibt, ist der Zündsatz nach der völligen Verflüchtigung des Alkohols usw. in höchstem Grade durch Zündung explosiv. Die Untersuchung des Zündsatzes hat ergeben, daß dessen Eigenschaft, nach dem Zusatze von Alkohol bzw. Ätheralkohol, Aceton usw. und späterem Trocknen durch Zündung zu explodieren, auf die Entstehung einer im Verein mit Kaliumchlorat explosiblen neuen chemischen Verbindung zurückzuführen ist. Es wurde hierbei die Beobachtung gemacht, daß jedesmal nach dem Verdunsten des Alkohols der Zündsatz hellblau erschien, und aus dieser Beobachtung der Schluß gezogen, daß das Kupfer des Hütchens mit dem Rhodanammonium in Reaktion getreten sein müßte. Trotzdem dieser blaue Körper jedesmal nur spurenweise vorhanden war, genügte seine Anwesenheit, um den ganzen Zündsatz zur Explosion zu bringen.

Im Verlaufe der Untersuchung hat sich nun ergeben, daß dieser neu entstandene Körper eine Rhodanammoniakverbindung des Kupfers und offenbar identisch ist mit dem Körper, welcher entsteht, wenn eine ammoniakalische Lösung von Rhodanammonium auf Kupfervitriol einwirkt. Hierbei entsteht Kupferammoniakrhodanat $Cu(NH_3CNS)_2$ als ein in blauen Nadeln kristallisierender luftbeständiger

Körper. Mischt man diese Verbindung mit Kaliumchlorat, so erhält man einen durch Zündung höchst explosiblen Knallsatz, der, in eine Sprengkapsel eingefüllt und mit einem indirekten Sprengstoffe in Verbindung gebracht, im Sinne einer Initialzündung wirkt. Auch andere Metallverbindungen des Rhodanammoniums lassen sich auf analoge Weise als Initialzündungsmittel im Verein mit Kaliumchlorat verwerten.

Für sich allein sind diese Metallverbindungen durch Stoß, Schlag, Reibung oder Zündung nicht explosiv. Der technische Vorteil bei der Darstellung derartiger Knallsätze liegt nun:

1. in der völligen Ungefährlichkeit der Herstellung des Metallrhodansalzes im Vergleich zu Knallquecksilber,
2. in der bei weitem gefahrloseren Herstellung und Handhabung des Knallsatzes im Vergleich zur Knallquecksilbergemischen,
3. in der Unschädlichkeit des Metallrhodansalzes in sanitärer Beziehung im Vergleich zu Knallquecksilber,
4. in der bei weitem größeren Billigkeit derartiger Knallsätze im Vergleich zu Knallquecksilber. Hierbei ist wesentlich, daß schon ein geringes Quantum (0·2 bis 1 g) des Knallsatzes genügt, um z. B. die Dynamite zu detonieren. Solche Knallsätze bestehen z. B. aus:
   a) 2·1 Teilen Rhodanmetallverbindung (Kupferammoniakrhodanat), 4·9 Teilen Kaliumchlorat, oder
   b) 1·2 Teilen Rhodanmetallverbindung, 6 Teilen Kaliumchlorat und 1 Teil Schwefel.

Die mit Sauerstoffträgern, wie Kaliumchlorat, hergestellten Knallsätze explodieren durch Stoß und Schlag und eignen sich deshalb auch als Perkussionszündmittel.

Engl. Pat. 20755 vom 16. Oktober 1901.
J. Führer.— Knallsatz.

Betrifft einen Sicherheitsinitialstoff als Ersatz des Knallquecksilbers. Er besteht aus einer Mischung von Kupferammoniumnitrat, Kaliumnitrat und Aluminium, entweder für sich allein oder kombiniert mit einem Ammonnitratsprengstoff.

Engl. Pat. 24633 vom 10. November 1902.
J. Wetter, Westfälisch-Anhaltische Sprengstoff-Akt.-Ges. — Zündsatz.

Der Zündsatz, der sich für Zündhütchen und Detonatoren eignet, besteht aus einer Mischung von 25 Teilen Trinitronaphthalin, 10 Teilen Dinitronaphtholsulfosäure = Diamidophenol, 30 Teilen Sulfocyanquecksilber und 35 Teilen Kaliumchlorat.

Engl. Pat. 24812 vom 12. November 1902.
J. Führer. —

Die Erfindung betrifft einen Zündstoff für Sprengkapseln und

Zwischenladungen, bestehend aus 45·5 Teilen Kaliumnitrat, 30 Teilen Kaliumbikarbonat, 16 Teilen Schwefel und 8·5 Teilen Aluminium.

Franz. Pat. 321285 vom 21. Mai 1902.

Dynamit-Aktien-Gesellschaft Nobel. — Explosivstoff zum Ersatz des Knallquecksilbers.

Die Erfindung betrifft einen detonierenden Initialstoff zum Ersatz des Knallquecksilbers in Zündhütchen, Sprengkapseln, der bei der Herstellung weder die Unannehmlichkeiten noch die Gefahren des Knallquecksilbers zeigt. Dieser Ersatzstoff wird erhalten, wenn man einen Strom reinen Acetylengases durch eine mit Salpetersäure schwach angesäuerte Silbernitratlösung leitet. Die bei niedriger Temperatur sich vollziehende Reaktion ergibt einen weißen unlöslichen Niederschlag, der durch Dekantation leicht gewaschen und bei einer Temperatur zwischen 100 und 110° getrocknet werden kann. Das so erhaltene Acetylensilber ist gegen Schlag, Reibung oder Pressung unempfindlich; dagegen tritt durch Zündung heftige Explosion ein. Will man das Präparat reibungsempfindlich machen, so genügt es, der Salpetersäure-Silbernitratlösung einen sauerstoffreichen Körper, wie Kaliumchlorat, zuzufügen; der Acetylenniederschlag muß dann mit aller Vorsicht behandelt werden.

Sowohl das reine Acetylensilber, wie das mit Kaliumchloratzusatz gefällte, soll das Knallquecksilber in allen seinen bisherigen Verwendungsarten ersetzen können — entweder für sich oder in Mischung mit Kaliumchlorat.

Engl. Pat. 20965 vom 30. September 1903.

C. H. Curtis, C. W. L. Smith, D. J. Metcalfe, A. C. Pearcy und A. F. Hargreaves. — Zündsatz.

Nach diesem Patent wird ein verbesserter Sprengzündsatz zur Verwendung in gashaltigen und staubigen Kohlenbergwerken auf folgende Weise hergestellt: Man bereitet eine Mischung aus 75 Teilen Salpeter 22·5 Teilen Holzkohle, 2·5 Teilen Schwefel und 2 Teilen eines Gemisches von 23 Teilen Paraffinwachs und 77 Teilen Stärke. Die Stärke wird hierbei gekörnt und mit den 23 Teilen Paraffin durchtränkt und 85 bis 87·5 Teile dieser Mischung mit 15 bis 12·5 Teilen der ersten vermischt. An Stelle des Paraffinwachses kann auch Stearinsäure, Palmöl oder ein anderer fester oder flüssiger Bestandteil Verwendung finden.

Amerik. Pat. 988799 vom 4. April 1911.

Hudson Maxim in New Jersey, V. St. A. — Explosivstoff.

Nach dieser Erfindung werden Explosivstoffe zur Füllung von Sprengkapseln erhalten durch mechanische Mischung eines Metalloxyds, das sich bei verhältnismäßig niederer Temperatur verflüchtigt, mit einem gepulverten Metall, das bei hoher Temperatur eine größere

Affinität zum Sauerstoff hat als das Metall des Oxyds, und mit einem explosiven Bindemittel. Zu diesem Zwecke mischt man 80 bis 90 Teile Bleioxyd mit 20 bis 10 Teilen Siliziumpulver und fügt eine Lösung von gelatinierter Schießbaumwolle in Nitroglyzerin hinzu, bringt diese Mischung auf ein Wasserbad und erwärmt unter fortwährendem Rühren so lange, bis eine pastenartige Masse entstanden ist, die man dann in üblicher Weise körnt und trocknet.

Amerik. Pat. 1027814 vom 14. März 1912.

William H. Buell in New Haven, V. St. A. — Zündsatz.

Betrifft eine knallquecksilberfreie Mischung aus Antimonsulfid, Sulfocyanblei, Kaliumchlorat und Trinitrotoluol.

D.R.P. 263231 vom 12. Juni 1912. Franz. Pat. 459014 vom 24. Mai 1913. Brit. Pat. 9597 vom 23. April 1913. Schweizer. Pat. 62590 vom 27. Mai 1913.

Dr. Raphael Calvet in Barcelona, Spanien. — Herstellung von Initialsprengstoffen.

Der Initialsprengstoff vorliegender Erfindung wird in der Weise hergestellt, daß man Persulfocyansäure, Isodithiocyansäure oder Pseudoschwefelcyan bzw. deren Schwermetalle mit Kaliumchlorat bzw. Perchlorat mischt. Diese Mischungen haben eine äußerst brisante Wirkung. Die Lagerungsfähigkeit ist ausgezeichnet; denn sie können bis zu 100° lagern, ohne sich zu zersetzen. Auch ein höherer Feuchtigkeitsgrad der Luft verändert die Initialwirkung nicht, da die Körper nicht hygroskopisch sind. Hierin unterscheidet sich der vorliegende Initialzündsatz im wesentlichen gegenüber den bekannten Zündsätzen, die Rhodanammonium oder Kupferammoniakrhodanat benutzen. Ein weiterer wesentlicher Vorteil des vorliegenden Initialsatzes besteht in dem neutralen Verhalten gegenüber dem Metall der Zündkapseln. Da das Initiierungsvermögen außerordentlich groß und auch bei noch so langer Lagerung unveränderlich ist, so sind sehr geringe Ladungsmengen erforderlich. Dazu kommt, daß die Ausgangsstoffe selbst außerordentlich billig sind. Das hohe Initiierungsvermögen beruht im wesentlichen auf der Wirkung der vielfachen Gruppen S, C, N in Mischung mit Kaliumchlorat bzw. Perchlorat. Die Säuren können für sich allein oder auch vorteilhaft in Verbindung mit Schwermetallen Verwendung finden.

Für den vorliegenden Zweck kommen von den Salzen der Persulfocyansäure insbesondere das Persulfocyankupfer $CuC_2S_3N_2$ und das Persulfocyanblei $PbC_2S_3N_2$ in Betracht. Die Persulfocyansäure bietet den Vorteil, daß sie unter den Einwirkungen der Luft und der Temperatur keine Veränderungen erleidet, beispielsweise ist sie fast unlöslich in Wasser und vollkommen stabil bis zu einer Temperatur von 110°. Auch die Isodithiocyansäure $H_2C_2N_2S_2$ kommt für den vorliegenden Zweck in Betracht, insbesondere aber das Isodithiocyankupfer $CuC_2N_2S_2$ und das Isodithiocyanblei $PbC_2N_2S_2$. Von besonderer Bedeutung ist ferner das Pseudoschwefelcyan $HC_3N_3S_3$, das von Wöhler entdeckt worden ist. Von dem Pseudoschwefelcyan werden ebenfalls hauptsächlich die Verbindungen mit Kupfer $Cu(C_3N_3S_3)$ und mit Blei $Pb(C_3N_3S_3)$ benutzt.

Über die Darstellung dieser Verbindungen sei folgendes bemerkt: Das Persulfocyankupfer $CuC_2N_2S_3$ stellt man her, indem man Persulfocyansäure in einer Lösung von Ätzkali auflöst und sofort durch eine Lösung von Kupfersulfat im Überschuß fällt. Es bildet sich dann ein braungelber Niederschlag von $CuC_2N_2S_3$, welcher nach dem Auswaschen bei 100° getrocknet wird. Das Persulfocyanblei $PbC_2N_2S_3$ wird in ähnlicher Weise mit Bleiacetat hergestellt; der gelbe Niederschlag ist in Wasser unlöslich und hält eine Temperatur von 100° ohne Zersetzung aus. Die Schwermetalle der Isodithiocyansäure werden in der Weise hergestellt, daß man zunächst 10 Teile Persulfocyansäure auf 7·6 Teile Ätzkali nach Auflösung des letzteren in Wasser mischt. Diese Mischung wird gut durchgearbeitet und auf ein Filter gegossen. Der filtrierten Flüssigkeit wird ein gleiches Quantum Alkohol zugefügt und das Ganze gut durchgeschüttelt. Hierauf setzen sich zwei Flüssigkeitsschichten ab, von denen die untere eine Auflösung von Isodithiocyankali ist. Diese wird durch eine Lösung von Kupfersulfat im Überschuß gefällt, und auf diese Weise sondert sich das Isodithiocyankupfer $CuC_2N_2S_2$ als gelblichrotes Pulver ab, welches absolut wasserunlöslich ist und durch verdünnte Säuren nicht zersetzt werden kann. Ebenso hält das Präparat eine Dauertemperatur von 100° aus. Ersetzt man das Kupfersalz durch Bleinitrat oder neutrales Bleiacetat, so erhält man das Isodithiocyanblei als zitronengelber Niederschlag, welcher wasserunlöslich ist, durch verdünnte Säuren nicht zersetzt wird und ebenfalls 100° aushält.

Behufs Herstellung der Metallverbindung des Pseudoschwefelcyans wird dieses durch Waschen mit kochendem Wasser zunächst gereinigt, dann in einer Lösung von 10% Ätzkali kalt aufgelöst und die Lösung mit gelöstem Kupfersulfat bzw. Bleinitrat behandelt, wodurch die Verbindungen $Cu(C_3N_3S_3)_2$ und $Pb(C_3N_3S_3)_2$ niedergeschlagen werden. Beide Verbindungen sind von braungelber Farbe, unlöslich in Wasser und verdünnten Säuren. Bei einer Temperatur von 100° zersetzen sie sich nicht. Vorteilhaft werden auf einen Teil Sulfocyansäure und deren Schwermetalle 2·5 bis 3 Teile des Kaliumchlorats bzw. Perchlorats genommen.

Patentanspruch: Verfahren zur Herstellung von Initialzündsätzen, gekennzeichnet durch die Verwendung der Persulfocyansäure, Isodithiocyansäure, des Pseudoschwefelcyans bzw. deren Schwermetalle in Mischung mit Kaliumchlorat und Perchlorat.

Engl. Pat. 23450 vom 14. Oktober 1912.

Arthur Jacques in Mayfield, Schottland, und Gordon Wells in Whitcote, St. Albans. — Verfahren zur Herstellung von Explosivstoffen, Zündern, Sprengkapseln, Zündhütchen u. dgl.

Die Erfindung besteht in der Anwendung des Benzoylperoxyds

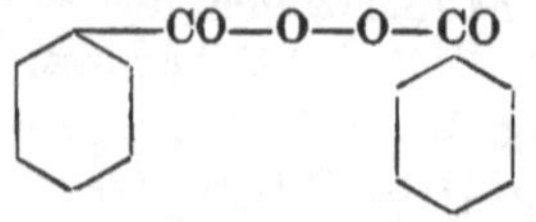

entweder für sich allein oder im Gemisch mit anderen explosiven Substanzen zur Herstellung von Sprengstoffen, Zündsätzen u. dgl. Ein derartiger Zündsatz, welcher insbesondere für elektrische Zünder Verwendung finden soll, besteht bespielsweise aus 50 % Knallquecksilber und 50 % Benzoylperoxyd. Dieser Zündsatz explodiert bei 112°.

Durch Erhöhung der Menge des Benzoylperoxyds oder durch Verringerung der Knallquecksilbermenge oder durch Zusatz anderer Stoffe können Zündsätze von der verschiedensten Explosionstemperatur hergestellt werden.

Beispiele:

I. A.	Cuprammoniumthiosulfat ($CuS_2O_3 \cdot 4\,NH_3$)	43 %
	Kaliumchlorat	57 %
	Gemisch von A	60 %
	Benzoylperoxyd	40 %
	explodiert bei 115°.	
II.	Bleithiosulfat	33 %
	Kaliumchlorat	33 %
	Benzoylperoxyd	33 %
	explodiert bei 112°.	

IV. Neue Initialsprengstoffe.

D.R.P. 66806 vom 8. Oktober 1891.

Dr. Joh. Thiele in Halle a. S. — Verfahren zur Darstellung von als Sprengstoff zu verwendender Stickstoffwasserstoffsäure bzw. deren Salzen.

Die Salze des Diazoguanidins, deren Darstellung in der Patentschrift Nr. 65584 beschrieben ist, gehen unter der Einwirkung starker Alkalien oder beim Kochen mit Mineralsäure in Stickstoffwasserstoffsäure über, unter gleichzeitiger Bildung von Cyanamid, welches entweder (z. B. bei Anwendung von Alkalien) in Substanz sich isolieren läßt oder je nach den Reaktionsbedingungen weiter in Dicyandiamid oder in Harnstoff bzw. Kohlensäure und Ammoniak umgewandelt wird.

Darstellung der Stickstoffwasserstoffsäure:

Eine Lösung von 1 Mol. eines Diazoguanidinsalzes wird mit etwas mehr als 2 Mol. Natronhydrat versetzt, wobei sehr rasch die Bildung von Stickstoffnatrium NaN_3 erfolgt, z. B.:

$$\underset{\text{Diazoguanidinnitrat}}{CN_5H_4NO_3} + 2\,NaOH = \underset{\text{Cyanamid}}{CN_2H_2} + NaN_3 + NaNO_3 + 2H_2O\,.$$

Die Lösung wird darauf mit einer Mineralsäure angesäuert und die Stickstoffwasserstoffsäure abdestilliert, die dann nach bekannten Methoden weiter in Salze übergeführt werden kann. Anstatt die Säure abzudestillieren, kann man sie auch aus der ursprünglichen event. neutralisierten oder angesäuerten Lösung durch Zusatz der Salze solcher Metalle, welche mit Stickstoffwasserstoffsäure schwer lösliche Salze bilden, z. B. von Blei-, Quecksilberoxydul- und Silbersalzen, als Metallsalze ausbilden. — An Stelle von Natronhydrat läßt sich auch Kalihydrat, Kalk, Baryt, Strontian anwenden.

Auch entstehen Salze der Stickstoffwasserstoffsäure bei Einwirkung von ammoniakalischer Silberlösung auf Diazoguanidinsalze und neben Amidotetrazotsäure bei der Einwirkung von Ammoniak selbst auf Diazoguanidinsalze, insbesondere bei Gegenwart gewisser Metallsalze (wie Zink- und Kupfersalze). Außerdem kann man Stickstoffwasserstoffsäure auch durch Kochen von Diazoguanidinsalzen mit verdünnten Mineralsäuren, besonders Schwefelsäure erhalten. Man kocht am besten unter Rückfluß, so lange noch Stickstoffwasserstoffsäure entweicht, und fängt die Säure im Wasser oder Alkali auf. Nebenher entsteht bei diesem Verfahren etwas Amidotetrazotsäure.

D.R.P. 66813 vom 26. März 1892.

Dr. Wilh. Wislicenus in Würzburg. — Verfahren zur Darstellung von Stickstoffwasserstoffsäure bzw. ihrer Salze.

Die von Curtius entdeckte Stickstoffwasserstoffsäure wird erhalten entweder durch Einwirkung von salpetriger Säure auf organische Derivate des Hydrazins (Ber. d. d. chem. Ges. XXIII, 3023; XXIV, 3345): $NH_2—NH_2 + HNO_2 = HN_3 + 2\,H_2O$ oder nach Nölting (Ber. d. d. chem. Ges. XXIV, 2546) durch Spaltung des Dinitrodiazobenzolimids durch alkoholische Kalilauge: $(NO_2)_2—C_6H_3—N_3 + KOH = KN_3 + C_6H_3(NO_2)_2OH$. Man erhält jedoch die Stickstoffwasserstoffsäure auch auf einem anderen völlig neuen Wege, der theoretisch in der Kondensation von Stickoxydul mit Ammoniak beruht:

$$NH_3 + N_2O = HN_3 + H_2O\,.$$

Die beiden Gase wirken allerdings nicht direkt aufeinander ein, selbst nicht, wenn man ihr Gemenge in der Wärme über eine starke Base mit wasserentziehenden Eigenschaften, z. B. Natronkalk oder Ätzkali, leitet. Wohl aber entstehen die betreffenden Salze der Stickstoffwasserstoffsäure, wenn man Stickoxydul über mehr oder weniger erwärmter Metallamide leitet. Das Natriumamid z. B. reagiert nach folgender Gleichung:

$$NaNH_2 + N_2O = NaN_3 + H_2O\,.$$

Da nach dieser Gleichung Wasser entsteht, das auf Natriumamid selbst wieder einwirkt, so ist die folgende Gleichung der zutreffendste Ausdruck für die Reaktion:

$$2\,NaNH_2 + N_2O = NaN_3 + NaOH + NH_3\,.$$

In derselben Weise reagieren die Metallamide, wie Kaliumamid und Zinkamid. Im Grunde auf derselben Reaktion beruht auch die Bildung von stickstoffwasserstoffsauren Salzen, wenn man ein Gemenge von Ammoniak und Stickoxydul über geschmolzenes Natrium oder Kalium leitet. Die Ausbeute bei dieser Form der Operation ist sogar nahezu ebenso groß wie in der ersten Form. Es wird zunächst z. B. Natriumamid und dann sofort Stickstoffnatrium gebildet. An folgenden Beispielen mag die Ausführung dieser Synthese erläutert werden.

I. Einwirkung von Stickoxydul auf Natriumamid. Man verteilt metallisches Natrium in mehrere Porzellanschiffchen, die sich in einer Verbrennungsröhre befinden, oder man gibt die ganze zu verarbeitende Portion Natriummetall in ein verschließbares eisernes Gefäß und leitet unter Erhitzen einen trockenen Strom von Ammoniakgas über das Natrium; sowie das Metall schmilzt, verwandelt es sich unter den Erscheinungen, die von Beilstein und Geuther (Ann. chem. Pharm. 108, 88) angegeben werden, in Natriumamid. Ist die Umwandlung vollständig, so wird der Ammoniakstrom durch einen trockenen Stickoxydulstrom ersetzt. Die Temperatur ist dabei am besten bei der Schmelztemperatur des Natriumamids zu halten, kann jedoch innerhalb ziemlich weiter Grenzen variieren. Unter schwachem Blasenwerfen und unter Ammoniakentwicklung wird die Masse allmählich zu einer weißen, etwas aufgeblähten Kristallmasse und die Reaktion ist mit dem Aufhören der Ammoniakentwicklung beendet. Die Reaktionsprodukte können dann in Wasser gelöst und unter Zufließenlassen verdünnter Schwefelsäure destilliert werden, wie es Curtius angibt. Das Destillat besteht aus einer reinen wässerigen Lösung von Stickstoffwasserstoffsäure, aus der alle Salze mit Leichtigkeit dargestellt werden können. An Stelle von Natrium kann auch Kalium genommen werden.

II. Einwirkung von Stickoxydul auf Zinkamid. Zinkamid wird in Glas- oder anderen Gefäßen in einem Strom von trockenem Stickoxydul erwärmt, am besten auf etwa 150 bis 200°, und das Reaktionsprodukt ebenso wie bei Beispiel I behandelt. Die Ausbeute an Stickstoffwasserstoffsäure ist etwas geringer.

III. Einwirkung von Stickoxydul und Ammoniak auf Natrium oder Kalium. Wenn man Stickoxydul und Ammoniak gleichzeitig über geschmolzenes Natrium oder Kalium leitet, so erhält man unter den gleichen Erscheinungen wie bei I. stickstoffwasserstoffsaures Natrium oder Kalium. Die Ausbeute ist nur wenig geringer als bei der ersten Versuchsanordnung. Die Ausbeute an Stickstoffwasserstoffsäure läßt sich leicht auf 50% der Theorie und darüber hinaus steigern.

D.R.P. 205683 vom 10. März 1908.

Robert Stollé in Heidelberg. — Verfahren zur Darstellung von Stickstoffwasserstoffsäure.

Stickstoffwasserstoffsäure wird aus dem leicht zugänglichen Hydrazinhydrat bzw. aus Hydrazinsalzen in guter Ausbeute erhalten, wenn man diese Körper mit Salpetrigsäure-Estern, wie Amylnitrit, Äthylnitrit bzw. mit salpetriger Säure und Alkoholen in alkalischer Lösung (Alkoholate, Hydroxyde usw.) in geeigneten Lösungsmitteln behandelt. So erhält man Stickstoffwasserstoffsäure in einer Ausbeute bis zu 80%, wenn man Hydrazinhydrat in alkoholischer Lösung mit Amylnitrit und Natriumäthylat am Rückflußkühler kocht. Auch genügt es bereits, Hydrazinsulfat mit Kaliumhydroxyd unter Zusatz von etwas Wasser umzusetzen und diese Lösung nach Zusatz von etwas Alkohol und von Amylnitrit längere Zeit zu schütteln. Zur Isolierung der entstandenen Stickstoffwasserstoffsäure aus dem Reaktionsprodukt wurde der Alkohol abdestilliert, überschüssiges Amylnitrit und Amylalkohol mittels Wasserdampf abgeblasen und hierauf aus der alkalischen Lösung nach Zusatz von Ammoniumsulfat und Schwefelsäure die Stickstoffwasserstoffsäure abdestilliert. Der Zusatz von Ammoniumsulfat ist zweckmäßig, um einer Zersetzung von Stickstoffwasserstoffsäure durch salpetrige Säure (entstanden durch Verseifung des Amylnitrits Kaliumnitrit und Schwefelsäure) und damit einem Verlust vorzubeugen.

Beispiele:

I. 1 kg Hydrazinhydrat wird mit 4 kg Amylnitrit und einer Lösung von 3 kg Kalihydrat in 15 kg Alkohol 25 Stunden gekocht, der Alkohol abdestilliert, Amylalkohol mit Wasserdampf abgeblasen, der Rückstand auf 10 l Lösung mit Wasser aufgefüllt, unter Zusatz von 2·5 kg Ammonsulfat 3 Stunden gekocht, in der Kälte mit 1 kg Schwefelsäure versetzt und destilliert. Die Ausbeute an Stickstoffwasserstoffsäure ist 70 bis 80% (das Destillat enthält etwa 640 g HN_3).

II. 1 kg Hydrazinsulfat wird mit 1 kg Kalihydrat in 2 l Wasser 5 Stunden gerührt, mit 4 l Alkohol, 1 kg Kalihydrat und 1½ kg Amylnitrit versetzt und 40 Stunden gerührt oder geschüttelt, die Hauptmenge Alkohol abdestilliert, ¾ kg Ammonsulfat zugegeben, mit Wasserdampf der Amylalkohol abgetrieben, auf 5 l mit Wasser aufgefüllt, mit ½ kg Schwefelsäure versetzt und destilliert. Die Ausbeute an Stickstoffwasserstoffsäure ist 60 bis 70% (das Destillat enthält etwa 220 g HN_3).

III. 1 kg Hydrazinsulfat wird mit 1 kg Kalihydrat in 4 l Wasser 5 Stunden gerührt oder geschüttelt, 1 kg Kalihydrat und 2 kg Amylnitrit zugegeben und 100 Stunden gerührt oder geschüttelt, der Amylalkohol mit Wasserdampf abgeblasen, ¾ kg Ammonsulfat zugegeben, 3 Stunden gekocht, auf 5 l mit Wasser aufgefüllt, mit ½ kg Schwefelsäure versetzt und destilliert. Ausbeute 40 bis 60% (das Destillat enthält etwa 200 g Stickstoffwasserstoffsäure).

Patent-Anspruch: Verfahren zur Darstellung von Stickstoffwasserstoffsäure, dadurch gekennzeichnet, daß Hydrazinhydrat oder Hydrazinsulfat mit Salpetrigsäure-Estern, bzw. mit salpetriger Säure und Alkoholen, in alkalischer Lösung behandelt werden.

D.R.P. 273667 vom 27. Mai 1913.

Dr. Hermann Staudinger in Zürich. — Verfahren zur Herstellung von Stickstoffwasserstoffsäure bzw. stickstoffwasserstoffsauren Salzen.

In der Patentschrift 205683 ist ein Verfahren zur Darstellung von Stickstoffwasserstoffsäure beschrieben, nach dem man diese Säure dadurch gewinnen kann, daß man auf Hydrazinhydrat bzw. Hydrazinsalze Salpetrigsäure-Ester bzw. salpetrige Säure und Alkohol in alkalischer Lösung einwirken läßt. — Es wurde nun gefunden, daß die Stickstoffwasserstoffsäure ebenfalls in guter Ausbeute entsteht, wenn man auf Hydrazinhydrat bzw. Hydrazinsalze die Nitrosamine von sekundären Aminen, wie Diphenylnitrosamin, in alkalisch-alkoholischer Lösung zur Einwirkung bringt. Die Reaktion erfolgt langsam in der Kälte, rascher beim Erwärmen und zwar nach folgender Gleichung:

$$(C_6H_5)_2N \cdot NO + NH_2 \cdot NH_2 + NaOH = (C_6H_5)_2NH + NaN_3 + 2H_2O$$

Die Reaktion ist neu, und es war nicht zu erwarten, daß das Diphenylnitrosamin bei dieser Reaktion ähnlich wie Amylnitrit reagieren würde.

Das Verfahren unterscheidet sich vorteilhaft nach dem oben angegebenen, da man nach ihm sehr leicht stickstoffwasserstoffsaure Salze in reinem Zustand herstellen kann. Weiter ist die Anwendung des Diphenylamins billiger und bequemer als die des Amylalkohols.

Beispiel I. Eine Lösung von 1 Mol. Natron in 20 Teilen Äthylalkohol bzw. Methylalkohol gibt man zu 1 Mol. Hydrazinhydrat und läßt eine konzentrierte Lösung des Diphenylnitrosamins in Alkohol zu der heißen Reaktionslösung langsam zufließen: nach mehrstündigem Kochen scheidet sich Natriumazid in annähernd reiner Form aus der Reaktionslösung aus und wird nach dem Erkalten abgenutscht. Ausbeute 70%. — Aus der Mutterlauge kann man nach Abdampfen des Alkohols noch geringe Mengen Stickstoffwasserstoffsäure erhalten, und zwar behandelt man mit Wasser und filtriert von dem ungelösten Diphenylamin ab. Aus dem wässerigen Filtrat erhält man nach Zusatz von verdünnter Schwefelsäure geringe Mengen Stickstoffwasserstoffsäure. Das zurückgewonnene Diphenylamin ist fast rein und kann nach dem Trocknen von neuem zur Darstellung von Diphenylnitrosamin verwandt werden. — Das vorliegende Verfahren läßt sich auch in der Weise abändern, daß man, statt reines Diphenylnitrosamin anzuwenden, eine alkoholische Lösung von Diphenylamin mit der berechneten Menge der salpetrigen Säure bzw. der berechneten Menge Natriumnitrit und Salzsäure versetzt und die dadurch entstandene Lösung von Diphenylnitrosamin wie oben zur Darstellung von Stickstoffwasserstoffsäure benutzt.

Beispiel II. Statt des freien Hydrazins kann man auch Hydrazinsalze anwenden und ändert dann das Verfahren folgendermaßen ab: Hydrazinsulfat wird mit der zehnfachen Menge Alkohol, in dem

3 Mol. Natriumhydroxyd gelöst sind, übergossen. Zu der heißen Lösung wird wieder wie oben eine Lösung von Diphenylnitrosamin zulaufen gelassen und 7 Stunden gekocht: dabei scheidet sich ein Gemisch von Natriumazid und Natriumsulfat aus. Zur Aufarbeitung kann man hier den Alkohol direkt abdestillieren, aus dem Rückstand durch Behandeln mit Wasser die Natriumsalze extrahieren und so von dem Diphenylamin trennen. Nach dem Filtrieren der wässerigen Lösung versetzt man mit der berechneten Menge Schwefelsäure und destilliert die Stickstoffwasserstoffsäure mit den Wasserdämpfen ab. Ausbeute 70%. — Statt Natrium- bzw. Kaliumhydroxyd kann mit dem gleichen Erfolg Soda bzw. Pottasche verwendet werden.

Patentanspruch: Verfahren zur Darstellung von Stickstoffwasserstoffsäure bzw. stickstoffwasserstoffsauren Salzen, dadurch gekennzeichnet, daß man Hydrazinhydrat bzw. Hydrazinsalze mit Nitrosaminen von sekundären Aminen, wie Diphenylamin, in alkoholischer Lösung unter Zusatz von Alkali oder Alkalikarbonat zur Reaktion bringt.

D.R.P. 196824 vom 2. März 1907. Franz. Pat. 387640 vom 28. Februar 1908. Schweizer. Pat. 45491. Österr. Pat. 37029 vom 1. Dezember 1908. Amerik. Pat. 904289 vom 17. November 1908. Engl. Pat. 4468 vom 27. Februar 1908.

Dr. L. Wöhler in Karlsruhe. — Initialzünder.

Als einziger Initialzündsatz, d. h. als Zündstoff, welcher imstande ist, bei seiner Zündung alle anderen in Berührung damit befindlichen Sprengstoffe zur Detonation zu bringen, war bisher nur Knallquecksilber bekannt. Jodstickstoff, Chlorstickstoff zeigen diese Wirkung bekanntlich nicht, ebensowenig Schwefelstickstoff, Diazobenzolnitrat, Nitromethanquecksilber, Knallnatrium und andere brisante Substanzen.

Zur Füllung von Sprengkapseln, als Initialzündsätze für Minen und andere Sprengladungen, wurde daher bisher praktisch nur Knallquecksilber oder ein Gemisch von Knallquecksilber mit Kaliumchlorat benutzt. Neuerdings werden nach dem englischen Patent 21065/1900 auch Sprengkapseln in den Handel gebracht, deren Inhalt im wesentlichen aus Trinitrotoluol oder anderen Sprengstoffen mit einem Aufsatz von nur 0·3 g Knallquecksilber als Initialzündsatz besteht. Hierdurch wird die Menge dieses kostbaren und gefährlichen Zündstoffes schon wesentlich vermindert.

Es wurde nun gefunden, daß als Initialzündsätze an Stelle von Knallquecksilber Schwermetallsalze der Stickstoffwasserstoffsäure verwendet werden können, wie z. B. die Azide des Silbers und des Quecksilbers. Diese Verbindungen haben vor dem Knallquecksilber den Vorzug, daß bedeutend geringere Mengen (etwa nur der zehnte Teil der bisher von Knallquecksilber benötigten Menge) davon erforderlich sind, um eine völlige Detonation der Sprengstoffe zu bewirken.

Beispielsweise verfährt man zur Herstellung von Sprengkapseln, die einer gewöhnlichen Sprengkapsel Nr. 8 mit 2 g Knallquecksilberfüllung entsprechen, in folgender Weise: In die kleine Kupferhülse Nr. 8 wird 1 g Pikrinsäure eingefüllt, darauf eine Menge von 0,023 g Silberazid gesetzt und auf diese Füllung als Abschluß eine durchlochte kleine Metallkapsel geschoben, worauf das Ganze in üblicher Weise zusammengepreßt wird.

Patentanspruch: Die Verwendung von Schwermetallsalzen der Stickstoffwasserstoffsäure an Stelle von Knallquecksilber für sich oder in Gemeinschaft mit anderen brisanten Sprengstoffen zur Herstellung von Initialzündern.

D.R.P. 238942 vom 30. Juni 1910 (Zusatz zu D.R.P. 196824. Schweizer. Pat. 56277 und 56278 vom 15. März 1911. Österr. Pat. 60852 vom 15. April 1913.

Rheinisch-Westfälische Sprengstoff-A.-G. in Köln. — Initialzünder.

Nach der Patentschrift 196824, Kl. 78e, werden Schwermetallazide an Stelle von Knallquecksilber für sich oder in Gemeinschaft mit anderen brisanten Sprengstoffen zur Herstellung von Initialzündern mit dem Vorteil verwendet, nur eine geringere Menge davon zu benötigen als von Knallquecksilber.

Es wurde nun gefunden, daß vorteilhaft die Schwermetallazide auch in der Weise verwendet werden können, daß sie nicht als Ersatz für Knallquecksilber, sondern in ganz geringen Mengen in Gemeinschaft mit Knallquecksilber benutzt werden, und ferner auch an Stelle von Knallquecksilber in Gemeinschaft mit anderen ähnlich brisanten Explosivstoffen, die also als Sprengstoffe nicht Verwendung finden, wie beispielsweise Diazobenzolnitrat und Schwefelstickstoff. Dadurch steigt die Wirkung des Knallquecksilbers ganz enorm, und ebenso die seiner Ersatzmittel, wie Diazobenzolnitrat und Schwefelstickstoff, so daß nunmehr von Knallquecksilber und Diazobenzolnitrat sogar eine noch geringere Menge als selbst von Bleiazid und Silberazid die gewünschte Initialwirkung auf Sprengstoffe hervorbringt, während ohne Zusatz von Azid das Knallquecksilber von unvergleichlich geringerer Wirkung als die Azide ist und Diazobenzolnitrat und Schwefelstickstoff als Initialzünder auch in größeren Mengen völlig unbrauchbar sind.

Man erreicht damit, mit einer mindestens nicht größeren Menge als von beispielsweise Bleiazid allein das in Herstellung und Handhabung bekannte Knallquecksilber in seiner bisherigen Form verwenden zu können, nach Zufügung einer geringen Menge von Bleiazid. Es wird ferner dadurch erreicht, den außerordentlichen Vorteil großer Ladedichte für die Initiierfähigkeit des Knallquecksilbers auszunutzen, das nach Zufügung von etwa einem Drittel seiner Menge an beispielsweise Bleiazid bis auf 2000 Atmosphären und höher zusammengepreßt werden kann, während es ohne diesen Zusatz bekanntermaßen schon durch Drucke von 250 Atmosphären ganz erhebliche Wirkungseinbuße erleidet, d. h. „totgepreßt“ wird.

Beispiele für Sprengkapselfüllungen:

1. Als hauptsächlicher Bestandteil der Zünderladung dient Trinitrotoluol, das durch den Aufsatz eines Gemisches von 2 cg Knallquecksilber und 1 cg Bleiazid initiiert wird, während von Knallquecksilber ohne Bleiazid als Minimum 3 dg benötigt werden. An Stelle von Knallquecksilber kann auch Schwefelstickstoff, 5 cg, Verwendung finden, oder Diazobenzolnitrat, 2 cg, denen 1 bis 2 cg Bleiazid hinzugefügt wird.

2. Als Hauptfüllung des Zünders dient Knallquecksilber oder das übliche Knallquecksilberchloratgemisch, jedoch mit einem Aufsatz von 1 cg Bleiazid, wodurch die Wirkung überraschend steigt. An Stelle des Knallquecksilbers bzw. des Knallquecksilberchloratgemisches ist auch beispielsweise Diazobenzolnitrat oder Schwefelstickstoff benutzbar mit einem Aufsatz von 1 cg Bleiazid.

3. Als Hauptfüllung des Zünders dient Knallquecksilber oder sein Chloratgemisch, das man mit einem Drittel Bleiazid vermengt, wonach die Ladung mit einem Drucke bis zu 2000 Atmosphären zusammengepreßt wird.

Patentanspruch: Abänderung der durch Patent 196824 geschützten Initialzündsätze, gekennzeichnet durch die Verwendung von Schwermetallaziden in Gemeinschaft mit Knallquecksilber und anderen in der Wirkung ähnlichen, als Sprengstoffe bisher nicht benutzten brisanten Verbindungen.

D.R.P. 224669 vom 26. Januar 1908. Franz. Pat. 384792 vom 14. Februar 1907 und Zusatz Nr. 8772 vom 13. Januar 1908. Amerik. Pat. 908674 vom 4. Februar 1908. Österr. Pat. 41890 vom 15. November 1909.

François Hyronimus in Cugny, Frankreich. — Zündsatz für Zünder o. dgl.

Seit der Entdeckung der Stickstoffwasserstoffsäure sind mehrfach Versuche zur Verwendung des Stickstoffsilbers und des Stickstoffquecksilbers als Zündsatz für Initialzünder gemacht worden. Die Versuche haben aber, hauptsächlich wegen der mit Herstellung dieser Azide verbundenen Gefahr, kein praktisches Resultat ergeben; ferner sind die Salze des Silbers und Quecksilbers zu teuer, um eine industrielle Verwendung dieser Stoffe zu gestatten. — Die vorliegende Erfindung bezweckt nun, die Herstellung solcher Initialzünder dadurch wesentlich zu verbilligen, daß Stickstoffblei zur Ladung verwendet wird. Dieser Körper ist nicht nur von höherem spezifischem Gewicht und sehr viel billiger als Stickstoffsilber und Stickstoffquecksilber, sondern kann auch durchaus gefahrlos hergestellt werden. Die Erfindung besteht lediglich in der Verwendung von Stickstoffblei $Pb(N_3)_2$ zur Herstellung von Initialzündern. Dieser Körper, dessen Eigenschaften bis jetzt wenig bekannt waren, besitzt die gleichen Eigenschaften wie Knallquecksilber, d. h. seine auf geeignete Weise durch Stoß, Entzündung usw. hervorgerufene Explosion veranlaßt eine sehr energische molekulare Erschütterung, die geeignet ist, die Detonation der gebräuchlichen Sprengstoffe, wie Dynamit, Faviersche Sprengstoffe, Schießbaumwolle usw. hervorzurufen.

Die Initialzünder aus Stickstoffblei werden in der gleichen Weise hergestellt wie die Initialzünder, bei denen Quecksilber, sei es allein oder in Gemeinschaft mit anderen Körpern, verwendet wird. Zur gefahrlosen Herstellung von Stickstoffblei kann folgendes Verfahren, das im wesentlichen, insbesondere in bezug auf die Einwirkung von Stickstoffoxydul auf Natriumamid zur Herstellung der Azide bekannt ist (Patentschrift 66813) benutzt werden. — Das Natriumamid wird in bekannter Weise dadurch erzeugt, daß an einen Strahl trockenen Ammoniaks auf geschmolzenes Natrium wirken läßt. Dieses Amid wird dann bei 300° mit trockenem Stickoxydul behandelt, wodurch sich das im Schmelzen befindliche Amid in Stickstoffnatrium verwandelt, welches bei einer Temperatur, bei der man arbeitet, fest ist. Das Stickstoffnatrium wird nach der Abkühlung in Wasser gelöst und die so erhaltene alkalische Lösung mit verdünnter Salpetersäure genau neutralisiert, worauf der neutralen Lösung Bleinitrat zugesetzt wird. Das Stickstoffblei schlägt sich in Kristallen nieder, deren Größe je nach der angewandten Temperatur verschieden ist. Der kristallinische Niederschlag wird auf dem Filter gesammelt, mit frischem Wasser ausgewaschen und bei einer Temperatur von weniger als 100° getrocknet. Das Stickstoffblei ist dann fertig, um genau wie Knallquecksilber zur Ladung von Zündern verwendet zu werden.

Das vorstehend beschriebene theoretische Verfahren wird praktisch wie folgt ausgeführt: Da Stickstoffnatrium bei einer Temperatur von 300° nicht schmilzt, das Amid dagegen bei dieser Temperatur schmilzt, hat das Stickoxydul Schwierigkeit zu wirken, sobald eine bestimmte Menge von Stickstoffnatrium sich gebildet hat, so daß es das noch nicht zersetzte Amid absorbiert. Hierdurch wird die Dauer des Verfahrens ungünstig beeinflußt und, im Verhältnis zu der wirklich erforderlichen Menge, eine viel zu große Menge von Stickoxydul in Anspruch genommen. Es ist daher zweckmäßig, das Natriumamid zu teilen, indem man es durch einen nicht schmelzbaren, wasserfreien und porösen Körper aufsaugen läßt, der auf die bei der Reaktion auftretenden verschiedenen Verbindungen nicht reagiert. Bimsstein, die Kieselgure usw. lassen sich hierzu nicht verwenden, da das Ätznatron, welches sich bildet, die Reaktion dadurch noch erschweren und die Ausbeute verringern würde, daß es auf die Kieselsäure dieser Stoffe einwirkt. Es werden daher wasserfreie Körper, wie Kalk, Magnesia, Natronsulfat usw. verwendet, die ebenso wie das Amid gemahlen und dann in geeigneten Behältern auf einer möglichst großen Fläche ausgebreitet werden. Man erhitzt dann bis höchstens 200°. Das Amid wird beim Schmelzen vom Kalk aufgesaugt, so daß das Stickoxydul leicht in die Masse eindringen und wirken kann. Falls erforderlich, kann man sie mechanisch durcharbeiten. Die gewonnene

Masse wird mit Wasser ausgewaschen und dann so weiter behandelt, wie zuvor beschrieben.

Patentanspruch: Die Verwendung von Stickstoffblei als Zündsatz für Zünder o. dgl.

D.R.P. 258679 vom 27. April 1911. Brit. Pat. 27198 vom 26. November 1912. Franz. Pat. 450897 vom 21. November 1912. Edmund Herz in Wien. — Initialzündsätze.

Als Initialzündstoff hat man bisher fast ausschließlich nur Knallquecksilber verwendet. Der hohe Preis dieser Quecksilberverbindung, ihre enorme Giftigkeit, die Gefährlichkeit und Umständlichkeit der Herstellung haben zu dem Bestreben geführt, einen vollwertigen Ersatz für dieses Zündmittel zu finden. Zu diesem Zweck wurden auch die aromatischen Diazoverbindungen vorgeschlagen. Die Versuche sind aber an der leichten Zersetzlichkeit, insbesondere daran gescheitert, daß diesen Verbindungen trotz der leichten Detonationsfähigkeit und der hohen Brisanz die Eigenschaft abgeht, als Initialsprengstoff andere Sprengstoffe zur Explosion zu bringen. — Der Grund hierfür ist in der mangels einer genügenden Sauerstoffmenge gänzlich unvollkommenen Verbrennung des Kohlenstoffs und der daraus resultierenden niedrigen Explosionstemperatur zu suchen. Ein Initialsprengstoff soll außer dem Detonationsstoß noch eine genügende Wärme entwickeln, um den Sprengstoff an der berührten Stelle auf eine entsprechend hohe Temperatur zu bringen. Nach vorliegender Erfindung wird diesem Nachteil dadurch abgeholfen, daß als Initialzündsätze die bekannten Diazoverbindungen der sehr sauerstoffreichen Perchlorsäure Verwendung finden. Diese Diazoperchlorate, und zwar der einfachen als auch der substituierten aromatischen Kohlenwasserstoffe, stellen ohne irgendwelchen Knallquecksilberzusatz für sich allein äußerst wirksame Initialsprengstoffe dar, die den Vorteil bieten, daß sie außerordentlich wohlfeil sind, die Herstellung in sanitärer Hinsicht ungefährlich ist, insbesondere aber, daß eine sichere und vollständige Initialwirkung gewährleistet werden kann. Außerdem ergibt sich der wesentliche Vorteil, daß der Initialsprengstoff der vorliegenden Erfindung im Gegensatz zu den bisher verwendeten vollkommen schlagwettersicher ist.

Diese Diazoperchlorate übertreffen die übrigen Diazosalze nicht nur bedeutend an Explosionskraft und Brisanz, sondern sind ihnen auch in bezug auf Beständigkeit und Empfindlichkeit gegen mechanische Einwirkung beträchtlich überlegen. Von Bedeutung ist besonders der Unterschied in der Löslichkeit. Während z. B. die Diazochloride, -sulfate und -nitrate in Wasser selbst bei Anwesenheit freier Säure sehr leicht löslich sind, sind die Diazoperchlorate in reinem Wasser nur schwer, in perchlorsäurehaltigem fast gar nicht löslich, zeigen somit große Ähnlichkeit mit dem auch schwer löslichen Kaliumperchlorat. Dieser Umstand ist für die Darstellung dieser Salze von Wichtigkeit, welche dadurch wesentlich vereinfacht wird. Versetzt man nämlich die Lösung eines aromatischen Amins in überschüssiger Perchlorsäure mit Natriumnitrit, so scheidet sich sofort die gebildete Diazoverbindung in Form feinen Mehles aus und setzt sich als schwerer Niederschlag zu Boden. Die günstige Folge dieser Schwerlöslichkeit ist die gänzliche Abwesenheit von Hygroskopizität und die viel größere Beständigkeit gegenüber Feuchtigkeit. Man kann diese Verbindungen lange Zeit in mit Wasserdampf gesättigte Luft halten, ohne daß sie feucht werden, Zersetzung oder Einbuße ihrer explosiven Eigenschaften erleiden.

Eine weitere bedeutende Steigerung erfährt die Beständigkeit gegen Wasser und mechanische Einwirkungen noch durch die Anwesenheit von Halogenen, Chlor, Brom, Jod oder negativer Gruppen, wie CHO, COOH und besonders der Nitrogruppe NO_2. Speziell die letztere ist zu dem genannten Zweck vorzüglich geeignet, da durch dieselbe außerdem auch noch der Sauerstoffgehalt der Verbindung erhöht und dementsprechend die Explosionswirkung verstärkt wird. Was die Zahl der eingeführten Nitrogruppen anbelangt, so hat sich herausgestellt, daß nicht mehr als zwei in die Verbindung eingeführt werden können, hingegen das Maximum der Wirkung beim Gehalte von nur einer Nitrogruppe erreicht wird. Da außerdem die Zersetzungsgeschwindigkeit der Diazoperchlorate sehr groß ist, die Explosionstemperatur relativ sehr niedrig liegt und die Flammenerscheinung auch sehr gering ist, kann man durch die damit gefüllten Sprengkapseln Schlagwetter oder Kohlenstaubaufwirbelungen viel weniger leicht zünden als z. B. durch Knallquecksilber.

Die beständigste und brisanteste dieser Verbindungen, daher die geeignetste zur Füllung von Sprengkapseln, scheint die mononitrierte Benzolverbindung zu sein. Reines, kristallisiertes Nitranilin (am besten scheint die meta-Verbindung zu wirken) wird in überschüssiger, verdünnter Perchlorsäure vom ungefähren spezifischen Gewicht 1·12 aufgelöst, wobei der Überschuß so zu bemessen ist, daß nach Beendigung der Reaktion noch freie Säure vorhanden ist, und die Lösung mit der zur Diazotierung nötigen Menge Natriumnitrit entweder in fester Form oder in stark konzentrierter Lösung versetzt wird. Die bei der Reaktion entbundene Wärmemenge ist nur gering, doch ist es beim Arbeiten mit größeren Quantitäten gut, für deren Ableitung durch entsprechende Kühlung zu sorgen. Das gebildete Nitrodiazobenzolperchlorat, $C_6H_4NO_2N_2ClO_4$, fällt sofort als feines Kristallmehl aus, das nach dem Absetzen von der überstehenden Flüssigkeit getrennt und einer wiederholten Waschung mit stark verdünnter Perchlorsäure, Alkohol und schließlich Äther unterworfen wird. Genau so verläuft die Darstellung des Diazotoluol, -xylol, -naphthalin, -anthrazen, -perchlorates, des Nitrodiazotoluol, -xylol, -naphthalinper chlorates, des Dinitrodiazotoluol, -benzol, -xylol, -naphthalinperchlorates und anderer substituierter Diazoperchlorate. Sehr wirksame und stabile Verbindungen erhält man auch aus den einfachen und substituierten Diaminen durch Diazotierung in perchlorsaurer Lösung.

So z. B. aus dem Nitroparaphenylendiamin $C_6H_3NO_2(NH_2)_2$ das Nitrobisdiazobenzolperchlorat $C_6H_3NO_2\langle\begin{smallmatrix}N=N-ClO_4\\N=N-ClO_4\end{smallmatrix}$. Hierbei muß jedoch immer salpetrige Säure im Überschuß vorhanden sein, da sonst intermediäre Triaminoazo- oder Azimidoverbindungen entstehen.

Die Zündfähigkeit dieser Verbindungen ist bedeutend; sowohl das Knallquecksilber als auch die zündstarken Schwermetallazide stehen in dieser Beziehung nach. Eine in einer Sprengkapselhülle befindliche Ladung Pikrinsäure wird schon durch einen Aufsatz von nur 0·015 bis 0·02 g Nitrodiazobenzolperchlorat zur vollständigen Explosion gebracht. Verwendet man z. B. das Nitrodiazobenzolperchlorat allein als Sprengkapselfüllung, so genügt zur Zündung von Gurdynamit, Gelatinedynamit, Sprenggelatine, Cheddite, Pikrinsäure und Trinitrotoluol eine Kapselfüllung von 0·02 bis 0·05 g; und selbst die unempfindlichsten Ammonsalpetersprengstoffe (Ammoniumnitrat und Naphthalin) kommen bei einer Ladung von 0·1 bis 0·3 g vollständig zur Detonation. Für die Praxis benutzt man entweder die Diazoperchlorate allein, und füllt 0·2 bis 0·3 g davon in eine Hülse Nr. 2 oder 3, oder man verbindet sie mit einem anderen brisanten Sprengstoff, indem man z. B. 1 g Pikrinsäure in eine Hülse Nr. 8 einfüllt und hierauf eine Menge von z. B. 0·02 g Nitrodiazobenzolperchlorat preßt. In letzterem Falle muß jedoch ein unmittelbarer Kontakt beider Sprengstoffe vermieden werden, da dieselben unter Zersetzung aufeinander wirken können. Man erreicht dies durch Dazwischenschaltung eines gut schließenden Stanniol- oder dünnen Kupferplättchens. Zweckmäßig ist es auch, als Abschluß der ganzen Ladung ein Stanniol- oder ein durchlochtes Kupferplättchen zu benutzen, um ein Herausfallen des Satzes sowie beim Einführen der Zündschnur einer gefährlichen Reibung vorzubeugen. Allenfalls können die Hülsen noch zur vollständigen Dichtung lackiert werden.

Patentansprüche: 1. Initialzündsätze, gekennzeichnet durch die Verwendung von perchlorsauren Diazoverbindungen aromatischer Kohlenwasserstoffe, ihrer Homologen und Substitutionsprodukte.

2. Initialzündsätze nach Anspruch 1, gekennzeichnet durch die Verwendung von perchlorsauren Diazoverbindungen der einfach und mehrfach nitrierten aromatischen Kohlenwasserstoffe.

D.R.P. 263459 vom 14. September 1912.

Dr. Conway Frhr. v. Girsewald in Berlin-Halensee. — Verfahren zur Darstellung von Hexamethylentriperoxyddiamin.

Nach den bisher bekannten Verfahren zur Darstellung von Hexamethylentriperoxyddiamin $N\begin{smallmatrix}\diagup CH_2-O-O-CH_2\diagdown\\ -CH_2-O-O-CH_2-\\ \diagdown CH_2-O-O-CH_2\diagup\end{smallmatrix}N$ aus Diformal peroxydhydrat und Ammoniak, oder aus Formaldehyd, Ammoniumsulfat- und Wasserstoffsuperoxyd (vgl. Ber. 18 [1885], S. 3344—46 und 33 [1900], S. 2486—87) sind die Ausbeuten so gering, daß eine technische Verwendung des Produkts ausgeschlossen schien.

Es ist nun gefunden worden, daß durch Einwirkung von Wasserstoffsuperoxyd auf Salze des Hexamethylentetramins in konzentrierten Lösungen Hexamethylentriperoxyddiamin in guter Ausbeute entsteht. Zur Darstellung eignen sich besonders die Salze des Hexamethylentetramins mit organischen Säuren, jedoch lassen sich auch die Salze mit anorganischen Säuren verwenden. Die Ausbeute wird ferner durch alle diejenigen Mittel erhöht, welche die Hydrolyse des Wasserstoffsuperoxyds vermindern, wie z. B. organische Lösungsmittel. Das Produkt soll wegen seiner stark explosiven Eigenschaften in der Sprengtechnik Verwendung finden.

Beispiel: 28 g Hexamethylentetramin und 42 g Zitronensäure werden in 140 g 30%iger Wasserstoffsuperoxydlösung gelöst. Die Lösung erwärmt sich anfänglich und scheidet langsam reichliche Mengen von Hexamethylentriperoxyddiamin in kleinen, regelmäßigen rhombischen Kristallen aus. Der weiße Körper ist in den meisten Lösungsmitteln unlöslich und kann daher durch einfaches Waschen mit Wasser und dann mit Alkohol sofort rein und trocken erhalten werden. — Die Ausbeute beträgt 27·5 g = 66% der Theorie, bezogen auf das Gewicht des angewandten Hexamethylentetramins.

Patentanspruch: Verfahren zur Darstellung von Hexamethylentriperoxyddiamin, dadurch gekennzeichnet, daß man in konzentrierter Lösung Wasserstoffsuperoxyd auf Salze des Hexamethylentetramins mit organischen oder anorganischen Säuren einwirken läßt.

D.R.P. 274522 vom 14. Sept 1912.

Dr. Conway Frhr. v. Girsewald in Berlin-Halensee. — Verwendung von Hexamethylentriperoxyddiamin zur Herstellung von Initialzündern.

Als Initialzünder kamen bisher ausschließlich die Salze von Schwermetallen, wie z. B. Knallquecksilber, Bleiazid, Silberazid in Betracht. Diese wurden entweder für sich oder gleichzeitig mit anderen brisanten Sprengstoffen, wie Pikrinsäure, Trinitrotoluol usw., zur Füllung von Sprengkapseln und Zündhütchen verwendet. — Es ist bekannt, daß Hexamethylentriperoxyddiamin stark explosive Eigenschaften besitzt. Überraschenderweise ist nun gefunden worden, daß sich diese Substanz in hervorragender Weise zur Initialzündung eignet. Es war dies keineswegs vorauszusehen, da unter den vielen organischen Sprengstoffen kein einziger geeignet ist, die bisher bekannten Initialzünder zu ersetzen.

Der technische Fortschritt der Verwendung eines rein organischen Körpers gegenüber Schwermetallsalzen liegt auf der Hand. An Stelle der Metalle oder Metallaschen entstehen bei der Explosion nur Gase, welche die Sprengwirkung erhöhen. So übertrifft das Hexamethylentriperoxyddiamin die Explosionswirkung des Knallquecksilbers z. B. um den vier- bis fünffachen Betrag. — Gegenüber der mit großen Gefahren verbundenen technischen Darstellung und der Umwandlung der Schwermetallsalze in eine zur Initialzündung geeignete Form ist das Verfahren zur Herstellung von Hexamethylentriperoxyddiamin ungefährlich und einfach. Die Substanz fällt sofort in gebrauchsfähiger Form aus der Lösung aus. Sie ist unlöslich in Wasser und wird auch bei langem Lagern nicht von Wasser angegriffen. Der Körper läßt sich daher unter Wasser gefahrlos aufbewahren und transportieren.

Beispiel: Zur Herstellung von Zündkapseln wird z. B. in eine gewöhnliche Kupferhülse Nr. 8 1 g Trinitrotoluol und eine geringe Menge (0·05 bis 0·1 g) Hexamethylentriperoxyddiamin gefüllt und in bekannter Weise mit oder ohne abschließende Metallkapsel gepreßt. Die Darstellung von Zündhütchen geschieht in analoger Weise wie diejenige mit Knallquecksilber, an dessen Stelle Hexamethylentriperoxyddiamin genommen wird.

Patentanspruch: Verwendung von Hexamethylentriperoxyddiamin für sich oder gemeinschaftlich mit anderen Sprengstoffen zur Herstellung von Initialzündern (Sprengkapseln, Zündhütchen u. dgl.).

Siebenter Abschnitt.

Die Fabrikation der Sprengkapseln.

Über die geschichtliche Entwicklung der Sprengkapseln seit den ersten Versuchen Alfred Nobels aus dem Jahre 1864, ist im ersten Abschnitt ausführlich berichtet worden. Heute stellen die Sprengkapseln, auch Sprenghütchen genannt, zylindrische, mit Knallsätzen oder teilweise mit brisanten Sprengstoffen gefüllte Kupferhülsen dar, die an einem Ende geschlossen sind und die lichte Weite der aufzunehmenden Zündschnur besitzen. Die Kapseln werden in zehn verschiedenen Größen angefertigt, von einem Durchmesser von 5·5 bis 6·8 mm, einer Höhe von 16 bis 60 mm und einer Füllung von 0·3 bis 3·0 g. Die Dimensionen der Kapseln sind folgende:

Nummer	1	2	3	4	5	6	7	8	9	10
Durchmesser mm . .	5·5	5·5	5·5	5·5	6	6	6	6·8	6·8	6·8
Länge mm	16	22	28	28	30	40	45	50	55	60
Füllung g	0·3	0·4	0·54	0·65	0·8	1·0	1·5	2·0	2·5	3·0

Fig. 46, 47 und 48 zeigen die gangbarsten Sprengkapseln Nr. 3, 8 und 10 in natürlicher Größe.

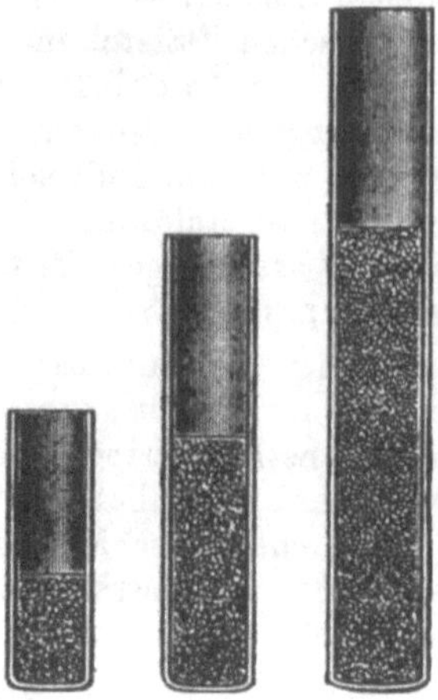

Fig. 46. Fig. 47. Fig. 48.
Sprengkapseln.

Erster Teil.

Ausgangsmaterialien für die Sprengkapselfüllung.

Zu den Ausgangsprodukten für die Sprengkapselfüllung gehören in erster Linie die Initialsprengstoffe, wie Knallquecksilber, Bleiazid oder organische Explosivkörper, dann in zweiter Linie die Zusatzstoffe, welche die ersteren entweder ersetzen, wie die nitroaromatischen Kohlenwasserstoffe z. B., oder in ihrer Wirkung so modifizieren oder abschwächen sollen, als es für die Herstellung und die praktische Verwendung geboten erscheint. Von der Verwendung reiner, unvermischter Initialsprengstoffe, wie des Knallquecksilbers z. B., ist man ja schon längst abgekommen, da die Handhabung solcher Sprengkapselfüllungen zu gefährlich und zu teuer wäre. Abgesehen davon, daß gewisse, heute als unentbehrlich erachtete Zusätze, wie Kaliumchlorat, den Zündsatz verbilligen und für die Herstellung desselben als gefahrvermindernd erwünscht sind, bedeuten sie auch darin einen Vorteil, als sie die Initialwirkung noch verstärken und für viele Zwecke wirksamer machen. Andere unentbehrliche Zusatzbestandteile, wie Klebemittel — Gummi arabicum z. B. — haben als indifferente Stoffe an der Detonationswirkung zwar keinen Anteil, sind aber als form- und beschaffenheitverleihende Bestandteile für die Herstellung der Zündmassen unentbehrlich.

(Andere, seltener gebräuchliche Ausgangsmaterialien wird man im folgenden Abschnitt, Zündsatzfabrikation, Seite 346 angeführt finden.)

1. Kaliumchlorat.

Abgesehen vom Knallquecksilber, gehört das Kaliumchlorat zu den wichtigsten Bestandteilen der Sprengkapsel- und Zündhütchenfüllungen. Es wird aber nicht, wie etwa das Knallquecksilber, in diesen Fabriken selbst erzeugt, sondern als ein Produkt der chemischen Großindustrie stets außerhalb derselben in besonderen Betrieben hergestellt. Die Herstellung sowie die Eigenschaften und die Untersuchung der Chlorate ist in Band 5 dieser Sammlung: Chloratsprengstoffe von Seite 13 bis 62 ausführlich beschrieben; hier sei der Vollständigkeit halber das über das Kaliumchlorat zu Interessierende im Auszug wiedergeben.

a) Herstellung.

Das Kaliumchlorat scheint 1786 von dem französischen Chemiker Berthollet erstmals dargestellt worden zu sein. Auf diesen Ursprung geht auch der Name „Bertholletsches Salz" zurück.

Nach Gay-Lussac[1] bildet sich Kaliumchlorat durch Sättigen einer Lösung von 1 Teil Kaliumhydroxyd in 3 Teilen Wasser mit Chlorgas und nachfolgendem Erwärmen der Lösung; es finden dabei folgende zwei Reaktionen statt:

1. $6KOH + 3Cl_2 = 3KOCl + 3HCl + 3H_2O$ (unter 20°).

2. $3KOCl = KClO_3 + 2KCl$ (über 30°).

In der Kälte wird also zuerst Kaliumhypochlorit gebildet; dies zerfällt dann beim Erwärmen der Lösung in Kaliumchlorat und Kaliumchlorid. Leitet man in heiße Kalilauge direkt Chlorgas ein, so entsteht Kaliumchlorat direkt neben Kaliumchlorid nach der Gleichung:

$$6KOH + 3Cl_2 = KClO_3 + 5KCl + 3H_2O.$$

Da aber nach diesem Verfahren $^5/_6$ des teuren Ätzkalis in die geringerwertige Form des Chlorkaliums übergeführt werden, so verwendet man in der Praxis nach einem Vorschlag Liebigs[2] statt des Ätzkalis den billigeren Ätzkalk ($Ca(OH)_2$), indem man Kalkmilch mit Chlorgas sättigt: es entsteht auch hier zuerst unterchlorigsaurer Kalk $Ca(OCl)_2$, der sich dann bei weiterer Chlorzufuhr unter Wärmeentwicklung in chlorsauren Kalk und Chlorcalcium umsetzt. Bringt man nun zu einer solchen Lauge

[1] Liebigs Annalen 43, 153.
[2] Ann. Pharm. 41, 307.

eine dem gebildeten Calciumchlorat äquivalente Menge von Kaliumchlorid, so erfolgt Umsetzung in folgendem Sinne:

$$Ca(ClO_3)_2 + 2KCl = 2KClO_3 + CaCl_2.$$

Die Trennung der beiden letzteren Salze bietet durch die sehr leichte Löslichkeit des entstandenen Calciumchlorids keine Schwierigkeit. Man hat somit nur etwa $^1/_4$ Kaliumchlorid zu verwenden, um die gleiche Menge von Kaliumchlorat zu erhalten.

Heute jedoch geschieht die technische Darstellung des Kaliumchlorats überwiegend elektrolytisch durch Elektrolysieren einer heißen Kaliumchloridlösung. Kaliumchlorid in wässeriger Lösung gibt dabei Kaliumhydroxyd und freies Chlor, welches mit der Kalilauge unter Hypochloridbildung reagiert. Da aber die Lösung heiß ist, so geht der Prozeß sofort weiter zur Chloratbildung; die elektrolytische Reaktion läßt sich in folgender Schlußgleichung zusammenfassen:

$$KCl + 3H_2O = KClO_3 + 3H_2.$$

Für 1 kg Kaliumchlorat rechnet man 13 Pferdekraftstunden. Die besten Verfahren arbeiten mit einer Stromausbeute von 85 bis 94%. Nach Foerster beträgt die Spannung bei der elektrolytischen Chloratbereitung mindestens 4·5 Volt; bei z. B. 85% Stromausbeute braucht dann die Herstellung von

1 kg $KClO_3$ 6·93 Kilowattstunden und 0·61 kg KCl.

Nach Kershaw arbeitet man in der Fabrik Chedde (Savoyen) so, daß man die Elektrolyse der Chloridlösung (mit 240 g Chlorkalium im Liter) so lange fortsetzt, bis das Chlorat anfängt, in dem Elektrolysierapparat bei einer Temperatur von 75° auszukristallisieren. Hierauf wird die Lösung in die Rohkristallisationspfannen abgelassen, worin das Rohchlorat beim Stehen (während 6 bis 10 Tagen) auskristallisiert; in der Mutterlauge verbleiben noch 10 bis 35 g $KClO_3$ pro Liter, die aber nicht verloren gehen, da die Lauge nach Zusatz frischen Chlorkaliums wieder in die Elektrolysierapparate zurückgebracht wird. Da, wo man nicht so lange elektrolysiert, muß die Lauge durch Eindampfen konzentriert werden. Manchmal benutzt man auch Kühlanlagen, um eine weitergehende Abscheidung der Rohkristalle herbeizuführen.

Die Raffination des Rohchlorats geschieht in der Weise, daß die von der Mutterlauge möglichst befreiten Rohkristalle zunächst mit kaltem Wasser in einer Zentrifuge gewaschen und dann in einem sogenannten „Dissolver" aufgelöst werden. Man verwendet hierzu das erstemal heißes Wasser, bzw. Dampf, später aber Raffinationsmutterlauge mit einem spez. Gew. von 1·04 bis 1·08. Im Dissolver löst man so viel Rohchlorat auf, daß die heiße

Lösung etwa 220 g Chlorat im Liter enthält; diese Lösung fließt in die Raffinierkristallisationsgefäße, worin sich reines Chlorat abscheidet, während die verbleibende Mutterlauge mit 60 bis 70 g Chlorat im Liter in den Dissolver zurückgeht. Die dünnen, blättrigen Raffinationskristalle kommen nach dem Ablassen der Mutterlauge auf den Abwaschtisch, woselbst so lange gewaschen wird, bis der Chloridgehalt nicht mehr als 0·05 % beträgt. Bei genügender Reinheit werden die Kristalle zwölf Stunden (mit Papier bedeckt) auf dem Abwaschtisch vorgetrocknet, alsdann in einem besonderen Raum vollständig mit Dampf getrocknet.

Das Kaliumchlorat kommt gewöhnlich in Kristallform in den Handel; für sprengstoffliche Zwecke jedoch, wo Pulverform nötig ist, muß es vorerst gemahlen werden. Dieses Salz bezieht man, wenn es sich um die Herstellung von Zündsätzen handelt, am besten in Fässern von 50 kg Inhalt, chemisch rein und derart gemahlen, daß es auf einem Messingsieb von 1200 Maschen pro Quadratzentimeter und 0·06 mm Drahtstärke keinen Rückstand hinterläßt. Es hat dann einen Feinheitsgrad, welcher für alle knallquecksilberhaltigen, nicht aber für die knallquecksilberfreien Sätze ausreicht; für letztere muß es weiter bis zur Mehlfeinheit zerkleinert werden. Dies geschieht, indem man Portionen von 100 g eine Stunde lang in Porzellanreibschalen von 20 cm Durchmesser und unglasiertem Boden zerreibt. Da aber diese Methode wegen hohen Aufwandes an Arbeitslohn sehr kostspielig ist und das Produkt um M. 1.50 bis M. 2.— per Kilogramm verteuert, so rentiert sich bei größerem Bedarf an solchem „feingeriebenen" Präparat die Aufstellung einer Porzellankugelmühle (von E. A. Lentz, Berlin N 24, Gr. Hamburgerstraße 2).

Eine unangenehme Eigenschaft des gepulverten Kaliumchlorats ist seine Neigung zur Klumpenbildung, die selbst in verschlossenen Gefäßen und trockenen Magazinen beobachtet wird. Vor der Vermischung müssen diese Klumpen stets zerkleinert werden, indem man sie erst durch ein gröberes Messingsieb von 400 Maschen und dann durch das feine von 1200 Maschen pro Quadratzentimeter hindurchtreibt, wobei nicht zerfallene Stücke auf dem Drahtgeflecht zerrieben oder im Messingmörser zerstoßen werden. Zweckmäßig benutzt man zu dieser Arbeit Schachtelsiebe, um den lästigen, feuergefährlichen Staub so viel als möglich einzuschränken.

b) Eigenschaften.

Das Kaliumchlorat kristallisiert monoklin in weißen Kristallblättchen und Tafeln, die bei durchfallendem Licht zuweilen durchsichtig sind, bei reflektiertem Licht aber schöne Farben zeigen. Das Salz enthält kein Kristallwasser, ist luftbeständig und unter gewöhnlichen Verhältnissen nicht hygroskopisch und besitzt ein spezifisches Gewicht zwischen 2·32 und 2·35. Kaliumchlorat ist eine endotherme Verbindung von Chlorkalium und Sauerstoff; beim Zerfall nach der Gleichung $KClO_3 = KCl + O_3$ entwickelt 1 Mol. 11·9 Cal. Wärme unter Abgabe von 33·5 Liter Sauerstoff. Der Geschmack des Kaliumchlorats ist kühlend, herb und salpeterähnlich; in größeren Mengen wirkt es, wie alle Kalisalze, giftig. Es löst sich in Wasser unter Wärmeabsorption, und zwar lösen 16 Teile Wasser von gewöhnlicher Temperatur 1 Teil Kaliumchlorat, während schon 2 Teile Wasser von 100° dieselbe Menge in Lösung bringen.

100 Teile Wasser lösen bei

8°	3·3	Teile Kaliumchlorat
13·32°	5·60	„ „
15·37°	6·03	„ „
17°	6·68	„ „
18°	6·82	„ „
20°	7·20	„ „
24·43°	8·44	„ „
35·02°	12·05	„ „
50°	19·00	„ „
74·89°	35·40	„ „
100°	56·00	„ „
104·78°	60·24	„ „

Kaliumchlorat ist in Chloroform, Äther und absolutem Alkohol unlöslich, in gewöhnlichem Alkohol sehr schwer löslich. In Glyzerin ist es löslich (100 Teile lösen 3·5 Teile $KClO_3$).

Bei nicht zu schnellem Erhitzen schmilzt das Salz bei 334°, wobei zunächst keine Zersetzung eintritt; bei 352° zersetzt es sich langsam, weit schneller, wenn man die Temperatur rasch erhöht. Beim Erhitzen über den Schmelzpunkt entweicht Sauerstoff unter Blasenbildung; eine kurze Zeit bleibt die Masse flüssig, nimmt dann eine teigige Konsistenz an und die Gasentwicklung läßt nach, um später bei Wärmezufuhr in heftiger Form aufzutreten, so daß der Prozeß in Phasen vor sich geht:

$$2KClO_3 = KClO_4 + KCl + O_2 .$$

Es entsteht zuerst Kaliumperchlorat, welches sich beim Erhitzen beständiger erweist, so daß die weitere Sauerstoffabgabe eine höhere Temperatur erfordert, wobei das Salz wieder flüssig wird und allen Sauerstoff abgibt. Wird das Kaliumchlorat mit indifferenten Körpern, wie Braunstein oder Eisenoxyd z. B. erhizt, so erfolgt die Sauerstoffabgabe bei weit niederer Temperatur; die Zersetzung findet dann gleichmäßig in einer Richtung, ohne intermediäre Perchloratbildung, statt.

Kaliumchlorat ist eine Verbindung, die infolge der lockeren endothermen Bildungsweise befähigt ist, den Sauerstoff sehr leicht abzuspalten und energische Oxydationswirkungen auszuüben. Mischungen von Kaliumchlorat mit brennbaren Substanzen, z. B. Kohle und Schwefel, sind viel empfindlicher und explosiver als Schießpulver; dies ist namentlich bei Schwefel und ganz besonders bei rotem Phosphor der Fall, so daß ein Mischen und Verreiben nur nach dem Befeuchten mit Wasser oder Weingeist gefahrlos durchgeführt werden kann. Gefährlich ist das Aufbewahren solcher Mischungen.

Wird Kaliumchlorat mit konzentrierter Schwefelsäure übergossen, so entwickelt sich ein grünlichgelbes Gas, das Chlordioxyd, ClO_2, das unter eigentümlich zischendem Knattern sich zersetzt und in größeren Mengen mit großer Gewalt explodiert. Das Chlordioxyd detoniert schon bei 65° und ruft in Berührung mit brennbaren Substanzen sofortige Entzündung hervor. Läßt man auf Chloratmischungen ein Tropfen Schwefelsäure fallen, so tritt unmittelbar Entflammung ein, welche Eigenschaft schon zu Zündungen aller Art benutzt worden ist. Deshalb ist ganz besonders darauf zu achten, daß in Mischungen von Kaliumchlorat mit brennbaren Körpern keine freie Säure vorhanden sei.

In reinem Zustand ist Kaliumchlorat weder durch Schlag noch durch Sprengkapseln zur Explosion zu bringen; indessen hat die furchtbare Explosion vom 12. Mai 1899 in St. Helens bei Liverpool doch gelehrt, daß dieses Salz unter außerordentlichen Umständen heftig explodieren kann. Experimente, die zur Aufklärung dieses Explosionsfalles von verschiedenen Chemikern angestellt wurden, ergaben die noch unbekannte Tatsache, daß Kaliumchlorat durch Überhitzen zu explodieren vermag.

c) Untersuchung und Nachweis.

Das für die Fabrikation von Sprengkapseln und Zündhütchen dienende Kaliumchlorat ist schon als Handelsprodukt in genügender Reinheit erhältlich. Das technisch reine Kaliumchlorat zeigt zwar eine schwache Chlorreaktion, muß aber gleichfalls frei sein von allen alkalischen und hygroskopischen Substanzen. Die wässerige Lösung des chemisch reinen Salzes darf mit Silbernitrat auch nach längerem Stehen keine Trübung geben; ferner sollen 40 g Chlorat in einer Platinschale mit 30 bis 40 cm^3 destilliertem Wasser und einem Streifen rotem Lackmuspapier erhitzt, auch nach 5 Minuten langem Kochen die rote Farbe des letzteren nicht verändern. Andernfalls hätte man mit der Anwesenheit von Ätzkali oder kohlensaurem Kali zu rechnen — zweier Körper, die wegen ihrer Hygroskopizität in einem Zündsatz nicht vorkommen dürfen. Das Präparat muß farb- und geruchlos sein. Um sich von seiner Güte weiterhin zu überzeugen, kann man folgende qualitative Proben ausführen:

Eine kalt bereitete Lösung darf mit Jodkalium und Spuren sehr verdünnter Schwefelsäure nicht sofort eine starke Jodabscheidung bewirken, was sonst auf einen Gehalt an niederen Chloroxyden schließen ließe. Endlich soll das Salz beim vorsichtigen Erhitzen ruhig schmelzen, Sauerstoff abgeben, aber keine Feuererscheinungen zeigen. Von den mechanischen Verunreinigungen kommt insbesondere Sand in Betracht; gröbere Körper dürfen nicht beigemengt sein. Organische Substanzen lassen sich durch Veraschen des wasserunlöslichen Teiles nachweisen. Das nicht elektrolytisch hergestellte Chlorat enthält gewöhnlich geringe Beimengungen (0·03 %) Calciumchlorid, welches mit Silbernitrat erkannt wird. Nitrate (Salpeter) können als Verfälschung vorhanden sein; man prüft darauf, indem man 1 g Salz mit 5 cm³ Natronlauge erwärmt: entsteht hierbei infolge Anwesenheit von Ammoniumverbindungen Ammoniak, so kocht man bis zum völligen Verschwinden des Geruches, bringt nun in die erkaltete Flüssigkeit je 0·5 g Zinkfeile und Eisenpulver und erwärmt von neuem; jetzt auftretendes Ammoniak (Geruch oder Kurkumapapier) rührt von Nitrat her. Zur Prüfung auf Erdalkalien löst man ca. 1 g in 20 cm³ Wasser und versetzt mit Ammonoxalatlösung; zur Prüfung auf Sulfate wird eine analoge Lösung mit Bariumchlorid versetzt, sie soll nach 12stündigem Stehen keine Abscheidung von Bariumsulfat zeigen. Bezüglich Schwermetallen wird verlangt, daß eine Lösung von 3 g Kaliumchlorat in 30 cm³ warmem Wasser klar sein und durch Zusatz von Schwefelwasserstoffwasser nicht verändert werden soll.

Zur Prüfung[1] auf Beimengungen von Chlorit und Hypochlorit löst man 5 g Chlorat in 100 cm³ kaltem Wasser und setzt einen Tropfen Jodkaliumstärke hinzu. Tritt eine Blaufärbung nicht sogleich ein, so ist Hypochlorit im Chlorat nicht zugegen. Ist Hypochlorit vorhanden, so kann Chlorit qualitativ nicht nachgewiesen werden. Bei Abwesenheit von Hypochlorit setzt man 2 cm³ einer $^1/_{10}$-normalen Schwefelsäure zu: tritt Blaufärbung

---

[1] Carlson und Gelhaar, Chem. Zeit. 1908, S. 634.

auch jetzt nicht augenblicklich ein, so ist weder Hypochlorit noch Chlorit vorhanden. Die Reaktion ist sehr empfindlich.

Zur quantitativen Bestimmung des Kaliumchlorats gibt es eine ganze Anzahl Methoden, die alle, direkt oder indirekt, auf eine Reduktion des Chlorats zu Chlorid hinauslaufen. Davon seien genannt:

1. Reduktion mit Ferrosulfat nach Treadwell. Man löst ca. 0·3 g des Chlorats in 100 cm³ Wasser, versetzt mit 50 cm³ einer Ferrosulfatlösung, welche im Liter 100 g kristallisiertes Ferrosulfat gelöst enthält, erhitzt unter beständigem Umrühren bis zum beginnenden Sieden und erhält bei dieser Temperatur 15 Minuten lang. Nach dem Erkalten fügt man Salpetersäure hinzu, bis das ausgeschiedene basische Ferrosulfat in Lösung geht, fällt in der Kälte mit Silbernitrat, filtriert und wägt das Silberchlorid. 1 g HgCl = 0·8551 g $KClO_3$.

2. Abrauchen mit Salmiak nach Treadwell und Blangey. Man versetzt das Alkalichlorat in einem Porzellantiegel mit der dreifachen Menge reinen Salmiaks, bedeckt mit einem Uhrglas und erhitzt sorgfältig über freier Flamme, indem man diese fortwährend hin und her bewegt, bis aller Salmiak vertrieben ist. Dann wägt man den Rückstand von Kaliumchlorid und rechnet auf Chlorat um.

3. Durch Oxydation von Ferrosalz zu Ferrisalz und Bestimmung des unverändert gebliebenen Ferrosalzes. Man löst ca. 5 g Kaliumchlorat in 1 l Wasser, mischt und bringt 10 cm³ in einen Ventilkolben, woraus die Luft durch Einleiten von Kohlensäure verdrängt wurde, fügt 50 cm³ frisch titrierter saurer Ferrosulfatlösung hinzu und kocht 10 Minuten; dabei findet folgende Reaktion statt:

$$KClO_3 + 6FeSO_4 + 3H_2SO_4 = KCl + 3Fe_2(SO_4)_3 + 3H_2O.$$

Nach dem Erkalten verdünnt man mit ausgekochtem kalten Wasser und fügt 10 cm³ Mangansulfat[1] hinzu, worauf man das unverändert gebliebene Ferrosulfat mit normaler Kaliumpermanganatlösung (1000 cm³ $KMnO_4 = \frac{KClO_3}{6} = 20\cdot433$ g $KClO_3$) zurücktitriert. Man hat dann (nach Treadwell):

50 cm³ Ferrosulfat erfordern T cm³ $^1/_{10}$-normal. $KMnO_4$-Lösung
50 cm³ Ferrosulfat + 10 cm³ Chloratlösung erfordern t cm³ $^1/_{10}$-normal. $KMnO_4$-Lösung

10 cm³ Chloratlösung = $\frac{a}{100}$ g Substanz erfordern $(T-t)$ cm³ $^1/_{10}$-normal. $KMnO_4$-Lösung.

Demnach enthalten a g Substanz: $(T-t)$ 0·20433 g $KClO_3$ und der Prozentgehalt an Kaliumchlorat beträgt $\frac{20\cdot433\,(T-t)}{a}$ %.

[1] Für die Mangansulfatlösung löst man 67 g kristallisiertes Mangansulfat ($MnSO_4\cdot4H_2O$) in 500 bis 600 cm³ Wasser, fügt 138 cm³ Phosphorsäure vom spez. Gew. 1·7 und 130 cm³ konzentrierte Schwefelsäure vom spez. Gew. 1·82 hinzu und verdünnt mit Wasser zu einem Liter.

Der *qualitative Nachweis* von Kaliumchlorat geschieht wie derjenige aller andern Chlorate durch Zusatz von *Salzsäure*, wodurch Chlor entwickelt wird und die Lösung Oxydationswirkung zeigt. Wenn man chlorsaure Salzlösungen mit verdünnter *Schwefelsäure* ansäuert, so wird durch Indigokarmin (Indigolösung) blaue Färbung erzeugt, die beim Stehen in der Kälte nicht verschwindet, wohl aber sofort auf Zusatz einiger Tropfen schwefliger Säure. — Im festen Zustand kann man Chlorat nachweisen, indem man die Substanz mittels konzentrierter Schwefelsäure in Chlordioxyd überführt; nach *Virgili* ist die Ausführung dieses Versuchs in Anbetracht der geringen Mengen, mit denen man bei derartigen Analysen zu arbeiten pflegt, nicht mit Gefahr verbunden. Der Eintritt der Reaktion gibt sich in erster Linie durch den charakteristischen Geruch des Chlordioxyds und dann auch durch dessen gelbbraune Farbe zu erkennen. 0·1 mg Chlorat lassen sich so ohne Schwierigkeit noch erkennen.

2. Aromatische Nitroverbindungen.[1]

Pikrinsäure.

Pikrinsäure oder *Trinitrophenol* wird dargestellt durch Nitrierung der *Phenolsulfosäure* nach der Gleichung:

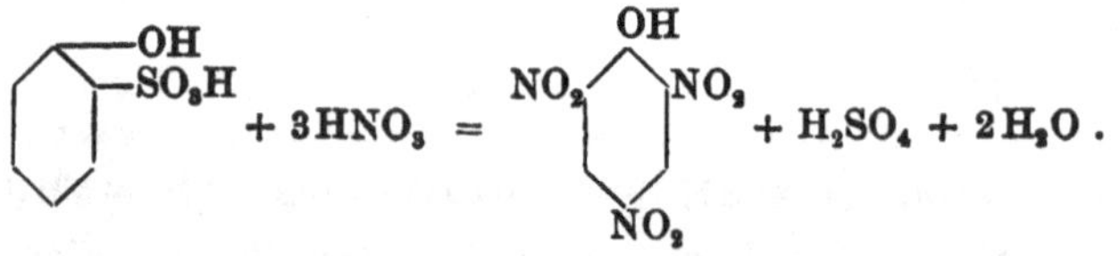

Das sirupähnliche Reaktionsprodukt scheidet nach dem Erkalten Pikrinsäure in großen Kristallkuchen ab, die durch Zentrifugieren von der Mutterlauge befreit und durch Umkristallisation gereinigt werden. Die Fabrikation der Pikrinsäure geschieht im Großen, indem man gleiche Teile kristallisiertes Phenol (F. P. 40°) und konzentrierte Schwefelsäure vom spez. Gew. 1·84 durch Dampf auf 100° erwärmt und das Gemenge von *Phenolsulfosäure* in drei Teile Salpetersäure vom spez. Gew. 1·4 einlaufen läßt. Die Reaktion ist anfangs äußerst heftig, so daß Kühlung nötig wird und das Phenol-Schwefelsäure-Gemisch nur langsam eingetragen werden darf; sobald aber alles eingeflossen ist, läßt die Reaktion nach, und es muß dann zur Beendigung des Prozesses das Kühlwasser erwärmt werden. Zur *Reinigung* wird die beim Erkalten

[1] Bezüglich Darstellung, Eigenschaften, Prüfung und sprengtechnische Verwendung dieser Verbindungen vergleiche man die ausführliche Darstellung in Band 6 dieser Sammlung, S. 116 und 292; hier soll nur das mitgeteilt werden, soweit es für Initialzwecke Bezug und Interesse hat.

als feste Kristallmasse sich ausscheidende Rohpikrinsäure geschmolzen, in große, wassergefüllte Bottiche fließen gelassen und zur Entfernung aller Schwefelsäure gründlich mit kaltem Wasser ausgewaschen. Hierauf wird sie ausgeschleudert, nochmals geschmolzen und durch Rinnen in kaltes Wasser geschickt, wo sie zu gelben Kristallblättchen erstarrt. Man läßt dann das Wasser wieder ab, entfernt die Reste durch Zentrifugieren und trocknet die Pikrinsäure bei 40 bis 60°. Soll die Pikrinsäure vollständig rein sein, so muß sie durch Lösen in Natriumkarbonatlösung in Natriumpikrat, $C_6H_2(NO_3)_2ONa$, übergeführt und durch Umkristallisieren und Zersetzen desselben mit Schwefelsäure wieder ausgefällt werden. Nach den gewöhnlichen Reinigungsverfahren liefern 100 Teile Phenol vom F. P. 40° 190 Teile Pikrinsäure vom F. P. 121 bis 122°. Preis für 100 kg doppeltraffinierte Pikrinsäure 255 M.

Reine Pikrinsäure bildet blaßgelbe, bitter schmeckende Kristallblätter, die in kaltem Wasser schwer, in heißem leichter löslich, in Alkohol und Äther leicht löslich sind. Bei 122·5° schmilzt sie zu einer gelben Flüssigkeit, die beim Erkalten wieder zu einer gelben Kristallmasse erstarrt. Gegossen beträgt das spez. Gew. ca. 1·6, doch kann dasselbe durch Pressen bis auf 1·76 erhöht werden. Nachteilig für die Verwendung der Pikrinsäure ist ihre Giftigkeit, namentlich in Staubform, und ihr intensives Färbevermögen gegen tierische Gewebe (Haut, Seide und Wolle). Reine Pikrinsäure ist ziemlich unempfindlich gegen mechanische Einwirkung; angezündet brennt sie mit rußender Flamme ohne Explosion ab. Durch starke Knallquecksilberkapseln detoniert sie aber und erweist sich dann infolge ihrer großen Brisanz als einer der kräftigsten Sprengstoffe.

Die folgende Tabelle zeigt die sprengtechnisch wichtigen Eigenschaften der Pikrinsäure neben andern, für die Sprengkapselfüllung wichtig gewordenen aromatischen Nitrokörpern, wie Trinitrobenzol, Trinitrotoluol, Tetranitromethylanilin.

Sprengstoff	Dichte	Expl. mit einem Fallgewicht von 2 kg cm Höhe	Detonationsgeschwindigkeit m/s
Pikrinsäure, geschmolzen . . .	1·60	25	7100
Trinitrobenzol, geschmolzen . .	1·60	40	7000
Trinitrotoluol, gepreßt	1·60	108	6680
Tetranitromethylanilin	1·59	etwa 25	7160

Die Pikrinsäure wurde früher in geschmolzenem Zustande zur Füllung von Granaten und andern Hohlgeschossen benutzt. Trotz ihrer außerordentlichen Sprengwirkung ist man aber von ihrer Verwendung abgekommen, da sie durch leichte Bildung von sehr gefährlichen, stoßempfindlichen Metallsalzen zu vielen schweren Unglücksfällen Anlaß gegeben hat. Bei ihrer Verwendung, sei es nun in Hohlgeschossen, Sprengkapseln, Zündhütchen oder anderen metallenen Gegenständen, muß eine direkte Berührung mit den Metallflächen peinlich vermieden werden, indem man die betreffenden Stellen entweder lackiert oder mit Zinn, welches kein Salz bildet, überzieht.

Prüfung. Für die Verwendung der Pikrinsäure zu Sprengkapselfüllungen und zu detonierenden Zündschnüren kommt nur ein reines Produkt in Betracht. Die Bestimmung des Schmelzpunktes ist zur Beurteilung der Reinheit nicht hinreichend. Die Pikrinsäure muß namentlich frei von Mineralsäuren sein, insbesondere von Schwefelsäure, die schwieriger zu entfernen ist als die Salpetersäure. Zur Prüfung auf Schwefelsäure verfährt man am besten so: 5 bis 10 g Pikrinsäure werden auf ein Filter gebracht und mit 150 cm^3 Wasser allmählich begossen; das Filtrat wird gesammelt, auf etwa ein Viertel eingedampft und die ausgeschiedene Pikrinsäure nach dem Erkalten filtriert. Gibt nun Bariumchlorid im Filtrat keinen weißen Niederschlag, so kann man die Abwesenheit von Schwefelsäure mit Sicherheit annehmen.

Eine andere Probe mit 10 g vollkommen trockener Pikrinsäure wird im Soxhlet-Apparat mit niedrig siedendem Petroläther behandelt, hierauf der Petroläther bis auf eine geringe Menge abdestilliert, erkalten gelassen, von etwa ausgeschiedenen Kristallen abfiltriert, zweimal mit wenig Ligroin gewaschen und das Lösungsmittel in einer kleinen Glasschale verdunstet. Bleibt ein harziger oder öliger Rückstand, so war die Pikrinsäure unrein, was von einem schlechten Ausgangsmaterial herrühren kann.

Den beiden angeführten Proben hat die Prüfung auf feuerfesten Rückstand voranzugehen. Man bringt 2 bis 3 g von der zu prüfenden Pikrinsäure in eine Platinschale, entzündet den Inhalt von oben, läßt ruhig abbrennen und glüht den Rückstand langsam, bis die Kohle verbrannt ist. Läßt sich die Kohle schwer entfernen, so befeuchtet man mit wenig Wasser und glüht neuerdings, bis ein etwaiger Rückstand weiß oder rötlichbraun bleibt. Dieser Rückstand ist mit Wasser zu extrahieren; reagiert der Auszug alkalisch, so sind Alkalien zugegen. Nach dem Ansäuern mit Salzsäure und Verdampfen in einer Platinschale kann dieser quantitativ bestimmt werden. — Gute Pikrinsäure soll nicht mehr als 0·3 % Feuchtigkeit, 0·3 % Mineralbestandteile, 0·2 % freie und kombinierte Schwefelsäure sowie 0·2 % unlösliche Bestandteile enthalten.

Bezüglich der quantitativen Bestimmungsmethoden ist vor allem die Kjeldahlsche zu erwähnen, welche den Stickstoffgehalt ermittelt, der bei reiner Pikrinsäure 18·34 % beträgt. (Vergl. die Ausführungen in Band 6, Seite 349.)

Trinitrobenzol.

Als solches kommt allein das symmetrische 1,3,5-Trinitrobenzol von der Formel

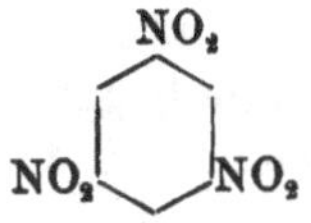

in Betracht. Zu seiner Darstellung geht man nicht vom Benzol aus, da die Einführung dreier Nitrogruppen in den Benzolkern technisch außerordentliche Schwierigkeiten bereitet, sondern man oxydiert das viel leichter erhältliche Trinitrotoluol nach dem D.R.P. 127325 in starker Schwefelsäure mit Chromsäure zu Trinitrobenzoesäure. Letztere spaltet dann durch bloßes Erhitzen Kohlensäure ab und geht in Trinitrobenzol über. Nach dem D.R.P. 234726 wird symmetrisches Trinitrobenzol aus 1,2,4,6-Chlortrinitrobenzol durch Reduktion erhalten. Beispielsweise kocht man 25 kg Trinitrochlorbenzol mit 8 kg fein verteiltem Kupfer, 250 l 95 %igem Alkohol und 25 l Wasser am Rückflußkühler auf dem Wasserbade, erhält unter Rühren zwei Stunden im Sieden und filtriert dann die heiße Lösung. Das aus dem Filtrat ausfallende Trinitrobenzol braucht bloß mit Alkohol ausgewaschen zu werden.

Trinitrobenzol kristallisiert in weißen Blättchen oder in Nadeln, die bei 121 bis 122° schmelzen und in Wasser, in kaltem Alkohol wenig, dagegen in Äther und heißem Alkohol leicht löslich sind. Hinsichtlich Dichte, Detonationsgeschwindigkeit und Sprengwirkung übertrifft es das Trinitrotoluol, ist aber bedeutend teurer als dieses; auch ist der um etwa 40° höher liegende Schmelzpunkt des Trinitrobenzols der Verwendung nicht so günstig.

Trinitrotoluol.

Das in der Spreng- und Militärtechnik zur Anwendung gelangende Trinitrotoluol hat die Formel

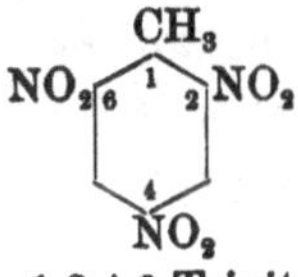

α- oder 1,2,4,6-Trinitrotoluol

und wird durch Nitrierung des Toluols in einer einzigen oder in mehreren Operationen erhalten. Technisch geschieht die Trinitrierung immer in zwei Phasen: entweder stellt man zuerst Mononitrotoluol her und nitriert dieses über Dinitrotoluol direkt zu Trinitrotoluol, oder man schreitet — wie das in der Praxis vorzugsweise der Fall ist — zur Dinitrierung des Toluols als erste Operation und führt nach Trennung von den Abfallsäuren die dritte Nitrogruppe in einer zweiten und letzten Operation ein. Ein dritter, in der Sprengstoffindustrie häufig benutzter Weg für die Darstellung des Trinitrotoluols geht von Dinitrotropföl aus, — einem Abfallprodukt, welches in den Farbstoffabriken bei der Herstellung des reinen ortho- und para-Dinitrotoluols (aus dem bei der Nitrierung des Mononitrotoluols gewonnenen Rohdinitrotoluol) abfällt. Die Herstellung des Trinitrotoluols aus dem Dinitrotropföl gestaltet sich folgendermaßen[1]:

500 kg Dinitrotropföl werden in den Nitrierapparat gefüllt, geschmolzen und zwischen 70 bis 75° eine Mischsäure, bestehend aus 1125 kg Oleum mit 20% Schwefelsäureanhydrid und 305 kg 48er Salpetersäure, zugelassen. Ist alle Mischsäure eingeflossen, so wärmt man vorsichtig und langsam an; bei 90 bis 100° setzt die Reaktion ein, wobei eine Temperatur von etwa 130° erreicht wird. Bei dieser Temperatur läßt man noch eine Stunde, kühlt wieder auf 100° ab und gibt den Wasserzusatz. Früher wurde nun der ganze Inhalt in mit Blei ausgelegte große Kästen abgelassen; beim Abkühlen setzte sich das Trinitrotoluol oben als fester Kuchen ab. Nach Verlauf mehrerer Tage wurde die klare Abgangssäure in Druckfässer abgelassen, um dann zur Denitrierung weiter befördert zu werden. Heute trennt man heiß; nach dem Zusatz des Wassers zur fertig nitrierten Charge läßt man scheiden und gibt dann Druckluft. Durch ein bis auf den Boden des Nitrierapparates geführtes Steigrohr läuft die Charge ab; zuerst kommt die heller gefärbte Abgangssäure und zum Schluß das gelb gefärbte Trinitrotoluol. Die Abgangssäure läuft in die Kühlkästen und scheidet hier beim Abkühlen noch Nitrokörper in weißen Kristallen ab; das saure Trinitrotoluol aber wird in große, mit Blei ausgeschlagene Bottiche, die bis zu einer gewissen Höhe mit Wasser von 40 bis 50° gefüllt sind, gedrückt und mit Wasserdampf neutral gewaschen.

Ist das Trinitrotoluol neutral, so läßt man es aus den heißen Wasserbottichen herauslaufen und gießt es in Platten von beliebiger Form und Größe. Dies aus dem Dinitrotropföl gewonnene Produkt ist das sog. 72/74er Trinitrotoluol, das zur Herstellung von Ammonsalpetersprengstoffen benutzt werden kann, jedoch für andere, zumal für militärische Zwecke noch nicht geeignet ist. Das Trinitrotoluol muß daher noch durch Umkristallisieren

---

[1] Zeitschr. f. Schieß- u. Sprengst. 1912, 425.

gereinigt werden. Als bestes Umkristallisierungsmittel kennt man Alkohol mit 5 bis 10% reinem Benzol; man erhitzt z. B. 500 kg Plattentrinitrotoluol mit etwa 2300 l genannter Alkohol-Benzol-Mischung in besonderen, mit großen Rückflußkühlern versehenen Apparaten bis zum Sieden, filtriert das Ganze nach erfolgter Lösung des Trinitroproduktes durch Barchenttücher, läßt in kühlbaren Kristallisiergefäßen ausscheiden und trennt die Kristalle von der Mutterlauge entweder durch Abnutschen oder Zentrifugieren.

Von neueren Trinitrotoluol-Reinigungsverfahren ist dasjenige von Dr. Vezio Vender (D.R.P. 237738 vom 8. Aug. 1909) zu nennen, nach welchem als Umkristallisierungsmittel 100%ige Schwefelsäure benutzt wird. Das Trinitroprodukt wird zwischen 80 und 100° in der Säure gelöst und beim Abkühlen in reinem Zustand fast vollständig wieder ausgeschieden, während alle Verunreinigungen gelöst bleiben. Die Oberschlesische Aktien-Gesellschaft für Fabrikation von Lignose usw. verwendet als Lösungsmittel Nitrotoluol: das Rohtrinitrotoluol wird bis etwa zu einem Drittel seines Gewichts mit Orthonitrotoluol auf ca. 80° erwärmt und dadurch eine stark übersättigte Lösung hergestellt; hernach wird filtriert und abgekühlt, worauf das reine Trinitrotoluol ausfällt. Die technischen Vorteile dieses Verfahrens bestehen darin, daß die als Nebenprodukte beigemischten niedrigeren Nitrierungsstufen nicht verloren gehen, sondern im Lösungsmittel bleiben und, da dieses ja als Ausgangsmaterial für die Trinitrotoluolfabrikation benutzt wird, von neuem der Nitrierung unterworfen werden.

Je nach der Reinheit des Ausgangsprodukts, der Sorgfalt des Nitrierens usw. erhält man 2 Sorten Trinitrotoluol:

1. Trinitrotoluol mit 72/74° Schmelzpunkt und
2. Trinitrotoluol mit 77/79° Schmelzpunkt.

Die dritte Sorte Trinitrotoluol, mit einem Schmelzpunkt von 80/81°, das sog. Militär-Trinitrotoluol, wird durch Umkristallisation aus dem 77/79grädigen erhalten; es stellt ein beinahe chemisch reines Produkt dar, das unter den verschiedenartigsten Bezeichnungen, wie Trotyl, Trinol, Trilit, Tritolo u. a., in den Handel kommt. Preis von 100 kg Trotyl 80/80·6° 200 bis 240 M.

Das 81/82er Trinitrotoluol kristallisiert in feinen, hellgelben Kristallen, die geschmack- und geruchlos, an Luft und Feuchtigkeit unveränderlich und chemisch vollkommen neutral und stabil sind. In Wasser ist es, in willkommenem Gegensatz zur Pikrinsäure, sehr schwer löslich, bloß zu 0·021 % bei 15°. Auch in Alkohol ist die Löslichkeit gering (1·6 Teile in 100 Teilen Lösungsmittel bei 22°), bedeutend größer dagegen in Äther, Aceton, Benzol, Toluol und Ligroin. Feinkristallisiertes Trinitrotoluol besitzt eine Dichte von 0·8 bis 1, geschmolzenes eine solche von 1·54 und gepreßtes oder unter Druck erstarrtes eine solche von höchstens 1·63. — Es mag noch erwähnt werden, daß außer diesem Trinitrotoluol bisher noch weitere vier Isomere hergestellt worden sind.

Als Sprengstoff weist das Trinitrotoluol so große Vorzüge auf, daß es überall in Aufnahme gekommen ist und die Pikrinsäure als Artilleriesprengstoff immer mehr verdrängt hat. Es ist das Verdienst Haeussermanns, die Wege zur fabrikmäßigen Darstellung des Trinitrotoluols zuerst angebahnt und diesen Sprengstoff schon zu Anfang der neunziger Jahre für Militärzwecke vorgeschlagen zu haben. Wenn das Trinitrotoluol der Pikrinsäure auch an Brisanz und Sprengkraft um ein geringes nachsteht, so treten diese Nachteile gegenüber seiner großen Unempfindlichkeit, seiner chemischen Indifferenz gegen Metalle, seines niedrigen, schon bei Wasserbadtemperatur liegenden Schmelzpunktes und seiner größeren Billigkeit im Vergleich zur Pikrinsäure ganz in den Hintergrund. Zudem ist die Verarbeitung des Trinitrotoluols, abgesehen von der viel größeren Handhabungssicherheit, nicht mit den übeln Nebenumständen verknüpft, mit denen die Pikrinsäure, besonders in Staubform, die Arbeiter belästigt.

Das technisch reine Trinitrotoluol findet heute in weitgehendem Maße Anwendung zu Geschoßfüllungen, Torpedoköpfen, Minenfüllungen, zu Sprengkapseln und Detonationszündschnüren. In diesem Kriege ist es namentlich in Mischung mit Hexanitrodiphenylamin und Tetranitromethylanilin zu einer der wichtigsten Sprengfüllungen geworden.

Prüfung und Beurteilung. An Militär-Trinitrotoluol werden im allgemeinen folgende Durchschnittsanforderungen gestellt:

Das Produkt soll zwischen 80·5 bis 82° schmelzen, nicht unter 79·5° erstarren und in heißem Äthylalkohol fast vollständig löslich sein. Gutes 81/82er Trinitrotoluol zeigt einen Erstarrungspunkt von 80·3 bis 80·4°; als unterste Erstarrungsgrenze mag wohl ein E. P. von 79·6° gelten, es entspricht dies einem Gehalt von etwa 0·75 % Dinitrotoluol. Auf Lackmuspapier muß es neutral reagieren; freie Schwefel- oder Salpetersäure darf nicht anwesend sein. 100 g Trinitrotoluol sollen sich vollständig in einem Gemisch von 300 cm^3 Benzol und 100 cm^3 Ligroin lösen; der nach dem Behandeln mit heißem Benzol auf dem Filter bleibende Rückstand darf nach dem Trocknen 0·1 % nicht übersteigen. Eine kleine, im Reagenzglas geschmolzene und auf etwa 110°

gehaltene Probe soll hell und klar sein, um gegebenenfalls darin suspendierte Körper, die nur in ganz geringer Menge vorhanden sein dürfen, nachweisen zu können. Geschmolzenes Trinitrotoluol soll keinerlei stechend riechende Dämpfe entwickeln. Die Asche darf nicht mehr als 0·1 % betragen und nur sehr geringe Mengen Quarzstaub oder ähnliches enthalten. Auch die Feuchtigkeit soll 0·1 % nicht überschreiten. (Vgl. Band 6, S. 310, chemische Anforderungen an Militär-Trinitrotoluol und Prüfung.)

Tetranitromethylanilin.

Das Tetranitromethylanilin, richtiger Trinitrophenylmethylnitramin, wird dargestellt durch Nitrieren von Methylanilin in schwefelsaurer Lösung nach der Gleichung:

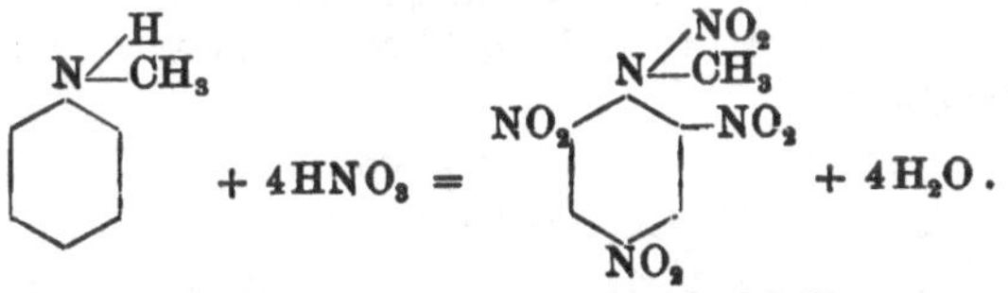

Tetranitromethylanilin

Die Ausgangsmaterialien sind möglichst reines Monomethyl- oder Dimethylanilin, hochprozentige Schwefelsäure von 97 bis 98 % Monohydrat und Salpetersäure von 47° Bé. Die Fabrikation verläuft in drei Phasen, erstens in der Herstellung der Dimethylanilin-Schwefelsäure, zweitens in der Nitrierung der schwefelsauren Methylanilinsulfatlösung und drittens in der Reinigung des Rohtetranitromethylanilins. Der Fabrikationsgang ist ungefähr folgender:

Zu 1000 kg wasserheller, bleifreier 97 bis 98 %iger Schwefelsäure werden in dünnem Strahl unter Rührung und guter Kühlung 100 kg Dimethylanilin zufließen gelassen; der Zulauf dauert etwa 2 Stunden. Das Dimethylanilin wird von der Schwefelsäure gebunden und gelöst; die Lösung nimmt dabei eine hellbraune Farbe an, die jedoch unter keinen Umständen dunkel oder gar undurchsichtig werden darf. Ist alles Dimethylanilin eingeflossen, so läßt man erkalten und schließt nun unmittelbar die Nitrierung an, indem man das Gemisch in dünnem Strahle zu 430 kg Salpetersäure von 47° Bé, die in einem Nitrierapparat auf 40° vorgewärmt ist, fließen läßt. Es tritt eine heftige Reaktion ein und es muß stark gekühlt werden; übersteigt die Temperatur eine gewisse Höhe, so entsteht Oxydation und Brand, wodurch gewöhnlich die ganze Anlage verwüstet wird. Anfangs kann man die Temperatur langsam bis 44° ansteigen lassen, später, wenn zwei Drittel der Schwefelsäure zugetreten sind, bis etwa 55°. Der Gesamtzufluß dauert 8 bis 9 Stunden; ist alles eingeflossen, so läßt man noch etwa 2 Stunden nachrühren, um die Nitrierung bei 53 bis 55° vollständig zu machen. Ist der Nitrierungsprozeß beendet, so wird auf Normaltemperatur abgekühlt und über Nacht setzt sich das spezifisch leichtere Tetranitromethylanilin an der Oberfläche ab. Aus 100 kg Dimethylanilin erhält man rund 210 kg gewaschenes Rohtetranitromethylanilin. Die Abfallsäure wird nun abgezogen, das saure Produkt auf Nutschen gespült, hier ein paarmal mit verdünnter Schwefelsäure gewaschen und dann, nachdem es auf richtige Waschnutschen gebracht worden ist, unter gutem Umrühren neutral gewaschen.

Rohtetranitromethylanilin darf in keinem Falle verwendet werden; es muß vorher aus reinem Benzol umkristallisiert werden. Dies geschieht in doppelwandigen, emaillierten Lösekesseln, indem man 500 kg rohes Tetranitromethylanilin mit ca. 1850 l Benzol am Rückflußkühler in Lösung bringt, filtriert und in Gefäßen mit Kühlmantel auskristallisieren läßt. Das fertige Produkt wird auf Nutschen abgelassen, gut abgesaugt, ein paarmal gedeckt und die noch zurückgebliebenen 10 bis 13% Benzol im Trockenhause abgedunstet. Die Ausbeute beträgt 87%.

Dieser, nach einer Darstellung von Ingenieur F. Langenscheidt[1] beschriebene Prozeß der Tetranitromethylanilingewinnung scheint indessen bereits überholt zu sein durch andere Verfahren, die gestatten, unumkristallisiertes, nur neutral gewaschenes Tetryl direkt zu verwenden.

Das reine Tetranitromethylanilin, auch Tetril, Tetryl und Tetralit genannt, hat ungefähr das Aussehen von Mehl, mit einem Stich ins Gelbliche. Sein Schmelzpunkt liegt bei 129 bis 130°. Das Tetranitromethylanilin zeigt Säurecharakter und ist in hohem Grade giftig. Diese Tetranitroverbindung ist ausgezeichnet durch große Brisanz und Sprengkraft, so daß ihr sogar die Pikrinsäure in dieser Beziehung nachstehen muß (vgl. Tabelle Seite 241). Trotz seiner verhältnismäßig teuren Herstellung hat das Tetranitromethylanilin in diesem Kriege große Bedeutung erlangt; außer als Sprengfüllung wird es in größerem Maßstabe zu Zwischenzündladungen, Detonationsüberträgen und Initialzündkapseln an Stelle der weniger brisanten Trinitrokohlenwasserstoffe angewandt. Tetranitromethylanilin liefert in hydraulischen Pressen bei Drucken von 5000—6000 Atmosphären feste, spröde Körper von beliebiger Form, die sich vorzüglich zur Explosionsübertragung eignen.

Als Reinheitskriterium dient der Erstarrungspunkt. 10 g gut getrocknetes Tetranitromethylanilin werden in ein Reagenzglas von etwa 18 mm Durchmesser eingefüllt und durch Erwärmen auf nicht über 135° zum Schmelzen gebracht. In der Schmelze befindet sich ein geeichtes Thermometer und ein Rührer aus Draht. Bei langsamem Rühren tritt Erstarrung ein und der höchste Punkt

[1] Zeitschr. f. Schieß- u. Sprengst. 1912, S. 445.

wird als Erstarrungspunkt abgelesen. Dieser liegt bei gutem Material zwischen 127·5 bis 128·2°, keinesfalls aber unter 127·5°. Zur Prüfung auf Säure (gewöhnlich auf Schwefelsäure berechnet) werden 10 g Substanz mit 50 cm³ Wasser ausgekocht, abgekühlt, filtriert, nachgewaschen und das Filtrat mit einigen Tropfen Phenolphtalein und $^1/_{10}$n-Natronlauge titriert. Indessen muß man sich hüten, den ganzen Betrag auf Rechnung von Schwefelsäure oder Salpetersäure zu setzen, da vollständig säurefreies Tetryl selber Säurecharakter zeigt und infolge geringer Löslichkeit im Wasser regelmäßig 0·2 cm³ $^n/_{10}$ Natronlauge für sich verbraucht.

Tetranitranilin.

Nach dem D.R.P. 241671 wird diese Verbindung durch Nitrieren von m-Nitranilin mit einem Gemisch von Schwefelsäure und Salpetersäure bei 70 bis 80° erhalten. Die Nitrierung[1] ist in wenigen Minuten beendet, das Tetranitranilin scheidet sich aus dem Säuregemisch aus, wird mit Wasser gewaschen und bei 100° getrocknet. Die Ausbeute ist schlecht und entspricht den tatsächlichen Verhältnissen so wenig, wie die Angaben über die Herstellung dieses Körpers. — Das Tetranitranilin wurde vor einigen Jahren durch Flürscheim erstmals dargestellt und als vierfach nitriertes Anilin von folgender Konstitution nachgewiesen:

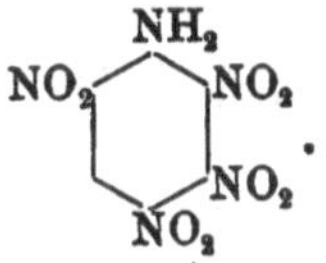

Das Tetranitranilin bildet gelbe Kristalle, die bei 216 bis 217° unter Zersetzung schmelzen, in Wasser von gewöhnlicher Temperatur praktisch unlöslich sind und sich in Benzol und Ligroin nur schwer lösen. Am besten löst es sich in Aceton (1 Teil in 6 Teilen beim Sieden) und in Nitroxylol (1 Teil in 3 Teilen bei 150°), aus welchen zwei Lösungsmitteln es auch umkristallisiert werden kann. Tetranitranilin zeigt sehr geringe Hygroskopizität; es ist ferner vollkommen neutral und wirkt auf Metalle nicht ein. Es ist der stärkste von allen festen Sprengstoffen und übertrifft hierin selbst das Tetryl . Nach der Patentschrift soll es, ähnlich dem Tetryl, zu Zündladungen, Sprengkapselfüllungen und anderen Detonationsüberträgern Verwendung finden.

Leider besitzt das wegen seiner hohen Brisanz und Arbeitsfähigkeit gerühmte Tetranitranilin nicht die Stabilität des Tetra-

---

[1] Vgl. Zeitschr. f. Schieß- u. Sprengst. 1916, S. 114.

nitromethylanilins, und es kann, da sich die am Amidostickstoff befindliche Nitrogruppe langsam abspaltet, wohl nicht mit der Methylverbindung in Wettbewerb treten. Nach Stettbacher ist das Tetranitranilin seiner Unbeständigkeit wegen gar nicht verwendungsfähig.

Von andern nitroaromatischen Körpern sind als Detonatoren ferner vorgeschlagen worden:

Von den Derivaten des Tetranitroanilins:

Tetranitroäthylanilin, 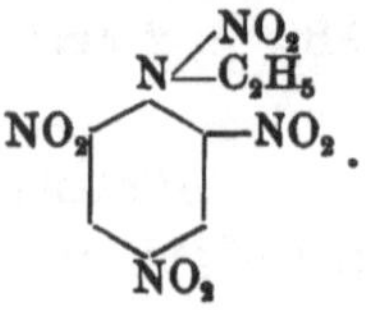.

(C. Claessen, D.R.P. 168490 vom 7. April 1905; K. W. Will, Amerik. Pat. 827768 vom 25. Juli 1905.)

Methylnitrotetranitranilin, 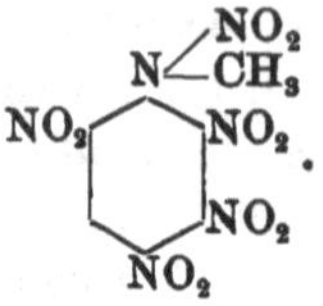. F.P. 145°.

(B. J. Flürscheim, D.R.P. 241697 vom 8. Juli 1910.)

Acetyltetranitranilin, 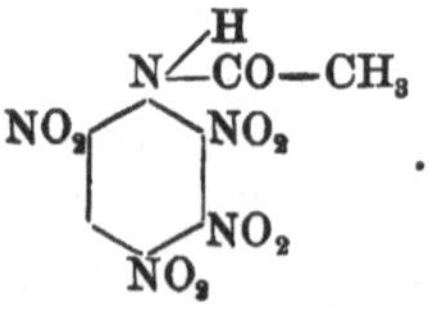. F.P. 170°.

(B. J. Flürscheim, D.R.P. 241697 vom 8. Juli 1910);

ferner

Trinitroaminophenol, Trinitroaminoanisol, und Trinitroaminophenetol,

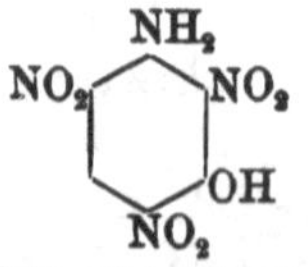

F.P. 174—175°

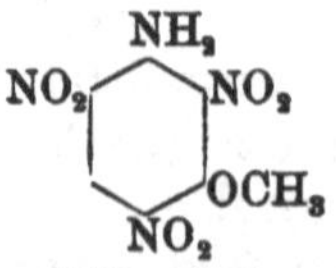

F.P. 131°

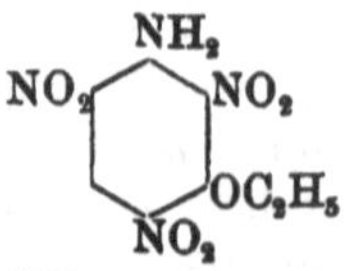

F.P. 107—108°.

(B. J. Flürscheim, D.R.P. 241697 vom 8. Juli 1910, Engl. Pat. 18777 vom 11. Juli 1912.)

Sämtliche dieser Verbindungen stellen der chemischen Konstitution und des hohen Stickstoffgehaltes wegen bevorzugte Sprengstoffe dar; sie sind jedoch, was praktisch schließlich das Wichtigste ist, noch nicht auf Lagerbeständigkeit untersucht.

Von den Derivaten der Pikrinsäure und den höheren Phenol-Homologen:

Trinitroanisol und Trinitrophenetol,

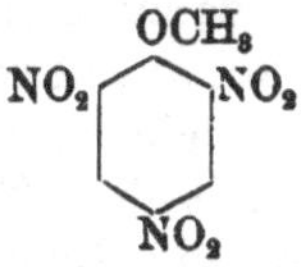

Gelbe Tafeln vom F.P. 64°

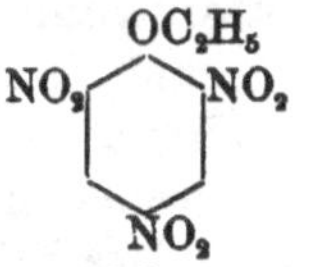

Farblose Nadeln vom F.P. 75·5°

dann die beiden isomeren Tetranitroanisole

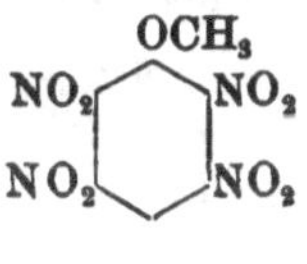

1, 2, 3, 5, 6

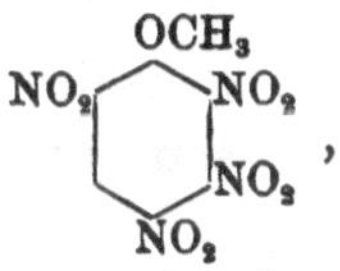

1, 2, 3, 4, 6

ferner

Trinitrokresol und Trinitroresorzin oder Oxypikrinsäure,

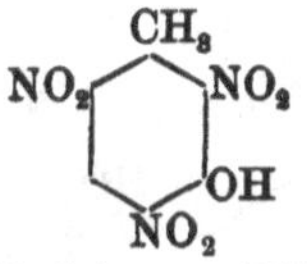

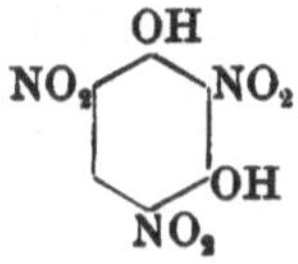

Gelbe Nadeln vom F.P. 105—106°

(M. Bielefeldt, Engl. Pat. 20133 vom 8. November 1900; E. Herz, D. P.-Anm. 63188.)

von welch letzterer neuerdings das neutrale Bleisalz $C_6H(NO_2)_3O_2Pb$ besonders vorgeschlagen worden ist.

Von höheren aromatischen Kohlenwasserstoffen, die durch Nitrierung (der Solventnaphta) erhaltenen Produkte:

Di- und Trinitroxylol, Di- und Trinitropseudokumol und Di- und Trinitromesitylen. Diese Nitrokörper dürften als Sprengkapselfüllung jedoch kaum in Betracht kommen. Dazu sind sie zu schwer initiierbar und zu wenig wirksam.

(Fritz Gehre, Engl. Pat. 19402 vom 26. Sept. 1905.)

Hexanitroverbindungen.

Davon ist die älteste und wichtigste das Hexanitrodiphenylamin oder Dipikrylamin, ein intensiv gelber, sehr giftiger Körper von der Formel

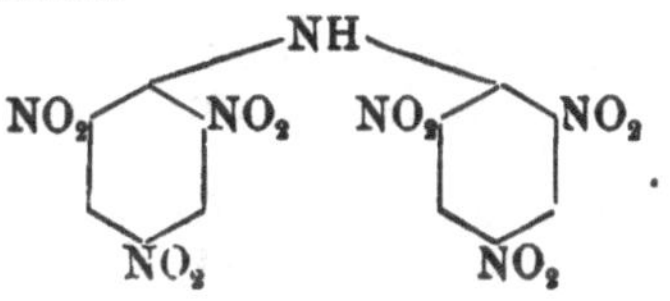

Das Hexanitrodiphenylamin zersetzt sich, ohne zu schmelzen, zwischen 240 und 250°; es ist stabil und handhabungssicher und von großer Brisanz, steht aber in bezug auf Arbeitsfähigkeit hinter dem Tetranitromethylanilin zurück: daher kann es, wenn nach Wöhler und Matter Detonationsgeschwindigkeit und Arbeitsfähigkeit die zwei maßgebenden Faktoren für das Initiierungsvermögen sind, den Rang mit dem Tetryl nicht ganz behaupten. Der Pikrinsäure aber sind die Hexanitrokörper zweifellos überlegen.

Von den neueren Verbindungen seien bloß genannt:

Hexanitrodiphenylsulfid[1] 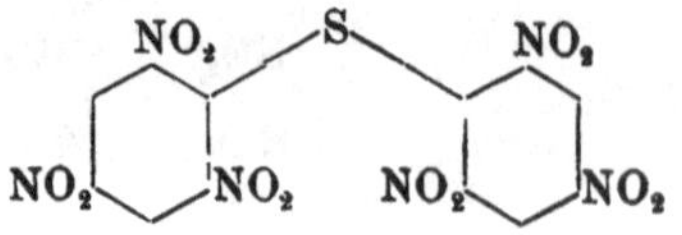

,

Hexanitrosulfobenzid[2] 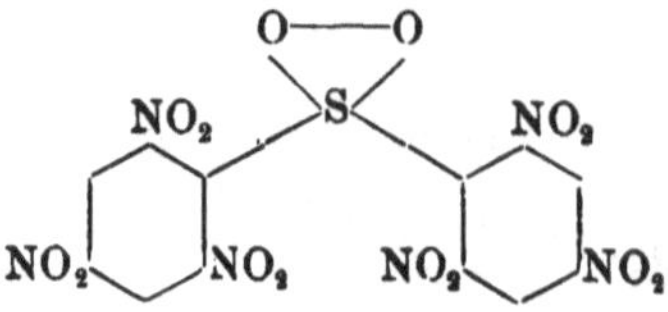

,

Hexanitrodiphenyloxyd[3] 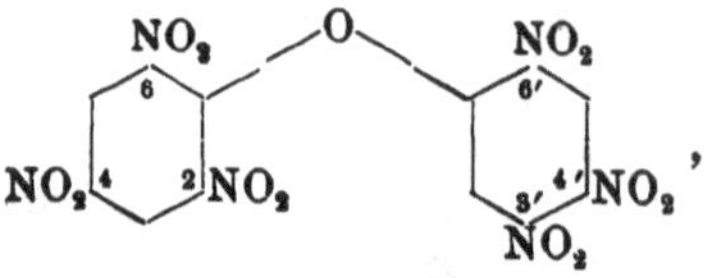

,

Hexanitrodiphenyl[4] 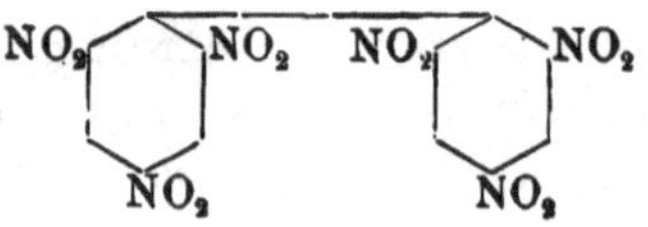

.

Dieser neueste und einfachste Vertreter der Hexanitroverbindungen, der nichts anderes als ein Bi-Trinitrobenzol darstellt, ist wohl der stärkste Sprengstoff dieser Klasse.

Konstitution und Initialwirkung aromatischer Nitrokörper.[5]

Verfolgt man die Patentliteratur des letzten Jahrzehnts, so gewahrt man überall ein heißes Bemühen, den Benzolkern so stark wie möglich mit sauerstoffhaltigen Gruppen zu beladen

[1] D.R.P. 289375 vom 17. Juli 1913.
[2] D.R.P. 269826 vom 29. Oktober 1912.
[3] D.R.P. 281053 vom 23. November 1913.
[4] D.R.P. 286736 vom 1. April 1913.
[5] Nach „Chemie und Sprengstoffideal" von A. Stettbacher. Zeitschr. f. Schieß- u. Sprengst. 1916, S. 114.

und, was die Nitroderivate betrifft, über die Trinitroverbindungen hinauszukommen. Eine der ersten Errungenschaften dieser Art war die fabrikatorische Herstellung des Tetranitromethylanilins. Diese Verbindung enthält im Molekül eine Nitrogruppe mehr als die Pikrinsäure und das Trinitrotoluol; sie ist darum den Trinitroverbindungen an Sprengwirkung in jeder Beziehung überlegen (vgl. Fig. 39 und 40, S. 190). Indessen kann aber auch das Tetranitromethylanilin seine Trinitronatur nicht ganz verleugnen, als es nur drei Nitrogruppen im Kern besitzt, die vierte aber am Amidostickstoff liegt. Es war daher eine große Überraschung, als B. Flürscheim sein Tetranitroanilin entdeckte und gleichzeitig mit einem Fabrikationsverfahren vor die Welt trat. Denn jetzt lag ein Sprengstoff vor, der im Benzolkern, eng zusammengedrängt, vier Nitrogruppen aufwies, und nicht mit Unrecht rühmte der Entdecker seiner Erfindung nach, daß damit der stärkste aller festen Sprengstoffe gefunden sei. Das folgende Photogramm (Fig. 49) veranschaulicht zwei 3 mm dicke Eisenplatten, welche mit je 3 g Tetranitranilin und Tetranitromethylanilin in einer Weißblechhülse von 17 mm Durchmesser beschossen wurden.

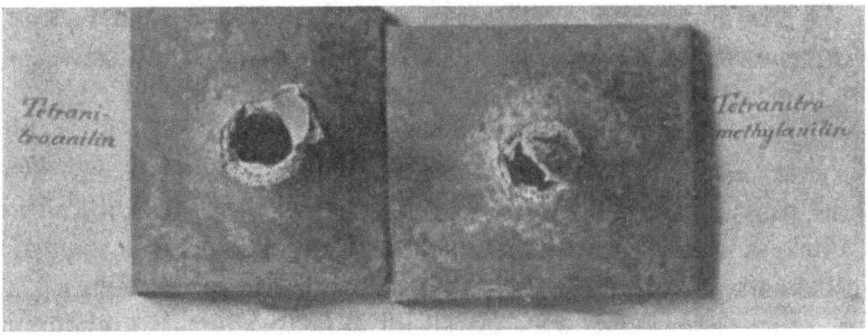

Fig. 49.

Die beschossenen Platten zeigen die ungleich größere Wirkung von vier Nitrogruppen im Kern, gegenüber vier Nitrogruppen in der Verteilung bei Tetranitromethylanilin. Ungeachtet der nur geringen Unterschiede hinsichtlich der chemischen Zusammensetzung beider Körper, hat die Brisanz des Tetranitranilins gewaltig zugenommen. Der Knall ist viel schärfer und irritierender als bei Tetryl, — ein Beweis der viel größeren Detonationsgeschwindigkeit.

Die Sprengstoffchemie schien mit dieser Verbindung ein Wunder erlebt zu haben. Leider folgte aber bald darauf ein anderes: das von der Zersetzlichkeit und Unbrauchbarkeit des Tetranitroanilins. Die schönen Patentangaben wurden bald in Zweifel gezogen und man bemerkte nun die wahren Eigenschaften des Tetranitrokörpers: fortschreitende, nicht aufzuhaltende Zersetzlichkeit trotz gründlichster Neutralwaschung. Durch Eintritt einer vierten Nitrogruppe ist die Amidogruppe so sauer geworden, daß der Anilinwasserstoff labil wird und freiwillig mit der benachbartesten Nitrogruppe unter Abspaltung von salpetriger Säure reagiert. Gegen diese Zersetzlichkeit gäbe es vielleicht ein Mittel: nämlich die Methylierung der Amidogruppe, und es wäre höchst interessant, näher zu untersuchen, ob das tetrylähnlich zusammengesetzte Methylnitrotetranitranilin (von Blanksma 1902 hergestellt), das nicht weniger als fünf Nitrogruppen enthält, größere Beständigkeit besitzt als das einfache Tetranitranilin. Wenn das besagte Tetranitrophenylmethylnitramin beständig wäre, so läge damit ein Sprengstoff vor, der an Energie und gewaltiger Detonationsgeschwindigkeit jede andere Verbindung weit hinter sich ließe.

Wirklich beständig und praktisch als brauchbar erprobt können bis jetzt nur zwei Tetranitroverbindungen gelten: das sind die beiden isomeren 1,2,3,4,6- und 1,2,3,5,6-Tetranitroanisole, welche nach den Patentschriften alle Eigenschaften der Tetranitrophenylkörper besitzen, jedoch von teurer Herstellung sind.

3. Arabisches Gummi.

Unter Gummi versteht man verschiedene, teils in Wasser lösliche, teils darin quellbare Pflanzenstoffe, die in Alkohol sowie den übrigen Harzlösungsmitteln unlöslich sind. Das wichtigste, geschätzteste Gummi ist das arabische (Gummi arabicum), auch Akaziengummi genannt. Es stellt den aus der Rinde mehrerer afrikanischer Akazienarten austretenden, eingetrockneten Saft dar; die beiden Sorten, nämlich das eigentliche arabische Gummi (Kordofan-Gummi) und das Senegal-Gummi, sind wenig voneinander unterschieden, da ja beide Arten von demselben Baume abstammen und nur nach dem Landstrich der Gewinnung verschieden sind.

Das arabische Gummi stellt schwachgelbe bis braunrote Stücke dar, die in Wasser vollständig löslich sind. Das spez. Gewicht beträgt 1·487 bei 15°. Die wässerige Lösung reagiert sauer und wird leicht schimmlig. Die Schimmelbildung läßt sich verhindern, indem man die Gummilösung mit etwas Chininsulfat, Phenol oder Formalin versetzt. Das arabische Gummi findet ausgedehnte technische Verwendung als Klebemittel, sowohl als Zusatz von

Tinten und Farben, zur Appretur von Geweben wie auch in der Sprengstoff- und Zündsatzfabrikation.

Wegen seines hohen Preises ist das arabische Gummi vielen Verfälschungen ausgesetzt; als Fälschungsmittel kommen unlösliches Kirschharz, Dextrin und namentlich Senegalgummi in Betracht. Arabisches Gummi bildet unregelmäßige, linsen- bis walnußgroße, durchsichtige, glänzende und spröde Stücke von weißer bis gelber Farbe, die innen meist von Rissen durchzogen und leicht zerbrechlich und pulverisierbar sind. Sie werden an der Luft nicht feucht, zeigen einen muschelig-glänzenden Bruch und geben mit kaltem Wasser eine fast klare, dickschleimige, schwerflüssige, etwas fadenziehende, aber weder zähe noch gallertartige, schwach opalisierende, sehr klebende und schwach sauer reagierende Lösung. Beim Kauen zerspringt das arabische Gummi und löst sich im Munde leicht auf; der Geschmack ist fade und schleimig. Das luftgetrocknete Produkt enthält noch 13 bis 14% Wasser und hinterläßt beim Glühen 2·5 bis 4% Asche, die vorwiegend aus kohlensaurem Kalk besteht, welcher Kalk im Gummi als saures Salz der Arabinsäure enthalten ist. Gefärbtes Gummi kann durch schweflige Säure leicht gebleicht werden.

Patente.

D.R.P. 288655 vom 3. März 1914.

Dr. C. Claessen in Berlin. — Initialzündungen und Sprengstoffe.

Die Erfindung betrifft die Verwendung von Tetranitroanisol

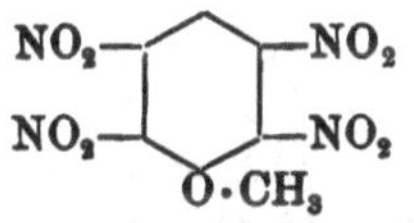

und des homologen Tetranitrophenetol zur Herstellung von Initialzündsätzen und Sprengstoffen. Diese Körper, welche hinsichtlich ihrer chemischen Beständigkeit dem Trinitrotoluol gleichwertig sind, besitzen diesem gegenüber den Vorteil einer erheblich größeren Sprengkraft. Bei einer Empfindlichkeit, die ungefähr der des Tetranitromethylanilins gleichkommt, übertreffen sie auch dieses noch an Sprengkraft. Ihre Darstellungsweise (Blanksma, Chem. Zentralblatt 1904, II, 205) ist einfach und gefahrlos. Während bei der Nitrierung des Methylanilins zu Tetranitromethylanilin sehr leicht eine explosionsartige Steigerung der Reaktion eintritt, wenn die Temperatur nicht innerhalb enger Grenzen gehalten wird, verläuft die Nitrierung des Dinitroanisols und des Dinitrophenetols bis zur Tetranitroverbindung innerhalb weiter Temperaturgrenzen ganz ohne Gefahr. Von wesentlicher Bedeutung für die Verwendung dieser Körper ist auch ihre hohe Dichte, zumal bei der Auswertung als Granatfüllung, für welche die Unterbringung eines möglichst großen Gewichts des Sprengstoffes im kleinsten Raume bekanntlich angestrebt wird. Auch anderen schon als Sprengstoff verwendeten Derivaten des Anisols, wie z. B. dem Trinitroanisidin, gegenüber besitzen sie wertvolle sprengtechnische Eigenschaften. Besonders große Unterschiede sind vorhanden hinsichtlich der Sprengkraft und Empfindlichkeit. Vergleicht man Trinitroanisidin in bezug auf seine Sprengkraft und Empfindlichkeit mit Dinitrobenzol, Trinitrotoluol, Tetranitromethylanilin und Tetranitroanisol, so findet man, daß das Trinitroanisidin etwa auf einer Stufe steht mit Dinitrobenzol, also noch nicht einmal die Sprengwirkung des Trinitrotoluols erreicht und zur Verwendung als Sprengstoff daher unbrauchbar ist. Infolge ihrer leichten Initiierbarkeit eignen sich jene Körner vorzüglich zum Füllen von Sprengkapseln. Schon wenige Milligramm Bleiazid genügen, um derartigen Sprengkapseln eine hohe Durchschlagskraft zu geben. Die hohe Sprengkraft des Tetranitroanisols ermöglicht es, durch Zusatz geringer Mengen dieses Stoffes zu Dinitrobenzol, Trinitrotoluol, Trinitroanisol oder anderen wenig empfindlichen Körpern die Sprengkraft letzterer erheblich zu erhöhen, ohne die Empfindlichkeit wesentlich zu steigern.

D.R.P. 289446 vom 31. März 1914 (Zusatz zum Patent 288655). Dr. C. Claessen in Berlin. — Initialzündungen und Sprengstoffe.

In dem Patent 288655 ist die Verwendung des von Blanksma hergestellten Tetranitroanisols von der Konstitution $OCH_3 1 NO_2 2,3,5,6$ zur Herstellung von Spreng-, Schieß- und Zündmitteln angegeben worden. Der Erfinder hat nun festgestellt, daß ein isomeres Tetranitroanisol, nämlich 1, 2, 3, 4, 6-Tetranitroanisol, das durch Nitrieren des m-Nitroanisols hergestellt werden kann, die gleichen Vorzüge besitzt wie das 1, 2, 3, 5, 6-Derivat. Die Herstellung verläuft ebenso gefahrlos, und auch in bezug auf Sprengkraft, Stabilität und Handhabungssicherheit ist kein wesentlicher Unterschied zwischen den beiden Isomeren vorhanden. Ein großer Vorteil im Vergleich zu dem älteren Tetranitroanisol liegt indessen in der Eigenschaft des neuen Tetranitroanisols, unter 100° C (bei 94°), also im Wasserbade, zu schmelzen. Die neue Verbindung kann deswegen bequem und gefahrlos in beliebige Formen gebracht werden. Außerdem ist die Leichtigkeit, mit der dieser Körper Nitrozellulose zu gelatinieren vermag, besonders hervorzuheben; sie macht ihn besonders in Mischung mit Nitrozellulose und anderen Nitroverbindungen oder Salpetersäureestern zur Herstellung von gelatinierten Spreng- und Schießmitteln geeignet. Bekanntlich ist man schon seit langem bemüht, das Nitroglyzerin aus der Pulverfabrikation herauszuschaffen und durch stabilere echte Nitrokörper zu ersetzen. Die Mängel, welche in dieser Richtung dem Trinitrotoluol infolge seines geringen Sauerstoffgehaltes anhaften, kann man durch die Verwendung des neuen Tetranitroanisols beseitigen, da dieses relativ viel Sauerstoff enthält und fast um 30% mehr Sprengkraft besitzt als Trinitrotoluol. Das 1, 2, 3, 4, 6-Tetranitroanisol kristallisiert in Körnern oder Tafeln von 1·64 Dichte und 94° Schmelzpunkt. Es ist schwer löslich in kaltem Chloroform, leicht in heißem, sehr schwer löslich in Alkohol, Äther, fast unlöslich in kaltem Wasser. Bei längerem Kochen mit Wasser bildet sich Trinitroresorzinmonomethyläther, in dem die in m-Stellung zur OCH_3-Gruppe befindliche NO_2-Gruppe durch Hydroxyl ersetzt wird. Überhaupt zeigt diese Nitrogruppe die allen unsymmetrischen Tetranitrokörpern eigentümliche Reaktionsfähigkeit.

D.R.P. 289374 vom 17. Juli 1913 (Zusatz zum Patent 286543). Sprengstoff A.-G. Karbonit in Hamburg. — Verfahren zur Herstellung von Füllungen für Zünder, Zündkapseln u. dgl.

Es ist bekannt, in den gebräuchlichen Knallquecksilberkapseln einen Teil des Knallquecksilbers durch aromatische Nitrokörper, insbesondere Trinitrotoluol und Tetranitromethylanilin, zu ersetzen. Gemäß der Erfindung werden nun die vorher erwähnten aromatischen Nitrokörper durch das nach dem Verfahren des Hauptpatentes zur Füllung von Geschossen, Minen und Torpedos benutzte Hexanitrodiphenylsulfid ersetzt und dieses zur Herstellung von Zündern und Sprengkapseln verwendet. Das Hexanitrodiphenylsulfid ist ein neuer Sprengstoff aus derselben Klasse der aromatischen Nitrokörper, der sich aber als durch ganz besondere Vorzüge gegenüber den bekannten Sprengstoffen für die Herstellung von Zündern und Zündkapseln ausgezeichnet herausgestellt hat. Es entspricht z. B. der früheren Sprengkapsel Nr. 8, welche 2 g Knallquecksilber enthielt, eine Trinitrotoluolsprengkapsel folgender Füllung: Trinitrotoluol 0·9 Knallquecksilber 0·6. Bei Hexanitrodiphenylsulfid würde folgende Füllung etwa der Knallquecksilberkapsel Nr. 8 entsprechen: Hexanitrodiphenylsulfid 0·85, Knallquecksilber 0·4. Tetranitromethylanilin würde etwa in gleichem Mischungsverhältnis der Knallquecksilberkapsel Nr. 8 entsprechen. Der Vorteil des neuen Sprengstoffes gegenüber dem Tetranitromethylanilin besteht in der höheren Sicherheit gegen Schlag und Stoß sowie in der größeren chemischen Beständigkeit.

Amerikan. Patent 1147958.
W. L. Main. — Initialzündsätze.

Zur Herstellung dieser Zündsätze wird Knallquecksilber mit 5 bis 70% Kaliumbromat ($KBrO_3$) oder einem anderen Bromat gemischt. Diese neuen Initialzündsätze sollen die bekannten, mit Kaliumchlorat hergestellten an Detonationskraft wesentlich übertreffen.

Zweiter Teil.

Die Herstellung der Sprengkapseln.

Die Herstellung der Sprengkapseln zerfällt:
1. in die Fabrikation der Kapseln,
2. die Darstellung des Sprengsatzes,
3. Füllung und Ladung der Sprengkapseln,
4. Scheuern, Absieben und Bemusterung der Sprengkapseln und
5. deren Verpackung.

1. Fabrikation der leeren Kapseln.

Die Anfertigung der leeren Sprengkapseln geschieht ähnlich derjenigen der Zündhütchen aus Metallstreifen von Kupferblech. Das in Form von ca. 50 bis 60 m langen Bändern zur Verwendung gelangende Kupfer muß möglichst rein und weich sein. Aus diesem Band wird auf einer Kapselmaschine (Fig. 50) das zur Herstellung der Kapsel benötigte Rondell ausgestanzt, dann im selben Arbeitsgang gezogen und genau auf das Maß abgestochen.

Fig. 50. Maschine zur Herstellung von Hütchen und Kapseln.

Diese Maschine wird, gleich wie noch andere der Sprengkapsel- und Zündhütchenfabrikation dienende Maschinen, von einer deutschen Firma, Wilhelm Simon & Co., Maschinenfabrik, Nürnberg, gebaut und hat sich bestens bewährt. Früher bildete die Herstellung solcher Sondermaschinen sozusagen ein Monopol verschiedener Auslandsfirmen, z. B. Veuve Lachaussée in Lüttich, Greenwood and Batley Limited in Leeds und verschiedener anderer. Es ist darum sehr zu begrüßen, daß sich unsere heimische Industrie solchen, wie auch andern Sonderkonstruktionen des Sprengstoffmaschinenbaues mehr und mehr widmet. Während die älteren Maschinen horizontal arbeiten, haben die neueren einen vertikalen Hub. Als Werkzeug besitzt die Kapselmaschine außer einem Schneidering einen der Länge der Kapsel entsprechend auf- und niedergehenden Dorn, der durch eine Kurbel bewegt wird. Die Maschine arbeitet mit je zwei Dornen und transportiert das Kupferband mittels zweier Walzen den Schneideringen zu, welche je eine kreisrunde Scheibe ausschneiden, die annähernd das Gewicht der gewünschten Kapsel besitzt. Diese runden Metallplättchen werden in ihrem Mittelpunkte vom Dorn erfaßt und in die Matrize gepreßt, wodurch sie die Form der letzteren erhalten. An bestimmter, der Länge der Kapsel entsprechender Stelle des Dorns ist ein Schneidering angebracht, der die gezogene Kapsel scharf an den Rändern abschneidet. Oberhalb der Matrize befindet sich noch der Abstreifring, dessen Weite nur den freien Dorn passieren läßt, so daß die nach dem Anpressen am Dorn haftende Kapsel den Abstreifring nicht durchdringen kann, von dem Dorn getrennt wird und in die Kiste fällt.

Diese Arbeitsweise[1] trifft jedoch nur für kleine Kapseln zu, etwa von Nummer 1 bis 3. Sollen Kapseln von größerer Länge erzeugt werden, so muß ein entsprechend stärkeres Metallblech verwendet werden. Bei diesen Kapseln genügt ein einmaliges Ziehen nicht mehr, vielmehr hat dieses zwei- und dreimal zu geschehen, da sonst das Metall zerreißen würde. Nach dem ersten Zuge jedoch ist das Kupferblech härter und spröder geworden, so daß man es nicht unmittelbar zum zweitenmal ziehen kann, ohne es durch Glühen bei Luftabschluß vorher wieder weich gemacht zu haben. Das Weichglühen der Kapseln wird in länglichen Eisenblechpfannen vorgenommen, die nach Art der Gasretorten zu mehreren Stücken in einem Ofen eingemauert sind und durch koksgeheizte Muffeln erhitzt werden. Die Erhitzung muß sehr vorsichtig geschehen und darf Dunkelkirschrotglut nicht überschreiten; jede weitere Temperatursteigerung führt sonst zu einer teilweisen Verbrennung des Kupfers. Sobald die Kapseln kurze Zeit dieser Temperatur ausgesetzt gewesen sind, werden sie aus dem Ofen gebracht, erkalten gelassen und in Kisten gesammelt. Indessen sind die Kupferkapseln doch oberflächlich angelaufen und durch Schmiermittel, Fett und Öl verunreinigt; um sie wieder metallblank zu machen, schüttelt man sie zusammen mit Sägespänen aus Tannenholz in Säcken oder in einfach rotierenden

---

[1] Das Knallquecksilber und ähnliche Sprengstoffe von Dr. R. Knoll, Wien und Leipzig 1908, S. 95.

Scheuertrommeln — das Abscheuern — und entfernt die Sägespäne durch Absieben. Dennoch kommt es vor, daß die Kapseln außen Flecke zeigen, was zwar auf den Schuß ohne Einfluß, aber nicht beliebt ist. Solche Kapseln erwärmt man dann mit einer Lösung von Weinstein oder billiger mit Natriumbisulfat, worauf das Kupfer sein blankes Aussehen wieder erhält.

Wie bereits erwähnt, werden die Sprengkapseln aus verschieden starken Blechstreifen gewalzten Kupfers verfertigt. Oft benutzt man auch das billigere Messing und verkupfert die Kapseln auf galvanischem Wege. Um möglichst wenig Blechabfälle zu erhalten, läßt man immer zwei Dorne arbeiten, die schräg gestellt sind, damit ein möglichst schmaler Metallstreifen angewendet werden kann. Während des Ziehens läßt man auf den Dorn Rapsöl oder Seifenwasser tropfen; vielfach wird auch „Boröl" empfohlen. — Je nach ihrer Größe werden die Sprengkapseln in nachstehender Reihenfolge verfertigt:

Nr. 1, 2, 3, 4 . . .	1. Kapsel 2. Zug 3. Abschneiden
Nr. 5, 6, 7	1. Kapsel 2. Erster Zug 3. Glühen 4. Zweiter Zug 5. Abschneiden
Nr. 8, 9	1. Kapsel 2. Erster Zug 3. Glühen 4. Zweiter Zug 5. Glühen 6. Dritter Zug 7. Abschneiden

Nr. 10 wird um 5 mm weiter gezogen.

Während des Betriebes ist den Dornen, Schneideringen usw. besondere Aufmerksamkeit zu schenken. Häufig kommt es vor, daß der Schneidering des Dornes stumpf wird und dann die erhaltenen Kapseln an den Rändern zackig und unbrauchbar werden. Von Zeit zu Zeit soll man die von der Maschine erzeugten Kapseln auf Fehlerfreiheit untersuchen. Bei den Sprengkapseln wird stets eine bestimmte Höhe und ein bestimmter Durchmesser verlangt, welche Dimensionen mit der Mikrometerschraube und Schubleere zu ermitteln sind. Sollen die Kapseln allen Anforderungen entsprechen, so ist vor allem bestgearbeitetes Werkzeug- und Maschinenmaterial erforderlich; namentlich der Dorn, dann die Matrize wie auch der Schneid- und Abstreifring müssen aus sehr gutem Material und von einem verläßlichen und geübten Mechaniker ausgeführt werden.

Die gereinigten Kapseln werden in Haufen von ca. 100 bis 500 Stück genau gewogen. Aus dem Gewichte irgendeiner Kapselmenge läßt sich die Anzahl der Kapseln dann leicht berechnen. Es sei noch erwähnt, daß außer dem vorbeschriebenen Walz- und Ziehprozeß Sprengkapseln auch auf der Drehbank angefertigt werden können, z. B. durch Ab- und Ausbohren von Messingstangen.

Eine neue Art Sprengkapsel wird von den Sprengstofffabriken Hoppecke, A.-G. in Hamburg (D.R.P. 182985 vom 19. Oktober 1905) hergestellt (Fig. 51). Die Erfindung betrifft eine Kapsel, die aus einer Metallhülse *f* mit einem Boden *e* aus gelatinierter Nitrozellulose besteht. Die Hülse kann entweder mit Knallsatz *d* allein oder mit Pikrinsäure, Trinitrotoluol o. dgl. gefüllt werden. Im letzteren Falle wird ein gewisses Quantum Knallsatz *c* auf die Füllmasse aufgepreßt. Oben auf den Knallsatz soll event. noch eine innere Kapsel *b*, welche zentral durchlocht ist, aufgesetzt werden; dieselbe kann auch bei Kapseln, welche allein mit Knallsatz gefüllt sind, in Anwendung kommen. Gegenüber den bekannten Sprengkapseln mit metallenem Boden zeigt die den Gegenstand der vorliegenden Erfindung bildende Sprengkapsel mit einem Boden aus gelatinierter Nitrozellulose den Vorteil, daß in der Längsachsenrichtung der Sprengkapsel kein Widerstand vorhanden ist. Infolge der explosiven Eigenschaften eines solchen Bodens ist die Wirkung der Sprengkapseln sogar noch eine bessere als die der Sprengkapseln ohne Boden.

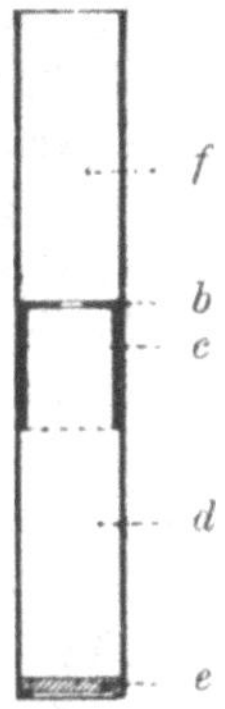

Fig. 51. Sprengkapsel mit biegsamem Boden.

Anlage einer Sprengkapselfabrik.[1]

Die Zündsatzfabrikation für Sprengkapseln oder Zündhütchen, sowie das Laden derselben erfordert wegen der Gefährlichkeit des zu verwendenden Materials und der verschiedenen Manipulationen ganz besondere maschinelle und bauliche Vorkehrungen. Unter den letzteren ist es namentlich die Anlage (Fig. 52), die bei einer Sprengkapselfabrik viel mehr als bei irgend einer Sprengstoffabrik

---

[1] Nach Dr. R. Knoll, Das Knallquecksilber, S. 98.

z. B. mit Sorgfalt und Berücksichtigung jeder Explosionsmöglichkeit angelegt sein muß. Zur Grundbedingung gehört, daß alle Lokale, in denen mit trockenem Knallquecksilber oder mit einem Knallsatz gearbeitet wird, für sich gesondert und mit einem Erdwalle umgeben sein müssen, um jeder Weiterverbreitung einer etwa eintretenden Explosion vorzubeugen. Diejenigen Arbeitsräume dagegen, in denen das Knallquecksilber dargestellt wird — wie das Kochhaus — und solche, wo feuchtes Material verwendet wird, können frei liegen, da hier unter gewöhnlichen Verhältnissen Explosionen nicht eintreten. Hierher gehört außer dem Kochraum der Raum zum Mischen und Pressen des Satzes.

Zur Fabrikation von Sprengkapseln hat man folgende Lokale nötig:

1. Das Kochhaus zur Darstellung des Knallquecksilbers;
2. das Mischhaus;
3. das Trockenhaus nebst einem angrenzenden Raum zum Körnen des Satzes;
4. das Siebhaus;
5. das Handmagazin;
6. die Ladestuben;
7. einen Raum zur Bemusterung und Verpackung der fertigen Kapseln und
8. ein Magazin.

Die ganze Fabrikanlage richtet sich nach den Räumlichkeiten 3 bis 6, die alle von Wällen umgeben sein müssen, in der Art, wie es die folgende schematische Skizze (Fig. 52) zeigt.

Die Basis der Wälle muß so gewählt werden, daß das Erdreich nicht abrutschen kann; die Breite derselben richtet sich aber auch nach dem Material und wechselt gewöhnlich zwischen 6 und 8 m, je nach der Höhe des Walls; in keinem Falle aber darf man unter 6 m gehen. Das eingeschlossene Objekt muß von den Wällen um einen halben Meter überragt werden. Der obere Teil des Walles muß 0·75 m breit sein, so daß man oben bequem gehen kann (vgl. Fig. 63 und 64, S. 284). Man soll nicht außer acht lassen, die Wälle sofort nach Fertigstellung mit Anpflanzungen zu versehen, z. B. mit Steinklee oder Weiden, welche rasch nachwachsen und leicht fortkommen, um das Erdreich durch dichtes und zähes Wurzelgeflecht vor dem Abrutschen zu schützen. Ferner trachte man darnach, auch außen vor den Wällen Anpflanzungen zu machen. Als Grund wähle man ein möglichst trockenes, vom Wind geschütztes Terrain. Die Wallanlage muß ziemlich weit von der nächsten Straße placiert werden; auch dürfen in der Nähe keine Wohnhäuser stehen. Der Zutritt zu diesen Wällen soll nur den dort beschäftigten Personen gestattet sein. Die Beleuchtung erfolgt, wie immer, elektrisch und die Beheizung durch Dampf.

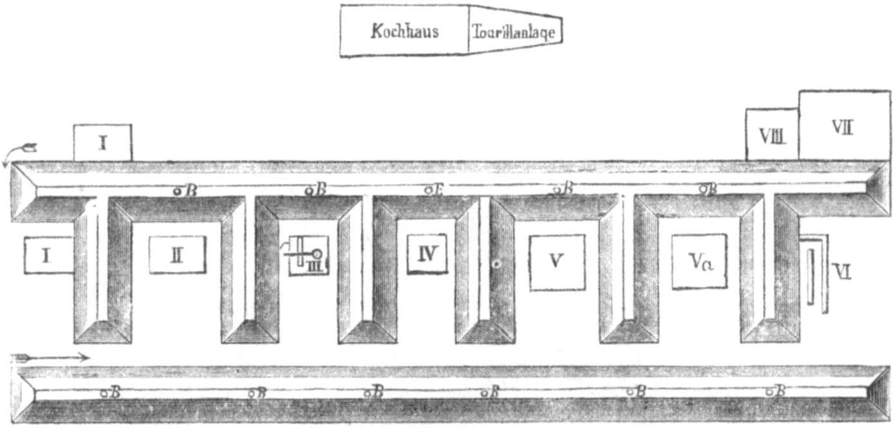

Fig. 52. Schema einer Sprengkapselfabrikanlage.
I **Misch- und Preßhaus.** *II* **Trockenkammer.** *III* **Siebhaus.** *IV* **Magazin für den fertigen Satz.** *V*, *Va* **Ladestuben.** *VI* **Siebtrommel.** *VII* **Verpackungs- und Bemusterungsräume.** *VIII* **Magazin für die fertigen und verpackten Sprengkapseln.** *B* **Blitzableiter.**

Hinsichtlich des Wertes der Blitzableiter bei Sprengkapsel- wie überhaupt bei Sprengstoffabriken sind die Ansichten über die Anlage eines solchen noch sehr geteilt. Von mancher Seite wird behauptet, daß der Blitzableiter die Gebäude gefährde, an denen er angebracht sei, da der Blitz hierdurch angezogen werde. Indessen kann es als ausgemacht gelten, daß an den Lokalen selbst auf keinen Fall Blitzableiter errichtet werden dürfen, sondern auf den Wällen in der Mitte vor jedem Arbeitsraum, wie Fig. 53 verauschaulicht. Die Ableitung stellt man am besten her, indem man gemäß Fig. 53 einen Packstahl in die Erde schlägt, daran ein entsprechend langes Gasleitungsrohr befestigt und um dieses den aus mehreren dünnen Kupferdrähten bestehenden Blitzableiter windet, dessen unteres Ende am besten in feuchtes Erdreich oder in einen Brunnen geleitet wird. Man hat auch vorgeschlagen, die Dächer der gefährlichsten Arbeitsräume mit Metallblech zu überkleiden und dieses leitend mit der Erde zu verbinden, um ein Eindringen des Blitzes in den Innenraum zu verhindern. Alle diese Schutzvorrichtungen gegen Blitzgefahr verbürgen aber keine absolute Sicherheit, weshalb denn die gesetzlichen Vorschriften verlangen, daß bei herannahendem Gewitter der Betrieb in diesen und auch in den Sprengstoffabriken eingestellt werden soll.

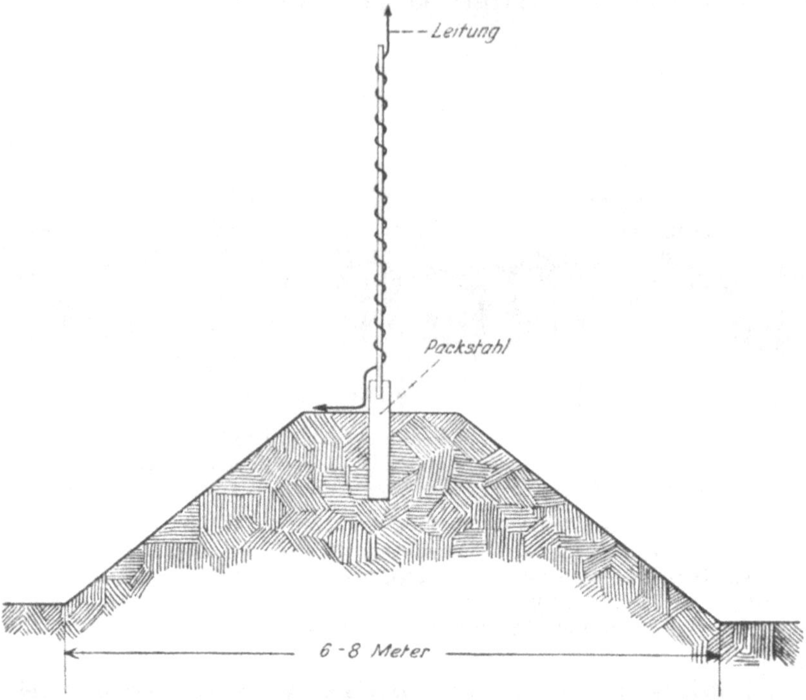

Fig. 58. Schutzwall mit Blitzableiter.

2. Darstellung des Sprengsatzes.

Der Sprengsatz wird nacheinander in folgenden Operationen erzeugt:

1. Mischen des Knallquecksilbers mit Kaliumchlorat und der Gummilösung;
2. Pressen der Mischung;
3. Körnen des gepreßten Satzes;
4. Trocknen des gekörnten Satzes;
5. Sieben des trockenen Satzes.

Das Mischen des Knallquecksilbers mit Kaliumchlorat und der Gummilösung.

Das im Kochhaus erzeugte, gewaschene und zerriebene Knallquecksilber wird, wie es bei der Knallquecksilberfabrikation beschrieben worden ist, in besonderen Kellern in glasierten Tontöpfen, mit Wasser überschichtet, bis zu seiner Verwendung aufbewahrt. Von dort wird es jetzt in das **Mischhaus** gebracht und mit Kaliumchlorat und Gummilösung gemischt. Im Mischhaus wird gleichzeitig auch das Pressen der Mischung vorgenommen; ein **Misch- und Preßhaus** ist in folgender Fig. 54 schematisch dargestellt:

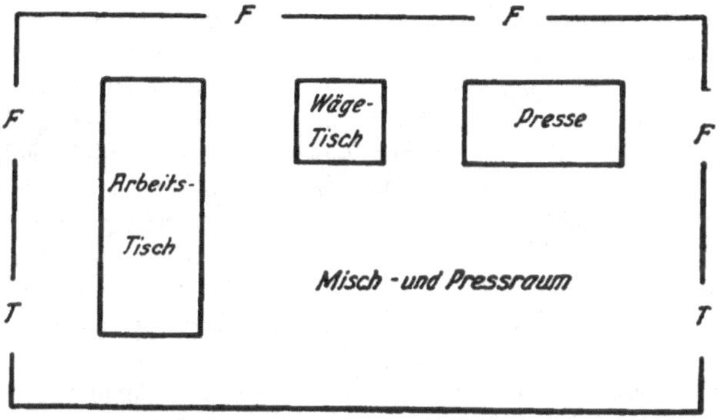

Fig. 54. Misch- und Preßhaus.
F Fenster. *T* Türen.

Das Gebäude besteht aus Holz; der gemeinsame Arbeitsraum erhält am besten eine rechteckige Form von 3 × 4 m Flächeninhalt und eine Höhe von 4 bis 4·5 m. Das Misch- und Preßhaus befindet sich in der Nähe des Trockenhauses, kann aber außerhalb des Walles liegen, da der darin zur Verarbeitung gelangende Sprengsatz im feuchten Zustande verarbeitet wird. Über den Bau, die Ausrüstung und die Anforderungen, die an ein **Satzmischlokal** zu stellen sind, berichtet Direktor **Hagen**[1] etwa folgendes:

Das Satzmischlokal wird gewöhnlich 20 bis 25 m vom Knallquecksilberkeller entfernt angelegt, und zwar, wie dies bei solchen Objekten meistens geschieht, aus Holz, doppelwandig mit Sägespänefüllung, das Dach mit Pappe gedeckt, innen verschalt und der Zwischenraum ebenfalls mit Sägespänen ausgefüllt. Das Innere des Lokales wird mit Indurin (einer weißen, wasserbeständigen, abwaschbaren Wasserfarbe, von R. **Avenarius** in den Handel gebracht) geweißt und das Äußere mit Induringrau angestrichen. Seine Grundfläche betrage, wenn man mit einer Tagesproduktion von 50 bis 60 kg Satz zu rechnen hat, 60 m² (10 m lang und 6 m breit); für die Höhe genügen 2·8 m bis zum Beginn des Daches. Geheizt wird es mit Dampf; von **Rippenheizkörpern** können stehende oder liegende Verwendung finden. Erstere haben einen etwas höheren Preis, bieten aber den Vorteil, daß sie im Arbeitsraum wenig Platz verstellen; die liegenden Heizkörper erschweren

[1] Zeitschr. f. Schieß- u. Sprengst. 1911, S. 266.

namentlich das Anrücken der Tische an die Wand, so daß man gezwungen ist, Konsoltische anzubringen. Am Ende eines jeden Rippenheizkörpers ist ein Kondenstopf angeordnet zur Ableitung des verdichteten Wassers ins Freie.

Gewisse Schwierigkeiten bietet die Fußbodenfrage. Zement ist zu kalt, Asphalt wird in der wärmeren Jahreszeit zu weich, so daß Tischbeine usw. allmählich Vertiefungen hineindrücken, und im Holzfußboden bilden die Fugen schwer zu säubernde Ablagerungsstätten für Zündsatzstaub. Überdies ist ein Holzboden stark der Fäulnis ausgesetzt, wenn er, wie dies leider noch recht oft geschieht, direkt auf die Erde oder nur auf eine darüber gebreitete Ascheschicht gelegt wird. Die rationellere Konstruktion ist die Anlage eines freiliegenden Holzbodens. Braucht man nicht zu sparen, so belegt man den Fußboden mit Linoleum oder noch besser mit Xylolith, welches, in Teigform aufgetragen, innerhalb 24 Stunden erhärtet. Da dieses Material in der Hauptsache aus basischem Magnesiumchlorid (Sorelscher Zement) besteht und nur eine relativ geringe Beimengung von fein zerkleinertem Holz (Sägespänen) neben etwas Eisenoxyd als Färbemittel enthält, brennt es nicht. Es hat keine Fugen, wird auch nicht rissig, verändert sich nicht unter dem Einfluß von Feuchtigkeit, ist nicht kalt, wie ein Stein- oder Zementboden und hat einen angenehmen Härtegrad, welcher etwa dem des Schiefers gleichkommt. Ein Xylolithfußboden kann wie Parkett mit Wachs oder Öl imprägniert werden.

Als Beleuchtung für das Mischlokal wählt man am besten die elektrische. Für den 60 m² großen Raum genügen drei Glühlampen: eine über dem Tisch, auf welchem gemischt wird, eine über dem Tisch, auf welchem der Satz ausgewunden, ausgepreßt wird, und eine über dem Tisch bzw. die Wandkonsole, auf welcher die Wagen stehen. Abstand der Lampen von der Tischplatte 100 cm. Bei der Installierung der elektrischen Beleuchtungsanlage sind die für Sprengstoffabriken geltenden gesetzlichen Spezialvorschriften maßgebend; eine schädliche Erwärmung der Leitungsdrähte sowie jede Funkenbildung muß ausgeschlossen und die Glühlampen müssen mit dicht schließenden, vergitterten Schutzgläsern versehen sein. Schalter werden an der Außenseite des Raumes angebracht und die Leitungsdrähte zum Schutz ihrer isolierenden Hülle in Metallrohre verlegt.

Für die Sprengsatzmischung werden benutzt:

2 kg zerriebenes feuchtes Knallquecksilber, das durch Ausdrücken mit der Hand so gut als möglich von Wasser befreit wurde,

300 g vollkommenst pulverisiertes Kaliumchlorat und

400 cm³ 5%ige Gummilösung, welche aus reinem, ausgesuchtem, weißem arabischen Gummi frisch bereitet (1 kg in 20 l Wasser) und durch einen Filtrierbeutel aus Tuch von den festen Teilen befreit worden ist.

Bezüglich der Herstellung einer 5%igen Gummilösung, wie sie als Bindemittel zu Sprengkapsel- und Zündhütchen-Satzmischungen Verwendung findet, sei folgendes Verfahren erwähnt:

Da auch das reine arabische Gummi nicht immer frei von fremden Beimengungen ist (Fasern, Holzsplitter, Papierstückchen usw.), so werden solche Fremdkörper, falls sie vorhanden sind, vor dem Auflösen des Gummiharzes ausgesucht, letzteres dann im Messingmörser pulverisiert und das zerstoßene Material durch ein Messingsieb von 400 Maschen pro Quadratzentimeter geschickt. Hierauf werden 250 g davon in einer großen Porzellanreibschale (Mischschale) mit 1000 cm^3 kaltem, destilliertem Wasser in der Weise angerührt, daß man von dem Lösungsmittel immer nur ein kleines Quantum auf einmal zusetzt und den entstandenen Brei gehörig verreibt, bevor der nächste Zusatz erfolgt; dadurch wird die Bildung von schwer löslichen Klumpen vermieden. Sind die 1000 cm^3 Wasser zugesetzt, so bleibt die Schale, mit einem Bogen Papier bedeckt, 24 Stunden lang stehen; zeitweilig wird mit dem Pistill umgerührt. Am nächsten Tage ist das Gummipulver völlig in Lösung gegangen, und die Flüssigkeit kann durch einen Trichter, der mit vierfach zusammengefaltetem Tüll ausgelegt ist, in eine 5 l haltende Glasflasche filtriert werden. Von den noch hinzuzufügenden 4 l destillierten Wassers, welche man in einer zweiten Flasche bereithält, werden die ersten Anteile zum Nachspülen von Schale und Filter benützt, der Rest direkt zum Filtrat gegossen und mit demselben durch Schütteln gut vermischt. Die entstandene Lösung ist nicht ganz klar, aber ziemlich dünnflüssig, so daß sie eventuell noch durch ein Leinentuch kolliert werden kann. Durch Fließpapier geht sie nicht. Ihre Herstellungskosten betragen etwa M —.40 pro Kilogramm.

Das Vermischen geschieht in starken, mit Handgriffen versehenen Schalen aus Steingut, die innen glasiert sind. Man achte strenge darauf, daß während des Manipulierens die Masse an den Rändern nicht trocken wird; sollten die äußersten Partien nicht mehr den nötigen Feuchtigkeitsgehalt besitzen, so müssen sie mit einem feuchten Schwämmchen benetzt oder weggewischt werden. Zum Durcharbeiten der Mischung benützt man Pinsel aus Schweineborsten, die eine Länge von etwa 6 cm haben und deren Durchmesser am Ende etwa 3·5 cm beträgt. Über diese Borstenhaare wird bis zu zwei Dritteln ein starker, streng anpassender Kautschukschlauch gezogen, der bis über die Befestigungsstelle der Borsten reicht. Damit soll ein Eindringen von Knallquecksilber in den oberen Teil des Pinsels verhindert werden, da dieses von dort schwer zu entfernen wäre und nach dem Trocknen leicht zu gefährlichen Explosionen Veranlassung gäbe. Die Arbeiter sollen darum nie ohne die Schlauchhülle hantieren.

Zunächst wird die abgemessene Gummilösung in die innen wie außen reinen Schalen gebracht, dann werden auf einer Tarawage 2 kg ausgepreßtes Knallquecksilber abgewogen und dieses portionenweise mit der Hand in die Gummilösung gebracht, wobei man die größeren Stücke zerbröckelt und dabei mit dem Pinsel fortwährend gut durchrührt. Sobald sämtliches Knallquecksilber eingetragen und die Mischung vollständig homogen ist, wird in derselben Weise das Kaliumchlorat (300 g) zugegeben. Die so bereitete Mischung wird nun auf ein über einen Rahmen gespanntes starkes Filtriertuch gebracht und abtropfen gelassen, was durch öfteres Rühren mit dem Pinsel zu befördern ist; dann wird das Tuch samt dem Niederschlag zusammengefaltet, mit den Händen ausgedrückt und mittels eines starken Bindfadens gut zusammengebunden. Dieser Kuchen wird in einen niedrigen, starken Eisenzylinder gedrückt, welcher einen Durchmesser von 16 cm und eine Höhe von 2·5 cm hat und an den Seiten mit Löchern versehen ist, um die beim Pressen des Satzes ausfließende Gummilösung ablaufen zu lassen. Der auf diese Weise zurechtgemachte Kuchen wird auf ein vollständig glattes Eichenholzbrett gelegt; ein gleiches Brett muß auch oben angebracht werden. Man preßt immer gleichzeitig zwei solcher Kuchen.

Zu diesem Zwecke benutzt man eine einfache, aber starke Presse mit Handbetrieb, ähnlich den Fruchtsaftpressen (Fig. 55). Die Pressung kann anfangs ziemlich schnell vor sich gehen, gegen Schluß jedoch langsamer und bei stärkerem Druck läßt man eine kleine Pause eintreten. Die Pressung erfolgt so weit, bis der Abstand zwischen dem oberen und unteren Teil der aufgelegten Bretter 10 cm beträgt. Die von der Presse ablaufende Flüssigkeit fließt durch einen Ablaufkanal in einen Sammelbehälter und kann dann, wenn sie sich in größeren Mengen angesammelt hat, durch Schwefelwasserstoff gefällt, filtriert und als Gummilösung an Papierfabriken abgegeben werden. Der ausgepreßte Sprengsatz wird in Mengen von etwa 10 kg in bereitgehaltene Schalen (Steingutbüchsen) gebracht und nach Bedarf in den Raum zum Körnen getragen oder im Mischhause gelassen. Auf jeden Fall aber soll man ihn nicht trocken werden lassen und sobald als möglich körnen,

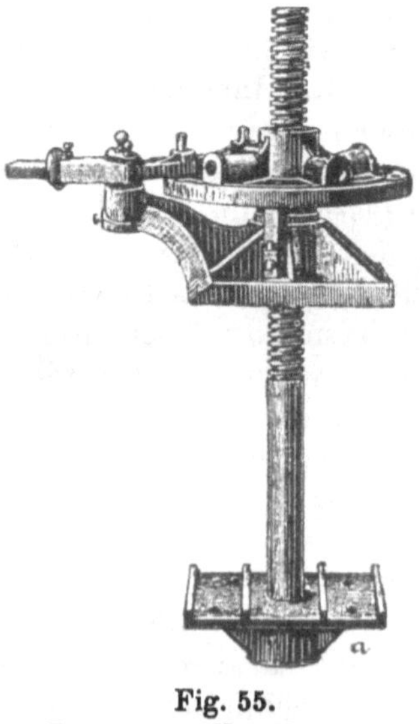

Fig. 55.
Presse mit Handbetrieb.

da die äußerst gefährliche Staubbildung zu bedeutend wäre. Hat man keine Gelegenheit, den Sprengsatz rechtzeitig aufzuarbeiten, so gibt man auf die gepreßten Kuchen ein feuchtes, in mehreren Lagen zusammengelegtes Tuch — eine Vorkehrung, die auch an heißen Tagen zu geschehen hat.

Alle für die Sprengsatzmischung dienlichen Gerätschaften müssen peinlich sauber gehalten werden, da die geringsten Mengen eingetrockneten Mischsatzes folgenschwere Explosionen nach sich ziehen können. Jede kleinste Menge Knallquecksilber, die sich an der Presse zeigt, muß mittels eines feuchten Schwammes entfernt werden. Letzterer wird sofort in einen Behälter mit Wasser gebracht ein gleiches geschieht auch mit den gebrauchten Filtrier- und Preßtüchern, die gut ausgewaschen werden müssen. Das anhaftende Knallquecksilber setzt sich zu Boden und kann nach dem Abgießen der Flüssigkeit zu den Quecksilberrückständen gegeben werden.

Zwei Arbeiter[1] können an einem Vormittage (von 7 bis 12 Uhr) 24 solche Pressungen ausführen, demnach etwa 55 kg Sprengsatz erzeugen; hierbei muß noch so viel Zeit übrig bleiben (20 Minuten), um den Raum, wie die Gefäße, Pinsel, Tische usw. auf das sorgfältigste reinigen zu können. Auf keinen Fall dürfen die Arbeiter den Raum früher verlassen, bevor dies nicht geschehen ist; nach Vollendung aller Arbeiten wird das Lokal abgesperrt. Das am Vormittag gemischte und gepreßte Knallquecksilber wird dann am Nachmittage von denselben Arbeitern gekörnt.

Das Körnen und Trocknen des Sprengsatzes.

Diese beiden für die Sprengkapselfabrikation so wichtigen Operationen, werden gewöhnlich in ein und demselben Gebäude vorgenommen, und zwar in zwei aneinander grenzenden, durch eine 40 cm starke Zementmauer getrennten Arbeitsräumen, von denen der kleinere für das Körnen, der größere als Trockenkammer bestimmt ist. Fig. 56 veranschaulicht eine derartige Bauanlage[2]. Der Grundriß stellt ein Rechteck dar; die kleinere Abteilung *K* zum Körnen hat 2·5 m im Quadrat, die größere, für das Trocknen bestimmte *T* kann je nach der Größe der Fabrik und Anzahl der zur Aufnahme der Trockenrahmen bestimmten Etagen entsprechend lang gewählt werden; sie beträgt z. B. bei zwei Ladestuben etwa 10 m. Der ganze Bau ist aus Holz mit doppelten Bretterwänden aufgeführt; das Dach liegt so leicht als möglich auf und wird mit Dachpappe gedeckt. Das Haus wird außen mit einer gegen Witte-

---

[1] Dr. R. Knoll, Das Knallquecksilber, S. 106.
[2] Ibid. S. 107.

rungseinflüsse widerstandsfähigen Farbe gestrichen, z. B. mit dem bereits schon erwähnten Induringrau oder dem billigeren Pinol. Die Türen (T) sollen sich nach außen öffnen, wie die Fenster (F_1 bis F_5), die oben an Scharnieren hängend, ebenfalls nach außen aufgehen. E bedeutet den freien Durchgang von Körnraum K zum Trockenraum T, v die Ventilation und g_1 bis g_3 die Glühlampen. Alle für die Baukonstruktion erforderlichen Metallteile sowie die sonstigen Metallgegenstände sollen aus Messing verfertigt werden. Die Wände und die Decken des Innenraumes werden mit einem glatten weißen Stoff (Satin) überzogen, derart, daß man die einzelnen Streifen durch Messingnägel mit schwachen Holzleisten befestigt; der Boden des ganzen Lokals erhält eine

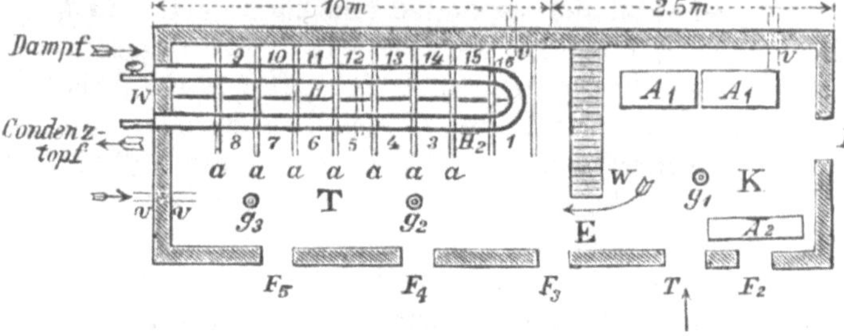

Fig. 56. Bauanlage zum Körnen und Trocknen des Sprengsatzes.

Linoleumbedeckung, die ebenfalls mit Messingnägeln (keine Eisenstifte!) zu befestigen ist. In anderen Granulierhütten, wo der Fußboden aus Ziegelflachschicht oder Beton konstruiert ist, wählt man oft einen mehrteiligen Lattenrost aus weichem Holz; solche Bedeckung dient sowohl zum Schutz gegen Kälte wie auch gegen Zündungen durch Treten auf verschütteten Satz. Dieser Rost ist aber mindestens alle Monate einmal wegzunehmen, und der Boden nach Aufstreuen sehr nasser Sägespäne durch Kehren vom Zündsatz zu säubern. Die Sägespäne werden, wo angängig, verbrannt, oder nach Übergießen mit Schwefelleberlösung vergraben.

Diese beiden Räume, in denen bedeutende Mengen von Knallquecksilber verarbeitet werden, müssen im Innern mit der größten Strenge nach Vorschrift ausgestattet werden; desgleichen alle dort vorzunehmenden Arbeiten. Besonders gefährliche Objekte sind die Trockenkammern, zumal wenn sie gefüllt sind, und Explosionen, die in solchen Zuständen eintreten, sind oft von den schwersten Folgen begleitet. Es gibt hier keine anderen Sicherheitsmaßnahmen als die der striktesten Pünktlichkeit und Genauigkeit in allen und jeden Verrichtungen; denn keine der Schutzvorrichtungen, wie solche zur Vermeidung der Weiterverbreitung einer Explosion in den Ladestuben z. B. angebracht sind, kann hier angewendet werden.

Im Trockenraum befinden sich vier bis sechs übereinanderliegende Etagen aus Tannenholzstäben. Jede Etage ist durch zwei bis drei Querleisten geteilt, so daß die Trockenrahmen darauf sicher ruhen können und das Einbringen wie das Entfernen derselben in der leichtesten Weise erfolgen kann. Diese vertikal stehenden Holzgerüste sind durch einen horizontal gehenden Holzstab wieder in zwei Hälften geteilt, so daß je eine Etage 18 Plätze zur Aufnahme der Rahmen besitzt; im Maximum können demnach 18 × 3 = 54 Trockenrahmen untergebracht werden. Sämtliche Holzleisten sind in allen Teilen zunächst sorgfältig mit Flanell, hernach mit Wachsleinwand zu überziehen, so daß alle Stellen vollkommen glatt und keine Staubansammlungen von Sprengsatz möglich sind. Zudem liegen die Trockenrahmen bei dieser Einhüllung weich auf und vertragen so gefahrlos kleine Erschütterungen. Die Erwärmung des Trockenraumes geschieht mittels Dampfheizung durch zwei miteinander verbundene Röhren aus Schmiedeisen oder besser aus Messing oder Kupfer; die Röhren haben einen Durchmesser von 7·5 cm und enden außerhalb der Trockenkammer in einem Absperrventil *w* (Fig. 56) und einem Kondenstopf, unter welch letzterem man einen runden Bottich anbringt, worin man immer warmes Wasser zur Reinigung der Gerätschaften und Lokale vorrätig hält. Das Zuströmen des Dampfes muß langsam erfolgen, auch soll nie mit vollem Dampf angeheizt werden; insbesondere ist dort die größte Vorsicht geboten, wo die Kesselanlage der Fabrik mit einem Dampfüberhitzer versehen ist. Die Frage, ob es zweckmäßig sei, die Wärmequelle direkt ohne weitere Überdeckung unter die Trockenrahmen zu verlegen, soll offen gelassen werden; wenngleich bei solcher Anordnung das Trocknen sehr beschleunigt wird, darf doch nicht vergessen werden, daß bei unvorsichtigem Schütteln, Rühren usw. Satz auf den Heizkörper fallen kann. Zwar entzünden sich die gewöhnlichen Sätze erst zwischen 170 und 190°, während die Temperatur des benutzten Niederdruckheizdampfes bloß 120° beträgt, aber so ganz unbedenklich ist die Sache doch nicht. Vorsichtshalber wird man daher, wie es in der auf S. 378 skizzierten Trockenanlage geschieht, das Herunterfallen von Sprengsatz auf die Heizröhren verhindern. Zu diesem Behufe bringt man in die unterste Etage keinen Trockenrahmen, sondern überspannt sie der ganzen Länge nach mit einem Netz aus Hanfspagat (kein Jutespagat!), dessen Maschen etwa 5 mm im Quadrat sind. Hieraut befestigt man über den ganzen Teil Satinstoff und bringt darauf glatte Papierbögen, wodurch ein Kontakt herabfallenden Sprengsatzes mit den Dampfröhren vollständig verhindert wird.

An verschiedenen Punkten des Trockenraumes hängen in der Höhe der aufgelegten Trockenrahmen gewöhnliche Quecksilberthermometer mit Skala bis 70°; außerdem ist ein elektrisches Kontaktthermometer vorhanden, welches derart eingestellt wird, daß eine außen angebrachte elektrische Glocke bei 32 bis 35° durch Stromschließung läutet. Die Arbeiter aller innerhalb der Wälle befindlichen Räume erhalten die Weisung, beim Ertönen der Glocke den Dampf sofort abzustellen. An der unteren Stelle des dem Raume *K* gegenüberliegenden Teiles wird in einer Höhe von 20 cm ein Ventilationskanal angebracht; dieser ist aus Holz, hat 20 cm im Quadrat und ist durch einen Schieber abschließbar, der so konstruiert sein soll, daß er in jeder beliebigen Stellung festhält. Vor diesen Verschluß kommt außen ein starkes Metallgitter und hierauf ein Messingdrahtnetz, wie es für feine Siebe benutzt wird; diagonal entgegen, an dem obersten Teil der Trockenkammer, ist ein Abzugskanal angebracht, der in der gleichen Art vergittert ist.

Dieses System der freien Lufttrocknung wird vielerorts durch die Trocknung im Vakuum ersetzt. Die in vielen chemischen Industriezweigen erfolgreich eingeführte, ja in vielen Fällen unentbehrliche Vakuumtrocknung arbeitet nicht nur am schnellsten, billigsten und bei niedrigster Temperatur, sondern sie hat, speziell bei den Explosivstoffen, noch zwei besonders günstig wirkende Faktoren voraus: erstens die Verminderung der Explosionsgefahr durch die Siedepunkterniedrigung des verdampfenden Lösungsmittels und zweitens die explosionsabschwächende Wirkung des Vakuums[1] selber, worüber eine Zusammenstellung älterer Versuche Zeugnis gibt.

Es ist schon seit längerer Zeit bekannt, daß sich Schießpulver im luftleeren bzw. luftverdünnten Raum wesentlich anders verhält, als in gewöhnlicher atmosphärischer Luft. In dem „Examen de la poudre“ — einem Berichte aus dem 18. Jahrhundert — wird bereits bemerkt, daß sich Pulver um so schwerer entzündet, je verdünnter die umgebende Luft ist. In der ersten Hälfte des vergangenen Jahrhunderts stellte Hearder fest, daß sich Pulver durch einen vermittelst der galvanischen Batterie glühend gemachten Platindraht nicht entzünden ließ, sobald die Luft vollständig ausgepumpt war. Durch weitere, besonders von Bianchi, Heeren und Abel ausgeführte Versuche wurde indessen bewiesen, daß das Pulver sich zwar bei richtiger Anordnung der Wärmequelle und bei genügend langer und intensiver Einwirkung derselben unter Entzündung zersetzte, die Gasentwicklung aber unter

[1] Stettbacher, Zeitschr. f. Schieß- u. Sprengst. 1915, S. 38 und 53.

so geringer Wärmeentwicklung vor sich ging, daß die übrigen, nicht dicht am Drahte gelegenen Pulverkörner nur weggeschleudert wurden, ohne sich zu entzünden. Auch die viel explosivere Schießbaumwolle brennt, selbst bei plötzlicher starker Erhitzung, im Vakuum nur langsam ab, und an dem heftig explodierenden Knallquecksilber wurde 1865 von Heeren gezeigt, daß bei galvanischer Glühzündung nur die unmittelbar am Drahte gelegenen Teile explodierten, die übrigen dagegen unzersetzt fortgeschleudert wurden.

Dieser explosionsvermindernde Einfluß des luftverdünnten Raumes auf alle Arten von Explosivstoffen ist nicht schwierig zu erklären, sofern man sich die druck- und stoßübertragende Rolle der Luft klargemacht hat. Obschon die Luft zusammendrückbar ist, also in einem geschlossenen Raume unter einem auf sie ausgeübten Druck ihr Volumen verringert und dabei als elastischer Stoßballen zwischen dem drückenden Agens und den Raumwänden wirkt, kann es vorkommen, daß diese Eigenschaft nicht zur Geltung gelangt, sondern die Luft den auf sie ausgeübten Druck nahezu ungeschwächt nach allen Richtungen weiter fortpflanzt. Ein solcher Fall tritt ein, wenn der Druck mit solcher Plötzlichkeit auftritt, daß ein Zurückweichen oder Zusammendrücken der Luft sich nicht mehr vollziehen kann: die Luft wirkt dabei nicht wie ein ausdehnbar flüssiger, sondern wie ein tropfbar flüssiger Körper, der den an irgendeiner Stelle empfangenen Druck gleichmäßig nach allen Richtungen hin ausbreitet. Ein derartiges Beispiel liefert die Explosion jedes brisanten Sprengstoffs; die Explosion verläuft hier so schnell, daß die den Sprengstoff umgebende Luft nicht schnell genug auszuweichen vermag, also wie ein festes Hindernis wirkt. Dies ist denn auch der Grund, weshalb der Explosionsstoß im geschlossenen, mit Luft erfüllten Raume sich mit unverminderter Stärke auf die Umschließungswände überträgt und diese so weitgehend zerteilt und zerschmettert.

Um nun in allen jenen Fällen, wo Explosivstoffe in geschlossenen, lufterfüllten Räumen gehandhabt werden, die Explosionsgefahr zu vermindern und sich gegen ein Auseinanderfliegen der Apparate zu schützen, suchte man in erster Linie das Übertragungsmittel zwischen Explosivstoff und Umfassungswänden, die Luft, aus den betreffenden Räumen zu beseitigen. Damit war die erste Anregung zur Herstellung von Vakuum-Trockenapparaten gegeben. So empfahl schon Neumann, die besonders gefährliche Operation des Körnens und Mengens von Knallquecksilber im luftleeren Raume vorzunehmen, ohne jedoch über die Art der Durchführung dieses Vorschlages nähere Angaben gemacht zu haben.

Wenn nun auch spätere Beobachtungen die oben angeführten Versuche, zumal in ihrer Anwendung auf größere Massen und in bezug auf die Nichtübertragbarkeit der Entzündung auf benachbarte Mengen nicht voll bestätigten, so legten doch diese interessanten Tatsachen den Gedanken nahe, die zerstörende Macht der Explosivstoffe während ihrer Herstellung und Verarbeitung auf diese Weise zu bannen. Auf Veranlassung des königl. preußischen Kriegsministeriums trat man von neuem an diese Versuche heran, als es sich darum handelte, die zur Füllung von Zündhütchen in großen Mengen hergestellten Knallquecksilberzündsätze sowohl schnell als möglichst gefahrlos zu trocknen. Alle diese Knallsätze explodieren schon bei verhältnismäßig niederer Temperatur und zersetzen sich hierbei sehr heftig unter momentan großer Gasentwicklung. Brachte man daher einen solchen Stoff in einem eisernen Gefäße zur Explosion, so wurde das Gefäß jedesmal zertrümmert und die Stücke mit großer Heftigkeit weit weggeschleudert. Dieselbe Explosion nahm jedoch einen ganz anderen Verlauf, wenn die gleiche Sprengstoffmenge in einem ähnlichen eisernen, aber luftleer gepumpten Gefäß angewendet wurde. In diesem Falle blieben die Wände des Gefäßes, trotzdem sie einen bedeutenden Druck aushalten mußten, unversehrt, während sich das Vakuum allerdings zum größten Teil verbraucht erwies. Als jedoch späterhin immer größere Mengen von Sprengstoff angewandt wurden, wurde das Gefäß zuletzt zerstört, aber, wie sich sehr deutlich bemerken ließ, unter ganz erheblich abgeschwächter Wirkung. Mit einer geringen Menge des Knallquecksilber-Sprengsatzes wurde das Vakuum im Moment der Explosion aufgehoben, wie das Vakuummeter zeigte, aber es entstand sofort wieder in dem Maße, wie sich die Gase kondensierten. Demnach kann der vorteilhafte Einfluß der Luftleere folgendem zugeschrieben werden:

1. dem Fehlen des Mediums, welches den Stoß der Explosionsgase direkt auf die Gefäßwände überträgt;
2. dem Verlangsamen des Fortschreitens der Explosion, infolge leichten Entweichens der anfänglich entwickelten Gase und dadurch verhinderte Aufspeicherung von Wärme;
3. der Expansionsverringerung der Explosionsgase durch die Herabsetzung der bei der Explosion erzeugten Wärmemenge infolge der raschen Ausdehnung der Gase.

Das Maß der Sicherung von luftleer gemachten Gefäßen gegen die Wirkung einer etwaigen Explosion des Inhalts hängt begreiflicherweise vom Verhältnisse des Hohlraums zum Quantum des explosibeln Inhalts ab, und es wäre ohne weitere Vorkehrungen eine absolute Sicherung nicht zu erreichen, wenn nicht eine sonst den Betrieb unökonomisch machende Größe dieses Hohlraums oder eine die Anschaffungskosten sehr steigernde besondere Stärke der Apparatwandungen mit in den Kauf genommen werden sollte. Bei der Übertragung dieser Versuche ins Große wurde zuerst eine Modifikation des von E. Passburg bisher zum Trocknen von leicht zersetzlichen Substanzen angewandten Vakuum-Trockenapparates benutzt, der mit einer Luftpumpe verbunden, in kurzer Zeit evakuiert werden konnte. Die erste Benutzung der Vakuumapparate für Explosivstoffe fand im Jahre 1889 statt. Passburg lieferte zunächst einen von vornherein dem Untergang geweihten Vakuum-Trockenapparat an das königliche Feuerwerks-Laboratorium in Spandau. Es sollte mit diesem Versuchsapparat nicht nur die Schnelligkeit der Trocknung, sondern auch die Explosionssicherheit des Systems geprüft werden. Beim Explodieren großer Sprengstoffmengen zeigte sich indessen, daß ungeachtet des Vakuums, stets ein starker Druck auf die Wände der Trockenkammer erzeugt wurde, welcher eine Überanstrengung der Gefäßwände bewirkte. Deshalb ist an diesem Apparate eine weitere Sicherheitsvorrichtung angebracht worden, welche vermittelst Ventilen den Explosionsgasen einen Ausweg gestattet, sobald ein Überdruck entsteht. Hierdurch ist die völlige Sicherheit des Arbeiters mit Vakuum-Trockenapparaten gewährleistet.

Das Königlich preußische Kriegsministerium hat auch weiterhin die umfassendsten Versuche mit den Passburgschen Sicherheits-Trockenapparaten gemacht und es ist diesen Versuchen zu danken, daß die vorliegende endgültige Konstruktion entstanden ist. Eine solche Trockenanlage ist im Feuerwerkslaboratorium zu Spandau auf ihre Sicherheit bei der Handhabung dadurch geprüft worden, daß künstliche Explosionen hervorgerufen wurden, deren Ergebnisse sehr zufriedenstellend waren. Da die Trockenapparate die Bedingung vollständig erfüllen, Knallquecksilberzündsätze sowohl schnell als gefahrlos zu trocknen, wurden im Auftrage des Kriegsministeriums acht solcher Vakuumapparate an das königliche Feuerwerkslaboratorium in Spandau geliefert, welche seit 1890 bis heute erfolgreich im Betriebe sind.

Ein solcher Vakuum-Trockenapparat (D.R.P. 56330) besteht aus einem geschlossenen, gußeisernen Gefäße, von nahezu 2·0 m Länge, 1·5 m Breite und etwa 1·0 m Höhe, das beiläufig 0·5 m über dem Fußboden, auf einem gußeisernen Gestelle gelagert ist. Durch eine außerhalb des Längenmittelpunkts im Innern angebrachte gußeiserne Querwand ist der Apparat in einen kleineren Trockenraum und einen größeren Explosionsraum geteilt, in welch letzteren die Explosionsgase übertreten können, um sich auszubreiten. Entstünde hierbei noch auf die Gefäßwände ein dem äußeren Atmosphärendruck überlegener Überdruck im Innern, so öffnen sich an dem Explosionsgefäß 44 Ventile, welche den Gasen noch die weitere Ausbreitung außerhalb des Apparates gestatten. Die Ventile bestehen in Deckeln, die auf kreisförmigen Öffnungen des Explosionsgefäßes unter Anwendung von Gummiliderung frei aufliegen und infolge des äußeren Luftdruckes bei Herstellung des Vakuums im Innern absolut luftdicht schließen. Bei allfälliger Entstehung des erwähnten Überdruckes fliegen die

18*

Deckel ab, und es sind die durch dieselben bis dahin verschlossenen Öffnungen gegenseitig so gelegen, daß deren Ränder durch abfliegende fremde Deckel nicht beschädigt werden können. Überdies ist derjenige Teil des Raumes, worin sich die Expansionsgefäße befinden, von dem Teil mit dem eigentlichen Trockengefäß durch eine hölzerne Wand so getrennt, daß im Falle des Abfliegens der Deckel von den Sicherheitsventilen die Bedienungsmannschaft nicht verletzt werden kann.

Das Trockengefäß enthält vier horizontale, übereinanderliegende hohle Platten, auf welche die flachen Schalen mit den darin ausgebreiteten Explosivstoffen gestellt werden; die Platten werden durch Dampf von innen geheizt. Eine nasse Luftpumpe, welche mit dem Trockenapparat in Verbindung steht, erzeugt im Innern ein Vakuum von mindestens 700 mm. Hierbei entweicht, durch die von den Dampfplatten geleitete Wärme unterstützt, das in dem Explosivstoff enthaltene Wasser sehr schnell bei niedriger Temperatur. In kurzer Zeit ist das Trocknen beendet; durch Ventilumstellung kann an Stelle des Abdampfes der Maschine kaltes Wasser durch die Wärmeplatten geleitet werden, wodurch die in den Schalen lagernden Explosivstoffe in wenigen Minuten abgekühlt und gefahrlos aus dem Apparat herausgenommen werden können. Auf diese Weise sind leicht zu trocknende Substanzen in einer halben, die schwierigst zu trocknenden — Schwarzpulver z. B. — in einer Stunde vollständig zur Weiterverwendung geeignet herzustellen. In dem Falle, daß eine Explosion eintritt, dehnen sich die Gase in dem Expansionsgefäß aus, wobei das Vakuum sozusagen als eine Art Aufsaugemittel für die Kraft der Explosion dient; sollte sich aber dennoch in dem Trockenapparat Überdruck bilden, so treten die Gase frei aus den oben beschriebenen Sicherheitsventilen aus.

Außer der Luftausgleitung zwischen Luftpumpe und Trockenapparat und der Heizdampf- und Kühlwasserleitung ist noch eine Rohrleitung zu Manometer und Lufthahn geführt; diese Vorrichtungen sind nebst allen andern Hähnen im Maschinenraum untergebracht, von wo aus sie gehandhabt werden können, damit nach Beschickung und Verschließung des Apparates der Trockenraum nicht mehr betreten zu werden braucht, bis das Trocknen vollendet und der abgekühlte Apparat wieder mit Luft gefüllt ist.

Mit Hilfe der explosionssicheren Vakuum-Trockenapparate lassen sich Knallquecksilber und Zündsatzmischungen im Verlaufe von nur $^3/_4$ Stunden trocknen. Durch gleichzeitige Anwendung von Dampf und Vakuum ist es möglich geworden, eine fünfzigmal schnellere Trocknung zu erreichen, als nach dem alten Trockensystem, bei dem die Explosivstoffe in großen Trockenhäusern auf Hürden aufgestapelt und durch Zuführung schwach erwärmter Luft langsam getrocknet wurden. Infolge der so erheblich verkürzten Trockendauer braucht jetzt nur ein kleiner Teil der früher in den Trockenräumen aufgestapelten Mengen eingesetzt zu werden, wodurch eine weitere Betriebssicherheit erreicht wird.

Die ursprüngliche Konstruktion der Passburgschen Vakuum-Trockenapparate für Explosivstoffe ist aber inzwischen vervollkommnet und ein D.R.P. 204381 hierauf erteilt worden. Bei diesen verbesserten Vakuum-Trockenapparaten sind Expansionsraum und Trockenraum in einen Raum vereinigt. Die Rückwand dieses Apparates ist derart angeordnet, daß sie bei einer Explosion dem Gasdruck sofort nachgibt, indem sie sich automatisch öffnet; ferner sind auch an der Rückwand und oben auf dem Kessel selbst noch Sicherheitsdeckel angeordnet, die bei einem Überdruck abgeworfen werden. Die vordere Beschickungstür öffnet sich ebenfalls automatisch bei einem inneren Überdruck, insofern als die Handkurbeln, welche die Tür zur Erzielung eines Vakuums an die Dichtfläche anpressen, durch die patentierte Vorrichtung bei erzieltem Vakuum selbsttätig abgeschleudert werden, so daß sich auch diese Tür bei einem Überdrucke sofort öffnet. — Andere Sicherheitsvorrichtungen, die inzwischen dieser Konstruktion nachgebildet worden sind, vereinigen die Vorzüge der Passburgschen nicht, da keine einzige jener Bauarten den Explosionsgasen den gleichen ungehinderten Durchlaß gewährt. Eine vollständige Vakuum-Trockenanlage für Zündsatz und Knallquecksilber, bestehend aus zwei der soeben beschriebenen explosionssicheren Apparate mit Kondensator und Pumpe, ist im königlichen Feuerwerkslaboratorium zu Spandau eingeführt.

In dem Raume K (Fig. 56) zum Körnen befinden sich zwei Arbeitstische A und A_1; der erstere, welcher zum Körnen dient, ist durch einen Zwischenraum in zwei Hälften geteilt, deren jede ein etwa 18 cm hohes glattes Eichenholzbrett besitzt, das mit einem 10 cm hohen Rahmen versehen ist. Das Holzbrett muß so groß gewählt werden, daß ein Trockenrahmen bequem hineinpaßt. Einen derartigen Rahmen zeigt folgende Figur 57.

Dieser hat in je zwei gegenüberliegenden Seiten zwei Einschnitte; in diese (im ganzen) vier Einschnitte passen genau die Verlängerungsstücke $h_1\, h_2\, h_3\, h_4$ eines anderen Rahmens aus hartem Holz. Der letztere Rahmen trägt in der Mitte einen etwa 8 cm tiefen Einschnitt, welcher mit rohem, rauhem Leder an der Innenseite überzogen wird. In diese lederüberzogene Vertiefung wird nun das **Haarsieb** gelegt (untere Figur) und der Sprengsatz mittels eines starken **Spatels** (Fig 58). aus weichem **Kautschuk** (Holz oder Hartgummi darf nicht verwendet werden) durchgedrückt. Das Sieb soll aus gutem Material bestehen und 49 Maschen pro Quadratzentimeter aufweisen.

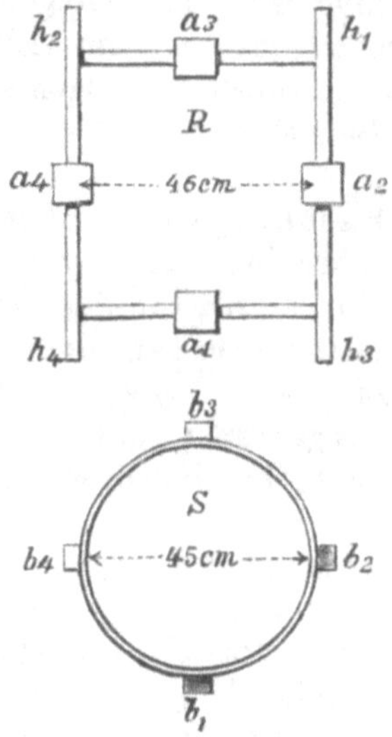

Fig. 57. Trockenrahmen.
R Rahmen. a Backen.
S Sieb. b Backen.

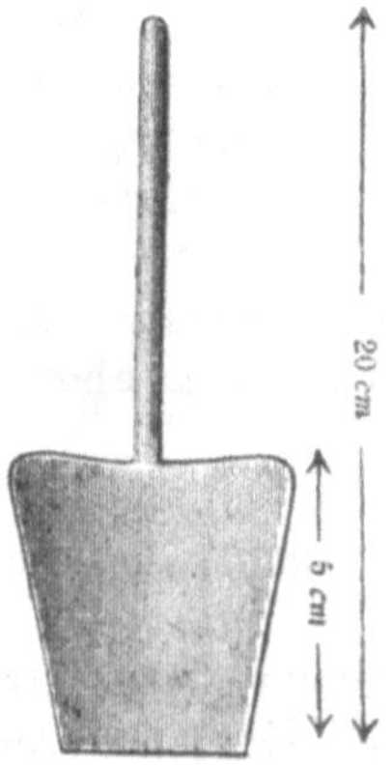

Fig. 58. Spatel.

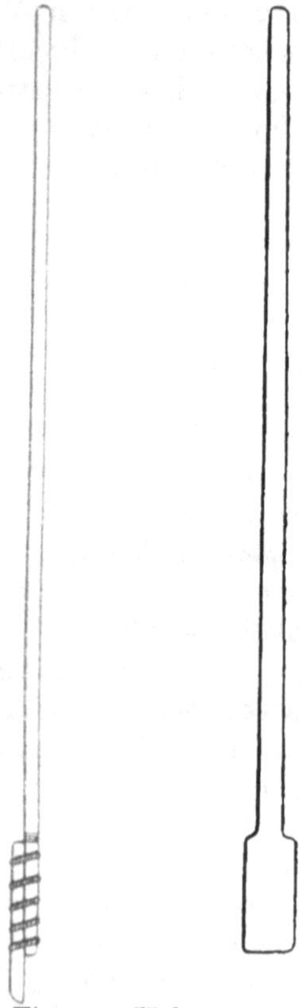

Fig. 59. Holzstab mit Granuliergummi. 1 : 10.

Anderorts benutzt man zum Durchsieben des feuchten Satzes durch die Granuliersiebe statt des weichen Kautschukspatels weichen **Gummi** ohne Einlage in Stücken von 175 mm Länge, 55 mm Breite und 11 mm Dicke. Das Gummistück wird beim

Reiben nicht direkt in der Hand gehalten, sondern an ein spatelartig verbreitertes Ende eines meterlangen Holzstabes (Fig. 59) gebunden, welche mit der linken Hand am freien Ende und mit der rechten ungefähr in der Mitte gefaßt wird. Dadurch wird es dem Arbeiter möglich, etwas vom Sieb zurückzutreten und bei eventueller Entzündung aus dem Bereich der Flamme zu kommen.

Ein etwas anders eingerichteter Granulierraum ist im folgenden dargestellt (Fig. 60). Das Hauptmobiliar bilden die beiden Granuliertische *A A* mit Siebgestell und Sieb, auf welchen gleichzeitig

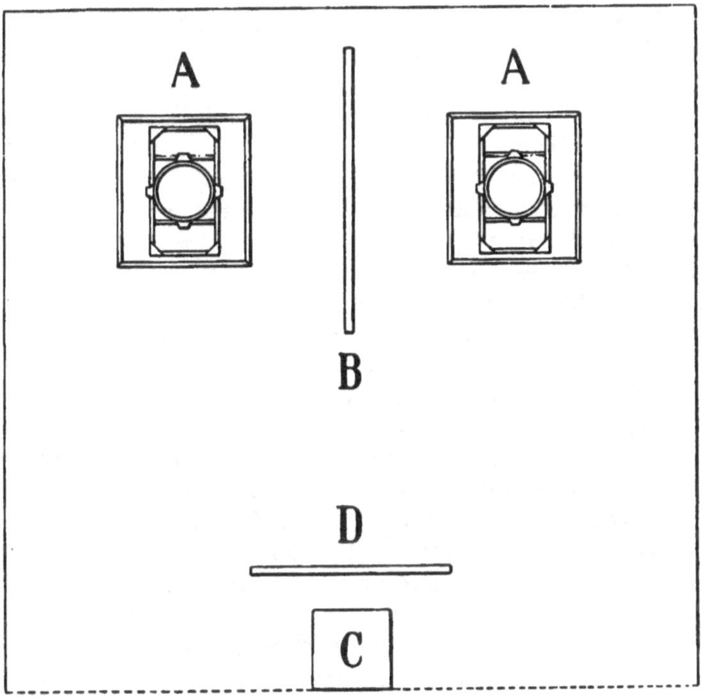

Fig. 60. Einrichtung einer Granulierhütte. 1 : 50.

gearbeitet wird. Damit im Falle einer Zündung das Feuer nicht auf den Nachbartisch übergreift, steht zwischen beiden Tischen ein 235 cm hoher und 190 cm breiter Holzrahmèn *B*, der, 70 cm über dem Boden beginnend, von beiden Seiten mit Eisendrahtgeflecht (25 Maschen pro Quadratzentimeter) überzogen ist. Die Stärke der Rahmenhölzer wird so gewählt, daß die beiden Geflechte 5 cm Abstand voneinander haben. Direkt am Eingang, in der Mitte der offenen Seite der Hütte, befindet sich ein 50 × 50 cm großes und 90 cm hohes Tischchen *C* zum Absetzen der Transportkästen für die Satztassen. Zwischen ihm und den beiden Granuliertischen steht ein zweiter Schutzschirm *D* von 235 cm Höhe, aber nur 130 cm Breite; er ist wie die anderen bis 70 cm über dem Fußboden frei und von da ab doppelseitig mit Drahtnetz überzogen.

Das Körnen oder Granulieren findet nach Dr. Knoll[1] nun in folgender Weise statt: Jeder der beiden Arbeiter hat seinen Arbeitsplatz. Zunächst wird das Sieb zurecht gemacht und unter den Siebrahmen wird der Trockenrahmen zur Aufnahme des gekörnten Satzes gelegt; über diesen Rahmen kommt ein Bogen glattes Papier, welcher so groß sein muß, daß der ganze innere Teil des Rahmens damit bedeckt werden kann. Die Trockenrahmen werden aus Holzleisten von 1·6 cm Stärke hergestellt, deren Ecken abgerundet sind; der ganze Rahmen wird mit rohem Leder überzogen und darüber ein Netz von Hanfspagat gespannt, welches man an dem oberen Teil des Rahmens doppelt zusammenfaltet und mit Messingstiften befestigt. Das Körnen wird in der Weise ausgeführt, daß man etwa $^1/_2$ kg des Sprengsatzes auf das Haarsieb bringt und mit dem Gummispatel durchdrückt, ohne aber die Holzteile des Siebes damit zu bestreichen. Sollte sich an irgendeiner Stelle außerhalb des Siebes Knallquecksilber zeigen, so muß dasselbe sofort mittels eines nassen Schwammes entfernt werden, weshalb während der Arbeitszeit stets ein solcher nebst einem Gefäße mit Wasser zur Hand sein soll. Auf einen Trockenrahmen bringt man ungefähr 1 kg des gekörnten Satzes; die gefüllten Rahmen werden sofort in den Trockenraum gebracht und dort vom Ende der Kammer aus der Reihe nach eingelegt (in Fig. 56 beginnt man bei Nr. 9, dann 8, 7 usw.). Während des Körnens kann der Trockenraum bei offenen Fenstern schwach angewärmt werden, so daß die Arbeiter nicht belästigt werden. Sind sie mit dem Körnen fertig, so wird der ganze Raum geschlossen und die Temperatur auf 30 bis 35° gesteigert, aber nicht höher. Nach etwa 2 bis 4 Stunden ist der Satz vollständig ausgetrocknet. Man läßt die Trockenkammer erkalten, öffnet die Türen und Fenster und beginnt mit dem Entleeren der Kammer, indem man bei den zuerst eingelegten Teilen, soweit dieselben leicht zugänglich sind, anfängt. In Fig. 56 beginnt man bei 8, 7, 6 und setzt fort mit 9, 10, 5, 4, 11, 12 usw. Die Trockenrahmen werden vorsichtig und ruhig aus der Trockenkammer in den Raum zum Körnen gebracht und auf den Arbeitstisch *A*, gelegt; zur Aufnahme des Sprengsatzes benutzt man zylindrische, innen mit Lack-

---

[1] Das Knallquecksilber, S. 110.

firnis glattgestrichene (am besten von schwarzer Farbe) Gefäße aus Papiermaché von 75 cm³ Inhalt, die mit einem Deckel verschließbar sind. Man nimmt das Papier samt dem Satz behutsam von dem Netze, stellt das zur Aufnahme desselben dienende Gefäß auf einen Bogen schwarzen Glanzpapiers und schüttet langsam den trockenen Satz hinein. Am Papier haftende Stücke versucht man mit einem Gummispatel loszulösen, jedoch nur dann, wenn die Abtrennung leicht vor sich geht. Jedes Kratzen oder sonstige Gewaltanwendung ist gefährlich; haftet ein solches Stück hartnäckig am Papier, so gibt man den Rahmen zur Seite, befeuchtet das Knallquecksilber mit Wasser, und löst es auf diese Art leicht ab. Die kleinen Partikelchen werden außerhalb der Räumlichkeiten entfernt, indem man den Rahmen über Wasser hält und mit einer ganz weichen Bürste reinigt. Ein solches Papier kann 3 bis 4mal benutzt werden.

Die Granuliersiebe müssen überhaupt häufig gereinigt werden, weil sich die Maschen leicht verstopfen. Man bürstet sie mit besonderen Stielbürsten (Fig. 61) beiderseitig ab und klopft mit dem Reibgummi auf das Siebgeflecht, um die noch lose anhaftenden Zündsatzteilchen zum Abfallen zu bringen. Sollten dann noch immer Partikelchen in den Maschen festsitzen, so muß das Sieb mit Wasser abgebürstet und im Freien zum Trocknen aufgestellt werden; die Granulierin besitzt deswegen zwei Siebe, damit ihre Arbeit durch Warten auf das Trockenwerden des gewaschenen Siebes keine Unterbrechung erleide. Beim Abbürsten der Siebe kommen mitunter Entzündungen vor, doch sind dieselben wegen der Kleinheit der abbrennenden Satzmengen belanglos. — Satzzündungen in den Granulierräumen, namentlich während der wärmeren Jahreszeit, sind durchaus nicht selten; sie sind fast immer auf mangelhafte Reinhaltung der Siebe zurückzuführen. Zum Schutz gegen solche Vorfälle soll der Arbeiter das Gesicht nicht über das Sieb halten, über den rechten Arm einen Lederärmel ziehen und an der rechten Hand einen Lederhandschuh tragen.

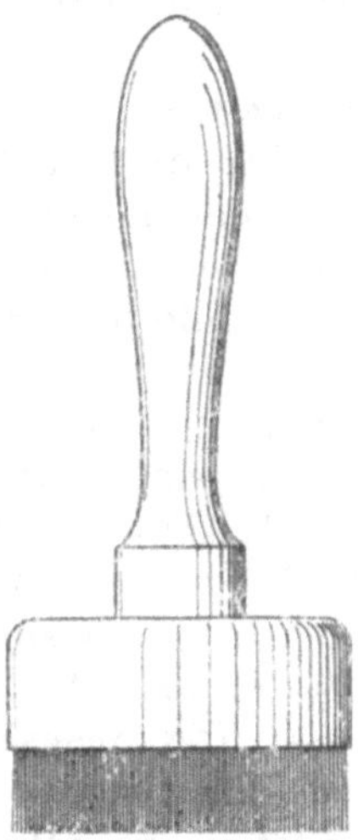

Fig. 61. Stielbürste zum Reinigen der Siebe. 1:3.

Um eine Anhäufung von Sprengsatz in der Körnabteilung zu vermeiden, werden die gefüllten Büchsen in das Magazin verbracht. Sobald der ganze getrocknete Sprengsatz in Sicherheit ist, werden beide Lokale gereinigt, der Boden und die Arbeitstische mit nassen Tüchern aufgewischt, die Siebe sowohl wie alle anderen Gerätschaften gewaschen und an ihren Aufbewahrungsort gebracht, so daß bei Beginn der nächsten Arbeit alles in vollster Ordnung ist. Mehr als zwei Arbeiter sollen in diesen, für jeden Fremden nicht zu betretenden Räumen sich nie aufhalten; die daselbst beschäftigten sollen während der Arbeitszeit stets Filzschuhe tragen und leicht angezogen sein.

Das Sprengsatzmagazin.

Größere Sprengsatzmengen werden stets in besonders dazu hergerichteten und geschützten Magazinen aufbewahrt, — einmal um einer Ansammlung des gefährlichen Materials in den exponierten Arbeitsräumen vorzubeugen und dann namentlich um den gegen Feuchtigkeit empfindlichen gekörnten Satz vor Wasseraufnahme oder sonstiger Veränderung zu bewahren. Man soll darum den fertigen Sprengsatz sobald als möglich nach diesen Depots transportieren, wo sie gegen jeden Witterungseinfluß geschützt, beliebig bis zu der nächsten Verwendung lagern können.

Die Sprengsatzdepots älterer Fabriken bestanden häufig aus einem Keller, der mit Granitsteinen ausgemauert war, jedoch das Material durchaus nicht vor Feuchtigkeit schützte; zudem konnte infolge der schwierigeren Zugänglichkeit solcher Räume, der Transport leicht gefährlich werden. Es wurde auch vorgeschlagen, das Handmagazin im Walle selbst anzubringen, indem man an einer geeigneten Stelle unweit des Siebhauses und der Ladestuben einen Teil des Erdreiches entfernte und einen Raum von 1·5 m Tiefe und 2 m an der Basis auszementierte. — Am besten hat sich ein Magazin bewährt, das von einem Holzbau umgeben ist, der zur kalten Jahreszeit geheizt werden kann. Dieses Handmagazin[1] wird zwischen dem Siebhause und den Ladestuben oder der Trockenkammer und dem Siebhause angebracht und ist ein einfacher Holzbau. Das eigentliche Magazin wird etwa 30 cm oberhalb des Bodens auf Holzpfosten gestellt; es ist in zwei Teile getrennt, in ein Magazin für gekörnten (M_1) und in eines für gesiebten (M_2) Sprengsatz, von denen jedes für sich abschließbar ist (Fig. 62). T bedeutet den Eingang, F_1 und F_2 die Fenster, v_1 und v_2 die Magazinverschlüsse und H_1 und H_2 schwache Dampfheizung. Ist das Magazin neu aufgebaut, so muß es scharf ausgetrocknet werden, da man sonst während des Betriebes die Feuch-

[1] Dr. R. Knoll, Das Knallquecksilber, S. 113.

tigkeit nur schwer wegbringen kann. Dieses Gebäude muß den Vorschriften gemäß durch Wälle geschützt und außer einer Ventilationsvorrichtung, im Innern noch mit Thermometer und Hygro-

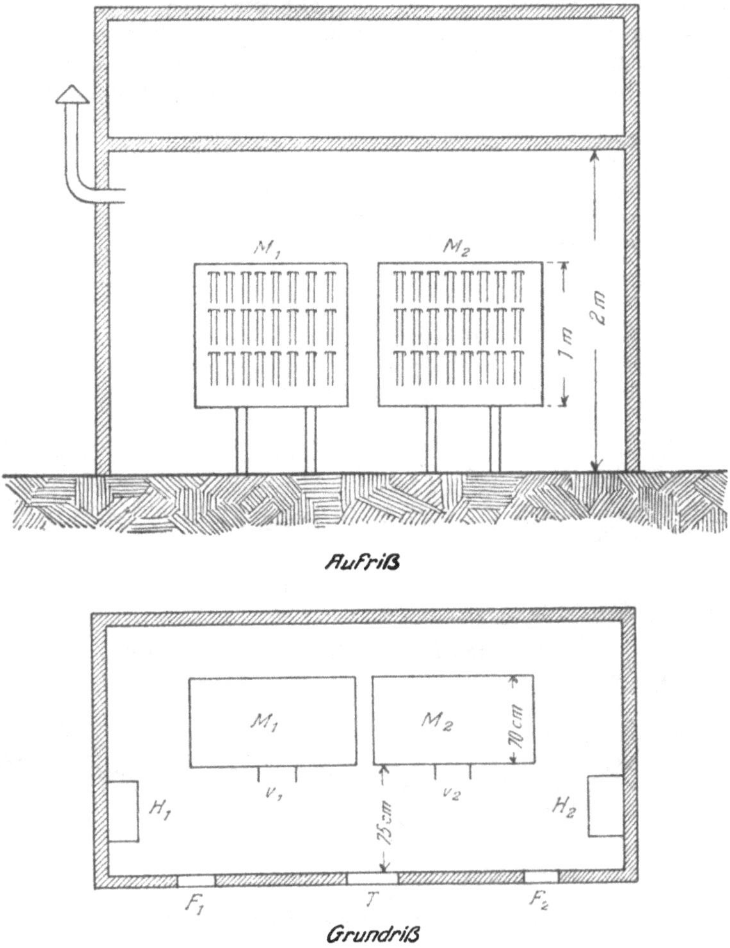

Fig. 62. Sprengsatzmagazin.

meter versehen sein. Jeder Magazinraum soll 30 bis 40 Papiermachébüchsen aufnehmen können.

Eine andere Depotanlage für Zündsatz, aber auch für Sprengsatz geeignet, beschreibt O. Hagen[1] folgendermaßen:

---

[1] Zeitschr. f. Schieß- u. Sprengst. 1911, 288.

Satzablagen lassen sich überall leicht und billig herstellen, wo mit günstigen Wasserverhältnissen gerechnet werden kann und wo weder Überschwemmungen, noch in die Nähe der Oberfläche steigendes Grundwasser zu befürchten ist. Man legt dann einfach mit Holz ausgekleidete, verschließbare Gruben an und versieht dieselben derart mit einer kleinen Umwallung, daß Vorübergehende in jedem Falle gegen direkte Schußwirkung gedeckt sind. Das Erdreich für den Wall gewinnt man teilweise beim Ausheben der Grube. Fig. 63 zeigt ein solches Zünd-

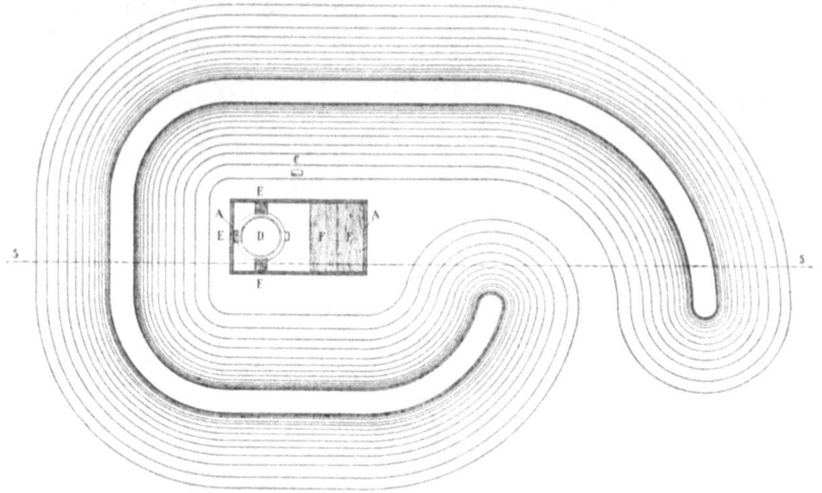

Fig. 63. Zündsatzdepot im Grundriß. 1 : 100.

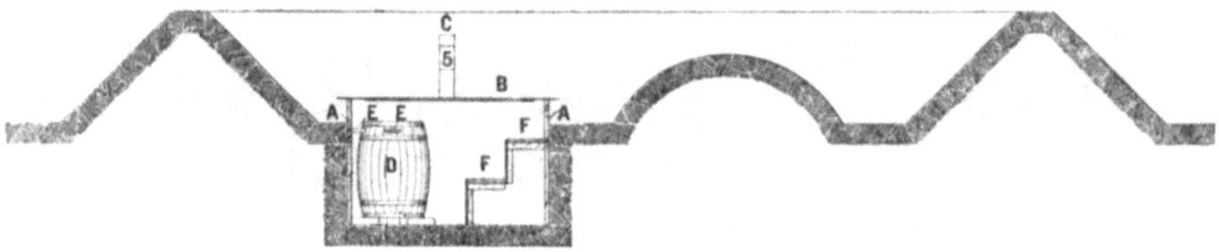

Fig. 64. Zündsatzdepot im Vertikalschnitt (*S S* in Fig. 63). 1 100.

satzdepot im Grundriß und Fig. 64 im Vertikalschnitt. Die Holzverkleidung *H* wird vor dem Einsetzen in die Erde aus ungehobelten, 4 cm starken Brettern zusammengenagelt und an der Außenseite geteert. Sie stellt eine 180 cm lange und 100 cm breite Kiste ohne Boden dar, die an einer Längsseite 105 und an der andern 115 cm hoch ist, einen durch drei Eisenscharniere an der niederen Seite befestigten Deckel *B* aus ungehobelten, 15 mm starken Brettern besitzt und 90 cm tief in die Erde gesenkt ist. Der Deckel kann mit Dachpappe oder mit 0·25 mm starkem Zinkblech überzogen sein; an den Längsseiten ragt er 5, an den kurzen Seiten 10 cm horizontal über die darunter befindliche Holzverkleidung vor, und nach dem Öffnen lehnt er sich an eine starke, 80 cm hohe Stütze *C*, die 30 cm von der Mitte der Scharnierseite entfernt in die Erde eingelassen, am oberen Ende entsprechend der geneigten Deckellage abgeschrägt ist und unter der Abschrägung die Grubennummer trägt. Hat man den Deckel mit Dachpappe überzogen, so muß dort, wo er die Stütze berührt, ein Stückchen Blech zum Schutze der Pappe auf diese genagelt werden. Die Verschlußvorrichtung befindet sich in der Mitte der hohen Längsseite, dicht unter dem Deckel, und besteht aus einem im Innern drehbar angebrachten Eisenhaken, welcher von außen mittels Vierkantschlüssels gedreht werden kann und in lotrechter Stellung in eine an der Innenseite des Deckels angeschraubte Öse greift.

Auf vier flachliegenden Ziegelsteinen am Boden der Grube steht ein reines, wasserdichtes Faß *D*; dasselbe ist durch feste Holzverspreizungen *E* in der Nähe des oberen Randes gegen Umfallen geschützt und kann drei Satzbüchsenkistchen aufnehmen. Zum Faß hinab führen zwei 35 cm breite und 35 cm hohe Stufen *F*. Der die Grube umgebende, beraste Erdwall ist 1 m hoch, an der Basis 2·3 und an der Krone 0·3 m breit; zwischen ihm und der aus der Erde hervorragenden Grubenverkleidung soll an der Verschlußseite und am Eingang ein Raum von 50 cm Breite frei bleiben, dem entsprechende Neigung zum Ablauf des Regenwassers zu geben ist.

Das Sieben des gekörnten Sprengsatzes.

Um Knallquecksilber oder die mit Hilfe von Knallquecksilber oder ähnlichen Stoffen hergestellten Knall- und Zündsätze gleichmäßig in Kupferhülsen mittels einer Ladevorrichtung einfüllen zu können, ist es notwendig, aus diesen Sätzen Körner von gleichmäßiger Größe zu erzeugen. Zu diesem Zweck werden die mit einer dünnen Gummiarabikumlösung befeuchteten Sätze durch ein grobmaschiges Sieb gedrückt, wobei nudelförmige Gebilde entstehen, die auf einem Papierbogen getrocknet werden. Der von dem Trockenhause kommende Sprengsatz ist aber noch nicht ladefertig. Er enthält außer den größeren Körnern auch fein verteilte Partikelchen, den Satzstaub. Die Anwesenheit desselben ist beim Verladen sehr gefährlich und gibt leicht zu Explosionen Veranlassung, die dann Störungen im Betriebe hervorrufen; man ist deshalb genötigt, eine Trennung der Körner von dem Satzstaub vorzunehmen. Dies geschieht nun durch das Sieben des getrockneten Sprengsatzes, — einer Operation, die mit der größten Sorgfalt auszuführen ist, da eine eventuell eintretende Explosion mit der Demolierung der Siebmaschine und häufig auch der Lokalität endet.

Die Einrichtung und Arbeitsweise der Siebvorrichtungen

ist im Prinzip etwa folgende: Die Maschine besteht zur Hauptsache aus drei übereinanderstehenden Sieben. Das oberste Sieb ist mit einem groben Roßhaargewebe (etwa 1 mm) und das mittlere mit einem feinen Roßhaargewebe (etwa $^1/_{10}$ mm) bespannt, während das unterste einen staubdichten Lederboden hat. Dieser Siebsatz wird mit einer Welle verbunden, die es ermöglicht, ihm eine rüttelnde Bewegung zu geben. — Bei Beginn der Arbeit schüttet der betreffende Arbeiter eine Dose Satz in das obere Sieb, verschließt dieses mit einem Deckel und rüttelt nun die Siebe von einem Sicherheitsstand aus so lange, bis der Satz durch das obere Sieb hindurchgefallen ist. Es hat sich dann auf dem mittleren Sieb der gekörnte und auf dem unteren Sieb der staubförmige Satz angesammelt. Die Siebe werden dann auseinandergenommen, durch Ausschütten entleert und zusammengesetzt, worauf die Arbeit von neuem beginnt.

Als einfachste Siebvorrichtungen können die sogenannten Schüttelsiebe gelten, die ein Durchfallen des feinen Satzes gestatten. Ihre Benutzung ist aber sehr gefährlich, weshalb diese Siebe mehr und mehr außer Gebrauch kommen. — Als sicher arbeitende Siebmaschine beschreibt Dr. Knoll folgende Vorrichtung:

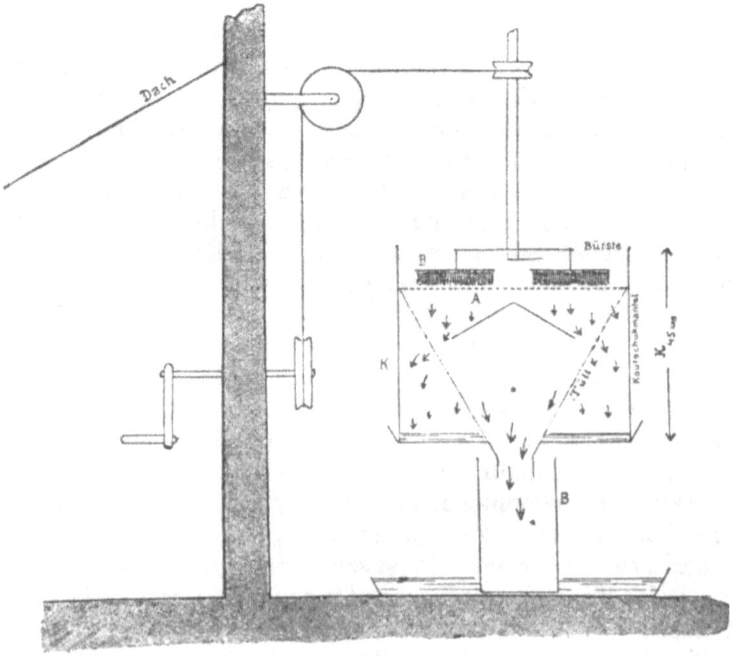

Fig. 65. Siebmaschine.

Das Sieben erfolgt durch ein Haarsieb *A* mittels zweier Bürsten aus Pferdehaar, die um eine in der Mitte stehende Achse aus Messing rotieren können. Die Bürsten müssen von außen in Bewegung gesetzt werden, durch einen Arbeiter, welcher durch eine 0·5 m starke Mauer von der Siebmaschine getrennt, sich in sicherer Stellung befindet. Die vertikal stehende Achse, an der die rotierenden Bürsten befestigt sind, hat an ihrem obersten Ende eine zur Aufnahme einer Rebschnur dienende Rolle. Diese Schnur wird durch zwei an der Wand befestigte Rollen nach abwärts wieder zu einer Rolle geleitet; letztere ist mit einer durch die Schutzmauer führenden Achse verbunden und mit einer Kurbel in Verbindung, mittels welcher der Arbeiter die Bürsten von außen in Bewegung setzt.

Die Trennung des Satzstaubes von dem Korngut erfolgt mittels eines aus Tüll bestehenden trichterförmigen Siebes, dessen Einrichtung und Dimensionen aus der Figur ersichtlich sind. Die Befestigung an dem Siebe erfolgt mittels einer Gummischnur, die an dem oberen Teil des Siebes in einer Rinne liegt. Der untere Teil dieses Trichters ist mit einer kurzen Röhre aus Kupferblech versehen; diese gestattet das Unterstellen eines Gefäßes aus Papiermaché, das den gekörnten und von Staub gereinigten Satz aufnimmt. — Der Vorgang beim Sieben ist nun leicht erklärlich. Durch Emporheben der beiden Bürsten kann die Zuführung des Satzes auf das Haarsieb leicht erfolgen und zwar können 1 bis 1·5 kg auf einmal eingebracht werden. Der Arbeiter läßt nun die Bürsten lasgsam und vorsichtig herab, begibt sich zu der außerhalb des Siebraumes befindlichen Kurbel und läßt die Bürsten langsam rotieren, wobei die größeren Körner gerade hinunterfallen und in das Gefäß *B* gelangen, während der feine Staub durch das Gewebe zur Seite fällt. Zur Verhütung einer weiteren Verstaubung ist das Sieb der ganzen Länge nach mit einem Mantel aus glatten weißen Kautschuk umgeben; am Ende des Siebtrichters befindet sich ein etwa 45 cm breites Gefäß (Schale) aus Kupferblech, das bis auf 5 cm vom Rande mit Wasser gefüllt ist und den Satzstaub aufnimmt, der hier unschädlich gemacht wird. Bei anhaltender Kälte muß statt des Wassers verdünnter Spiritus genommen werden, da der Schaleninhalt sonst gefrieren würde. Eine gleiche Schale befindet sich auch am unteren Teile des Apparates und dient zur Aufnahme des Gefäßes *B*. Sobald eine Portion durchgesiebt ist, entfernt der Arbeiter das Gefäß *B* vorsichtig und ersetzt es durch ein leeres.

Diese Siebmaschine arbeitet sehr exakt und rasch, liefert ein tadelloses Produkt und kann mit Hilfe eines Arbeiters täglich leicht 30 bis 40 kg Sprengsatz sieben; doch muß genügend Zeit zur Reinigung der Maschine bleiben, da diese Operation täglich und mit großer Sorgfalt ausgeführt werden muß. Der feine Staubsatz wird gesammelt und in kleinen Portionen dem feuchten Mischsatz einverleibt. — Bemerkt sei noch, daß die ganze Siebmaschine möglichst leicht konstruiert sein soll, damit bei einer eventuellen Explosion keine schweren Bestandteile fortgeschleudert werden. Das äußere Gerippe soll aus drei *T*-Eisen bestehen, die mit Eisenlack zu bestreichen sind; zur Aufnahme der Kupfergefäße wie des Siebes werden an die Eisenstücke schwache Winkeleisen angebracht. Der Siebraum wird in der Regel mit keiner Heizung versehen; eine kleine Dampfheizung bringt man hinter der Schutzmauer bei der Kurbel an. Es ist zweckmäßig, diesen Raum mit einer Holzverschalung zu umgeben.

Bei diesen und anderen Siebmaschinen müssen die mit einer Charge von ein oder mehreren Kilogramm gefüllten Siebe täglich mehrmals auseinander genommen werden. Diese Arbeit bildet eine ständige Gefahr für den Arbeiter, der die Vorrichtung bedient, und Explosionen, die den Tod des Arbeiters zur Folge haben, kommen nicht selten vor. Ferner entsteht beim Auseinandernehmen und Entleeren der Siebe viel Staub, welcher den Arbeiter gesundheitlich schädigt.

Zur Beseitigung dieser Übelstände und Gefahren hat die Westfälisch-Anhaltische Sprengstoff-Aktien-Gesellschaft eine Siebvorrichtung für reibungsempfindliche Zünd- oder Knallsätze (Fig. 66) patentieren lassen (D.R.P. 260405 vom 22. Oktober 1912), deren Einrichtung und Behandlung folgende ist:

Das obere Sieb *A* ist mit grobem Roßhaargewebe bespannt und steht staubdicht auf dem Sieb *B*, in welchem sich das schräg gespannte Roßhaargewebe *C* befindet. *B* hat an der tiefsten Stelle von *C* eine Öffnung *D*, auf welche eine Ledertülle *E* aufgesetzt ist. Über *E* wird ein Gummischlauch *F* gezogen, welcher unten in den Deckel *G* übergeht. *G* paßt saugend über die Dose *H*. *B* steht in einem mit Leder bezogenen eisernen Ring *N*, welcher mit der Welle *O* fest verbunden ist. Über *N* wird von unten der Gummitrichter *J* gezogen, dessen schlauchförmiger Ansatz *K* in die mit Wasser gefüllte Dose *M* hineinragt, so daß sich die Öffnung des Schlauches unter Wasser befindet. Um ein zu starkes Schleudern des Schlauches *K* zu verhindern, wird derselbe durch eine Klammer *L* etwa in der Mitte festgehalten. Die Arbeit mit dieser Vorrichtung gestaltet sich wie folgt:

In das Sieb *A* wird eine Portion (1 kg) Satz geschüttet und das Sieb mit dem Deckel *P* verschlossen. Darauf wird die Siebvorrichtung mit Hilfe eines an der Welle *O* sitzenden Handgriffs von einem Sicherheitsstand aus in rüttelnde Bewegung versetzt. Nach einer durch Versuche genau festzulegenden Zeit wird das Rütteln eingestellt. Der Satz ist dann von *A* nach *B* gefallen. Die Körner sind auf *C* durch *D* und *F* in die Dose *H* gerollt, während der Staub durch *C* nach *J* gefallen und hier durch *K* in die Dose *M* geglitten ist. Diese Siebe sind also bis auf belanglose Reste leer und nur die beiden Behälter-

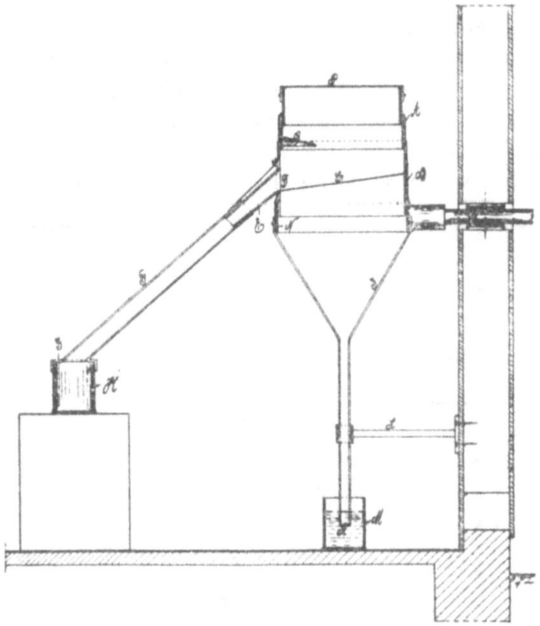

Fig. 66. Siebvorrichtung für reibungsempfindliche Zünd- oder Knallsätze.

dosen gefüllt. Diese werden gegen leere Dosen ausgewechselt und in die Magazine gebracht. Dann wird der Deckel *P* abgenommen und eine neue Portion Satz auf *A* geschüttet usw.

Es wird so erreicht, daß

1. der Arbeiter nur dann die Siebe berührt, wenn sie leer sind,
2. die Siebe während der Arbeit nicht auseinandergenommen werden,
3. die Staubbildung in dem betreffenden Raum fast völlig beseitigt wird, da die Siebvorrichtung allseitig staubdicht abgeschlossen ist und das Ausschütten der Körner und des Staubes aus den Sieben fortfällt.

Um ein schnelles Herausrollen der Körner aus dem Sieb *B* zuerreichen, gibt man zweckmäßig in dieses Sieb einen kleinen leichten Gummiball, welcher durch Hin- und Herrollen ein Festlegen der Körner auf dem nur wenig bewegten mittleren Teil des Siebes verhindert. Auch kann man zu diesem Zweck das Gewebe dachförmig heben. Kommt es darauf an, ganz staubfreie Körner zu erhalten, so spannt man zweckmäßig unterhalb des Drittels des Gewebes von *A*, welches sich über der Öffnung *D* befindet, einen Lederstreifen *Q* aus, welcher die an dieser Stelle hindurchfallenden Körner zwingt, einen größeren Teil von *C* zu passieren.

Das Laden der leeren Sprengkapseln.

Diese für die Sprengkapselfabrikation ebenso wichtige wie gefährliche Operation wird in ebenfalls geschützten Räumen, in den Ladestuben, ausgeführt. Solche Ladestuben müssen mindestens zwei vorhanden sein; die großen Fabriken jedoch bauen deren vier bis sechs. Den Bau und die Einrichtung einer Laderei neuester Konstruktion erläutert folgende schematische Darstellung (Fig. 67); dabei bedeuten *F* die Fenster, *T* die Türen, *A* die Arbeits-

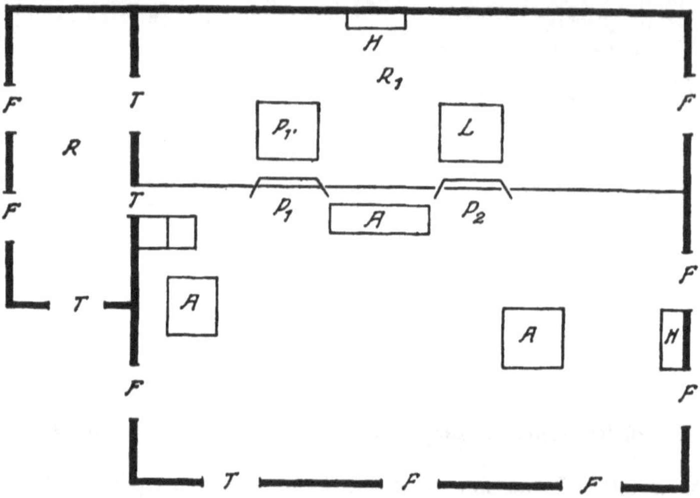

Fig. 67. Laderäume.

tische, *Pr* die Presse, *L* die Ladestuben, P_1 und P_2 die Panzerplatten, *H* die Dampfheizkörper und *R*, R_1 die Räume mit Holzverschalung. Die Ladestuben werden aus Mauerwerk aufgeführt; an der Seite befindet sich jedoch ein aus Holz gebauter Gang, in dem sowohl die Lademaschine als auch die Presse postiert ist. Auch ist in der Nähe der Lademaschine ein geeigneter Platz reserviert zur Aufnahme einer kleinen Menge Knallquecksilbersatz — 2 kg —, der zur Nachfüllung der Lademaschine dient. Es ist nicht absolut nötig, eine Ladestube von der anderen durch einen Erdwall zu trennen, sondern es genügt, um Raum zu ersparen, eine stärkere Mauer aufzuführen. Im ferneren ist der Fußboden mit Linoleum bedeckt und die Wände mit Ölfarbe gestrichen. Der an der Seite befindliche Arbeitstisch wird mit Wachsleinwand überzogen und über diese vor jedem Arbeitsbeginn ein in Wasser gewaschener, dann ausgewundener, noch feuchter Flanell gelegt, welcher während der ganzen Arbeitszeit feucht zu halten ist. Auf einem in der Nähe befindlichen unbedeckten Tisch werden die gut gereinigten und trockenen Kapseln in den Ladelöffel gebracht und auf einem anderen Tisch dem Lader zur Hand gestellt.

In diesem Lokale sind gewöhnlich 3 bis 4 Personen beschäftigt. Soll der Betrieb einen geordneten, sicheren Gang nehmen, so ist die Beachtung gewisser Vorsichtsmaßregeln geboten: denn da die hier vorzunehmenden Arbeiten direkt mit vollkommen trockenem Sprengsatze ausgeführt werden, so können durch kleine Unvorsichtigkeiten leicht große Unglücksfälle vorkommen. Erfolgt eine Explosion, so hat dies meistens die Demolierung der Ladestube zur Folge und eine Wiederherstellung derselben ist dann umständlich und kostspielig. Grundbedingung für Sicherheit ist auch hier peinlichste Ordnung und Sauberkeit. Eine Viertelstunde vor dem Mittag- und Abendzeichen soll die Arbeit unterbrochen und hierauf das Lokal sowohl wie Lademaschine und Presse (letztere mit einer langhaarigen sehr weichen Bürste) vollkommen gereinigt und der Boden gut gewaschen werden, so daß die Arbeiter morgens und nachmittags mit dem Laden sofort beginnen können.

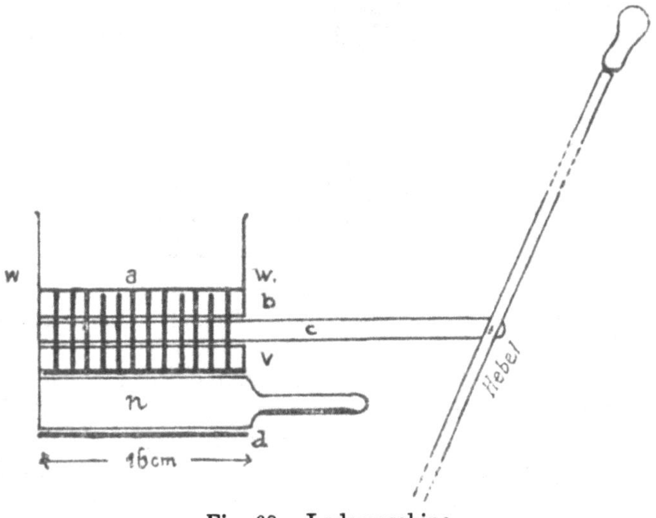

Fig. 68. Lademaschine.

Das Laden und Pressen der Kapseln erfolgt in einem, vom Arbeitspersonale durch eine 15 bis 20 mm starke Panzerplatte getrennten Raume automatisch durch die Lademaschine und die Kniepresse. Eine Lademaschine skizziert Fig. 68. Die

Maschine wird aus Messing oder hartem Holz hergestellt; für den Boden jedoch wählt man am besten Messing. Die Wände der Maschine müssen glatt poliert sein. Der Messingboden erhält 98 gleich weit voneinander abstehende, mit dem Ladelöffel vollkommen übereinstimmende Löcher. Unter diesem Boden befindet sich ein passender Schieber aus Hartgummi, der innerhalb bestimmter kleiner Grenzen leicht verschiebbar ist; dieser Schieber enthält ebenfalls die gleiche Anzahl Bohrungen, genau mit der oberen Platte übereinstimmend. Sobald dieser Schieber so gestellt ist, daß seine Löcher mit den unteren kommunizieren, so fällt eine gewisse Menge von Sprengsatz in die leeren Kapseln. Die fallende Menge hängt von dem Durchmesser der Öffnungen, wie von der Stärke des Schiebers ab; doch gehen diese Dimensionen nicht über eine gewisse Größe, so daß man deren mehrere benötigt — gewöhnlich vier Sorten, wobei die Schieber immer gleich stark (5 mm) genommen werden. Das Höchstgewicht herausfallenden Sprengsatzes beträgt 0·40 g; da man aber Sprengkapseln bis zu 3 g Füllung erzeugen muß, so ist es nötig, diese mehrere Male zu laden, jedoch nie die ganze Menge auf einmal. Meist nach der zweiten Ladung muß der geladene Satz in der weiter unten angeführten Weise stark gepresst werden.

Wie bereits schon bemerkt, werden die leeren Hütchen behufs Füllung in den Ladelöffel gebracht. Dieser besteht aus zwei

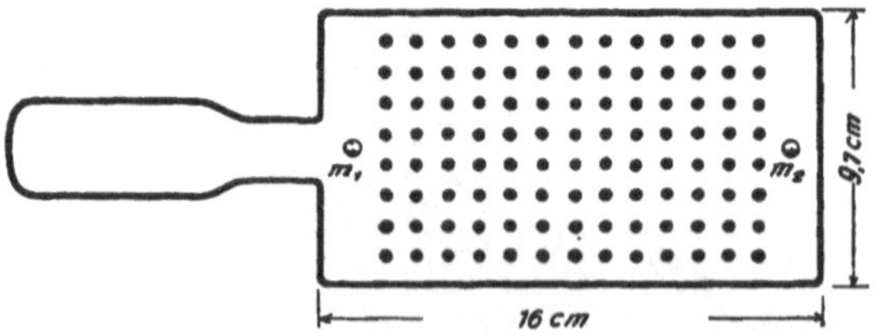

Fig. 69. Ladelöffel mit Bohrlöchern und Messingschrauben m_1, m_2.

Teilen, und zwar aus dem eigentlichen Ladelöffel und einer 2 mm starken Blechunterlage aus Messing, die mit einem Griff versehen ist und an zwei Stellen Messingstifte trägt, die zum Festhalten des Ladelöffels dienen. Der Ladelöffel wird aus trockenem Erlen- oder besser aus Mahagoniholz verfertigt; die Länge wie die Breite des Holzstückes ist bei allen Nummern gleich, nur die Höhe ist je nach der Kapselnummer verschieden. Für jede einzelne Sprengkapselsorte ist daher immer ein besonderer Löffel erforderlich. Jeder Löffel hat 98 zur Aufnahme der Kapseln dienende zylinderförmige Bohrlöcher, die genau die Höhe der Kapselnummer haben und oben trichterförmig ausmünden. Um bei allen Löffeln vollständig gleichlaufende, mit der Lademaschine übereinstimmende Bohrungen zu erhalten, wird eine etwa 20 mm starke Stahlplatte als Führungsplatte sorgfältig konstruiert und bei Bohrungen von Löffeln immer als Vorlage benützt.

Zum Laden der Kapseln wird in die Lademaschine Sprengsatz gebracht, und zwar in einer Menge, die 250 g nicht überschreiten soll. Da der Lader den Vorgang bei der Lademaschine nicht sehen kann, so merkt er das Ausgehen des Satzes nur daran, daß die Kapseln gegen Ende unvollständig geladen sind; alsdann hat die neue Beschickung der Maschine von rückwärts durch einen Seitengang zu erfolgen. Angrenzend an die Lademaschine wird die Presse *P* aufgestellt; dieselbe ist eine Kniepresse, wie sie Fig. 70 schematisch veranschaulicht.

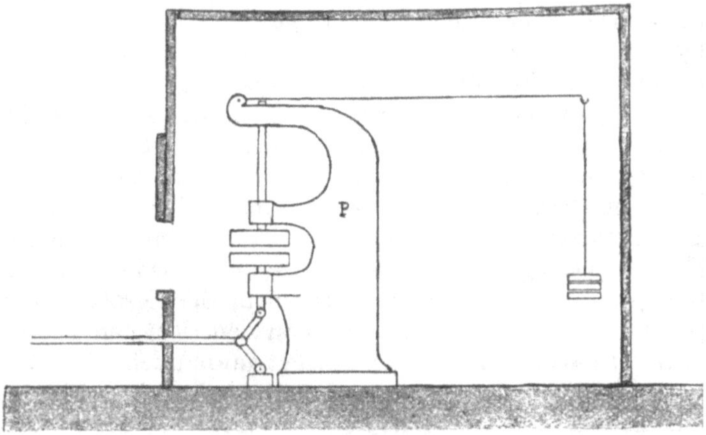

Fig. 70. Kniepresse.

Auf dem unteren Teil der Maschine befindet sich eine durch Schrauben genau einzustellende Führung für den Ladelöffel; der obere Teil ist eine genau parallel gestellte Stahlplatte von den gleichen Abmessungen, wie die untere Platte. An die obere ist in kleinem Abstande eine zweite Stahlplatte aufzuschrauben, welche mit 98 Bohrungen zur Aufnahme der Messingpreßstifte versehen ist. Die messingenen Preßstifte sind mit Köpfen ausgestattet, die genau in die Kapseln passen; unter den Stiften ist noch eine Abstreifplatte angebracht, so daß die gepreßten Sprengkapseln immer im Löffel bleiben. Die Presse ist gleichfalls von dem Arbeiter durch eine Panzerplatte getrennt. Die Einführung des Ladelöffels geschieht durch eine Öffnung in der Platte, derart, daß, nachdem der Löffel unter die Presse geschoben ist, sich die Öffnung automatisch durch eine starke Messingplatte wieder verschließt, so daß der Arbeiter während des Pressens außer Gefahr ist. Der Hebel, welcher zum Anspannen des Knies dient, ist so lang, daß dessen Ende, durch die Mauer gehend, in den eigentlichen Laderaum ragt. Durch das Anziehen des Hebels wird das Knie gestreckt und es werden hierdurch die Kapseln zu den Preßstiften geführt, die den Satz drücken, bis der mit Gewichten beladene Hebel gehoben wird.

Zur Erzielung der größten Brisanz müssen die Sprengkapseln unter einem entsprechend starken Druck gepreßt werden, der aber nicht zu groß — beispielsweise bei Knallquecksilber nicht über 250 Atmosphären steigen darf, weil sonst der Sprengsatz „totgepreßt" wird. Da der Druck mit der Größe des Ladegewichts steigt, ist die Presse so eingerichtet, daß durch Auflegen von Gewichten an eine am Hebelende hängende Eisenstange ein beliebig starker Druck erzeugt werden kann. Für jede Sprengkapselnummer kann man dann empirisch ein für allemal das aufzulegende Gewicht bestimmen. Es sei hier noch bemerkt, daß ein allzu starker Druck eine Deformation des Sprengkapselbodens bewirkt und dann unbrauchbare Ware liefert. Den Grad der Pressung kann man auch dadurch ermitteln, daß man bei tadellosen Sprengkapseln den darüberstehenden leeren Raum mittels eines dünnen Maßstabes aus Holz vorsichtig mißt, wobei man dann für jede Nummer der Sprengkapsel aus der Höhe des über dem Sprengsatz stehenden Raumes leicht beurteilen kann, ob man den richtigen Pressungsgrad erreicht habe. Dieser Raum beträgt gewöhnlich 15 bis 20 mm so daß die Zündschnur bequem und sicher befestigt werden kann.

Die Ladung der Sprengkapseln geschieht abwechslungsweise durch Füllen und Pressen, indem durch Ziehen des Schiebers eine kleine Menge Sprengsatz in die Kapseln fällt, welche Menge dann durch unmittelbar darauffolgendes Pressen verdichtet wird. Da der Schieber nicht mehr als höchstens 0·40 g Satz auf einmal herausfallen läßt, so muß bei Füllung größerer Kapseln das Ziehen und Pressen mehrmals wiederholt werden; die Reihenfolge dieser beiden Operationen ist für die verschiedenen Kapselnummern folgende:

Nr. 1 und 2	einmal gezogen einmal gepreßt
Nr. 3, 4 und 5	zweimal gezogen einmal gepreßt
Nr. 6	einmal gezogen einmal gepreßt

Nr. 6	einmal gezogen einmal gepreßt
Nr. 7	zweimal gezogen einmal gepreßt einmal gezogen einmal gepreßt
Nr. 8	zweimal gezogen einmal gepreßt einmal gezogen einmal gepreßt einmal gezogen einmal gepreßt
Nr. 9	dreimal gezogen einmal gepreßt zweimal gezogen einmal gepreßt einmal gezogen einmal gepreßt
Nr. 10.	dreimal gezogen einmal gepreßt zweimal gezogen einmal gepreßt zweimal gezogen einmal gepreßt zweimal gezogen einmal gepreßt

Sicherheitskapseln werden zweimal geladen und einmal gepreßt.

Bei 10stündiger Arbeitszeit und unter Voraussetzung, daß der Betrieb keine Störung erleidet und das Personal in den betreffenden Verrichtungen geübt ist, kann ein Lader mit zwei Mädchen täglich füllen:

Nr. 1:	15 kg	Sprengsatz	oder	50000	Sprengkapseln
„ 2:	20 „	„	„	50000	„
„ 3:	20 „	„	„	50000	„
„ 4:	25 „	„	„	45000	„
„ 5:	26 „	„	„	30000	„
„ 6:	28 „	„	„	30000	„
„ 7:	28 „	„	„	20000	„
„ 8:	30 „	„	„	11000	„
„ 9:	32 „	„	„	9000	„
„ 10:	32 „	„	„	6000	„

In den Sprengkapselfabriken entstehen leicht Unfälle beim Umschütten der geladenen Kapseln aus den Löffeln. Die Arbeiter, welche die mit etwa 100 geladenen Kapseln gefüllten Löffel nach dem Pressen mit der Hand von der Presse wegnehmen und die obere Einfüllplatte von dem Löffel abnehmen müssen, um hiernach die Löffel zu entleeren, sind besonders gefährdet, da sie den kapselgefüllten Löffel direkt mit der Hand in ein Gefäß auszuschütten haben. Man hat daher auch hier die exponierte Handverrichtung durch maschinelle Tätigkeit zu ersetzen gesucht, und Emil Köhler in Bodenwerder a. Weser hat eine besondere Ausschüttvorrichtung für geladene Sprengkapseln konstruiert (D.R.P. 281436 vom 21. Jan. 1914), die im folgenden an Hand von Zeichnungen erläutert ist:

Nachdem die Kapseln 1 (Fig. 73) mit Sprengstoff gefüllt und in den Hartgummilöffel 2 eingesetzt sind, wird die mit kleinen Kapseln 3

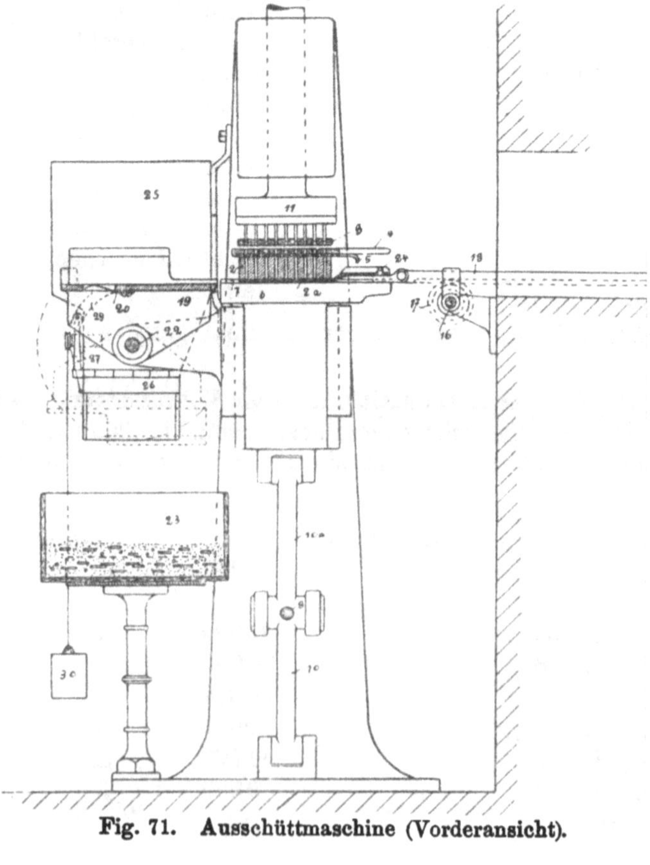

Fig. 71. Ausschüttmaschine (Vorderansicht).

gefüllte Platte 4 auf den Löffel 2 gesetzt, wobei ein Schieber 5 die Kapsel 3 an dem Herausfallen hindert. Dieser vorbereitete Löffel wird nun auf den Tisch 6 der Presse zwischen die Führungsleisten 7 und unter die auf dem Tisch befestigte Abstreifplatte 8 geschoben, sodann der Schieber 5 vorgezogen, damit die Kapseln 3 durch die in letzterem

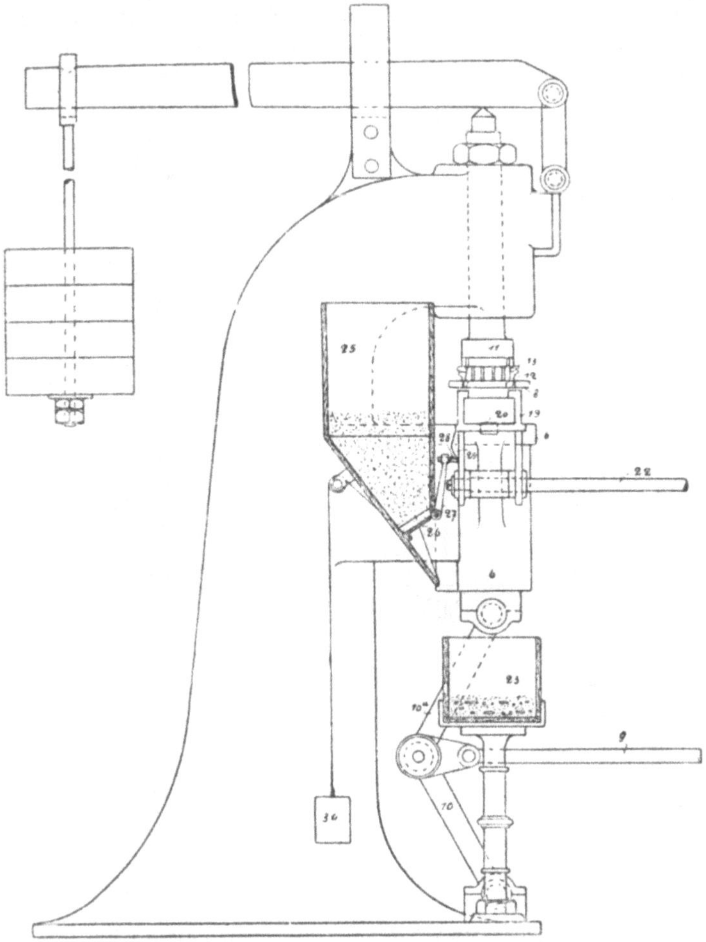

Fig. 72. **Ausschüttmaschine (Seitenansicht).**

angebrachten Löcher in die Kapseln 1 einfallen können. Hierauf wird durch Ziehen von außen mittels Hebel an der Stange 9 (Fig. 72) und Strecken des Kniehebels 10, 10*a* mit verbundenem Heben des Tisches 6 die Pressung bewirkt. Während diese Handhabungen in bisheriger Weise ausgeführt wurden, tritt nunmehr bei den folgenden die neue Vorrichtung in Tätigkeit. — An dem oberen Schlitten 11 (Fig. 73) der

Presse sind Finger 12 scharnierartig an den Haltern 13 angebracht, welche durch die Federn 14 an den Löffel angedrückt werden, beim Hochgehen des Tisches 6 unter die Einfüllöffnung 4 greifen und beim Niedergehen des Tisches diese von dem Löffel abheben und festhalten. Während bisher diese Platte 4 mit der Hand abgenommen wurde, was mit großer Gefahr für den Arbeiter verbunden war, geschieht dieses jetzt mechanisch beim Niedergehen des Preßtisches im abgesonderten Raum (Fig. 74), und ist hierbei jede Gefahr, selbst bei einer etwa stattfindenden Explosion, für den Arbeiter ausgeschlossen. Entsprechend

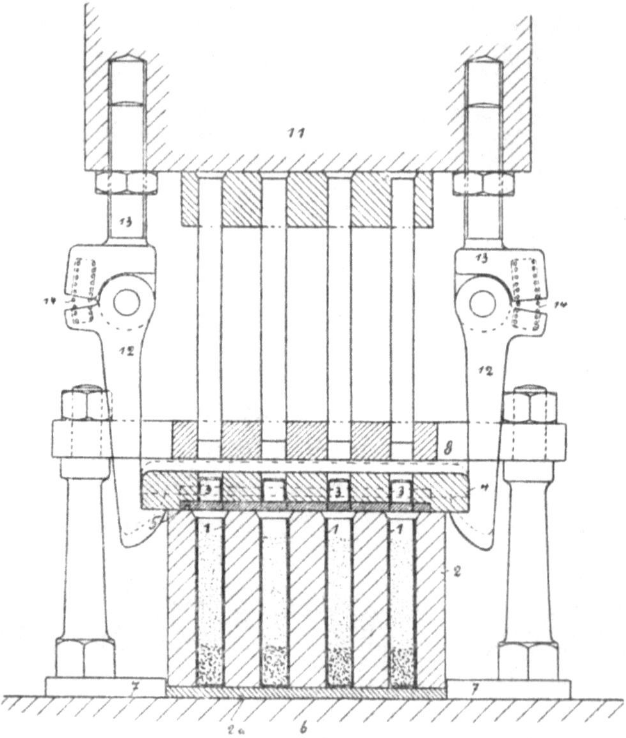

Fig. 73. Preßvorrichtung der Ausschüttmaschine.

der Länge der Kapseln und den verschiedenen Pressungen können die Finger im Oberteil der Presse durch feines Gewinde eingestellt und durch Muttern in ihrer Stellung gesichert werden. Nachdem nun der Tisch wieder in seiner unteren Lage angekommen ist, wird durch Drehen an dem Handrad 15 (Fig. 74) außerhalb des Preßraums durch Vermittlung der Welle 16 des Zahnrades 17 und der Zahnstange 18 der oben offene Löffel 2 von dem Preßtisch weg auf den Schwenker 19 geschoben bis zum hinteren Anschlag und wird durch die Feder 20 in dieser Lage festgehalten. Statt des Zahnstangengetriebes kann auch durch eine

Hebelübersetzung der Löffel verschoben werden. Der Schwenker 19 wird nunmehr durch Drehen des außen angebrachten Handrades 21 (Fig. 74) um 180° durch Vermittlung der Welle 22 gedreht und läßt in dieser Lage (Fig. 71, punktiert) die geladenen Kapseln in einen Kasten 23 fallen, der zum Teil mit Sägemehl gefüllt ist, so daß die Kapseln nicht hart aufschlagen und explodieren können. Sodann wird das Handrad 21 wieder zurückgedreht und damit der Schwenker 19 wieder in seine richtige Lage gebracht und durch Zurückdrehen des Handrades 15 auch wieder in seine ursprüngliche Stellung auf den Preßtisch geschoben.

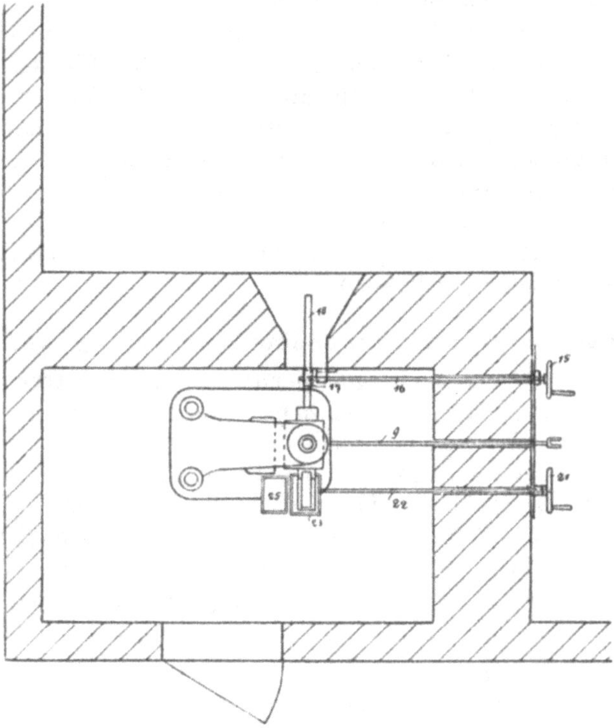

Fig. 74. Ausschüttmaschine mit Schutzmauern (Ansicht von oben).

Der Hartgummilöffel 2 ist mit der Grundplatte 2*a* verbunden, welche vorn durch ein Loch und einen Stift 24 mit dem Kopf der Zahnstange in Verbindung steht. Dieser Stift ist so angeordnet, daß die Platte 2*a* in der Stellung des Löffels 2 auf dem Schwenker 19 sich bei der Schwenkung um 180° ohne weiteres aus ihm abhebt und beim Zurückdrehen ihn wieder auffängt. Der Löffel 2, 2*a* sowie die Einfüllplatte 4 werden nunmehr von der Presse weggenommen, worauf ein anderer vorbereiteter Löffel eingesetzt werden kann. Damit nun diese Kapseln auch wieder auf ein weiches Polster fallen, ist es notwendig, daß auf die im Kasten *b* befindlichen Kapseln eine Schicht Sägemehl geschüttet wird. Zu diesem

Zwecke ist ein mit Sägemehl gefüllter Kasten 25 (Fig. 71 und 72) am Gestell der Presse angebracht, welcher am unteren Ende mit einer scharnierartigen Verschlußklappe 26 versehen ist. Letztere wird durch einen Hebel 27 und einen Stift 28, der auf einer am Schwenker 19 angebrachten Kurve 29 gleitet, durch Drehen des Schwenkers beim Ausschütten der Kapseln und beim Zurückdrehen geöffnet und durch ein Gegengewicht 30 wieder geschlossen. Der Stift 28 ist in dem Kopf des Hebels 27 verstellbar, wodurch die Klappe mehr oder weniger geöffnet wird und hierdurch die Menge des die geladenen Kapseln überdeckenden Sägemehls eingestellt werden kann.

Der Hauptvorteil dieser Vorrichtung ist darin zu erblicken, daß die ganze gefährliche Arbeit des Pressens der Kapseln und das Entleeren der Löffel in einem durch dicke Mauern oder Panzerplatten (Fig. 74) von der Ladestube ganz abgetrennten, dem Arbeiter unzugänglichen Raum erfolgt und hierdurch, selbst bei etwaigen Explosionen, jede Gefahr für denselben ausgeschlossen ist. Die Lücke in der Wand dient zum Einsetzen des Löffels von außen unter die Presse und wird hiernach zwangläufig durch eine Panzerplatte geschlossen.

Entstauben und Verpacken der Sprengkapseln.

Die von der Presse herkommenden geladenen Kapseln müssen noch von anhaftendem Staub befreit werden; zu diesem Zwecke läßt man die Kapseln ein besonderes Siebsystem passieren, so daß sie schließlich außerhalb des Laderaumes völlig gereinigt in eine mit Sägespänen gefüllte Kiste fallen. Als letzte Operation findet das Absieben der Sprengkapseln von den Sägespänen statt. Dazu dient am besten eine Siebtrommel, wie sie in Fig. 75 dargestellt ist. Diese ist 5kantig, hat eine Länge von 2 m

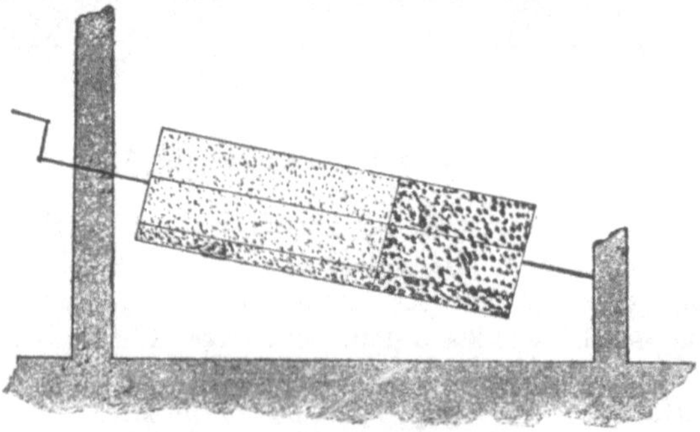

Fig. 75. Siebtrommel.

und eine Breite von 0·4 m und wird an die letzte Ladestube anstoßend errichtet. Die Trommel ist schräg gestellt und um die horizontale Achse mittels Kurbel drehbar; zwischen der Kurbel und der Siebtrommel ist eine etwa 1 m breite und 0·25 m dicke Schutzmauer aufgeführt, wodurch der Arbeiter bei einer etwa eintretenden Explosion außer Gefahr ist. Die Siebtrommel kann in der Fabrik leicht aus Holz verfertigt und mit einem Hanfgarnnetz überspannt werden, welches außen mit Messingnägeln befestigt wird. Das Sieb besteht aus zwei Teilen: die Maschenweite des vorderen Teiles ist so gewählt, daß die Sägespäne leicht durchfallen (3 mm); der kleinere rückwärtige Teil hat eine so große Maschenweite, daß die Sprengkapseln leicht durchfallen. Unter je ein Sieb wird eine Kiste gestellt; in die erste fallen die Sägespäne und in die zweite gelangen die nun völlig fertigen Sprengkapseln.

Die Verpackung fertiger Sprengkapseln unterliegt in allen Ländern einer besonderen Polizeiverordnung (vgl. Eisenbahnverkehrsordnung, S. 490). Die Sprengkapseln müssen in Blechschachteln verpackt werden, die man gewöhnlich in der Fabrik verfertigt. Diese Behälter haben quadratische oder längliche Form und müssen im Innern vollkommen blank und rein sein; die Größe richtet sich nach der Anzahl der zu verpackenden Kapseln — gewöhnlich 10, 20, 50 bis 100 Stück — die Höhe nach der Kapselnummer. Boden und Wände der Blechschachtel werden mit Kartonpapier belegt, welches man sich in der Fabrik mittels einer Schneidemaschine zurecht macht. Dann werden die Kapseln eingefüllt und auf ein mit Rahmen versehenes Brett offen der Reihe nach aufgestellt.

Nach der Verpackung werden die Sprengkapseln noch einer letzten, genauen Revision unterzogen. Hierzu werden die gefüllten Kapselbehälter schräg auf einen Tisch (nach Art des Pultes) gestellt und jede einzelne Kapsel, nötigenfalls mit der Lupe, besichtigt, ob sie richtig geladen sei. Es kommt im Betrieb nur zu häufig vor, daß beim raschen Laden einzelne Kapseln zu schwach gefüllt sind, oder daß der Satz schlecht gepreßt ist, so daß dieser die Ränder des leeren Raumes überzieht. Solche Kapseln müssen mit einer Pinzette entfernt und durch neue ersetzt werden. Bei richtigem Befund werden die Schachteln, in Deutschland und Frankreich der Vorschrift gemäß, mit trockenen gesiebten Sägespänen überschüttet. Auf die Kapseln wird ein Stück Filztuch gelegt, das die Größe der Schachtel hat, und erst jetzt kann der Deckel der Schachtel verschlossen und im Magazin in Holzkisten eingelagert werden. Derart eingebettete Sprengkapseln schließen jede Gefahr aus. Auch hat man gefunden, daß selbst dann, wenn ein oder mehrere Kapseln zur Explosion gelangen, der größte Teil der anderen nicht mitexplodiert.

Sollen die Sprengkapseln in den Blechschachteln für den Versand verpackt werden, so erfolgt dies in Holzkisten von 25 mm Wandstärke mit Blecheinlage. Die Holzteile der Sprengkapselkisten dürfen nicht mit Nägeln, sondern müssen mit Schrauben befestigt werden. Ferner ist zu beachten, daß solche Sendungen nach einem besonderen Frachtbriefe ausdrücklich als „Sprengkapseln" zu deklarieren sind.

Schließlich sei noch eines Aufbewahrungskästchens für Sprengkapseln gedacht. Die Sprengkapseln werden häufig nicht sorgfältig genug in Verwahrung genommen, namentlich nicht während der Zeit der Empfangnahme aus den Magazinen bis zur Verwendung vor Ort. Die Kapseln werden in solchen Fällen lose in der Sprengstoffkiste oder in den Taschen aufbewahrt, werden feucht und geben zu Versagern Anlaß, explodieren manchmal in den Taschen durch Eindringen spitzer Gegenstände oder geraten in unberufene Hände. Um solchen Übelständen vorzubeugen, hat die Sprengstoff-A.-G. Carbonit ein Kästchen zum Aufbewahren von Sprengkapseln in den Handel gebracht, das sich rasch einbürgerte und allgemein als ein Gebrauchsgegenstand bezeichnet wird, welcher dem Sprengmeister lange gefehlt hat. Die Kapseln ruhen sicher in den Kästchen, und zwar jede für sich in einer Einbohrung, die der Länge und dem Umfang der Kapsel entspricht. Sie sind gegen Feuchtigkeit besser geschützt und können im übrigen nicht so leicht in Verlust geraten.

* * *

In hygienischer Hinsicht erfordert die Arbeit in Sprengkapselfabriken die gleichen Vorsichtsmaßregeln wie diejenigen, welche bei der Knallquecksilberdarstellung beobachtet werden müssen. Häufig kommen neben Haut- und Augenentzündungen auch Erkrankungen an Ekzemen vor. Hiervon werden besonders solche Arbeiter betroffen, welche im Misch- und Körnhaus, sowie in den Ladewerken beschäftigt sind, also mit Knallquecksilber in feuchtem und in trockenem Zustand in Berührung kommen. Bei einem Teil der Arbeiter zeigte sich, daß nach der Abheilung, welche meist 8 bis 14 Tage beansprucht, keine neuen Krankheitserscheinungen mehr vorkamen. Die Haut- und Augenentzündungen treten meist bei kalter Witterung und bei Arbeitern auf, welche an Schnupfen leiden. Als besonders disponiert erweisen sich Skrofulöse und Alkoholiker. Mechanische Verletzungen an den Händen führen wiederholt zu eitrigen Entzündungen, die wie die erwähnten Erkrankungen auf die Einwirkung von Knallquecksilber zurückzuführen sind. Es ist daher

Pflicht der Fabrikleitung, den Gesundheitszustand der Arbeiter sorgfältig zu überwachen und namentlich auf ein häufiges und gründliches Waschen zu dringen. Auch sollen Einrichtungen, welche die Staubbildung an den Füll- und Preßformen in den Ladewerken verhindern, wenn immer möglich, angebracht werden.

Dritter Teil.

Andere und neuere Sprengkapseltypen.

Aus der Patentliteratur des letzten Dezenniums lassen sich mehrfach Versuche verfolgen, dahinzielend, von den bisher gebräuchlichen Formen wie von den bisher üblichen Sprengsatzzusammensetzungen abzukommen. Der Zweck all dieser Neuerungen war der, die Wirkung bei geringem Ladegewicht zu steigern, die Gefährlichkeit bei der Erzeugung wie beim Transporte zu verringern, ferner, das teure Knallquecksilber durch billigere, dabei aber gleichwirkende Stoffe zu ersetzen und schließlich die Zündung von Schlagwettern in Bergwerken zu vermeiden. Inwiefern alle diese Versuche zu wirklichen Verbesserungen und Fortschritten auf diesem Gebiete geführt haben, wird sich im folgenden zeigen.

1. Langgezogene Sprengkapseln.

Mit diesen verlängerten dünneren Sprengkapseln soll durch das tiefere Eindringen in die Sprengpatrone eine größere und sicherere Wirkung erzielt werden als mit den gewöhnlichen Formen, ferner soll die verstärkte Initialwirkung mit Kapseln geringeren Ladegewichts zu arbeiten erlauben. Wenn nun auch wirklich Vorteile erzielt worden sind, so muß man andrerseits wieder bedenken, daß die Anfertigung solch langer, dünner Kapseln technisch größere Schwierigkeiten bietet und das Laden mit einem gekörnten Satze noch bei weitem umständlicher ist.

2. Sicherheitssprengkapseln.

Die Sicherheitssprengkapseln, auch verstärkte Sprengkapseln (amorces renforcés) genannt, unterscheiden sich von den gewöhnlichen Sprengkapseln durch stärkere Hülsenwände, und durch einen stärker gepreßten Füllsatz, der überdies noch durch ein aufgepreßtes Kupfernäpfchen von 1 mm Öffnung nach außen abgeschlossen ist. Durch diese Abänderung geht der Schuß vorwiegend nach unten — erhöht also infolgedessen die Detonationswirkung. Diese Kapseln haben sich gegen Schlagwetterzündung gut bewährt; nach den Versuchen der französischen

Kommission[1] entzünden Sicherheitskapseln Schlagwetter erst bei 5 g Füllung, während dies mit gewöhnlichen Sprengkapseln schon bei 1·5 g (Nr. 7) der Fall ist. Auch ist der Satz bei diesen Kapseln besser gegen Herausfallen geschützt.

3. Knallquecksilbersprengkapseln, die an Stelle des Kaliumchlorats Ammoniumperchlorat enthalten.

Nach dem D.R.P. 124103 vom Jahre 1898 läßt sich die Wirkung der gewöhnlichen Sprengsätze beträchtlich erhöhen, wenn das Kaliumchlorat durch Ammoniumperchlorat ersetzt wird. Dieses Gemisch vergast bei der Explosion vollständig, liefert ein größeres Gasvolumen und übertrifft deshalb alle kaliumchlorathaltigen Sätze; die besten Ergebnisse werden erzielt mit einer Mischung von 83 % Knallquecksilber und 17 % Ammoniumperchlorat. Wenn in die zu entzündenden Sprengstoffe zugleich Ammonperchlorat eingeführt wird, so soll die Knallquecksilberdosis in den Zündsätzen bis auf 40 % herabgemindert werden können.

Diese Zündsätze werden ebenso wie die gewöhnlichen hergestellt und in derselben Weise wie die gewöhnlichen in Anwendung gebracht. — Die Praxis scheint sich aber dieser Erfindung nicht sehr bemächtigt zu haben, jedenfalls weil das Ammoniumperchlorat stark hygroskopisch ist und demgemäß das Knallquecksilber schlecht beeinflußt. Ein Urteil, ob diese Sprengkapseln gegenüber den Kaliumchloratkapseln besondere Vorzüge haben, ließ sich bis jetzt nicht feststellen.

4. Sprengkapseln, in denen der gebräuchliche Knallquecksilber-Kaliumchloratsatz durch einen brisanten Sprengstoff ersetzt ist.

Nachdem E. O. Browns[2] im Jahre 1872 die Entdeckung gemacht hatte, daß feuchte, gepreßte Schießbaumwolle detonationsfähig sei, sofern man sie mit etwas trockener Schießwolle unter Zuhilfenahme einer Sprengkapsel initiiere, und Turpin, der Entdecker der Detonationsfähigkeit der Pikrinsäure, im Jahre 1886 auch bei diesem neuen Sprengstoff ein ähnliches Prinzip angewendet hatte, indem er die schwer detonierbare geschmolzene Pikrinsäure durch Zwischenschaltung von kristallinischer pulverförmiger Pikrinsäure explodieren machte, lag der Gedanke nahe dieses Prinzip der Zwischenzündladungen direkt auf die Sprengkapsel zu übertragen, und statt zwischen unempfindlichem Sprengstoff und Sprengkapsel eine vermittelnde Zündmasse ein-

---

[1] Annales des mines etc. Bd. XVI.
[2] Mechanics Magazine 1872, 478.

zuschalten, diese Zwischenladung direkt in die Kapsel selber zu verlegen. So versuchte man gegen Ende der achtziger Jahre einen Teil der Sprengkapselfüllung durch Pikrinsäure zu ersetzen und stellte Sprengkapseln her, die nur noch ein Drittel bis ein Viertel des üblichen Knallquecksilbersatzes enthielten: wurde dieser Satz mittels Zündschnur entzündet, so bewirkt derselbe die Detonation der Pikrinsäure und diese ihrerseits dann diejenige der Sprengladung. Später zog man an Stelle der Pikrinsäure andere brisante Sprengstoffe zu Sprengkapselfüllungen heran, und jetzt in neuerer Zeit ersetzt man den größten Teil des Knallquecksilbers durch aromatische Nitrokohlenwasserstoffe, beispielsweise durch Trinitrotoluol oder Tetranitromethylanilin und erhält so bei bedeutend billigerem Ausgangsmaterial erheblich stärkere Zündwirkungen. Die früher benötigte Menge des kostbaren und gefährlichen Knallquecksilbers wird hierbei auf den fünften bis zehnten Teil reduziert. Die größere Arbeitsfähigkeit des Sprengstoffs im Vergleich zu reinem Knallquecksilber gibt bei geringerer Gewichtsmenge größere Gewähr für sichere Überwindung des Widerstandes zwischen Sprengkapsel und Sprengladung.

Die Herstellung dieser Sprengkapseln geschieht derart, daß zuerst der brisante Nitrokörper eingepreßt und hernach eine kleinere Menge des Initialsprengstoffes aufgedrückt wird; als Abschluß wird dann meist noch ein Plättchen oder eine Hülse aufgesetzt. Eine solche Kapsel mit der vielbenutzten Tetranitromethylanilin-Ladung zeigt nebenstehende Fig. 76 im Querschnitt. Es ist *b* das Tetryl, *a* das durch die oben gelochte Abschlußhülse *d* zusammengehaltene Knallquecksilber und *c* die kupferne Sprengkapsel. Durch die Abschlußhülse sind die Kapseln besser als gewöhnliche offene Knallquecksilberkapseln gegen das Eindringen von Feuchtigkeit, ebenso gegen Stoß und Schlag geschützt, so daß sie nicht allein lagerungsfähiger, sondern auch handhabungssicherer sind. Anscheinend explodieren manche Sprengmittel, insbesondere Ammonsalpetersprengstoffe, mit Tetrylkapseln besser als mit reinen Knallquecksilberkapseln. In der Tat haben die Tetrylkapseln schon eine große Verbreitung gefunden. Namentlich die stärkeren Kapseln Nr. 6 bis 10 pflegen, wenn es nicht ausdrücklich anders vorgeschrieben wird, mit dieser Füllung geliefert zu werden.

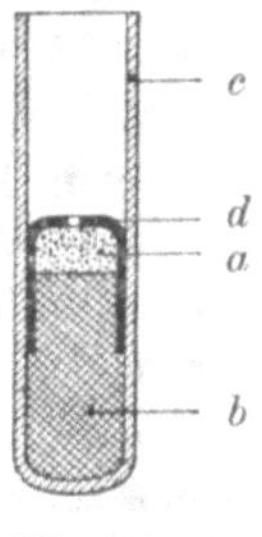

Fig. 76. Tetrylkapsel.

Die ersten Patente für teilweisen Ersatz des Knallquecksilbers durch brisante Sprengstoffe, insbesondere durch aromatische Nitroverbindungen, stammen von M. Bielefeldt und L. Wöhler (Engl. Pat. 20133 und 24633 vom Jahre 1900). Hier werden fast alle bekannten Sprengstoffe für diesen Zweck vorgeschlagen. Pikrinsäure, Mono- und Dinitrophenol, Trinitrotoluol und andere Trinitrokohlenwasserstoffe, Nitronaphthaline bis zu Tetranitronaphthalin, ferner Trinitrokresol, Trinitroresorzin samt deren Salzen, Schießbaumwolle, Nitroglyzerin, Sprenggelatine nebst Diazoverbindungen. Heute beschränkt man sich auf einige wenige Sprengstoffe, hauptsächlich auf Pikrinsäure, Trinitrotoluol und Tetranitromethylanilin. Das Laden dieser aromatischen Nitrokörper ist ganz ungefährlich und kann ohne Schutzvorrichtung mit einer einfachen Lademaschine erfolgen. Nur ist ein Umstand von großer Wichtigkeit, — nämlich, daß diese Sprengstoffe durch zu starkes Pressen unempfindlich und dann durch Knallquecksilber nur noch unvollständig detoniert werden. Bei einem gewissen Druck hat die Explosionsfähigkeit ihr Maximum erreicht; bei weitergehenden Pressungen nimmt sie dann mehr und mehr ab und hört schließlich ganz auf, so daß Pikrinsäure und Trinitrotoluol nach solcher Behandlung nicht einmal mehr abbrennen. Man muß deshalb die Ladepresse ganz schwach belasten oder solche von geringeren Dimensionen verwenden. Der benutzte Trinitrosprengstoff soll natürlich vollkommen neutral, frei von jeder Spur Säure und nicht zu fein zerrieben sein; nach beendetem Laden und Pressen gelangt der Ladelöffel unter die Knallquecksilberlademaschine, wo den Sprengkapseln noch die nötige Menge Knallsatz unter mäßigem Drucke aufgepreßt wird.

Als besonders wirksame, initialkräftige Sprengstoffe zum teilweisen Ersatze des Knallquecksilbers in Sprengkapseln zeichnen sich das Tetranitromethylanilin, das von Flürscheim entdeckte Tetranitranilin und die kürzlich patentierten isomeren Tetranitroanisole[1] (1,2,3,4,6 und 1,2,3,5,6) aus (vgl. S. 255, wo neben diesen auch die anderen, in den neuesten Patenten vorgeschlagenen Ersatzsprengstoffe angeführt sind). Das Tetranitranilin kann wie die anderen Nitroverbindungen in Verbindung mit Knallquecksilber oder mit Azid Anwendung finden; als besonders zweckmäßig werden folgende Zusammensetzungen[2] angegeben:

Tetranitroanilin 0·65 g,
Knallquecksilber (überschichtet) 0·25 g oder
Tetranitroanilin 90 Teile, z. B. 0·9 g,
Knallquecksilber mit 20% Kaliumchlorat 10 Teile, z. B. 0·1 g.

[1] Blanksma, Chem. Zentralbl. 1904, II, 205.
[2] D.R.P. 241697/1910 und Schweiz. Pat. 55940/1911.

Das initialkräftige Tetranitranilin neigt jedoch stark zur Selbstzersetzung, indem es die neben dem Amidostickstoff sitzende Nitrogruppe abspaltet und deshalb unmöglich die Hoffnungen erfüllen kann, welche in der Patentschrift auf diesen Körper gesetzt sind. — Derart gefüllte Sprengkapseln sollen den gewöhnlichen detonativ bedeutend überlegen sein; es soll auf diese Art gelingen, schon mit 0·5 g Knallquecksilber Initialwirkungen zu erzielen, für die ehemals Sprengkapseln mit 3·0 g Knallquecksilber erforderlich waren. C. Claessen erwähnt in seiner Patentschrift (D.R.P. 166804 vom 18. März 1905), daß man mit einer Sprengkapsel, welche 0·7 bis 0·8 g Pikrinsäure oder Trinitrotoluol mit einem Initialaufsatz von 0·4 g Knallquecksilber enthält, Wirkungen erziele, welche sich praktisch denjenigen einer 2 g enthaltenden Sprengkapsel völlig gleichwertig erweisen. Dabei ist angeführt, daß sich diese Wirkungen leicht konstatieren lassen durch eine vergleichende Messung der Größe des Durchschlags beim Entzünden der Kapseln auf einer Bleiplatte. Der Erfinder bemerkt dann, daß noch eine weit größere Durchschlagskraft erzielt werde, wenn man an Stelle der Pikrinsäure und des Trinitrotoluols Tetranitromethylanilin zu Sprengkapselfüllungen verwende.

Diese überraschenden Ergebnisse wurden aber von anderer Seite nicht immer bestätigt, und es wurde gefunden, daß solche Sprengkapseln, obschon sie den gewöhnlichen, mit Knallquecksilber-Kaliumchloratmischung gefüllten im allgemeinen nicht nachstehen, doch an Gleichmäßigkeit der Wirkung oft zu wünschen übrig lassen. In einer bemerkenswerten Untersuchung ist von der französischen Sprengstoffkommission[1] die Frage studiert worden, ob die im Handel befindlichen Sprengkapseln, welche häufig einen Teil des Knallquecksilbers durch Nitrokörper, besonders Pikrinsäure ersetzt enthalten, dieselben Wirkungen haben wie Sprengkapseln mit reinem Knallquecksilbersatz. Zur vergleichsweisen Wirkung der Sprengkapseln wurden benutzt: zylindrische, mehrere Zentimeter dicke Bleiplatten (Prüfung der Durchschlagskraft) und Bleizylinder von 70 mm Höhe und 70 mm Durchmesser (Ausbauchung); außerdem wurde noch eine Prüfung auf das Initiiervermögen der Kapseln vorgenommen.

In bezug auf die Prüfungsmethoden ergaben die Versuchsresultate, daß die Prüfung auf Bleiplatten allein oder ergänzt durch die Prüfung im Bleiblock genügt, um die Wirkung der Sprengkapseln hinreichend genau bewerten zu können. Zur Feststellung der Gleichmäßigkeit wurde die Prüfung im Bleiblock als für den

[1] Zeitschr. f. Schieß- u. Sprengst. 1906, S. 116.

praktischen Bedarf ausreichend gefunden. Die Versuche ergaben, daß die mit Pikrinsäure gefüllten Kapseln, denjenigen aus reinem Knallquecksilber oder aus Knallquecksilber-Kaliumchloratgemisch bestehenden an Wirkung zwar ebenbürtig waren, ihnen aber an sicherer gleichmäßiger Wirkung nachstanden. Die Kommission ist deshalb der Ansicht, daß es wichtiger sei, die Gleichmäßigkeit der Sprengkapseln zu kontrollieren, als für eine bestimmte Sprengkapselgröße eine bestimmte Knallquecksilbermenge festzusetzen. — Die Erfahrung hat aber bestätigt, daß mit brisanten Sprengstoffen gefüllte Kapseln den gewöhnlichen Knallquecksilberfüllungen unbedingt überlegen sind.

Es sei noch erwähnt, daß der teilweise Knallquecksilberersatz durch nitroaromatische Kohlenwasserstoffe nur für die größeren Sprengkapseln Anwendung findet.

5. Sprengkapseln mit Bleiazidfüllung.

Schon längst hat das Bleiazid $Pb(N_3)_2$ infolge seiner außerordentlichen Brisanz und seiner für die Verwendung günstigen Eigenschaften — sehr geringe Löslichkeit in Wasser, hohes spezifisches Gewicht — die Aufmerksamkeit auf sich gelenkt. Eine größere praktische Bedeutung hat diese Verbindung aber doch erst erlangt, als es der Rheinisch-Westfälischen Sprengstoff-A.-G. gelang, an Stelle der früher sehr gefährlichen Gewinnungsmethode durch Umkristallisierung aus heißen Lösungen ein Verfahren zu finden, welches die Herstellung und Handhabung von Bleiazid nicht gefährlicher macht als die von Knallquecksilber. Schon seit mehreren Jahren bringt die Rheinisch-Westfälische Sprengstoff-A.-G. Bleiazidkapseln in den Handel. Die ersten Kapseln enthielten an Stelle des Bleiazids Silberazid AgN_3, und zwar in der Weise, daß in eine Sprengkapsel Nr. 8 mit 2 g Knallquecksilberfüllung (D.R.P. 196824 vom 2. März 1907) 1 g Pikrinsäure eingefüllt und darauf als Initialladung eine Menge von 0·023 g Silberazid gesetzt wurde. In einem späteren Patent der gleichen Gesellschaft (D.R.P. 238942 vom 30. Juni 1910) wird das Silberazid durch das billigere, ebenso wirksame Bleiazid[1] ersetzt, und als hauptsächlicher Bestandteil der Zünderladung dient Trinitrotoluol. Als Initialaufsatz ist eine Mischung von 2 cg Knallquecksilber mit 1 cg Bleiazid vorgeschlagen; das Bleiazid wirkt hierbei als primärer Initialsprengstoff beschleunigend auf die Zersetzung des Knallquecksilbers, so daß dies Gemenge von 3 cg mehr als 3 dg Knallquecksilber zu ersetzen imstande ist. Später ist man

[1] Vgl. D.R.P. 224669 vom 26. Januar 1908.

dann zu reinem Bleiazid übergegangen. Die Ladung dieser Kapseln geschieht ganz ähnlich wie bei den oben beschriebenen Trinitro-Knallquecksilberkapseln: zuerst wird der Nitrosprengstoff eingepreßt, dann folgt als Aufsatz eine kleine Menge Bleiazid, die gerade genügt, den darunter liegenden Sprengstoff mit Sicherheit zu detonieren. Zum Schutz gegen äußere Einflüsse wird der Kapselinhalt vermittelst einer durchlochten Innenhülse über der Azidpille abgedeckt, gemäß folgender Anordnung:

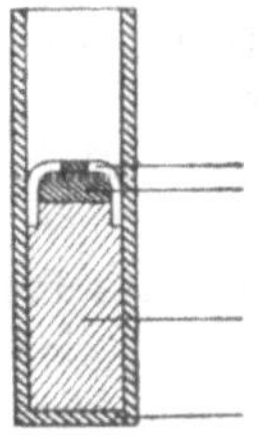

Fig. 77. Sprengkapsel mit Bleiazidfüllung.

Auch für die obere Zündfüllung der Tetrylkapseln (vgl. Fig. 76 S. 305) hat sich Bleiazid durchaus bewährt. Es ist nicht ausgeschlossen, daß es allmählich an die Stelle des Knallquecksilbers treten wird.

Von den Vorzügen, die das Bleiazid vor dem Knallquecksilber und dessen Gemischen voraus hat, ist in erster Linie das überlegene Initiierungsvermögen zu nennen. Davon war bereits schon früher die Rede; hier mögen noch einige Vergleiche des Bleiazids mit Knallquecksilber und 80%igem Knallquecksilber-Kaliumchloratgemisch folgen. Zur sicheren Detonation waren erforderlich:

	1 g Trinitrotoluol	1 g Tetranitromethylanilin
Reines Knallquecksilber	0·35	0·4
80%iges Knallquecksilber-Kaliumchloratgemisch	0·30	0·2
Bleiazid	0·08	0·01

Benutzt man zu Sprengkapselfüllungen eine der beiden angeführten aromatischen Nitroverbindungen und lädt die zu seiner Detonation erforderliche Menge Initialsubstanz auf, so sieht man, wie wenig des gefährlichen Zündstoffs nunmehr gegen früher nötig ist, wenn man Bleiazid verwendet. Bedenkt man, daß Deutschland jährlich an die 100000 kg Knallquecksilber fabriziert, so ließen sich durch Anwendung des viel brisanteren Bleiazids mehr als zwei Drittel der ganzen Initialzündstoffproduktion ersparen.

Ein anderer Hauptvorzug des Bleiazids ist seine Widerstandsfähigkeit gegen Feuchtigkeit. Bleiazid zeigt ungefähr die gleiche Hygroskopizität wie Knallquecksilber, büßt aber, im Gegensatz zu diesen, seine Initiierfähigkeit nicht im geringsten ein, zeigt daher auch nicht die unangenehme Eigenschaft des Knallquecksilbers oder der Knallquecksilber-Kaliumchloratgemische, schon nach Aufnahme geringer Feuchtigkeitsmengen, „Auskocher“ oder gänzliche Versager im Bohrloch zu veranlassen. Es ist nun sehr beachtenswert, daß das Bleiazid, obschon gegen Feuchtigkeit nicht unempfindlich, durch Wasseraufnahme seine brisante Wirkung durchaus nicht einbüßt. Die Hygroskopizität von Bleiazid, Knallquecksilber und 80%igem Knallquecksilber-Kaliumchloratgemisch wurde in der Weise festgestellt, daß die drei Substanzen in Mengen von je 5 g in Wägegläschen gebracht und 16 Tage im Keller in einem hermetisch verschlossenen Kasten über Wasser gelagert wurden. Alle drei Körper zeigten eine gleichmäßige, relativ geringe Feuchtigkeitsaufnahme von 1·4%. — An den gleichen drei Versuchssubstanzen wurde auch die Zündfähigkeit nach dem Zumischen verschiedener Mengen Wasser festgestellt, indem die Sätze ohne Feuchtigkeitsverlust in Sprengkapselhülsen gepreßt und auf der Bleiplatte auf Brisanz untersucht wurden. Hierbei wiesen Knallquecksilber und 80%iges Chloratgemisch schon bei 1% Wasserzusatz ganz ungenügenden Durchschlag und Bildung von groben Spritzern auf, während Bleiazid selbst bei 5% Wasserzusatz noch tadellosen Durchschlag mit der charakteristischen feinen Strahlung hervorbrachte. (Vgl. die Abb. S. 325.)

Ungeachtet der vielen unbestreitbaren Vorzüge des Bleiazids vor dem Knallquecksilber, ist in den letzten Jahren eine recht schlimme Eigenschaft des Bleiazids in Erscheinung getreten: nämlich die Eigenschaft, mit dem Kupfer der Sprengkapseln zu reagieren und, namentlich in kohlensäurehaltiger Luft[1], höchst empfindliche und explosive Verbindungen zu liefern. Auf diesen bedenklichen Umstand sind wohl die letzten Unfälle mit fertig geladenen Bleiazidkapseln zurückzuführen, wahrscheinlich auch diejenigen, von denen auf S. 164 andeutungsweise die Rede ist. Man scheint deshalb wieder mehr das Silberazid zu bevorzugen.

Dagegen scheint man mit den bleiazidhaltigen Geschoßzündern der Schweiz bis jetzt nur gute Erfahrungen gemacht zu haben. Es ist dies leicht erklärlich; denn die Munition wird

---

[1] **Stettbacher**, Bleiazid und Silberazid. Zeitschr. f. Schieß- u. Sprengst. 1916, S. 36.

an trockenen und gut geschützten Orten aufbewahrt, so daß für das Bleiazid keine Alterationen möglich sind, wie beispielsweise bei offenen oder nur lose gelagerten Kapseln in feuchter kohlensäurehaltiger Bergwerksluft.

Die Tetranitromethylanilin - Azid - Sprengkapseln[1] stellen zurzeit nicht nur das wirksamste, sondern auch das zuverlässigste Zündmittel dieser Art dar. Mit der kleinsten Menge Substanz erzeugen sie die größten Wirkungen und sind in dieser Eigenschaft unübertroffen. Die Überlegenheit beruht einesteils auf den Eigenschaften des Tetranitromethylanilins, welcher Körper unter allen aromatischen Sprengstoffen die größte Brisanz und Arbeitsfähigkeit aufweist, anderenteils auf den Eigenschaften der Azide, welche schon in kleinen Mengen sichere Zündung gewährleisten. Abgesehen davon, daß Blei- und Silberazid gegenüber Knallquecksilber mehr als das fünf- und sechsfache leisten, besitzen sie vor diesem den großen Vorteil, daß sie nicht totgepreßt werden, d. h. ihre Zündfähigkeit bei den größten Preßdrucken beibehalten und dadurch eine dichtere, konzentriertere Füllung ermöglichen. Auf S. 193 ist an zwei Bleiplatten-Beschußproben gezeigt, wie viel größer die Wirkung einer Sprengkapsel, gefüllt mit 0·8 g Tetranitromethylanilin und 0·06 g Silberazid, gegenüber einer Kapsel ist, welche 1·4 g 90/10%iges Knallquecksilber-Kaliumchlorat-Gemisch enthält. Zur Vollständigkeit dieses Vergleichs sei noch nachgetragen, daß die Tetrylazidkapsel einen 20 g schweren, hochgepreßten Tetryldetonator vollständig zur Detonation brachte, während die mehr als anderthalbfach geladene Knallquecksilber-Kaliumchlorat-Kapsel einen schlimmen Versager lieferte.

Herstellung der Tetrylazidkapseln.

a) Vorbereitungen. Handelt es sich, wie im vorliegenden Falle, um Musterkapseln, welche den höchsten Grad von Sicherheit und Wirksamkeit darstellen sollen, so muß das Tetranitromethylanilin umkristallisiert werden. Das technisch gewonnene Tetryl enthält durchweg geringe Beimengungen anorganischer Salze, herrührend von der Neutralisation der letzten Säurereste, welche durch bloßes Waschen kaum oder schwer entfernt werden können. Auch ist man nie sicher, ob das Produkt etwas Säure, wenn auch nur spurenweise, zurückbehalten habe. Aus diesen Gründen ist eine Umkristallisation des Tetryls angezeigt; man ist dann sicher, daß an der Berührungsstelle zwischen Azid und Nitrokörper keine Reaktionen stattfinden, wie stark und innig auch die beiden Bestand-

[1] Nach Stettbacher, Zeitschr. f. Schieß- u. Sprengst. 1916.

teile zusammengepreßt sein mögen. Die Umkristallisation des Tetranitromethylanilins nimmt man am besten in Benzol vor, derart, daß das wasserfreie, scharf getrocknete Produkt am Rückflußkühler auf dem Wasserbade gelöst und die gesättigte Lösung durch einen Heißwassertrichter filtriert wird. Schon während des Filtrierens findet Ausscheidung des Tetryls statt; damit die Kristalle beim langsamen Erkalten nicht zu groß werden und etwa Benzol einschließen, ist es empfehlenswert, die Kristallisation zu stören, oder dann das grobkörnige Produkt nachträglich im Mörser zu pulverisieren. Denn Benzol wirkt auf Tetryl wie ein Phlegmatisator, so daß die üblichen Azidmengen, selbst wenn sie die dreifache Detonationssicherheit für reines Produkt bieten, dann nicht mehr hinreichen und Versager liefern. — Bleiazid oder Silberazid werden in der Weise zubereitet, wie auf S. 163 ausgeführt worden ist; die Zerkleinerung der getrockneten Azidklümpchen hat soweit zu geschehen, daß das Produkt ohne Gefahr des Verschüttens in die kleinstkalibrigen Kapseln leicht befördert werden kann.

b) Das Pressen. Zum Pressen dient eine Federpresse (Fig. 78), versehen mit Druckzeiger und eingerichtet für Handbetrieb. Das Niederdrücken des Stempels erfolgt durch Schraubenbewegung und nicht durch Hebeldruck wie bei Kniepressen oder anderen maschinellen Einrichtungen, bei denen ein Ladelöffel zur Anwendung kommt. Dadurch erreicht man einen sanften, nicht stoßweise, sondern stetig zunehmenden Druck, der aufs feinste abgestuft werden kann und

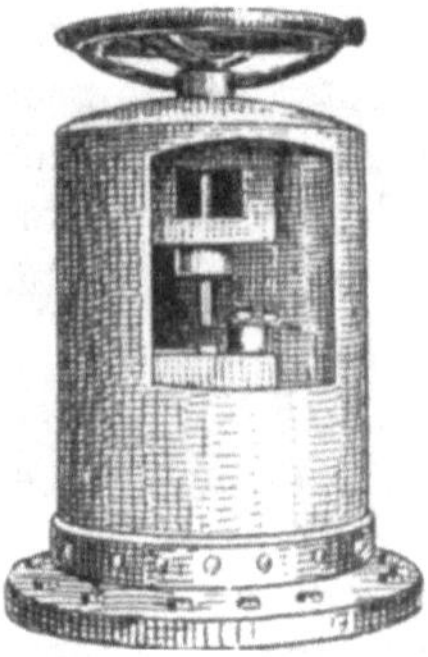

Fig. 78. Federpresse.

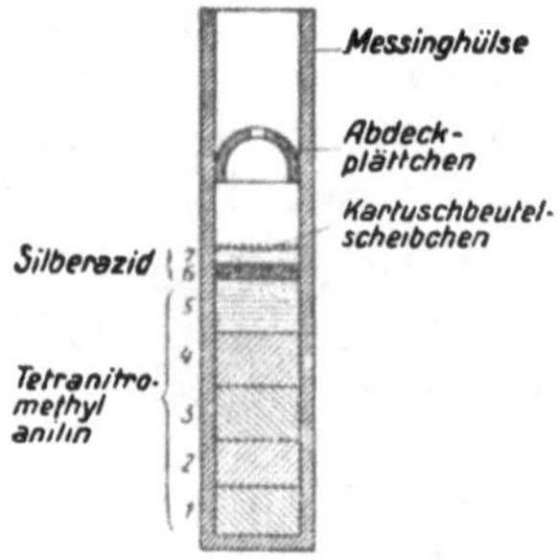

Fig. 79. Schematische Kapselfüllung.

deshalb die größte Sicherheit gegen Explosionsgefahr bietet. Das Sprengkapselfüllen geschieht von Hand, indem man nach jeder Pressung die Matrize samt der Kapsel aus der Presse herausnimmt und die erforderliche Sprengstoffmenge einschüttet. Zuerst wird das Tetryl eingeführt, und zwar in mehreren Portionen, deren Anzahl sich nach der Länge der Preßladung richtet. Wollte und könnte man das gesamte für die Füllung berechnete Tetryl in die Kapsel einführen (was bei der lockeren Beschaffenheit unmöglich ist) und in einer einzigen

Operation pressen, so ergäbe sich ein schlecht beschaffener Kapselinhalt: statt daß sich die größte Dichte unten am Boden der Kapsel befände, wäre sie umgekehrt oben, gegen das Ende hin; denn es ist eine allgemeine Erscheinung, daß die Dichte einer Füllung gegen den Preßstempel hin am größten ist und von da an gleichmäßig nach unten abnimmt. Um eine gleichmäßig verteilte Dichte zu erreichen, ist es daher unerläßlich, das Pressen des Tetryls in mehreren Operationen vorzunehmen. Fig. 79 gibt eine schematische Vorstellung davon. Die ersten vier schräg schraffierten Lagen bezeichnen Bruchteile der Tetrylladung, welche nacheinander unter gleich starkem Druck eingepreßt wurden. Selbstverständlich kann man die Füllung auch in mehr als nur vier oder fünf Operationen ausführen; denn der Kapselinhalt wird um so gleichmäßiger, je niedriger die einzelnen Preßlagen sind. Der anzuwendende Druck richtet sich nach der Stärke der Kapselwandung; man geht gewöhnlich so weit, als es ohne Gefahr einer Ausbauchung oder eines Bruches der Kapsel geschehen darf: denn je dichter die Füllung, desto größer die Wirkung. Der zulässige Druck ist darum für jeden Fall eine Sache der Erprobung. Die fünfte, oberste, wagrecht schraffierte Tetryllage wird mit geringerem Druck eingepreßt. Dies hat den Zweck, einmal, daß eine bessere, sichere Detonationsübertragung vom Azid auf die stark gepreßten Lagen stattfindet, sodann, daß die erste Azidschicht 6 mit dem Nitrokörper inniger in Berührung kommt, und endlich, daß beim Niederdrücken des Deckplättchens keine zu gefährlichen Reibungen entstehen.

Die Azidmenge kann in einer Operation eingepreßt werden; besser aber geschieht es in zwei Malen, durch eine erste stärker gepreßte Schicht (6) und eine zweite schwächer aufgetragene Schicht (7). Die erste auf das Tetryl folgende Azidschicht preßt man zweckmäßig nicht stärker als die oberste halbgepreßte Tetryllage. Führt man das Azid auf einmal ein, so wird man den Druck noch geringer wählen. Als letzter Bestandteil des Kapselinhalts folgt noch ein Kartuschbeutelscheibchen, das man sich aus Kartuschbeutelstoff genau in der Größe der Kapselbohrung ausgestanzt hat, und schließlich kommt die gefährlichste aller Sprengkapseloperationen an die Reihe — das Aufdrücken des durchlochten Deckplättchens, das den Kapselinhalt nach außen abschließen und vor mechanischer und chemischer Einwirkung besser schützen soll. Gerade hier, also bei fertig geladener Kapsel, ist mit der Möglichkeit einer Explosion am meisten zu rechnen; denn der untere Rand des Plättchens muß durch die Azidschicht bis in die oberste Tetryllage vordringen, was nicht ohne Reibung abgeht (Fig. 80). Zwar ist man durch den starken, die Presse umhüllenden Eisenmantel vor jeder Verletzung geschützt; allein das Gehör nimmt durch die Lufterschütterung fast immer Schaden, namentlich in geschlossenen Räumen. Zudem werden Stempel und Matrize unbrauchbar und müssen durch neue ersetzt werden.

Indessen sind solche Sprengkapselexplosionen gewöhnlich weniger eine Folge der beim Eindrücken des Deckplättchens entstehenden Reibung, als vielmehr eine Folge der mangelhaften Beschaffenheit, der nachlässigen Herstellung desselben. Jedes dieser Blättchen soll vor dem Gebrauch in Augenschein genommen und nötigenfalls mit der Reibahle von Bohrspänen, scharfen und zackigen Kanten befreit und nachgearbeitet werden. Läßt man diese Vorsichtsmaßregel nicht außer acht, so kommen bei tadelloser Beschaffenheit des Tetryls, besonders aber des Azids, Explosionen äußerst selten vor. Das Plättchen wird soweit angedrückt, daß das Kartuschbeutelscheibchen scharf anliegt; drückt man zu stark, so wird das Scheibchen durchschnitten und das Azid tritt durch die kleine Öffnung des Plättchens aus.

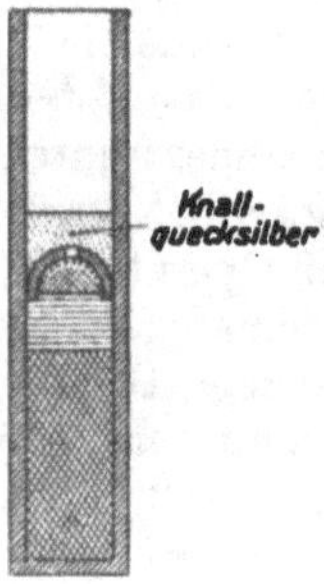

Fig. 80.

Die Sprengkapsel ist damit fertig. Da aber das Azid bei dieser Anordnung schwer entzündlich ist, kann man noch eine kurze Lage Knallquecksilber aufpressen, besser andrücken, da der Druck nur äußerst gering sein darf (Fig. 80). Das Knallquecksilber spielt hierbei nicht die Rolle eines Initiators, sondern nur die eines einfachen Feuerüberträgers auf die unter dem Deckplättchen liegende Azidpille.

Die in Figg. 79 und 80 skizzierte Sprengkapsel gehört den großen Nummern an, etwa Nr. 8. Für derartige Kapseln, z. B. mit 0·8 bis 1·0 g Tetrylfüllung und 0·05 bis 0·06 g Blei- oder Silberazid gelten folgende Dimensionen: Länge 40 mm, Außendurchmesser 7 mm, Innenbohrung 6 mm, Wandstärke 0·5 mm. Leergewicht der Messingkapsel 3·75 g. Wendet man einen Knallquecksilberaufsatz an, so soll er mindestens 0·2 g betragen.

6. Sprengkapseln mit phlegmatisierter Füllung.

Nach den Versuchen des österreichischen Generals Hess lassen sich Zündstoffe in hohem Grade handhabungssicher machen durch Vermischen mit wässerigem Glyzerin, Paraffin oder Ölen. Derart unempfindlich gemachtes — phlegmatisiertes — Knallquecksilber wurde in Österreich bereits schon zu Anfang der neunziger Jahre als Füllmittel für Detonationszündschnüre angewendet; später hat es dann Hess auch zur Füllung von Sprengkapseln vorgeschlagen (Engl. Pat. 3238/1902). Phlegmatisiertes Knallquecksilber (vgl. S. 41) ist gegen Stoß und Schlag von hervorragender Unempfindlichkeit, brennt in Berührung mit einer Flamme gefahrlos ab; doch kann die Explosion mit voller Kraft erfolgen, wenn die Zündung durch trockenes Knallquecksilber, in Sprengkapseln also durch eine auf die phlegmatisierte Masse gesetzte Trockenpille eingeleitet wird. Die Sprengkapselfabrikation mit solchen Sätzen ist weit weniger gefährlich: zuerst wird der phlegmatisierte Satz eingepreßt, dann folgt auf einer zweiten Lademaschine das Aufdrücken von etwa 0·2 g trockenem Satz. Am einfachsten wäre es, mit Glyzerin zu operieren, da man dieses dem feuchten Satze noch vor dem Körnen zusetzen kann. Bisher fehlt es jedoch an praktischen Erfahrungen, um über diese Neuerung ein Urteil zu gewinnen.

Eine Sprengkapsel mit neuartig zusammengesetzten und neu angeordnetem phlegmatisiertem Sprengsatz beschreibt Wilhelm Venier in dem Österr. Pat. 40619 vom 15. Juni 1909 (vgl. Patenttext S. **199**). Zur Herstellung des phlegmatisierten Satzes werden 5 Gewichtsteile Knallquecksilber, 1·0 bis 1·5 Teile Kaliumperchlorat und 0·5 bis 1·0 Teile Paraffin gemischt, dann mit Benzol zu einem Teig angerührt, getrocknet, gekörnt und zuletzt in die Kapsel eingefüllt. Zur Phlegmatisierung kann statt Paraffin auch Trinitrotoluol mit einem Zusatz von Rizinusöl verwendet werden. Als brisanter Zündsatz zur Initialzündung dient Acetylensilber gemischt mit Knallquecksilber im Verhältnis 1 : 2.

Statt jedoch wie bei den bisher üblichen Kapseln dieser Art, die beiden Zündsätze übereinander anzuordnen (Fig. 81), ordnet man gemäß vorliegender Erfindung die Sätze nach Fig. 82 an.

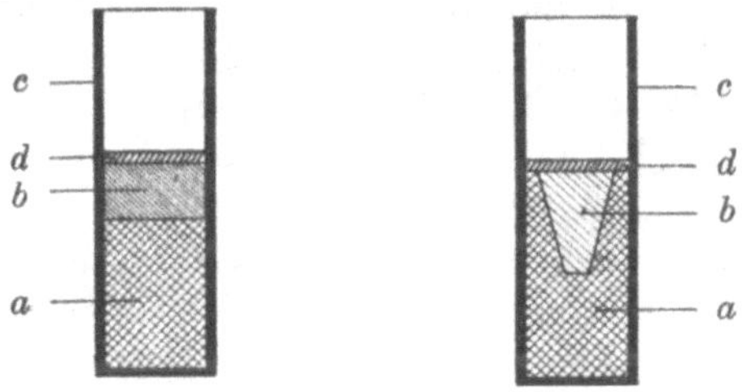

Fig. 81. Fig. 82.
Sprengkapseln mit phlegmatisierter Füllung.
***a* ist der phlegmatisierte, *b* der brisante Zündsatz, *c* die Kapsel und *d* die Deckplatte.**

Durch diese hohle Anordnung soll einmal die Berührungsfläche des brisanteren mit dem phlegmatisierten Zündsatz vergrößert und damit die Zündwirkung erhöht werden; anderseits soll durch die vollständige Einbettung des ersteren durch den zweiten phlegmatisierten die Explosionsgefahr durch äußere Einflüsse vermindert werden. Auf der Zeichnung hat diese Änderung viel bestechendes; ob sie sich aber beim Laden und Pressen der Kapseln ebenso verhält, ist nicht vorauszusehen.

7. Sprengkapseln mit rein organischer Füllung.

Die praktisch benutzten Initialsprengstoffe waren bis heute anorganischer Natur und stets metallhaltig (Knallquecksilber, Azide). Nun ist es in jüngster Zeit gelungen, rein organische Verbindungen von hochkräftiger Initiierwirkung zu Sprengkapselfüllungen heranzuziehen. Zu diesen Verbindungen gehören die Diazobenzolperchlorate (E. Herz, D.R.P. 258679 vom 27. April 1911, Engl. Pat. 27198/1912) und das Hexamethylentriperoxyddiamin (Frhr. v. Girsewald, D.R.P. 274522 vom 14. Sept. 1912). Diese Substanzen, welche das Knallquecksilber an Zündkraft um ein vielfaches übertreffen, sollen nach den Versuchen der Patentinhaber geeignet sein, das Knallquecksilber sowohl in Sprengkapseln wie in Zündhütchen gänzlich zu ersetzen.

Von den Diazoperchloraten sollen vorzugsweise die explosionskräftigen Perchlorate des Nitrodiazobenzols und des Nitrobisdiazobenzols

$$\left(C_6H_4{-}NO_2{-}N_2{-}ClO_4 \quad \text{und} \quad C_6H_3NO_2{<}\begin{matrix}N_2{-}ClO_4\\N_2{-}ClO_4\end{matrix}\right)$$

benutzt werden. Nach dem oben angeführten Patente füllt man 0·2 bis 0·3 g dieser Substanzen entweder für sich in eine Kapsel Nr. 2 oder 3 oder man verbindet dieselben mit einem andern brisanten Sprengstoff, indem man z. B. 1 g Pikrinsäure in eine Hülse Nr. 8 einfüllt und hierauf eine Menge von 0·02 g Nitrodiazobenzolperchlorat aufpreßt. Im letzteren Falle muß jedoch eine unmittelbare Berührung des Aufsatzes mit der Pikrinsäure vermieden werden, da beide Sprengstoffe unter Zersetzung aufeinander wirken können. Man erreicht dies durch Dazwischenschaltung eines gut schließenden Stanniol- oder dünnen Kupferplättchens. Zweckmäßig schließt man auch die ganze Ladung durch ein derartiges, aber durchlochtes Plättchen ab, einesteils um ein Herausfallen des Satzes zu verhindern, andernteils um einer gefährlichen Reibung beim Einführen der Zündschnur vorzubeugen.

Leider sind diese überaus explosiven und initiierfähigen Diazoverbindungen — wie bereits auf S. 183 dargetan wurde — derart empfindlich und auch zersetzlich, daß sie sich wohl schwerlich praktisch benutzen lassen.

Analog den Diazoperchloraten kann wohl auch das Hexamethylentriperoxyddiamin $N(CH_2{-}O{-}O{-}CH_2)_3N$ zu Sprengkapselfüllungen benützt werden. Nach dem Vorschlag der Patentschrift wird das Hexamethylentriperoxyddiamin in Verbindung mit Trinitrotoluol angewendet, indem man z. B. 0·05 bis 0·1 g des ersteren zusammen mit 1 g des Trinitrokohlenwasserstoffs auf bekannte Art in eine Kupferhülse Nr. 8 mit oder ohne abschließende Metallkapsel einpreßt. — Ein anderes Superoxyd, das Benzoylperoxyd, 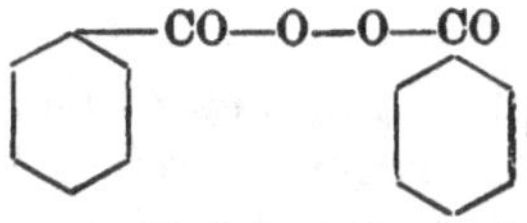

, soll nach dem Engl. Pat. 23450 vom Jahre 1912 für sich allein oder im Gemisch mit anderen Explosivstoffen zu Initialfüllungen aller Arten Verwendung finden.

Nitrodiazobenzolperchlorat und Hexamethylentriperoxyddiamin eignen sich nach den Patentschriften auch ganz besonders zur Darstellung von Zündhütchen, zumal für Patronenzündungen als Ersatz des Knallquecksilbers. Die Einführung eines rein organischen, völlig vergasbaren Initialzündstoffes müßte zweifellos vor den Schwermetallsalzen viele Vorzüge haben, namentlich vor dem Knallquecksilber, dessen Quecksilberdämpfe vor allem die Schußwaffen angreifen. Die Praxis zeigt aber, daß von der Entdeckung einer Verbindung als Initialexplosivstoff noch ein langer, sehr mühsamer Weg bis zum Ziele der praktischen Ausnützung zurückzulegen ist. Darum wird man noch abwarten und der Zeit das weitere Urteil über die Anwendungsfähigkeit dieser empfindlichen und wenig beständigen organischen Initialzündkörper überlassen müssen.

8. Sprengkapseln mit Schwermetallacetyleniden.

Schon im Jahre 1902 hat die Dynamit-Aktien-Gesellschaft Nobel die Verwendung von Acetylensilber[1] an Stelle des Knallquecksilbers zu Sprengkapselfüllungen vorgeschlagen. Das Acetylensilber sollte darnach für sich, als auch in Mischung mit Kaliumchlorat Sprengsätze ergeben, die gegen Reibung oder Pressung weniger empfindlich als Knallquecksilber sind, dagegen durch Zündung heftig explodieren. — Nach einem neueren Patente von Venier und Ullrich[2] kann außer Acetylensilber auch das billigere Acetylenquecksilber benutzt werden, zweckmäßig jedoch immer in Verbindung mit Knallquecksilber und einem Oxydationsmittel, z. B. Kaliumchlorat. Besonders vorteilhaft hat sich ein Gemenge von Acetylenquecksilber bzw. Acetylensilber mit Knallquecksilber für elektrische Zündung erwiesen. Zur Füllung von Perkussions- und Sprengkapseln wird folgende Mischung angegeben:

[1] Franz. Pat. 321285 vom 21. Mai 1902.

[2] Österr. Pat. 40471 und 40472 vom 1. Juli 1909.

Knallquecksilber	. . . . .	4 Teile
Acetylensilber	. . . .	2 Teile
Kaliumchlorat	. . . . . .	1 Teil.

Diese Mischung zeigt bei geringerer Empfindlichkeit ein beträchtlich größeres Zündungsvermögen als reines Knallquecksilber, was wohl darauf zurückzuführen ist, daß das Knallquecksilber durch die brisantere Acetylenverbindung sensibilisiert wird (vgl. S. 176).

9. Sprengkapseln mit knallquecksilberfreien Zündsätzen.

Von allen heute in der Sprengtechnik angewendeten Explosivstoffen ist das Knallquecksilber derjenige, welcher unter Berücksichtigung des Verhältnisses des Volumens zu der in der Substanz aufgespeicherten Energie in hervorragender Weise geeignet ist, als Initialzündung zur Einleitung der Explosion der sogenannten indirekten Sprengstoffe zu wirken. Die außerordentliche Sensibilität des Knallquecksilbers gegen geringfügige äußere Einflüsse und die Gefährlichkeit desselben in sanitärer Beziehung sind jedoch Eigenschaften, die schon lange den Wunsch rege werden ließen, einen Ersatz für das Knallquecksilber zu schaffen. In dieser Richtung sind daher schon die mannigfaltigsten Vorschläge gemacht worden, jedoch mit nur geringem Erfolg. Was man bis heute erreicht hat, ist lediglich nur ein teilweiser Ersatz des Knallquecksilbers in dem Sinne, daß letzteres mit anderen hochbrisanten Sprengstoffen oder Zündsätzen kombiniert wird. Der Vorteil bei der Herstellung derartiger Zündsätze liegt eigentlich nur auf ökonomischem Gebiete, da die Anwendung von weniger Knallquecksilber die Herstellungskosten zwar verbilligt, die Fabrikation jedoch kaum ungefährlicher gestaltet.

Die wirksamsten knallquecksilberfreien Sprengsätze sind dadurch gekennzeichnet, daß sie — natürlich abgesehen von den Sprengkapseln mit Bleiazid- oder organischer Füllung — in irgend einer Form ein Schwermetallrhodanat (schwefelcyansaures Salz) gemischt mit einem leicht sauerstoffabgebenden Körper (Kaliumchlorat) enthalten. In einem der ersten Patente[1] betreffend den vollständigen Ersatz des Knallquecksilbers wird die Rhodanammoniakverbindung des Kupfers als Basis solcher Zündsätze vorgeschlagen. Das Kupferammoniumrhodanat von der Formel $Cu(NH_3CNS)_2$ wird als ein in blauen Nadeln kristallisierender Körper erhalten, wenn man eine ammoniakalische Lösung von Rhodanammonium auf Kupfervitriol einwirken läßt. Mischt man diese Verbindung mit Kaliumchlorat, so erhält

---

[1] D.R.P. 148203 vom 1. Sept. 1901 (Rheinische Dynamitfabrik in Köln).

man einen höchst explosibeln Knallsatz, der in Sprengkapseln eingefüllt und mit einem indirekten Sprengstoff in Verbindung gebracht, als Initialzündung wirkt. Beispielsweise werden folgende Mischungen angegeben:

1. 2·1 Teile Rhodanmetallverbindung (Kupferammoniakrhodanat) und
   4·9 Teile Kaliumchlorat, oder
2. 1·2 Teile Rhodanmetallverbindung, 6 Teile Kaliumchlorat und 1 Teil Schwefel.

Diese Knallsätze sollen in Mengen von 0·2 bis 1 g die Dynamite zu detonieren vermögen und sich auch als Perkussionszündmittel eignen. — Einen komplizierter zusammengesetzten Sprengsatz dieser Art gibt die Westfälisch-Anhaltische Sprengstoff-A.-G.[1] an:

25	Teile	Trinitronaphthalin,
10	„	Dinitronaphtholsulfosäure-Diamidophenol,
30	„	Sulfocyanquecksilber (Quecksilberrhodanat),
35	„	Kaliumchlorat.

Über eine praktische Verwendung solcher Zündsätze ist jedoch nie etwas laut geworden; auch scheint man von diesen Versuchen in der Folgezeit wieder abgekommen zu sein. Indessen ist in den letzten Jahren der Erfindungsgeist auf diesem Gebiete wieder rege geworden, und man sucht durch die Wahl besser geeigneter Schwefelcyanmetallverbindungen dem alten Knallquecksilberersatzgedanken neue Gestalt zu verleihen. Da ist in erster Linie ein Vorschlag[2] des Spaniers Calvet zu erwähnen, wonach ein vollkräftiger Initialsprengstoff durch Mischung von Persulfocyansäure, Isodithiocyansäure oder Pseudoschwefelcyan bzw. deren Schwermetalle mit Kaliumchlorat oder Kaliumperchlorat entsteht. Besonders in Betracht für diesen Zweck kommen das Persulfocyankupfer $CuC_2S_3N_2$ und das Persulfocyanblei $PbC_2S_3N_2$, das Isodithiocyankupfer $CuC_2N_2S_2$ und das Isodithiocyanblei $PbC_2N_2S_2$ und das Kupfer- und Bleisalz des Pseudoschwefelcyans, $Cu(C_3N_3S_3)$ und $Pb(C_3N_3S_3)$. Zur Herstellung von Sprengsätzen werden die obigen Verbindungen mit Kaliumchlorat bzw. Kaliumperchlorat gemischt, beispielsweise 1 Teil Sulfocyansäure oder Sulfocyankupfer mit

[1] Engl. Pat. 24633 vom 10. Nov. 1902.
[2] D.R.P. 263231 vom 12. Juni 1912, sowie Patente in andern Staaten (vgl. S. 216).

2·5 bis 3 Teilen Kaliumchlorat. Die Vorteile dieser Initialzündsätze sollen einmal in der äußerst brisanten Wirkung, dann in der Unveränderlichkeit und ausgezeichneten Lagerungsfähigkeit und endlich in der billigen Herstellungsweise liegen. Das hohe Initiierungsvermögen beruht im wesentlichen auf der Wirkung der einfachen Gruppen C, N, S in Verbindung mit Chloraten.

Eine andere knallquecksilberfreie Mischung[1] neueren Datums besteht aus Antimonsulfid, Sulfocyanblei, Kaliumchlorat und Trinitrotoluol.

Vierter Teil.

Prüfung der Sprengkapseln.

So wenig wie wir für die Prüfung der brisanten Sprengstoffe direkte Methoden besitzen, welche eine einwandfreie absolute Messung der Explosivkraft erlaubten, so wenig ist dies bei den Sprengkapseln der Fall. Die Prüfung erstreckt sich fast ausschließlich auf eine empirische Bestimmung der Wirkung der Sprengkapseln, und wenn auch wissenschaftlich dies Verfahren nicht ganz zutreffend ist, so erhält man doch relativ ganz brauchbare Anhaltspunkte für die Beurteilung des Wirkungswertes der verschiedenen Kapseln.

Die Prüfung der Sprengkapseln[2] geschieht durch zwei Methoden, die sich gegenseitig ergänzen und die stets zusammen ausgeführt werden müssen, wenn es auf eine verläßliche Ermittlung der Sprengkapselwirkung ankommen soll. Die beiden Verfahren sind

1. Die Bleiblockmethode nach Trauzl, und
2. die Bleiplattenmethode.

1. Prüfung im Bleiblock nach Trauzl.

Hierzu dienen kleinere, aus reinem weichem Blei hergestellte Zylinder, die einen Durchmesser von 100 mm, eine Höhe von 100 mm und eine zentrale Bohrung von 55 mm Tiefe von der Größe der zu prüfenden Kapsel besitzen. Durch die Explosion entsteht eine Ausbauchung des Bleizylinders, welche von der Größe und Qualität der betreffenden Kapsel abhängt; diese wird durch Wasser gemessen und beträgt bei:

Sprengkapseln	Nr.	8	(2 g	Füllung)	28 bis	30 cm³
„	„	9	(2·5 g	„)	45 „	50 „
„	„	10	(3 g	„)	95 „	105 „

---

[1] Amerik. Pat. 1027814 vom 14. März 1912.

[2] Vgl. R. Förg, Mitt. über Gegenst. des Art.- und Geniewesens 1916, S. 331 u. 510 (Sprengtechnische Untersuchung moderner Sprengkapseln).

Folgende Figuren zeigen das sehr verschiedene Ergebnis einer derartigen Prüfung:

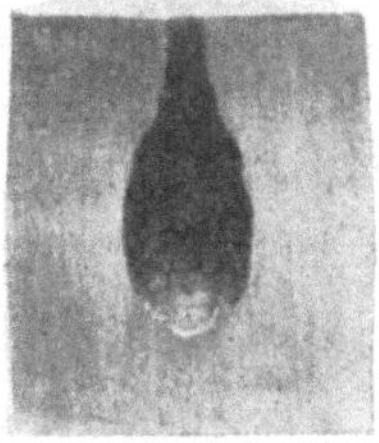

Fig. 83.
25·6 cm³
Knallquecksilber.

Fig. 84.
15·3 cm³
Chloratotrimerkuraldehyd.

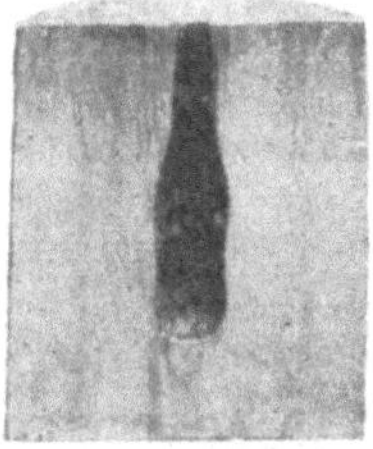

Fig. 85.
7·5 cm³
Basisches Nitromethanquecksilber.

Zu diesem Zwecke wurden je 2 g Substanz in eine zylindrische Kupferhülse von 6·85 mm Durchmesser und 45 mm Länge geladen und in die axiale Bohrung von 7 mm Durchmesser und 55 mm Tiefe eines zylindrischen Bleiblocks eingeführt und mittels Zündschnur gezündet. Die Ausbauchung wurde durch Einlaufenlassen von Wasser aus einer graduierten Bürette gemessen. Eine andere Versuchsreihe ergab für reines Knallquecksilber 25·3 cm³, für 80%iges Knallquecksilber-Kaliumchloratgemisch 33·6 cm³ und für Bleiazid 21·5 cm³ Ausbauchung. — Auffällig ist der hohe Ausbauchungsbetrag des 80%igen Knallquecksilber-Kaliumchloratgemisches gegenüber reinem Knallquecksilber. Dieser ist allein auf die hohe Wärmeentwicklung zurückzuführen, welche durch die oxydierende Wirkung des Kalium-

Fig. 86.
Diazobenzolnitrat.

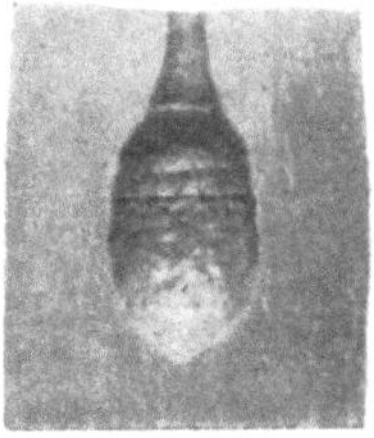

Fig. 87.
Schwefelstickstoff.

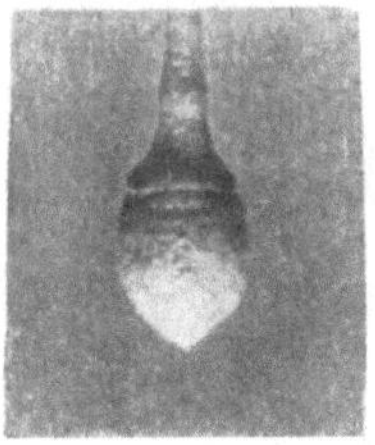

Fig. 88.
Knallquecksilber.

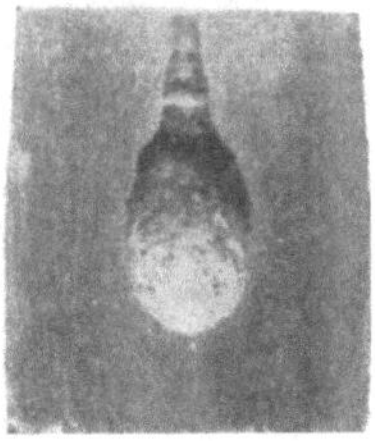

Fig. 89.
Silberazid.

chlorats auf die Explosionsprodukte des Knallquecksilbers, hauptsächlich auf die Oxydation des Kohlenmonoxyds zu Kohlendioxyd, entsteht. Die Größe der Bleiblockausbauchung ist wesentlich durch die Wärmeentwicklung während der Explosion bedingt und steht mit der Brisanz in keinem Zusammenhang.[1] Wie sehr die Ausbauchung von der Verbrennungswärme abhängig ist, zeigt folgende Tabelle nach den Versuchen von L. Wöhler.[2]

Initialzündstoff	Ausbauchung von 2 g Substanz	Größte Ladedichte	Verbrennungswärme Kalor. f. 1 kg
Diazobenzolnitrat	43·1	1·459	687
Schwefelstickstoff $d = 2·22$ . .	39·2	2·112	700
Knallquecksilber $d = 4·43$ . .	25·6	3·368	403
Silberazid	22·6	3·382	452

Die Tabelle zeigt ferner, daß die Bleiblockprobe allein zur Sprengkapselprüfung nicht genügt, da gerade Diazobenzolnitrat und Schwefelstickstoff, trotz ihrer hohen Ausbauchungsbeträge schlechte Initialzünder sind und dem Knallquecksilber hierin weit nachstehen. Es muß daher noch eine Prüfung auf Brisanz ausgeführt werden.

2. Prüfung auf der Bleiplatte.

Um die Wirkungsfähigkeit der Sprengkapseln nach dieser Methode zu erproben, stellt man dieselben mit dem geschlossenen Ende vertikal auf eine kleine quadratische Bleiplatte und bringt sie mittels Zündschnur zur Explosion: die Kapsel schlägt dabei ein Loch in die Bleiplatte und bringt auf dieser noch weitere charakteristische Merkmale hervor, so daß sich aus den Explosionsspuren der vorhandenen Sprengkraft ein annäherndes Urteil über die Gebrauchsfähigkeit der Kapseln gewinnen läßt. Zu dieser Probe benutzt man Bleiplatten aus weichem Walzblei von verschiedener Stärke, die 35 bis 40 mm im Quadrat haben, und zwar für

Nr. 1	in einer Dicke von	2·5 mm
„ 2, 3, 4	„ „ „ „	3 bis 3·5 mm
„ 5, 6	„ „ „ „	5 mm
„ 7, 8	„ „ „ „	7 „
„ 9, 10	„ „ „ „	8 bis 9 mm.

[1] Diese Ansicht deckt sich auch mit der Beobachtung, daß Sprengstoffe, die Aluminiumpulver mit einem Sauerstoffträger als Zumischung enthalten, im Bleiblock beschossen, außergewöhnlich hohe Ausbauchungen liefern, weil sich die beiden Komponenten bei der Explosion unter großer Wärmeentwicklung miteinander verbinden.

[2] Zeitschr. f. Schieß- u. Sprengst. 1907, 247.

Die Beschießung der Bleiplatten geschieht am besten nach folgender Anordnung (Fig. 90).

Nach der Explosion muß bei einwandfreier Gebrauchsfähigkeit einer Kapselnummer die dazu dienende Bleiplatte vollständig durchschlagen werden und die Oberfläche eine gleichmäßige, radikale Strahlung aufweisen, herrührend von der staubfein zerrissenen Kupferhülse, die nun, über die Bleiplatte hinwegfegend, diese Furchenbildung verursacht. In den folgenden Photogrammen[1] (Fig. 91) sind Vergleichsbeschußproben von reinem Knallquecksilber, 80%igem Knallquecksilber-Kaliumchloratgemisch und Bleiazid dargestellt, wie sie als Muster einer tadellosen Sprengkapsel gelten können. Die Proben wurden in der Weise ausgführt, daß je 2 g Substanz in eine zylindrische Kupferhülse von 6·85 mm Außendurchmesser und 45 mm Länge mit einem Druck von etwa 200 kg/cm^3 gepreßt wurden. Die derart geladenen Kapseln wurden im Mittelpunkt von 5 mm dicken, quadratischen Bleiplatten, welche nur an der Peripherie auflagen, aufgesetzt und mittels Zündschnur gegründet.

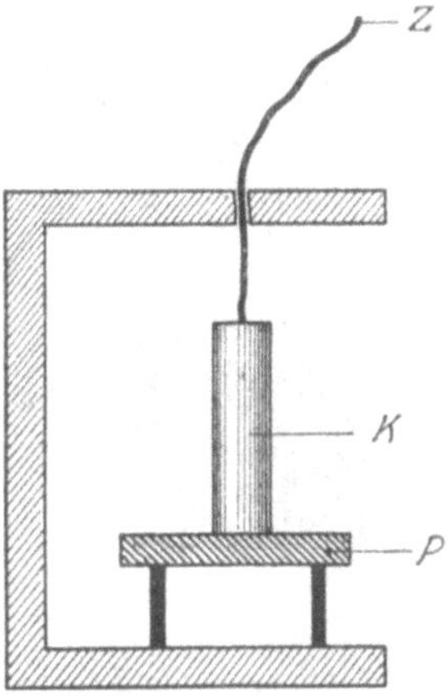

Fig. 90. Bleiplattenprüfung. *Z* bezeichnet die durch einen Bügel geführte und gehaltene Zündschnur, *K* die Sprengkapsel und *P* die Bleiplatte.

Wie aus den Figuren ersichtlich ist, vermögen sämtliche 3 Körper eine Bleiplatte von 5 mm Dicke glatt zu durchschlagen, und zwar ist bei der angewandten niedrigen Pressung der Substanzen das Loch bei den 80%igen Knallquecksilber-Kaliumchloratgemisch um eine Kleinigkeit größer als bei reinem Knallquecksilber und Bleiazid. Auf sämtlichen Platten kann ferner eine feine, radiale Strahlung beobachtet werden, die sich über die ganze Oberfläche der Bleiplatte erstreckt, hervorgerufen von den feinen Kupfersplittern, in welche die Kupferhülse bei der Explosion zerteilt wird. Das Aussehen der Strahlung ergibt einen guten Anhaltspunkt für die Brisanz der unter diesen Bedingungen zur Detonation gebrachten Sprengkapselfüllung, und zwar ist die Strahlung um so feiner, je größer die Brisanz des betreffenden Körpers ist. Bei langsam explodierenden Stoffen dagegen wird

[1] Bleiazid, Druckschrift der Rheinisch-Westfälischen Sprengstoff-A.-G. 1913.

die Einschlußhülse nur ungenügend zerlegt; in diesem Falle beobachtet man dann auf der Bleiplatte grobe Spritzer, herrührend von größeren Kupferstücken und gänzliche Abwesenheit der feinen

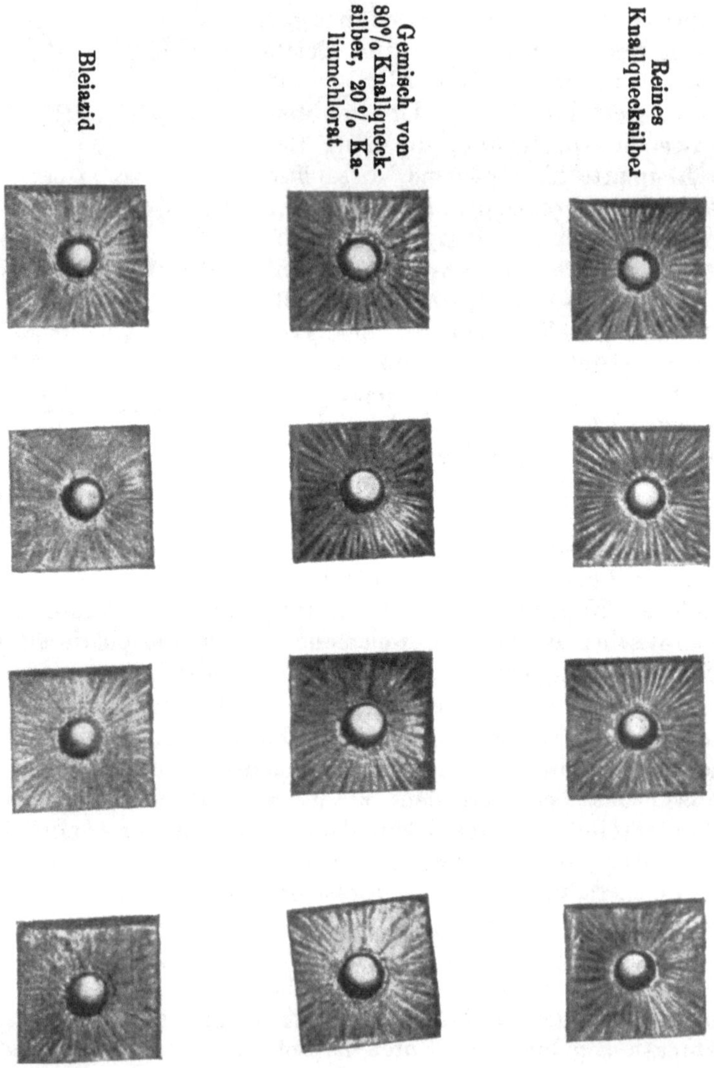

Fig. 91.

Strahlung. Die Bleiplattenprobe ist deshalb zur Beurteilung der Brisanz von Sprengkapseln und artilleristischen Zündern von großer Bedeutung. — Aus den Photogrammen geht weiter hervor, daß die drei Initialfüllungen Knallquecksilber, 80%iges Knallquecksilber-Kaliumchloratgemisch und Bleiazid ungefähr mit derselben Brisanz detonieren.

Sind aber die Kapseln durch nachlässige Aufbewahrung, durch Feuchtlagerung oder durch mangelhafte Fabrikation teilweise verdorben, so geben sie, solange es sich nur um geringe Schäden handelt, statt der feinen Strahlung eine radiale Punktierung, die unregelmäßig verteilt, von mehr oder weniger groben in die Bleiplatte eingeschlagenen Kupferstücken der Hülse herrührt. Diese

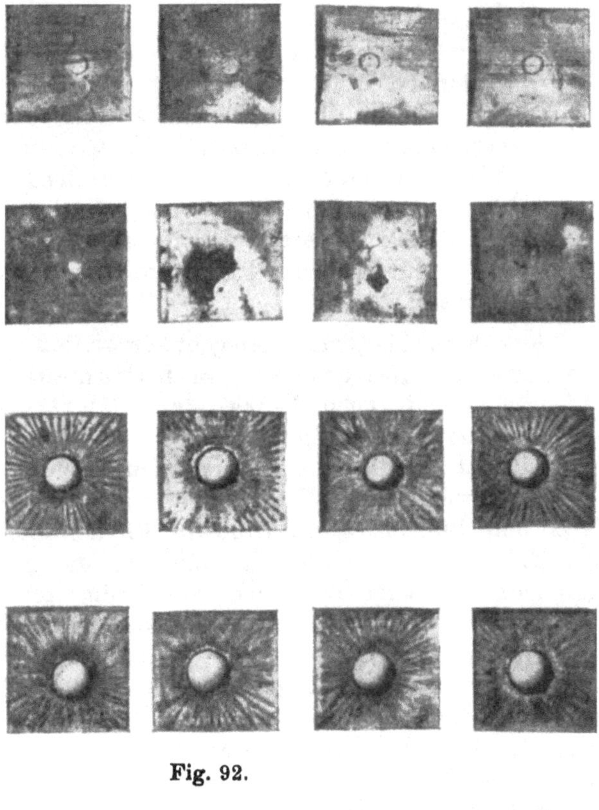

Gemisch von 80%Knallquecksilber und 20% Kaliumchlorat nach 30 Tagen

Tetranitromethylanilin und Knallquecksilber nach 30 Tagen

Bleiazid nach 900 Tagen

Tetranitromethylanilin und Bleiazid nach 900 Tagen

Fig. 92.

Erscheinung läßt sich sehr ausgeprägt an den bei 2000 kg/cm² übergepreßten Proben von 80%igem Knallquecksilber-Kaliumchloratgemisch (Zeitschr. f. Schieß- u. Sprengst. 1914, S. 392) verfolgen. Die Platten sind hier noch scharf durchschlagen, jedoch finden sich, zum Teil ringförmig angeordnet, rauhe aufgerissene Oberflächenpartien, in denen sich kleinere und größere Spritzer eingegraben haben. Sind die Sprengkapseln in sehr schlechtem Zustande, so wird der Durchschlag ungenügend oder hört ganz auf, indem an

Stelle des Loches nur eine Vertiefung in der Bleiplatte zurückbleibt. Derartige, durch Feuchtlagerung stark verdorbene Sprengkapseln ergeben bei der Beschußprobe ein Bild, wie es die ersten beiden Reihen in Fig. 92 darstellen.

Zu diesen Versuchen[1] wurden Kapselsorten von

1. 2 g 80%igem Knallquecksilber-Kaliumchloratgemisch,
2. Tetranitromethylanilin mit einer Initiale von 0·4 g 80%igem Knallquecksilber-Kaliumchloratgemisch,
3. 2 g Bleiazid und
4. Tetranitromethylanilin mit einer Initiale von 0·15 g Bleiazid in der Weise der Feuchtigkeit ausgesetzt, daß sämtliche Kapseln, in offene Blechschachteln verpackt, in einem hermetisch abgeschlossenen Kasten 900 Tage lang über Wasser gelagert wurden. Nach verschiedenen Zeitabständen wurden von den verschiedenen Kapseln eine Anzahl auf der Bleiplatte beschossen, um festzustellen, welche Sorten zuerst durch die Einwirkung der Feuchtigkeit unbrauchbar würden.

Aus obigen Photogrammen geht hervor, daß sowohl die Kapseln, die nur mit Knallquecksilber-Kaliumchloratgemisch geladen waren, als auch Tetranitromethylanilinkapseln mit einer Initiale des gleichen Gemisches schon nach der relativ kurzen Zeit von 30 Tagen völlig unwirksam werden und auf der Bleiplatte sämtlich keinen Durchschlag mehr zu erzeugen vermögen. Nach dem Beschuß von Tetranitromethylanilinkapseln mit Knallquecksilberinitiale wurden in allen Fällen große Sprengstücke gefunden, die zum Teil noch vollständig unveränderten Nitrokörper enthielten — ein Beweis dafür, daß die durch Feuchtlagerung verdorbene Initialladung schon nach 30 Tagen nicht mehr die Fähigkeit besaß, den Nitrokörper zur Explosion zu bringen. Dagegen zeigten sowohl die ausschließlich mit Bleiazid geladenen Kapseln als auch die mit Tetranitromethylanilin und einer Initiale von Bleiazid versehenen Kapseln das überraschende Resultat, daß selbst eine 900 Tage lang andauernde Einwirkung von Feuchtigkeit nicht mehr imstande ist, die Brisanz dieser Kapseln auch nur im geringsten zu ändern.

Zum Schlusse sei noch bemerkt, daß, wenn auch beide Prüfungsmethoden gute Resultate liefern, damit noch keine sichere Gewähr für die tadellose Zündung der Sprengladung gewährleistet ist.

---

[1] Bleiazid, Rh.-Westf. Sprengst.-A.-G. S. 16.

3. Chemische Untersuchung der Sprengkapseln.

Die meiste Schwierigkeit bei der Untersuchung der Sprengkapselsätze bietet die Herausbeförderung des Satzinhaltes aus den Hülsen, da sich der gepreßte, festhaftende Zündsatz durch gewöhnliche Lösungsmittel nicht extrahieren läßt. Die Entleerung der Sprengkapseln hat unter Beobachtung aller Vorsichtsmaßregeln hinter einer Schutzvorrichtung zu geschehen und wird am besten folgendermaßen ausgeführt:[1] An einem Tische wird eine 50 cm lange und breite Eisenplatte befestigt, in der Mitte derselben ein kleiner quadratischer Ausschnitt gemacht und ein 5 mm starkes Glas vorgelegt, so daß man gut durchblicken kann. Innerhalb dieser Schutzvorrichtung wird ein Schraubstock angebracht, dessen Backen voneinander parallel verschiebbar sind, welche Bewegung jedoch außerhalb der Eisenplatte erfolgt. Die zu prüfende Kapsel wird nun ganz lose mit ihrem Oberteil in dem Schraubstock befestigt; man begibt sich nun hinter die Schutzvorrichtung, preßt stärker, so daß die Hülse oben zusammengedrückt wird, wartet eine kurze Zeit, nimmt die Kapsel heraus und schüttet den gelockerten Satz auf schwarzes Glanzpapier. Häufig kommt es aber vor, daß man die Prozedur mehrmals wiederholen muß, bis man genügend Material aus den Kapseln entleert hat.

Solange die Sprengkapseln mit dem alten Knallquecksilber-Kaliumchloratgemisch gefüllt waren und allgemein eine wenig wechselnde Zusammensetzung aufwiesen, kam man seltener in den Fall, chemische Analysen vorzunehmen. Meistens bestimmte man den Gehalt an Kaliumchlorat und durch Differenz dann den Gehalt des Knallquecksilbers. Die Sprengkapselsätze für die Bergwerksindustrie bestehen in der Regel aus 85% Knallquecksilber und 15% Kaliumchlorat, diejenigen für militärische Zwecke aus 90% Knallquecksilber und 10% Kaliumchlorat, wobei einige Zehntelprozent Bindemittel außer Acht gelassen sind. Zur raschen Bestimmung des Knallquecksilbergehaltes solcher Sätze ist in vielen Fabriken folgende Methode[2] beliebt:

Etwa 1 g Satz (entnommen aus 2 bis 5 Stück Kapseln) wird in der Kälte einige Zeit mit destilliertem Wasser digeriert, der Rückstand auf ein gewogenes Filter gebracht, ausgewaschen, bei 80 bis 90° getrocknet und als Knallquecksilber gewogen; was an hundert fehlt, ist chlorsaures Kali. Dabei geht man von der Annahme aus, daß das Knallquecksilber in kaltem Wasser so gut wie unlöslich sei. Der Fehler, der hierbei begangen wird, ist aber durchaus nicht gering. Bei Zimmertemperatur löst sich 1 Teil Kaliumchlorat in 17 und 1 Teil Knallquecksilber in

---

[1] Knoll, Knallquecksilber, 133.

[2] Hagen, Zeitschr. f. Schieß- u. Sprengst. 1911, S. 312.

1400 Teilen Wasser. Angenommen nun, wir hätten genau 1 g Satz zur Analyse abgewogen, und derselbe enthalte 0·850 g Knallquecksilber und 0·150 g Kaliumchlorat, so brauchen wir zur Auflösung des letzteren theoretisch allerdings nur $0 \cdot 15 \times 17 = 2 \cdot 55$ g Wasser. Da wir jedoch den Rückstand mit der Spritzflasche auf das Filter bringen und überdies auswaschen müssen, werden wir mindestens 50 g Wasser nötig haben. Diese 50 g lösen $\frac{50}{1400} = 0 \cdot 036$ g Knallquecksilber, es bleiben also ungelöst $0 \cdot 850 - 0 \cdot 036 = 0 \cdot 814$ g, was einem Gehalt an 81·4% entspricht, während in Wirklichkeit 85% vorhanden sind. Zur Korrektur hätte man im Filtrat das Quecksilber mit Schwefelammonium zu fällen, als Sulfid zu wägen und auf Knallquecksilber umgerechnet zum Rückstand des Wasserauszugs hinzuzufügen.

Nachstehendes Beispiel soll eine in dieser Weise ausgeführte Analyse illustrieren.

2·470 g trockener Sprengkapselsatz hinterließ beim Digerieren und Waschen mit kaltem Wasser 1·987 g = 80·4% Knallquecksilber. Das Filtrat mit den Waschwässern wurde auf 200 cm^3 gebracht, in 100 cm^3 das Quecksilber mit Schwefelwasserstoff gefällt und hierbei 0·021 g Schwefelquecksilber erhalten, für die Gesamtmenge also 0·042 g, entsprechend 0·051 g Knallquecksilber. Zusammen ergibt sich 2·038 g Knallquecksilber = 82·5% und als Differenz 17·5% Kaliumchlorat + Bindemittel. — Zur Kontrolle wurde in weiteren 50 cm^3 des Filtrats die Chlorsäure durch Erhitzen mit überschüssiger Lösung von Ferrosulfat in Salzsäure (vgl. quantitative Bestimmung des Kaliumchlorats, S. 239) bestimmt. Die 50 cm^3 entsprechen: 0·2898 g Eisen bzw. 0·10566 g Kaliumchlorat, für die Gesamtmenge also 0·42264 g = 17·1% Kaliumchlorat. Die fehlenden 0·4% kommen auf das Bindemittel.

Zur Bestimmung des Knallquecksilbers kann man auch auf folgende Weise verfahren: Man löst 1 g des Sprengsatzes in verdünnter Salzsäure (1 : 1) bei gelinder Wärme auf, fügt, um das vom Chlorat gebildete Chlor zu zerstören, etwas Alkohol hinzu und erhitzt die Lösung ganz kurze Zeit bis nahe zum Sieden. Eindampfen darf man eine solche Lösung nicht, da das entstandene Quecksilberchlorid mit Wasserdämpfen flüchtig ist. Die chlorfreie Lösung wird nun auf etwa 250 cm^3 verdünnt, und das Quecksilber durch einen raschen Strom Schwefelwasserstoff gefällt. Das abgesetzte Quecksilbersulfid wird durch ein bei 110° getrocknetes, gewogenes Filter filtriert, von Säure vollständig ausgewaschen und hierauf bei 110° bis zum konstanten Gewicht getrocknet. Das gefundene Gewicht multipliziert mit 122·36 $\left(\frac{Hg(CNO)_2}{HgS} 100\right)$ gibt die Menge des Knallquecksilbers direkt in Prozenten an. — Vorzüglich eignen sich auch die elektrolytischen Verfahren; nur erfordern sie eine besondere Elektrolysiereinrichtung. Dabei mag man sich an die Ausführung halten, wie sie bei der quantitativen Analyse für Zündhütchensätze beschrieben ist. Ein neues Verfahren zur elektrolytischen Bestimmung des Knallquecksilbers erwähnt M. S. Losanitsch[1]: 0·4 bis 0·5 g Knallquecksilber werden bei 70 bis 80° sorgfältig getrocknet und dann mit so viel konzentrierter Salpetersäure (2·5 bis 3·5 cm³) behandelt, daß nach der Zersetzung genügend freie Säure bleibt, um eine zur direkten Elektrolyse geeignete Flüssigkeit zu liefern. Bei der Zersetzung wird vorsichtig erwärmt, dann gekocht und schließlich die Lösung auf etwa 120 cm³ gebracht und elektrolysiert. Das auf einer Gazeplatinelektrode niedergeschlagene Quecksilber wird mit destilliertem Wasser und absolutem Alkohol gewaschen, dann über Ätzkali bei Gegenwart von Quecksilber getrocknet und gewogen.

Als qualitative Probe für guten Sprengsatz mag noch erwähnt werden, daß einige Satzkörnchen auf einem Blatt Fließpapier über der Lampe vorsichtig erhitzt, dasselbe durchschlagen sollen.

Seitdem sich nun aber durch Benutzung verschiedener Initialsprengstoffe und brisanter Explosivstoffe die Sprengkapselfüllungen kompliziert haben, können die Kapseln häufiger Gegenstand chemischer Untersuchung werden. So kann der übliche Knallquecksilber-Kaliumchloratsatz, an Stelle des Kaliumchlorats ganz oder teilweise andere Chlorate enthalten, vornehmlich Ammoniumperchlorat, $(NH_4)ClO_4$. Soll dieses Salz qualitativ nachgewiesen werden, so behandelt man den Sprengsatz mit Wasser; es lösen 100 Teile Wasser

0·07	Teile	Knallquecksilber,
6	„	Kaliumchlorat,
20	„	Ammoniumperchlorat.

Der abgedampfte Rückstand kann durch Betupfen mit geschmolzener Kristallsoda oder nach Zusatz von etwas Schwefelkalium mit Natronlauge destilliert, leicht auf Ammoniak geprüft werden. Zur quantitativen Bestimmung des Ammoniumperchlorats wird 1 g vollständig ausgelaugter Satz, wie oben mit Schwefelkalium und Natronlauge destilliert, und das übergegangene Ammoniak unter Zusatz von Methylorange mit $^1/_{10}$ n-Salzsäure (1 cm³ Salzsäure = 0·01175 g $(NH_4)ClO_4$) titriert.

Phlegmatisierte Sprengsätze können als solche meistens schon an ihrer Konsistenz, beim Herausbefördern aus den Kapseln z. B. erkannt werden. Als Phlegmatisierungsmittel des Knall-

[1] Monatshefte f. Chemie 1914, S. 307.

quecksilbers kommen gewöhnlich Glyzerin, Vaseline und Paraffin in Betracht. Die Prüfung auf Glyzerin erfolgt durch Extraktion mit verdünntem Weingeist und Verdampfen der Lösung: ein öliger Rückstand von süßem Geschmack (bei Abwesenheit von Pikrinsäure und anderen Trinitroderivaten) deutet auf Glyzerin. Vaseline wird durch Ausziehen mit Petroläther im Soxhlet-Apparat, Verdampfen und Erhitzen des Rückstandes auf einem Platinbleche an der unter starker Rußbildung erfolgenden Entflammung nachgewiesen. Ähnlich erfolgt der Nachweis des Paraffins, welche Substanz außerdem an der äußeren Beschaffenheit und charakteristischen chemischen Trägheit (gegenüber rauchender Salpetersäure z. B.) sicher erkannt wird.

Handelt es sich darum, zu entscheiden, ob die zu prüfenden Kapseln aromatische Nitrokörper enthalten, so kann, wenn es sich nur um eine qualitative Untersuchung handelt, auch in der Weise vorgegangen werden, daß man, statt den fest sitzenden Kapselinhalt mechanisch herauszubefördern, die Kupferhülse durch verdünnte Salpetersäure zerstört. Voraussetzung ist dabei, daß die betreffenden Nitroverbindungen in einer Nitrierstufe vorliegen, da durch Salpetersäure unter gewöhnlichen Umständen nicht mehr erhöht werden kann, wie das bei Pikrinsäure, Trinitrokohlenwasserstoffen, Tetranitromethylanilin z. B. der Fall ist. Die Lösung von der verdünnten Salpetersäure wird dann größtenteils verdampft und unter Zusatz siedend heißen Wassers rasch filtriert: bei Anwesenheit von Pikrinsäure kristallisiert in der Kälte der größte Teil derselben aus. Außer den charakteristischen Erkennungszeichen der Pikrinsäure (Löslichkeit in Wasser, bitterer Geschmack und Färbungsvermögen der wässerigen Lösung) dient der Schmelzpunkt zur Identifizierung; dieser soll zwischen 120 und 122° liegen (F. P. des reinen Trinitrophenols 122·5°). Ist die Pikrinsäure noch nicht genügend rein, so muß sie ein oder mehrere Male bis zum konstanten Schmelzpunkt umkristallisiert werden. Da jedoch Trinitrobenzol denselben Schmelzpunkt aufweist (121 bis 122°), so macht man zur sicheren Unterscheidung gewöhnlich noch folgende Probe: Eine kleine Menge des ausgeschiedenen Nitrokörpers wird mit Pottasche vorsichtig neutralisiert, auf dem Wasserbade nahe zur Trockne verdampft, neuerdings mit Wasser aufgenommen, filtriert und gewaschen: ein gelbroter, im trocknen Zustande heftig explodierender Niederschlag zeigt Pikrinsäure (Kaliumpikrat) an.

Liegen andere Trinitroverbindungen vor, so zeigt sich das einmal an der Schwerlöslichkeit und der neutralen Reaktion der wässerigen Lösung, ferner an dem heller gelben nicht färbenden

Rückstand. Man wäscht den Rückstand mehrmals mit kaltem Wasser aus und kristallisiert aus Alkohol um. Trinitrobenzol und Trinitrotoluol werden an ihren Schmelzpunkten erkannt (121 bis 122° und 80 bis 81·5°). Tetranitromethylanilin verhält sich gegen Wasser ähnlich wie die Trinitrokohlenwasserstoffe; dagegen löst es sich nur schwer in Alkohol und muß aus Benzol umkristallisiert werden. Reines Tetranitromethylanilin ist ein mehliger, schwachgelblicher Körper vom Schmelzpunkt 129 bis 130°. Wie die Pikrinsäure werden alle diese Nitroverbindungen am sichersten durch genaue Ermittlung des Stickstoffgehalts identifiziert und bestimmt.

Sprengkapseln mit Azidfüllung, verraten sich meistens durch die Anordnung und Beschaffenheit des Inhaltes. Solche Kapseln enthalten vorzugsweise Tetranitromethylanilin mit einem kleinen Aufsatz von Bleiazid oder auch Silberazid, welcher infolge seiner Kleinheit (meist mehrere Zentigramm) nur Azid enthalten kann, da bisher keine anderen anorganischen Initialstoffe bekannt sind, die schon in solch geringen Mengen zündkräftig wären. Das Bleiazid wird an seiner großen Dichte, seiner beträchtlichen Schwerlöslichkeit in Wasser sowie an seiner Explosivität erkannt. Zersetzt man das Bleiazid durch Kochen mit verdünnten Säuren, so kann das Blei als Sulfat oder als Sulfid gefällt und bestimmt werden. Auch das wasserunlösliche Silberazid ist durch Säuren zersetzlich; mit verdünnter Salpetersäure gibt es leicht Stickstoffwasserstoffsäure ab und wird dann an dem durchdringend reizenden Geruche der letzteren leicht erkannt.

Achter Abschnitt.

Patente betreffs Herstellung von Patronenzündsätzen.

D.R.P. 122389 vom 12. August 1900. Österr. Pat. 7074 vom 1. November 1901. Brit. Pat. 14583/1900.

H. Ziegler in Thun (Schweiz). — Verfahren zur Herstellung von Zündsätzen.

Die Erfindung betrifft eine Zündsatzkomposition zur Herstellung von Zündhütchen für Patronen jeder Art, welche die den bisher üblichen Zündsätzen anhaftenden Nachteile vermeidet. Die bis dahin verwendeten Zündsatzkompositionen bestehen in der Hauptsache aus einer Mischung von Knallquecksilber mit Schwefelantimon und einem „Sauerstoffträger". Als solche kommen hauptsächlich chlorsaures Kali und Kalisalpeter zur Verwendung.

Die Zündsätze mit chlorsaurem Kali haben den großen Nachteil, daß ihre Verbrennungsprodukte das Innere des Laufes unter Rostbildung sehr intensiv angreifen. Um diesem Übelstande zu begegnen, müssen die Waffen sofort nach dem Schießen aufs gründlichste gereinigt werden. Ist ein Lauf einmal angerostet, so findet trotz wiederholter Reinigung sehr häufig ein Nachrosten statt. Durch die Rostbildung und das häufige Ausreiben findet aber namentlich bei gezogenen Waffen eine rasche Abnutzung des Laufinnern statt, welche die Präzisionsleistung stark beeinträchtigt und ein vorzeitiges Auswechseln des Laufes nötig macht.

Diejenigen Zündsätze, welche als Sauerstoffträger Kalisalpeter enthalten, zeigen freilich den angeführten Nachteil nicht. Um die gleiche Zündkraft zu erzielen, erfordern dieselben aber einen höheren Gehalt an Knallquecksilber und stellen sich somit auch höher im Preise; ihr Hauptnachteil besteht aber in ihrer geringen Haltbarkeit und großen Empfindlichkeit gegen Feuchtigkeitseinflüsse. Bei der Lagerung solcher Zündhütchen in nicht durchaus trockenen Magazinen verlieren dieselben relativ rasch an Zündkraft und geben dann zu Versagern und Nachbrennern Veranlassung.

Bei Anwendung des neuen Zündsatzes werden die sämtlichen angeführten Nachteile vermieden.

Die Erfindung besteht nun darin, daß den bisher üblichen knallquecksilberhaltigen Zündsätzen Karbonate der Erdalkalien, wie Calcium-, Strontium- und Bariumkarbonat zugesetzt werden. Durch diesen Zusatz wird eine erheblich größere Haltbarkeit der üblichen Zündsätze erzielt. Ferner werden die bisher üblichen Sauerstoffträger, wie chlorsaures Kali und Kalisalpeter, durch Bariumnitrat ersetzt und dabei Bariumkarbonat zugesetzt. Durch diese letztere Stoffkombination wird höchste Haltbarkeit bei Vermeidung jeder Rostbildung in den Waffen erreicht.

Nun sind allerdings alkalische Zusätze zu Zündsätzen auch schon vorgeschlagen worden, aber zu Gemengen von amorphem Phosphor mit Chloraten, Superoxyden usw. In diesen Kompositionen dienen aber die Alkalien lediglich als Entsäurerungsmittel des säurefrei nicht wohl erhältlichen amorphen Phosphors und es können zu diesem Zwecke beliebige alkalisch reagierende Verbindungen benutzt werden. In meinen knallquecksilberhaltigen Zündsätzen dagegen dienen die Zusätze von Karbonaten der alkalischen Erden nicht etwa als Entsäuerungsmittel, da sämtliche Komponenten in vollkommen neutralem Zustande zur Mischung gelangen. Die Karbonate der alkalischen Erden verhindern vielmehr eine Zersetzung des Knallquecksilbers durch die anderen Zündsatzbestandteile, wie z. B. Schwefelantimon, während der oft jahrelangen Lagerung der fertigen Zündhütchen. Es ist nun aber zur Erzielung dieser Wirkung nicht gleichgültig, welche alkalischen Reagentien als Zusatz benutzt werden, da einige wegen zu stark basischer, andere wegen ihrer hygroskopischen Eigenschaften im Gegenteil die Haltbarkeit der Zündsätze herabsetzen würden. Als praktisch vorteilhaft erweisen sich mithin nur die Karbonate der Erdalkalien.

Als Beispiel des neuen Zündsatzes sei folgende Mischung angegeben:

Knallquecksilber	30%
Bariumnitrat	35%
Schwefelantimon	25%
Bariumkarbonat	6%
Glaspulver	4%

Dieselbe muß natürlich den jeweiligen Eigenschaften der verwendeten Pulver gemäß variiert werden.

Nach dem Schießen mit Nitrozellulosepulvern können die Waffen ohne Reinigung tage- bis wochenlang aufbewahrt werden, ohne daß Rostbildung eintritt, was neben der großen Annehmlichkeit weniger häufiger Reinigung auch eine bedeutende Schonung des Laufmaterials bedeutet.

Die Haltbarkeit ist auch bei den höchsten für die Lagerung in Betracht kommenden Temperaturen von 40 bis 50° C unter gleichzeitiger Einwirkung von Feuchtigkeit eine ausgezeichnete und derjenigen aller bisher bekannten Zündsätze bei weitem überlegen. Letztere Eigenschaft macht den neuen Zündsatz namentlich auch für die Verwendung in den Tropen geeignet.

Die Zündungsfähigkeit ist eine ausgezeichnete. Die Verbrennungsrückstände sind gering und haften nur sehr leicht am Metall, so daß sich die Reinigung der Waffen mit größter Leichtigkeit vollzieht. Explosionen bei der Zündsatzfabrikation, die nie ganz zu vermeiden sind, gestalten sich bedeutend weniger heftig, als bei der Verwendung von chlorsaurem Kali.

Die Zündsatzmischung besitzt ein hohes spezifisches Gewicht und läßt sich somit die nötige Satzmenge leicht und ohne Überfüllung in die Kapseln laden. Zur Herstellung des Zündsatzes und der Zündhütchen können die gebräuchlichen Einrichtungen und Werkzeuge verwendet werden.

Patentansprüche:

1. Verfahren zur Herstellung von Zündsätzen, welche als wesentlichen Bestandteil Knallquecksilber enthalten, dadurch gekennzeichnet, daß denselben Karbonate alkalischer Erden zugesetzt werden, zum Zwecke, die zersetzende Einwirkung der übrigen Bestandteile (Schwefelantimon und dgl.) auf das Knallquecksilber zu verhindern,
2. eine Ausführungsform des Verfahrens nach Anspruch 1, wonach neben Bariumnitrat als Sauerstoffträger Bariumkarbonat zur Herstellung des Zündsatzes verwendet wird.

D.R.P. 176719 vom 25. November 1904. Österr. Pat. 29082 vom 15. Februar 1907. Engl. Pat. 27005 vom 10. Dezember 1904. Franz. Pat. 348726 vom 9. Dezember 1904.

Westfälisch-Anhaltische Sprengstoff-Aktien-Gesellschaft in Berlin. — Verfahren zur Herstellung von Knallquecksilberzündsätzen.

Die gebräuchlichen Knallquecksilberzündsätze mit Kaliumchlorat als Sauerstoffträger haben bekanntlich den Nachteil, daß durch ihre Verbrennungsprodukte das Innere des Laufes infolge Rostbildung stark angegriffen wird. Dieser Übelstand wird nach vorliegender Erfindung dadurch beseitigt, daß man in diesen Zündsätzen das Kaliumchlorat ganz oder teilweise durch gleichfalls als Sauerstoffträger wirkende Chromate ersetzt. Die Chromate hinterlassen bei der Verbrennung der Zündsätze die Oxyde der in ihnen enthaltenen Metalle (oder Quecksilber bei Anwendung von Quecksilberchromat), sowie Chromoxyd. Diese Oxyde, welche in feinster molekularer Verteilung vorhanden sind, lagern sich an der Wandung des Laufes ab und bilden einen rostschützenden Überzug. Von den Chromaten eignen sich für den in Rede stehenden Zweck ganz besonders das Blei- und das Quecksilberchromat, doch können auch andere Chromate, wie Barium- und Strontiumchromat, Verwendung finden. Beispielsweise bilden folgende Kompositionen sehr brauchbare rostsichere Zündsätze für Zündhütchen:

	I.	II.	III.	IV.
Knallquecksilber	36	36	40	40
Bleichromat	40	—	26	20
Quecksilberchromat	—	40	—	—
Kaliumchlorat	—	—	10	—
Bleisuperoxyd	—	—	—	16
Schwefelantimon	20	20	—	—
Glaspulver	4	4	6	6

Eventuell können den mittels Chromaten hergestellten Zündsätzen noch geringe Mengen von Oxyden der Erdalkalien, Erdmetalle oder Schwermetalle zugesetzt werden, wodurch die rostschützende Wirkung der Zündsätze bzw. ihre Verbrennungswärme noch erhöht wird.

Engl. Pat. 27005 vom 10. Dezember 1904.
Jasper Wetter in London. — Zündsatz für Zündhütchen.

Die Erfindung bezweckt Zündsätze herzustellen, welche im Gewehrlauf die Bildung einer Schicht veranlassen, die den Lauf vor dem Rosten schützt. Dies soll dadurch erreicht werden, daß Zündsätze bekannter Art Chromate, im besonderen Blei- und Quecksilberchromat zugesetzt werden. Die Wirkung kann noch durch Zusatz von Oxyden oder Peroxyden der Erdalkalien, der Erdalkalimetalle oder Schwermetalle gesteigert werden. Als besonders geeignete Mischungen werden angegeben:

	I.	II.
Knallquecksilber	36	40
Bleichromat	40	20
Antimonsulfid	20	—
Bleisuperoxyd	—	16
Glaspulver	4	6

D.R.P. 190074 vom 11. August 1905. Engl. Pat. 23366 vom 28. Oktober 1904.

Kings Norton Company Ltd. in London, Thomas Abraham Bayliss in Kings Norton und Dr. Henry Winder Brownsdon in London. — Verfahren zur Herstellung von Zündhütchen, Zündern o. dgl.

Die Erfindung bezieht sich auf ein Verfahren zur Herstellung von Zündhütchen, Zündern o. dgl., welche für Handfeuerwaffen und Kriegsmunition behufs Entzündung derselben verwendet werden; durch dieses Verfahren soll eine bessere Wirkung und eine sichere Entzündung erreicht werden. — Gemäß vorliegender Erfindung wird der Substanz oder den Substanzen, welche gewöhnlich zur Herstellung der Zündsätze von Zündhütchen o. dgl. verwendet werden, ein Metall, vorzugsweise Aluminium, oder Metalle in fein pulverisierter Form derart zugesetzt, daß das Metall von den Komponenten des Zündsatzes isoliert ist. Bei Zündhütchen oder Zündern, welche knallsaure Salze oder andere empfindliche Zündsätze enthalten, wird, nachdem der Zündsatz gepreßt ist, Schellackfirnis hinzugefügt, welcher das Aluminium oder ein anderes Pulver verteilt enthält und nach dem Trocknen auf dem Zündsatz einen gleichmäßigen aluminiumhaltigen Überzug bildet. — Für Zündhütchen, welche 0·03 bis 0·04 g knallsaures Salz enthalten, genügt ein Tropfen Firnis, welcher 10% Aluminium enthält; für größere Zündhütchen oder Zünder werden 3 Tropfen des Firnisses hinzugefügt. Es soll jedoch stets die Oberfläche des Sprengstoffes mit dem Aluminiumpulver bedeckt sein, wenn der Firnis trocken geworden ist. Die Menge des Aluminiumpulvers, welche dem Firnis zugefügt wird, kann in weiten Grenzen verändert werden, jedoch muß in den knallsauren Salzen genügend Oxydationsmittel, wie z. B. Kaliumchlorat, im Überschuß vorhanden sein, damit eine vollkommene Verbrennung des Aluminiumpulvers eintritt. Wenn der Firnis in dem Zündhütchen trocken geworden ist, kann er festgepreßt werden, so daß eine vollkommene Überzugsfläche des Aluminiums oder eines anderen metallischen Pulvers an der Oberfläche des Zündsatzes erhalten wird.

Falls die explosive Mischung keinen Überschuß an Oxydationsmitteln besitzt, wird Kaliumchlorat oder dgl. gleichzeitig mit dem Aluminiumpulver hinzugefügt, um eine vollkommene Verbrennung bei der Entzündung des Explosionsmittels zu erhalten. Durch einen Zusatz von Schellackfirnis wird gleichzeitig noch der Vorteil erreicht, daß das Explosionsmittel langsamer verbrennt, während das Aluminiumpulver eine erhöhte Temperatur bewirkt; es wird somit ein doppelter Effekt erreicht, nämlich eine lang anhaltende und erhöhte Temperatur, welche eine absolut sichere Zündung gewährleistet. Für kleine Zünder oder Zündhütchen eignet sich z. B. ein auf folgende Weise hergestelltes Material:

Ungefähr 8 g Korkpulver, welches durch ein Sieb von 30 Maschen hindurchgeht, wird mit dickem Schellack gemischt, bis die gesamte Oberfläche des Korkpulvers mit dem Firnis bedeckt ist. Während des

Dämpfens mit dem Firnis werden 35·2 g einer Mischung von Aluminiumpulver und chlorsaurem Kalium in fein pulverisierter Form hinzugefügt und das Ganze innig gemischt. Die Mischung besteht aus 10 Gewichtsteilen Aluminiumpulver und 24 Teilen Kaliumchlorat. Wenn die Masse trocken geworden ist, wird sie durch ein Sieb von 30 Maschen getrieben, worauf das hindurchgefallene Material nochmals durch ein Sieb von 90 Maschen hindurchgesiebt wird. Dasjenige Material, welches in dem letzten Siebe von 90 Maschen zurückbleibt, besitzt die erforderliche Korngröße. Der in der Substanz enthaltene Kork wirkt wie ein Polster und macht die Substanz gegen Stoß unempfindlich, während die Mischung des Kaliumchlorats mit dem Aluminium durch den Schellack wasserdicht geschützt ist, so daß diese bei einer weiteren Befeuchtung und einem darauffolgenden Trocknen nicht auswittern kann.

D.R.P. 229187 vom 11. Mai 1906 (Zusatz zu 166114 vom 9. August 1904).

Adolf Swoboda und Enzesfelder Munitions- und Metallwerke Anton Keller A.-G. in Wien. — Zündmasse.

Durch das Patent 166114 ist eine von giftigem Phosphor und Schwefel freie Zündmasse geschützt, welche dadurch gekennzeichnet ist, daß sie außer der Grundmasse gepulverten Kork, Eisenmennige und Metall enthält. Weitere, mit der Zündmasse nach Patent 166114 vorgenommene praktische Versuche haben ergeben, daß dieselbe nicht allein als Zündmasse für Zündhölzchen, sondern auch zur Entzündung von Schießpulver ohne weiteres verwendet werden kann.

Zur Entzündung von rauchlosem und Armeepulver ist nach vorhergegangener Variierung der verwendeten Mengen der einzelnen Bestandteile ein Zusatz von solchen Stoffen nötig, welche eine ähnliche Wirkung wie chlorsaures Kali ausüben, d. h. die Sauerstoff abgeben, dabei aber die Verbrennung verlangsamen, wie z. B. Bleioxyd, Calciumplumbat oder andere Verbindungen mit solchen Basen. Eine Zündmasse nach obiger Angabe, für die Entzündung von rauchlosem und Armeepulver verwendbar, hat beispielsweise folgende Zusammensetzung: etwa 88 Gewichtsteile Wasser, 30 Teile Gummi, 60 Teile Kaliumchlorat, 10 Teile roten Phosphor, 7 Teile Kaliumchromat, 3 Teile Kork, 3 Teile Mehl, 5 Teile Eisenmennige, 20 Teile Bleioxyd oder Calciumplumbat usw., 10 Teile Schwefel. — Bei Verwendung dieser Zündmasse zur Entzündung des Pulvers werden die Zündhütchen mit derselben gefüllt, bei einer Temperatur von etwa 75° während etwa einer Stunde getrocknet und dann mit einer Schicht von harten Fettstoffen, wie Wachs, Stearin, Erdwachs, Paraffin usw. gedeckt.

D.R.P. 209812 vom 24. September 1908.

Dr. Albert Lang in Karlsruhe. — Verfahren zur Herstellung von metallhaltigen Knallquecksilberzündsätzen.

Sogenannte rostfreie Zündsätze und Zündsätze mit hohen Verbrennungstemperaturen sind wiederholt beschrieben und auch patentiert worden. Im allgemeinen ging man dabei in beiden Fällen von Zündsätzen mit Knallquecksilber zur Initialzündung aus, und es handelt sich bei der Erzielung der Rostfreiheit darum, das Kaliumchlorat als Rostbildner im Gewehrlauf auszuschalten, und bei der Erzielung hoher Entzündungstemperaturen darum, dem Zündstoff Metallpulver, in erster Reihe Aluminiumpulver, zuzuführen, eventuell mit etwas Kohlenpulver. An Stelle des Kaliumchlorats wurde z. B. Bariumnitrat empfohlen und zur Neutralisierung der Zusatz von Karbonaten; beides wird dem Knallquecksilber nebst einem verbrennenden Stoff, z. B. Schwefelantimon, beigemischt. Die Zumischung des Metallpulvers stößt auf Schwierigkeiten, weil dieselben auf das Knallquecksilber zersetzend wirken. Es wurde darum empfohlen, die Pulver durch Lacke u. dgl. in dem Gemenge zu isolieren.

Vorliegende Erfindung bezweckt nun die Erreichung beider Ziele auf ganz andere Art. Es wird, um Säurebildung zu vermeiden, die das Rosten des Gewehrlaufes begünstigt, dem Zündsatz überhaupt kein Sauerstoffträger zugemengt; und um hohe Entzündungstemperatur hervorzubringen, werden Metallpulver, in erster Linie Magnesium- und Aluminiumpulver, mit Schwefel in äquivalenten Mengen zusammengeschmolzen oder in eine Lösung von Schwefel eingetragen. — Diese Gemenge können in Plättchenform gebracht werden, so daß sie das Zündhütchen nach oben hermetisch abschließen, gegen Temperatureinflüsse, Feuchtigkeit u. dgl. schützen. — Zur Initialzündung wird eine kleine Menge Knallquecksilber verwendet, das mit inerten Mitteln, z. B. Magnesia u. dgl. beliebig abgestimmt werden kann und so empfindlicher oder weniger empfindlich wird. Oder die Metallpulver werden erst mit Schwefel zusammengeschmolzen, dann pulverisiert und eventuell durch teilweise Auflösung und Wiedererhärtung des Schwefels vollständig mit einer Schwefelschicht umgeben, so daß sie auf das Knallquecksilber nicht einwirken können, und hernach diesem beigemengt. Oder das Gemenge von Schwefel, Metallpulver und Knallquecksilber wird zusammengeschmolzen (Schmelzpunkt des Schwefels liegt niedriger als der Explosionspunkt des Knallquecksilbers), wobei der geschmolzene Schwefel die einzelnen Teilchen einhüllt. Oder es wird die Vereinigung von Metall und Schwefel oder Metall, Schwefel und Knallquecksilber durch Auflösung des Schwefels in Äther, Schwefelkohlenstoff, Azeton u. dgl. bewirkt, wobei der gelöste Schwefel die Teilchen des Gemisches voneinander isoliert. Das Verhältnis der Knallquecksilbermenge zu dem beigefügten Schwefelmetallstaubgemisch bewegt sich zweckmäßig zwischen 1 : 1 und 2 : 1.

Die Verbrennungsprodukte bestehen dann außer den Zersetzungsprodukten des Knallquecksilbers, aus geringen Mengen Schwefeldampf, Schwefelaluminium oder Schwefelmagnesium. Diese Stoffe geben bei der hohen Temperatur des Schusses und auch nachher leicht Schwefel ab, der dabei die Fläche des Laufes in Schwefeleisen verwandelt und ihn dadurch rostsicher macht, zumal wenn er vorher eingefettet worden war.

Engl. Pat. 2682 vom 2. Februar 1911. Amerik. Pat. 1029287 vom 11. Juni 1912.

Eley Boos, Esmonton und E. Goodwin, London. — Darstellung von Knallsätzen.

Die Knallsätze bestehen aus: 1. Knallquecksilber in kleinen, aber gleichmäßigen Kristallen, die man durch Fällung aus einer Lösung der Doppelsalze, wie z. B. Cyankalium und Pyridin, erhält und 2. einem Peroxyd, wie dem des Bariums, mit Trinitrotoluol oder dgl. als ganzer oder teilweiser Ersatz des gewöhnlich verwendeten Kaliumchlorats. Diesen Bestandteilen kann man noch Spießglanzerz, Schwefel, Glaspulver oder dgl. beimischen. Es wird folgende Zusammensetzung empfohlen: 3 Teile Knallquecksilber, mit etwa 22% Wasser und 2 Teilen eines Gemisches aus 16 Teilen Bariumoxyd, 7 Teilen Spießglanzerz und $4\frac{1}{2}$ Teilen Trinitrotoluol.

Franz. Pat. 435049 vom 23. September 1911. Engl. Pat. 21337 vom 27. September 1911.

Wilhelm Meyer in Berlin. — Verfahren zur Herstellung von Zündsätzen für Patronen und Zündhütchen.

Die bekannten Zündsätze leiden an dem großen Übelstand, daß sie infolge ihres Gehaltes an Kaliumchlorat ein Rosten des Laufes in Schußwaffen verursachen. Man hat nun bereits versucht, diesen Übelstand dadurch zu beseitigen, daß man als Sauerstoffträger bei der Erzeugung der Zündsätze an Stelle von Kaliumchlorat ein Gemisch von Bariumsuperoxyd mit Trinitrotoluol und Antimon verwendete. Erfinder hat nun festgestellt, daß der genannte Übelstand mit absoluter Sicherheit vermieden wird, wenn man an Stelle von Bariumsuperoxyd Bariumnitrat allein oder in Mischung mit Bleisuperoxyd als Sauerstoffträger verwendet. Als sehr guter Knallsatz wird beispielsweise folgende Mischung angegeben:

Knallquecksilber	25%
Bariumnitrat	25%
Bleisuperoxyd	35%
Schwefelantimon	15%.

Diese neuen Zündsätze sollen außerdem vor den bekannten noch den Vorzug haben, daß sie, obwohl weit empfindlicher, kein Reißen der Patronenböden verursachen.

Engl. Pat. 23493 vom 24. Oktober 1911.

Verfahren zur Herstellung von Zündsätzen für Patronen und dgl.

Die Erfindung betrifft eine Verbesserung des in der britischen Patentschrift 21337 vom 27. September 1911 beschriebenen Verfahrens, nach welchem das bisher in den bekannten Zündsätzen als Sauerstoffträger verwendete Kaliumchlorat durch Bariumnitrat allein oder in Gemisch mit Bariumnitrat und Bleisuperoxyd ersetzt wird. Es hat sich nämlich gezeigt, daß diese Zündsätze die Detonation der neueren rauchlosen Nitropulver nicht immer mit Sicherheit herbeiführen. Dieser Übelstand soll nun dadurch beseitigt werden, das jener Mischung aus Bariumnitrat und Bleisuperoxyd noch ein hochexplosiver Körper, z. B. Kaliumpikrat, zugesetzt wird.

Brit. Pat. 25550 vom 7. November 1912 (Zusatz zu 21337 vom 27. September 1911).

Wilhelm Meyer in Berlin-Wilmersdorf. — Initialzündsätze für Patronen und Zündhütchen.

In dem Hauptpatent ist ein Verfahren zur Herstellung von Zündsätzen beschrieben, dessen wesentliches Merkmal darin besteht, daß an Stelle von Kaliumchlorat in den bekannten, aus Kaliumchlorat, Knallquecksilber, Antimon, Glaspulver, Schwefel usw. bestehenden Zündsätzen Bariumnitrat allein oder im Gemisch mit Bleisuperoxyd und Kaliumpikrat verwendet wird. Es ist nun vom Erfinder festgestellt worden, daß sich die Zündungsfähigkeit dieser Zündsätze beträchtlich durch einen Zusatz von Siliciden der Erdalkalien steigern läßt. Beispielsweise wird folgende Mischung empfohlen: 20% Knallquecksilber, 40% Bariumnitrat, 20% Antimonsulfid, 10% Kaliumsilicid und 10% Bleisuperoxyd.

D.R.P. 274000 vom 29. November 1912.

Deutsche Waffen- und Munitionsfabriken in Karlsruhe i. B. — Verfahren zur Herstellung von phosphorhaltigen Zündsätzen.

Die Erfindung bezweckt, wie das bei Zündsätzen anderer Art bereits schon versucht wurde, eine räumliche Isolierung des Phosphors von dem Sauerstoffträger, dadurch, daß der Phosphor mit einer dünnen Schicht eines auf ihn nicht einwirkenden Stoffes überzogen und in diesem Zustande völlig isoliert in den Sauerstoffträger hinein oder an ihn gebettet wird. Durch diese Anordnung oder Herstellungsweise wird die gleiche Wirkung wie bei Gemengen aus amorphem Phosphor und Zündmasse erreicht, jedoch die Gefahr bei Herstellung der Zündsätze fast ganz beseitigt. Auch die Haltbarkeit des amorphen Phosphors ist bei der neuen Herstellungsweise eine unbegrenzte, da er durch eine dünne Schicht auf ihn nicht einwirkender Stoffe von dem Sauerstoffträger getrennt ist. — Dem Phosphor wie dem Sauerstoffträger können noch brennbare oder zu anderen Zwecken dienende Stoffe vorteilhaft beigemengt werden. Bei der Anfertigung von Zündhütchen gestaltet sich das Verfahren beispielsweise wie folgt:

Fein pulverisierter amorpher Phosphor wird mit Sikkativ, in dem etwas Diphenylamin oder Anilin gelöst ist, innig verrührt und erforderlichenfalls durch ein Sieb getrieben. Wenn die Phosphorklümpchen alle verteilt sind und das Ganze einer roten Farbe ähnlich sieht, wird eine entsprechende Menge säurefreien Öllacks zugesetzt, so daß der so hergestellte Phosphorlack eine zum Streichen günstige Beschaffenheit besitzt. Mit diesem Lack werden die Deckfolien der Zündhütchen gleichmäßig auf der einen Seite bestrichen und dann getrocknet. Der Lack haftet nach dem Trocknen fest an der Folie und der Phosphor ist luftdicht abgeschlossen. Inzwischen werden die Kapseln der Zündhütchen mit einem Gemenge von ungefähr 3 Teilen Schwefelantimon und 7 Teilen Kaliumchlorat gefüllt und dann die Zündmasse mit einer wie oben beschriebenen vorbereiteten Folie gedeckt, so daß der Lack auf die Zündmasse zu liegen kommt. Sodann werden die Zündhütchen gepreßt, so daß die festhaftende Folie den ganzen Zündsatz gut dichtet.

An Stelle des Lacküberzuges auf der Deckflächekann auch etwas Phosphorlack auf die innere Seite des Kapselbodens oder auf den gepreßten Zündsatz getropft werden, so daß sich das Phosphorzündmittel in Form einer Pille, Tablette oder dgl. entweder zwischen Kapselboden und Zündsatz oder zwischen Zündsatz und Deckfolie eingebettet befindet oder letztere ersetzt.

D.R.P. 277566 vom 15. Februar 1913. Brit. Pat. 6057/1913. Franz. Pat. 455369 vom 21. Februar 1913. Schweiz. Pat. 62358 vom 5. Februar 1913.

Rheinisch-Westfälische Sprengstoff-A.-G. in Köln. — Verfahren zur Herstellung von Zündsätzen für Gewehrzündhütchen und Zündhütchen kleinerer Handfeuerwaffen.

In dem Patent 238942 ist bereits ein Verfahren beschrieben zur Verwendung von Schwefelstickstoff in Verbindung mit Schwermetallaziden oder Knallquecksilber zur Herstellung von Initialzündungen. Diese Zündsätze zeichnen sich durch große Brisanz aus und können daher nur als Sprengkapseln oder Granatzünderfüllungen Verwendung finden. — Es wurde nun gefunden, daß Schwefelstickstoff in Mischung mit einem Oxydationsmittel, wie z. B. Bleisuperoxyd, Bariumnitrat, Bleinitrat, Kaliumpermanganat usw. weniger brisante Zündsätze liefert, die sich in vorzüglicher Weise zur Herstellung von Gewehrzündhütchen eignen. Diese Zündhütchen zeichnen sich vor den bisher bekannten Gewehrzündhütchen infolge ihrer größeren Durchschlagskraft und intensiveren Zündung aus. Die entwickelten Gase sind absolut unschädlich und greifen den Gewehrlauf nicht an, so daß derartige Zündsätze als vollständig rostfrei zu bezeichnen sind. Die Zündempfindlichkeit bei Schlag ist eine sehr gute, und der Körper ist absolut stabil und lagerbeständig.

Schweiz. Pat. 62358 vom 15. Februar 1913. Franz. Pat. 455369 vom 21. Februar 1913.

Dr. Conrad Claessen in Berlin. — Verfahren zur Herstellung von Initialzündsätzen.

Es ist bereits versucht worden, Schwefelstickstoff gemeinsam mit Schwermetallaziden oder Knallquecksilber zur Herstellung von Initialzündungen zu verwenden. Diese Zündsätze zeichnen sich jedoch durch große Brisanz aus und können daher nur als Sprengkapsel- oder Granatzünderfüllungen Verwendung finden.

Es wurde nun die erstaunliche Tatsache gefunden, daß Schwefelstickstoff allein oder in Mischung mit einem Oxydationsmittel, wie z. B. Kaliumchlorat, Bleisuperoxyd, Bariumnitrat, Bleinitrat, Kaliumpermanganat usw., weniger brisante Zündsätze liefert, die sich in vorzüglicher Weise zur Herstellung von Gewehrzündhütchen oder Zündhütchen für kleinere Handfeuerwaffen eignen. Durch Verwendung von Schwefelstickstoff hergestellte Zündhütchen zeichnen sich vor den bisher bekannten Gewehrzündhütchen infolge ihrer größeren Durchschlagskraft durch intensivere Zündung aus. Die entwickelten Gase sind absolut unschädlich und greifen den Gewehrlauf nicht an, so daß derartige Zündsätze als vollständig rostfrei zu bezeichnen sind. Die Zündempfindlichkeit bei Schlag ist eine sehr gute und der Körper ist absolut stabil und lagerbeständig.

Patentanspruch: Verfahren zur Herstellung von Zündhütchen, dadurch gekennzeichnet, daß man Schwefelstickstoff verwendet.

Unteranspruch: Verfahren gemäß Patentanspruch, dadurch gekennzeichnet, daß man Schwefelstickstoff gemeinsam mit Oxydationsmitteln verwendet.

Schweiz. Pat. 64712 vom 27. Mai 1913. D.R.P. 281497 vom 28. Mai 1913.

Dr. Conrad Claessen, Berlin. — Verfahren zur Herstellung von Sprengkapseln für bergbauliche und militärische Zwecke.

Es ist bereits bekannt, Sprengkapseln herzustellen, welche als Hauptladung Nitrokörper wie Trinitrotoluol, Tetranitromethylanilin, Nitropentaerythrit usw. enthalten und denen als Initialladung eine kleine Menge Knallquecksilber oder Bleiazid aufgesetzt ist. Sprengkapseln mit Bleiazid beanspruchen zu ihrer Entzündung eine intensivere Zündschnurstichflamme, während das leichter entzündliche Knallquecksilber als Initialladung sehr empfindlich gegen Feuchtigkeit ist und schon nach kurzer Einwirkung von Feuchtigkeit unwirksam wird und zu Versagern führt.

Es wurde nun gefunden, daß diese Übelstände in sicherer Weise beseitigt werden können, wenn man der aus einem Nitrokörper bestehenden Ladung der Sprengkapseln als Initialladung eine Ladung von Bleiazid, beispielsweise 0·2 g, aufsetzt und auf das aufgeladene Bleiazid nachträglich noch eine Ladung von Knallquecksilber oder einer Mischung von Knallquecksilber mit Kaliumchlorat aufsetzt. Diese letztere Ladung kann entweder mit oder ohne Innenhütchen versehen sein. Unter Innenhütchen versteht man eine den Zündsatz abdeckende, zentral durchlochte Metallkapsel; letztere wird mit der letzten Menge der Zündsatzladung in die Sprengkapselhülle eingepreßt und hat den Zweck, den Zündsatz fester einzuschließen und vor etwaigem Abbröckeln beim

Transport zu schützen. Die Verwendung solcher Innenhütchen bei Sicherheitssprengkapseln, d. h. Sprengkapseln, deren Ladung aus einem Nitrokörper mit Auflage eines Initialzündkörpers besteht, ist vielfach zweckmäßig, aber nicht in allen Fällen notwendig. Derartig hergestellte Sprengkapseln sind sowohl mit Zündschnur leicht detonierbar und auch gegen Witterungseinflüsse unempfindlich.

Brit. Pat. 18354 vom 12. August 1913.

Carl Hartmann in Schlebusch, Deutschland. — Zur Füllung von Geschossen, Minen, Torpedos, Zündhütchen usw. dienende Explosivstoffe.

Das wesentliche Merkmal dieser Erfindung besteht in der Anwendung von Hexanitrodiphenylsulfid von der Formel

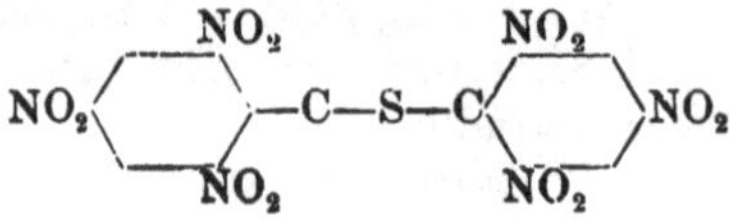

in kristallisierter oder komprimierter Form für die oben genannten Zwecke.

Amerik. Pat. 1073941 vom 23. September 1913.

Maurice R. Swope in Alton, Illinois V. St. A. — Verfahren zur Herstellung eines Zündsatzes.

Der neue Zündsatz besteht aus einer Mischung von Schießbaumwolle, amorphem Phosphor, Kaliumchlorat und Antimonsulfid. Zu seiner Herstellung mischt man 80 Teile gelatinierter Schießbaumwolle mit 20 Teilen amorphen Phosphors, trocknet und pulverisiert das Gemenge und vermischt 18 Teile davon mit 37·5 Teilen Kaliumchlorat und 37·5 Teilen Antimonsulfid.

D.R.P.-Anmeldung H 63188.

Edmund Ritter von Herz in Charlottenburg. — Verfahren zur Darstellung von Zündsätzen für die Zündhütchen von Handfeuerwaffen, Geschützen und Geschossen und ähnlichen Perkussions- und Friktionszündern.

Zur Füllung von Zündhütchen für Handfeuerwaffen, Geschützen und dergleichen wurde bisher durchweg Knallquecksilber verwandt. Als Ersatz für dieses gefährliche und teure Zündmittel sind unter anderem auch die Metallsalze der Pikrinsäure vorgeschlagen worden. Infolge ihrer geringen Sensibilität und schwachen Zündfähigkeit konnten sie sich jedoch als Ersatz des Knallquecksilbers nicht einführen und wurden nur in sehr beschränktem Maße in Verbindung mit Knallquecksilber in rostfreien Zündsätzen verwendet. Auch die Salze der Trinitroderivate mehrwertiger Phenole, z. B. des Resorcines, haben sich nicht bewährt. Wohl verpuffen die Salze des Trinitroresorcines in losem Zustande scheinbar etwas heftiger, besitzen aber im wesentlichen die gleichen Eigenschaften wie die Pikrate und bleiben sogar in bezug auf Sprengkraft hinter diesen zurück.

Überraschenderweise wurde nun gefunden, daß das normale Bleisalz des Trinitroresorcins ein durchaus abweichendes Verhalten zeigt und einen außerordentlich sensiblen und brisanten Explosivkörper darstellt, der für die Darstellung kräftig wirkender Zündsätze ganz besonders geeignet ist.

Dieses normale Bleisalz $C_6H(NO_2)_3O_2Pb$ war bisher unbekannt. In der Literatur wird nur ein basisches Salz erwähnt $C_6H(NO_2)_3O_2Pb \cdot Pb(OH)_2$ (siehe Beilstein 3. Auflage, Band II, S. 926), ein hellgelbes, flockiges Produkt, das infolge seiner geringen explosiven Eigenschaften und seiner voluminösen Beschaffenheit als Sprengstoff nicht in Frage kommen konnte.

Daß das normale Bleisalz bisher unbekannt war, ergibt sich auch aus seiner Darstellung. Fällt man in der gewöhnlichen Art irgendein lösliches Bleisalz, z. B. Bleiazetat, mit Trinitroresorcin oder dessen löslichen Salzen, so erhält man immer nur ein Gemenge von basischem Salz und freiem Trinitroresorcin. Findet ein Überschuß von Trinitroresorcin Verwendung, so entstehen sofort unbeständige saure Salze. Das normale Salz ist auf diese Weise nicht zugänglich. Dagegen wurde gefunden, daß man das normale Salz in quantitativer Ausbeute erhalten kann, wenn man das mehrfache Äquivalentgewicht des Bleisalzes einer starken anorganischen Säure, z. B. Bleinitrat bei Gegenwart einer schwachen organischen Säure, z. B. Essigsäure, in sehr verdünnter Lösung in der Hitze mit den Alkali- oder Erdalkalisalzen des Trinitroresorcins fällt.

Das normale Bleitrinitroresorcinat stellt im Gegensatze zu dem bekannten basischen Salze ein dunkelorangefarbenes, körnigkristallinisches Pulver dar, von der Dichte $D_{19} = 3 \cdot 08$. Im Wasser ist es auch in der Wärme nur sehr schwach löslich. Die explosiven Eigenschaften sind im Hinblick auf die der Pikrate und der übrigen Salze des Trinitroresorcins außerordentlich überraschend. Es detoniert bei Zündung schon in ganz geringen Mengen mit äußerster Heftigkeit. Beispielsweise erzeugen 2 g, in losem Zustande aufgeschüttet, bei der Detonation auf einer 2 mm Bleiplatte einen Durchschlag von 4 bis 5 cm^3. Gleiche Mengen Kaliumpikrat, Bleipikrat und Kaliumtrinitroresorcinat verpuffen unter gleichen Verhältnissen ohne Knall und ohne irgendwelche nachweisbaren Wirkungen.

Am besten wird die Gleichartigkeit der Wirkungen der Pikrate und der bisher bekannten Salze des Trinitroresorcines, sowie die besondere Ausnahmestellung des normalen Bleitrinitroresorcinats durch folgende Zusammenstellungen gekennzeichnet.

Ausbauchsergebnisse im kleinen Bleiblock 10×10 cm. Bohrung 6·5 mm und 1 g Substanz, eingepreßt mit Innenhütchen in Sprengkapselhülse Nr. 8 und bei einem Drucke von 250 kg/cm^2.

Kaliumpikrat: Nur teilweise Verpuffung, keine meßbare Ausbauchung.
Bleipikrat: „ „ „ „ „ „

Kaliumtrinitroresorcinat: Nur teilweise Verpuffung, keine meßbare Ausbauchung.

Normales Bleitrinitroresorcinat: Ausbauchung von 9·69 cm³.

Empfindlichkeitsprüfung mit Fallgewicht von 750 g (Substanz in lufttrockenem Zustande).

Kaliumpikrat: detoniert noch bei einer Fallhöhe von .	125 cm
Kaliumtrinitroresorcinat: detoniert noch bei einer Fallhöhe von	119 „
Bleipikrat: detoniert noch bei einer Fallhöhe von . . .	97 „
Normales Bleitrinitroresorcinat: detoniert noch bei einer Fallhöhe von	1·3 „

Infolge dieser hohen Sprengkraft und Sensibilität ist das normale Bleitrinitroresorcinat zur Darstellung von Zündsätzen ganz besonders geeignet. Es kann zu diesem Zwecke für sich allein Verwendung finden; besser aber noch in Verbindung mit Sauerstoffträgern, Chloraten, Perchloraten, Nitraten, Superoxyden, Permanganaten, Chromaten usw. und den üblichen Zündsatzkomponenten, Schwefelantimon, Glaspulver usw. Die dergestalt erzeugten Sätze besitzen vor den knallquecksilberhaltigen bei weit niedrigerem Preise und größerer Haltbarkeit den Vorteil einer gleichmäßigen und kräftigen Wirkung die sich in der Erhöhung der Anfangsgeschwindigkeit und Durchschlagskraft der Geschosse äußert.

Neunter Abschnitt.

Die Fabrikation der Zündhütchen.

Die Zündhütchen stellen kleine Näpfchen von 2 bis 4 mm Durchmesser und zirka 2 mm Höhe dar, welche, geladen, zur Zündung der verschiedenen Pulversorten der Handfeuerwaffen, wie zur Explosionseinleitung der einfachen und komplizierten Zünder von Artilleriegeschossen, von Abwurfgeschossen, Fallbomben usw. dienen. Das Ladegewicht schwankt zwischen 18 und 50 mg. Wenn die Zündhütchen bei den Patronen auch den kleinsten Teil ausmachen, so sind sie für den Schuß doch von der größten Wichtigkeit, da sie nach Art ihrer Zusammensetzung, ihrer Form (Durchmesser, Neigung der Zündkanäle z. B.) in hohem Maße die Umsetzung des Treibmittels beeinflussen. (Fig. 93.) Dies gilt namentlich für die neueren Nitropulver, da durch die Menge des Zündsatzes im Hütchen, sowie durch dessen Brisanz die Umsetzung der Pulverladung wesentlich abhängt. Zu schwach geladene Hütchen bewirken, daß die Nitropulverladung infolge zu schwacher Initiierung überhaupt nicht regelrecht explodiert, sondern kurz nach der Entzündung nur gleichsam verbrennt und erst bei wachsendem Druck, und auch dann nur teilweise, explodiert. Andererseits darf die Zündsatzmenge aber auch nicht zu stark gesteigert werden, weil sonst detonationsähnliche Umsetzungen der Nitropulver auftreten, durch welche die Waffe beschädigt oder gar gesprengt werden kann. Nicht vergessen sei auch, daß die Zusammensetzung des Zündsatzes die Rostbildung in den Gewehrläufen sehr stark beeinflußt, und daß auch in dieser Hinsicht durch Verwendung besonderer sog. rostfreier Sätze bei der Fabrikation Rücksicht genommen werden muß.

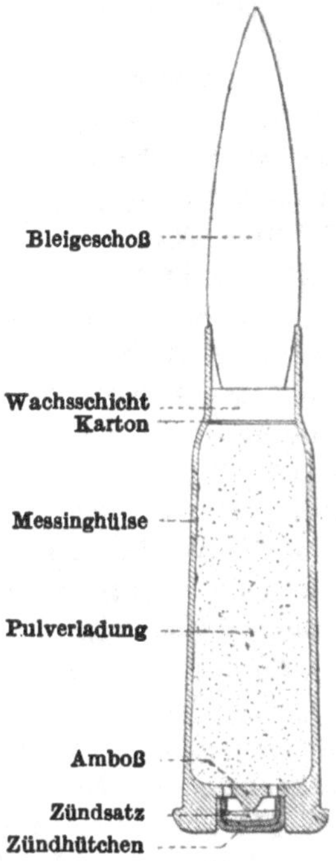

Fig. 93. Militärpatrone.

Man mag aus dem Angeführten ersehen, welch große Anforderungen, sowohl in physikalischer wie in chemischer Hinsicht, heute an ein erstklassiges Zündhütchen gestellt werden. Die äußere Form und die Abmessungen der Hütchen müssen, im Gegensatze zu den Sprengkapseln, für welche weniger schwere Abnahmebedingungen üblich sind, bei der Fabrikation genau eingehalten werden. Betreffend Bodenstärke, Höhe und Durchmesser der Hütchen, bewegen sich die gestatteten Toleranzen vielfach in den engen Grenzen von 0·1 bis 0·2 mm — Forderungen, die durchaus begründet sind, da von ihrer Innehaltung vor allem der gute Sitz des Hütchens in der Zündglocke, also die sichere Wirkung abhängig ist.

Die folgende Figur 94 zeigt den zehnfach vergrößerten Schnitt durch ein Militärpatronenzündhütchen.

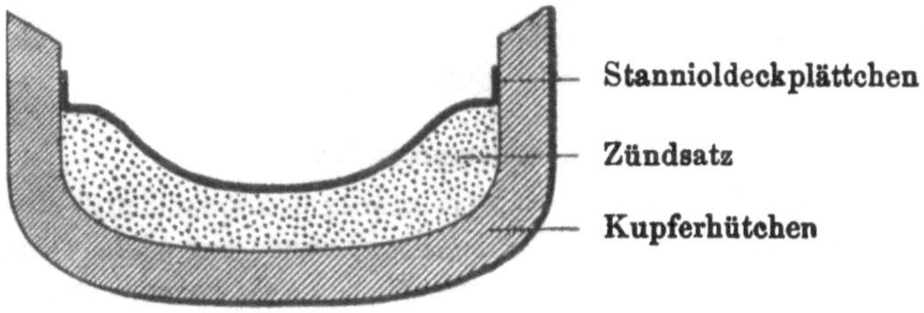

Fig. 94. Zündhütchen für die Patrone des Mannlichergewehrs. 10 : 1.

Erster Teil.

Ausgangsmaterialien für die Zündsatzfabrikation.

Etwa im Jahre 1816 wurde zuerst das Knallquecksilber, mit Wachs oder alkoholischer Benzoëtinktur vermengt, als Zündmittel benutzt. Allmählich lernte man die Gefahren bei der Zündsatzbereitung besser kennen, und man wagte verschiedene Zusätze zu wählen, welche manchmal die Gefahr vermehrten, andererseits aber die Wirkung der Zündhütchen bedeutend erhöhten. Während die Sprenghütchen zur Erzielung einer möglichst kräftigen und in kürzester Zeit erfolgenden Wirkung bloß reines Knallquecksilber, gemischt mit wenig Kaliumchlorat, enthalten, vermengt man für die Gewehrzündhütchen das Knallquecksilber noch mit anderen Substanzen, um die Entzündung auf die Pulverladung langsamer vor sich gehen zu lassen, damit die Wirkung nachhaltiger und sicherer sei. Man wird also für das Schwarzpulver eine Zündung mit längerer Dauer, für das rauchlose Pulver dagegen einen möglichst kräftigen, in kurzem Zeitraume zur Wirkung gelangenden Schlag beabsichtigen, um die Zersetzung des Pulvers rascher herbeizuführen. Als Zusatz verwendet man Kaliumchlorat, Schwefelantimon, Kalisalpeter, Schwefel, Mehlpulver u. dgl. Der Zusatz der letzten drei Bestandteile wird gegenwärtig aber selten mehr vorgenommen. Heute kommen außer seltener benutzten Stoffen, wie Ferrocyanblei, Rhodanblei, Rhodanquecksilber, roter Phosphor, Blutlaugensalz, Bariumnitrat usw., für gewöhnlich nur in Frage:

1. Knallquecksilber,
2. Kaliumchlorat,
3. Schwefelantimon,
4. Glaspulver,
5. Gelatine oder ein anderes Bindemittel.

Von diesen Ausgangsmaterialien sind das Knallquecksilber und das Kaliumchlorat bereits in den vorhergehenden Abschnitten behandelt worden; wir beschränken uns daher im folgenden auf die übrigen, sowie auf die selteneren Zusatzstoffe.

1. Schwefelantimon.

Das Schwefelantimon ist ein wichtiger Zusatz zur Erzeugung des Zündsatzes für Zündhütchen, sowie zur Darstellung von Zündsätzen bestimmter Brenndauer. Es fällt ihm die Aufgabe zu, die durch Knallquecksilber angeregte Explosion zu verlangsamen und sich auf Kosten des Sauerstoffs, des Kaliumchlorates oder Salpeters unter Feuererscheinung zu zersetzen, wobei ein kleiner, aber sehr heißer Feuerstrahl entsteht, durch den die vorgelegte Pulverladung zur Explosion gebracht wird. Bei entsprechend großem Zusatz von Schwefelantimon ist die Fähigkeit, zu zünden, eine größere und gleichzeitig sicherere.

Das zur Verwendung gelangende Schwefelantimon ist das Trisulfid, besser Sesquisulfid des Antimons von der Formel Sb_2S_3; es kommt natürlich als Mineral unter dem Namen Grauspießglanz vor und bildet meistens derbe prismatische Säulen, die in Gestein eingesprengt sind. Um das natürliche Schwefelantimon von der Gangart zu befreien, wird dasselbe durch gelindes Erhitzen in Eisengefäßen geschmolzen: es setzt sich dann als schwere Flüssigkeit zu Boden des Gefäßes und bildet beim Erkalten einen schwarzen, metallglänzenden Kuchen, der im Handel auch den Namen Antimonium crudum führt. Der Kuchen bildet eine Kristallmasse glänzender, schwarzblau schillernder Nadeln, die sehr zerbrechlich und rauh anzufühlen sind. Zur Reinigung genügt ein einmaliges Umschmelzen; der Kuchen ist leicht zu pulvern und ohne weiteres verwendungsfähig.

Für die Zündsatzfabrikation benutzt man fast ausschließlich das natürliche Schwefelantimon, den Grauspießglanz. Indessen kann man auch künstlich Schwefelantimon herstellen, durch Zusammenschmelzen von 5 Teilen Antimonmetall und 2 Teilen Schwefel. Gegen die Anwendung dieses Präparates ist nichts einzuwenden, doch geschieht dies nur im Notfalle. — Zum Zwecke der Zündhütchenfabrikation wird das reine, ungeschmolzene Schwefelantimon (gewöhnlich in Stücken zu 15 kg Gewicht, von einer verläßlichen Firma bezogen) in der Fabrik zerkleinert und gepulvert. Die Zerkleinerung des Schwefelantimons erfolgt am besten in einer Kugelmühle mit starker schmiedeiserner Schlagtrommel; selbstredend müssen die Schmelzkuchen vor dem Einbringen mit dem Hammer in Stücke zertrümmert werden. Das pulverförmige Material verläßt die Trommel durch eine Siebtür, deren Geflecht 1200 Maschen pro Quadratzentimeter aufweist. In Ermanglung einer Kugelmühle kann man das Schwefelantimon auch ganz gut in einem 50 cm hohen Gußeisenmörser stoßen und im Schachtelsieb (1200 Maschen) vom Groben trennen. Was auf dem Sieb liegen bleibt, wandert in den Mörser zurück und wird nochmals gestoßen. Zur Aufbewahrung des Pulvers eignen sich 30 cm lange, 20 cm breite und 15 cm hohe, dichte Kisten aus trockenen, gehobelten, 25 mm starken Brettern mit Strick- oder Lederhenkeln an den Stirnseiten. Für knallquecksilberfreie Zündsätze muß das Schwefelantimon in derselben Weise wie das Kaliumchlorat weiterzerkleinert — feinst gerieben — werden. — Auch das Schwefelantimon läßt man kurz vor Beginn des Zündsatzmischens durch ein Sieb gehen, weniger um vorhandene Klumpen zu zerstören, als um zufällig hineingeratene Verunreinigungen, wie Holz- und Papierstückchen, zu entfernen. Für diesen Zweck genügt ein Sieb von 400 Maschen pro Quadratzentimeter.

Außer dem natürlichen und künstlichen Schwefelantimon gibt es noch ein auf nassem Wege dargestelltes Schwefelantimon. Dieses wird erhalten, wenn man Grauspießglanz in konzentrierter Salzsäure löst, Weinsäure zusetzt und die verdünnte Lösung mit Schwefelwasserstoff fällt. Es entsteht ein amorpher, orange gefärbter Niederschlag von Sb_2S_3, der filtriert und von Säure gut ausgewaschen werden muß. Infolge der feinen Verteilung sichert dieses Präparat eine leichte und sichere Entzündung des Satzes und steigert dessen Empfindlichkeit. Diesen Vorteilen stehen aber andere Übelstände entgegen. Manches so dargestellte Material reagiert schwach sauer und enthält außer Schwefelantimon noch beträchtliche Mengen sehr fein verteilten Schwefel, so daß der damit bereitete Zündsatz zwar sehr empfindlich, aber auch gefährlich wird. Es sind wiederholt Versuche gemacht worden, das gefällte Schwefelantimon wenigstens teilweise an Stelle des Naturproduktes zu verwenden, weil namentlich bei trockener Ladung das Pressen der Zündhütchen sehr leicht durchgeführt werden kann. Indessen kann es aber vorkommen, daß durch den Säure- wie Schwefelgehalt Selbstzersetzung der Hütchen erfolgt, wodurch die Aufbewahrung erschwert, ja gefährlich werden kann. Aus diesem Grunde liegt gegen die Anwendung dieses Materials großes Bedenken vor; außerdem ist das Produkt bei weitem höher im Preise.

Neben dem dreifach Schwefelantimon hat man auch fünffach Schwefelantimon, Antimonpentasulfid Sb_2S_5, als Zündsatzbestandteil einzuführen versucht. Dieses Antimonsulfid wird dargestellt durch Zersetzen einer wässerigen Lösung von Natriumsulfantimonat $Na_3SbS_4 \cdot 9H_2O$ (Schlippesches Salz) mit Salzsäure. Es entsteht ein schöner Niederschlag von dunkeloranger Farbe, der gewaschen und getrocknet wird. Ein geringer Zusatz dieses Produkts zu Zündsätzen macht diese äußerst empfindlich; doch ist die Anwendung des Niederschlages für obige Zwecke sehr gewagt.

Prüfung. Eine chemische Untersuchung des Schwefelantimons wird selten vorgenommen, da es meistens in genügender

Reinheit im Handel zu haben ist. Zu den häufig vorkommenden Verunreinigungen des Grauspießglanzes gehört das Schwefelarsen, As_2S_3, meistens aber nur in so geringen Mengen, daß der Zündsatz davon nicht beeinflußt wird. Zum Nachweis des Arsentrisulfids wird die zu untersuchende Schwefelantimonprobe fein pulverisiert, 12 Stunden in Ammoniak digeriert, dann filtriert und mit überschüssiger Salzsäure versetzt: das in Säure unlösliche Schwefelarsen schlägt sich aus der ammoniakalischen Lösung nieder und kann so nachgewiesen werden.

Mitunter kommen auch Verfälschungen mit natürlichem Bleisulfid oder Galenit vor. In diesem Falle behandelt man die Substanz mit Salzsäure. Schwefelantimon geht in Lösung, während das Bleisulfid zurückbleibt. Der Rückstand wird nun mit Wasser gewaschen, mit verdünnter Salpetersäure teilweise in Lösung gebracht, filtriert und das Blei in der Lösung durch die üblichen Reaktionen nachgewiesen. Bleibt auch jetzt noch ein Rückstand, so besteht er vorzugsweise aus Graphit, der in der behandelten Probe eingeschlossen war. Beispielsweise hinterließ ein von der Firma Louis Benzian, Hamburg, Hohe Bleiche 35, bezogenes Produkt beim Behandeln mit Salzsäure nur 0·06 % Unlösliches (Gangart).

2. Glaspulver.

In den letzten Jahren hat sich das Glaspulver als unentbehrlicher Bestandteil der Zündsätze, vornehmlich für Zündhütchen, herausgestellt; ein Zusatz desselben macht die Mischungen beim Abschlagen empfindlich und sicherer wirkend. Zur Herstellung des Glaspulvers werden gereinigte Abfälle von weißem Glase benutzt; diese werden in der Fabrik in eisernen Mörsern, bzw. in eisernen Stampfen oder Kugelmühlen zerstampft und gemahlen. Von den Militärbehörden wird häufig verlangt, daß das Glaspulver im Satz der Zündhütchen frei von Eisen sei. Dieses Eisen ist beim Pulverisieren aus den eisernen Apparaten in das Glaspulver gelangt und muß durch Waschen mit ganz verdünnter Salzsäure wieder entfernt werden. Hagen[1] beschreibt diesen Reinigungsprozeß folgendermaßen:

Man richtet sich ein sauberes Faß in Größe eines Petroleumbarrels her, nimmt den einen Boden heraus, durchbohrt dicht über dem andern die Faßwandung und verschließt die entstandene Öffnung mit einem Holzspund. Nachdem man das Faß über eine Ablaufrinne gestellt hat, füllt man es zur Hälfte mit Wasser an, erhitzt dieses durch Einleiten

---

[1] Zeitschr. f. Schieß- u. Sprengst. 1911, S. 203.

von Dampf zum Sieden, setzt nach dem Herausnehmen des Dampfrohres 1·5 kg chemisch reine Salzsäure vom spez. Gewicht 1·19 hinzu und schließlich in kleinen Portionen und unter fleißigem Umrühren mit einem Holzspatel eine Post von 50 kg Glaspulver. Hierauf läßt man absetzen, gießt oder hebert das saure Wasser mit dem darin suspendierten weißen Schlamm (Glasstaub) ab und wäscht unter Umrühren mit gewöhnlichem Wasser nach bis zum Verschwinden der sauren Reaktion, wozu ein 6- bis 7maliger Wasserwechsel erforderlich ist. Hieran schließt sich eine Waschung mit destilliertem Wasser. Ist auch dieses abgezogen, so wird das nasse Glaspulver mit einem Holzlöffel herausgeschöpft und auf mit Leinwand bespannten und mit Fließpapier ausgelegten Holzrahmen in die Trockenkammer gebracht. Während des Trocknens, welches einige Tage in Anspruch nimmt, ist das gewaschene Produkt mit Fließpapier zu bedecken, damit kein Staub hineinfällt. Nach Erreichung absoluter Trockenheit muß das Glaspulver ein Messingsieb von 42 × 45 = 1890 Maschen pro Quadratzentimeter (Drahtstärke 0·06 mm) passieren. Was auf demselben zurückbleibt, ist grober Abfall, was durchfällt, kommt auf ein zweites Messingsieb von 2500 Maschen pro Quadratzentimeter bei 0·06 mm Drahtstärke. Was jetzt auf diesem zurückbleibt, hat die richtige Korngröße für die Zündsatzfabrikation.

Rohes Glaspulver aus weißem Glas, abgesiebt und abgestaubt durch die vorgenannten Siebe, kostet ungefähr M. 85·— pro 100 kg; dieser Preis erhöht sich jedoch durch die Behandlung mit Salzsäure, sowie durch das Waschen, Trocknen und abermalige Absieben und Abstauben auf ca. M. 130·— pro 100 kg.

3. Bindemittel.

Kleb- und Bindemittel sind für die Sprengkapsel- wie für die Zündhütchenfabrikation von gleicher Wichtigkeit; bei den ersteren ermöglichen sie das Körnen des Sprengsatzes, bei den letzteren bewirken sie ein Festhalten des Zündsatzes. Es werden hauptsächlich verwendet: Gelatine, Schellack, arabischer Gummi, daneben auch Leim und Elemiharz.

Schellack. Der Schellack (Lacca in tabulis) ist ein aus dem Gummilack ausgeschiedenes Harz. Der Gummilack kommt auf den Zweigen verschiedener, in Indien und auf den Sundainseln einheimischer Feigenarten vor; durch den Stich der Lackschildlaus (Caccus lacca) fließt er aus der Rinde dieser Gewächse als brauner Saft, der getrocknet als Stocklack in den Handel kommt. Der Stocklack stellt noch ein Rohprodukt dar; er enthält den Farbstoff Lackdye, auch Holzteile und Insekten eingeschlossen. Durch Waschen mit Wasser wird der Gummilack gereinigt, von dem Farbstoff befreit und getrocknet. Der Harzrückstand wird hierauf geschmolzen, durch Gewebe- oder Drahtgeflecht geseiht und in dünne Tafeln, in Kuchen oder dicke

Stücke ausgegossen. Die so erhaltenen Produkte bilden den Schellack in seinen verschiedenen Handelssorten, die nach Qualität und Farbe unterschieden werden. Beim Erwärmen erweicht der Schellack leicht und läßt sich dann zu Fäden ausziehen; so erhält man den gesponnenen Schellack.

Man unterwirft den Schellack auch wohl verschiedenen Reinigungsprozessen, z. B. entfernt man durch Kochen mit einer 3 %igen Sodalösung das in dem Harz enthaltene Wachs. Auch bleicht man ihn durch Filtration über Knochenkohle oder durch Alkalihypochlorit. — Der Schellack ist ein Gemenge von mehreren Harzen und Wachs; er ist in Wasser unlöslich, löst sich aber in Soda, Borax und Lauge leicht auf und wird aus diesen Lösungen durch Säure wieder gefällt. In Weingeist ist der Schellack bis auf das in ihm immer enthaltene Wachs löslich; in dieser Lösung dient der Schellack, entweder für sich allein oder in Mischung mit anderen Lacken und Harzen, zur Herstellung der Sprengkapseln und zur Befestigung des Zündhütchenzündsatzes. Die Schellackpreise sind sehr wechselnd.

Elemiharz. Dieses als Bindemittel benutzte Produkt ist ein Gemisch verschiedener, von den Burserazeen herrührender Harze. Es kommt als weißliche bis dunkelgelbliche, weiche bis balsamische Masse vor und dient hauptsächlich als Zusatz zu Firnissen, um deren Sprödewerden zu verhüten. Weiter findet es Verwendung als Räuchermittel, seltener auch zur Bereitung von Salben und Pflastern. Man unterscheidet verschiedene Elemisorten; am häufigsten ist das Manila-Elemi im Handel anzutreffen. Außerdem sind das brasilianische und das westindische (Yukatan-) Elemi zu nennen. — Elemi Manila Ia weich 1 kg M. 1.35; Elemi hart 1 kg M. 3.75.

Mastix und Sandarak. Diese beiden Harze dienen zur Herstellung besonderer Lacke, z. B. für die Stanniolblättchen der Zündhütchen. Solche Lacke besitzen hohe Klebkraft, trocknen sehr langsam und sind nach dem Trockenwerden nicht spröde. Zu diesem Zwecke werden Sandarak und Mastix recht fein gestoßen, in 95 %igem Spiritus gelöst und, wenn der Lack besonders stark kleben soll, noch mit Rizinusöl versetzt.

Der Mastix ist das Harz des immergrünen Strauches Pistacia Lentiscus, der im Mittelmeergebiet kultiviert wird. Man bringt zahlreiche Längsschnitte durch die Rinde an, worauf das Harz in klaren Tropfen abfließt und bald zu Körnern erstarrt. Die reinste Sorte ist der Mastix in Tränen, während trübe, verunreinigte Körner und Massen den gemeinen Mastix bilden. — Reiner Mastix ist gelblich bis grünlich, durchsichtig, glasglänzend, weiß bestäubt, hart und spröde, aber beim Kauen zu einer knetbaren Masse erweichend. Er schmeckt bitter und gewürzig und entwickelt beim Erwärmen einen aromatischen Geruch. Das spezifische Gewicht beträgt 1·04 bis 1·07, der Schmelzpunkt 93 bis 104°. Er löst sich nur beim Kochen vollständig in Alkohol. Man benutzt ihn zur Bereitung von Firnissen und Kitten, zum Räuchern, auch als Arzneimittel u. a. m. (Nebenbei bezeichnet man als „Mastix" eine Substanz ganz anderer Zusammensetzung, nämlich den Asphaltkitt, der durch Zusammenschmelzen von Bergteer mit gepulvertem Asphaltstein gewonnen wird.

Der Sandarak (Sandaraca, Resina Sandaraca) ist ein Harz, welches aus der Rinde des in Afrika heimischen Nadelbaumes Callitris quadrivalis hervorquillt und in Tropfenform erstarrt. Das Handelsprodukt bildet stengelige, blaßgelbliche bis gelbe, weißlich bestäubte, spröde, im Bruche glasglänzende Stückchen, die häufig mit Körnern und Tränen untermischt sind. Der Sandarak schmeckt harzig-aromatisch, schwach bitter, riecht nur beim Erhitzen wenig balsamisch und löst sich in Alkohol vollständig und klar auf. Er dient namentlich zur Fabrikation von Firnissen, nebenbei auch zur Bereitung von Pflastern. Sandarak, extrafein, 1 kg M. 1.60.

Gelatine. Gelatine ist nichts anderes als sehr reiner Leim. Sie wird entweder aus Kalbsköpfen oder aus den Knorpeln und Hautgebilden jugendlicher Tiere dargestellt. Das Rohmaterial darf keine Spur von Fäulnis zeigen; auch bei der Behandlung muß alle Zersetzung möglichst vermieden werden. Vorbedingung zur Erzielung eines guten Produkts ist sorgfältiges Waschen des Ausgangsmaterials und Klären der Leimlösung. Neuere Verfahren gewinnen feinste Gelatine aus braunem Knochenleim und aus gewöhnlichen Rohknochen, was früher nicht möglich war.

Die Gelatine kommt gewöhnlich in Form ganz dünner Blättchen in den Handel; man hat diese Form gewählt, um eine recht schnelle Trocknung zu erzielen. Zur Erhöhung der Geschmeidigkeit werden die Gelatineblättchen mit Zucker und Alkohol versetzt; häufig färbt man sie auch mit Teerfarbstoffen. Neuerdings bringt man die Gelatine auch in dickeren Platten, ferner in Fäden und auch als Pulver in den Handel. — Beste Gelatine besteht aus dünnen, durchsichtigen, fast farblosen, geschmack- und geruchlosen Tafeln, die in kaltem Wasser aufquellen und sich in heißem Wasser leicht zu einer klaren oder höchstens opalisierenden Flüssigkeit lösen. Beim Erkalten muß eine Lösung von 1 g Gelatine in 100 g Wasser noch zu einer Gallerte gestehen. Gelatine ist unlöslich in Alkohol und

Äther; die verdünnte wässerige Lösung wird durch Gerbsäurelösung flockig gefällt. Die Verunreinigungen bestehen meistens in anorganischen Stoffen, freier Säure und Schwefelsäure. Der Aschenrückstand von 1 g Gelatine soll höchstens 0·02 g betragen. Zur Prüfung auf freie Säure und auf Schwefelsäure löst man 1 g Gelatine in 100 g heißem Wasser; einen Teil der heißen Lösung prüft man mit Bariumchloridlösung auf Schwefelsäure, wobei nur eine opalisierende Trübung entstehen darf. Zum Nachweis freier Säuren wirft man ein Stück blaues Lackmuspapier in den anderen Teil der heißen 1%igen Lösung; das Lackmuspapier darf sich dabei nicht röten. — Der Preis der Gelatine, von der guten bis zu der extrafeinen Qualität, schwankt von 120 bis zu 360 M. für 100 kg.

4. Seltener gebräuchliche Zusatzstoffe.

Kaliumperchlorat. Dieses Salz von der Formel $KClO_4$, dessen Bildungsweise bereits schon beim Kaliumchlorat erwähnt wurde, wird erhalten durch vorsichtiges Erhitzen von Kaliumchlorat: sobald Sauerstoffentwicklung eintritt, hält man die Temperatur nahezu konstant, bis der Gewichtsverlust etwa 13% beträgt; der Prozeß ist dann beendet, was an dem Teigigwerden der Masse erkenntlich ist. Nach dem Erkalten kristallisiert man aus siedend heißem Wasser um.

Das Kaliumperchlorat bildet wasserhelle rhombische Säulen und besitzt das relativ hohe spezifische Gewicht 2·54; es birgt kein Kristallwasser, doch enthalten die Kristalle eine kleine Menge Wasser eingeschlossen. Das Salz ist in kaltem Wasser sehr wenig löslich (1·667 Teile in 100 Teilen Wasser), was seine Abscheidung und Trennung sehr erleichtert, in heißem Wasser dagegen bedeutend löslicher (18·18 Teile in 100 Teilen Wasser), unlöslich jedoch in Alkohol. Vor dem Kaliumchlorat zeichnet sich das Perchlorat durch höheren Sauerstoffgehalt (46% gegenüber 39%) und größere Beständigkeit aus. Der Preis raffinierten kristallisierten Kaliumperchlorates beträgt M. 90.—, derjenige doppelt raffinierten Produktes M. 110.— pro 100 kg. Das korrespondierende Natriumsalz wie auch die freie Perchlorsäure sind in Wasser viel leichter löslich.

Ammoniumperchlorat. Die Verbindung wird durch Neutralisation von Ammoniak mit Perchlorsäure dargestellt. Durchsichtige prismatische Kristalle von spezifischem Gewicht 1·89. In der Kälte lösen 100 Teile Wasser 20 Teile Salz, in der Hitze ist es noch leichter löslich, in Alkohol aber wenig löslich. Da die Perchlorsäure Handelsprodukt ist, so hat das Ammoniumperchlorat eine größere Beachtung gefunden. Bei seiner Zersetzung ($2NH_4ClO_4 = 4H_2O + 2O_2 + Cl_2 + N_2$) entstehen nämlich nur gasförmige Produkte; das Gasvolumen ist deshalb größer als bei den anderen Perchloraten, und die Folge davon ist eine größere Brisanz, welche für die Verwendung als Zusatz für Sprengkapseln spricht. 100 kg gereinigtes Ammonperchlorat kosten M. 170.—.

Kaliumnitrat. Über dieses Produkt sei nur wenig erwähnt, da dasselbe nur mehr selten in der Zündhütchenfabrikation verwendet wird. Als Ersatz für das Kaliumchlorat benutzt man zu diesem Zwecke meistens das reine, im Handel als Salpetermehl vorkommende Produkt, das vor dem Gebrauch durch ein feines Haarsieb durchgeschüttelt wird. Der reine Konversionssalpeter enthält 99·81 % Kaliumnitrat. — Der Salpeter ist in Wasser bei weitem leichter löslich als das Kaliumchlorat; 100 Teile Wasser lösen bei 0° 13·3, bei 10° 21·1, bei 20° 31·2 und bei 100° 247 Teile Kaliumnitrat. Reiner raffinierter Kalisalpeter bildet ein luftbeständiges kristallinisches Pulver, dessen Preis M. 48.— pro 100 kg beträgt.

Kaliumferrocyanid. Dieses unter dem Namen gelbes Blutlaugensalz bekannte Salz von der Formel $K_4Fe(CN)_6 \cdot 3H_2O$ wird in einigen Fällen noch als Zusatz für Zündsätze verwendet; es bezweckt einmal eine Verlangsamung der Explosion und gleichzeitig eine Milderung der sauren Zersetzungsprodukte, wodurch die Gewehrläufe weniger angegriffen werden und die Reinigung derselben erleichtert wird.

Das Blutlaugensalz kommt im Handel in großen, gelben Kristallen von hinlänglicher Reinheit vor; es ist ganz ungiftig und in wässeriger Lösung von bitterlich süßlich-salzigem Geschmack. Die Verbindung löst sich in 4 Teilen kalten, in 2 Teilen kochenden Wassers, nicht aber in Alkohol. Das Salz ist ziemlich schwer zu pulvern. Eine etwa vorzunehmende Reinigung kann in der Weise bewerkstelligt werden, daß man eine heiß bereitete Lösung des Salzes unter fortwährendem Rühren in Alkohol fließen läßt, wobei sich dasselbe vorweg abscheidet. Der auf ein Filter gebrachte Niederschlag wird nach dem Waschen und Abpressen bei 110° getrocknet. Kaliumferrocyanid, technisch kristallisiert, kostet M. 97.— pro 100 kg.

Kaliumbichromat. In neuerer Zeit hat man in dem Kaliumbichromat ein Mittel gefunden, die Rostwirkungen der chlorathaltigen Zündsätze in Waffen zu vermindern; es bildet daher einen integrierenden Bestandteil der neueren rostfreien Zündsätze.

Kaliumbichromat von der Formel $K_2Cr_2O_7$ bildet rote, saure, wasserfreie, luftbeständige Kristalle, die ätzend, sehr giftig und von bitterlich metallischem Geschmack sind. 100 Teile Wasser lösen bei 0° 5 Teile, bei 40° 29 Teile und bei 100° 102 Teile des Salzes; in Alkohol ist es unlöslich. Für die Handelsware von Kaliumbichromat wird ein Gehalt von 67·5 bis 68 % CrO_3 garantiert. Kaliumbichromat, feinstes Pulver, kostet M. 105.— pro 100 kg.

Bariumnitrat. Das Bariumnitrat, $Ba(NO_3)_2$, wird heute an Stelle des rosterzeugenden Kaliumchlorats für rostfreie Zündsatzmischungen angewandt. Es bildet wasserfreie, farblose, reguläre Kristalle, die etwas hygroskopisch sind. 100 Teile Wasser lösen bei 10° 7, bei 100° 32 Teile Bariumnitrat; in Alkohol ist es schwerer löslich. Beim Glühen zersetzt es sich unter Zurücklassung von Bariumoxyd. Bariumnitrat raffiniert, Pulver, kostet M. 43.— pro 100 kg.

Bariumkarbonat. Bariumkarbonat kommt in neueren Patronenzündsätzen als neutralisierender Bestandteil der sauren Explosionsgase vor. Es bildet ein voluminöses, in kaltem wie heißem Wasser und in Alkohol unlösliches Pulver, das an der Luft vollkommen unveränderlich ist. Bariumkarbonat, gefällt, technisch weiß, Nr. 1, kostet M. 22.— pro 100 kg, gefällt, gereinigt, schneeweiß M. 75.— pro 100 kg.

Rhodanquecksilber. Das Rhodanquecksilber ergibt an Stelle des Knallquecksilbers in Mischung mit Kaliumchlorat besondere Zündsätze, die sowohl für Sprengkapsel- wie für Zündhütchenfüllungen Anwendung finden. Die Herstellung des Rhodanquecksilbers geschieht folgendermaßen:

1 Gewichtsteil Quecksilber wird in 2 Gewichtsteilen eisenfreier Salpetersäure von 1·384 spez. Gewicht gelöst, die entstandene Lösung, ohne den Säureüberschuß durch Neutralisieren oder Abdampfen wegzunehmen, stark verdünnt und mit einer wässerigen Lösung von Rhodankalium in der Weise gefällt, daß noch eine geringe Menge Quecksilber als salpetersaures Oxyd in Lösung bleibt. Der Niederschlag ist dann von rein weißer Farbe. Arbeitet man dagegen mit einem Überschuß von Rhodankalium, so löst sich das gebildete Rhodanquecksilber im Fällungsmittel zu einer rotbraunen Flüssigkeit auf. Der weiße Niederschlag wird bis zum Verschwinden der sauren Reaktion mit Wasser gewaschen und unter 100° getrocknet. Vorteilhafter ist es noch, vom Trocknen ganz abzusehen und den Niederschlag als Pasta von bekanntem Trockengehalt (ca. 70 %) aufzubewahren, da man auf diese Weise das Material in feinster Zerteilung hat, wie solche durch Reiben der beim Trocknen entstandenen Klumpen niemals zu erreichen ist.

Bleichromat. Neutrales Bleichromat, $PbCrO_4$, wird aus ähnlichen Gründen wie Kaliumbichromat zu rostfreien Zündsätzen benutzt. Diese auch als Chromgelb bekannte Verbindung stellt ein schön gelbes, schweres, in Wasser unlösliches Pulver dar, welches als Malerfarbe häufig Verwendung findet. Beim Erhitzen schmilzt das Bleichromat ohne Zersetzung und erstarrt nach dem Erkalten zu einer braunroten strahligen Masse, welche sich zu einem braunroten Pulver zerreiben läßt.

Bleisuperoxyd. Bleisuperoxyd, Bleidioxyd, PbO_2, ist ein dunkelbraunes, in Wasser unlösliches, stark oxydierend wirkendes Pulver, das häufig zur Bereitung der Zündhütchenmischungen dient. Man erhält es in kompakten braunschwarzen Massen, wenn man durch eine Lösung von Bleinitrat den elektrischen Strom leitet, wobei es sich an der Anode abscheidet, oder durch Einleiten von Chlorgas in eine alkalische Bleihydroxydlösung. Bei gelindem Erhitzen geht das Bleisuperoxyd in gelbes Bleioxyd, PbO, über. Bleisuperoxyd wirkt so energisch oxydierend, daß es sich beim Zusammenreiben mit Schwefel entzündet. Bleisuperoxyd (ca. 80% für Zündwaren) kostet M. 90 pro 100 kg.

Schwefel. Der zur Zündsatzfabrikation, vorzugsweise zu knallquecksilberfreien Zündsätzen benötigte Schwefel wird — ähnlich wie bei der Schwarzpulverherstellung — durch sorgfältige Reinigung des sizilianischen Schwefels erhalten (vgl. Bd. 1, Schwarzpulver und Sprengsalpeter, S. 65—89). Der Schwefel siedet bei 448°. Durch Destillation wird das Rohprodukt von begleitenden Bestandteilen gereinigt. Werden die Schwefeldämpfe rasch und plötzlich abgekühlt, so bilden sie erstarrt ein feines Pulver, die sog. Schwefelblumen; erfolgt die Abkühlung aber langsam und bei höherer Temperatur, so erhält man flüssigen Schwefel (Schmelzpunkt 112°), der in hölzerne, etwas konische Formen gefüllt wird, wo er zu sog. Stangenschwefel erstarrt. Man benutzt jedoch nur den letzteren und nicht, was anscheinend vorteilhafter sein würde, die feinpulverigen Schwefelblumen, da diese infolge ihres fein zerteilten Zustandes eine geringe Oxydation erleiden und deshalb schweflige Säure und Schwefelsäure enthalten und in Zündsätzen gefährliche Zersetzungen hervorrufen könnten. Darum wird stets Schwefelpulver von Stangenschwefel her verwendet; um die Pulverisierung ohne Entzündungsgefahr zu bewerkstelligen, leitet man zweckmäßig während des Mahlens Kohlensäure durch den Arbeitsraum.

Phosphor. Der rote oder amorphe Phosphor ist heute ein unentbehrlicher Bestandteil für Zündsatzmischungen geworden. Er wird aus dem gewöhnlichen gelben oder weißen

Phosphor durch Erhitzen in geschlossenen Gefäßen auf 250 bis 300° erhalten und stellt dann eine rote oder rötlichbraune Masse dar, die geschmack- und geruchlos und an der Luft vollkommen unveränderlich ist. Im Gegensatz zu der sehr giftigen weißen Modifikation, ist der rote Phosphor ungiftig, unlöslich in Schwefelkohlenstoff, unschmelzbar und an Luft erst entzündlich, wenn er auf 260° erhitzt wird. Destilliert man ihn in einem indifferenten Gase, so geht er wieder in den gelben Phosphor über.

Beim Zusammenreiben mit verschiedenen Metalloxyden, Superoxyden oder anderen leicht sauerstoffabgebenden Körpern, entzündet er sich leicht und verbrennt mit oder ohne Explosion. Sehr gefährlich ist ein Gemenge von rotem Phosphor mit Kaliumchlorat, da es schon bei geringster Reibung äußerst heftig explodiert. Was derartige Gemische noch besonders empfindlich, ja zur Selbstentzündung geneigt macht, ist, daß der technisch reine rote Phosphor fast immer durch weißen verunreinigt ist und überdies phosphorige und Phosphorsäure enthält, welche Beimengungen sich selbst durch Waschen mit Schwefelkohlenstoff und Wasser nicht ganz entfernen lassen.

Zweiter Teil.

Das Mischen der Zündsatzbestandteile.

Die Darstellung des Zündsatzes für Zündhütchen kann auf zweierlei Weise geschehen:

1. Durch Trockenmischung, und
2. durch Naßmischung.

1. Die Trockenmischung.

Wenn das trockene Knallquecksilber und dessen Gemenge mit den Zündsatzbestandteilen nicht so empfindlich gegen mechanische Einwirkungen wäre, so würden diese Art der Zündsatzbereitung wegen ihrer Einfachheit großen Anklang gefunden haben. Die Trockenmischung gestattet ein ziemlich rasches und sicheres Arbeiten, nur wenn der Zündsatz auch Gelatine u. dgl. enthalten soll, kann die Methode nicht mit Vorteil benutzt werden. Der einzige Einwand, den man dem Trockenmischverfahren machen kann, ist, daß ein solcherart erzeugter Satz, ohne alle Bindung der Gemengteile, sich leicht bei jeder Bewegung entmischt, indem z. B. beim Einfüllen in die Vorratsgefäße, beim Transport und beim Entleeren der Gefäße, die schweren Bestandteile sich nach ihrem spezifischen Gewichte schichten, so daß Knallquecksilber und Schwefelantimon allmählich zu Boden sinken, während in den oberen Schichten das leichtere Kaliumchlorat vorherrscht. Es ist begreiflich, daß man an solche Sätze in bezug auf verläßliche, vollkräftige Zündung, Brisanz, Flammenlänge und Flammentemperatur keine allzu hohen Anforderungen stellen darf.

Das Vermischen der einzelnen Satzbestandteile geschieht in zwei getrennten Operationen: ohne Knallquecksilber und mit Knallquecksilber. Das Mischen der Zündsatzbestandteile ohne Knallquecksilber erfolgt in kleinen Kugelmühlen aus Papiermaché oder Pappe, die einen Durchmesser von 40 cm und eine Höhe von 15 cm besitzen, unter Zuhilfenahme von kleinen Kugeln aus reinem, weichen Kautschuk, die einen Durchmesser von 7·5 mm haben. Die einzeln für sich getrockneten und fein pulverisierten Materialien werden abgewogen und in die erste Trommel mittels eines glatt lackierten Papptrichters gebracht. Mit dieser Trommel ist durch eine drehbare horizontale Messingachse eine zweite verbunden; die Rotation erfolgt durch ein Messingzahnrad, das in ein zweites gleich großes Zahnrad, an der Trommelachse liegend, eingreift. Je zwei Trommeln sind durch eine 50 cm starke Mauer voneinander getrennt; gewöhnlich baut man vier bis sechs solcher Trommeln nebeneinander und bringt sie in zwei bis drei Abteilungen unter. Fig. 95 zeigt

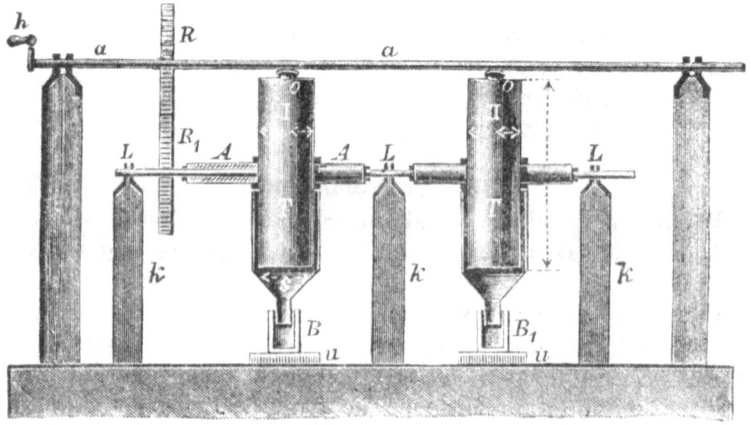

Fig. 95. Trommelpaar im Querschnitt.
a bedeutet die drehbare Achse, R und R_1 die Zahnräder, T die Trommeln I und II, L die Lager für die Trommelachse, o die Trommelöffnung, S den Sammeltrichter und B die Satzbüchse aus Papiermaché.

ein Trommelpaar im Querschnitt. Zur Einführung der Satzbestandteile, sowie zum Entleeren der Mischung hat jede Trommel eine zylindrische Öffnung. Unterhalb der Trommel befindet sich eine große trichterförmige Vorrichtung, deren Dimensionen der Trommel angepaßt sind und deren Ränder bis nahe zur Achse reichen, so daß die Trommel in ihrem unteren Teil den Trichter durchläuft. Gleich allen anderen Bestandteilen muß auch der Trichter aus starkem Papier oder Papiermaché gefertigt und innen wie außen glatt mit Lack überzogen sein. Im Trichter für die erste Mischung ohne Knallquecksilber ist vor der Verengung ein Sieb aus Hanfgarn angebracht, welches beim Entleeren des Satzes die Kautschukkugeln zurückhält.

Die Satzmischung mit Knallquecksilber erfolgt ohne Kugeln, weshalb bei der zweiten Trommel kein Sieb anzubringen ist. Die Ausführung der Mischungsoperation gestaltet sich nun folgendermaßen: Die einzelnen Bestandteile, wie Kaliumchlorat, Schwefelantimon, Glaspulver werden gewogen und mit Ausnahme des Knallquecksilbers mittels eines glattlackierten Papiermachétrichters in die Trommel gebracht, welche so gestellt sein muß, daß die Öffnung nach oben zu stehen kommt. Dann wird die Trommel verschlossen und unterhalb des Trichters eine Flasche aus Papiermaché angebracht, zur Aufnahme des gemischten Satzes. Der Arbeiter begibt sich nun an die außerhalb der Anlage befindliche Kurbel, schließt den Raum ab, läßt die Trommel einige Minuten langsam rotieren und stellt die Kurbel derart fest, daß die Mündungsöffnung der Trommel nach oben zu stehen kommt. Hierauf wird die Kappe abgehoben und durch langsames Drehen der Kurbel um 180° der Trommelinhalt entleert. Der Satz fällt samt den Kugeln in den Trichter und gelangt von hier aus in die Papiermachébüchse, während die Kautschukkugeln auf dem Siebe bleiben. — Diese Mischung wird nun unter Zusatz der nötigen Menge Knallquecksilber in die zweite Trommel gebracht und hier ohne Kautschukkugeln in derselben Weise gemischt: der Satz ist jetzt zur Hütchenladung fertig und wird in einem kleinen trockenen Handmagazin in der Nähe des Laderaums aufbewahrt.

Ein Arbeiter kann auf diese Weise an einem Vormittag so viel Satz mischen, daß zum Laden der Hütchen für eine halbe Woche genügend Material vorhanden ist.

Nachstehende Tabelle soll einen Überblick über die jetzt und auch früher gebräuchlichen Zündsatzmischungen geben. Die Mischverhältnisse sind sehr verschieden; sie wechseln nach den verschiedenen Verwendungszwecken und ändern sich überdies mit der Zeit. So verwendete man früher einen Zündsatz aus Knallquecksilber, Salpeter und Schwefel (Tabelle); heute dagegen ist man vom Schwefel völlig abgekommen, indem man diesen durch das natürliche Schwefelantimon ersetzt. Ebenso ist an Stelle des Salpeters allgemein das wirksamere und weniger hygroskopische Kaliumchlorat getreten. Im vergangenen Jahrzehnt hat man gefunden, daß ein Zusatz von Glaspulver zu dem Zündsatz diesen besonders gegen Stoß oder Schlag sehr empfindlich macht, ohne im übrigen die geringste chemische Veränderung herbeizu-

Übersichtstabelle
über die Zusammensetzung von Zündsätzen.

Verwendungszweck des Zündsatzes	Knallquecksilber	Kaliumchlorat	Schwefel	Schwefelantimon	Salpeter	Mehlpulver	Glaspulver	Gummiarten
Ältere Zündsätze für Schwarzpulver	100·0	—	—	—	50·0	60·0	—	—
	100·0	—	—	—	—	—	—	—
	100·0	—	29·0	—	62·5	—	—	—
	109·0	—	23·0	—	117·0	—	—	—
	100·0	—	14·5	—	45·5	—	—	—
Neuere Zündsätze für Schwarzpulver	17·7	29·5	—	51·0	—	—	7·0	—
	29·7	24·6	—	44·6	—	—	2·0	—
	17·1	29·2	—	51·5	—	—	3·0	—
	70·0	60·0	—	120·0	—	—	—	[1]
	2·25	2·25	—	1·5	—	—	—	[2]
	8·0	1·0	—	—	—	—	4·0	Gummi arab.[3]
Zündsatz f. englische Geschütze (ältere)	3·0	1·5	—	1·5	—	—	—	—
Zündsatz f. englische Nordenfeldt-Kanonen	3·0	3·0	—	2·0	—	—	1·0	Gummi arab. u Drachengummi
Zündsatz f. schweizer. Geschütze (ältere)	8·0	1·0	—	—	—	—	4·0	Gummi arab.[5]
Zündsatz f. schweizer. Geschoßzündungen	—	4·0	—	4·0	—	—	1·0	[6]
Zündsätze für rauchloses Pulver	63·0	63·0	—	125·0	—	—	3·5	—
	52·0	63·0	—	125·0	—	—	4·0	—

führen, und gegenwärtig enthalten Militärpatronen fast durchwegs einen Zusatz von 5 bis 15% Glaspulver aus weißem Glas. An dieser Stelle sei auch der vielfachen Versuche gedacht, welche den Ersatz des Knallquecksilbers in den Zündsätzen durch

[1] Speziell für neues Gewehrpulver der deutschen Militärpatronen 71 und 71/84.

[2] Speziell für Patronen zu englischen Henry-Martini-Gewehren.

[3] Für schweizerische Gewehrpatronen a/A. 1 Gummi + $2 H_2O$.

[4] $^1/_4$ Gummi arabicum und $^1/_{60}$ Drachengummi, beide getrennt in je 5 Teilen Wasser gelöst und dann gemischt.

[5] 1 Teil Gummi arabicum auf 1 Teil Wasser.

[6] Satz mit Zusatz von Weingeist gemischt.

andere Initialexplosivstoffe oder Mischungen im Auge haben; ferner sei auf die wichtigen Neuerungen der rostfreien Zündsätze hingewiesen, worüber in der Einleitung (S. 7) ausführlich verhandelt worden ist.

Wie schon früher erwähnt, hat sich das Mischungsverhältnis ganz nach der Pulversorte zu richten, die bei den verschiedenen Patronen zur Verwendung gelangt. Das Schwarzpulver ist infolge des Schwefelgehalts und der feinen porösen Kohle leicht entzündlich, und ein schwacher Feuerstrahl genügt fast immer. Ganz anders ist der Fall bei den rauchlosen Pulversorten für die Infanterie und Artillerie. Diese Pulver sind infolge der Körnung an den Flächen sehr glatt, brennen daher an der Luft oft ruhig ab und brauchen zur sicheren und vollständigen Entzündung einen größeren Feuerstrahl und zudem noch einen gewissen Druck im Gewehr- oder Kanonenlaufe. Bei Anwendung von Zündhütchen mit ungenügendem Feuerstrahl kann es vorkommen, daß ein Teil der Pulverladung unverbrannt aus dem Laufe herausgeschleudert wird. Ein ganz ähnliches Verhalten zeigt sich auch dann, wenn der Schuß bei ungenügendem Drucke erfolgt. Hieraus erklärt sich auch, warum man mit rauchlosem Pulver ohne Kugel keinen richtigen Schuß abzugeben imstande ist, und beim Blindschießen Kugeln aus Holz, die vor der Mündung zu Staub zermalmt werden, anzuwenden gezwungen ist.

2. Die Naßmischung.

Um das Mengen der Zündsatzbestandteile in einfacher Weise gefahrlos durchführen zu können und gleichzeitig eine bessere Mischung zu erzielen, arbeitet man mit feuchtem Knallquecksilber von bekanntem Trockengehalt und feuchtet auch die übrigen Materialien nach dem Abwägen mit Wasser oder besser noch mit einer 6 bis 7 $^0/_0$igen Lösung arabischen Gummis an. Die Substanzen können dann ohne Bedenken auf einer Hartgummiplatte so lange durcheinander gearbeitet werden, als es zur Erreichung größtmöglichster Homogenität erforderlich ist. Bei dieser Arbeitsweise wird der Endpunkt um so rascher und gefahrloser erreicht, je mehr Feuchtigkeit die Masse enthält. Man hat daher versucht, die Satzbestandteile in Schalen mit überschüssiger Gummilösung zu verrühren, nach beendeter Mischung in ein Tuch einzuschlagen und durch Pressen von der Flüssigkeit zu befreien; jedoch zeigte es sich, daß hierbei beträchtliche Mengen Chlorat in Lösung gingen und die Zusammensetzung des Satzes der beabsichtigten nicht entsprach, selbst dann nicht, wenn die Gummilösung vorher mit Kaliumchlorat gesättigt worden war. Mit der größeren oder geringeren Pressung schwankt auch der Gehalt des Satzes an Bindemittel und überdies geht sehr viel feines Schwefelantimon durch das Preßtuch. Alle diese Übelstände vermeidet die Naßmischung nach Alder[1] in geschickter Weise dadurch, daß die breiige Masse vor dem Auspressen und Auswinden mit einer genügenden Menge 95 bis 96%-igen Alkohols versetzt wird, so daß die in Lösung befindlichen Körper ausfallen und die ganze Masse filtrierbar gemacht wird.

Der Vorgang bei der Herstellung des Satzes für Gewehrpatronenzündhütchen nach Alder ist etwa folgender:

Auf einen 75 cm hohen Tisch von 90 × 180 cm Plattengröße werden vier mit Ausguß versehene Porzellanreibschalen von 30 cm Durchmesser und 15 cm Tiefe an die Tischecken gestellt. Zu diesen vier Schalen gehören vier Garnituren hölzerner Mischwerkzeuge, wie sie bei der Fabrikation des Knallquecksilbers (Seite 117) beschrieben sind. Das Arbeitspersonal besteht aus einem Vorarbeiter und vier Arbeiterinnen. Die Arbeit beginnt damit, daß der Vorarbeiter und eine Arbeiterin einen Topf geriebenes Knallquecksilber und das auf Seite 371 beschriebene Tenakel aus dem Keller nach dem Satzmischlokal bringen, während eine andere Arbeiterin in hölzernen Eimern warmes Wasser herbeischafft und die Flaschen mit der geronnenen Gelatinelösung in dasselbe stellt. Die dritte Arbeiterin siebt das chlorsaure Kali ab und stellt das Siebunterteil mit dem klumpenfreien Material auf eine Wandkonsole neben die Wage. Nun wägt der Vorarbeiter auf großen Bogen glatten Papiers in jede der vier Mischschalen 540 g reines Kaliumchlorat und von dem geriebenen Knallquecksilber mit 85% Trockengehalt (vergl. Seite 119) 210 g ab. Zur Aufnahme der Knallquecksilberportionen sind vier gewöhnliche Porzellanabdampfschalen von 15 cm Durchmesser vorgesehen. Die Gelatinelösung wird nicht abgewogen, sondern in mit Marke versehenen Flaschen abgemessen. Nachdem der Vorarbeiter für jede der vier Reibschalen 284 g der geschmolzenen Gelatinelösung bereit gemacht hat, beginnt das gleichzeitige Mischen in den Schalen, indem in jede derselben auf das Kaliumchlorat nur ungefähr zwei Drittel der abgemessenen Gelatinelösung gegossen und mit dem Inhalt so lange verrührt wird, bis sie absorbiert ist. Unter Fortsetzung des Rührens kommt dann der Rest hinzu, wobei sich aus dem Chlorat ein dünner weißer Brei bildet.

Sobald der Brei frei von Klümpchen ist, wird das in den Porzellanschalen abgewogene Knallquecksilber zugegeben und verrührt, bis eine ganz gleichmäßige Mischung entstanden ist. Jetzt

[1] Ztschr. f. Schieß- u. Sprengst. 1911.

folgt der Zusatz von 435 g Schwefelantimon mit 140 g Glaspulver. Beide Substanzen sind schon vorher abgewogen und gemeinsam, jedoch ohne besondere Vermischung, in viereckigen Pappschachteln untergebracht. Derartige Portionen hält man mindestens 50 bis 60 in Vorrat. Man braucht also nur in jede Mischschale den Inhalt einer Schachtel zu schütten und innig zu vermengen, um alle Zündsatzbestandteile beisammen zu haben. Der Brei wird konsistenter und zäher und man hat deshalb hier noch mehr als bei den früheren Reibungsoperationen auf Vermeidung trockener Ränder am obern Schalenteile zu achten; jedoch durch fortgesetztes Rühren tritt wieder eine etwas größere Dünnflüssigkeit der Masse ein. Nun gibt man in jede Mischschale 500 g reinsten, rektifizierten, 95 bis 96%igen Spiritus und verrührt ihn mit dem Satzbrei unter schwachem Pistilldruck: das gelöste Kaliumchlorat wird gefällt, desgleichen die Gelatine in Form gallertartiger Flocken, welche die in Suspension vorhandenen feinen Festkörper umhüllen, wodurch nicht nur eine Entmischung beim Aufhören des Rührens verhindert, sondern auch eine rasche Klärung bewirkt wird. Nach einigen Minuten sinkt die gallertartig-klumpige Masse zusammen und über ihr sammelt sich der Spiritus als klare, wasserhelle Flüssigkeit an. In diesem Stadium erfolgt das Abpressen durch ein 70 × 120 cm großes, doppelt genommenes Tuch aus grauer, fein und dicht gewobener Sackleinwand in eine 10 cm hohe und 30 × 50 cm große emaillierte Eisenblechwanne. Das Doppeltuchfilter von 60 × 70 cm Größe wird über die Wanne gelegt, der Mischschaleninhalt darüber entleert, die beiden langen Seiten des Filters hochgenommen, aneinandergelegt und durch schlauchförmiges Zusammenrollen des Tuches der Zündsatz von überschüssiger Flüssigkeit befreit.

Bei richtiger Dosierung des Zündsatzes und nicht zu hoher Temperatur im Mischlokal ist die ablaufende Flüssigkeit wasserhell und klar und setzt erst bei längerem Stehen ganz geringe Mengen von Schwefelantimon ab. An heißen Sommertagen gelingt die Operation weniger gut; beim Auswinden entstehen gewöhnlich trübe Filtrate. Ein Mittel zur Behebung dieses Übelstandes ist die Abkühlung des Spiritus durch kaltes Wasser oder eine Vergrößerung der zur Fällung benützten Spiritusmenge, was natürlich bei dem hohen Preise des versteuerten Spiritus wenig erfreulich ist. Dafür lassen sich im Winter mit eiskaltem Spiritus Ersparnisse erzielen, indem man zuweilen schon mit 400 g pro Mischschale tadellose Klärung erreicht.

Sobald aus dem Filter keine Flüssigkeit mehr herausgepreßt werden kann, läßt man den Inhalt in eine gut glasierte Porzellanschale rollen, schabt die am Tuch hängenden Reste mit dem Holzspatel ab, zerdrückt den Kuchen mit den Fingern zu kleinen Brocken und füllt damit 20 Steingutbüchsen von 6 cm Höhe und 5 cm Breite. Jede dieser Büchsen wird mit einem feuchten Läppchen zum Schutz gegen das Trockenwerden des Satzes bedeckt und dann in Holzkästchen außerhalb des Mischlokals für die weitere Behandlung in den Granulierhütten aufbewahrt. Das Filtertuch wird nun wieder über die emaillierte Eisenblechwanne gelegt und die Mischung der nächsten Schale ausgepreßt und weiter behandelt; der ablaufende „Satzspiritus" wird in Glasballons gesammelt und in der gleichen Weise wie der Waschspiritus für Knallquecksilber (vergl. Seite 124) verarbeitet. Das hierbei resultierende Produkt enthält meist 80 bis 85 % Alkohol und findet zum Waschen des Knallquecksilbers Verwendung. Die leeren Reibschalen werden von neuem in der vorbeschriebenen Weise mit den Zündsatzbestandteilen beschickt, die eingetragenen Materialien verrührt, abgepreßt usw. Wenn die Arbeit im Mischlokal um 6 Uhr morgens beginnt, stehen um 7 Uhr 4 Portionen für die Granulierhütten bereit und bis 12 Uhr mittags können 40 Portionen, entsprechend 52 kg trockenem Satz, bewältigt sein.

Bei der Herstellung von glaspulverfreien Sätzen ist es nicht zulässig, ein Filtertuch zu benutzen, in welchem glaspulverhältige Sätze ausgepreßt wurden, da in diesem trotz allen Auswaschens immer noch Reste von Glaspulver vorhanden sein können, welche dann teilweise in den glasfreien Satz gelangen. Auch die Deckläppchen für die Steingutbüchsen müssen separat vorhanden sein. — Wird trockener Siebabfall eingemischt, so wird er nach der Fällung zugesetzt, mit Satzspiritus angefeuchtet und sehr vorsichtig eingerührt; eine Büchse Abfall von etwa 1 kg wird auf vier Mischschalen verteilt. Beim Einmischen des trockenen Abfalls ist große Vorsicht geboten; im übrigen ist das Mischen der Zündsätze, wenn sauber gearbeitet wird und wenn trockene Ränder an den Schalen vermieden werden, als ungefährliche Manipulation zu bezeichnen.

Die aus den Granulierhütten in das Mischlokal zurückkommenden entleerten kleinen Steingutbüchsen müssen mit warmem Wasser ausgewaschen und abgetrocknet werden, ebenso die Transportkästchen für die Büchsen. Auch die Mischwerkzeuge (Pistill und Spatel) sind stets in gereinigtem Zustande aufzubewahren, und zwar am besten in reinem Wasser, damit sie nicht trocknen und rissig werden. — Die sich in den Waschfässern (halbe Petroleumbarrels) ansammelnden Zündsatzreste sind von Zeit zu Zeit zu vernichten. Man vereinigt sie zu diesem Behufe mit den Abfällen der

Materialien	Gewichtsmengen pro Schale in Grammen bei Herstellung von Satz für die Zündhütchen der: Militärgewehrpatronen		Geschützpatronen		Doppelzünder, Bodenzünder (untere Perkussionsappar.)		Granat-(Perkussions-)Zünder (Zündschrauben)		die Friktionsröhrchen der Brandeln (Kanonenschlagröhrchen)	
	Naß	Trocken	Naß	Trocken	Naß	Trocken	Naß	Trocken	Naß	Trocken
Kaliumchlorat, chem. rein	540	540·0	200	200·0	680	680·0	—	—	—	—
Kaliumchlorat, chem. rein, feinst trocken	—	—	—	—	—	—	600	600·0	240	240·0
Kaliumchlorat, techn. rein, körnig	—	—	—	—	—	—	—	—	240	240·0
Gummilösung, 5%ig	—	—	—	—	—	—	—	—	100	5·0
Gelatinelösung, 3%ig	284	8·5	420	12·6	320	9·6	170	5·1	—	—
Destilliertes Wasser	—	—	—	—	—	—	50	—	—	—
Knallquecksilber mit 15% Wasser	210	178·5	370	314·5	250	212·5	—	—	—	—
Schwefelantimon	435	435·0	—	—	425	425·0	—	—	—	—
Schwefelantimon, feinst gerieben	—	—	—	—	—	—	400	400·0	240	240·0
Glaspulver	140	140·0	400	400·0	—	—	—	—	—	—
Spiritus, 95%ig, rektifiziert	500	—	700	—	500	—	450	—	30	—
Trockensubstanz	—	1302·0	—	927·1	—	1327·1	—	1005·1	—	725·0

Prozentische Zusammensetzung dieser Sätze nach dem Trocknen.

Materialien	Militärgewehrpatronen	Geschützpatronen	Doppelzünder	Granat-Zünder	Friktionsröhrchen
Kaliumchlorat, chem. rein	41·5	21·6	51·3	—	—
Kaliumchlorat, chem. rein, feinst gerieben	—	—	—	59·7	33·1
Kaliumchlorat, techn. rein, körnig	—	—	—	—	33·1
Arabischer Gummi	—	—	—	—	0·7
Gelatine	0·7	1·3	0·7	0·5	—
Knallquecksilber, trocken	13·7	33·9	16·0	—	—
Schwefelantimon	33·4	—	32·0	—	—
Schwefelantimon, feinst gerieben	—	—	—	39·8	33·1
Glaspulver	10·7	43·2	—	—	—
	100·0	100·0	100·0	100·0	100·0

[1] Zeitschr. f. Schieß. u. Sprengst. 1911, S. 246.

Knallquecksilberfabrik (vergl. Seite 124), verrührt sie mit Kalkbrei, kocht durch Einleiten von Dampf auf und prüft eine kleine Probe der alkalischen Flüssigkeit mit Salzsäure: fällt beim Ansäuern kein orangefarbiges Schwefelantimon aus, so gibt man zur Hauptmenge so lange Schwefelleberlösung hinzu, bis entweder bei vorerwähnter Probe der Schwefelantimonniederschlag erhalten wird, oder eine starke Schwefelausscheidung erfolgt. Dann wird der Faßinhalt nochmals aufgekocht und so lange gewaschen, bis das abgezogene Wasser mit Salzsäure keine Veränderung mehr zeigt. Der zurückbleibende schwarze Rückstand von Quecksilbersulfid kann durch Destillation mit gebranntem Kalk in einer eisernen Retorte zu metallischem Quecksilber regeneriert werden.

Besondere Zündsätze.

Im folgenden soll eine Darstellung von einzelnen Zündsätzen gegeben werden, die nach Zusammensetzung und Herstellungsart wesentlich von der ausführlich beschriebenen Durchschnittsmischung abweichen. Es betrifft dies

1. den Brandelsatz,
2. den Phosphorsatz,
3. den Rhodansatz,
4. den Rhodanquecksilbersatz,
5. die rostfreien Zündsätze.

1. Der Brandelsatz. Bei der Herstellung des in der vorhergehenden Tabelle angeführten Brandelsatzes (für Abziehzündröhrchen bei Geschützen) ergeben sich verschiedene Abweichungen von der vorbeschriebenen Arbeitsweise; der Vorgang beim Mischen ist hier folgender:

Die beiden feinst geriebenen Materialien Kaliumchlorat und Schwefelantimon werden auf Messingsieben von 1600 Maschen pro Quadratzentimeter vom Groben befreit, desgleichen das körnige Chlorat auf einem solchen von 350 Maschen pro Quadratzentimeter, und von jeder dieser drei Substanzen 480 g abgewogen, von der 5-prozentigen Gummilösung 200 g und von dem 95-prozentigen rektifizierten Spiritus 60 g abgemessen. Dann schüttet man in eine Mischschale das feinst geriebene Kaliumchlorat, rührt es mit der Gummilösung an, fügt das feinst geriebene Schwefelantimon hinzu, vermengt es sorgfältig unter zweimaligem Putzen von Schalenwandung und Pistill mit dem Chlorat, bringt das körnige Kaliumchlorat in die Schale und rührt ohne starkes Drücken, um die Kristalle nicht zu zerreiben, weiter. Nach Zusatz des Spiritus geht das Rühren und Mengen leichter von statten; nach fünfmaligem Putzen von Schale und Pistill bringt man das Gemisch auf ein Filtertuch und preßt so stark als möglich aus. Das Filtrat wird hierbei — auch bei vermehrtem Spirituszusatz, immer schwarz erhalten. Beim letzten Auswinden kann man zwei oder drei Bogen Filtrierpapier um das Tuch legen und das Paket auf dem Tisch kneten: es wird so noch etwas Flüssigkeit abgesaugt. Schließlich füllt man den Tuchinhalt direkt mit der Hand in 17 kleine Steingutbüchsen und bewahrt den Satz unter feuchten Läppchen bis zur baldigen Verwendung auf. — Brandelsatz wird in feuchtem Zustande in die kupfernen Friktionsröhrchen der Kapseln eingeschmiert und vor dem Trocknen darin leicht gepreßt; es darf deshalb kein Knallquecksilber enthalten, weil dasselbe durch mangelhaft lackiertes Kupfer eine Zersetzung erlitte.

2. Der Phosphorsatz. Als weitere quecksilberfreie Mischung sei der Phosphorsatz[1] erwähnt, dessen Bestandteile — roter Phosphor und Kaliumchlorat — unter Außerachtlassung des Bindemittels nach der Reaktionsgleichung

$$6P + 5KClO_3 = 3P_2O_5 + 5KCl$$

zusammengesetzt (23·3% Phosphor und 76·7% Kaliumchlorat) werden müssen. In diesem Mengenverhältnis explodiert der Satz äußerst heftig, mit starkem, scharfem Knall. Um die Brisanz herabzudrücken, muß man den Prozentsatz des Phosphors bedeutend verringern; aber auch auf diese Weise gelingt es noch nicht, die übergroße Empfindlichkeit der Mischung gegen mechanische Einwirkungen zu beseitigen. Swoboda (D.R.P. 166114) hat deshalb empfohlen, den Phosphorsatz durch Beigabe weicher Materialien zu phlegmatisieren etwa im Sinne folgender Mischung:

Kaliumchlorat	55·0%
Kaliumbichromat	4·5%
Phosphor rot	4·0%
Kalialaun	1·0%
Bleihyposulfit	18·0%
Schwefel	6·7%
Eisenmennige	1·2%
Schwarzroggenmehl	8·0%
Korkstaub	1·6%
	100·0%

Versuche mit einem solchen Satz ergaben im Militärgewehr sehr gute Resultate, indem bei Zündung von 2·75 g rauchschwachem Pulver eine Anfangsgeschwindigkeit des Geschosses von 615 m/sec und ein Gasdruck von 3240 Atmosphären erzielt wurde. Eine verbesserte Modifikation obigen Phosphorsatzes ist in dem D.R.P. 229187 vom 11. Mai 1906 enthalten. Die Stabilität des Phosphors ist jedoch keine vollkommene; in Gemischen mit sauerstoffreichen Körpern erfährt er allmählich eine teilweise Oxydation, zudem ist

[1] Zeitschr. f. Schieß- u. Sprengst. 1911, S. 247.

die Fabrikation wegen der Gefährlichkeit wenig verlockend. In Hinsicht auf diese Schwierigkeiten ist man wohl überall davon abgekommen, die phosphorhaltigen Mischungen in die Zündhütchen zu pressen, trotz ihrer verläßlichen und vollkräftigen Zündung.

Indessen scheint man den Phosphorsätzen wieder erhöhte Aufmerksamkeit zuzuwenden. Aus jüngster Zeit liegen zwei Vorschläge zu solchen Mischungen vor: nach dem D.R.P. 274000 vom 29. November 1912 der Deutschen Waffen- und Munitionsfabriken in Karlsruhe sucht man den Phosphor von dem Sauerstoffträger räumlich zu isolieren, dadurch, daß man ersteren mit einer dünnen Schicht eines auf ihn nicht einwirkenden Stoffes überzieht und in diesem Zustande völlig isoliert in den Sauerstoffträger hinein oder heran bettet. Der Phosphor soll hinsichtlich seiner Wirkung nichts einbüßen, dagegen die Gefahr bei der Herstellung der Sätze fast völlig beseitigen und die Haltbarkeit des amorphen Phosphors unbegrenzt machen. Nach der Patentbeschreibung (Seite 339) wird fein pulverisierter Phosphor mit einem Sikkativ, in dem etwas Diphenylamin oder Anilin gelöst ist, innig verrührt und dem Ganzen eine entsprechende Menge säurefreien Öllacks zugesetzt. Mit diesem Phosphorlack werden die Deckfolien der Zündhütchen gleichmäßig auf der einen Seite bestrichen und nach dem Trocknen in die Hütchen mit einem Gemenge von etwa 3 Teilen Schwefelantimon und 7 Teilen Kaliumchlorat gefüllt, so daß der Lack auf die Zündmasse zu liegen kommt. Nach dem Amerik. Pat. 1073941 vom 23. Sept. 1913 werden 20 Teile roten Phosphors durch Vermischen mit 80 Teilen gelatinierter Schießbaumwolle umhüllt und davon 18 Teile nach dem Trocknen und Pulverisieren des Ganzen mit 37·5 Teilen Kaliumchlorat und 37·5 Teilen Antimonsulfid vermengt.

3. Der Rhodansatz. Gefahrloser in der Erzeugung, aber auch weniger verläßlich in der Zündung ist der ebenfalls quecksilberfreie Rhodansatz. Die Zersetzungsgleichung

$$6\,Pb_2Fe(CN)_6 + 3\,Pb(CNS)_2 + 40\,KClO_3$$
$$= 15\,PbO + 3\,Fe_2O_3 + 6\,SO_2 + 21\,N_2 + 42\,CO_2 + 40\,KCl$$

verlangt eine Mischung von rund 50 % Kaliumchlorat, 10 % Rhodanblei und 40 % Ferrocyanblei. Diesen Satz trifft man häufig in den gewöhnlichen französischen Zündhütchen für Vorderladergewehre an.

4. Der Rhodanquecksilbersatz. Anstatt Knallquecksilber mit Kaliumchlorat zu mischen, kann man auch Rhodanquecksilber mit Kaliumchlorat im äquivalenten Verhältnis zusammenbringen, etwa nach der Gleichung:

$$3\,Hg(CNS)_2 + 8\,KClO_3 = 3\,Hg + 8\,KCl + 6\,CO_2 + 3\,N_2 + 6\,SO_2.$$

Die prozentische Zusammensetzung der Mischung wäre demnach 49·2% Rhodanquecksilber und 50·8% Kaliumchlorat. Die spezifischen Gasvolumina von je 1 g Rhodanquecksilbersatz (172·9 cm^3 Explosionsgase) und gewöhnlichem Sprengkapselsatz (183·2 cm^3) liegen nicht sehr weit auseinander.

Der Rhodanquecksilbersatz unterscheidet sich von allen andern Zündsätzen durch seine auffallend niedere Entzündungstemperatur bei allmählicher Erhitzung; eine Mischung von 50% Rhodanquecksilber und 50% Kaliumchlorat entzündet sich schon bei 126°. Von wesentlichem Einfluß auf den Entflammungspunkt ist die Dichte des Satzes; sie steht im umgekehrten Verhältnis zu demselben, d. h. je geringer die Dichte ist, desto höher liegt der Entflammungspunkt. — Soll der Rhodanquecksilbersatz zum Zünden von rauchschwachem Jagdpulver Verwendung finden, so wird ihm noch Ferrocyanblei beigemischt, etwa nach der Vorschrift von Malherbe:

Kaliumchlorat	54·8%
Brauner Katechu	0·5%
Rotkohle	0·8%
Rhodanquecksilber	28·5%
Ferrocyanblei	15·4%

5. Die rostfreien Zündsätze. Ungefähr seit dem Jahre 1900 hat eine Reform in der Zündsatzbereitung für Gewehrpatronen eingesetzt, dahinzielend, alle chlorhaltigen Bestandteile der Zündmischungen zu vermeiden, da man herausgefunden hat, daß es das Chlor, vorzugsweise das von Kaliumchlorat herstammende, ist, das die Rostbildung der Gewehrläufe verursacht. Die Verbrennungsprodukte der chlorhaltigen Zündsätze greifen das Laufinnere sehr stark an; um diesem Übelstande zu begegnen, müssen die Waffen sofort nach dem Schießen auf das gründlichste gereinigt werden. Ist ein Lauf einmal angerostet, so findet trotz wiederholtem Reinigen sehr häufig ein Nachrosten statt. Durch die Rostbildung und das häufige Ausreiben findet aber, namentlich bei gezogenen Waffen, eine rasche Abnützung des Laufinnern statt, welche die Präzisionsleistung stark beeinträchtigt und ein vorzeitiges Auswechseln des Laufes nötig macht. Die Zündsätze, welche als Sauerstoffträger Kalisalpeter enthalten, zeigen freilich den angeführten Nachteil nicht. Um die gleiche Zündkraft zu erzielen, erfordern sie aber einen höheren Gehalt an Knallquecksilber und stellen sich somit auch höher im Preise; ihr Hauptnachteil besteht jedoch in der geringen Haltbarkeit und großen Empfindlichkeit gegen Feuchtigkeit. Bei der Lagerung solcher Zünd-

hütchen in nicht durchaus trockenen Magazinen verlieren dieselben rasch an Zündkraft und geben dann zu Versagern und Nachbrennern Anlaß.

Im Jahre 1900 ließ der Schweizer Ziegler den ersten rostfreien Zündsatz patentieren (D.R.P. 122389, Österr. Pat. 7074). Der Kalisalpeter oder das Kaliumchlorat des knallquecksilberhaltigen Zündsatzes war darin durch Bariumnitrat in Verbindung mit einem Erdalkalikarbonat ersetzt:

Knallquecksilber	30 %
Bariumnitrat	35 %
Schwefelantimon	25 %
Bariumkarbonat	6 %
Glaspulver	4 %

Der Erdalkalikarbonatzusatz verhindert eine Zersetzung des Knallquecksilbers durch die anderen Zündsatzbestandteile und bindet bei der Explosion die sauren Gase. Praktische Versuche mit diesen Zündsätzen führten zu den besten Ergebnissen; man fand, daß nach dem Schießen mit Nitrozellulosepulvern die Waffen ohne Reinigung tage-, selbst wochenlang aufbewahrt werden können, ohne daß Rostbildung eintritt. — Dieser hervorragenden Neuerung folgte bald eine Menge anderer, die meistens von dem gleichen Grundsatz ausgingen und Bariumnitrat mit Bariumkarbonat in wechselnder Zusammensetzung enthielten; eine diesbezügliche Darstellung findet sich in der Einleitung, Seite 7.

Eine andere Gruppe von Vorschlägen trachtet danach, das Knallquecksilber in Zündsätzen gänzlich durch andere Initialsprengstoffe zu ersetzen, ähnlich wie dies bei den Sprengkapselsätzen (Seite 316) angeführt worden ist. Nach den Patenten von Claessen (Schweiz. Pat. 62358 vom 15. Februar 1913) und der Rheinisch-Westfälischen Sprengstoff-A.-G. (D.R.P. 277566 vom 15. Februar 1913) eignet sich Schwefelstickstoff in Mischung mit einem Oxydationsmittel wie Bleisuperoxyd, Bariumnitrat, Bleinitrat, Kaliumpermanganat, vorzüglich zu Patronenzündsätzen. Die schwefelstickstoffhaltigen Sätze zeichnen sich vor den bisher bekannten durch größere Durchschlagskraft und intensivere Zündung aus; die entwickelten Gase sind unschädlich und greifen den Gewehrlauf nicht an, so daß derartige Zündsätze als rostfrei zu bezeichnen sind.

Das Mobiliar des Satzmischlokals.

Die Konstruktion und innere Einrichtung des Satzmischlokals ist bei der Herstellung des Sprengkapselsatzes (Seite 265) beschrieben worden; hier soll noch über das Arbeitsmobiliar das Nötige nachgetragen werden. Hagen[1] macht folgende Angaben:

Von den zum Mischen dienenden Einrichtungsgegenständen sei vor allem der große Tisch erwähnt. Dieser hat eine Platte von 90 × 180 cm und, um bequem in den Schalen rühren zu können, nur eine Höhe von 75 cm. 15 cm über dem Boden trägt er ein Einlegbrett, auf welchem die Mischschalen und Strohkränze aufbewahrt werden. Die Tischplatte kann man mit Linoleum überziehen, wenn verhindert werden soll, daß sie durch die abwechselnde Einwirkung von Nässe und Trockenheit Risse bekomme, die sich allmählich mit Zündsatz füllen. Das Linoleum wird gewöhnlich am Rande mit Messingstiften befestigt, und durch aufgeschraubte polierte Hartholzleisten in seiner Lage gehalten. Hartfiber hat sich als Tischbelag nicht bewährt, da sie unter dem Einfluß von Feuchtigkeit aufquillt und sich wirft; dagegen wurden mit Xylolith recht gute Erfahrungen gemacht. Letzteres kommt in hydraulisch gepreßten, 12 bis 14 und 18 bis 20 mm starken, nach Maß zugeschnittenen Platten vor, und kann auf alten oder neuen Tischen mit verzinnten Schrauben befestigt werden. Auf einer Längsseite des Mischtisches steht ein 50 × 75 cm großes und nur 71 cm hohes Tischchen zum Absetzen der Knallquecksilberschalen, Meßgläser für Gummilösung usw. Ein anderer, 60 × 250 cm großer, 90 cm hoher Tisch, oder besser eine Wandkonsole gleicher Größe und Höhe, trägt zwei Wagen, jede von 2 kg Tragkraft, mit zugehörigen Gewichtssätzen, für das Abwägen des Knallquecksilbers und des Kaliumchlorats. Sie haben Hängeschalen, und zwar je eine runde Scheibe mit ringsherum laufendem Rand und eine quadratisch geformte, die nur zwei aufgebogene Seitenränder besitzt. Diese quadratischen Schalen ohne erhöhten Rand am vorderen und hinteren Ende eignen sich besser zum Einlegen des Papierbogens beim Abwägen der pulverförmigen Substanzen, als die runden mit durchgehendem Rand, in welche man die Gewichte gibt. Die Wagen sind in möglichster Nähe des Mischtisches aufzustellen, damit die abgewogenen Substanzen direkt von ihnen in die Mischschalen gegeben werden können. Auf der einen Wage wird das Kaliumchlorat, auf der andern das feuchte Knallquecksilber abgewogen. Zu letzterem Zweck gießt der Vorarbeiter das Deckwasser vom Knallquecksilber in einen hierfür bestimmten Steinguttopf ab, sticht von dem fest zusammengesetzten Material mit einem Holzspatel etwa 2 kg heraus und bringt es auf ein sog. Tenakel, d. i. ein auf Hartholzrahmen gebundenes Filtertuch. Der Rahmen, dessen Filteröffnung 35 × 35 cm groß ist, liegt auf einer Tonschale von 50 cm Durchmesser und 17 cm Höhe, und diese ruht auf einem oben offenen Faß neben der Knallquecksilberwage. Vor dem Aufbringen des Knallquecksilbers wird das Tenakel samt einem dazu gehörigen, aus Hartholzrahmen und mit Leinwand überspannten Deckel angefeuchtet. Der Zweck des Tenakels ist ein doppelter: erstens soll es als Filter das dem Knallquecksilber etwa noch

[1] Zeitschr. f. Schieß- u. Sprengst. 1911.

anhaftende Deckwasser abtropfen lassen und zweitens soll es unter Mitwirkung des feuchten Deckels verhindern, daß in der warmen Jahreszeit das aufgelegte Material eintrocknet. Das nach Arbeitsschluß auf dem Tenakel übrig gebliebene Knallquecksilber wird mittels Spatel in den Topf zurückgebracht und das in der Tonschale angesammelte Filtrat in das Faß für Zündsatzreste gegossen.

Außer sonstigem Mobiliar sind noch vorhanden ein gewöhnlicher Arbeitstisch (80 × 200 cm), auf welchem der ausgepreßte Zündsatz in die Steingutbüchsen eingefüllt wird, dann zwei Tische, je 60 × 100 cm groß, mit Schublade, von denen einer beim Absieben des Kaliumchlorats benutzt wird, während der andere zum Abstellen von Schalen, Büchsen, Sieben u. dgl. dient, ferner ein Tisch 60 × 90 cm, auf welchem beim Auswinden des Satzes die emaillierte Eisenblechwanne ihren Platz hat, und ein aus den Granulierhütten stammender Tisch zum Absetzen des Knallquecksilbers. Zwei aufrecht stehende, oben offene Petroleumfässer mit abhebbarem Holzdeckel nehmen die Knallquecksilber- und zündsatzhaltigen Waschwässer auf, während für das Waschen der Mischschalen, Mischwerkzeuge, Filtertücher, Steingutbüchsen und Satzkästchen drei halbe, d. h. in der Mitte durchschnittene Petroleumfässer vorgesehen sind. Das Glaspulver befindet sich ebenfalls in einem aufrechtstehenden, mit Papier ausgelegten, sauberen und nach Arbeitsschluß gut zu bedeckenden Faß in der Nähe der Wagen. Die Siebe hängen an bequem zugänglichen Stellen an der Wand. Zum Herausnehmen der Chemikalien aus den Fässern und Flaschen eignen sich verzinnte, halbkugelige Löffel aus Eisen. Die ca. 2 l haltenden Steingutbüchsen mit den verschiedenen Sorten Deckläppchen, ebenso Glas- und Blechtrichter, Spritzflaschen für Wasser und Satzspiritus, 20 bis 25 Reibschalen von 20 cm Durchmesser für Herstellung feinst geriebener Ingredienzien, Glasflaschen usw. werden auf Wandbrettern untergebracht.

Bei einer Tagesproduktion von 50 bis 60 kg Zündsatz sind ungefähr 250 kleine Steingutbüchsen und 12 Kästchen für dieselben in Umlauf; man wird also von ersteren 300 bis 400, von letzteren 15 bis 20 Stück in Vorrat haben. Die Steingutbüchsen haben eine Höhe von 6 cm und einen Durchmesser von 5 cm und sollen sowohl innen wie auch außen glatt, d. h. nach Möglichkeit ohne hervortretende scharfe Körnchen, glasiert sein. Die Transportkästen für diese Büchsen werden aus 12 bis 13 mm starken, glattgehobelten, weichen Brettern angefertigt; sie sind außen 40 cm lang, 20 cm breit und 10 cm hoch. — Das letzte Inventarstück des Satzmischlokales bildet eine Dezimalwage von 50 kg Tragkraft zum Abwägen der Knallquecksilbertöpfe.

Dritter Teil.

Das Granulieren der Zündsätze.

Unter Körnen oder Granulieren versteht man das Reiben oder Drücken von feuchtem Satz durch ein Sieb zur Herstellung von Satzkörnern bestimmter Größe. In Rücksicht auf das feuchte

Knallquecksilber ist die Verwendung von Messingsieben ausgeschlossen; dagegen lassen sich Siebe aus Eisendrahtgeflecht benutzen, da sich Quecksilber mit Eisen nicht amalgamiert und feuchtes Knallquecksilber auf eisernen Sieben nicht verändert wird. Manche Fabriken bedienen sich der Roßhaarsiebe, doch ist die Haltbarkeit derselben gering, insbesondere, wenn der Satz Glaspulver enthält.

Wenn man auf feines Korn arbeitet, empfiehlt es sich, eine Vorzerkleinerung auf größerem Siebe von 36 Maschen pro Quadratzentimeter vorzunehmen. Die eigentlichen Granuliersiebe haben 225 Maschen und eine Drahtstärke von 0·2 mm. Beide Gattungen Geflecht werden 80 cm breit in langen Streifen bezogen und mit starkem Eisendraht auf gußeiserne Reifen gebunden, welche in Fig. 96 dargestellt sind.

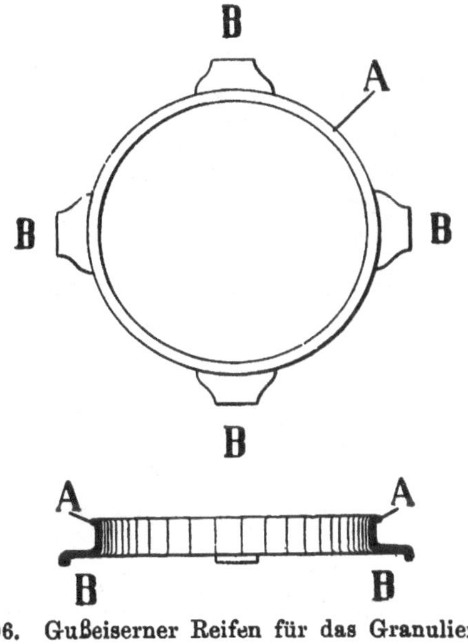

Fig. 96. Gußeiserner Reifen für das Granuliersieb.

Das Gewicht eines solchen Reifens beträgt ungefähr 4 kg; es werden davon 25 bis 30 Stück gebraucht. Als Untersatz für dieses Sieb dient ein Holzgestell, wie es Fig. 97 zeigt. Sowohl die Breite desselben als auch der Abstand der beiden obern Querleisten *A* beträgt außen 38·5 cm; die abwärts gerichteten Enden der Siebfüße greifen dann bequem darüber. Auf die mittleren und unteren Querleisten *B* und *C* werden flache, quadratische Weißblechgefäße — auch „Tassen" genannt — zur Aufnahme des durch das Sieb getriebenen Satzes gestellt. Das Siebgestell ist auf dem Granuliertisch plaziert, der eine Länge von 1 m und eine Breite von 0·8 m hat. Seine Platte ist mit Zinkblech überzogen und dieses mit Ölfarbe gestrichen und an den Rändern schräg aufwärts gebogen, wodurch

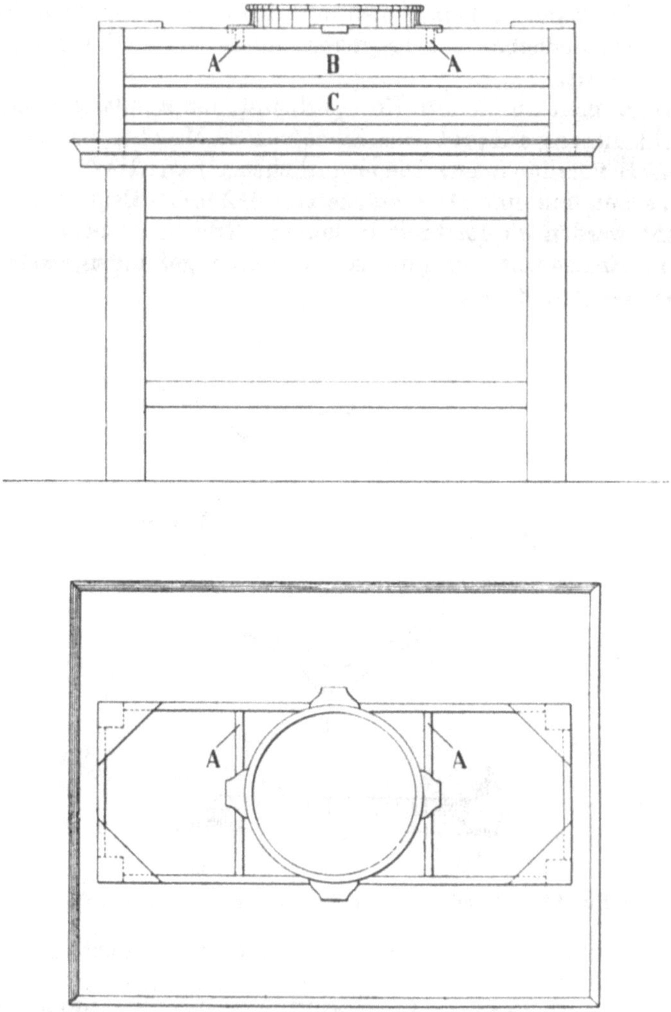

Fig. 97. Granuliertisch mit Siebgestell und Sieb. 1 : 15.

ein flaches Reservoir entsteht, welches beim Granulieren teilweise mit Wasser gefüllt wird. Seitlich der Granuliertische sind hölzerne Kästchen angebracht, zur Aufnahme der Satzbecher. Die Satztassen sind quadratisch mit schräg aufwärts gerichtetem Rand aus ganz glattem, prima Weißblech angefertigt, an den Ecken innen und außen verlötet und am Rand umgebörtelt. Obere Quadratseite 49·5, Bodenquadratseite 46·5, Tiefe 2·5 cm; Gewicht pro Stück ca. 1100 g. Solche Tassen, die in großer Anzahl (300 Stück) vorhanden sein sollen, werden in besonderen Transportkästen untergebracht; ein derartiger Kasten wiegt leer 6·1 kg, mit vier zündsatzgefüllten Tassen gegen 11 kg.

Zum Durchreiben des feuchten Satzes durch die Granuliersiebe benutzt man weiche Gummistücke, wie sie auf Seite 278 beschrieben sind; zur Reinigung und Instandhaltung der Siebe besondere Stielbürsten (Beschreibung Seite 281). — Wenn im Mischlokal 50 bis 60 kg Zündsatz gemengt werden, so erhöht sich dieses Quantum in den Granulierhütten durch Einarbeiten von trockenem Siebabfall auf 70 bis 80 kg. Zur Bewältigung einer derartigen Produktion braucht man eine Vorgranulierhütte und vier Granulierhütten, die gewöhnlich in einer Front mit 8 m Abstand voneinander angelegt werden. Alle haben eine Grundfläche von 4·5 m im Quadrat, eine Höhe von 2·6 m und sind nicht mit Erdwällen umgeben. Bezüglich innerer Einrichtung, Fußboden, Reinigung desselben gilt das auf Seite 270 Gesagte; die Disposition eines Granulierraumes mit zwei Granuliertischen und übrigem Zubehör geht aus Fig. 60 Seite 279 hervor.

Das Granulierverfahren[1] nach Alder ist nun folgendes:

Es werden eine Vorgranulierhütte und vier Granulierhütten in Betrieb gesetzt, wozu man ein Personal von einem Aufseher und 21 Arbeiterinnen benötigt; in der kalten Jahreszeit genügen drei Granulierhütten, weil bei niederer Temperatur ohne Zündungsgefahr rascher gearbeitet werden kann. Auf jede Hütte kommen vier Arbeiterinnen, von denen in der Vorgranulierhütte die erste den feuchten Satz aus dem Mischlokal und den einzuarbeitenden trockenen Siebabfall herbeischafft, während die zweite das Vorgranuliersieb bedient, die dritte den Abfall einmischt, und die vierte die erhaltene Mischung in die Büchsen füllt. Eine Trägerin hat den so vorbereiteten Satz an die Granulierhütten zu verteilen. In den Granulierhütten sind je zwei Arbeiterinnen an den Feingranuliersieben tätig, die dritte besorgt das Wechseln der Blechtassen unter den Sieben und die vierte trägt die mit fein granuliertem Satz gefüllten Tassen in den Transportkästen nach einer abseits gelegenen kleinen Abstellhütte, von wo aus sie die Trägerinnen der Trockenkammern abholen.

[1] Zeitschr. f. Schieß- u. Sprengst. 1911, S. 283.

Nachdem auf die Leisten *B* und *C* (Fig. 97 Seite 374) des Siebgestells in der Vorgranulierhütte je eine Tasse und auf die Querleisten *A* das Vorgranuliersieb gebracht worden ist, schüttet die Arbeiterin auf letzteres den feuchten Satz aus zwei der kleinen Steingutbüchsen und reibt ihn mit dem Gummi durch die Maschen, was sich bei dem groben Geflecht sehr rasch bewerkstelligen läßt. (Über Vorkehrungen gegen Verbrennungen vergleiche Seite 281.) Ist der Satz durch das Vorgranuliersieb gerieben, so befindet er sich als aufgelockerte, noch ziemlich feuchte Masse in der auf den oberen Querleisten *B* (Fig. 97) stehenden Tasse. Die Granuliererin reicht nun dieselbe unter dem Schutzschirm hinweg der Nachbarin; diese stellt sie auf die Querleisten ihres Tisches, schüttet ungefähr $^2/_3$ Schachtel (80 g) trockenen Siebabfall der gleichen Satzsorte darüber und mischt ihn mit einer Federfahne ein. Von dem vorgranulierten Satz dringt beim Vermengen so lange Feuchtigkeit in den trockenen Abfall, bis das Gemisch durch die ganze Masse hindurch den gleichen Wasser- und Alkoholgehalt hat. Um das Verdunsten von Wasser und Alkohol aus dem Satz zu verhindern, gibt man letzteren in besondere Aufbewahrungsbüchsen, die mit einer Gummiplatte bedeckt werden. Derartige Büchsen besitzt die Vorgranulierhütte drei. Ist eine gefüllt, so wird ihr Inhalt durch die Satzträgerin an die Granulierhütten verteilt. Beim zweitenmal wird auf das Vorgranuliersieb nur eine der kleinen Steingutbüchsen entleert und dieses halbe Quantum mit dem letzten Drittel (40 g) Abfall vermengt.

Der vorgranulierte und mit Abfall gemischte Satz wird den Arbeiterinnen in den Feingranulierhütten in die kleinen emaillierten Becher geschüttet; von dem Inhalt eines solchen Bechers schüttet die Granuliererin den vierten Teil auf das Sieb und reibt nun den Satz in der Weise durch, daß sie mit der Spitze des Gummis nur ein kleines Quantum auf einmal behandelt. Die Feingranuliererinnen schützen ebenfalls den rechten Arm durch einen Lederärmel und die rechte Hand durch einen Lederhandschuh vor Verbrennung; auch sollen sie das Gesicht möglichst weit zurückhalten. Ist aller Satz durchgerieben und in die obere Tasse gefallen, so wechselt die dritte Arbeiterin diese gegen eine leere aus. Das Quantum einer Tasse soll nicht mehr als 80 g betragen; die Tassen werden dann in den Transportkasten gestellt und nach der Abstellhütte getragen.

Die feinen Granuliersiebe müssen viel häufiger gereinigt werden als das Vorgranuliersieb, weil sich ihre engen Maschen sehr leicht verstopfen. Nach beiderseitigem Abbürsten, wobei die darunter befindliche obere Tasse mit dem Satz stets entfernt wird, wird noch mit dem Reibgummi auf das Siebgeflecht geklopft, um lose anhaftende Zündsatzteilchen zum Abfallen zu bringen. Auch die Naßreinigung muß fleißig vorgenommen werden, da es sich immer gezeigt hat, daß Satzentzündungen auf mangelhafte Reinlichkeit der Siebe zurückzuführen sind. Bei Entzündung auf dem Sieb brennt das Drahtgeflecht durch und die darunter befindliche Tasse wird unbrauchbar, indem feste Verbrennungsprodukte in den Zinnüberzug einschmelzen. Eine andere unangenehme Erscheinung beim Granulieren ist das Schmelzen der wasserhaltigen Gelatine in dem feuchten Satze an heißen Sommertagen; der Zündsatz schmiert sich dann auf dem Sieb und die Produktion der Hütten geht stark zurück. Man kann sich in der Weise helfen, daß man trockener arbeitet, z. B. eine Schachtel Siebabfall zu zwei Büchsen feuchten Satz mischt, anstatt, wie unter normalen Verhältnissen, zu drei. Freilich hat man hierbei wieder mit häufigeren Entzündungen auf den Feingranuliersieben zu rechnen.

Nach Arbeitsschluß sind alle Siebe sorgfältig mit Wasser abzubürsten, gut abtropfen zu lassen und auf einer geeigneten Stellage in einem warmen Raum (Kesselhaus) zu verwahren. Sollte sich bei längerem Nichtgebrauch auf einem Geflecht Rost gebildet haben, so darf es nicht mehr in Verwendung genommen werden. Das Wasser auf den Granuliertischen wird jeden Abend abgegossen und mit den satzhaltigen Waschwässern im Mischlokal vereinigt. In den Fässern zwischen den Granulierhütten sammelt sich durch das Siebwaschen ebenfalls Zündsatzschlamm an; man zieht daher das Wasser alljährlich einmal ab und vernichtet den Rückstand, wie früher beschrieben.

Vierter Teil.

Das Trocknen der Zündsätze.

Die Aldersche Bindemittelfällung mit Alkohol gewährt den Vorteil leichten und raschen Trocknens der Zündsätze. Während man bei gewöhnlicher Naßmischung sehr häufig gezwungen ist, die ganze Tageserzeugung über Nacht im Trockenraum zu lassen, genügt bei dem mit Alkohol gefällten Satz ein 15 bis 20 Minuten langes Verweilen in einer auf 45° erwärmten Atmosphäre, um alle Feuchtigkeit auszutreiben. Der Betrieb läßt sich daher so einrichten, daß immer nur ein kleines Quantum Satz aufgelegt und nach erreichter Trocknung sofort wieder entfernt wird, um einer neuen Portion Platz zu machen. Man vermeidet auf diese Weise eine Satzanhäufung in der Trockenkammer, was hoch zu bewerten ist; denn je kleiner die an einem Punkte befindlichen Satzmengen sind, desto geringer sind die Verheerungen bei vorkommenden Explosionen. Die Trockenkammern zählen zu den gefährlichen Objekten; wenn aber mit kleinen Satzmengen gearbeitet wird, brauchen sie nicht mit Erdwällen umgeben zu werden und nicht weiter als 25 bis 30 m von den übrigen Objekten entfernt zu liegen. Die Entfernung von den Granulier- und den noch zu beschreibenden Ableerhütten ist aber insofern wichtig, als bei einer Tagesproduktion von 80 kg ungefähr 240 Kästen feuchter Satz zu- und ebensoviel Kästen trockener Satz abgetragen werden müssen. Zur Bewältigung dieser Menge sind zwei Trockenkammern von je 15 m Länge und 5·5 m Breite nötig; bezüglich Bauart, Anstrich, Beheizung und Beleuchtung gilt das für das Satzmischlokal bei der Sprengsatzfabrikation Gesagte (Seite 270).

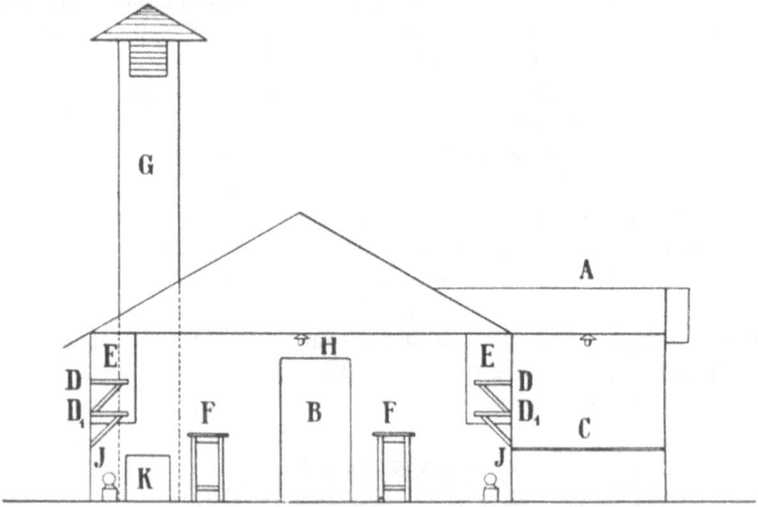

Fig. 98. Einrichtung der Trockenkammer. 1 : 100.
A Vorbau; *B* Eingangstür; *C* Wandkonsole für Kästen; *D* und D_1 Wandkonsolen für Satztassen; *E* Eisendrahtgeflechte; *F* Abstelltischchen; *G* Abzugsschlot; *H* Glühlampe; *J* Heizkörper; *K* Schiebetür des Abzugschlotes.

In der Trockenkammer[1] stehen die Tassen mit dem zu trocknenden Satz auf 250 cm langen und 50 cm breiten Wandkonsolen *D*, von welchen an jeder Längsseite des Raumes vier in einer Höhe von 160 cm angebracht sind; unter ihnen befindet sich, 120 cm über dem Fußboden, eine zweite Konsole D_1 von gleicher Länge und Breite; sie dient zum Abstellen der Tassen beim Rühren. Die Heizkörper werden durch Niederdruckdampf von 120° erwärmt

[1] Zeitschr. f. Schieß- u. Sprengst. 1911, S. 227.

und sind gegen Herabfallen von Zündsatz gesichert (vgl. Seite 271). Neben jeder Konsole befindet sich ein Abstelltischchen *F* für die Kästen. Die Konsolen sind durch lange, von der Decke herabhängende Eisendrahtgeflechte (250 Maschen pro Quadratzentimeter) gegen überspringendes Feuer geschützt. — Gute Ventilation ist neben Wärme die Hauptbedingung für rasches Trocknen; man stellt daher an beiden Stirnseiten der Trockenkammer einen hölzernen, 80 × 80 cm weiten, 6·5 m hohen, mit Regenkappe versehenen und auf der Außenseite mit Dachpappe bedeckten Abzugsschlot *G* auf, der außer zum Luftwechsel bis zu einem gewissen

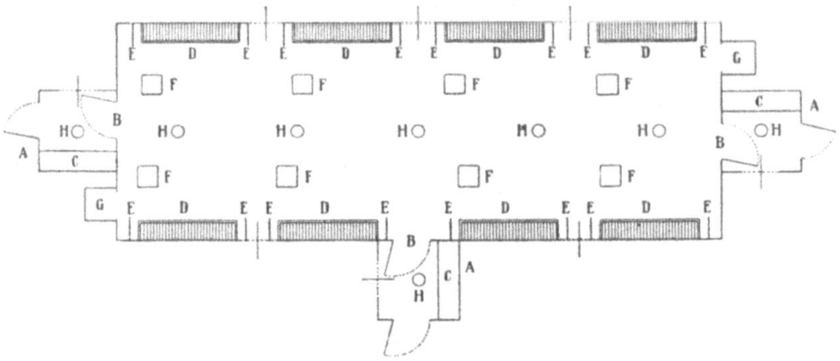

Fig. 99. Trockenkammer für Zündsatz (Grundriß). 1 : 200.

Grade auch zur Temperaturregulierung dient. — Die Temperatur des Trockenraumes wird durch verschiedenerorts angebrachte Thermometer überwacht; steigt die Wärme über den zulässigen Maximalbetrag, z. B. 50°, so tritt ein elektrisches Kontaktthermometer in Tätigkeit, welches durch Stromschließung eine Alarmglocke zum Läuten bringt. Die Arbeitstemperatur in den Trockenkammern soll durchschnittlich 40 bis 50° betragen. — Über die Zündsatztrocknung in explosionssicheren Vakuum-Trockenapparaten vergleiche die ausführliche Darstellung Seite 275.

Das Trocknen des granulierten feuchten Zündsatzmaterials nimmt nun seinen Anfang mit der Herbeischaffung der Kästen von den Granulierhütten her. Eine Tasse nach der andern wird herausgenommen und auf eine der oberen Wandkonsolen gestellt; sobald dieselben warm geworden sind, werden sie Stück um Stück auf die niedere Konsole gestellt, mit den Fingern durchgerührt und wieder auf die obere Konsole zurückgebracht. Dieses Durchrühren und Ausbreiten des Satzes wird während des Trocknens in jeder Tasse zweimal vorgenommen; es soll verhindern, daß sich das trocknende Material an der Tasse festsetzt und daß sich in demselben zu viel große Stücke bilden. Im feuchten Satz lassen sich die Klumpen durch sanftes Reiben und Drücken mit dem

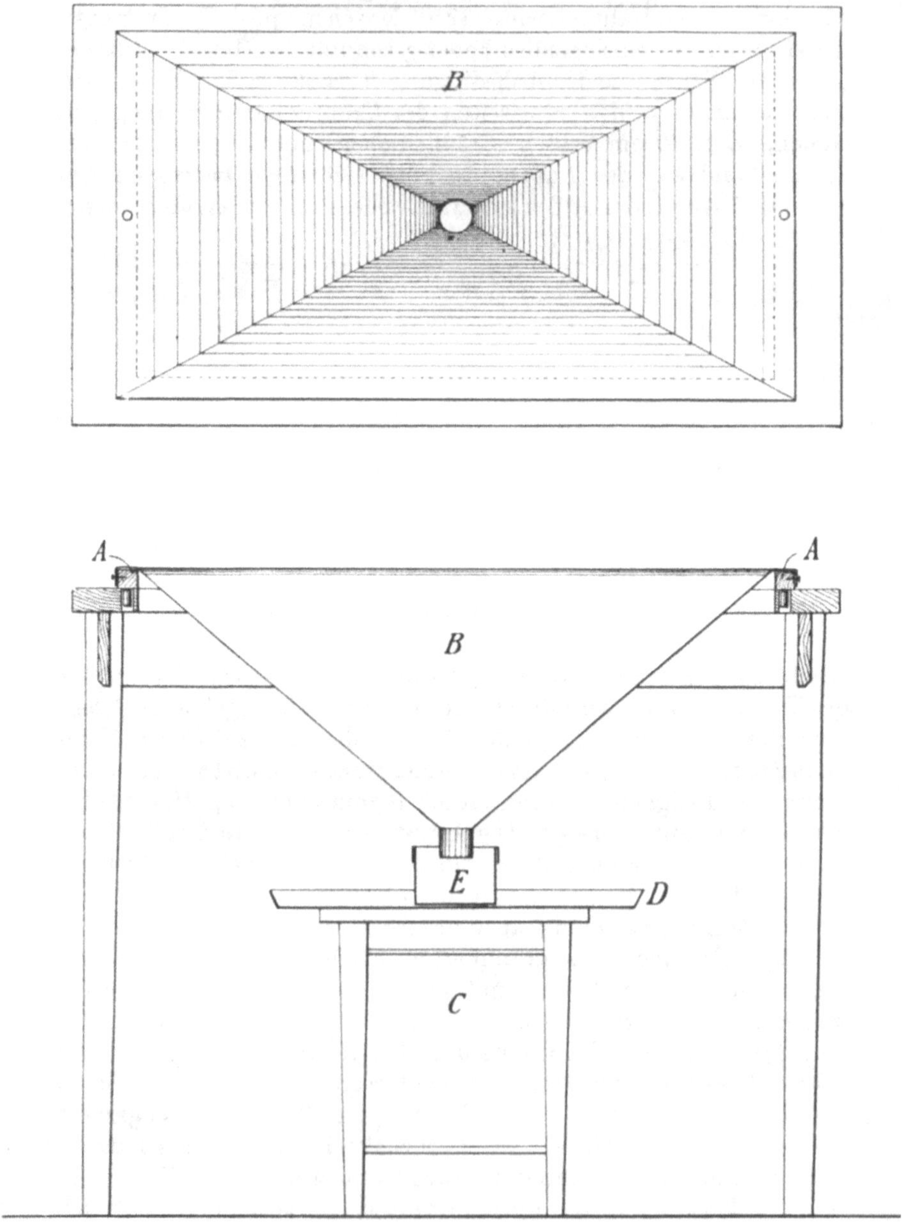

Fig. 100. Ableertisch. 1 : 10.

weichen Teil der Fingerspitzen sehr leicht zerreiben, nach dem Trocknen dagegen würden sich die hartgewordenen Stücke unter der Einwirkung von Druck entzünden. Ist der Satz trocken, so fühlt er sich nicht mehr weich, sondern sandig an; die Tassen werden dann herabgenommen, in die Transportkästen geschoben und nach den Ableerhütten gebracht. In der warmen Jahreszeit kommt der Zündsatz, besonders wenn er vorher schon einige Zeit gestanden hat, mit einem geringeren Feuchtigkeitsgehalt in die Trockenkammer, so daß er diese zuweilen schon nach 10 Minuten verlassen kann; sonst rechnet man als normale Trockenzeit 15 bis 20 Minuten.

Der getrocknete Satz wird in den Ableerhütten zusammengeleert; diese zwei Gebäulichkeiten befinden sich etwa 30 m weit von den Trockenkammern und ebenso weit von den Granulierhütten entfernt. Die größere hat 5, die kleinere 4 m im Quadrat. In der größeren steht der sogenannte Ableertisch, dessen Konstruktion durch Fig. 100 veranschaulicht wird. Seine Höhe beträgt 82 cm; die 55 × 100 cm große Platte hat in der Mitte einen rechteckigen, 83 cm langen und 43 cm breiten Ausschnitt und am Rande desselben an jeder Seite ein Loch für die korrespondierenden Zapfen des hölzernen Rahmens *H*. An diesem Rahmen wird der 34 cm tiefe Ledertrichter *B* in der Weise befestigt, daß man seinen oberen Rand über die Leisten legt und an den Außenseiten mit flachköpfigen Messingstiften festnagelt. Als Material für den Trichter eignet sich am besten ein weißes, weiches Schaf- oder Ziegenleder. An der schlauchartig geformten Spitze ist der Trichter 3 bis 4 cm weit. Unter dem Ledertrichter steht ein 40 cm hohes, 35 × 35 cm großes Tischchen *C*, auf diesem eine gewöhnliche Zündsatztasse *D* und auf dieser eine Pappschachtel *E* mit verstärktem oberen Rand. Eine solche Schachtel wiegt etwa 150 g und füllt sich nach dem Einschütten von 4 Tassen Satz ungefähr bis zur Hälfte. — An den Tassen haftet nach dem Ableeren noch Zündsatzstaub, der mit einem weichen Dachshaarpinsel (Fig. 101) abgekehrt werden muß. Zur Aufnahme von Satzrückständen und von Satzstaub ist ein mit Wasser gefülltes, zerschnittenes Petroleumfaß vorhanden.

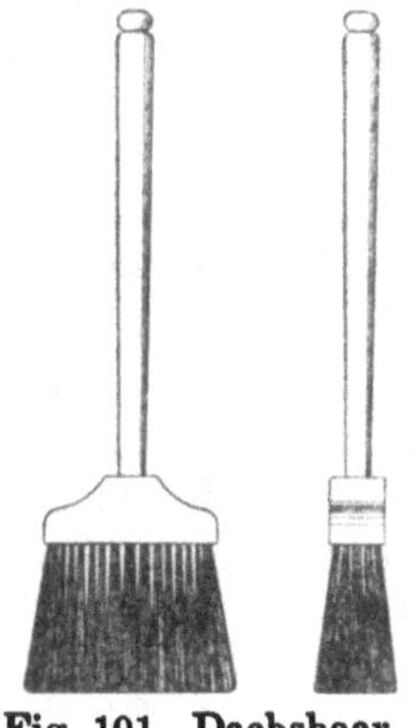

Fig. 101. Dachshaarpinsel. 1 : 5.

Die kleinere Ableerhütte enthält ebenfalls ein mit Wasser gefülltes Petroleumfaß für Satzreste und zwei Tische von 82 cm Höhe, 160 cm Länge und 64 cm Breite; auf jedem liegt eine mit

Papier bedeckte Tasse. In die eine werden die gefüllten runden Schachteln aus der Nachbarhütte gestellt, in die andere die Satzbüchsen.

Das eigentliche Vorratsgefäß für die Zündsätze ist die Satzbüchse, d. i. ein zylindrisches, aus 0·25 mm starkem Weißblech angefertigtes, hermetisch verschließbares Gefäß, wie es folgende Figur 102 darstellt. Die Höhe beträgt 165, der Durchmesser 105 und der Durchmesser des flanschenartig nach außen umgelegten Randes 130 mm. Zum Schutz gegen Rost ist das Blech auf beiden Seiten mit Zaponlack überzogen oder mit grauer Ölfarbe gestrichen. Will man den Zündsatz behufs Ausbeutebestimmung abwägen, so wird auf jede Satzbüchse in großen Ziffern die Tara aufschabloniert. Der umgelegte Rand darf nicht scharfkantig, sondern muß umgebörtelt sein, weil zum Verschluß der Büchse eine straffsitzende Kautschukkappe (Fig. 103) darüber gezogen wird. Fünf Büchsen mit aufgesetzter Kautschukkappe füllen genau ein Satzbüchsenkistchen. In diesem bleiben die Büchsen auch bei der Aufbewahrung inden Magazinen.

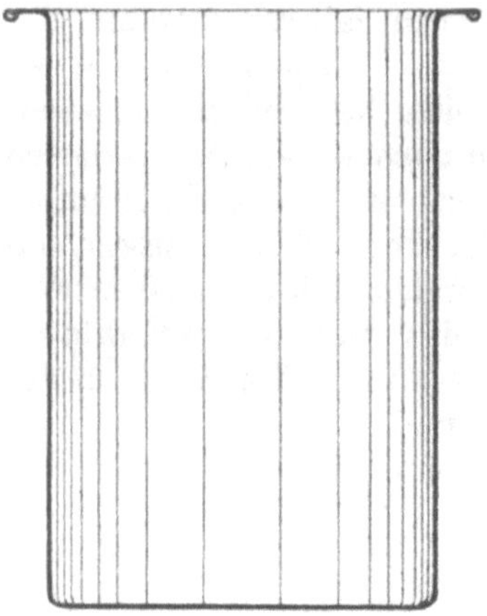

Fig. 102. Zündsatzbüchse. 1 : 3.

Fig. 103. Kautschukkappe zum Verschließen der Zündsatzbüchse.

Größere Zündsatzvorräte werden stets in besonders eingerichteten und angelegten Magazinen untergebracht. Einesteils im Interesse einer Dezentralisierung des gefährlichen Materials, andernteils aber auch, um die verschiedenen Sorten getrennt zu halten, empfiehlt es sich, statt eines großen, möglichst viele kleine Depots anzulegen, die 15 m voneinander entfernt sind und von denen jedes im Maximum 20 kg Zündsatz aufnimmt. Bei einer Tagesproduktion von 80 kg und beim Arbeiten mit vier oder fünf verschiedenen Sätzen braucht man ca. 20 Magazine. Grundriß und Vertikalschnitt eines solchen Zündsatzdepots sind auf Seite 284 abgebildet und beschrieben; die Außenansicht von zwei derartigen Lagerungsstätten zeigt Fig. 104. Jedes Magazin nimmt 3 Satzbüchsenkistchen zu 5 Büchsen auf, was ungefähr einer Gesamtmenge von 20 kg Zündsatz entspricht.

Nachdem die Abträgerinnen die Kästen mit dem getrockneten Satz nach der großen Ableerhütte gebracht haben, werden die Tassen herausgenommen und deren Inhalt in den Ledertrichter des ersten Tisches geschüttet. Die entleerten Tassen gelangen dann nach dem zweiten Tisch, wo sie von Staub und leicht angetrockneten Satzteilchen abgekehrt werden. Was sich nicht durch Abkehren mit dem Dachshaarpinsel entfernen läßt, muß abgewaschen werden. Von hier aus gelangen die Tassen wieder in die Granulierhütten zur Satzbeschickung zurück. Nach jedesmaliger Entleerung von vier Tassen, d. i. eines Kastens, ist die runde Pappschachtel des ersten Trichtertisches etwa bis zur Hälfte mit Satz gefüllt; die Schachteln werden dann in der kleinen Ableerhütte in die auf dem zweiten Tische stehenden Zündsatzbüchsen entleert, und letztere, sobald sie voll sind, mit dichtschließender Kautschukkappe verschlossen. Eine Büchse nimmt den Inhalt von 3 bis 4 Kästen auf

Fig. 104. **Zündsatzablage.**

und enthält 1 bis 1·4 kg Zündsatz. Beim Manipulieren mit den gefüllten Büchsen muß man die äußerste Vorsicht walten lassen, zumal ein solches Quantum im Hinblick auf mögliche Unglücksfälle ziemlich groß zu bezeichnen ist. Mit fünf Büchsen gefüllte Kistchen werden dann möglichst bald in die 20 bis 25 m von der Hütte entfernten Magazine gebracht.

An Arbeitspersonal für das Zündsatztrocknen braucht man 8 Arbeiterinnen in den beiden Trockenkammern, 2 Trägerinnen für das Herbeischaffen des feuchten Satzes aus den Granulierhütten, 3 Trägerinnen zum Transport des trockenen Satzes nach den Ableerhütten, 3 Arbeiterinnen in der großen, 1 Arbeiterin in der kleinen Ableerhütte und, wenigstens zeitweise, einen Mann, der nicht nur bei den Transporten hilft, sondern vor allem die gefüllten Satzbüchsenkistchen in die betreffenden Magazine bringt. Insgesamt sind also 17 Arbeiterinnen und 1 Arbeiter zum Trocknen von 80 kg Zündsatz erforderlich.

Fünfter Teil.

Das Sieben der Zündsätze.

Nach dem Trocknen besteht der Zündsatz aus Stücken und Stückchen von sehr verschiedener Größe. Da nun aber das Einpressen desselben in die Metallhütchen nicht durch Abwägen, sondern durch Abmessen in geeigneten Hohlkörpern dosiert wird, und diese Abmessungen stets das gleiche Gewicht ergeben sollen, kann man nicht mit einem Material arbeiten, welches das eine Mal vorwiegend aus Staub, das andre Mal aber vorwiegend aus Gries besteht; es ist daher notwendig, eine Sortierung nach Größe vorzunehmen und das feine Pulver, den Staub, sowie die großen Stücke als Abfall auszuscheiden. Das Produkt mittlerer Größe führt den Namen Korn. Je genauer die Dosierungen ausfallen sollen, desto geringer müssen die Größenunterschiede der Körner sein. Sortiert wird der Satz durch Sieben, indem man das aus den Trockenkammern kommende Produkt durch ein größeres Sieb auf ein feineres fallen läßt, auf welchem dann das Korn zurückbleibt. Die 1 bis 1·4 kg fassenden Zündsatzbüchsen direkt auf ein Sieb zu entleeren, ist wegen der Größe des Quantums und der damit verbundenen Gefahr nicht ratsam; man reduziert darum die Siebportionen auf etwa 200 g, indem man den Inhalt einer Büchse in viereckige Satzschachteln verteilt und diese den Siebhütten übergibt. Das Einfüllen des Satzes aus den Büchsen in die Schachteln nennt man „ausgeben" und die Hütte, in welcher es stattfindet, die „Satzausgabe".

Die Satzausgabe[1] soll wenigstens 25 m von den Nachbarobjekten entfernt liegen; sie ist ein einfaches, unheizbares Gebäude von 6·5 m Länge, 4·5 m Breite und 2·5 m Höhe (bis zu Beginn des Daches), das nicht umwallt zu sein braucht. Der Raum wird durch zwei elektrische Lampen erleuchtet; in der Mitte steht ein 85 cm hoher Tisch mit 63 × 160 cm großer Platte aus poliertem Rotbuchenholz. Ein zweiter Tisch gleicher Größe steht in einer Ecke; auf einer Platte lassen sich zwei halbkreisförmig ausgeschnittene, 22 mm starke Bretter leicht abhebbar fixieren, wodurch eine kreisförmige Vertiefung von 275 mm Durchmesser entsteht, in welcher die Satz-

[1] Zeitschr. f. Schieß- u. Sprengst. 1911, S. 308.

schalen beim Aufziehen der Kautschukkappe gestellt werden. Diese Satzschalen sind wie die Satzbüchsen aus 0·25 mm starkem Weißblech angefertigt und mit ähnlichen, nur größeren Kautschukkappen ausgerüstet. Weiter befinden sich in der Hütte zwei Tische zum Abstellen leerer Zündsatzbüchsen; ein fünfter Tisch endlich ist für die Satzwage von 5 kg Tragkraft bestimmt. Für Zündsatzreste steht in einer Ecke der Hütte ein mit abnehmbarem Holzdeckel versehenes Wasserfaß.

Die Siebhütten liegen zu dreien oder vieren in Abständen von 10 m in einer Front und sind nicht mit Erdwällen umgeben. Jede Hütte vermag täglich 60 kg Satz zu bewältigen. Heizungs- und Beleuchtungseinrichtungen fehlen, da der Betrieb nur bei Tageslicht und gutem Wetter stattfindet. In der Mitte der Siebhütte stehen zwei Siebtische[1] parallel zueinander mit 1 m Abstand. Jeder Tisch hat eine Höhe von 82, eine Länge von 160 und eine Breite von 65 cm. In der polierten Rotbuchenplatte hängt ein großer und ein kleiner Trichter aus weißem, weichem Alaunleder, der große 50 und der kleine 25 cm weit nach unten. Über den großen Trichter sind zwei 1c m starke, runde Gummischnüre oder gleich starke Gummischläuche möglichst straff mit 50 cm Abstand gespannt und seitlich am Rahmen mit flachköpfigen Messingstiften festgenagelt. An diese Gummischläuche sind zwei Hanfschnüre ebenfalls mit Spannung in der Weise gebunden, daß sie, 20 cm voneinander entfernt, parallel über die Trichtermitte laufen; sie dienen zum Abstellen des Siebes. Der Rahmen des großen Trichters mißt außen 58 × 90 cm, der des kleinen 30 × 50 cm; zwischen beiden befindet sich ein Raum von 15 cm. Auf die Untersatztischchen der Trichter sind zum Auffangen von daneben fallendem Satz und Satzstaub Blechtassen zu legen. In der Mitte der Tasse steht eine viereckige Satzschachtel und in diese hängt das schlauchartige, 3 bis 4 cm weite Trichterende.

Die Siebe haben runde Holzrahmen von 4 mm Stärke, einen Durchmesser von 36 und eine Gesamthöhe von 15 cm. Das Messingdrahtgeflecht, auf dessen Maschenweite bei der Siebarbeit eingegangen wird, ist 12 cm unter dem oberen Rand angebracht, so daß für den unter dem Geflecht befindlichen Bodenreifen eine Breite von 3 cm bleibt.

Das Personal für das Satzsieben besteht aus 6 Arbeiterinnen, wenn zwei Siebhütten gleichzeitig in Betrieb gesetzt werden; in jeder Hütte ist eine Sieberin und eine Gehilfin tätig, für beide Hütten eine Trägerin zum Transport der Büchsen und Satzschach-

[1] Zeitschr. f. Schieß- u. Sprengst. 1911, S. 309.

teln und in der Satzausgabe eine Arbeiterin zum Umfüllen des Satzes aus den Büchsen in die Schachteln. In der Satzausgabe wird nun der Inhalt dreier Büchsen über 20 Schachteln geschüttet, diese in ein Satzbüchsenkistchen gegeben und nach den Siebhütten getragen. Die Sieberin holt sich eine Schachtel ungesiebten Satz aus dem Kistchen und schüttet ihn in ein Sieb von 360 Maschen pro Quadratzentimeter (Drahtstärke 0·12 mm), welches auf den Hanfschnüren des einen Siebtisches steht. Durch Schwenken und zeitweiliges Klopfen mit der flachen Hand auf den Holzreifen des Siebes fällt das Korn, vermischt mit dem Staub, in den großen Ledertrichter und aus diesem in die untergesetzte Schachtel. Was zurückbleibt, ist grober Abfall und wird aus dem Sieb durch den kleinen Trichter des Tisches in eine zweite Satzschachtel geschüttet. Dann legt die Sieberin das leere Sieb auf die Schnüre zurück, bringt die Schachtel mit dem groben Abfall unter den großen Trichter des zweiten Tisches und schüttet den Inhalt der ersten Satzschachtel (Korn und Staub) in ein auf den Schnüren des zweiten Tisches stehendes Messingsieb von 1600 Maschen pro Quadratzentimeter (Drahtstärke 0·06 mm); dort wird das Korn vom Staub befreit, welch letzterer sich mit dem groben Abfall vereinigt, so daß die Schachtel nun den Gesamtabfall (Grobes und Staub) enthält, während auf dem 1600-Maschensieb der „gute" Satz, das Korn, zurückbleibt. Das Korn wird aus dem Sieb direkt in eine Satzschachtel geschüttet, ebenso der Abfall, und hierauf nach dem Aufsetzen der Deckel aus der Hütte getragen, wo dann die Umfüllung in die entsprechenden Satzbüchsen geschieht. Bei gutem Wetter findet das Umleeren im Freien statt, etwa 5 bis 6 m von der Hütte entfernt. Damit bei windigem Wetter kein Staub oder Sand hineingelangen kann, werden die Büchsen lose mit einer Kautschukkappe überdeckt. Fünf volle Büchsen werden dann unter Bezeichnung der Satzsorte in einem Satzbüchsenkistchen in das Magazin gebracht. Bei schlechtem Wetter ist man gezwungen, das Umfüllen des Siebsatzes aus den Schachteln in die Büchsen in einer außer Betrieb befindlichen Siebhütte vorzunehmen.

Wenn die Arbeit in den Granulierhütten und Trockenkammern um 7 Uhr morgens beginnt, können die Siebhütten um 9 Uhr in Betrieb gesetzt werden. Eine Siebhütte bewältigt in der Stunde 6 Büchsen oder rund 7 kg ungesiebten Satz; Ausbeute unter normalen Verhältnissen:

60·0% Korn
37·5% Abfall
2·5% Verlust.

Der Verlust entsteht hauptsächlich durch Wegfliegen von Staub aus den offenen Sieben. Da dieser Staub infolge seines Quecksilber- und Antimongehalts giftig ist, müssen sich die Sieberinnen durch Respiratoren schützen oder zumindest Mund und Nase mit einem Tuch überbinden. Der sich überall ablagernde Satzstaub muß fleißig mit einem Dachshaarpinsel weggekehrt werden.

Für manche Zündhütchensorten wird eine hohe Präzision bezüglich der Satzdosierung verlangt. In diesem Falle dürfen die Körner nur geringe Größenunterschiede aufweisen. Nun kommt es aber bei der gewöhnlichen Art des Siebens vor, daß nadelförmige Satzstückchen, deren Länge ein mehrfaches der Maschenweite beträgt, mit der Spitze nach vorn durch die Maschen schlüpfen, obwohl sie in den Abfall gehören. Um sie nach Möglichkeit auszuscheiden, läßt man den Satz dreimal durch dasselbe Sieb gehen; die länglichen Körner bleiben dann beim zweiten und dritten Sieben größtenteils quer vor den Maschen auf dem Sieb liegen und werden aus diesem in den Abfall geworfen, wobei freilich die Ausbeute an brauchbarem Korn auf 40 % und weniger herabsinkt, um so mehr, als auch die in Anwendung kommenden Siebe noch etwas feiner (20 × 20 Maschen pro Quadratzentimeter) als die gewöhnlichen sind. Man nennt sie Extrasiebe, und den mit ihnen dreimal gesiebten und auf dem 1600-Maschensieb besonders sorgfältig abgestaubten Satz „Extra gesiebt" oder kurz „Extra". Alle Arten von Geschützpatronenzündhütchen sowie auch die Geschoßzündhütchen (Bodenzünder, Doppelzünder, Granatzünder) werden mit Extrasätzen gefüllt.

Hat Zündsatz monatelang in den Magazinen gestanden, so kann er bei Benutzung älterer Büchsen mit hart gewordenen Kautschukkappen geringe Mengen von Feuchtigkeit angezogen haben. Man erkennt dies sofort daran, daß er beim Ausschütten nicht mehr so leicht rollt und zuweilen Klumpen aus zusammengebackten Körnern enthält. Solcher Satz muß in den Trockenkammern unter Umrühren getrocknet und in den Siebhütten auf dem 1600-Maschensieb nochmals entstaubt werden. Der in der Vorgranulierhütte einzumischende Abfall wird ebenfalls „ausgegeben", und zwar derart, daß aus einer Büchse nicht wie gewöhnlich 6 bis 7, sondern 10 Schachteln gefüllt werden; jede derselben enthält dann ungefähr 120 g Abfall — ein Quantum, welches zu der auf dem Vorgranuliersieb verarbeiteten Portion im angemessenen Verhältnis steht. Produzieren die Siebhütten mehr Abfall, als die Vorgranulierhütte verarbeiten kann, z. B. beim Extrasieben, so wird der Überschuß im Satzmischlokal unter die fertigen Portionen verrührt, wie an der betreffenden Stelle bereits schon beschrieben worden ist. (Bezüglich anderer Siebmethoden, zumal gefahrloser Siebvorrichtungen vergl. Abschn. VII, Seite 286.)

Die vorstehende, an die sehr ausführliche Darstellung von O. Hagen[1] anlehnende Beschreibung der Alderschen Zündsatzfabrikation ist hiermit abgeschlossen. Zum Schlusse sollen noch einige Lohnkalkulationen folgen.

Die Arbeitslöhne für die Zündsatzfabrikation sind größer als in anderen Fabriken; sie berechnen sich auf das Kilo trockenen Satz:

Für Mischen	M 0·20
„ Granulieren.	„ 0·65
„ Trocknen	„ 0·50
„ Sieben	„ 0·20
	M 1·55

Nun wird aber in den Siebhütten aus dem trockenen Satz nur 60% brauchbares Korn gewonnen, währenddessen der Abfall mit Ausnahme des Mischens sämtliche Operationen noch einmal zu durchlaufen hat. Die Ziffer für Arbeitslöhne per Kilo fertiger Zündsatz erhöht sich daher von M. 1·55 auf M. 2·58. Dies gilt für einfach gesiebte Sätze; bei extra gesiebten muß man ca. 4 M. als Arbeitslohn für ein Kilogramm gebrauchsfertigen Satz in Anschlag bringen. Bei Zugrundelegung dieser Zahlen betragen die Selbstkosten des in der Tabelle auf Seite 365 angeführten Satzes für

Zündhütchen der Militärgewehrpatronen	ca.	M	5·70
„ „ Geschützpatronen	„	„	11·—
„ „ Doppelzünder usw.	„	„	7·40
„ „ Granatzünder	„	„	8·15
Brandeln (trocken)	„	„	3·60

Sechster Teil.

Herstellung der Hütchen.

Als Material für die Zündhütchen dient jetzt fast allgemein Kupferblech; nur vereinzelt trifft man noch Messing (für Jagdpatronenzündhütchen) an. Versuche, Tombak oder Eisenblech zu benützen, hatten keine günstigen Resultate. Früher wurde auch versilbertes Kupfer angewandt. Das zu Hütchen verwendete Kupfer muß so rein als möglich und vollständig weich und biegsam sein, so daß es sich durch Biegen und Drücken in jede beliebige Form bringen lassen kann, ohne daß die Hütchen eine rissige oder gefaltete Oberfläche zeigen.

Die Hütchen werden durch die sogenannten Kapselmaschinen angefertigt, von denen sich die Fabrikate der Firma Simon & Co. in Nürnberg (Fig. 50 Seite 258) sehr bewährt haben. Eine solche Maschine arbeitet mit je zwei Dornen und transportiert das

[1] Zeitschr. f. Schieß- u. Sprengst. 1911, S. 201, 224, 243, 265, 283, 308.

Kupferband automatisch unter das Werkzeug; zur Erzielung einer gleichmäßigen Arbeitsweise dient ein kräftiges, nach dem Exzenterprinzip angeordnetes Schwungrad. Mit Hilfe der Schneideringe werden die Hütchen besäumt (auf Maß abgestochen); durch geeignete Formgebung der Schneide hat man es in der Hand, den Hütchenrand gerade abzustechen oder etwas anzuspitzen (fraisen), Letzterem ist mit Rücksicht auf das gute Arbeiten der Zündhütcheneinsetzmaschinen der Vorzug zu geben. Je nach Wunsch kann man auf der Maschine Hütchen mit oder ohne Bodenpressung erzeugen. Ihre Tagesleistung beträgt rund 150000 Stück. Eine andere, nach den neuesten Erfahrungen konstruierte Zündhütchenmaschine der Firma Emil Paßburg, Berlin, leistet in der Stunde 6000 Stück Hütchen. Den Dornen, Schneideringen usw. ist während des Betriebes besondere Aufmerksamkeit zu schenken; auch werden die erzeugten Hütchen laufend mit einer stählernen Toleranzlehre kontrolliert. Die obere längliche und die dazugehörige runde Öffnung gibt das Maximum der Dimensionen an für den Durchmesser sowie für die Höhe der Hütchen; dieselben dürfen in die Öffnungen wohl eindringen, aber nicht durchdringen. Zur Reinigung von Schmiermittel, Fett u. dergl., werden die Hütchen gewaschen und mit Tannenholzsägespähnen gescheuert, getrocknet und poliert.

Ist die Reinigung nicht sorgfältig genug ausgeführt, so verteilt sich die bei der folgenden Operation benutzte Lacklösung nicht gleichmäßig im Zündhütchen, sie „verläuft" nicht, sondern bildet an einigen Stellen dicke Flecken. Solche Hütchen müssen gereinigt werden, und zwar, wenn es mit Seife behaftete Messinghütchen sind, durch Waschen mit lauwarmem Spiritus, wenn es fettige (ölige) Kupferhütchen sind, durch Waschen mit lauwarmem Benzin. Den Spiritus verwendet man zweckmäßig in einer Stärke von 90 bis 91 %, unter Zusatz von etwas Weinsäure zur Erzielung schön glänzender Hütchen. Die Reinigung wird in halbkugeligen, dampfgeheizten Kupferkesseln bei 30 bis 40° vorgenommen, indem man etwa 4 kg der Hütchen auf einem Kupfersieb in den Spiritus taucht. Dann bringt man durch Rütteln und zeitweises Schiefhalten den größten Teil des Spiritus zum Ablaufen, gibt die Hütchen in Scheuersäcke und schüttelt sie dort so lange mit abgesiebten Sägespänen aus Fichten- oder Tannenholz, bis sie völlig trocken und blank sind. — Der Waschspiritus läßt sich so lange benutzen, bis er ganz schmutzig geworden ist; dann wird er destilliert. — Zum Hütchenwaschen genügt ein Arbeiter, zum Scheuern dagegen sind vier Arbeiterinnen nötig. Diese fünf Leute bewältigen pro Stunde 400000 Stück.

I. Lackierung der Hütchen.

Um einen zersetzenden Kontakt des Knallquecksilbersatzes mit dem Hütchenmetall zu verhindern, wird die ganze Innenfläche lackiert. Der Lacküberzug schützt aber nicht nur das Metall, sondern begünstigt auch das Anhaften des eingepreßten Zündsatzes. Als Lackierungsmasse dient eine Lösung von

	Für Hütchen	Für Stanniol
Schellack	6·0 kg	35·0 g
Elemiharz	0·1 kg	2·5 „
Weingeist 95 % . . .	10·0 l	720·0 „
Dicker Terpentin . .	—	2·5 „
Venezianischer Terpentin	—	1·0 „

Zur Herstellung von Kapsellack verfährt man nach Hagen[1] folgendermaßen:

Man erwärmt in einem kupfernen Duplikatkessel 17·65 kg reinen 95 %igen Spiritus auf 50°, setzt 80 g Bismarckbraun zu, rührt bis zur Auflösung desselben um, bringt 5 kg weiches Elemiharz und 2·48 kg Terpentingeist hinzu und rührt weiter. Nach dem vollständigen Auflösen des Harzes, welches ungefähr $^1/_2$ Stunde beansprucht, mischt man 11·25 kg 34-grädige, klare Schellacklösung hinzu, rührt durcheinander und läßt 1 bis 2 Stunden zur Abkühlung stehen. Hierauf zieht man ab, koliert in einen tarierten Ballon, gibt noch 1 kg reinen 95 %-igen Spiritus und fernerhin 1·7 kg Äther von 0·730 spez. Gewicht dazu und der Lack ist nach gehörigem Durcheinanderschütteln gebrauchsfertig. Sollen die lackierten Hütchen längere Zeit ungefüllt lagern, so versetzt man 10 kg des Lackes mit 50 cm³ Terpentinöl, um den Lacküberzug weniger spröde zu machen.

Das Lackieren der Hütchen wird mit dem Lackierapparat (Fig. 105) ausgeführt. Zum bequemen Einbringen der Hütchen in diesen Apparat dient ein aus Messing gefertigter Ladelöffel oder eine Ladeplatte. Dieser Löffel (vergl. Fig. 69 Seite 292) ist bei normalen Hütchenabmessungen mit 98 Löchern versehen, welche unten etwas kleiner sind, so daß die Hütchen nicht durchfallen können. Das Einfüllen der Hütchen in den Ladelöffel wird von Hand durch eine Arbeiterin besorgt. Hierauf werden die in dem Löffel liegenden und nun bequem zu handhabenden Hütchen in den Lackierapparat eingebracht. Dieser besitzt einen genau geführten, mittels Handhebel auf und ab beweglichen Stempel, dessen untere Fußplatte 98 Stahlstifte (Lackierstifte) trägt, deren Höhe so reguliert wird, daß sie nur die erforderliche Menge Lack aufnehmen. Die Lackierstifte werden nun mittels des Handhebels in das, wie aus der Abbildung ersichtlich, seitlich ausschwenkbare Lackbassin hineingetaucht. Nachdem das Bassin dann schnell weggedreht ist, drückt man durch erneutes Senken des Handhebels

---

[1] Zeitschr. f. Schieß- u. Sprengst. 1912, S. 432.

die Stifte in die Hütchen, die in dem untergeschobenen Ladelöffel sitzen. Diese Arbeit muß schnell und sorgfältig ausgeführt werden, um einen stets gleichmäßigen, nicht zu dicken, aber auch nicht zu dünnen Lacküberzug zu erzielen.

Der auf beschriebene Weise in die Hütchen eingebrachte Lacküberzug muß noch gehörig getrocknet werden. Dies Trocknen

Fig. 105. Lackierapparat. Fig. 106. Handhebel-Ausstoßpresse.

darf jedoch nicht zu rasch erfolgen, da sonst leicht ein Reißen des Lackes eintritt. Die einfachste hierfür in Benutzung stehende Trockenvorrichtung besteht aus einer für Dampfheizung eingerichteten, langen, schmalen Eisenplatte, die auf einer Temperatur von 40 bis 50° gehalten wird. Durch schrittweises Vorschieben der Löffel wird eine allmähliche Trocknung erzielt.

Neuerdings kommen mehrfach besondere Trockenapparate in Aufnahme. Einen solchen beschreibt E. Neumann in der Zeitschrift für das gesamte Schieß- und Sprengstoffwesen 1909, Seite 125. Dieser Apparat (Fig. 107) nimmt die Löffel mit den lackierten Hütchen auf und dreht sich dann langsam um die Achse. Während zwei Drittel der Umdrehung tritt vorgewärmte Luft, während des letzten Drittels aber kalte Luft hinzu; die Trocknung wird so in einer schnelleren Art und Weise bewirkt. Zur Erzeugung des Luftstromes dient der aus der Abbildung ersichtliche Ventilator.

Andernorts werden die lackbetupften Hütchen auf besondere Lackierbretter entleert und auf diesen in einer Anzahl von 800 Stück in ein Trockengestell gegeben. In den Trockengestellen liegen die Hütchen auf vielen übereinander geschichteten Brettern mit der Öffnung nach oben; nach 2 bis 3 Minuten hat sich der auf den Hütchenböden befindliche Lack ausgebreitet und ist an den Wandungen bis zum oberen Rande emporgestiegen. Die Grenze des Lacküberzugs markiert sich deutlich als braune Linie. Wenn im Lackierraume, wo diese Trockengestelle sich befinden, eine Temperatur von 15 bis 20° herrscht, wird der Lack schon nach $1^1/_2$ bis 2 Stunden trocken. Im Sommer läßt man die lackierten Hütchen gern über Nacht stehen, da bei höherer Temperatur frisch aufgesetzter Lack selbst nach 3 bis 4 Stunden noch weich bleibt. Die lackierten Hütchen werden — meistens durch eine eigene

Fig. 107. **Trockenapparat.**

Kontrolliererin — auf etwaige Fehler untersucht. Wenn z. B. zu viel oder zu wenig Lack in den Hütchen ist, so macht sie die Lackiererin darauf aufmerksam und ordnet eine Verminderung bzw. Erhöhung des im Bassin befindlichen Lackes an; zeigen sich dagegen Körner oder Klümpchen im Lacküberzug, so veranlaßt sie das Entleeren, Putzen und Frischfüllen des Bassins. — Die festen Körper in der Lacklösung können hineingefallene Verunreinigungen sein, bestehen aber meistens aus Elemiharz, welches infolge teilweiser Verdunstung seiner flüchtigen Öle in die schwerlösliche Form übergegangen und ausgefallen ist. Derartige Harzausscheidungen machen sich fast immer bemerkbar, wenn die Lacklösung 2 bis 3 Stunden im offenen Gefäß steht. Solcher Lack ist unbrauchbar geworden und muß regeneriert werden.

Die zum Lackieren dienlichen Geräte und Apparate müssen

oft gereinigt und stets sauber gehalten werden. An den Lackierstiften setzt sich allmählich fester Lack in der Weise an, daß die in die Lösung getauchten Spitzen sauber bleiben, während darüber die Inkrustierung beginnt. Deswegen müssen die Oberteile nach jeder Arbeitspause, zumindest alle 2 bis 3 Stunden gewechselt und durch Kochen mit Natronlauge von 4° Bé gereinigt werden. Auch die Lackierschieber (Löffel) sollen mindestens alle 14 Tage einmal mit Lauge gekocht werden. Bei den Lackbassins genügt das Auswischen mit einem spiritusgetränkten Lappen nach jeder Entleerung.

Nach Hagen[1] lackieren 5 Arbeiterinnen bei zehnstündiger Arbeitszeit rund 400000 Hütchen. Rechnet man hierfür 10 Mark Arbeitslohn, so ergibt sich für 1000 Hütchen der Betrag von 2·5 Pfennigen, welche Ziffer sich unter Berücksichtigung von 1·2% Lackierausschuß auf 2·53 Pfennig erhöht. Unter fernerer Berücksichtigung des Lackverbrauchs (inbegriffen die Herstellungskosten für den Lack), ergibt sich schließlich als Gesamtkalkulation für die Auslackierung im ungünstigsten Falle der Betrag von 4 Pfennigen für 1000 Stück Zündhütchen.

II. Das Laden der Zündhütchen.

Die lackierten und getrockneten Hütchen sind nunmehr zum Laden fertig, und es folgt jetzt in einer Reihe von Einzeloperationen das Einfüllen und Einpressen des Zündsatzes. Die Gesamtoperation der Zündhütchenfüllung gliedert sich in folgende Phasen:

1. Das Füllen der Hütchen.
2. Das Vorpressen der Hütchen.
3. Das Abblasen der vorgepreßten Hütchen.
4. Die Überdeckung des vorgepreßten Satzes mit Stanniol.
5. Das Überleeren der bedeckten Hütchen in den Preßlöffel.
6. Die erste Pressung auf der großen Presse mittels Maschinenantrieb.
7. Zweite Pressung auf der zweiten Presse, die um $^1/_{10}$ mm tiefer gestellt ist.
8. Das Absieben der geladenen Hütchen durch eine besondere Siebvorrichtung.
9. Die Bemusterung und Messung einzelner Probehütchen.
10. Das Wägen (Einzählen) und Verpacken der fertigen Hütchen.

---

[1] Zeitschr. f. Schieß- u. Sprengst. 1912, S. 451.

In der Regel wird das Laden direkt an die Lackierungsoperation angeschlossen. Die Art und Weise, wie nun die Ladung vorgenommen wird, hängt vor allem davon ab, ob der Zündsatz durch trockenes Mischen der einzelnen Bestandteile hergestellt wird, oder durch Körnen des vorher angefeuchteten Satzes, oder mit feuchtem Satze. Auch wird nicht immer verlangt, daß der Zündsatz mit Stanniol überdeckt sei; bei billigeren Zünddütchen (z. B. für Jagdpatronen) begnügt man sich, die nach her zweiten Pressung erhaltenen Zündhütchen nochmals zu lackieren. Doch müssen die betreffenden Stücke dann wieder gut getrocknet werden.

Trockener, gekörnter Zündsatz, in Kupfer- oder Messinghütchen geschüttet und darinnen durch einen Metallstift stark gepreßt, verdichtet sich zu einer harten zusammenhängenden Masse, die fest an den Hütchenwandungen haftet, zumal wenn diese vorher mit einem Lacküberzug versehen wurden. Dabei nimmt die Oberfläche des gepreßten Satzes im Negativ die Form an, welche der drückende Stift an der Spitze hat, gleichgültig, ob der Stift direkt auf den Satz oder auf ein darüber gelegtes Stanniolblättchen drückt. Ist dieses Stanniolscheibchen auf der dem Satze zugekehrten Seite mit einem stark klebenden und noch nicht völlig trocken gewordenen Lack bestrichen, so bildet es nach dem Pressen eine festsitzende Metalldecke und schützt den darunter befindlichen Satz gegen Feuchtigkeit, wie auch in einem gewissen Grade gegen das Abbröckeln. Noch größere Sicherheit in dieser Richtung bietet das Überlackieren der äußeren Stanniolfläche nach dem Pressen. Bei ordinären Zündhütchensorten wird der Stanniolbeleg meistens weggelassen; hier ist dann eine besonders starke Komprimierung erforderlich, damit der Satz beim Rütteln nicht ausbröckelt oder sonst herausfällt. Doch sind der Drucksteigerung in Rücksicht auf die Empfindlichkeit des Satzes gegen mechanische Einwirkungen Grenzen gezogen. Beim Pressen der Zündhütchen gilt als Norm, mit dem Druck möglichst nahe an die Explosionsgrenze heranzugehen; wenn auch auf diese Weise mit einer größeren Verlustziffer infolge abknallender Hütchen gerechnet werden muß, so erzielt man doch hierbei ein haltbar gepreßtes und empfindliches Zündmaterial.

Die Einzelpressung findet nun bei gewissen Sprengkapselsorten und Geschützpatronenzündhütchen statt; von kleineren Zündhütchen dagegen kommen hundert und mehr auf einmal in die Presse und werden daselbst mit einem Drucke fertig gemacht. Nach den früheren Füllmethoden war das Laden eine gefährliche Manipulation, weil sie gewöhnlich von Hand ausgeführt wurde. Man besaß hierzu zwei Instrumente, die sog. Hand, eine zur Aufnahme der Hütchen dienende durchlöcherte Kupferplatte, und den Trichter, welcher aus drei beweglichen Teilen bestand, nämlich einem oberen Behälter, welcher mit dem gekörnten Satze beschickt wurde, der Schüttmaschine, welche sich aus zwei übereinander zu verschiebenden Kupferplatten zusammensetzte, und endlich dem Stifthalter, einer ebenfalls durchlöcherten Kupferplatte, welche nach außen Stifte zum Eindrücken der Zündmasse in die Hütchen trug. Heute werden alle diese Operationen maschinell ausgeführt, und zwar in so vollkommenen Apparaten, daß eine Gefahr für den Arbeiter ausgeschlossen ist.

1. Das Füllen der Zündhütchen.

Diese Verrichtung wird in einem abgeschlossenen Raume ausgeführt. Zur Sicherheit und zum Schutze des Laders ist der Arbeitsraum durch eine mit einem Fenster versehene Mauer in einen größeren und in einen kleineren Teil getrennt; das Fenster gestattet das Hereinnehmen der zurechtgemachten Hütchen aus dem größeren Arbeitsraume.

Zum Verladen des Zündsatzes in die Zündhütchen dient der in Fig. 108 abgebildete Füllapparat mit Panzerschutz, die Lademaschine. Dieser Ladeapparat besitzt in seinem hinteren Teile einen Vorratskasten aus poliertem Holz für den zu verladenden Satz, der etwa 100 bis 200 g von diesem aufzunehmen vermag. Der Vorratskasten läßt sich von außen öffnen und schließen. Die Zündhütchen-Lademaschine ist nach dem gleichen Prinzip konstruiert wie die Sprengkapsel-Lademaschine, nur ist sie entsprechend kleiner; der Schieber ist ebenfalls aus Messing und aufs feinste poliert. Die Lademaschine befindet sich auf einem Tisch aus trockenem Tannenholz und besteht aus zwei übereinandergelegten Platten, die einen Abstand von 3 cm haben; vor der Lademaschine werden zwei ca. 15 mm starke Spiegelglasscheiben zum Schutz gegen etwaige Entzündung des zu verladenden Satzes angebracht.

Zum Einfüllen des Zündsatzes wird nun der Ladelöffel durch eine an der linken Seite befindliche Öffnung eingeschoben und die vorn befindliche Kurbel umgedreht: hierdurch wird bewirkt, daß der Ladelöffel mit dem Verteilungsschieber (Schuber) hinter die zweite Glasplatte läuft und dort so viel Zündsatz erhält, als die 98 Hütchen im Ladelöffel brauchen. Die auf ein Hütchen entfallende Zündsatzmenge ist verschieden und schwankt bei

Zündhütchen für Patronen mit Nitropulver zwischen 0,025 und 0,05 g; für gewöhnliche Pulverzündhütchen ist die Ladung geringer: 15 bis 18 mg. Bei einem weiteren Umdrehen kommt der Ladelöffel mit dem Verteilungsschieber wieder nach vorn unter die vordere Glasplatte. Hier wird der Zündsatz verteilt und durch Bewegung eines Hebels in die Hütchen eingefüllt. Den geladenen Löffel schiebt der Arbeiter auf die entgegengesetzte Seite und nimmt wieder einen frischen zum Laden, ohne dabei seinen Platz zu verlassen. Hinter dem Arbeiter ist in der Mauer ein Raum ausgebrochen, worin etwa drei bis fünf Büchsen des zur Verladung dienenden Satzes aufbewahrt werden können. Auf keinen Fall soll ein Vorrat am Arbeitstische aufgestellt werden. Bei dieser Anordnung geht das Laden sehr rasch vor sich, so daß ein einigermaßen geübter Arbeiter 30000 bis 40000 Hütchen an einem Tage zu laden leicht imstande ist.

Fig. 108. Füllapparat mit Panzerschutz.

Explosionen treten bei diesen Sätzen und bei so geringen Mengen selten auf und richten auch meistens wenig Schaden an; es können nur heftige Verbrennungen vorkommen, vor denen der Arbeiter aber durch die Spiegelglasplatten und überdies durch starke Lederhandschuhe geschützt ist. — Nach jeder Arbeitsunterbrechung (Pause) und abends nach Arbeitsschluß sind Ladetisch und -maschine aufs sorgfältigste zu reinigen. Zur Erleichterung dieser Arbeit wird der Boden zweckmäßig mit Linoleum bedeckt und der Ladetisch mit dünner weißer Wachsleinwand überzogen. Am Ende jeder Arbeitsschicht werden die auf den Boden gefallenen Zündhütchen zusammengelesen und als Ausschuß in eine besondere Schachtel gegeben.

Wie bereits schon angeführt, geschah es früher, daß der Zündsatz feucht und sogar breiförmig in die Hütchen eingefüllt ward; dieser Vorgang war insbesondere bei billigeren Zündhütchensorten, zumal bei Jagdpatronenhütchen, sehr beliebt, da eine Explosion hierbei so gut wie ausgeschlossen war. Um die Hütchen auf diesem Wege zu laden, stellte man zuerst eine feuchte Mischung des Satzes her (vgl. S. 266), indem man dessen einzelne Bestandteile mit einer wässerigen Lösung arabischen Gummis oder einer alkoholischen Lösung von Schellack oder Benzoe behandelte. Dieser feuchte Satz wurde in Form pillenartiger Kügelchen in die Hütchen eingebracht. Oder man schmierte die feuchte Zündmasse auf eine siebartige Metallplatte, deren Löcher der Pillengröße entsprechen. Die Löcher sind durch eine verschiebbare Platte verschlossen; nach Wegnahme derselben drückte man dann mit einer Stempelplatte die Masse in die unten bereitstehenden Hütchen. Bei der Füllung feuchter oder breiförmiger Zündmasse ließ man den Hütcheninhalt trocknen. Die Verladung solcher Sätze war natürlich ganz ungefährlich, hatte jedoch die beiden Nachteile, daß erstens leicht eine Entmischung des Satzes eintreten konnte, und zweitens, daß das Metall durch den feuchten Inhalt angegriffen wurde.

Diese Nachteile werden vermieden, wenn man die Herstellung des Zündsatzes durch trockene Vermischung seiner Bestandteile ausführt. Diese zurzeit fast ausschließlich benutzte Methode ermöglicht ein viel rascheres, sichereres und saubereres Arbeiten, wenn darauf acht gegeben wird, daß sich der gemischte Satz bei den verschiedenen Manipulationen bis zum Laden und Pressen nicht wieder entmischt.

2. Das Vorpressen des Satzes.

Die mit dem Zündsatz lose gefüllten Hütchen gelangen nun in die Zündsatzvorpresse. Diese Maschine bezweckt, den losen Inhalt der Hütchen durch schwachen Druck so weit zu komprimieren und zu befestigen, daß er beim Umkehren nicht mehr herausfällt. Der Satz nimmt dann bereits ein viel kleineres Volumen ein; der erforderliche Druck beträgt 2·5 bis 3 kg per Hütchen. Die Vorpresse enthält 98 Preßstifte, die durch eine entsprechend geführte Platte aus Rotguß genaue Richtung erhalten. Fig. 109 zeigt eine von der Firma Simon konstruierte Zündsatzvorpresse. Diese ist eine Handpresse, welche von einer Arbeiterin leicht und ungefährlich bedient werden kann.

Bei dieser Vorpreßoperation wird leicht ein Teil des noch völlig losen Zündsatzes durch die eintretenden Druckstempel zerstäubt und gelangt so auf den Ladelöffel; außerdem verbleibt auch immer noch in den Hütchen eine ganz minimale Menge nicht festgepreßter Zündsatzmasse. Um diese zu beseitigen, schiebt man die von der Vorpresse kommenden Ladelöffel in den

Abblaseaparat. Dieser ist eine trichterförmige Vorrichtung, in welcher der nötige Luftstrom von einem kleinen elektrisch betriebenen Ventilator erzeugt wird. Unterhalb des Ladelöffels befindet sich ein Wasserbassin zur Aufnahme des abgeblasenen Satzes. Nach Schluß der Arbeit, d. h. jeden Abend, soll dieser Wasserbehälter mit den Zündstaubresten entleert und gereinigt werden. — Das Abblasen des Staubsatzes kann von einer Arbeiterin, die bei der Vorpresse beschäftigt ist, besorgt werden

Fig. 109. Zündsatzvorpresse.

Eine anders konstruierte Zündsatzvorpresse mit 200 Preßstempeln (zum Vorpressen von 200 Zündhütchen) beschreibt O. Hagen.[1] Der Druck eines Stempels auf die Unterlage beträgt 3 kg, der Gesamtdruck also 600 kg. Der Kraftbedarf der Maschine ist gering; sie kann leicht mit der Hand oder durch einen schmalen Riemen von der Transmission aus angetrieben werden. Bei dem Umstande, daß auch ihr Gewicht nicht groß ist, bedarf sie keines Fundamentes, sondern kann lose überall aufgestellt werden.

Nach dem Vorpressen müssen die Hütchen kontrolliert werden. Bei der Revision der Satzschüttung werden zuweilen Hütchen mit mangelhafter Füllung oder auch unbesetzte Kapselträger übersehen. Ebenso tritt beim Arbeiten mit stark abgenutzten Werkzeugen der Fall ein, daß die Preßstifte exzentrisch auf die Zündhütchen fallen, daher ein Teil des Satzes ungepreßt bleibt und dann leicht herausfällt. Das gleiche tritt ein, wenn sich ein Preßstift im Oberteil klemmt, oder wenn die Spannkraft einer Preßstempelfeder erheblich nachgelassen hat. Darum werden die aus der Vorpresse kommenden Hütchen genau durchgesehen: mit einer Messingpinzette legt die Kontrollierin fehlende nach, entfernt solche mit losem oder zu wenig Satz und setzt dafür normal gefüllte ein. Die Ausschußhütchen kommen in eine Schachtel und werden, nach Entfernung des Satzes durch Sieben, am besten durch Verbrennen unschädlich gemacht.

[1] Zeitschr. f. Schieß- u. Sprengst. 1912, S. 300.

3. Das Aufpressen der Stanniolscheiben.

Ehe nun der in der Vorpresse einigermaßen befestigte Satz fertig gepreßt wird, erhält der Zündsatz des Hütchens auf seiner Oberfläche einen Anschluß, er wird, wie man sagt, „gedeckt". Diese Deckung, welche in der Hauptsache den Abschluß des Zündhütchensatzes gegen Feuchtigkeit bewirken soll, wird entweder durch Aufbringung einer Lackschicht oder durch Aufpressen einer Stanniolscheibe (Zinnfolie) ausgeführt. Diese Stannioldeckblättchen werden auf der Unterseite lackiert, um ihr gutes Haften auf dem Zündsatz sicherzustellen. Das Stanniol wird in einer Stärke von 0·05 mm gewählt, da dünneres Stanniol beim Ausstanzen der Scheibchen leicht am Rande einreißt, wodurch dann beim späteren Fertigpressen der Hütchen ein mehr oder weniger großer Teil des Zündsatzes unbedeckt bleibt. Das zur Verwendung gelangende Stanniol muß völlig bleifrei sein; die Blätter, von einer Größe 495 × 285 mm, sollen auf der einen Seite hochglänzende Politur aufweisen und keinen Gelbstich zeigen. Das Material wird am besten in Kistchen bezogen, welche 10 Pakete zu 5 kg enthalten.

Lackieren des Stanniols. Hierzu wird in der Weise vorgegangen, daß man die Stanniolblätter, aus welchen die Scheibchen geschnitten werden, auf der einen Seite mit Lack bestreicht, wobei aber die andere Seite tadellos sauber bleiben muß. Der Lack soll eine hohe Klebkraft besitzen, sehr langsam trocknen und nach dem Trockenwerden nicht spröde sein. Ein Rezept zu solcher Lackbereitung ist auf Seite 390 bereits angeführt worden; ein anderes für Stanniollack ist folgendes:

Spiritus 95%ig	42·5%
Rizinusöl	16·6%
Terpentinöl	7·4%
Sandarak	22·2%
Mastix	11·1%
Bismarckbraun	0·2%

Diese Vorschrift unterscheidet sich von der ersten hauptsächlich durch den Hinzutritt des Rizinusöls, welcher Bestandteil ein langsames Trocknen und hohe Klebkraft des Lackes bedingt. Der Lack wird hergestellt, indem man in einem Kupferkessel 3 kg fein gepulverten Sandarak und 1·5 ebenfalls fein gepulverten Mastix in 3·5 kg reinem 95%igem Spiritus unter gelindem Erwärmen auflöst, 1 kg Terpentinöl und 20 g Bismarckbraun (lediglich zur Färbung) zusetzt. Ausbeute 8·6 kg. Hierauf löst man in weiteren 2·25 kg reinem 95%igen 2·25 kg oder, wenn der Lack besonders stark kleben soll, 2·50 kg Rizinusöl auf und vermischt beide Lösungen. Gesamtausbeute 13·1 kg; Gestehungskosten pro Kilogramm M. 3·50.

Das Lackieren der Stanniolblätter wird gewöhnlich durch zwei Arbeiterinnen ausgeführt. Etwa 100 Stück Blätter werden, mit der Hochglanzseite nach unten, auf den Lackiertisch gelegt, der auf der einen Seite mit einem sauberen Papierbogen bedeckt ist. Die eine Arbeiterin trägt nun mit einem feinporigen Schwämmchen den Lack auf die matte Seite der Stanniolblätter dünn und gleichmäßig auf. Ist das erste Blatt bestrichen, so tippt sie mit dem Zeigefinger der linken Hand auf eine der unteren Ecken, hebt das am Finger haftende Blatt vom Stoße ab, legt es mit der unlackierten Seite auf den Papierbogen und bestreicht das zweite usw. Inzwischen hat sich die Gehilfin die Hände mit Talkpulver eingerieben und legt die Blätter, Lack nach außen, auf die Querleisten des dicht neben dem Tische stehenden Trockengestells. Nach einer Stunde ungefähr ist der größte Teil des Spiritus im Lacke verdunstet und die Stanniolblätter können dann in Verwendung kommen. Mit Rizinusöllack bestrichene Stanniolblätter behalten ihre Klebkraft 2 bis 3 Tage lang, namentlich im Sommer. Werden sie länger aufbewahrt, so trocknet der Lack allmählich ein und verliert seine Klebkraft; diese lebt teilweise aber wieder auf, wenn man gelinde erwärmt, die Blätter z. B. in die Nähe eines Heizkörpers legt. Sollte der Effekt nicht in gewünschtem Maße erreicht werden, so ist frisch zu lackieren.

Nach Hagen[1] lackieren zwei Arbeiterinnen per Stunde 300 Blätter, welche zusammen die Scheibchen für 240000 Zündhütchen liefern. Da 1000 Blatt lackiertes Stanniol unter Berücksichtigung aller Materialkosten und Lohnausgaben M. 77·— kosten, so berechnet sich das Stanniolisieren der Zündhütchen (eingerechnet 4% Abfallblätter) zu 6·97 oder rund 7 Pfennigen pro 1000 Stück.

Das Ausstanzen der Stanniolscheibchen und ihr Einlegen in die Hütchen besorgt die in Fig. 110 abgebildete Deckmaschine völlig selbständig. Die Deckmaschine ist für Handbetrieb eingerichtet und besitzt 98 Stahlstifte, die eine Führungsplatte passieren, so daß jedes Hütchen vollkommen zentral von den Stiften getroffen wird. Die Stifte müssen am Ende eine scharfe kreisförmige Schneide haben (Fig. 111), damit ein scharfes, fransenfreies Ausstanzen des Stanniolrondells ermöglicht wird. Die lackierten Stanniotafeln von der Größe 495 × 285 mm werden erst in Tafeln von Ladelöffelgröße zerschnitten und dann über dem Ladelöffel in die Deckmaschine gebracht. Um möglichst viele Deckplättchen aus einem Stanniolstreifen zu erhalten, ist die Maschine so eingerichtet, daß man nach dem ersten Durchschlagen des Stanniols das Blatt derart verschieben kann, daß ein zweites und drittes Mal Plättchen geschnitten werden können. Auf diese Weise fällt möglichst wenig Stanniol ab; trotzdem macht der Stanniolblattabfall etwa 80% vom ursprünglichen

[1] Zeitschr. f. Schieß- u. Sprengst. 1912, S. 453.

Stanniol aus. Da dieser Abfall aus bleifreiem, reinem, nur durch Lack beschmutzten Zinn besteht, so ist er ziemlich wertvoll. Um den Lack zu entfernen und das Volumen zu verringern, wird der Abfall eingeschmolzen und das flüssige Zinn in Barrenform erstarren gelassen.

Die aus der Deckmaschine kommenden Hütchen müssen genau kontrolliert werden, ob nicht, was trotz gewissenhafter Bedienung vorkommen kann, das eine oder andere Hüt-

Fig. 110. Deckmaschine.

Fig. 112. Umleerapparat mit Füll- und Preßplatten.

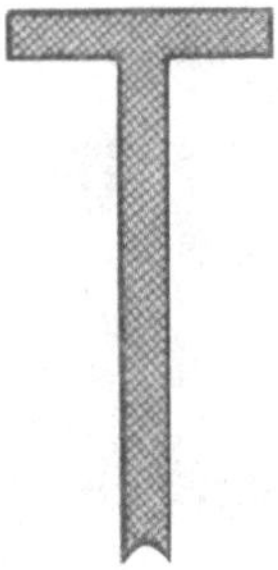

Fig. 111. Stahlstift der Deckmaschine.

chen unbedeckt geblieben sei, weil das betreffende Stanniolrondell an dem Stahlstift hängen blieb. Diese Hütchen werden nachträglich von Hand gedeckt, indem man die Stanniolscheibchen mittels eines Holzstäbchens, an dessen Ende eine kleine Menge Lack angebracht ist, faßt und in die Hütchen einsetzt. Die gedeckten Hütchen, welche bisher immer noch seit der Lackieroperation in den Ladelöffeln gehandhabt wurden, werden aus diesen jetzt in die stärkeren, aus Gußstahl hergestellten Preßlöffel überleert. Die Bohrlöcher der Preßlöffel sind so gewählt, daß die Hütchen nicht mehr durchfallen können, wodurch der untere Schuber entfällt. Zum Umleeren der Hütchen bedient man sich am besten des in Fig. 112 abgebildeten Umleerapparates mit Füll- und Preßlöffel. In diesem werden die Löffel so eingeführt, daß ihre Handhaben gegenüberstehen und der

Preßlöffel oben liegt. Durch Umdrehen des Handhebels werden die Hütchen in die Bohrungen des Preßlöffels gehoben und durch Verschieben desselben festgehalten. Bei tadellosem Werkzeug geht diese Arbeit sehr rasch vor sich.

4. Das Pressen der Hütchen.

Nachdem die Preßlöffel mit den stanniolbedeckten Zündhütchen gefüllt sind, sind sie nun für die automatische Zündsatzfestpresse bereit. Bevor die Löffel aber zum eigentlichen Pressen gelangen, müssen sie auf einer mittels Dampfheizung auf ca. 40^0 erwärmten Eisenplatte oder eventuell im Trockenapparat vorgewärmt werden, um den an der Unterseite der Stannioldeckblättchen haftenden Lack zu erweichen, da dieser in dünnflüssigem Zustande eine bessere Pressung und ein gutes Anliegen der Deckplättchen auf dem Zündsatze bewirkt. Das Stanniol soll den Satz derart überdecken, daß es über dessen Ränder hinausragt und keine Spur davon sichtbar ist; ferner muß das Plättchen einen Widerstand leisten bei dem Versuche, es zu entfernen. In srster Linie muß es, wie echon früher hervorgehoben, den Zutritt von Feuchtigkeit verhindern.

Fig. 113. Zündsatzpresse mit automatischer Druckregulierung.

Die vorgewärmten Preßplatten werden nun in die Zündsatzfestpresse (Fig. 113) gebracht und zwischen zwei kräftigen Stahlplatten fertiggepreßt. Vor der Einstellung prüft man mit dem Zlrkel, ob die beiden Platten parallel stehen. Die Pressung erfolgt durch Kniepressen, die durch zwei starke Spiralfedern gespannt und auf 0·1 mm einstellbar sind. Da die Spannung der Spiralfedern sich nach Belieben regulieren läßt, und die ganze Druckregulierung automatisch erfolgt, so wird ein absolut gleichmäßiges Pressen des Zündsatzes bewirkt, wobei dessen Volumveränderung durch Witterungseinflüsse ohne Einfluß auf die Pressung bleibt. Gleichzeitig werden Überpressungen vermieden und infolgedessen Explosionen (Abknallen von Zündhütchen) auf ein Minimum verringert. Diese sehr stabile und für Riemenbetrieb eingerichtete Doppelkniehebelpresse vermag täglich zwei- bis dreihunderttausend Stück Zündhütchen zu liefern.

Die nunmehr fertiggepreßten Hütchen werden mittels einer besonderen Handhebelausstoßpresse (Fig. 106), deren Konstruktion ohne weiteres verständlich ist, aus den Preßlöffeln herausgedrückt und einer genauen Prüfung unterzogen. Besonders die ersten Zündhütchen, die von der Presse kommen, müssen genau besichtigt und mit der Mikrometerschraube gemessen werden, um etwaige Übelstände bei der Presse zu beheben. Sobald die Hütchen die Presse in tadellosem Zustand verlassen haben, werden sie durch eine eigne Vorrichtung durchgesiebt und von Satzstaubresten oder Stanniolteilchen befreit.

Das Scheuern der gepreßten Zündhütchen. Trotz sorgfältigen Arbeitens kann es aber vorkommen, daß die Hütchen von außen kein schönes, blankes Aussehen haben. Bei vielen haftet noch Zündsatz an der Außenfläche, und andere wieder sind „angeraucht", d. h. mit Verbrennungsprodukten abgeknallter Nachbarzündhütchen beschmutzt. Solche Verunreinigungen lassen sich zum größten Teile durch Scheuern mit Sägespänen aus Tannen- oder Fichtenholz entfernen. Die Späne müssen auf einem Siebe (9 Maschen pro Quadratzentimeter) von groben Stücken und auf einem zweiten (225 Maschen) vom Staube befreit worden sein. Das Scheuern wird in dicht gewobenen Säcken von 150 cm Länge und 50 cm Breite vorgenommen. Nach einigen Minuten kräftigen Hin- und Herschwenkens wird das Gemisch von Sägespänen und Zündhütchen auf ein Eisensieb von 4×4 mm Maschenweite entleert und die Hütchen von den durchfallenden Spänen gründlich befreit. Die blankgescheuerten Zündhütchen gelangen jetzt in Weißblechkästen und wandern dann zur letzten Kontrolle.

5. Bemusterung und Erprobung der Zündhütchen.

Ungeachtet aller Überwachung der Arbeit und bester Instandhaltung der Maschinen und Werkzeuge entsteht noch immer ein gewisser Prozentsatz mangelhafter Zündhütchen. Die auftretenden Fehler lassen sich in zwei Klassen einteilen, nämlich in solche, welche das Zündhütchen gänzlich unbrauchbar machen — grobe Fehler — und in bloße Schönheitsfehler. Beide Arten sind für Regierungslieferungen unzulässig. Derartige Zündhütchen müssen in diesem Falle ausgesucht und in den Ausschuß geworfen werden. Von den am häufigsten vorkommenden Mängeln, nebst deren Ursachen, führt Hagen[1] folgende Punkte an:

A. Grobe Fehler.

1. Abgeknallte Zündhütchen. Dieselben sind entweder auseinander getrieben, enthalten schwarze Verbrennungsrückstände und zerrissene Zinnfolie.
2. Leere Zündhütchen, welche am Ableertisch unter die gefüllten geraten sind.
3. Zündhütchen, in denen das Stanniol entweder ganz fehlt oder den Zündsatz nur teilweise bedeckt. Ursache: schlechtes Auflegen der Folie auf die Federplatte.
4. Trichterförmig erweiterte Zündhütchen, dadurch entstanden, daß beim Pressen in einen Kapselträger zwei Hütchen übereinander lagen und das obere in das untere gedrückt wurde.
5. Zerstreute Zündhütchen, die vom Fußboden aufgelesen wurden.
6. Zündhütchen, welche nicht durch die Lehre gehen; entstanden durch Anstoßen oder Aufsetzen schwerer Werkzeuge.
7. Aufgezogene Zündhütchen, d. h. solche, in denen die Innenlackierung beim Füllen noch nicht trocken war und in denen ein streng passender Preßstift das Stanniolscheibchen nach Art eines Kolbens hinabgedrückt hat. Der feuchte Lack an der Hütchenwandung bildete die Dichtung und verhinderte das Entweichen der eingeschlossenen Luft, welche beim Aufhören des Druckes expandierte und das Stanniol hob, so daß es den Satz nicht mehr an allen Stellen berührt.
8. Schiefe Zündhütchen, dadurch entstanden, daß die Bohrungen im Abstreifer infolge längeren Gebrauches etwas weiter geworden sind und nicht mehr konzentrisch über die Kapselträger zu liegen kommen. Dann stößt häufig ein Preßstift gegen den oberen Rand des Hütchens und stellt es schief, was zur Folge hat, daß die gepreßte Zündsatzoberfläche zur Ebene des oberen Hütchenrandes nicht parallel ist.
9. Gestauchte Zündhütchen, in denen der Preßstift entweder den ganzen Rand der Stanniolscheibe oder einen Teil derselben, anstatt ihn an die innere Hütchenwandung anzulegen, nach unten gedrückt und dadurch das auf der Zündsatzoberfläche liegende Stanniol zusammengeschoben hat.
10. Zündhütchen, auf deren äußerer Bodenfläche das Grübchen markiert ist, verursacht durch schwer gehende Kolben (Überdruck).
11. Gesprengte Zündhütchen. Bei diesen geht ein mehr oder weniger breiter Riß quer durch das Stanniol, so daß der Zündsatz sichtbar wird. Ziemlich selten.

---

[1] Zeitschr f. Schieß- u. Sprengst. 1912, S. 414.

B. Schönheitsfehler.

1. Zündhütchen, welche äußerlich mit Lack oder Zündsatz beschmutzt sind.
2. Zündhütchen, in denen die Stanniolscheibe so groß ist, daß ihr Rand in den oberen konischen Teil des Hütchens hineinragt.
3. Zündhütchen mit ausgefranstem Stanniolrande, bewirkt durch zu dicke Preßstifte oder zu scharfem inneren Hütchenrand.
4. Zündhütchen mit unsauberer Stannioloberfläche. Ursache: Mangelhafte Reinigung der Preßstifte.
5. Zündhütchen mit matter Stannioloberfläche.
6. Zündhütchen mit buckeligem Boden.

Die Schlußkontrolle der Zündhütchen wird auf einem 6 m langen und mehr als 1 m breiten Tisch durch zwei Kontrollierinnen vorgenommen. Jede derselben schöpft aus den von dem Scheuerraume kommenden Weißblechkästen etwa 500 Stück Zündhütchen heraus und sieht die Probe genau durch: die fehlerhaften werden ausgelesen und in Pappschachteln geworfen, und zwar die leeren in eine besondere Schachtel. Die Hauptkontrollierin ist überdies mit einer Maximal- und Minimallehre versehen, zur Prüfung des äußeren Zündhütchendurchmessers. Zum Messen der Satzhöhe oder, richtiger gesagt, der Bodenstärke + Satzhöhe + Stanniolstärke wird ein kleiner Schraubentaster benutzt. Derselbe hat 10 mm Bügeltiefe und gestattet Messungen bis zu 18 mm. Am Ende der Mikrometerschraube trägt er einen 8 mm langen und 2 bis 3 mm dicken Dorn mit stumpfer Spitze, sofern der Taster zum Messen von Zündhütchen mit Grübchen benutzt werden soll. Für solche mit ebener Zündsatzoberfläche ist das Dornende flach. Bei Tastern mit zugespitztem Dorn ist sehr darauf zu achten, daß die Mikrometerschraube nicht zu fest angezogen werde, da sie sich bei Gewaltanwendung in den Zündsatz bohrt, und die Messung dann zu klein ausfällt. Die Teilung auf dem Griffe sei dergestalt, daß für je 0·02 mm eine Marke vorhanden ist. Für das Zündhütchen des Mannlichergewehres ist eine Satzhöhe von 1·1 bis 1·2 mm vorgeschrieben (vgl. Fig. 94, S. 345). Die ausgesuchten leeren Zündhütchen werden nochmals durchkontrolliert und die sauberen für die Wiederbenutzung ausgesondert, während die beschmutzten und kleine Zündsatzreste enthaltenden mit dem übrigen Ausschuß vereinigt werden.

Je strenger die Übernehmer der Zündhütchen auf äußere Schönheit achten, desto größer wird natürlich die Ausschußziffer, und desto zeitraubender gestaltet sich die Kontrolle. Im Durchschnitt kann man annehmen, daß am Kontrolliertische

2 bis 3, höchstens 4 % Zündhütchen als unbrauchbar herausgesucht werden, und daß eine geübte, fleißige Arbeiterin in zehnstündiger Schicht 110000 bis 130000 fertig kontrollierte Hütchen abliefert. Als Arbeitslohn für die Kontrolle kann man nach Hagen 1·4 Pfennig auf 1000 Stück rechnen.

Das Vorgebrachte mag einen Begriff geben, mit welcher Sorgfalt die militärischen Zündhütchen hergestellt werden müssen, wenn sie allen Anforderungen entsprechen sollen. Die Grundbedingung für die Erzeugung tadelloser Ware und die Erzielung niederer Ausschußziffern ist nächst bester Instandhaltung der Maschinen und Werkzeuge eine ununterbrochene Aufsicht der einzelnen Arbeitsgänge — der Partie, wie man sagt. Zu dieser Aufsicht eignet sich nur eine ältere, gewissenhafte Arbeiterin, die mit allen Operationen gründlich vertraut und jederzeit befähigt ist, an allen Stellen der Partie selbst praktisch einzugreifen, wenn es nötig ist.

6. Einzählen, Packen und Versand der Hütchen.

Das versandfähige Zündhütchenmaterial muß nun noch gezählt und dann verpackt werden. Zum Zählen der Hütchen kann man am einfachsten und schnellsten so vorgehen, daß man eine bestimmte, genau gezählte Menge, etwa 500 Stück, wägt und nach einer einfachen Proportion, aus dem Gewichte einer x-beliebigen Menge die Anzahl berechnet. Genauer und zuverlässiger jedoch, wenn auch etwas umständlicher, ist das Abzählen der Hütchen mit den sog. Zählplatten. Diese sind (für das Mannlicher-Zündhütchen) 4·7 mm starke, 195 × 290 mm große Zinkplatten, die in 25 Reihen je 40 Grübchen zur Aufnahme der betreffenden Hütchensorte gebohrt enthalten, also 1000 Stück Zündhütchen aufnehmen können. Beim Einzählen wird nun so vorgegangen, daß man mit der Zählplatte eine Portion Zündhütchen herausschöpft und die schwach geneigte Platte so lange schüttelt, bis in jedem Grübchen ein Hütchen liegt. Den Überschuß läßt man zurückfallen. Die Platte, welche jetzt genau 1000 Zündhütchen enthält, wird über einen Trichter ausgeschüttet und die Zündhütchen in eine darunterstehende Zinkblechbüchse gesammelt, bis ihrer 5000 (5 Platten) sind. 5 Arbeiterinnen zählen auf diese Weise 500000 Zündhütchen pro Stunde ein; die Lohnausgabe beträgt also 0·2 Pfennige für 1000 Zündhütchen.

In vielen Fabriken werden die Zündhütchen zum einstweiligen Aufbewahren in Säcke oder Kisten gebracht; jedoch die haltbarste, einwandfreieste Aufbewahrung ist diejenige in runden, nahtlos getriebenen Zinkblechbüchsen von 0·5 mm Wandstärke. Bei einem Fassungsraume von 5000 Zündhütchen haben sie im Lichten 95 mm Durchmesser und 50 mm Höhe; die Deckelhöhe beträgt 15 mm. Der Deckel ist gleichfalls aus einem Stück, also ohne Lötnaht gearbeitet und sitzt ohne Falz straff auf. Vor dem Füllen wird eine den ganzen Boden bedeckende, sauber ausgeschnittene Scheibe von Zeratpapier eingelegt und nach dem Füllen über den Rand des aufgezogenen Deckels ein elastischer Gummiring in der Weise gespannt, daß er zur Hälfte den Deckel und zur Hälfte die Schachtel überzieht; er bildet so einen hermetischen Verschluß. Der Durchmesser eines neuen, noch nicht ausgedehnten Gummiringes beträgt 72 bis 73, die Breite 20 und die Dicke 1·2 mm. 36 solcher Büchsen, entsprechend 180000 Zündhütchen, werden in einem Verschlage (Munitionskiste) untergebracht, von den Dimensionen 67 × 24 × 15 cm. Die Kiste ist an jeder Stirnseite mit einem 4 cm breiten Henkel aus 3 mm starkem Leder versehen, und den Verschluß bilden Schnallen und Deckelscharniere aus Leder gleicher Stärke.

Für den Zündhütchentransport gelten, wie bei den Sprengstoffen, ganz besondere polizeiliche Vorschriften, die genau innezuhalten sind. Die Verpackungskisten dürfen z. B. nicht größer als 50 × 35 cm sein. Die Holzstärke soll 25 mm betragen; ferner müssen an den beiden schmalen Seiten zwei hanfschnürene Handhaben zum Tragen der Kiste angebracht sein. Das Innere ist, wie bei den Sprengkapseln, mit dünnem Eisenblech zu belegen; auch dürfen die Kisten nicht durch Nägel, sondern nur mittels Schrauben zusammengefügt werden. Alle Zündhütchensendungen müssen die Signatur „Zündhütchen" tragen.

Zündhütchen für Sprenggeschosse.[1]

Im Gegensatz zum Patronenzündhütchen, welches die Treibladung eines Projektils zu zünden hat, ist das Geschoßzündhütchen dazu bestimmt, die Explosion der in einem Artilleriegeschoß (Granate oder Schrapnell) oder Bombe befindlichen Sprengladung in einem bestimmten Moment einzuleiten. Dies wird durch einen im Zünder des Geschosses lose eingebetteten Metallzylinder, den „Schläger" erreicht; die Anordnung ist hierbei so getroffen, daß beim Aufschlagen der Granate der Schläger aus den Sicherungsstreifen herausschnellt und sich mit seiner gezahnten Nickelspitze in den Satz des vorgelagerten Hütchens bohrt, wodurch dessen Zündung erfolgt. Beim Schrapnell ist das Zündhütchen

[1]) Nach Oskar Hagen, Zeitschr. f. Schieß- u. Sprengst. 1915.

meist in den beweglichen Schläger verlegt. Derselbe macht infolge des Beharrungsvermögens im Geschoß eine Rückwärtsbewegung, sobald dieses den ersten Stoß der abbrennenden Treibladung empfängt, und spießt das Hütchen auf die feststehende Zündungsspitze. Bei Fallbomben dagegen ist die Zündungsspitze beweglich, d. h. der nadelspitze Schlagbolzen schießt auf das Hütchen und bringt dieses durch Anstechen zur Explosion.

Es gibt verschiedene Arten von Geschoßzündhütchen, die sämtlich aus Kupfer hergestellt sind. Sie unterscheiden sich voneinander nicht nur hinsichtlich der äußeren Form, sondern auch hinsichtlich ihrer Satzfüllung und der wasserdichten Abdeckung derselben. Allen ist eine zentrale Bodenöffnung gemein, durch welche die zündende Spitze nach Durchdringung einer dünnen Kupferfolie eintritt. In Fig. 114 *A*, *B* und *C* sind die gebräuchlichsten Typen abgebildet; *A* stellt kleinere Hütchen dar mit flachem Boden, ohne Krempe an der Mündung, *B* solche mit

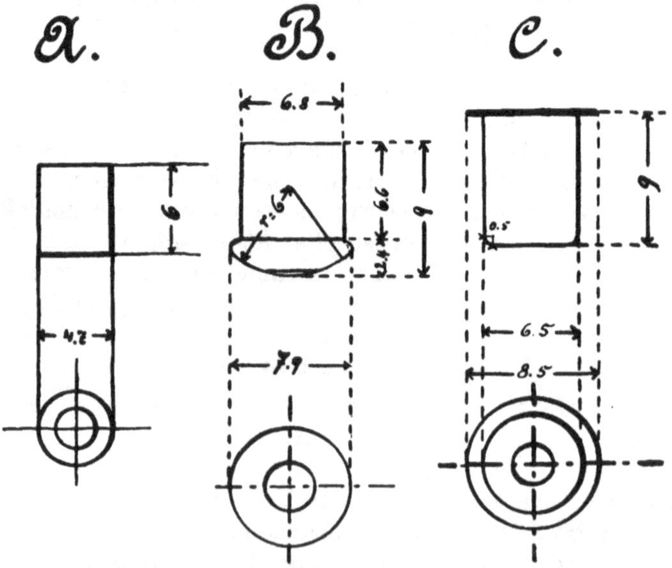

Fig. 114. Ungefüllte Geschoßzündhütchen.

wulstartig verbreitertem, gewölbtem Boden, ohne Krempe am oberen Rande, und *C* endlich solche mit flachem Boden, jedoch größer als *A*, und mit Krempe an der Mündung.

1. Zündhütchen mit flachem Boden für untere Perkussionsapparate (Doppelzünder). (Fig. 115.) 1000 Hütchen

wiegen leer 230 bis 250 g. Die Folien zum Überdecken der Bodenöffnung sind 0·03 mm dick, haben einen Durchmesser von 5·3 mm und wiegen 6·75 bis 7·0 g pro mille. Die Bodenöffnung darf weder im Innern noch an der Außenseite einen Grat zeigen; namentlich der innere ist sorgfältig zu vermeiden, da er beim Einpressen des Zündsatzes die Folie durchschneiden würde. Auch die Folien müssen frei von Grat sein, was sich erreichen läßt, wenn das Kupferblatt beim Stanzen zwischen Papierblättern liegt. Eine Innenlackierung vor dem Füllen findet nicht statt. Das einzupressende Satzquantum beträgt 92 g pro mille, und die Zusammensetzung des Zündsatzes[1] ist:

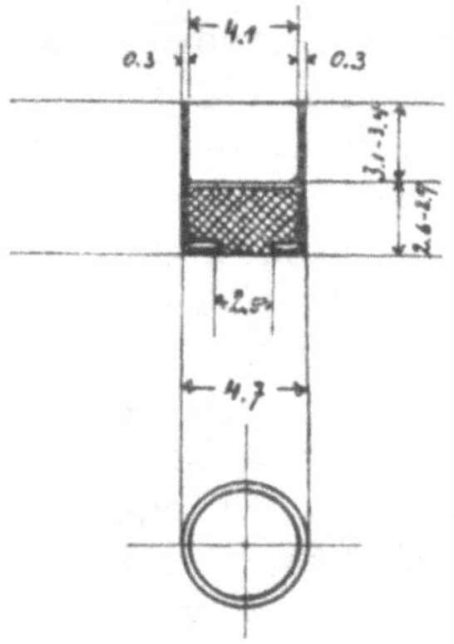

Fig. 115. Zündhütchen für Perkussionsapparate.

51·3%	Kaliumchlorat, chem. rein,
32·0%	Schwefelantimon,
16·0%	Knallquecksilber (Trockensubstanz),
0·7%	Gelatine
100·0.	

Bei dem Umstande, daß die vorgeschriebene Satzhöhe genau eingehalten werden muß und das Satzquantum durch Abmessen und nicht durch Abwägen dosiert wird, ist ein dreimaliges Sieben des Satzes erforderlich, da die Satzkörner möglichst gleich sein müssen. Bedeckt wird der Satz durch ein aufgepreßtes Stanniolscheibchen. Satzhöhe einschließlich Bodenstärke des Hütchens + Stanniolstärke 2·6 bis 2·9 mm. Preßdruck 2·2 bis 2·3 Atmosphären.

Den ganzen Arbeitsmodus bis zur abnahmefähigen Fertigstellung der Hütchen kann man in folgende vier Phasen zergliedern:

1. das Einziehen der Kupferfolien,
2. das Einpressen des Zündsatzes,
3. die Kontrolle der Satzhöhe,
4. die Kontrolle der Empfindlichkeit.

Das Einziehen der Kupferfolien in die Zündhütchen für untere Perkussionsapparate. Versuche, beim Einziehen

[1]) Vgl. S. 366.

der Folien in ähnlicher Weise vorzugehen wie beim Stanniolisieren der Patronenzündhütchen (vgl. S. 399), d. h. die Folie mit Gummi zu schneiden, schlugen fehl. Ebensowenig gelang es, die Scheibchen aus einem Blatt mit Stiften auszuschneiden und direkt in die Hütchen zu drücken. Es bleibt mithin nichts anderes übrig, als die vorgeschnittenen Folien einzeln einzuziehen, eine recht mühselige Arbeit, bei welcher zwei geübte Arbeiterinnen per Stunde höchstens 700 Stück bewältigen. Sie bedienen sich dabei besonderer Messingmatrizen und eines mit Holzgriff versehenen, 4 mm dicken Stahlstiftes, der am Ende flach ist mit leichter Kantenabrundung. Bei einem Außendurchmesser der Hütchen von 4·7 mm und einer Höhe derselben von 6 mm hat der untere Teil der Matrizenbohrung eine Weite von 5 mm und eine Tiefe von 6·5 mm. Der obere Teil ist 5·5 mm weit und 1 mm tief. Da die Tagesproduktion der Satzpresse 70000 Stück beträgt, eine Folieneinziehpartie (2 Arbeiterinnen) in 10 Stunden aber nur 7000 Stück liefert, richtet man sich Werkzeug für 10 Partien her, das sind 60 bis 80 Messingmatrizen und 10 Eindrückstifte. Der Vorgang beim Einziehen der Folien ist folgender:

Die beiden Arbeiterinnen sitzen nebeneinander an einem mit sauberem glatten Papier bedeckten Tisch, auf dem sich außer den vorgenannten Werkzeugen noch die mit Folie zu versehenden Hütchen in Schachteln, sowie eine größere Partie Folien befinden, letztere entweder direkt auf der Papierbedeckung des Tisches oder auf dem Deckel einer geschlossenen Schachtel liegend. Die erste Arbeiterin setzt in die Messingmatrizen die Hütchen mit dem Boden nach unten ein und schiebt sie dann der zweiten Arbeiterin zu. Diese legt auf jede Matrize eine Folie und gibt sie der ersten Arbeiterin zurück, welche die Folien mit dem Stift eindrückt. Das Hütchen haftet dann am Stift und wird mit diesem herausgehoben, worauf es abgezogen und in eine hierfür bereitstehende Schachtel geworfen wird. Dieses Anhaften des Hütchens kommt dadurch zustande, daß sich die Spitze des Stiftes in dem Schälchen, welches die eingedrückte Folie bildet, mit geringer Reibung festklemmt. Ein Herausfallen der Folie beim Zurückziehen des Stiftes findet nicht statt, wenn das Hütchen unter drehender Bewegung abgezogen wird. Die entleerten Matrizen werden mit frischen Hütchen beschickt und der zweiten Arbeiterin zugeschoben. Ist ein größeres Quantum von Hütchen mit Folie versehen, so werden sie einer Kontrolle unterzogen, da beim Einziehen durch schiefes Aufsetzen des Eindrückstiftes Ausschuß entsteht, nämlich Hütchen mit schiefliegender oder zerknitterter Folie. Der Ausschuß beträgt etwa 1·5% und ist leicht zu retten, indem man die mangelhaften Folien mit einem schwachen Stift von der Bodenöffnung der Hütchen aus wieder ausstößt, in die Kupferabfälle wirft und frische Folien einzieht.

Die mit Folie versehenen, kontrollierten Hütchen kommen in größere viereckige Pappschachteln und diese wieder in mit Lederhenkeln versehene Munitionskisten, in denen sie nach dem Preßraum befördert werden.

Eine Partie, bestehend aus 2 Arbeiterinnen, liefert in 10stündiger Schicht 7000 Hütchen mit eingezogener Folie ab. Rechnet man hierfür Mk. 4.— Arbeitslohn, so ergibt sich für 1000 Hütchen der Betrag von 57 Pf., welche Ziffer in Berücksichtigung der Kontrolle auf 60 Pf. aufgerundet werden kann. 1000 leere Hütchen, einschließlich der zugehörigen Folien, kosten bei normalem Kupferpreis rund M. 13.—; mithin stellt sich 1 Mille mit Folien versehener Hütchen auf M. 13.60.

Hinsichtlich der Operationen, Maschinen und Werkzeuge zum Einpressen des Zündsatzes in die Hütchen wird auf die Darstellung im neunten Abschnitt verwiesen.

Das Einpressen des Zündsatzes in die Hütchen zerfällt in folgende Operationen:

1. Das Füllen der Satzplatten, 2. das Abstreichen der Satzplatten, 3. das Aufstecken der Hütchen, 4. das Einschütten des Satzes in die Hütchen (Umleeren), 5. das Vorpressen des Satzes, 6. das Schneiden des Stanniols, 7. das Niederdrücken der Stanniolscheibchen (Durchdrücken), 8. das Abheben der Stanniolblätter, 9. das Übertragen der stanniolisierten Zündhütchen in die Preßunterteile, 10. das Fertigpressen der Zündhütchen, 11. das Ausdrücken der fertigen Zündhütchen aus den Matrizenplatten, 12. das Naßputzen der Preßoberteile und 13. die laufende Kontrolle der von der Partie erzeugten Zündhütchen.

Für diese Vorrichtungen benötigt man pro Partie 30 Arbeiterinnen, und zwar:

2 zum Füllen der Satzplatten, 1 zum Abstreichen der Satzplatten, 6 zum Aufstecken der Hütchen, 4 zum Umleeren des Satzes in die Hütchen, 3 zum Vorpressen des Satzes, 2 zum Schneiden des Stanniols, 1 zum Durchdrücken des Stanniols, 1 zum Abheben der Stanniolblätter, 3 zum Übertragen der stanniolisierten Zündhütchen in die Preßunterteile, 1 zum Bedienen der pneumatischen Presse, 2 zum Abheben der Preßoberteile und Abstreifer, 1 zum Entleeren der Matrizenplatten, 1 zum Putzen der Preßoberteile, 1 zur laufenden Kontrolle der von der Partie erzeugten Zündhütchen und 1 zur Aufsicht über die ganze Partie, zusammen 30.

Das Fertigpressen der Zündhütchen geschieht, wie schon früher erwähnt, bei einem Druck von 2·2 bis 2·3 Atmosphären, d. i. 270 kg per Hütchen, bzw. 20 kg auf einen Quadratmillimeter Zündsatzoberfläche.

Vor dem Versenden müssen die Hütchen noch einer doppelten Prüfung unterzogen werden, bestehend in einer Kontrolle der Satzhöhe und der Empfindlichkeit.

Für die Hütchen der Doppelzünder ist die richtige Satzhöhe von solcher Wichtigkeit, daß jedes einzelne Hütchen überprüft werden muß. Wollte man dies durch Messen mit dem Mikrometer besorgen, so würde sich ein unerschwinglicher Aufwand an Arbeitslohn ergeben. Man hat daher elektrische Einrichtungen erdacht, welche einfacher und rascher zu demselben Ziele führen.

In die auf einer blanken Metallunterlage stehenden Hütchen führt man einen Lehrdorn aus Stahl mit Elfenbeinspitze ein, welch letztere einige Hundertstel Millimeter länger ist als der vorschriftsmäßige leere Raum zwischen Stanniolbelag und oberem Hütchenrand. Hat man die Metallunterlage mit dem einen und den Lehrdorn mit dem anderen Pol einer galvanischen Batterie verbunden und in den Stromkreis eine elektrische Klingel eingeschaltet, so darf diese beim Einführen des Lehrdornes nicht läuten, wenn die Satzhöhe richtig ist. Sinkt diese dagegen unter das erlaubte Minimum herab, dann dringt der Elfenbeinzapfen so tief ein, daß schließlich der stählerne Lehrdorn selbst den Hütchenrand berührt, damit den Stromkreis durch das Hütchen schließt und die Glocke zum Tönen bringt. Auf solche Weise findet man zu niedere Satzhöhe. — Um zu große Satzhöhe zu konstatieren, stellt man die Hütchen wieder auf die mit der Batterie verbundene blanke Metallunterlage und führt einen zweiten, mit dem anderen Batteriepol verbundenen Lehrdorn mit kürzerer Elfenbeinspitze ein, die bei normaler Füllung eine Berührung zwischen Hütchenrand und dem Metall des Dornes zuläßt und daher die in den Stromkreis geschaltete Glocke zum Läuten bringt. Übersteigt die Satzhöhe das erlaubte Maximum, so berührt nur die Elfenbeinspitze den Stanniolbelag, während der metallische Teil des Dornes mit dem Hütchenrand nicht mehr zusammenstößt. Es kann dann kein Strom zirkulieren und die Glocke schweigt.

Die militärischen Laboratorien besitzen für die Satzhöhenkontrolle meist sehr elegante und teure Einrichtungen, durchwegs Erzeugnisse der Feinmechanik, wogegen sich der Fabrikant mehr mit primitiven, weniger kostspieligen Apparaten begnügt.

Die Kontrolle der Empfindlichkeit gründet sich auf eine Nachahmung der bei der Geschoßzündung vorherrschenden Verhältnisse. Man konstruiert sich eine Art kleiner, an einem Ende offener Granaten mit beweglichem Schläger und abschraubbarer Kopfplatte — selbstredend ohne Sprengladung. Die Kopfplatte hat in der Mitte der Innenfläche eine Bohrung in der Größe des aufzunehmenden Hütchens. Im verbreiterten Kopfende befindet sich der mit Nickelspitze versehene, 14·7 g schwere Schläger aus Stahl, der beim Fallenlassen der Versuchsgranate den Satz des Hütchens ansticht und zündet. Für die hier in Rede stehenden Zündhütchen wird verlangt, daß bei 35 cm Fallhöhe ausnahmslos Detonation stattfinde, während bei 2 cm Höhe keine Zündung mehr erfolgen soll.

Nach Einfüllen des Zündsatzes, Messen, Nachprüfen des Ausschusses und Empfindlichkeitskontrolle stellen sich 1000 versandfertige Hütchen auf 16·41 Mark.

Der glaspulverfreie Satz, welcher in die hier beschriebenen Zündhütchen gepreßt wird, ist bei weitem nicht so empfindlich gegen mechanische Impulse wie der Satz für das Zündhütchen der Mannlicherpatrone. Deswegen gehören Explosionen in der Presse zu den Seltenheiten. Wenn sie aber auftreten, beschränken sie sich nicht auf ein Hütchen, sondern verursachen Massenzündungen, weil bei dem größeren Satzquantum die Flamme eine ziemliche Länge besitzt und weil bei den später in den Kapiteln B und C zu beschreibenden Zündhütchensorten der Satz während des Pressens ganz frei liegt, also nicht einmal, wie hier, durch ein Stanniolscheibchen gegen die Flammeneinwirkung geschützt ist. Solche Explosionen sind wegen der starken Beschmutzung der Werkzeuge sehr unangenehm und können sogar gefährlich werden, wenn man keine Vorkehrungen trifft, welche das Übergreifen des Feuers von einem Werkzeug zum anderen verhindern. Das Lokalisieren der Flamme auf ein Werkzeug wird durch Einlage von Klötzen aus zähem Eschenholz in das zweite und vierte Feld einer jeden Preßplatte erreicht. Es bleiben dann nur noch das erste, dritte und fünfte Feld der Platten zum Besetzen mit Werkzeugen frei. Die eingelegten Klötze verhalten sich der Explosionsflamme gegenüber wie ein Damm und verhindern so ein Übergreifen des Feuers auf das benachbarte Werkzeug.

2. Zündhütchen für Schrapnells. Diese Hütchen besitzen einen wulstartig verbreiterten, gewölbten Boden (Fig. 116). 1000 Stück wiegen leer 475 g und kosten einschließlich Folien 18 Mark bei normalem Kupferpreis. Die Kupferfolien haben 9 mm Durchmesser, eine Stärke von 0·03 mm und wiegen 17 g pro mille. Innenlackierung vor dem Füllen findet nicht statt. Die einzupressende Satzmenge beträgt 228 bis 230 g pro mille; die Zusammensetzung des dreimal gesiebten Satzes ist: 59·7% Kaliumchlorat, 39·8% Schwefelantimon und 0·5% Gelatine. Bedeckt wird der Satz mit einer aufgepreßten Schicht von Zinkweiß, welches an der Oberfläche dick lackiert ist und auf diese Weise das Eindringen von Feuchtigkeit absolut verhindert. Von dem Zinkweiß, auch Deckmasse genannt, werden 60 bis

61‰ aufgepreßt bei einem Druck von etwa 4 Atmosphären. Satzhöhe einschließlich Bodenstärke des Hütchens + Deckmasse + Lack 4·0 mm; Dicke der Deckschicht allein 0·6 mm.

Die Deckmasse muß behufs richtiger Dosierung in den Masseplatten genau so granuliert und gesiebt werden wie die Zündsätze; zu ihrer Herstellung rührt man in der Mischschale an: 700 g reines Zinkoxyd, 580 g 3%ige Gelatinelösung und 1000 g 95%igen Reinsprit, windet aus (S. 363), granuliert und trocknet.

Das Füllen der Schrapnellzündhütchen geschieht in drei Verrichtungen: 1. dem Einziehen der Kupferfolien, 2. dem Ein-

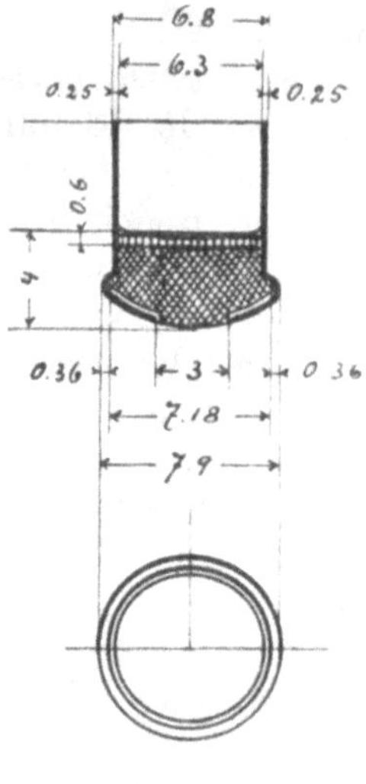

Fig. 116. Zündhütchen für Schrapnells.

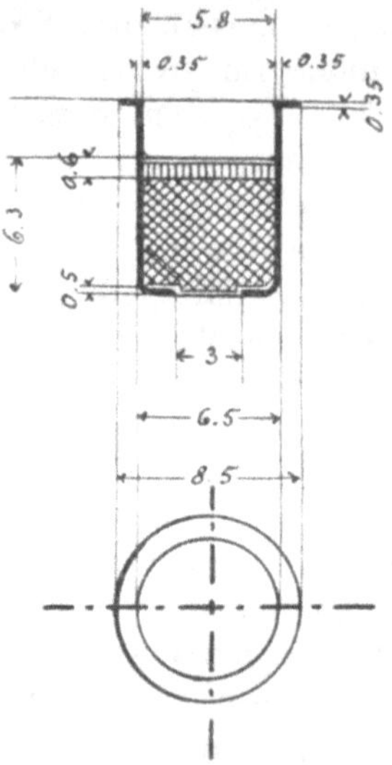

Fig. 117. Granatzündhütchen.

pressen von Zündsatz und Deckmasse und 3. dem Lackieren der Deckmasse. Das Lackieren wird bewirkt durch Eintropfen einer 46%igen alkoholischen Schellacklösung in die aufrechtstehenden Zündhütchen: dadurch wird der Zinkoxydschicht alle Porosität genommen und das Eindringen von Feuchtigkeit verunmöglicht.

Die Schrapnellzündhütchen sind teurer als die vorbeschriebenen Hütchen; 1000 Stück versandfähige Ware kostet 27·90 Mark. — Die Empfindlichkeitsprobe wird genau so ausgeführt wie bei der vorhergehenden Sorte beschrieben; mit einem Schläger von 42·5 g Gewicht sollen bei 70 cm Fallhöhe alle Hütchen detonieren, während bei 3 cm keines losgehen darf. — Außer diesen Schrapnellzündhütchen gibt es noch solche mit verstärkter Füllung, welche statt 230 g 320 bis 340 g Zündsatz pro mille enthalten.

3. Granatzündhütchen. Diese Zündhütchen besitzen flachen Boden und eine Krempe an der Mündung (Fig. 117); 1000 Stück wiegen leer 565 g. Das einzupressende Zündsatzquantum beträgt 320 bis 340 g pro mille, das Gewicht der Deckmasse 90 g. Arbeitsweise und Empfindlichkeitsprüfung wie bei den Schrapnellhütchen, nur daß der Satz in zweimaliger Schüttung aufgefüllt wird.

Selbstkostenpreis für 1000 Stück fertig verpackte Granatzündhütchen 30·61 Mark.

Daneben werden noch Granatzündhütchen mit hoher Empfindlichkeit gefertigt, welche sich äußerlich nicht von den gewöhnlichen Granathütchen unterscheiden, wohl aber in der Qualität des Zündsatzes und der Farbe der Lackdecke. Die Zündsatzmenge beträgt 335 g pro mille und ist nach Zusammensetzung dieselbe wie die für die unteren Perkussionsapparate (S. 409). Die zum Lackieren der Deckmasse bestimmte 46%ige Schellacklösung ist mit Methylviolett gefärbt (1·5 g pro Kilogramm Lösung). Mit einem 47·8 g schweren Schläger sollen bei 15 cm Fallhöhe alle, bei 1·2 cm keine Zündhütchen detonieren. Preis pro Tausend 31·28 Mark.

Flobertpatronen.

Diese sind kleine Patronen, welche meist nur aus einer Metallhülse bestehen, die nach dem Abfeuern intakt bleibt: Zündhütchen und Patrone sind also in eins vereinigt. Im allgemeinen gleicht eine Flobertpatrone einem größeren Zündhütchen, jedoch mit entsprechend stärkerer Ladung. Die Zündladung besteht bei allen derartigen Patronen aus einem brisanten Satz, dessen Hauptbestandteil Knallquecksilber ist; nur in einzelnen Fällen setzt man Schwarzpulver zu, etwa dann, wenn die Patrone eine Verlängerung durch eine Papierhülse erhält. Folgende Tabelle[1] gibt eine Übersicht über die wichtigsten Flobertpatronenladungen.

Knallquecksilber . .	160	240	200	100	100	50·2
Schwefelantimon . .	5	120	—	5	25	—
Kaliumchlorat . . .	10	40	50	20	40	48·6
Blutlaugensalz, gelbes	—	10	10	—	—	—
Bariumnitrat	—	—	—	—	15	—
Glaspulver	—	—	2	—	—	—
	scharf	schwach für große Geschosse	scharf brisant	scharf für kleine Geschosse	Schwarzpulverzusatz	

[1] Dr. R. Knoll, Das Knallquecksilber, S. 174.

Der Hauptbestandteil dieser Sätze ist also Knallquecksilber, das mit Kaliumchlorat, arabischem Gummi usw. vermischt ist; zur Verminderung der Brisanz wird noch Schwefelantimon oder gelbes Blutlaugensalz zugesetzt. Die Reihenfolge der Operationen bei der Herstellung von Flobertpatronen ist folgende:

1. Herstellung und Reinigung der Hütchen durch Scheuern.
2. Einbringung in den Ladelöffel, je nach dem Durchmesser der Hütchen für 24 bis 60 Stück.
3. Ladung mittels Lademaschine, wie bei Zündhütchen.
4. Doppelte Vorpressung.
5. Eventuelle Deckung mit durchlöchertem Kartonpapier.
6. Starke Pressung und Formierung des Bodens.
7. Einführung des Geschosses (Kugel).
8. Entleerung und Verpackung der fertigen Flobertpatronen in Blech- oder Papierschachteln.

Die Ladung erfolgt entweder mit trockenem Satze oder mit einer auf neuem Wege hergestellten Mischung. Bei Anwendung von größeren Geschossen ist man genötigt, die Brisanz des Satzes ohne fremde Zusätze zu schwächen, indem man auf den vorgepreßten Satz eine Kartonpapierscheibe legt, die im Zentrum eine Öffnung von 1 mm hat. Dieses Kartonpapier wird dann auf den Zündsatz entsprechend stark angepreßt und verhindert auf diese Weise die Entstehung eines Kernschusses.

Die Flobertpatronen wurden 1860 von dem Mechaniker Flobert in Teschen angefertigt und in den Handel gebracht; sie dienten als Munition für die gleichfalls von Flobert konstruierten kleinkalibrigen Pistolen und Gewehre, welche hauptsächlich zum Scheibenschießen, dann, mit feiner Schrotladung geladen, zur Jagd auf kleine Tiere (Vögel) dienen. Gegenwärtig hat man durch entsprechende Abänderung des Satzes und Verwendung eines genügend großen Geschosses eine wesentlich größere Wirkung erzielt, so daß solche Geschosse auch auf eine Entfernung von 700 m und darüber noch 20 bis 50 mm starke Bretter durchzuschlagen imstande sind und auch zur Jagd auf größere Tiere benutzt werden können.

Siebenter Teil.

Prüfung der Zündhütchen.

Die Prüfung der fertigen Zündhütchen zerfällt in eine physikalische, mehr die Zündwirkung betreffende, und in eine chemische, die sich auf die analytische Zusammensetzung des Satzes bezieht. Die chemische Prüfung allein bietet keine volle Garantie für die gleichmäßige Beschaffenheit der Hütchen; ausschlaggebender für die tadellose Qualität der Zündhütchen ist vielmehr die physikalische Prüfung.

Eine früher viel gebrauchte Prüfungsmethode der Zündhütchen bestand darin, die Zündhütchen aus 21·5 cm Entfernung gegen ein Blatt Papier abzufeuern. Aus dem auf dem Papier entstehenden größeren oder geringeren Fleck wurde ein Rückschluß gezogen auf die Qualität des Zündhütchens — eine Methode, die natürlich große Verschiedenheiten aufweist und nur geeignet ist, grobe Fabrikationsfehler aufzufinden, im übrigen aber über die Ursache der Verschiedenheiten keinen Aufschluß gibt. Auch die Prüfungsmethode von W. D. Borland, welche auf der Photographie der Detonationsflamme der Zündhütchen beruht, ist, obwohl sie gegenüber der erstgenannten Methode einen Fortschritt bedeutet und einige interessante Resultate geliefert hat, nicht für alle Zündhütchen von gleichem Wert, da einige Hütchen gute, andere nur schwache Photographien geben. Weiter in dieser Richtung ging H. W. Brownsdon, der die Flammenerscheinung in Flammenlänge und Flammendauer analysierte. Seine diesbezüglichen sehr interessanten Untersuchungen sind im Journ. Soc. Chem. Ind., Band 24, Seite 381 (1905) veröffentlicht, worauf hiermit ingewiesen sei. Die Flammendauer wurde zu ungefähr $^1/_{3000}$ Sekunde ermittelt, nach der bekannten Methode, wobei die Dauer der Lichterscheinung aus der bekannten Umdrehungsgeschwindigkeit einer durchlochten, undurchsichtigen Scheibe und der Ausbreitung des photographischen Bildes der Durchlochung bestimmt wird.

Die physikalische Untersuchung erstreckt sich in der Hauptsache auf die Ermittlung der genauen Dimensionen der Hütchen (Höhe, Durchmesser, Bodenstärke) mit Hilfe genauer Mikrometerschrauben u. dgl. Daran schließt sich die Prüfung der Sensibilität des Zündsatzes, der Zündwirkung, der Hygroskopizität, der Stabilität bei höheren Temperaturen und des Versagerprozentsatzes.

1. Sensibilität. Die Untersuchung auf Empfindlichkeit der Hütchen wird meist mit einem besonderen verkleinerten Fallhammer ausgeführt; das Bärgewicht wirkt hierbei auf einen besonderen Schlagbolzen, der in geeigneter Weise auf dem zu untersuchenden Zündhütchen aufsitzt. Dieser Apparat erhält vielfach eine pendelartige Form („Fallpendel")[1], bei der an der tiefsten Stelle des entsprechend schwer gewählten Gewichtes die Schlagvorrichtung angeordnet wird.

Nach Hagen[2] wird die Schlagempfindlichkeitsprüfung am besten

[1] Zeitschr. f. angew. Ch. 1911, S. 2094.

[2] Zeitschr. f. Schieß- u. Sprengst. 1912, S. 415.

mit einem Fallgewicht von 500 g bei 12 cm Fallhöhe vorgenommen. Die Zündhütchen werden auf einen Stahldorn aufgesetzt, der in seiner Form dem Amboß der Patronenhülse nachgebildet und oben, wie jener, mit einem Einstrich versehen ist. Das Fallgewicht mit stumpfer Spitze wird derart fallen gelassen, daß die Spitze die äußere Bodenfläche des Zündhütchens in der Mitte trifft. Bei dieser Anordnung muß das Hütchen unter allen Umständen detonieren, und ein gut kontrolliertes Quantum Zündhütchen darf auch bei mehrhundertfacher Wiederholung des Versuchs mit Stichexemplaren keinen Versager ergeben. Der Fallapparat ist von der üblichen Konstruktion; indessen sei darauf hingewiesen, daß man das zu prüfende Hütchen auf dem Dorn des Ambosses durch eine aufgesetzte, massive Nickelhülse *a* (Fig. 118) mit vier Gasausströmungsöffnungen *b* am Herabfallen hindert. Nickel hat vor Stahl den Vorzug, daß es nicht rostet, und vor Messing den, daß es sich nicht amalgamiert. Derartige Nickelhülsen braucht man 4 bis 5 Stück. Während eine sich im Apparate befindet, werden die anderen von den abgeschossenen Zündhütchen befreit, mit einer Federfahne ausgewischt und frisch gekapselt. In einer Stunde lassen sich gegen 400 Schußproben ausführen.

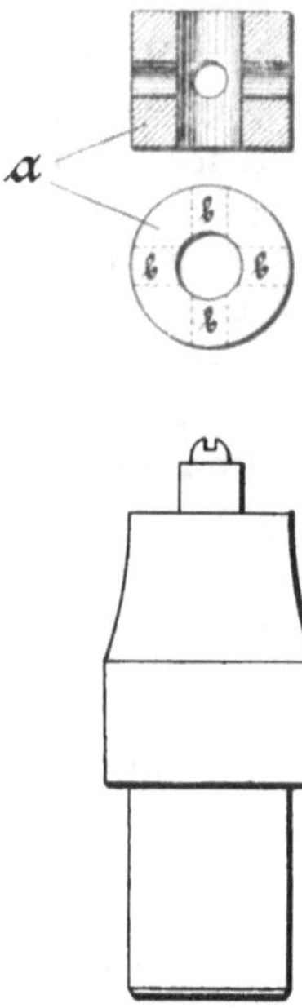

Fig. 118. Nickelhülse und Amboß des Fallhammers. 1 : 1.

2. Zündwirkung. Diese ermittelt man im Gewehre gegen ein Normalpulver. Hierbei dürfen Versager nur innerhalb bestimmter, heute sehr eng bemessener Grenzen — für Staatslieferungen z. B. mehrfach 0·2% garantiert — auftreten. Gleichzeitig empfiehlt es sich, die Entwicklungszeit des Schusses zu messen. Die abgefeuerten Hütchen dürfen beim Schuß nicht beschädigt werden (Zündhütchendurchschläger), auch nicht aus ihrem Lager in der Zündglocke heraustreten oder sich sonstwie deformieren (Zündhütchenausdämpfer). Hierbei sind vor dem Versuche Gewehr und Patronenhülsen genau zu untersuchen, damit nicht etwa dem Zündhütchen ungerechtfertigterweise Versager zur Last gelegt werden, die ihren Grund haben in zu schwachen Schlagbolzenfedern, abgebrochenen, verbogenen oder abgenutzten Schlagbolzenspitzen, fehlenden, verstopften oder zu engen Zündlöchern in der Zündglocke, unrichtiger Höhe des Ambosses u. dgl. mehr.

Zu den einfacheren Schußproben benutzt man ein dicht hinter dem Patronenlager abgeschnittenes Armeegewehr, eine Zündhütcheneinsetz-, eine Hülsenkapselungsvorrichtung und tadellose, neue Patronenhülsen, welch letztere nicht zu oft benutzt und bei der geringsten Verletzung des Ambosses von weiteren Schußproben ausgeschlossen werden. Außerdem ist es nötig, die Spannkraft der Schlagbolzenfeder öfters zu kontrollieren; sie soll ungefähr 10 kg betragen. Die Erprobung der Zündhütchen im abgeschnittenen Armeegewehr läßt auch bis zu einem gewissen Grade einen Schluß auf ihre Zündkraft zu. Feuert man nämlich die Waffe im Dunkeln ab, so muß an der Laufmündung eine mindestens 8 bis 10 cm lange Stichflamme erscheinen. Ist dies der Fall, so kann auf eine verläßliche Zündung des rauchschwachen Pulvers mit ziemlicher Sicherheit geschlossen werden. Bei Nachbrennern beobachtet man eine weit kürzere oder gar keine Flamme; solche Zündhütchen vermögen dann die schwer verbrennlichen Nitropulver nur unvollständig oder gar nicht zu zünden.

Die einwandfreieste Probe bleibt natürlich immer diejenige, bei welcher das Zündhütchen in normale Hülsen eingesetzt und mit normaler Pulverfüllung und aufgesetztem Geschoß unter Einschaltung eines elektrischen Flugzeitmessers — gewöhnlich System Boulangé — im Armeegewehre abgefeuert werden. Ergibt sich dabei eine durchschnittliche Anfangsgeschwindigkeit von mindestens 600 m/sec (deutsches S-Geschoß 890 m/sec), und treten bei den ausgedehnten Versuchsreihen keine Versager auf, so müssen die Zündhütchen als allen Anforderungen entsprechend bezeichnet werden. — Manche Regierungen verschärfen noch die Probe, indem sie die Zündhütchen vor dem Verschießen eine bestimmte Anzahl von Stunden in einer Atmosphäre von 80 bis 90 % Feuchtigkeit belassen (im Exsiccator, dessen Schale statt der Schwefelsäure Wasser enthält). Sie sollen dadurch weder in bezug auf die Verläßlichkeit der Zündung, noch in bezug auf die Anfangsgeschwindigkeit des Geschosses eine Einbuße erleiden.

3. Hygroskopizität. Die Hütchen prüft man am besten, indem man einige von ihnen in geeigneter Weise auf eine Unterlage über eine mit Wasser gefüllte Schale bringt, mit einer Glasglocke gut zudeckt und an einem mäßig warmen Orte 48 Stunden der Einwirkung des Wasserdampfes überläßt.

4. Stabilität. Die Prüfung des Zündhütcheninhaltes auf Unveränderlichkeit geschieht durch längere Lagerung der Hütchen bei einer Temperatur von bestimmter, meist vorher vereinbarter Höhe (gewöhnlich 40°). Hernach verfeuert man die Hütchen ebenso wie bei der Feuchtigkeitsprobe.

Verschiedentlich sind auch Kraftmesser für Zündhütchen nach Art der Stauchapparate konstruiert worden. Ein solcher von Cogswell und Harrison in London gebauter und von Guttmann[1] beschriebener Apparat arbeitet mit unveränderlicher Fallhöhe und einer unten angebrachten Stauchvorrichtung. Die Patronenhülse wird mit der Öffnung nach unten in den Apparat auf einen Stempel aufgesetzt, welcher das Zündhütchen vollständig einschließt; das entgegenstehende Ende des Stempels zerquetscht dann den Bleizylinder. Zum Abfeuern dient ein Fallgewicht, das

[1] Die Industrie der Explosivstoffe 1895, S. 632.

in verschiedener Höhe festgestellt werden kann. Die Kraftleistung wird auf Grund vorher empirisch berechneter Tabellen bestimmt.

W. D. Borland hat einen anderen Zündhütchen-Prüfungsapparat erdacht, welcher eine Kombination des Quetschapparates mit der elektrischen Ausschaltung des Flugzeitenmessers darstellt. Durch die Explosionskraft des Zündhütchens wird hier eine stählerne Meißelschneide in einen Bleizylinder getrieben; aus dem entstandenen Kerbenschnitt wird auf die Güte und Stärke des Zündhütchens geschlossen. Borland hat auf diese Weise gefunden, daß ein Zündhütchen für rauchloses Jagdpulver genügend empfindlich ist, wenn es durch ein Gewicht von zwei Unzen, welches aus 12 englischen Zoll Höhe herabfällt, vollständig explodiert, und welches in einem Bleizylinder von $^1/_2$ Zoll Länge und $^3/_8$ Zoll Durchmesser einen Schnitt von 0·10 bis 0·12 Zoll Tiefe herstellt.

Schließlich kann man auch Detonationswärme und Gasmenge der einzelnen Zündhütchenladungen bestimmen. Die hierzu benutzte Apparatur gleicht den Sprengstoffkalorimetern und besteht im wesentlichen aus einem Stahlzylinder mit abschraubbarem Kopfstück, einem Thermometer und einem Bodenstück, in welches das Zündhütchen eingesetzt wird. Der Stahlzylinder ist seitlich mit einem Gasablaßrohr versehen, welches beim Versuch mit einer graduierten Glasröhre zur Messung des Gasvolumens verbunden ist.

Analyse von Zündsätzen.

Die Zündsätze liegen selten in losem Zustande, sondern fast immer in Hütchen eingepreßt vor. Die Knallsätze löst man aus den Zündhütchen durch leichtes Drücken mit einer Flachzange vorsichtig von der Kupferhülse ab, wobei man zum Schutze die rechte Hand, welche allein diese Arbeit besorgt, mit einem Handtuche mehrmals umwickelt, Zange und Zündhütchen mit dem Ende desselben mehrmals bedeckt, und, die Öffnung des Zündhütchens nach unten haltend, den losgelösten Knallsatz sofort fallen macht. War der Satz mit Stanniol bedeckt, so bleibt er gewöhnlich in der Kapsel hängen und muß dann samt Deckblättchen mit der Holzspitze herausgeholt werden. Zur Bestimmung des Ladegewichts, d. h. der Satzmenge in 1000 Zündhütchen, werden 30 bis 40 Stück vor und nach der Entleerung genau gewogen: die Gewichtsdifferenz auf 1000 berechnet ist dann gleich dem Ladegewicht. Bei Stanniolbedeckung müssen natürlich die sauber geputzten Blättchen zusammen mit den leeren Hütchen gewogen werden.

Infolge der komplizierten Zusammensetzung der Zündhütchensätze gestaltet sich die Analyse ungleich schwieriger als bei Sprengkapselsätzen. Bei den weißen Sätzen der billigen Zündhütchensorten begnügt man sich in der Regel mit qualitativen Proben.[1]

Um rasch zu erfahren, ob ein solcher Satz Quecksilber enthält, brennt man ein kleines Quantum davon auf einem Uhrglas durch Berühren mit einem erhitzten Platindraht ab. Ist Quecksilber vorhanden, so markiert sich dasselbe beim Betrachten der äußeren Uhrglasseite als Spiegel. Sätze mit Ferrocyanblei hinterlassen im Verbrennungsrückstand leicht wahrnehmbares Eisenoxyd. Färbt sich ein Satz beim Betupfen mit Eisenchloridlösung rot, so enthält es Rhodan, färbt er sich mit Salzsäure blau, so enthält er Ferrocyanverbindungen, in beiden Fällen gewöhnlich die Bleisalze. Im wässerigen Auszug wird zuweilen neben chlorsaurem auch salpetersaures Kalium angetroffen; um in diesem Falle die Salpetersäure nachzuweisen, versetzt man die Lösung mit Natriumkarbonat im Überschuß, verdampft zur Trockene, glüht den Rückstand mäßig, aber genügend lange, so daß das Chlorat in Chlorid übergeht, und prüft alsdann den Rückstand auf Salpetersäure. Die Chlorsäure wird in bekannter Weise mit konzentrierter Schwefelsäure nachgewiesen (vgl. Seite 240). Löst sich der Rückstand des Wasserauszugs klar in Salzsäure, so fehlen Glaspulver und Schwefel und, in schwarzen Sätzen, Kohle. Blei, Antimon, Phosphor, Barium und gebundener Schwefel geben sich nach den gewöhnlichen Methoden der qualitativen Analyse zu erkennen.

Quantitative Analyse der Zündhütchensätze.

Die quantitative Analyse bezweckt einerseits die Kontrolle der fabrizierten Zündhütchen; andererseits soll sie zur Nachahmung fremder Hütchen dienen. Eine Zündsatzanalyse erfordert in der Regel Trennung und Bestimmung von vier bis fünf in mehr oder weniger inniger Mischung vorliegenden Bestandteilen. Die Auflösung des Satzes bietet einige Schwierigkeiten; verwendet man Salzsäure und Königswasser, so scheidet sich gewöhnlich Schwefel aus dem Schwefelantimon ab; befeuchtet man dagegen den Satz mit hochkonzentrierter Salpetersäure, so verpufft er, während schwache Salpetersäure das Schwefelantimon nicht angreift. Hagen[2] verfährt in der Weise, daß er in einem Erlenmeyerkölbchen 1 bis 1·5 g Zündsatz zunächst mit 2 bis 3 cm³ Salpetersäure von 1·2 spez. Gew. befeuchtet, hierauf unter stetem Schwenken und zeitweiligem Kühlen des Kölbchens allmählich 10 cm³ rote rauchende Salpetersäure vom spez. Gew. 1·5 zusetzt und eine Stunde lang bis zur völligen Abkühlung stehen läßt. Nach Ablauf dieser Zeit ist der größte Teil des Antimonsulfids in Antimonsäure verwandelt; um auch die gröberen Partikel, welche man noch als

[1] Hagen, Zeitschr. f. Schieß- u. Sprengst. 1911, S. 313.
[2] Zeitschr. f. Schieß-. u. Sprengst. 1911, S. 313.

dunkle Punkte auf dem Boden des Kölbchens wahrnimmt, zu oxydieren, erhitzt man kurze Zeit auf dem Wasserbad, erforderlichenfalls unter weiterem Zusatz von roter rauchender Salpetersäure, bis schließlich die ganze Masse eine rein weiße Farbe angenommen hat. Alsdann fügt man tropfenweise Salzsäure vom spez. Gew. 1·2 hinzu und erwärmt abermals ganz gelinde, bis, mit Ausnahme des Glaspulvers, alles in Lösung gegangen ist. Stärkeres Erwärmen ist wegen der Flüchtigkeit des Quecksilberchlorids zu vermeiden; um diesbezüglichen Verlusten vorzubeugen, kann man etwas Chlornatrium zusetzen.

1. Glaspulver. Die erhaltene Lösung wird mit etwas Weinsäure versetzt, verdünnt und vom ungelösten Glaspulver abfiltriert, letzteres gewaschen, samt dem Filter feucht in einen vorher gewogenen Porzellantiegel gebracht, bis zur Verbrennung der Filterkohle und eventuell vorhandenen Schwefels schwach geglüht und nach dem Erkalten gewogen.

2. Knallquecksilber. Das Filtrat und die Waschwässer vom Glaspulver werden ammoniakalisch gemacht, mit gelbem Schwefelammonium im Überschuß versetzt, der Niederschlag kurze Zeit an einem warmen Orte absetzen gelassen, auf einem bei 100° getrockneten, gewogenen Filter gesammelt, mit schwefelammoniumhaltigem Wasser gewaschen, bis eine größere Probe des Filtrats nach dem Übersättigen mit Salzsäure eine rein weiße Schwefelausscheidung gibt, hierauf mit destilliertem Wasser gewaschen, bis das Filtrat mit Silbernitrat weder Schwefel- noch Chlorreaktion zeigt, dann wiederholt mit absolutem Alkohol zur Entfernung des Wassers und schließlich mit reinem Schwefelkohlenstoff, bis ca. 15 cm^3 des ablaufenden Schwefelkohlenstoffs auf einem größeren Uhrglase ohne Rückstand verdampfen. Nach dem Trocknen bei 100° wird gewogen und das erhaltene Schwefelquecksilber durch Multiplikation mit dem Faktor 1·224 in Knallquecksilber umgerechnet.

3. Schwefelantimon. Das Filtrat und die Waschwässer vom Schwefelquecksilber werden mit konzentrierter Salzsäure übersättigt und der Niederschlag von Schwefelantimon und Schwefel bei mäßiger Wärme durch einige Stunden sich absetzen gelassen. Hierauf wird filtriert, mit salzsäurehaltigem Wasser, destilliertem Wasser, Alkohol und Schwefelkohlenstoff gewaschen, der bei 100° getrocknete Niederschlag vollständig in einen geräumigen Porzellantiegel gebracht und darin bei schiefstehendem Tiegel sehr vorsichtig und unter Kühlung tropfenweise mit roter, rauchender Salpetersäure vom spez. Gewicht 1·5 oxydiert. Ist die heftigste Reaktion vorbei, so wird schwach — keinesfalls über 100° — erwärmt und tropfenweise mit dem Zusatz der Salpetersäure so lange fortgefahren, bis dieselbe keine Einwirkung mehr zeigt. Hierauf wird die bei dem Prozesse entstandene Schwefelsäure abgeraucht. Nach dem Abrauchen glüht man, fügt die Asche des mit Salpetersäure von 1·5 spez. Gew. befeuchteten und verbrannten Filters hinzu, wägt das

entstandene Antimondioyxd und rechnet es durch Multiplikation mit 1·106 auf dreifach Schwefelantimon um.

4. Kaliumchlorat. Filtrat und Waschwässer vom Schwefelantimon werden unter Zusatz von Schwefelsäure zur Trockene gebracht, das hierbei entstandene Kaliumbisulfat mehrmals im bedeckten Platintiegel mit Ammonkarbonat bis zur Gewichtskonstanz geglüht, das resultierende Kaliumsulfat gewogen und auf Chlorat umgerechnet. — Besser ist es, zur Bestimmung des Chlorats ca. 2 g Zündsatz wiederholt mit heißem Wasser auszulaugen, das Filtrat mit Salzsäure anzusäuern, Schwefelwasserstoff einzuleiten, das entstandene Quecksilbersulfid abzufiltrieren, das Filtrat von diesem mit etwas Salzsäure einzudampfen, den Salzrückstand im bedeckten Tiegel bis zur dunkeln Rotglut zu erhitzen, als Chlorkalium zu wägen und auf Kaliumchlorat umzurechnen.

Ein anderer Analysengang, der im wesentlichen auf die Angaben der bekannten analytischen Werke von Treadwell[1] und Classen[2] aufgebaut ist, und elektrolytische Analysierapparate voraussetzt, wird nach Utescher[3] folgendermaßen ausgeführt:

Man verwendet zur Analyse 1 g des Zündsatzes, überschichtet ihn in einem Becherglase von etwa 250 cm³ mit 100 cm³ Wasser, setzt 5 cm³ verdünnte Schwefelsäure (1 : 5) hinzu, läßt aufkochen und leitet 30 bis 40 Minuten lang einen lebhaften Schwefelwasserstoffstrom durch die Flüssigkeit.

1. Bestimmung des Kaliumchlorats. Nach dem Erkalten filtriert man von dem aus Schwefelquecksilber und Schwefelantimon bestehenden Niederschlag, zu dem sich noch das Glas gesellt, ab, wäscht mit Schwefelwasserstoffwasser aus und dampft das Filtrat in einer Porzellanschale ein. Das durch den Schwefelwasserstoff nur zum Teil reduzierte Kaliumchlorat zersetzt sich, sobald die Schwefelsäure genügende Konzentration erreicht hat. Ist alles Chlor verjagt, d. h. der gegen Ende des Eindampfens auftretende gelbgrüne Farbton der Flüssigkeit wieder verschwunden, so spült man in eine gewogene Platinschale über und raucht auf dem Sandbade oder über freier Flamme ab. Zum Schluß glüht man vorsichtig über großer Gebläseflamme, bis das Kaliumsulfat eben zu schmelzen beginnt, und wägt. Faktor für Kaliumchlorat 1·406.

2. Bestimmung des Glases. Das Filter mit dem Glas und den Sulfiden von Quecksilber und Antimon wird in das Gefäß, in dem die Fällung vorgenommen wurde, zurückgebracht, mit 5 cm³ konzentrierter Salzsäure (1·19) und 2 cm³ Weinsäurelösung (50 %ig) überschichtet und unter öfterem Umrühren auf dem Wasserbad erwärmt, bis es zerfasert ist. Hierauf fügt man bei aufgelegtem Uhrglas mittels Pipette 1 cm³ konzentrierte Salpetersäure (1·4) hinzu, erwärmt unter Umrühren noch kurze Zeit, verdünnt mit wenig Wasser und filtriert. Nach

[1] Kurzes Lehrbuch der analyt. Chemie, Leipzig und Wien 1911.
[2] Quantitative Analyse durch Elektrolyse, Berlin 1897.
[3] Zeitschr. f. Schieß- u. Sprengst. 1911, S. 403.

dem Auswaschen mit heißem Wasser wird das Filter getrocknet, im Porzellantiegel verascht und das Glas über dem Bunsenbrenner geglüht und gewogen.

3. Bestimmung des Knallquecksilbers. Die vom Glase abfiltrierte Flüssigkeit fängt man in einem zum Frary-Apparat passenden Becherglas auf und elektrolysiert 2 Stunden bei 3 Volt und 1·5 Ampere unter Verwendung mattierter Platindrahtnetz-Elektroden. Bei der Elektrolyse entwicklet sich Chlor, so daß es sich empfiehlt, sie unter Abzug vorzunehmen. Als Anoden kann man gute Lichtkohlen verwenden; das entstehende Chlorwasser ist jedoch so verdünnt, daß unbedenklich Platinspiralen zur Anwendung kommen können, da sich nach sechzig in dieser Art ausgeführten Analysen nicht die geringste Gewichtsabnahme zeigte. Nach beendigter Abscheidung des Quecksilbers schraubt man den die Elektroden tragenden Arm hoch, so daß diese frei über dem Elektrolyt hängen, und spritzt sie von oben her mit destilliertem Wasser ab, um die anhaftende Flüssigkeit in das Becherglas zurückzubringen. Die Kathode wird mit absolutem Alkohol und Äther nachgespült und nach kurzer Zeit gewogen. Faktor für Knallquecksilber 1·465.

4. Bestimmung des Schwefelantimons. Der von Quecksilber befreite Elektrolyt wird mit starker Natronlauge (spez. Gew. 1·5) eben alkalisch gemacht, mit weiteren 5 cm^3 dieser Lauge und 25 cm^3 einer 10 $^0/_0$igen Natriumsulfidlösung versetzt. Diese hat man durch Auflösen von käuflichem, kristallisiertem Schwefelnatrium, Entfärben mit ammoniakalischem Wasserstoffsuperoxyd und Filtrieren erhalten. Die Flüssigkeit wird hierauf unter Verwendung mattierter Platindrahtnetz-Elektroden 2 Stunden der Elektrolyse bei 3 Volt und 1 Ampere unterworfen, wobei man die Temperatur auf 80 bis 90^0 hält. Es genügt indessen auch, die Flüssigkeit vor Beginn der Elektrolyse zum Sieden zu erhitzen. Die Kathode wird nach beendeter Abscheidung des Antimons mit Wasser abgespült, danach 5 Minuten in kochend heißes (nicht siedendes) Wasser gesetzt, öfters umgeschwenkt und schließlich mit destilliertem Wasser, absolutem Alkohol und Äther nachgespült. Faktor für Schwefelantimon 1·400. Das Reinigen der Elektroden nach dem Niederschlagen von Quecksilber erfolgt durch Ausglühen, nach dem Niederschlagen von Antimon durch Eintauchen in ein Gemisch von 10 Teilen konzentrierter Salpetersäure und 1 Teil 50$^0/_0$iger Weinsäurelösung.

Mangels einer elektrolytischen Anlage kann die Trennung und Bestimmung von Knallquecksilber und Schwefelantimon auf folgende, etwas umständlicher, aber ebenso sicher zum Ziele führende Weise vorgenommen werden: Man erhitzt das Filtrat vom Glase zum Sieden und leitet 30 bis 40 Minuten lang einen lebhaften Schwefelwasserstoffstrom hindurch. Nach völligem Erkalten filtriert man durch ein bei 110^0 getrocknetes und gewogenes Filter und wäscht mit Schwefelwasserstoffwasser gut aus. Hierauf setzt man einen über dem Gebläse geglühten und gewogenen Porzellantiegel von etwa 80 cm^3 Inhalt unter, löst das Schwefelantimon mit heißem Schwefelammonium vom Filter und wäscht schließlich mit etwas heißem Wasser nach. Bei vorsichtigem Arbeiten füllt sich der Tiegel nur etwa zu zwei Dritteln mit Flüssigkeit. Das zurückgebliebene Schwefelquecksilber wird mit heißem Wasser, Alkohol, Äther und Schwefelkohlenstoff gewaschen, bei 110° getrocknet und gewogen (Faktor für Knallquecksilber 1·263). Die Antimonlösung wird auf dem Wasserbad eingedampft, der Rückstand mit konzentrierter Salpetersäure (1·4) oxydiert, hierauf noch zwei- bis dreimal mit rauchender Salpetersäure abgeraucht und zum Schluß über dem Gebläse kräftig geglüht. Faktor für Schwefelantimon 1·106.

Für Zündsätze anderer Zusammensetzung erfährt der Analysengang entsprechend geringe Veränderungen. Enthält der Zündsatz organische Nitrokörper, so zieht man diese gleich zu Anfang mittels geeigneter Lösungsmittel, z. B. Benzol, aus. Ist dem Satze Schwarzpulver beigemischt, so bestimmt man dessen Menge — seine Zusammensetzung muß allerdings bekannt oder an einer besonderen Probe ermittelt sein — durch Extraktion des Schwefels mit Schwefelkohlenstoff. Ist gleichzeitig Kaliumchlorat zugegen, so wird dies entweder zusammen mit dem Salpeter des Pulvers bestimmt oder für sich, indem man das Filtrat vom Schwefelquecksilber und Schwefelantimon nach Verjagen des Schwefelwasserstoffs mit Ferrosulfat kurze Zeit kocht, die Reduktion des Kaliumchlorats hierdurch zu Ende führt und nach dem Ansäuern mit Salpetersäure mittels Silbernitrat fällt. Faktor für Kaliumchlorat 0·855.

Unfälle bei der Fabrikation von Knallsätzen, Sprengkapseln und Zündhütchen.

Es gibt wohl kaum einen Fabrikationszweig, der an menschliche Vorsicht und Gewissenhaftigkeit allgemein solche Anforderungen stellte, wie gerade die Herstellung der Zündwaren für Pulver und Sprengstoffe. Die kleinste Außerachtlassung einer Vorschrift, die geringste Nachlässigkeit in dem Verhalten eines Arbeiters kommt dem Fehlenden teuer zu stehen und kostet ihm leider nur zu oft das Leben. Nirgendwo rächt sich, trotz der vollkommensten Sicherheitseinrichtungen und erprobtesten Schutzmaßregeln, zufälliges Versehen, Leichtsinn und Sorglosigkeit so bitter und folgenschwer, wie in diesen Betrieben. Wir möchten auch hier als Mahnung und Warnung jene Worte hinsetzen, mit denen der Bericht über die Tätigkeit der technischen Aufsichtsbeamten der Berufsgenossenschaft der chemischen Industrie[1] im Jahre 1912 seine Unfallstatistik einleitet:

[1] Zeitschr. f. Schieß- u. Sprengst. 1913, S. 358.

Nicht vermindert haben sich die Beanstandungen in den Kleinbetrieben für die Herstellung von elektrischen Zündern, Zündbändern, Feuerwerkskörpern, Amorces und Patronen. Es ist manchmal kaum verständlich, mit welcher Sorglosigkeit in diesen, entgegen der Vorschrift, mit den Rohmaterialien umgegangen wird, und wie groß die Unkenntnis der Gefahr beim Vermischen derselben ist. Die Beschäftigung einer zu großen Zahl von weiblichen und jugendlichen Arbeitern in demselben Raume mußte verschiedene Male mit Rücksicht auf die erschwerte Möglichkeit der Rettung im Falle eines Brandes verboten werden, ebenso die zu große Ansammlung fertiger Vorräte in den Arbeitsräumen. Auch in diesen Betrieben kann nicht genug auf die Verwendung geeigneten Schuhwerks und vor allen Dingen darauf hingewiesen werden, daß Einrichtungen zum Abtreten der Füße, wie Holzroste und Matten, vor den Eingängen angebracht werden, um besonders bei feuchtem Wetter das Hineintragen von Sand oder Steinchen in die Arbeitsräume zu verhindern, deren Fußböden leider oft mit gefährlich großen Mengen von Abfällen der Fabrikation bedeckt sind.

Eine reiche Ernte hielt der Tod auch im Berichtsjahre wieder in den Sprengstoffbetrieben. Wenn auch nicht mit voller Sicherheit behauptet werden kann, daß die Explosionen auf bestimmte Umstände zurückzuführen sind, so liegt doch nach genauem Studium der örtlichen Verhältnisse kurz nach den Explosionen und bei der Prüfung der fast durchweg getroffenen einwandfreien Vorsichtsmaßnahmen seitens der Betriebsleitung fast in allen Fällen berechtigter Grund zu der Annahme vor, daß Unachtsamkeit, Leichtsinn und Nichtbefolgung der Betriebsvorschriften durch die Arbeiter die Ursachen sind. Aus der Mehrzahl der geschilderten Explosionen ist ersichtlich, wie wenig Verantwortlichkeitsgefühl selbst bei dem Umgang mit den gefährlichsten Produkten der chemischen Industrie in den Arbeitern vorhanden ist und wie selbst Aufklärung, Beaufsichtigung und das außerordentliche Maß von Schutzvorrichtungen nicht imstande sind, den frevelhaften Leichtsinn, dem weder das eigene Leben noch das der Mitarbeiter etwas gilt, einzudämmen.

Im folgenden seien eine Anzahl derartiger Unfälle aus jüngster Zeit angeführt.

1. Knallquecksilberfabrikation.

Im Kochhause einer Knallquecksilberfabrik explodierte etwas Knallquecksilber, welches beim Entleeren der Kochflaschen oder aus dem Waschhause am Schuhzeug mitgenommen worden war, durch das Darauftreten eines Arbeiters, welcher durch die Splitter seines Holzschuhes verletzt wurde. Es lag hier grobe Unsauberkeit und Fahrlässigkeit vor, welche um so bedenklicher ist, als Schutzmaßnahmen kaum getroffen werden können und mit der Verläßlichkeit der Arbeiter in diesen Betrieben gerechnet werden muß.[1]

Eine Knallquecksilberexplosion[2] ereignete sich, als ein Arbeiter, der das Siebhaus beaufsichtigte, nach Abstellung der von außen in Betrieb gesetzten Schüttelvorrichtung das Haus betreten hatte. Der Arbeiter wurde tot aufgefunden, das Haus war zerstört. Vermutlich ist die Explosion erfolgt, als der Arbeiter die Siebvorrichtung auseinander genommen hatte, um das gesiebte Material herauszunehmen. Zur Einschränkung der Gefahr hat die Firma eine zweckmäßigere Einrichtung der Siebe erdacht (vgl. Fig. 66 S. 289). Das Auseinandernehmen der Siebe erübrigt sich, auch wird jede Staubentwicklung vermieden.

2. Sprengkapseln.

In dem Güterschuppen[3] des nur 150 m von der Grenze entfernt liegenden belgischen Bahnhofes Welkenraedt, in dem die Zollabfertigung vorgenommen wird, explodierte am 31. Mai 1906 eine Kiste mit etwa 1900 Sprengkapseln, wodurch drei zur Zeit der Explosion im Schuppen anwesende Personen vollständig in Stücke zerrissen wurden. Der im Nebenraum befindliche Lagermeister wurde zum Fenster hinausgeworfen, ohne Schaden zu nehmen. In kürzester Zeit stand das ganze Gebäude in Flammen. Der Knall ist über eine Stunde weit im Umkreise gehört worden. Die Explosionsursache ist nicht bekannt; vermutlich ist die Kiste zur Zollabfertigung aufgeschlagen worden.

Durch die Explosion eines Ladelöffels für Sprengkapseln[4] erlitt ein Arbeiter einen mehrfachen Bruch des Unterkiefers, den Verlust der Sehkraft eines Auges und starke Quetschungen an der linken Hand. Im Laderaum selbst war bis auf die Zertrümmerung einiger Fensterscheiben alles unversehrt geblieben. Die Explosion bietet insofern besonderes Interesse, als sie bei ganz normaler Arbeitsweise entstanden ist unter Benutzung bisher bewährter Einrichtungen und Satzmischungen, und ohne daß eine ungehörige Handlung oder ein Versehen vorgelegen hat. Der Vorgang war wie folgt: Es wurden Sprengkapseln Nr. 7 geladen. Die Kapseln nehmen die Füllung von 1·5 g in einem Male nicht in sich auf und müssen deshalb zweimal geladen werden. In Benutzung waren gleichzeitig vier Ladelöffel. Der Lader nimmt einen derselben, schiebt ihn unter die Lademaschine und danach

---

[1] Zeitschr. f. Schieß- u. Sprengst. 1913, S. 359.

[2] Zeitschr. f. Schieß- u. Sprengst. 1913, S. 299 (Unglücksfälle in deutschen Explosivstoffabriken im Jahre 1912).

[3] Chemikerzeitung 1906, Nr. 45.

[4] Zeitschr. f. Schieß- u. Sprengst. 1913, S. 359 (Unglücksfälle usw.).

unter die Presse. Das Pressen besorgt ein anderer Arbeiter, der den Ladelöffel dann nach der ersten Füllung auf den mit Linoleum beschlagenen Tisch legt. Während dieser Zeit hat der Lader den zweiten Löffel geladen, und so wiederholt sich der Vorgang, bis alle vier mit der ersten Ladung gefüllt sind. Der gleiche Vorgang wiederholt sich bei der zweiten Ladung, nur schüttet der Presser dann die fertig geladenen Sprengkapseln durch die in der Panzerwand befindliche Öffnung in den Sammelbehälter und legt den leeren Ladelöffel auf den Tisch zur neuen Füllung. Als der Lader mit der linken Hand den mit der ersten Füllung versehenen Ladelöffel vom Tisch genommen hatte, erfolgte die Explosion in seiner Hand. Jeder Ladelöffel enthält 104 Sprengkapseln. Da die drei ersten Ladelöffel zum Glück schon leer waren, so sind etwa 78 g Zündsatz explodiert. Die Ansicht des Aufsichtsbeamten geht dahin, daß sich infolge der eigenartigen Konstruktion der Deckplatte zwischen dieser und dem oberen Rand der Kapseln etwas Zündsatz festgesetzt hat, der beim heftigen Ergreifen des Ladelöffels durch die Bewegung der Deckplatte zur Entzündung gebracht worden ist.

Verhängnisvoller in ihren Folgen war die Knallquecksilberexplosion in dem Packhaus einer Sprengkapselfabrik[1], wobei die dort beschäftigten drei Arbeiterinnen den Tod fanden. In dem betreffenden Raume werden die fertigen Zündhütchen teils mit der Hand, teils unter Benutzung eines besonderen trichterartigen Apparates in Blechdosen gefüllt. Diese Arbeit suchen sich die Arbeiterinnen vielfach dadurch zu erleichtern, daß sie den Behälter, in dem sich die Zündhütchen befinden, schütteln, um zu bewirken, daß sich die Hütchen mit der Öffnung nach oben aufrecht stellen. In dieser Stellung können sie dann bequem gefaßt werden. Ob in dem vorliegenden Falle dieses Schütteln, das streng verboten ist, den Anlaß zur Explosion gegeben hat, oder ob eine Arbeiterin auf eine zu Boden gefallene Sprengkapsel getreten ist, konnte nicht ermittelt werden. Die Menge des explodierten Knallquecksilbers betrug schätzungsweise 4 kg. Auf Grund der gemachten Erfahrung soll in Zukunft verlangt werden, daß in den Packhäusern die Arbeiterinnen nur einzeln in besonderen Räumen beschäftigt werden, die durch genügend starke Betonwände voneinander getrennt sind.

Ein anderer Unfall[2], der sich beim Entleeren eines Zündsatzes aus einem Siebe in einer Sprengkapselfabrik ereignete, verlief ebenfalls tödlich. Der Getötete hat vermutlich das Sieb

---

[1] Zeitschr. f. Schieß- u. Sprengst. 1913, S. 299 (Unglücksfälle usw.).
[2] Zeitschr. f. Schieß- u. Sprengst. 1913, S. 359 (Unglücksfälle usw.).

unvorsichtig aufgesetzt, wobei der Satz explodierte. Um eine Wiederholung derartiger Unfälle zu verhüten, ist die Einrichtung getroffen worden, daß die Entleerung der Siebe von außen vorgenommen wird.

3. Zündhütchen.

Die Zündhütchen (Amorces) können einzeln als ungefährlich angesehen werden; anders liegt aber die Sache, wenn eine größere Anzahl zur Explosion kommt. Wie leicht bei nicht ganz sachgemäßer Behandlung Explosionen möglich sind, lehren folgende Vorkommnisse:

Im Jahre 1878 kamen in einem Spielzeuglager[1] in Paris durch eine Zündhütchenexplosion 14 Personen ums Leben, und 16 andere wurden verletzt. Aus einem nicht näher gekannten Anlaß gerieten einige Zündblättchen in Brand. Trotz raschen Eingreifens verbreitete sich das Feuer auf die nächsten Schachteln mit Zündblättchen, worauf der gesamte Lagerbestand von 6 bis 8 Millionen Zündblättchen im Gesamtgewichte von 64 kg explodierte. Die Gewalt der Explosion war so groß, daß unter anderem ein Steinsockel von 1 cbm Inhalt auf eine Entfernung von 52 m geschleudert wurde.

In einer Handladerei für Flobertzündhütchen[2] explodierte der Inhalt eines Füllkästchens, wobei der Lader getötet wurde. Die Untersuchung ergab, daß die Ladeplatte nicht unter der Ladevorrichtung gestanden hatte, sondern seitwärts, und daß die in ihr befindlichen Hütchen nicht angeschwärzt waren, also auch nicht geladen gewesen sein konnten. Nach der Lage, in welcher der Verunglückte gleich nach der Explosion aufgefunden wurde, und nach den ganzen Umständen kann nur angenommen werden, daß er die frisch mit Zündsatz gefüllte Schale nicht ordentlich auf ihren Platz gestellt hat und daß sie beim Herunterziehen der Schutzglocke umgekippt und dabei der Inhalt explodiert ist.

Beim Abbrennen von Ausschußzündhütchen[2] verunglückte der damit beschäftigte Arbeiter durch die Benutzung des Aufgabelöffels zum Befeuern des Schießofens. Als er mit dem heißen Löffel eine weitere Portion Zündhütchen aufnehmen wollte, kam der in dem Sammelkistchen befindliche Vorrat zur Explosion. Der Arbeiter, welcher trotz der wiederholten Ermahnung zur Vorsicht durch den Meister die Benutzung des besonderen Schürzeuges, wie der Schutzbrillen, unterlassen hatte, erlitt unter Verlust beider Augen starke Verletzungen im Gesicht.

[1] Berthelot, Sur la force des matières explosives 1883, I, 82.
[2] Zeitschr. f. Schieß- u. Sprengst. 1913, S. 359.

Zehnter Abschnitt.

Patente betreffs Herstellung detonierender Zündschnüre.

D.R.P. 1853 vom 3. Juli 1877.
Eales in Dresden. Zündschnur.

Die bisherigen Bickfordschen Zündschnüre werden stets mit einer Seele von Schießpulver versehen. Ihre Fabrikation ist gefährlich, außerdem wird die Zündsicherheit dadurch beeinträchtigt, daß in dem Pulverfaden Unterbrechungen entstehen. Erfinder stellt die Seele der Zündschnüre auf Pflanzenfasern her, die zu Fäden gesponnen und chemisch präpariert sind. Außer Baumwolle kann auch Hanf, Flachs, Jute, sowie Holzsubstanz in Faserform verwendet werden. Diese Faserstoffe, zu ein oder mehrdrähtigen Fäden versponnen, werden mit Salpetersäure behandelt, und die so nitrierten Fäden ferner mit einer konzentrierten Lösung von Salpeter getränkt, um ein Fortglühen im abgeschlossenen Zustande zu erzielen. Nach Durchtränkung der Fäden werden sie gut getrocknet und einfach oder mehrfach nebeneinanderliegend in der herkömmlichen Weise übersponnen und mit irgendeinem wasserdichten Überzuge versehen.

D.R.P. 45712 vom 22. Jan. 1888.
Alfred Nobel in Paris. Herstellung von Zündschnüren.

In Nitroglyzerin, welches mit etwa einem Sechstel Kampfer versetzt ist, wird so viel Nitrozellulose, namentlich nitrierte Baumwollzellulose, gelöst, daß eine zähe, plastische und doch auch Zusammenhang behaltende Masse entsteht. Es genügt dazu wegen der Anwesenheit des Kampfers das halbe Gewicht des Nitroglyzerins an nitrierter Baumwolle. Die innige Mischung der Masse wird dadurch gefördert, daß man die Materialien zwischen Walzen hindurchlaufen läßt, wie dies bei der Kautschukbearbeitung und der Zelluloidherstellung üblich ist. In der nämlichen Mischweise werden dann zu je 150 Teilen der Masse 70 Gewichtsteile sehr fein gepulvertes Kaliumchlorat und 25 Gewichtsteile ebenso gepulvertes Ferricyankalium eingemengt. Aus der so erhaltenen Masse wird kontinuierlich ein dünner Strang durch Herauspressen aus einer engen Öffnung eines sonst ganz geschlossenen Gefäßes, in welches die Masse gebracht wurde, hergestellt. Ein solcher Strang bildet den Kern der neuen, an sich wasserdichten und auch unter Wasser brennenden Zündschnur und wird, wie üblich, mit Baumwolle oder Hanf umklöppelt.

D.R.P. 182031 vom 15. Dez. 1904. Engl. Pat. 27167 vom 13. Dez. 1904. Schweiz. Pat. 32446 vom 14. Dez. 1904.
Louis Lheure in Paris. — Zündröhre.

Vorliegende Erfindung betrifft ein Verfahren zur Herstellung von Zündröhren, das im wesentlichen darin besteht, daß zur Füllung der Röhren Trinitrotoluol bzw. Trinitrobenzol verwendet wird.

Die Anwendung brisanter Sprengstoffe zur Herstellung von Zündröhren erscheint bei dem jetzigen Stande der Sprengtechnik ausgeschlossen. Vor allem scheiden diejenigen aus, welche gegen Stoß sehr empfindlich sind, da ihre Herstellung mit großer Gefahr verbunden ist. So kann z. B. Dynamit nicht Verwendung finden und ist auch niemals für diesen Zweck verwendet worden, obwohl es seines niedrigen Preises wegen vom industriellen Standpunkte aus gerade für diesen Zweck am geeignetsten erscheint.

Soll die Gewähr für Gefahrlosigkeit geboten sein, so dürfen nur solche Stoffe Verwendung finden, die auf Stoß oder Reibung nicht oder wenig reagieren, und die Erfahrung lehrt, daß sämtliche brisanten Sprengstoffe, welche diese Eigenschaft besitzen, zu dem vorliegenden Zwecke nicht verwendbar sind.

Durch eingehende Versuche wurde nun festgestellt, daß von allen brisanten Sprengstoffen nur das Trinitrotoluol bzw. das Trinitrobenzol für den vorliegenden Zweck in Frage kommen.

Versuche mit Dynamit waren von vornherein ausgeschlossen, da der auf den Sprengkörper während des Ausziehens der Röhren ausgeübte Druck unbedingt den Austritt von Nitroglyzerin veranlaßt haben würde, was die Fabrikation absolut unmöglich gemacht hätte. Versuche mit Nitroguanidin, einem brisanten Sprengstoffe niedriger Entzündungstemperatur, führten ebenfalls zu keinem Resultate, da die Röhre trotz sorgfältigster Füllung sich nicht entzündete, obschon vor dem Einfüllen der gepulverte Sprengstoff durch einen Zünder zur heftigen Explosion gebracht wurde.

Diese Versuche lehrten, daß unter den brisanten Sprengstoffen eine engere Auswahl getroffen werden mußte. Bei diesen Versuchen stellte sich die Schwierigkeit heraus, mit gepulverten Substanzen zu manipulieren, da dieselben sich schwer in Tuben einfüllen lassen. Es wurde deshalb mit geschmolzenen Sprengmitteln operiert. Die Verwendung geschmolzener Sprengstoffe ist allerdings an sich bekannt, jedoch lediglich für Geschosse, Torpedos u. dgl. Die Anwendung geschmolzener Sprengstoffe für die Herstellung von Zündröhren schien von vornherein ausgeschlossen; denn es wurde bisher allgemein angenommen, daß der geschmolzene Sprengstoff nicht in gleicher Weise wie das gepulverte Material durch Knallquecksilber zur Explosion gebracht werden könnte, sondern daß eine Zwischenzündung notwendig wäre. Tatsache ist, daß Sprengstoffe nach dem Schmelzen und Erstarren weniger empfindlich sind als gepulverte.

Da man nun bei Zündröhren innerhalb der Explosionsmasse Zünder nicht einsetzen kann, war anzunehmen, daß diese Methode zu häufigen Versagern führen müßte. Die ersten Versuche mit dem Schmelzen betrafen Trinitronaphthalin. Dieses explodierte heftig und vollständig bei Zündung mittels Knallquecksilbers, jedoch entzündeten sich mit diesem Sprengstoffe gefüllte Röhren nur auf eine sehr kurze Strecke. Die Ursache hiervon wurde darin ermittelt, daß die Zündfähigkeit wesentlich herabgesetzt wird, sobald der Sprengkörper beim Erstarren eine pastenförmige Konsistenz annimmt, statt zu kristallisieren. Um also die Zündfähigkeit trotz des Schmelzens zu erhalten, konnten nur solche Sprengstoffe in Frage kommen, welche beim Erstarren nicht in den teigförmigen Zustand übergehen. Nun tritt dies aber beinahe bei sämtlichen brisanten Sprengstoffen ein; bei den einen, z. B. Trinitronaphthalin, weil sie aus Mischungen isomerer Verbindungen bestehen, bei den anderen, weil sie eine Menge Verunreinigungen enthalten. Die Ausscheidung der Isomeren ist aber aus praktischen Gründen ausgeschlossen, da dies Verfahren die Fabrikation zu sehr verteuern würde.

Das Trinitrotoluol zeigt nun die vorerwähnten Übelstände nicht, und es eignet sich daher ganz besonders für den hier angestrebten Zweck, abgesehen davon, daß es selbst billig ist und die Verwendung billiger Bleituben zuläßt. Das Trinitrobenzol, das seinen Eigenschaften nach ebenfalls für das vorliegende Verfahren geeignet ist, hat den Nachteil, daß sein Preis bedeutend höher ist.

Der Gedanke, Trinitrobenzol und ganz besonders Trinitrotoluol zur Herstellung von Zündröhren zu verwenden, ist ebenso wie die Herstellungsweise der Zündröhren neu. Statt wie bisher die Röhren mit einem pulverigen Sprengstoffe zu füllen und die Röhre hierauf durch Ausziehen auf den gewünschten Durchmesser zu bringen, geschieht die Einfülloperation in der Weise, daß zunächst der Sprengstoff geschmolzen und flüssig in die Röhre eingegossen wird. Nachdem derselbe erstarrt ist, erfolgt das Ausziehen der Röhre in üblicher Weise. Das Einfüllen mit einem flüssigen Sprengstoffe verhindert die Bildung von Lufträumen in der Röhre, so daß nach dem Ausziehen der Röhre sämtliche Teile gleichmäßig mit Sprengstoff gefüllt sind, was nach den früheren Verfahren nicht möglich war und häufig Versager veranlaßte.

Dieses neue Einfüllverfahren gibt auch die Erklärung für den Umstand, daß nach dem vorliegenden Verfahren nur Sprengstoffe niedrigen Schmelzpunktes, also Trinitrobenzol und besonders Trinitritoluol, welches bekanntlich bei 80° schmilzt, in Frage kommen. Bei dem alten Einfüllverfahren (Guttmann) würden diese Sprengstoffe gegenüber der Nitrozellulose keinerlei Vorteil bieten. Bei den nach dem vorliegenden Verfahren hergestellten Zündröhren scheidet, wie erwähnt, das Vorkommen von Versagern aus. Außerdem aber können zu gleichzeitiger Entzündung mehrerer Schüsse an die Röhren Abzweigungen angesetzt werden, wie dies auch früher schon als möglich angedeutet wurde.

Das Herstellungsverfahren der Zündröhren mittels Trinitrotoluol und Trinitrobenzol besteht darin, daß man die geschmolzene Substanz in ein Blei- oder Zinnrohr größeren Durchmessers einfüllt und sie hierauf in bekannter Weise durch aufeinander folgendes Ausziehen auf den gewünschten Durchmesser bringt. Das Ausziehen erfolgt nach dem Erkalten der Sprengstoffüllung. Die auf diese Weise hergestellten Zündröhren werden durch einen Zünder aus knallsaurem Quecksilber zur Entzündung gebracht; die Explosion pflanzt sich mit einer Geschwindigkeit von 5 bis 6000 m fort, ohne Rücksicht auf den Durchmesser des Zündrohres. Sämtliche anderen Zünder (mit Ausnahme des genannten knallsauren Quecksilbers) sowie Stoß und Reibung besitzen keinerlei Einwirkung auf die mit Trinitrotoluol bzw. Trinitrobenzol gefüllten Röhren. Selbst ins Feuer geworfen, brennt die Röhre ruhig ohne Knall und ohne Sprühen ab. Die Handhabung kann demnach unter Ausschluß jeglicher Gefahr geschehen. Diese Zündröhre kann man zum gleichzeitigen Entzünden mehrerer Explosionsladungen oder auch zum sicheren Zünden einer einzelnen isolierten Ladung verwenden.

Patentanspruch: Verfahren zur Herstellung einer Zündröhre, dadurch gekennzeichnet, daß Trinitrotoluol oder Trinitrobenzol in flüssigem Zustande in die Röhre eingefüllt wird.

Österr. Pat. 30964 vom 22. Dez. 1904.

Louis Lheure in Paris. — Zündvorrichtung für in Bohrlöcher eingesetzte Sprengpatronen.

Gegenstand der Erfindung ist eine Zündvorrichtung für Sprengpatronen, bei der in die Zündladung ein Zünder in Gestalt einer Zündröhre eingesetzt wird, welche durch den Stopfen der Ladung hindurch nach außen geführt wird und von hier aus durch einen Knallquecksilberzünder zur Entzündung gebracht wird, so daß zunächst die Zündröhre und durch diese erst mittelbar die Patrone zur Explosion gebracht wird. Bei dieser Vorrichtung werden die Patronen erst im Augenblick des Gebrauchs in der jeweilig nötigen Anzahl auf die Zündröhre aufgereiht, wobei das letzte Glied der Patronenreihe durch Umbiegen des Röhrenendes festgehalten wird. Die Zündröhren bestehen aus Metallröhren, die mit geschmolzenem Trinitrobenzol gefüllt sind, und die durch Ausziehen auf einen solchen Durchmesser gebracht werden, daß ihre Zündintensität dem Empfindlichkeitsgrade des zur Anwendung kommenden Sprengstoffs entspricht. Anstatt die Zündröhre dicht mit dem Knallquecksilberzünder zu verbinden, kann dies auch mittels einer dünneren, ebenfalls mit Trinitrotoluol gefüllten Zündröhre, eines sogenannten Hilfs- oder Relaiszünders geschehen, der in geeigneter Weise mit der eigentlichen Zündröhre verbunden wird. Von der Zündstelle aus können aus Zündröhren bestehende Zweigleitungen nach verschiedenen Ladungen geführt werden, so daß die Zündung in ähnlicher Weise wie bei der elektrischen Zündung von einer Zentralstelle aus erfolgen kann.

Amerik. Pat. 869219 vom 10. Jan. 1906. Österr. Pat. 27312 vom 15. Aug. 1906.

Louis Lheure in Paris. — Verfahren zur Herstellung von Zündröhren.

Betrifft ein Verfahren, welches ermöglicht, mit Trinitrotoluol oder Trinitrobenzol gefüllte Zündröhren von großer Länge und ohne Unterbrechung in der Füllung herzustellen (Bechreibung des Verfahrens auf Seite 448).

D.R.P. 205287 vom 26. Jan. 1908.
Jean Harlé in Rouen, Frankreich. — Zündschnur.

Die Zündschnüre oder Zündröhren, die gegenwärtig in der Sprengtechnik bekannt sind, können als in drei Gruppen fallend bezeichnet werden:

1. Die langsam brennenden Zündschnüre, die mit Schießpulver geladen sind und deren Verbrennungsgeschwindigkeit einige Zentimeter in der Sekunde nicht überschreitet (langsame Bickford-Zündschnüre);

2. die ebenfalls mit Schießpulver geladenen Schnellzünder, deren Verbrennungsgeschwindigkeit einige hundert Meter in der Sekunde erreicht (Schnellzündschnüre Bickford);

3. die Zündröhren, die mit einem brisanten Sprengstoff geladen sind, und deren Detonationsgeschwindigkeit mehrere Kilometer in der Sekunde erreicht.

Es ist unwiderleglich, daß ein Zündmittel, welches nach Belieben, entsprechend der Art der Entzündung, in die erste oder in die dritte Gruppe fallen kann, d. h. das nach Belieben langsam brennen und als Zündschnur, oder augenblicklich detonieren und als Sprengröhre dienen kann, besonders für militärische Zwecke von großem Werte wäre, da die Anzahl der Zündmittel dadurch erheblich verringert würde. — Der Zweck der vorliegenden Erfindung ist die Herstellung einer solchen Zündschnur mit doppelter Wirkung, die allen praktischen Anforderungen entspricht. Diese Zündschnur ist dadurch gekennzeichnet, daß sie statt eines einzigen Sprengstoffs deren zwei enthält, von denen der eine — das Schießpulver — für die langsame Wirkung bestimmt ist, der andere — ein brisanter Sprengstoff — die Sprengwirkung sichert. Dies kommt im Prinzip darauf hinaus, eine Zündschnur der ersten und eine Sprengröhre der dritten Gruppe nebeneinander anzuordnen. Jedoch entsteht die Schwierigkeit, die Regelmäßigkeit und Betriebssicherheit der beiden Wirkungen zu sichern, ohne den gebräuchlichen Durchmesser der Zündschnur zu überschreiten, z. B. 5·5 mm. Andrerseits mußte man jede Reaktion des einen Sprengstoffs auf den andern verhindern und besonders dafür sorgen, daß die durch das Verbrennen des Schießpulvers entwickelte Hitze nicht die Entzündung des brisanten Sprengstoffes verursache.

Die Zündschnur nach der vorliegenden Erfindung genügt diesen Anforderungen; Fig. 127 (Seite 451) zeigt dieselbe im Längsschnitt.

Die Zündschnur besteht im wesentlichen aus einem Sprengröhrchen, das die Seele der Schnur bildet und aus einer Bleiumhüllung besteht, die mit einem brisanten Sprengstoff, wie Trinitrotoluol, Trinitrobenzol, Pikrinsäure usw. gefüllt wird. Damit ein solches Röhrchen gut und sicher wirkt, muß es zum mindesten eine Füllung von 1 mm

Durchmesser haben, und die Umhüllung darf keine Risse aufweisen. Dieses Sprengröhrchen ist sehr biegsam wie ein Faden oder Draht, so daß es den mittleren Draht, der bei Herstellung der langsamen Bickford-Schnüre häufig verwendet wird, vertritt. Bei einiger Vorsicht wird das Schießpulver *c* (Fig. 127, S. 451) mittels des Sprengröhrchens *a* ebenso regelmäßig zwischen diesem und der geflochtenen Hülse *d* entlang gezogen, wie mittels eines gewöhnlichen Drahtes, und man kann Zündschnüre von mehreren hundert Metern Länge herstellen, ohne daß das Röhrchen *a* reißt. Man erhält so eine Zündschnur, die äußerlich ganz das Aussehen einer gewöhnlichen Zündschnur hat, deren beide Sprengstoffüllungen aber durch das Bleirohr *a* vollkommen voneinander getrennt sind.

Diese Zündschnur besitzt nicht nur große Biegsamkeit, sondern auch große Widerstandsfähigkeit. Das innere Sprengröhrchen *a* ist von der Hülle *d* und von dem Pulver *c* umgeben und somit vor zufälliger Verletzung bei der Handhabung der Zündschnur während des Transportes oder des Gebrauches geschützt. Die Sicherheit derartiger Zündschnüre mit doppelter Wirkung ist eine absolute. Man kann sie weder durch lebhafte Erschütterungen noch durch starke Reibung zur Detonation bringen; auch das Auftreffen eines Geschosses veranlaßt keine Entzündung. Die Gefahren sind demnach nicht größer als bei den gewöhnlichen Bickford-Schnüren, die nur Schießpulver enthalten.

Natürlich kann man für die Füllung *b* des Sprengröhrchens einen beliebigen brisanten Sprengstoff wählen; die besten Resultate sind mit einem mit Trinitrotoluol gefüllten Röhrchen erzielt worden, dessen Bleirohr *a* 2 mm Durchmesser hatte. Die fertige Zündschnur besaß einen Durchmesser von 5 mm und wog 40 g pro laufenden Meter. Die Verbrennungsgeschwindigkeit bei einfachem Anbrennen betrug ungefähr 1 cm/sec: die Schnur brannte regelmäßig ab, das Trinitrotoluol schmolz und verbrannte ohne die Verbrennung des Schießpulvers im geringsten zu beeinflussen. Als Detonationsgeschwindigkeit wurden dagegen mittels Sprengkapselzündung 4400 m/sec erreicht. Man hat Schnüre von mehr als 100 m Länge zur Explosion gebracht, ohne daß die Detonation irgendwie unterbrochen worden wäre, und man hat keine Spur von Schießpulver gefunden, da es durch die Explosion des Trinitrotoluols vollständig zerstört wurde. — Mit dieser doppeltwirkenden Zündschnur kann man Zweigleitungen in der Weise herstellen, daß man die Zweigschnur, nachdem man eine Sprengkapsel aufgesetzt hat, an dem betreffenden Punkte der Hauptschnur festbindet.

Fig. 119 (Seite 436) zeigt eine Hauptschnur *e*, an der mittels eines Drahtes *f* das Ende einer Zweigschnur e^1 befestigt ist, die man vorher mit einer Zündkapsel *g* versehen hat. Fig. 120 und 121 stellen eine besondere Art der Verbindung dar, wodurch der Befestigungsdraht entbehrlich wird. Sie besteht aus einem Verbindungsstück aus Blech und einer flachen, leicht federnden Klammer *h*, in welcher zuerst von der Seite die Hauptschnur *e* eingelegt wird, worauf man in das eine Ende die Sprengkapsel *g* einführt, die auf dem Ende der Zweigschnur e^1 aufsitzt. Die federnde Klammer *h* drückt die Sprengkapsel fest

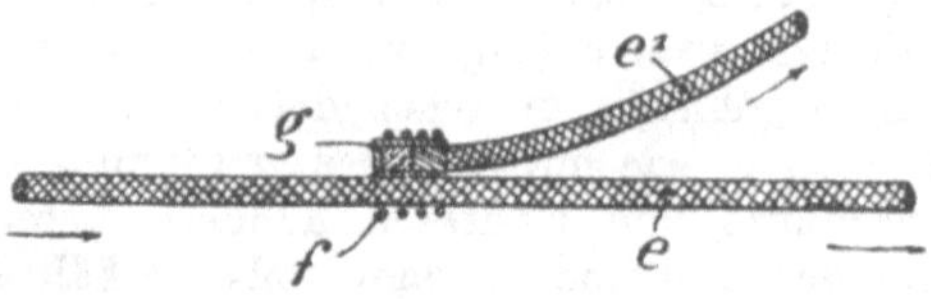

Fig. 119.

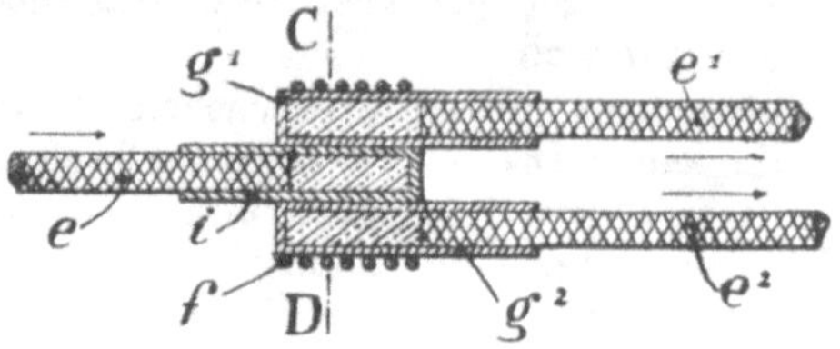

Fig. 120.

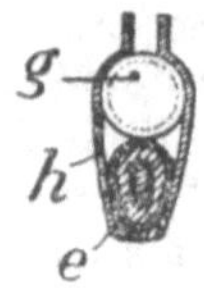

Fig. 121.

gegen die Zündschnur *e*. Man kann mehrere Abzweigungen an einer und derselben Stelle der Hauptschnur anlegen, indem man die Hauptschnur an diesem Punkte abschneidet, eine Sprengkapsel aufsetzt und gegen diese mehrere Sprengkapseln festbindet, die ihrerseits auf dem Ende einer Zweigschnur aufsitzen.

Franz. Pat. 410252 vom 9. März 1909.
Société anonyme d'explosifs et de produits chimiques in Frankreich. — Detonierende Zündschnur.

Die vorliegende Erfindung betrifft eine detonierende Zündschnur, deren Sprengstoffseele aus Tetranitromethylanilin, einem Explosivstoff von hoher Explosivkraft und hoher Explosionstemperatur, besteht. Für die Schlagwettersicherheit kann man diesen Sprengstoff in Form von Guanidinderivaten anwenden; die Detonation erfolgt dann bei viel niedrigerer Temperatur. Vorteilhaft wendet man dabei Guanidinnitrat oder auch Nitroguanidin an. Andrerseits kann man aber auch das Tetranitromethylanilin in Mischung mit den erwähnten explosiven Guanidinderivaten anwenden und erreicht damit ebenso eine Erniedrigung der Explosionstemperatur.

Die Fabrikation der detonierenden Zündschnüre mit obigen Sprengstoffen geschieht nach den allgemein gebräuchlichen Methoden. Die Schnüre können entweder durch einen in der Mitte der Patronen angelegten Kanal hindurchgeführt oder auch seitlich den Patronen entlang geführt werden. Um die Oberfläche der Schnur für den Kontakt mit den Patronen zu vergrößern, wird die zylindrische Form durch eine abgeplattete, ovale oder durch eine rechteckige mit abgerundeten Ecken ersetzt. Die Schnurdicke kann so auf das zulässige Minimum verkleinert und die Breite nach den vorteilhaftesten Bedingungen bemessen werden.

Die Anwendung derartiger Zündschnüre gestaltet sich sehr einfach: die Schnur wird mit der platten Seite durch eine Ligatur am Boden der untersten Patrone befestigt und das Ganze an der Schnur in das Bohrloch versenkt; hierauf gibt man die anderen Patronen nach und besetzt den übrigen Teil der Bohrung wie gewöhnlich. Indessen ist es nicht absolut notwendig, die Schnur am Boden der untersten Sprengpatrone zu befestigen; es genügt, wenn man dafür Sorge trägt, daß die Schnur mit der flachen Seite an die Patronen und an die Bohrwandung grenzt, bis auf den Grund des Bohrloches reicht und während der Einführung der übrigen Patronen nicht aus ihrer Lage gebracht wird. Die aus dem Bohrloche herausragende Detonationszündschnur wird dann mit einer gewöhnlichen Sprengkapsel und mit einem Stück Bickford-Schnur gezündet.

Patentanspruch: Eine Detonationszündschnur, deren Umhüllung aus einem beliebigen Material in beliebiger Form bestehen kann, dadurch gekennzeichnet, daß für die Sprengseele Tetranitromethylanilin für sich oder in Mischung mit einem oder mehreren explosiven Guanidinderivaten benutzt wird.

D.R.P. 245087 vom 23. Sept. 1910. Engl. Pat. 21344 vom 26. Sept. 1912.

Dr. Conrad Claessen in Berlin. — Verfahren zur Detonierung von Sprengstoffen.

Es ist bekannt, Sprengstoffladungen mit Hilfe von Detonationszündschnüren zur Detonation zu bringen, indem man die Detonationszündschnur in die Sprengladung hinein- oder um diese herum oder durch diese hindurch führt und an einem Ende durch eine Sprengkapsel initiiert.

Die Initialwirkung der in dieser Weise verwendeten Detonationszündschnüre wird erheblich verstärkt, wenn gemäß vorliegender Erfindung die Zündschnur von beiden Enden aus zur Detonation gebracht wird, derart, daß die zwei einander entgegenkommenden Detonationswellen sich an der Oberfläche oder im Innern der zu detonierenden Sprengstoffmasse begegnen und dadurch in ihrer Wirkung verstärken. Dies ist z. B. der Fall, wenn eine 100 cm lange Detonationszündschnur um den Sprengstoff so herumgewickelt ist, daß das Mittelstück der Zündschnur, also etwa die Strecke vom 45. bis zum 55. cm umfassend, den Sprengstoff innig berührt.

Die unter vorgenannten Bedingungen eintretende erhöhte Initialwirkung der Zündschnur wurde bei folgenden Versuchen erkannt: Die zu detonierende Substanz waren Preßkörper aus Trinitrotoluol von der Dichte 1·6. Es wurden die Serien mit drei verschieden detonierenden Zündschnüren durchgeführt. Gezündet wurde mit detonierenden Zündschnüren, deren Seele im ersten Fall aus Trinitrotoluol, in dem zweiten Fall aus Chlortrinitrobenzol und im dritten Fall aus Tetranitromethylanilin bestand. Die Zündung erfolgte mit einer Sprengkapsel Nr. 8 in der einen Versuchsreihe gleichzeitig an beiden Enden, in der anderen, zum Zwecke des Vergleichs, nur an einem Ende. Dabei zeigte sich, daß bei zweiseitiger Zündung der Zündschnur Detonation eintrat in Fällen, in denen bei einseitiger Zündung keine oder nur teilweise Explosion erfolgte. Die Methode ist anwendbar zur Detonation von Sprengladungen aller Art, also sowohl für den Bergwerksbetrieb als auch für militärische Sprengstoffe in Granaten, Minen usw.

Patentanspruch: Verfahren zur Detonierung von Sprengstoffen mit Hilfe von Detonationszündschnur, dadurch gekennzeichnet, daß die Zündschnur von zwei Stellen aus derart zur Detonation gebracht wird, daß die zwei einander entgegenkommenden Detonationswellen sich an der Oberfläche oder im Innern der zu detonierenden Sprengstoffmasse begegnen.

Engl. Pat. 21344 vom 26. Sept. 1912.

Dr. Conrad Claessen in Berlin. — Verfahren zum Detonieren von Explosivkörpern.

Der Erfinder hat festgestellt, daß die Zündkraft der sogenannten Sprengröhren, welche in die Sprengladungen eingesetzt oder um diese herumgelegt werden, ganz beträchtlich gesteigert werden kann, wenn man sie nicht nur an einem Ende, wie bisher, sondern an beiden Enden durch eine Sprengkapsel zur Detonation bringt, derart, daß die beiden Reihen der Explosionswellen im Innern oder an der Oberfläche der explosiven Ladung zusammentreffen. Dies ist beispielsweise der Fall, wenn bei Verwendung einer Detonationsröhre von 100 cm Länge der mittlere Teil, d. i. etwa 45 bis 55 cm mit der Ladung in direkte Berührung gebracht wird.

Amerik. Pat. 1042643 vom 29. Okt. 1912.

Heinrich Brunswig in Steglitz bei Berlin. — Verfahren zum Detonieren von Sprengstoffen.

Die allgemeine Methode, Sprengladungen mittels detonierender Zündschnüre zu detonieren, besteht darin, daß man die Detonationsschnur entweder in oder um oder durch die Sprengladung führt. Die detonierende Zündschnur besteht aus einer Seele detonationsfähigen Materials, welches in einer Metallröhre eingeschlossen ist und durch Sprengkapselzündung der Länge nach mit der Geschwindigkeit der betreffenden Füllung detoniert. Die detonierende Zündschnur unterscheidet sich demnach von der gewöhnlichen Bickfordschnur, daß an Stelle der Pulverseele eine solche mit einem brisanten Sprengstoff getreten ist.

Erfinder hat nun gefunden, daß die Wirkung solch einer Detonationsschnur beträchtlich erhöht wird, wenn die Schnur in der nach Fig. 122 abgebildeten Weise durch die Sprengladung hindurchgeführt und gleichzeitig an den beiden Enden gezündet wird, so daß die Detonationswellen in entgegengesetzter Richtung gegeneinander laufen und inmitten der Sprengmasse zusammentreffen. *a* bedeutet den zu detonierenden Sprengstoff, *b* die Metallumhüllung der Detonationsseele *c*, *d* den Knallquecksilbersprengsatz, *e* die Sprengkapsel und *f* die elektrische Zündkapsel. Der Punkt, bei dem die beiden Detonationswellen aufeinandertreffen und von dem die verstärkte Initialwirkung ausgeht, ist bezeichnet durch den Pfeil von *g* aus.

Patentanspruch: Verfahren zum Detonieren von Sprengstoffen mittels detonierender Zündschnur, dadurch gekennzeichnet, daß die Detonationsschnur an zwei Orten derart initiiert wird, daß die beiden Detonationswellen entweder an der Oberfläche oder im Innern des zu detonierenden Sprengstoffs zusammenstoßen.

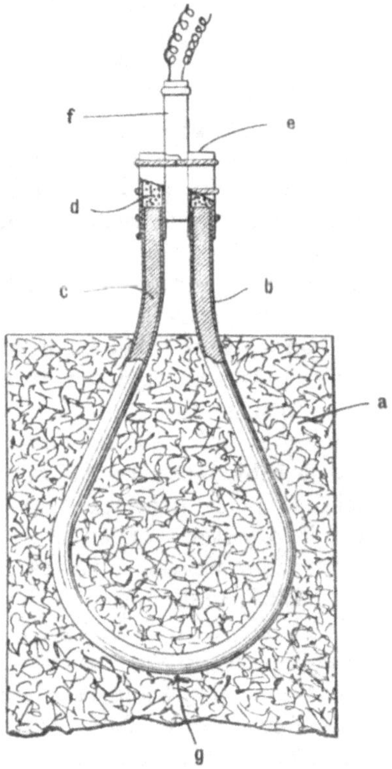

Fig. 122.

Amerik. Pat. 1049665 und 1049666 vom 7. Jan. 1913.

Emil Burkhard in Potsdam. — Zündröhre.

Bisher wurden Zündröhren in der Weise hergestellt, daß man ein geeignetes Metallrohr mit geschmolzenem Trinitrotoluol oder Trinitrobenzol füllte, und dann das Rohr nach dem Abkühlen der Füllung bis auf das gewünschte Kaliber auszog. Zur Füllung ist das Trinitrobenzol wegen seiner wesentlich höheren Detonationsgeschwindigkeit (etwa 6000 m/sec) dem Trinitrobenzol vorzuziehen; indessen hat es den Nachteil, erst bei 120° zu schmelzen, während Trinitrotoluol schon bei 80 bis 90° schmilzt und mithin im Wasserbad verflüssigt werden kann. — Der Erfinder hat nun festgestellt, daß Trinitrochlorbenzol und Tetranitroäthylanilin sich vorzüglich zur Herstellung derartiger Zündröhren eignen, da sie sich hinsichtlich ihrer Detonationsgeschwindigkeit nur wenig von Trinitrobenzol unterscheiden, dabei aber vor letzterem den Vorzug besitzen, daß sie schon im Wasserbade schmelzen (Temperatur 83° bzw. 95 bis 96°).

Elfter Abschnitt.

Zündschnurzündung.

I. Gewöhnliche Zündschnüre.

Die älteste Form der Zündschnur war wohl der Halmzünder oder die Stoppine, ein mit feinkörnigem Schwarzpulver gefülltes Röhrchen aus Stroh oder Messing. An den Halm wurde ein kurzer Schwefelfaden geklebt und dieser entzündet; der brennende Schwefelfaden bewirkte dann die Entzündung der Stoppine und diese die der Schießpulverladung des Sprengschusses, so daß dem Arbeiter die nötige Zeit zur Flucht blieb. Diese Art der Zündung war natürlich sehr unvollkommen, unsicher und auch gefährlich; sie versagte bei nassen Bohrlöchern sehr leicht und konnte bei Unterwassersprengungen überhaupt nicht angewandt werden.

Es bedeutete daher einen großen Fortschritt für die damalige Sprengtechnik, als es dem Engländer William Bickford im Jahre 1831 durch die Erfindung der Zündschnur gelang, Sprengschüsse jeder Art, auch solche in nassen Bohrlöchern, glatt und sicher abzutun. Die Erfindung wurde am 5. September 1831 unter dem Namen Miners Safety Fuse in England patentiert (Nr. 1659) und bald von der daraufhin gegründeten Gesellschaft Bickford, Smith u. Co., Ltd., in großem Maßstab ausgebeutet. Die Bickfordsche Zündschnur besteht aus einer Hanfschnur mit eingelegter Seele von langsam brennendem Kornpulver, stellt also nichts weiter dar, als einen Pulversatz, der durch einen geeigneten, aus Fäden oder Bändern gesponnenen oder gewickelten Schlauch zusammengehalten wird.

Die ersten Zündschnüre führten sich wegen der erhöhten Kosten und des starken Qualms nur sehr langsam ein. In den vierziger Jahren des verflossenen Jahrhunderts finden wir sie zuerst in Deutschland angewendet, jedoch ohne nennenswerte Verbreitung. Als aber von 1865 an durch die bahnbrechenden Erfindungen Alfred Nobels die ersten brisanten Sprengmittel Nitroglyzerin und Dynamit auf den Markt kamen, da begann mit einem Male der Siegeszug der Bickford-Zündschnur. Heute noch, trotz der scharfen Konkurrenz der elektrischen Minenzündung, erfreut sich diese Zündschnur einer durchaus berechtigten Bevorzugung.

Die Zündschnüre werden eingeteilt in:

1. langsam brennende (etwa 1 m Brenngeschwindigkeit pro Sekunde),
2. schnell brennende (über 100 m/sec) und
3. detonierende (bis 7000 m/sec).

1. Die Bickford-Zündschnur.

Die Bickford-Zündschnur, auch Sicherheitszündschnur oder einfach Zündschnur genannt, bedeutet eine Zündschnur zu Sprengzwecken, die brennt, aber nicht explodiert, die keine Mittel zur Selbstentzündung enthält und die so stark und in solcher Weise hergestellt ist, daß ein darin enthaltener Sprengstoff beim Abbrennen der Zündschnur verbrennt, ohne daß sich die Entzündung einer längsseitig danebenliegenden gleichartigen Zündschnur mitteilt. Man unterscheidet langsam und schnell brennende Zündschnüre; jedoch gehören beide Arten in die gleiche Kategorie, da sie sich nur durch einen mehr oder weniger schnell abbrennenden Pulversatz unterscheiden. Eine Abart der Bickford-Zündschnur ist die Schnell- oder Momentanzündschnur, welche vorzugsweise zur raschen Übertragung der Zündung von einer Zündstelle auf mehrere Sprengladungen dient. Die Brenngeschwindigkeit beträgt gewöhnlich 150 bis 200 m/sec. Zwar hat man schon früher an Stelle des Schwarzpulvers für Zündschnurfüllungen Chloratmischungen, Knallquecksilber, Nitrozellulose und Dynamit in Anwendung gebracht und sehr große Abbrennungsgeschwindigkeiten erzielt, aber ohne damit praktisch gute Erfahrungen gemacht zu haben, da die Empfindlichkeit des Zündstranges eine zu große Gefährlichkeit für eine allgemeine Handhabung im Gefolge hatte. Diese Schwierigkeiten sind erst in neuester Zeit durch die Erfindung der detonierenden Zündschnüre behoben worden.

Die Fabrikation der Bickfordschen Zündschnüre geschieht durch einen fortlaufenden Arbeitsprozeß mittels einer Reihe sinnreicher Maschinen. Zur Herstellung der Pulverseele findet meist feingekörntes und gut entstaubtes Schwarzpulver Verwendung; durch Zusammenmischen verschiedengradiger Pulversorten hat man es in der Hand, die Brenndauer der Schnur innerhalb gewisser Grenzen zu regulieren. Die Umspinnung der Pulverseele kann nun in der mannigfachsten Weise ausgebildet werden; sie richtet sich in der Hauptsache nach dem beabsichtigten Verwendungszweck, ob für trockene, feuchte, stark nasse oder für völlig unter Wasser befindliche bzw. mit Wasser besetzte Bohrlöcher, ferner nach der Rauheit des zum Besetzen des Schusses benutzten Materials (Besatzes) und eventuell ob für Schießen in Schlagwetter und Kohlenstaub bestimmt. Die für völlig trockene Bohrlöcher mit nicht zu rauhem scharfkantigem Besatz bestimmten Zündschnüre erhalten eine einfache Umspinnung von Jutegarn in zwei entgegengesetzt gerichteten Lagen. Diese Umspinnung wird in verschiedener Weise imprägniert; man erhält je nach dem gewählten Verfahren geteerte, sogenannte „schwarze", „rote" oder „weiße" Zündschnüre („Grubenzünder"). Diese Zünder sind nur für leichte Sprengarbeiten empfehlenswert, da sonst leicht Versager infolge Beschädigung der Schnur auftreten. Handelt es sich um feuchte oder nasse Bohrlöcher und rauheren, scharfkantigen Besatz, z. B. Bohrmehl, Quarzsand u. dgl., so finden doppelte und auch Bandzündschnüre Verwendung. Bei den doppelten Zündschnüren erhält der innere, die Pulverseele direkt umschließende, aus Jute- oder Baumwollfäden gesponnene Schlauch eine zweite Fadenumspinnung in entgegengesetzt gerichtetem Sinne. Bei der Bandzündschnur tritt an deren Stelle eine gleichfalls in entgegengesetzter Richtung aufgebrachte einfache oder eventuell auch doppelte Wickellage aus gewobenem Band. Diese doppelten oder die Bandzünder können ebenfalls nach einem der drei Hauptverfahren imprägniert werden. Mitunter teert man auch beide Umspinnungen, sowohl die äußere wie die innere, und erhält so „doppeltgeteerte" Zünder (Sumpfzünder). Handelt es sich um sehr feuchte Bohrlöcher oder um Sprengungen unter Wasser, so müssen die als doppelte oder auch als dreifache oder Bandzünder hergestellten Zündschnüre einen nahtlosen Überzug aus reiner, weicher Guttapercha erhalten. Zum Schutze dieses Guttaperchamantels gegen Verletzungen beim Handhaben des Zünders kann man noch eine weitere, auf den Mantel aufgebrachte Garnumspinnung oder Umklöppelung oder auch Bandumwicklung, die unter Umständen noch imprägniert wird, vorsehen. Die relative Menge der verschiedenen Bestandteile einer dreifach umwickelten Zündschnur ist etwa folgende (in Gewichtsprozenten ausgedrückt):

Pulver	15·2
Wasserdichtmachendes Material . .	46·2
Garn und Wicklungen	38·6

Beim Verbrennen dieser und anderer Zündschnurtypen wird viel Rauch entwickelt, der, neben den festen Pulverrückständen, zum größten Teil aus verdampftem Teer und dessen Zersetzungsprodukten aus der Umhüllung der Zündschnur besteht.

Die Herstellung von Zündschnüren erfordert eine ganze Anzahl von Sondermaschinen und Apparaten, von denen die Spulmaschinen, Zündschnurspinnmaschinen, Imprägnierungsapparate und Wickelapparate als die wichtigsten genannt seien. Auf die Einzelheiten der Fabrikation kann hier nicht eingegangen werden; eine ausführliche Darstellung hierüber findet sich in der Zeitschrift für Schieß- und Sprengstoffwesen von E. Neumann (1910, S. 87, 107, 130, 148 und 168).

Die Zündschnüre kommen in den verschiedensten Formen in den Handel, erzeugt doch die einzige Gesellschaft Bickford, Smith u. Co., Ltd., allein schon deren dreißig. Sie sind meistens zu Ringbündeln von ungefähr 8 m Länge aufgerollt und der Preis schwankt zwischen 25 Pfg. und 2·50 M. pro Bündel. Die Herkunft der Schnur ist bei den deutschen Fabriken an einem neben der Pulverseele eingesponnenen Faden kenntlich, der für jede Fabrik besondere Farben besitzt.

Eine besondere Abart der gewöhnlichen Zündschnüre ist die sogenannte schlagwettersichere Zündschnur, bei der die Umspinnung ganz oder teilweise unverbrennlich ist, um ein seitliches Austreten der Flamme zu vermeiden. Gewöhnlich werden sie mit innerer Jute- und äußerer Baumwollenwicklung geliefert. Die letzte Umspinnung wird von der Verbrennung nicht mit ergriffen. Schlagwettersicher sind diese Schnüre freilich nur in dem Falle, daß auch das erste Funkensprühen beim Anzünden der Schnur durch besondere Vorkehrungen verhindert wird.

Die Zündschnüre werden an der Stelle, wo sie entzündet werden sollen, gewöhnlich schief (nicht senkrecht) zur Längsrichtung geschnitten: dadurch bietet die Pulverseele eine vergrößerte Oberfläche, so daß die Streichholzflamme viel mehr Berührung findet. Das in die Sprengkapsel hineingelangende Ende dagegen weist am besten senkrechten Schnitt auf.

Die Brenndauer einer guten Zündschnur beträgt etwa 60 cm in der Minute. Schwankungen innerhalb gewisser Grenzen sind jedoch unvermeidlich, da die Stärke und Festigkeit des Pulverfadens nicht mathematisch genau sein können.

Die normale Verbrennungsgeschwindigkeit mehrerer Zündschnurtypen ist in der Tabelle aur Seite 444 wiedergegeben.

Einzelne Zündschnurproben desselben Typus sollen keine größeren Abweichungen als 10 % nach oben und nach unten von der durchschnittlichen Verbrennungsgeschwindigkeit aufweisen. Abweichungen bis zu 10 % sind nicht übermäßig groß; sie sind nur derartig, wie man sie in jeder Handelsware, bei den unvermeidlichen kleinen Verschiedenheiten der Fabrikation, zu erwarten hat.

Die Zündschnüre werden je nach der Verwendungsart in drei Hauptklassen eingeteilt. Die Zündschnur erster Klasse eignet sich für trockene Arbeit, wie das Sprengen von Stümpfen und Steinbruchsarbeiten. Sie ist entweder eine Hanf-, Baumwolle- oder einfach umsponnene Zündschnur und besteht aus einem „umsponnenen Kern“, der durch ein Bad aus wasserdicht machendem Material gezogen und mit Schlämmkreide, Talg oder einer ähn-

Art der Zündschnur	Verbrennungsgeschwindigkeit Sekunden pro Meter
Baumwollzündschnur	85·0
Hanfzündschnur	105·0
Einfach umwickelte Zündschnur	99·0
Doppelt „ „	101·0
Dreifach „ „	91·8
Gelb überzogene, doppelt umsponnene Zündschnur (in Europa gefertigt)	104·0
Schwarz überzogene, doppelt umsponnene Zündschnur (in Europa gefertigt)	131·5
Weiß überzogene, doppelt umsponnene Guttaperchazündschnur (in Europa gefertigt)	106·0
Weiß überzogene, doppelt umsponnene Zündschnur (in Europa gefertigt)	111·5
Weiß überzogene, umwickelte, doppelt umsponnene Zündschnur (C)	81·2
Weiß überzogene, umwickelte, doppelt umsponnene Zündschnur (A)	100·0
Weiß überzogene, doppelt umsponnene Guttaperchazündschnur	99·0

lichen Substanz überzogen ist, um zu verhindern, daß die einzelnen Windungen einer Rolle zusammenkleben. In der Baumwollzündschnur bestehen sowohl die Spinnfäden als auch die Umspinnung aus Baumwolle statt aus Jute. Die Zündschnur zweiter Klasse wird für feuchte und nasse Arbeiten angewandt, wie beim Kohlenbergbau oder bei Arbeiten in den oberen Schichten, wo Schlamm, Regen oder Feuchtigkeit vorhanden sind. Sie ist entweder einfach umwickelt oder doppelt umsponnen und besteht aus dem umsponnenen Kern, der zweimal mit wasserdichtem Material überzogen und zweimal umsponnen oder mit Band umwickelt und wie die Zündschnur vom ersten Typus geglättet worden ist. Die Zündschnur dritter Klasse endlich eignet sich zu sehr nassen Arbeiten, wie sie bei Tunnelbauten, Schachteintreibungen usw. notwendig werden können. Zu dieser Klasse gehören doppelt umwickelte Zündschnur, dreifach umwickelte Zündschnur, Guttaperchazündschnur und doppelt umsponnene umwickelte Zündschnur. Sie bestehen aus der „rohen Zündschnur“, die mit wasserdichtem Material überzogen und mit Band umwickelt oder doppelt umsponnen ist und dann durch einen Überzug aus schwarzem Lack und Schlämmkreide oder Talkum usw. oder mit einem schweren Überzug aus weißer Tonerde, die mit Leim zu einer Paste angerührt ist, geglättet wird.

Zum Schluß mögen noch 8 Erkennungszeichen für gut gearbeitete Zündschnüre folgen:

1. Gute Zündschnüre müssen hart und fest gesponnen sein und dürfen beim Biegen nicht brechen.
2. Beim Drehen an den beiden Enden eines etwa 5 cm langen Stückes soll sich die Schnur in der Spinnung nicht lockern (bei einfachen — und Guttaperchaschnüren — entgegengesetzt der äußeren Umspinnung, bei doppelter Zündschnur mit der äußeren Umspinnung!).
3. Die Pulverfüllung soll im Querschnitt möglichst rund, nicht sternförmig sein.
4. Die Querschnitte der Schnur sollen gleich starke Pulverfüllung aufweisen.
5. Nur solche Zündschnüre, die vorstehende Bedingungen erfüllen, haben gleichmäßige, ruhige Brenndauer bei kräftiger, schußartiger Zündung und lassen das Feuer nicht seitwärts durchsprühen.
6. Die Zündkraft eines glatt im Querschnitt abgeschnittenen Stückes soll mindestens 5 cm betragen, also auf 5 cm Entfernung vom Zündungsende ein Häufchen (1 bis 2 g) Pulver entzünden.
7. Bei einer zwischen Schraubstockbacken befindlichen, flach gepreßten Zündschnur darf das Feuer in der Schnur nach dem Anzünden nicht erlöschen.
8. Guttaperchazündschnüre sollen selbst nach achttägigem Lagern im Wasser — aber so, daß die beiden Enden vom Wasser nicht berührt werden — noch tadellos funktionieren.

2. Die schnell brennende Zündschnur.

Zündschnüre mit sehr erhöhter Brenngeschwindigkeit gibt es in verschiedener Ausführung. Die Firma Bickford, Smith u. Co. liefert solche Zündschnüre, die statt der Pulverseele einen durch einen Mehlpulverbrei gezogenen Docht besitzen, der von einer losen Umspinnung umhüllt ist. Die Brenngeschwindigkeit der Schnüre beträgt 150 m pro Sekunde. Diese Schnüre werden als Ersatz für elektrische Zündung zum gleichzeitigen Abtun mehrerer Schüsse

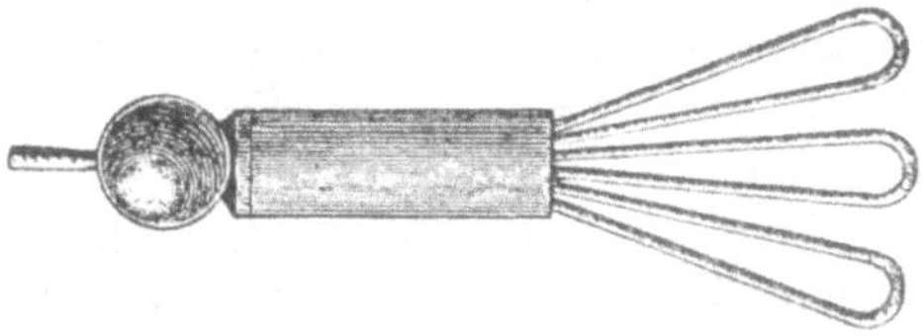

Fig. 123. Schnell brennende Zündschnur.

benutzt. Fig. 123 veranschaulicht diesen Zündungsmechanismus. Da die Schüsse von einem Orte aus verschieden lange Schnüre erfordern, werden die Zünder in der aus Fig. 123 ersichtlichen Gestalt geliefert, wobei jede doppelt gelegte Schnur eine Länge von etwa

10 Fuß besitzt. Durch Aufschneiden der Schleifen an verschiedenen Stellen kann man beispielsweise einzelne Schnurlängen von 7 und 3, von 6 und 4 Fuß usw. erhalten. Die Schnurenden vereinigen sich in einer Blechbüchse, wo sie in eine Pulverschicht ausmünden. Letztere wird durch ein Stück gewöhnlicher Zündschnur entzündet und überträgt das Feuer auf die sämtlichen Schnellzünder, die trotz verschiedener Länge, bei der verhältnismäßig großen Brenngeschwindigkeit, ein gleichzeitiges Abtun der verschiedenen Sprengschüsse bewirken. Das Stückchen gewöhnlicher Zündschnur ragt bei den Figuren nach links heraus. Eine ähnliche Schnellzündschnur wird von der Firma Davey, Smith, Bickford & Cie. in Rouen hergestellt. Sie ergibt eine Brenngeschwindigkeit von 200 m pro Minute, somit rund 3·33 m pro Sekunde. In Deutschland bringen u. a. die Sächsischen Pulverfabriken vorm. Krantz u. Co. schnellbrennende Zündschnüre in den Handel.

Eine solche Art der Zündung erweist sich überall da zweckmäßig, wo es sich darum handelt, nur wenige Male eine größere Anzahl Sprengschüsse gleichzeitig abzutun und sich die Beschaffung von Maschinen und Leitungen für elektrische Zündung nicht verlohnt. Bei längerer Fortsetzung der Sprengarbeiten wird aber die elektrische Zündung den Vorzug verdienen.

II. Detonierende Zündschnüre.

Wie in der geschichtlichen Einleitung bereits schon gesagt worden ist, besteht die detonierende Zündschnur hauptsächlich aus einem Sprengstoff von großer Detonationsgeschwindigkeit, der in einer Metallröhre enthalten ist. Die ersten Modelle dienten ausschließlich militärischen Zwecken, so die bei den österreichischen Truppen eingeführte Knallquecksilberzündschnur und die Melinitzündschnur der Franzosen; beide Arten sind nachträglich sehr verbessert worden. Die von General Hess verbesserte und 1906 für die Ausrüstung der österreichischen Truppen normierte Knallquecksilberzündschnur ist in hohem Grade unempfindlich und handhabungssicher; sie kann ohne Gefahr geschnitten, gehämmert, zwischen Unterlagen verschiedenster Art gequetscht, ja selbst mit der Flamme entzündet werden, ohne zu detonieren. Wiederholtes Beschießen mit einem Infanteriegewehr aus 50 m Entfernung bewirkte weder Entzündung noch Explosion. Die Zündschnur besitzt unter den meisten Gebrauchsverhältnissen einen besonderen sicherheitlichen Wert; ein weiterer kriegstechnischer Vorzug besteht darin, daß die Übertragung der durch Vermittlung einer 2 g-Sprengkapsel eingeleiteten Explosion auf abzuzweigende oder zur Verlängerung dienende Stränge der Knallzündschnur zwar ganz konform der detonierenden Zündschnur (mit einer etwas größeren, 5000 bis 6000 m betragenden Fortpflanzungsgeschwindigkeit) erfolgen kann, daß aber insbesondere die Verbindung durch Knoten, wegen der leichten und verläßlichen Herstellbarkeit solcher Verbindungen mit diesen Schnüren, einer fast unbeschränkten Anwendung fähig ist. Wie die Verknotungen und Zweigleitungen mit der Knallquecksilberzündschnur bewerkstelligt werden können, illustriert Fig. 124. Die Verbindung der Zweigleitungen der Zündschnur macht kein

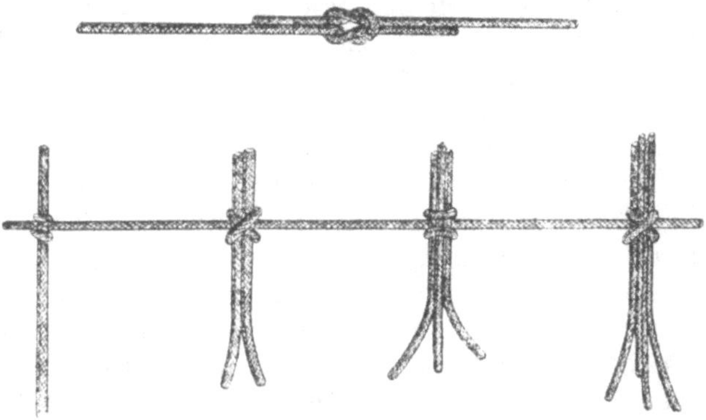

Fig. 124. Knallquecksilberzündschnur-Verbindungen.

Aufschneiden und Freilegen des Satzes notwendig; bei den Verknotungen tritt auch keine Gefahr ein, daß Feuchtigkeit an den Verbindungsstellen eindringt und die Detonationsfähigkeit aufhebt. Die gesamte Ladung erhält nur eine einzige Sprengkapsel, die auch nur äußerlich an der Schnur befestigt zu werden braucht. Damit wird das Hauptgefahrsmoment bei der Sprengung, das Hantieren mit zahlreichen Sprengkapseln, wesentlich herabgemindert.

Die französische Melinit-Zündschnur wurde 1906 ebenfalls für die technischen Truppen eingeführt; zu ihrer Herstellung wird in eine Zinnröhre von 17 mm äußerem Durchmesser geschmolzenes Melinit gegossen und die Röhre nach dem Erkalten der Masse durch Walzen, deren Abstand sich immer verkleinert, bis auf einen Durchmesser von 5·2 mm ausgezogen. Infolge der hohen Detonationsgeschwindigkeit von 7000 m wird jede beliebige Anzahl von Teilladungen auch auf große Entfernungen ohne Einschaltung einer Sprengkapsel zur Detonation gebracht. Die Verbindungen werden durch Knoten in der gleichen Weise wie bei der österreichischen Knallquecksilberzündschnur hergestellt. — Indessen sind diese beiden Momentanzündschnüre noch kaum anders als zu militärischen Zwecken angewandt worden.

Es war Lheure, Ingénieur des Poudres et Salpêtres, der den Gedanken hatte, die detonierende Zündschnur in den Bergwerken anzuwenden, und er gab für diesen Gebrauch eine Zündschnur an (D.R.P. 182031 vom 15. Dez. 1904), deren explosiver Teil aus Trinitrotoluol besteht und dessen Detonationsgeschwindigkeit nahezu 6000 m in der Sekunde beträgt. Diese Zündschnur wird in sehr einfacher Weise hergestellt, indem man ein Bleirohr in der Form der Gasröhren mit geschmolzenem Trinitrotoluol füllt und es derart auszieht, daß sein Durchmesser auf 6 mm reduziert wird, so daß man durch das Schmelzen und Ausziehen ziemlich sicher ist, in dem Material eine Unterbrechung zu vermeiden, welche die Detonation aufhalten könnte.

Die auf beschriebene Weise hergestellten Zündröhren konnten anfänglich nicht in größerer Länge hergestellt werden, weil sich beim Ausziehen Zwischenräume in der explosiven Füllung bildeten, welche die Sicherheit der Zündung in Frage stellten. Lheure hat dann zwei Jahre später ein Verfahren schützen lassen (Amerik. Pat. 869219 vom 10. Januar 1906, Österr. Pat. 27312 vom 15. August 1906), welches ermöglicht, mit Trinitrotoluol oder Trinitrobenzol gefüllte Zündröhren von großer Länge und ohne Unterbrechung in der Füllung herzustellen, die selbst bei kleinstem Durchmesser unter dem Einfluß einer Sprengkapsel von 1·5 g Knallquecksilber detonieren und die Explosion mit einer Geschwindigkeit von 5000 bis 6000 m pro Sekunde fortpflanzen. — Das Verfahren wird in folgender Weise ausgeführt:

Man bringt ein Blei- oder Zinnrohr (s. Fig. 125, 126) von geeignetem Durchmesser und von 50 bis 100 m Länge in ein Gefäß *a*, in dem sich

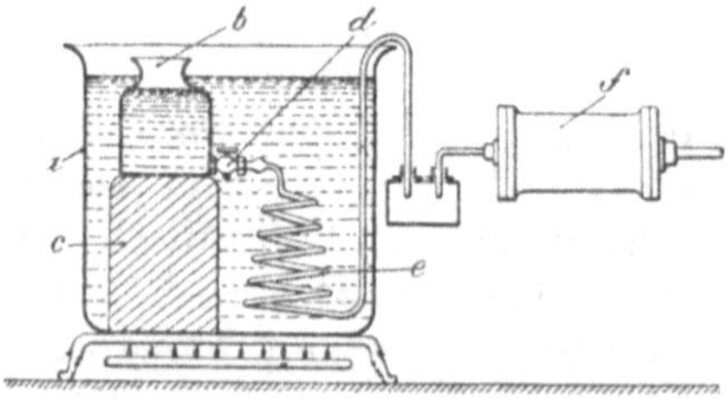

Fig. 125.

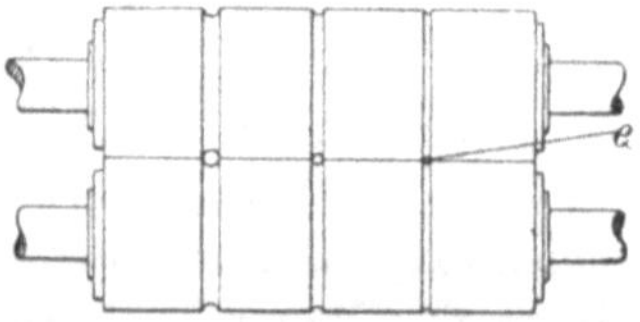

Fig. 126.

außerdem noch ein mit dem Explosivstoff gefülltes Reservoir *b*, auf einem Ständer *c* angeordnet, befindet. Das eine Ende des Rohres *e* verbindet man mit dem Hahn *d* des Reservoirs *b*, während man das andere Ende in ein geschlossenes, mit einer Vakuumpumpe *f* verbundenes

Gefäß führt. Hierauf wird das Trinitrotoluol bzw. Trinitrobenzol durch Einfüllen von kochendem Wasser in das Gefäß *a* zum Schmelzen gebracht und dann durch Öffnen des Hahnes *d* und Anstellen der Pumpe *f* das Rohr *e* mit dem Explosivstoff gefüllt. — Das Rohr *e* wird hierauf aus dem Gefäß *a* herausgenommen und durch Walzen in bekannter Weise auf die gewünschte Länge ausgezogen.

Die Lheuresche Zündschnur ist in mehreren Bergwerken, namentlich in Lens, angewandt worden, und der frühere Präsident Reumaux[1] hat festgestellt, daß ihre Verwendung eine Ersparnis von 20% der angewandten Sprengstoffmengen brachte, d. h. daß 80 g mit der Zündschnur gezündeter Sprengstoff dieselbe Wirkung haben wie 100 g mit einer Sprengkapsel gezündeter. Indessen scheint die Zündung durch die detonierende Zündschnur der Zündung durch Sprengkapsel nicht in allen Fällen überlegen zu sein. Dautriche[2] fand bei Versuchen an dem salpeterhaltigen Sprengstoff von Billy-Berclau, daß die Wirkung der initiierkräftigen Melinitzündschnur derjenigen einer 1·5 g Knallquecksilberkapsel bei der Detonation an freier Luft erheblich nachsteht.

Die Lheure-Trinitrotoluolzündschnur, welche von dem französischen Hause Davey, Bickford, Smith & Co. in Rouen geliefert wird, ist bei Ypern (Belgien) zur Sprengung des Tunnels von Hollebeck angewandt worden. Ihre Anwendung hat dort die gleichzeitige Explosion von 2125 Sprengschüssen und damit die Zerlegung eines unterirdischen Gewölbes von 318 m Länge in weniger als einer Sekunde ermöglicht. Die Länge sämtlicher detonierenden Zündschnüre betrug 7000 m. Nach den Erfahrungen von Ypern bietet die Verwendung detonierender Zündschnüre besondere Gewähr für die sichere Detonation der Sprengstoffladungen unter Wasser. Eine andere französische Firma, die Société anonyme d'explosifs et de produits chimiques stellt gleichfalls eine Zündschnur her, welche nicht rund, sondern flachgedrückt ist, deren explosive Substanz Tetranitromethylanilin ist. Alle diese Schnüre haben ein Gewicht von 120 bis 150 g pro Meter.

Über ein Zündschnurmuster von letztgenannter Firma macht Dautriche[3] folgende Angaben:

Die Zündschnur ist leicht flachgedrückt; der Durchmesser schwankt zwischen 5·4 und 6·0 mm und beträgt im Mittel 5·7 mm. Die Schnur hat zwei sich gegenüberliegende Nähte, welche von dem Ausziehen mit

---

[1] Zeitschr. f. Schieß- u. Sprengst. 1911, S. 427.
[2] Zeitschr. f. Schieß- u. Sprengst. 1911, S. 184.
[3] Zeitschr. f. Schieß- u. Sprengst. 1912, S. 182.

dem Streckwerk herrühren. Die Stärke der Bleiwand beträgt ungefähr 1 mm. Die genaue Untersuchung eines Stückes von 20 cm Länge hat folgende Daten ergeben:

Gewicht von 1 m Zündschnur	164·5 g
„ des Bleis	147·7 „
„ „ Sprengstoffs	16·8 „

Die Dichte des Sprengstoffs scheint zwischen 1·5 und 1·6 zu liegen; die Detonationsgeschwindigkeit wurde zu 6745 m ermittelt, ist also sehr nahe derjenigen der detonierenden Melinitzündschnur.

Die Fortpflanzungsgeschwindigkeit einer Zündschnur richtet sich in erster Linie nach der Verbrennungs- oder Detonationsgeschwindigkeit des Füllmaterials; vergleichsweise seien daher einige Zahlen der meist angewandten Zündschnurfüllstoffe angegeben. Nach Bichel beträgt die Detonationsgeschwindigkeit[1] bei

Tetranitromethylanilin . . .	8455 m/sec
Pikrinsäure	8183 „
Trinitrotoluol	7618 „
Schießwolle trocken	6383 „
Knallquecksilber	3920 „
Sprengpulver	284 „

Die Vorteile der detonierenden Zündschnur gegenüber der Schnellzündschnur als feldmäßige Zündmittel sind von Hauptmann Wachtel[2] eingehend erörtert worden. Kurz zusammengefaßt, ergibt sich darüber folgendes:

1. Zuverlässigere Simultanzündung infolge der bedeutend größeren Geschwindigkeit der Fortpflanzung,
2. Erleichterung von Zündungen unter Wasser infolge sicherer Zündung auch feuchter Sprengkapseln,
3. Vereinfachung der ganzen Zündanlage durch
   a) Entfall der Notwendigkeit, die Länge der einzelnen Zündschnurteile zu berücksichtigen,
   b) weit einfachere Verbindung von Zündschnur und Sprengkapsel und mehrerer Zündschnurstücke miteinander,
   c) einfachere Herstellung von Abzweigungen und zwar bis zu 6 — gegen 2 — von einer Stelle aus,
   d) Wegfall jedweder Verschiebung oder Verkürzung bei der Zündung, daher Unnötigkeit besonderen Befestigens.

---

[1] Diese Werte liegen (verglichen mit den übereinstimmenden Zahlen von Kast und Dautriche) bei den brisanten Sprengstoffen um etwa 1000 m/s zu hoch. In relativem Sinne dagegen, vornehmlich was das Verhältnis der einzelnen Sprengstoffe zueinander betrifft, sind sie richtig und besonders dadurch wertvoll, als auch Knallquecksilber und Schießpulver mit bestimmt sind.

[2] Zeitschr. f. Schieß- u. Sprengst. 1907, S. 70 bis 73.

Allen diesen Vorteilen stehen nur 2 geringfügige Nachteile gegenüber:

1. Die im Gebrauch allein in Frage kommende detonierende Zündschnur kann nur mittels einer Sprengkapsel entzündet werden, während die Schnellzündschnur auch aus freier Hand gezündet werden kann. Dieser Nachteil wird dadurch belanglos, daß auch die Initiierung der Schnellzündschnur in der Regel durch Verbindung mit Bickford-Zündschnur erfolgt.
2. Die detonierende Zündschnur erheischt beim Gebrauch gewisse Vorsichtsmaßregeln, wie Schneiden mit schartenfreiem Messer, Vermeidung von Schlägen mit Eisen u. a. Wie jedoch die Erfahrungen bei Pioniertruppen beweisen, lassen sich diese Vorsichtsmaßregeln anstandslos beobachten.

Die allerneuesten Bestrebungen auf dem Gebiete der Zündschnurfabrikation laufen darauf hinaus, die detonierende Zündschnur mit der Zeitzündschnur zu kombinieren, um die speziell für militärtechnische Zwecke erwünschte beliebige Verwendungsmöglichkeit einer Zündschnur als langsam brennendes oder als detonierendes Leitfeuer, zu ermöglichen. Eine solche Zündschnur will Jean Harlé in Rouen (D.R.P. 205287 vom 24. Dez. 1908) in der Weise herstellen, daß eine innere, mit einem brisanten Sprengstoff gefüllte Sprengröhre von einem sie umschließenden Schlauchrohr mit Schwarzpulverfüllung umgeben wird, — ein Vorschlag, der nichts anderes darstellt, als die Kombination einer langsam brennenden Bickfordschnur mit einer detonierenden Zündschnur, die gleichsam ineinandergesteckt sind. Fig. 127 zeigt die neue Zündschnur im Längsschnitt. *c* bedeutet

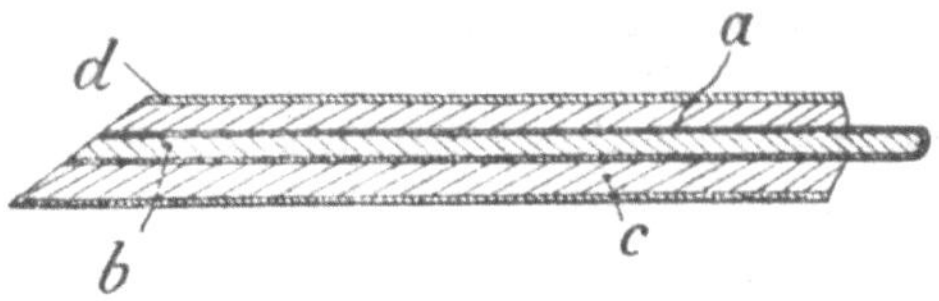

Fig. 127.

die Schwarzpulverfüllung in dem biegsamen Schlauch *d*, *b* die aus Trinitrotoluol, Trinitrobenzol usw. bestehende brisante Zündladung in dem Bleirohr *a*. Wählt man als Füllung Trinitrotoluol, so muß, wenn die Zündung sicher übertragen werden soll, ein 2 mm starkes Bleirohr gewählt werden; die fertige Zündschnur erhält dann einen Durchmesser von 5 mm und ein Gewicht von 40 g pro Meter. Wird sie einfach mit offener Flamme angebrannt, so pflanzt die Schwarzpulverseele das Feuer mit einer Geschwindigkeit von etwa 1 cm pro Sekunde regelmäßig fort. Hierbei schmilzt das Trinitrotoluol und verbrennt. Wird die Zündschnur hingegen mittels Knallquecksilbersprengkapsel initiiert, so detoniert die Trinitrotoluolseele mit einer Geschwindigkeit von 4400 m/sec., während die Schwarzpulverseele völlig zerstört wird.

Als allerneueste Kombination der detonierenden mit der langsam brennenden Zündschnur kann man die in Italien in letzter Zeit eingehend erprobte Ballistit-Zündschnur betrachten. Zur Füllung dieser Zündschnur wird sehr fein gemahlenes Ballistit, bestehend aus gleichen Teilen Nitrozellulose und Nitroglyzerin und $^1/_2$% Anilin, benutzt; die feine Verteilung des Sprengstoffs soll die Kontinuität der Seele sichern und so Versager unmöglich machen. Die ersten Zündschnüre wurden mit dieser reinen Ballistitfüllung in der Weise hergestellt, daß man eine 16 mm im Durchmesser haltende Bleiröhre von entsprechender Wandstärke mit gemahlenem Ballistit vollstopfte und dann auf einen Durchmesser von 5·5 mm auszog. Entzündet man die so gefertigte Schnur mit offener Flamme, so brennt sie mit einer Geschwindigkeit von 12 bis 13 cm in der Minute ab; detoniert man sie aber mit einer 1 g Knallsatz enthaltenden Sprengkapsel, so erreicht sie eine Detonationsgeschwindigkeit von 5000 m/sec. Die Versuche zeigten, daß die Sicherheit der Zündung bei diesen ersten Ballistit-Zündschnüren, so lange sie in freier Luft brannten, nichts zu wünschen übrig ließ, gleichgültig, ob sie als langsam brennendes oder als detonierendes Leitfeuer benutzt wurden. Unter Wasser versagten sie in letzterem Falle auch nicht, wohl aber, wenn sie nur langsam abbrannten.

Um diesen, die Kriegsbrauchbarkeit stark in Frage stellenden Übelstand zu beseitigen, ging man dazu über, dem feingemahlenen Ballistit einen bestimmten Prozentsatz Schwarzpulver beizumischen und erreichte hierdurch den beabsichtigten Erfolg. Diese verbesserte Ballistit-Zündschnur soll handhabungs- und schußsicher sein, mit offener Flamme entzündet, sowohl in freier Luft wie unter Wasser liegend, mit 1 m Geschwindigkeit pro 4 Minuten abbrennen; hingegen mit einer 1 g-Sprengkapsel initiiert, eine Detonationsgeschwindigkeit von ca. 5000 m/sec. erreichen.

Um detonierende Zündung herbeizuführen, benutzt man Verbindungen, wie sie in den Fig. 128 und 129 dargestellt sind. Fig. 128 zeigt eine Verbindungsanordnung, bei welcher mittels einer geraden, etwa 5 bis 6 cm langen Messinghülse die in die Sprengkapsel eingeschobene langsam brennende Zündschnur (Bickfordschnur) von vorn an die Ballistitzündschnur angeschlossen wird, während nach Fig. 129 der Anschluß der Zeitzündschnur seitlich erfolgt und die Ballistitzündschnur außen an die Mantelfläche der Sprengkapsel angelegt wird.

Bei den Abzweige- bzw. Verbindungsstellen benutzt man in der Regel für jede abzuzweigende Ballistitzündschnur eine be-

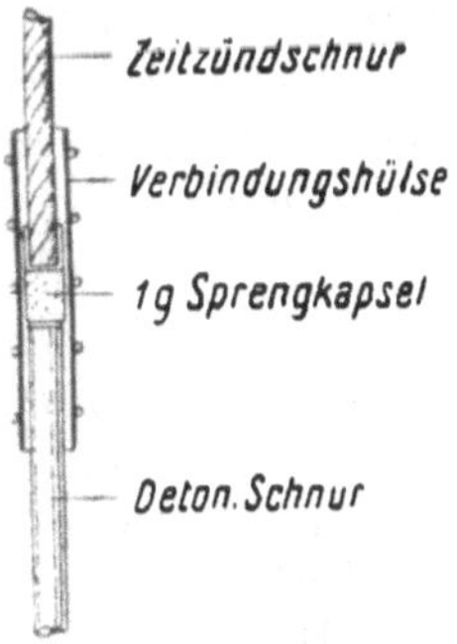

Fig. 128.

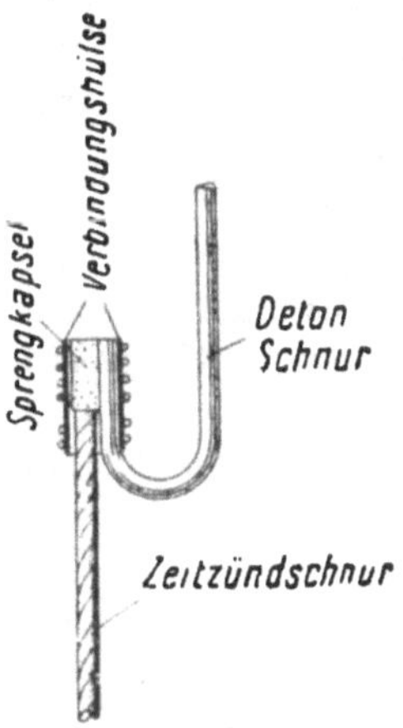

Fig. 129.

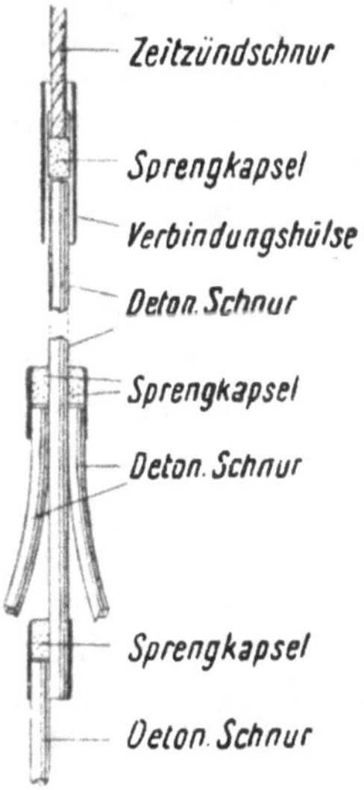

Fig. 130.

sondere Sprengkapsel, wie aus Fig. 130 ersichtlich, welche eine dreifache Abzweigung veranschaulicht. Um an Sprengkapseln zu sparen, kann man aber auch die Enden der zu verbindenden Zündschnurstücke nach Fig. 131 so zuschneiden, daß die Ballistit-

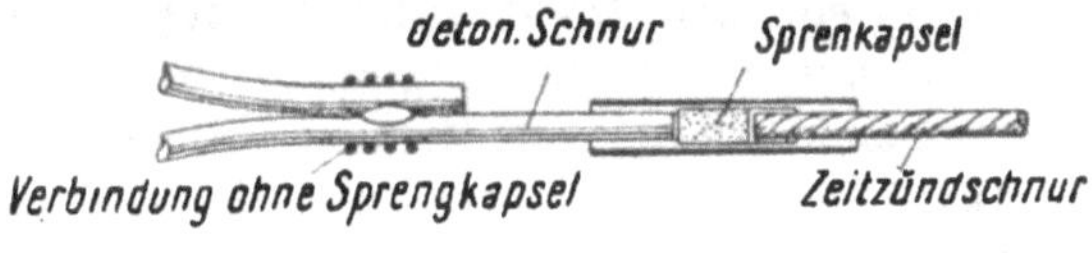

Fig. 131.

Fig. 132.

seelen auf eine Strecke von 3 bis 4 cm freigelegt sind. Die eigentliche Verbindung der beiden Zündschnurzweige und die Initiierung ihrer gemeinschaftlichen Zuleitung erfolgt dann in der aus Fig. 132 ersichtlichen Weise.

Die italienische Ballistitzündschnur soll ebenso wie die vorbeschriebenen detonierenden Zündschnüre in der Lage sein, die Initiierung brisanter Sprengladungen ohne Benutzung einer besonderen Sprengkapsel in den Ladungen selbst sicherzustellen.

Mag diese neue italienische Ballistitzündschnur zurzeit auch den vollkommensten Typus einer Einheitszündschnur für Zeit- und Detonationszündung darstellen, so ist sie dem Ideal noch lange nicht nahe. Soll eine solche Zündschnur allen Vorbedingungen genügen, wie sie die Sprengtechnik der Praxis und des Militärs erheischt, so muß sie erstens sicher funktionieren und dabei genügende Energie entwickeln, um brisante Sprengstoffe durch die Umhüllung hindurch und ohne Zwischenschaltung von Sprengkapseln zu detonieren, und zweitens muß sie gegen mechanische Einwirkungen sowie gegen Feuchtigkeit und wechselnde Temperaturen völlig unempfindlich sein.

Kumulativ detonierende Zündschnüre.

Unter dieser Bezeichnung sei die neueste Verwendungsart detonierender Zündschnüre angeführt, wie sie in den Patenten von Claessen (Brit. Pat. 21344 vom Jahre 1912) und Brunswig (Amerik. Pat. 1042643 vom Jahre 1912) niedergelegt ist. Nach den Untersuchungen Brunswigs[1] läßt sich die Initiierfähigkeit außerordentlich erhöhen, wenn man die sogenannte kumulative Initiierung anwendet, d. h. die Mitte einer detonierenden Zündschnur in den zu detonierenden Sprengstoff legt und nun die Detonationswelle von beiden Seiten durch die Zündschnur schickt, so daß inmitten des Sprengstoffs ein Zusammentreffen dieser Wellen statt hat. Bei der Bestimmung der Detonationsgeschwindigkeit von Sprengstoffen nach Dautriche kommt es bekanntlich darauf an, den Treffpunkt von zwei in entgegengesetzter Richtung in der Detonationszündschnur verlaufenden Explosionswellen auf der untergelegten Bleiplatte festzuhalten. Es ist leicht, diesen Treffpunkt zu erkennen; denn der von den zwei aufeinanderstoßenden Detonationswellen auf der Bleiplatte hervorgerufene Eindruck hat einen völlig anderen Charakter, als der von der Detonationszündschnur selbst erzeugte. Der Eindruck, welchen die aufeinanderstoßenden Detonationswellen bewirken, gleicht einem Messerschnitt, der rechtwinklig zur Zündschnur geführt wurde; durch diese dagegen wird eine Vertiefung hervorgerufen, die unterhalb der Zündschnur mit ihr parallel läuft und einen halbzylindrischen Kanal bildet. Die schnittartige mechanische

[1] Neue Initialzündung für Sprengstoffe.

Wirkung der Detonationswellen ist besonders gut auf der Rückseite der Bleiplatte zu erkennen. Die Querstellung dieser Druckwirkung ist geradezu charakteristisch für aufeinanderstoßende Detonationswellen; sie ist eine Folge der ungeheuren Geschwindigkeit, mit welcher zwei Gasschichten hier zusammentreffen und sich seitlich ausbreiten. Wenn die Fortpflanzungsgeschwindigkeit der Detonation in Sprengstoffen gegen 8 km beträgt, so kann sie im Treffpunkt der entgegengesetzt gerichteten Detonationswellen das Doppelte, also 16 km, betragen. Über diese neue Art detonativer Zündung macht Brunswig[1] ferner folgende interessante Bemerkungen und Angaben:

Die merkwürdige Eigenschaft des Treffpunktes aufeinanderstoßender Detonationswellen ist seine kräftige Initialwirkung auf andere Sprengstoffe. Was die Ursache des überraschend großen Initiiervermögens der aufeinanderstoßenden Detonationswellen ist, — ob ihre eigentümliche seitliche Ausbreitung oder ihre ungewöhnlich große Verdichtung im Treffpunkt, läßt sich zurzeit nicht entscheiden, zumal man Sprengstoffe mit Detonationsgeschwindigkeiten von 10 bis 20 km in der Sekunde nicht kennt. Bis auf weiteres kann man annehmen, daß eine spezifische Wirkung der aufeinanderstoßenden Detonationswellen vorliegt und daß man sich überhaupt hier vor einem neuen Phänomen befindet. Es ist mit der Möglichkeit zu rechnen, daß die aufeinanderstoßenden Detonationswellen noch andere technisch wertvolle Eigenschaften besitzen, die bei Sprengstoffen nicht in dem Grade beobachtet werden.

Diese neue Art der Initiierung von Sprengstoffen weicht von allen bisherigen Zündungen, einschließlich der Sprengkapselzündung, wesentlich ab. Die neue Zündungsweise stützt sich auf das bisher übersehene Initiiervermögen des Treffpunktes zweier aufeinanderstoßenden Detonationswellen. Bisher war bekannt, daß der Grad der Initiierung eines gegebenen Initialsprengstoffs bei gegebener Anordnung desselben abhängt von dessen Menge; aber man wußte nicht, daß mit der gleichen Menge Initialsprengstoff, je nachdem seine Detonationswellen frei auslaufen oder sich entgegenkommen, verschieden starke Initialwirkungen hervorgerufen werden können. Nach der bisherigen Anschauung mußte man insbesondere annehmen, daß zwei in eine Sprengstoffmasse eingeführte Detonationszündschnüre mit frei auslaufenden Detonationswellen mindestens die gleiche initiierende Wirkung ausüben würden, wie eine Zündschnur allein, in der die Detonationswellen einander entgegen laufen. In Wahrheit ist die Wirkung im letzteren Falle erheblich stärker; der Unterschied gegenüber den bisherigen Initialwirkungen ist ein unter Umständen sehr bedeutender. Als 50 g Sprenggelatine in einer großen Bleikugel detoniert wurden, betrug der entstandene Hohlraum bei Zündung mit Knallquecksilbersprengkapsel Nr. 8 2700 cm³,

[1] Zeitschr. f. Schieß- u. Sprengst. 1913, S. 238.

bei Zündung mit aufeinanderstoßenden Detonationswellen 3300 cm^3 also um 22 % mehr. Bei Sprengversuchen mit Granaten, die eine Sprengladung von 250 g Trinitrotoluol besaßen, wurden durch Initiierung mit zwei einfachen Detonationswellen insgesamt 50 wirksame Sprengstücke gezählt, bei Initiierung mit zwei aufeinanderstoßenden Detonationswellen aber 206 wirskame Sprengstücke. Bei Vergleichsversuchen, angestellt mit dünnen Detonationszündschnüren unter sonst gleichen Bedingungen, übertrug die einfache Detonationswelle die Detonation noch nicht durch einen Luftraum von 0·5 mm; die Kumulationswelle, wie man den Treffpunkt zweier aus entgegengesetzter Richtung zusammenstoßenden Detonationswellen nennen könnte, aber auf mehr als 2 mm Entfernung.

Es scheint möglich zu sein, die Wirkung der Kumulationswelle noch weiter zu verstärken, indem man das zugrund liegende Prinzip wiederholt zur Anordnung bringt, z. B. indem man jeden Arm einer U-förmig gebogenen Patrone durch Kumulationszündung initiiert und die in dieser Zündpatrone entstandene sekundäre Kumulationswelle ihrerseits zur Initiierung der eigentlichen Sprengladung verwendet. Ob auch eine Schwächung der Kumulationswelle in dem Sinne stattfinden könne, daß sich entgegenkommende Detonationswellen von ungleicher Phase gegenseitig aufheben, mag dahingestellt bleiben. — Die zur praktischen Anwendung dieser neuen Initialzündung erforderliche Anordnung besteht also darin, die Sprengladung in unmittelbare Berührung mit dem Orte des Zusammenprallens der Detonationswellen zu bringen.

Es ist nach diesem Verfahren möglich, nicht nur die Wirkung der bekannten Sprengstoffe sehr zu verstärken, sondern auch solche Sprengstoffe und Sprengstoffmischungen zur vollkommenen Detonation zu bringen, welche mit den bisherigen Hilfsmitteln unvollständig detonieren und deshalb für die Technik nicht zweckmäßig ausgenutzt werden konnten. Sobald das neue Verfahren so weit ausgebildet sein wird, daß es eine unmittelbare Verwertung erlaubt, dürfte es von Bedeutung sein sowohl für die Artillerie, für Granaten, Minen, Torpedos, als auch für den Bergbau, insbesondere durch Anwendung von unempfindlicheren Sprengstoffmischungen und für die Sprengtechnik im allgemeinen.

Bei der Detonierung von Sprengstoffen mittels zweiseitig gezündeter Zündschnur, also mit kumulativer Zündung, ist schon darauf aufmerksam gemacht worden[1], daß es wichtig sei, der Zündschnur eine größere Detonationsgeschwindigkeit zu geben, als der zu detonierende Sprengstoff sie besitze. Man denke sich beispielsweise nach Fig. 16 einen Trinitrotoluolsprengkörper mit Trinitrotoluol-(Lheure-)Zündschnur kumulativ gezündet: in dem Momente, wo die Detonation der außerhalb gezündeten Schnur den Sprengkörper trifft, beginnt sich die Detonation nun auch

---

[1] Stettbacher, Zeitschr. f. Schieß- u. Sprengst. 1915, S. 18.

durch die Sprengmasse selber fortzupflanzen, und zwar mit der gleichen Geschwindigkeit wie in der Detonationsschnur. Ist die Schnur jetzt stark gekrümmt, so ist die Wahrscheinlichkeit groß, daß die Detonation durch die Sprengstoffmasse schneller von *a* nach *b* fortschreitet als durch den längeren Weg der Zündschnur; der Sprengstoff wird daher an der Stelle *b*, wo die beiden Detonationswellen der Schnur zusammentreffen sollten, schon in Detonation begriffen und die verspätet eintretende kumulative Zündung illusorisch sein. Um die kumulative Zündung möglichst wirksam zu gestalten, sollte die betreffende Detonationszündschnur stets eine höhere Detonationsgeschwindigkeit aufweisen als der zu detonierende Sprengstoff; denn nur so kann die Detonationswelle der Schnur derjenigen der Sprengmasse vorauseilen und jene kräftige Zündung bewirken, die für dieses Verfahren charakteristisch ist.

Folgende Fig. 133 soll z. B. zeigen, wie die kumulative Detonierung von Trinitrotoluolsprengkörpern aufs vollkommenste geschehen kann. In die noch flüssige Sprengmasse wird eine aus Tetranitromethylanilin bestehende Initiale in Papp- oder einer anderen geeigneten Umhüllung mit Hilfe eines daran befestigten Röhrchens *r* getaucht. Die Tetryl-Initiale hat zweckmäßig die Form einer länglichen liegenden 8. Bei Verwendung des Sprengkörpers wird eine Sprengkapsel *k* durch den Hohlraum des Halterröhrchens auf die Mitte der Initiale gesetzt und durch die Zündschnur *z* gezündet. — Ganz ähnlich kann man an Stelle

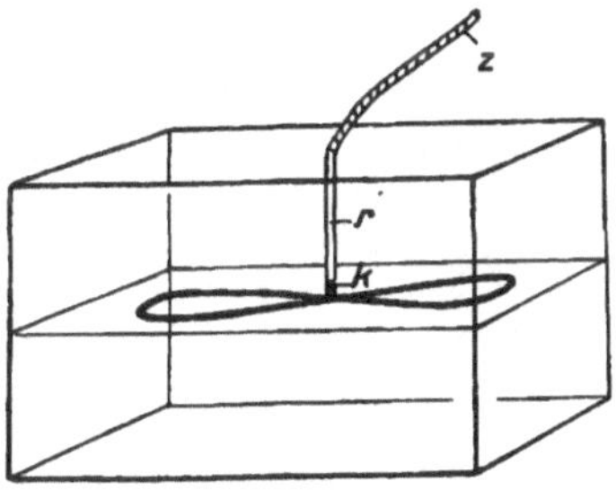

Fig. 133.

Fig. 134.

detonierender Zündschnüre besondere Initialsprengformen (Fig. 134) in Papp- oder einer anderen Umhüllung herstellen, und diese vor oder nach dem Gusse des Sprengstoffs in die betreffende Sprengmasse einführen. Damit wird die Verwendung von Detonationsschnüren zu kumulativer Initiierung umgangen und auf einfachere Art das gleiche Ziel erreicht.

Abziehzündung.

Die Abzieh- oder Friktionszündung fand früher ausgedehnte Verwendung auf artilleristischem Gebiete, als man sich dort noch der Sackpatronen bediente, welche mit Schwarz- oder rauchlosem Pulver gefüllt waren. Bei den neueren Geschützen, wo die Pulverladung in einer metallenen Patronenhülse untergebracht ist, wird das Abfeuern durch Schlagzündung bewirkt. Ist somit die Friktionszündung für militärische Zwecke heute mehr in den Hintergrund getreten, so spielt sie in der zivilen Sprengtechnik immerhin noch eine wichtige Rolle, insbesondere bei der Schießarbeit in Schlagwettergruben, wo sie, gleich der elektrischen Zündung, das Manipulieren mit offenem Feuer beim Zünden vermeiden und die Zündung in das Innere des Bohrloches verlegen soll. Die Anordnung ist hierbei so getroffen, daß ein Reibedraht mit gezahnter Zunge, der in einem Friktionssatz von Kaliumchlorat und Schwefelantimon eingebettet ist, rasch herausgerissen wird, wodurch Entflammung des empfindlichen Gemenges erfolgt.

Zur Aufnahme des Satzes dient ein beiderseits offenes Kupferröhrchen, das Satzröhrchen[1], welches von dem Kaliumchlorat-Antimontrisulfidgemisch zu etwa $^2/_3$ seiner Länge angefüllt wird, unter Offenlassen eines zentralen Kanals für den Reibedraht (Fig. 135).

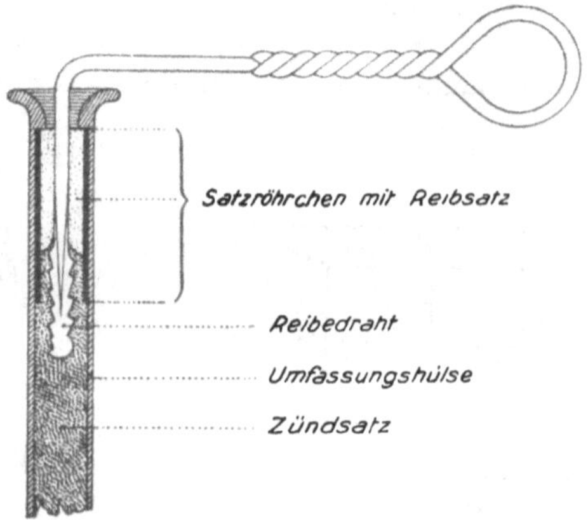

Fig. 135. Abzugszünder für Geschütz-Sackpatrone. Natürl. Größe.

Dieses Satzröhrchen muß naturgemäß im Zünder einen festen Halt haben.

Nach obenstehender Abbildung findet es hinter der muschelförmigen Höhlung im Kopfe der Umfassungshülse sein Widerlager.

[1] O. Hagen, Zeitschr. f. Schieß- u. Sprengst. 1916, S. 33, 72 ff.

Es hat eine Länge von 18, einen Innendurchmesser von 4·1 und eine Wandstärke von 0·4 mm; es wird innen lackiert und dann der feuchte, spiritushaltige Brandelsatz (S. 366) eingepreßt. Der Satz bildet an der Innenseite eine konvex gewölbte Fläche, in welche sich die gezahnte Zunge des Reibedrahtes einklemmt. 1 Röhrchen enthält 0·29 g Satz.

Gegenwärtig begegnet man dieser Art der Zündung nur noch in Bergwerken. Die Abziehzündungen sollen unter Umgehung der Zündschnur einen Sprengschuß aus der Entfernung mittels längerer Leine durch einen Zug zur Explosion bringen. Die mit der Zündvorrichtung versehene Sprengkapsel wird im Innern der Sprengladung untergebracht; der Abziehdraht ragt aus dem Besatz heraus und wird mit dem Abziehstrick verbunden, der so lang sein muß, daß von einem sicheren geschützten Punkte aus das Abziehen gefahrlos besorgt werden kann. Der Abziehdraht ist an seinem unteren Ende flach und scharf gezahnt und greift in eine sehr leicht entzündliche reibungsempfindliche Satzmischung; der mittlere Teil des Abziehdrahtes geht durch eine mäßig starke Messinghülse und kann an mehreren Stellen scharf gewürgt werden, so daß zum Herausziehen ein kräftiger Druck von 12 bis 15 kg erforderlich ist. Die so erzeugte starke Reibung bewirkt die Entzündung des vorgelegten Satzes und veranlaßt die Explosion der Sprengkapselladung.

Diesen Zündungsarten haftet der Übelstand an, daß durch unvorsichtigen Zug am Abziehdrahte beim Besetzen oder an dem Stricke nach Fertigstellung des Besatzes (z. B. beim Straucheln eines Arbeiters) der Schuß vorzeitig zur Explosion kommen kann. Ferner ist es mit besonderen Schwierigkeiten verknüpft, mehrere Schüsse gleichzeitig abzutun. Dem steht jedoch als Vorteil entgegen, daß die Zündung sehr einfach, billig und völlig wettersicher ist, sowie daß ein fester Besatz erzwungen wird, da nur ein solcher der Zündvorrichtung im Bohrloche den nötigen festen Halt gibt.

Die Abziehzündung kam im Jahre 1868 erstmals auf, zu welcher Zeit der Franzose Cousin ein Patent auf diese Reibzündung (étoupille à friction) erhielt. Die Versuche wurden jedoch durch den Tod eines Arbeiters, verursacht durch einen vorzeitig losgegangenen Schuß, wieder aufgegeben. Auch die durch Macnab und Ruggieri 10 Jahre später eingeführten Reibungszünder fanden wenig Anklang; erst der von dem österreichischen General Lauer erfundene Friktionszünder fand größere Verbreitung, zumal in österreichischen Bergwerken. Ein ähnlicher Zünder ist von M. W. Norres in Schalke in den Handel gebracht worden (Engl. Pat. 15885/1897). Später wurde die Tirmannsche Schlagzündung eingeführt, bei welcher die Explosion durch eine in einer Metallhülse bewegliche Stahlspitze hervorgerufen wird. Die Spitze ist mit einer Feder und diese wiederum mit einem außerhalb liegenden Draht verbunden, an welchen dann die 30 bis 50 m lange Zugschnur angeschlossen wird. Der erforderliche Zug beträgt hier 24 bis 25 kg. Die Tirmannsche Perkussionszündung wird vielerorts, namentlich in Österreich, häufig angewandt (vgl. Verbrauchstabelle, S. 490).

In neuerer Zeit sind die Abziehzünder in der Form sogenannter Sicherheitsfriktionszünder weiter ausgebildet und Gegenstand mehrerer Patente geworden. Bei allen diesen Zündern wird durch eine Art Sicherung bewirkt, daß der Sprengschuß weder durch Versehen noch durch Unachtsamkeit losgehen kann, da der Entladung ein besonderer Handgriff oder ein kräftiger Zug vorausgehen muß. Die Bochum-Lindener Zündwaren- und Wetterlampenfabrik beschreibt einen Fernzünder für Sprengschüsse (D.R.G.M. 309818 vom 26. Juli 1906), darin bestehend, daß der die Entzündung des Zündsatzes bewirkende Draht durch ein sich unmittelbar anschließendes Röhrchen geführt ist, dessen Länge ungefähr dem über der eingesetzten Sprengladung freibleibenden Teil des Bohrloches entspricht. Infolge dieser Einrichtung kann die unmittelbar auf die Sprengladung aufgesetzte Zündkapsel wie eine Zündschnur fest eingestampft werden, da einerseits der Zugdraht in seiner freien Bewegung nicht behindert wird und andererseits die Gefahr einer vorzeitigen Zündung durch eine bei freiem Einstampfen auf den Draht mögliche Zugwirkung ausgeschlossen erscheint. Das aus dem Röhrchen und damit aus dem Bohrloch hervorragende, zweckmäßig zu einer Öse umgebogene Ende des Zugdrahtes wird nun an einen längeren Drahtzug angeschlossen, der eine genügende Strecke von der Arbeitsstelle weggeführt ist und aus dieser Sicherheitsstellung im richtigen Zeitpunkt betätigt wird. — Der Abzugsdraht wird außerdem so in der Zündkapsel befestigt, daß erst eine bestimmte und daher im allgemeinen absichtliche Zugkraft auf ihn ausgeübt werden muß, ehe er die Entzündung des Zündsatzes bewirken kann. Es wird hierdurch erreicht, daß die Explosion nicht durch Unvorsichtigkeit hervorgerufen werden kann.

Ein Sicherheitsfriktionszünder der Rheinischen Dynamitfabrik in Köln (D.R.P. 196359 vom 6. Juni 1907) besteht aus einem eckig gebogenen Drahtbügel, dessen eines Ende in einem in die Zünderhülse eingetriebenen Holzpfropfen *H* (s. Zeichnung Fig. 136) oder dgl. federnd befestigt ist, während das andere Ende durch eine in der Hülse angeordnete, nach außen hermetisch abgedichtete Öffnung hindurchgeführt und in den Zündsatz *Z* eingebettet ist, derart, daß ein Druck auf den Drahtbügel die Zündung des Zündsatzes bewirkt. Soll dieser Zünder für Fernzündung

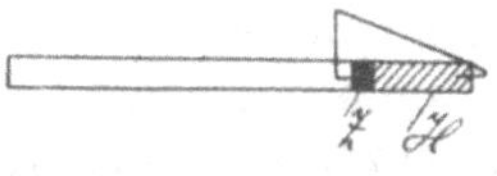

Fig. 136.

Fig. 137.

benutzt werden, so wird über den Hebel eine Metallhülse *K* geschoben (vgl. Fig. 137), welche beim Abziehen über den Hebel die reibende Wirkung durch einen nasenförmigen Ansatz bewirkt. Bringt man die Metallhülse mit einer Schnur in Verbindung, so kann die Zündung aus beliebig weiter Entfernung erfolgen. Zum Schutze gegen Eintritt von Feuchtigkeit bei längerer Lagerung wird die Hülse am oberen Ende mit einem Stöpsel versehen und der ganze Zünder paraffiniert. Derartig hergestellte Zünder können beliebig lange Zeit selbst unter Wasser liegen, ohne daß ihre Zündfähigkeit beeinträchtigt wird. Damit die Zündkapsel beim Abziehen der Metallhülse *K* sich aus ihrer Lage nicht verrücke, wird sie mittels einer Öse *D* an einem Baum oder an einem beliebig anderen feststehenden Gegenstande befestigt. Die Zündschnur wird, wie bei anderen Zündern üblich, um das Herausfallen zu verhindern, mit einer Zange festgekniffen.

Zwölfter Abschnitt.

Elektrische Sprengkapselzündung.

Als erste elektrische Zündung kann die Entflammung des Schwefeläthers mittels elektrischen Funkens durch Ludolf im Jahre 1744 betrachtet werden. Auf Sprengstoffe wurde dann die elektrische Zündungsart erstmals durch Snow Harris angewendet, welcher im Jahre 1823 Schießpulver durch die Elektrisiermaschine zur Explosion brachte; ausgedehntere Verwendung fand dieses Verfahren bereits um das Jahr 1830 beim Sprengen großer Felsmassen im New-Yorker Hafen. 1852 baute der österreichische Offizier v. Ebner die erste speziell für Minenzündung bestimmte Elektrisiermaschine, und im folgenden Jahre kam schon die äußerst wirksame Induktionszündung durch den von Ruhmkorff kurz vorher angegebenen Induktionsapparat zur

Anwendung. Im Jahre 1867 konstruierte dann Werner v. Siemens die zuerst für Minenzwecke bestimmte dynamoelektrische Maschine. Eine der großartigsten Anwendungen der elektrischen Zündung war die im Jahre 1876 erfolgte Sprengung des Hellgatefelsens im Hafen von New-York: hierbei wurden 3680 Minen, welche zu je 160 in einem Stromkreise zusammengeschaltet waren, durch 23 große galvanische Batterien gleichzeitig gezündet.

Eine allgemeine Verwendung der elektrischen Zündung in der Technik trat jedoch erst ein, als man mit der Zunahme von Sprengungen überhaupt auf die Vermeidung mancher sich dabei ergebenden Übelstände Bedacht zu nehmen gezwungen wurde und die Vorzüge der elektrischen Zündung gegenüber den anderen Methoden mehr zu würdigen anfing. Zu diesen Vorzügen gehört in erster Linie die Sicherheit und Gefahrlosigkeit, garantiert dadurch, daß der Schuß in einem genau bestimmbaren Zeitpunkt fällt, die Leichtigkeit, mehrere Schüsse auf einmal abzugeben, dann die für den Bergwerksbetrieb so wichtige Sicherheit gegen Schlagwettergefahr und schließlich das Fehlen jeglichen Rauches und Qualmes, welche das Schießen mittels Zündschnurzündung für die Mannschaft oft so unangenehm machen. Der einzige Nachteil der elektrischen Zündung gegenüber anderen Zündungsarten liegt in einer gewissen Umständlichkeit, hervorgerufen durch die Beschaffung von Stromquellen, Leitungen und besonderen Zündern; auch stellen sich die Kosten meist etwas höher als bei gewöhnlicher Zündschnurzündung.

Eine betriebsfertige elektrische Zündanlage setzt sich im wesentlichen zusammen aus dem eigentlichen Zünder, der Stromzuführungsleitung und der Stromquelle. Die aus der Stromquelle fließende Elektrizität wird durch Leitungen zum Sprengorte bis in die Sprengkapselladung geführt, dort in Wärme umgewandelt und bewirkt so die Explosion des Schusses.

Die elektrischen Zünder.

Die elektrischen Zünder werden in drei Klassen eingeteilt, in Funkenzünder, Spaltglühzünder und Brückenglühzünder. Obschon ein grundsätzlicher Unterschied zwischen diesen Zündern nicht besteht, da ununterbrochene Übergänge von der einen zu der anderen Art stattfinden, so hat diese Einteilung doch insofern praktischen Wert, als die Verhältnisse einer elektrischen Anlage je nach Art der Zünder außerordentlich verschieden liegen.

Die elektrische Energie, welche zur Erzeugung einer gewissen, der Zündmasse mitzuteilenden Wärmemenge W notwendig ist, berechnet sich unter Vernachlässigung aller Verluste nach der Beziehung

$$W = 0{\cdot}24\, J^2 . R . T . \text{ gr Cal.},$$

wenn J den die Zündstrecke vom Widerstand R in der Zeit T durchfließenden Strom bezeichnet. Die pro Sekunde zugeführte Wärme $\frac{W}{T}$ ist abhängig von dem Wert $J^2 R$; man kann also den gleichen Wärmeeffekt mit Zündern der verschiedensten Widerstände erzielen, wenn nur die Stärke des durchfließenden Stromes der Gleichung $J^2 R =$ konst. entspricht. Der Widerstand der Zünder wird lediglich bestimmend sein auf die Wahl der anzuwendenden Stromquelle, deren Spannung so groß sein muß, daß der Strom die vom Zünder benötigte Stärke erreicht. Wirklich wechselt der Widerstand der gebräuchlichen Zünder sehr bedeutend, wie aus folgender Übersicht erhellt:

Zünderbezeichnung	Widerstand in Ohm	Benötigter Strom in Ampère	Benötigte Spannung in Volt
Funkenzünder . . .	über 1000000	—	3000
Spaltfunkenzünder. .	100000—3000	0·0002—0·002	100—30
Spaltglühzünder . .	500—20	0·01—0·1	10—6
Brückenglühzünder .	1·2—0·5	0·5—0·8	2—0·5

Für die Funkenzündung wird hiernach sehr hoch gespannte Elektrizität benutzt; bei Erreichung der Überschlagspannung schlägt zwischen den beiden Enden der Zuleitungsdrähte ein Funke durch den mit Zündsatz ausgefüllten Zwischenraum über. Infolge des großen Widerstandes der Funkenstrecke tritt Entzündung der Zündmasse ein, vorwiegend durch die Wärme des elektrischen Funkens, dessen Temperatur auf 10000 bis 15000° berechnet worden ist. Einen geringen Widerstand erzielt man wenn man den Zwischenraum zwischen den Zuleitungsenden mit einem stromleitenden Material ausfüllt. Sehr häufig wird dazu der Zündsatz selbst benutzt, welchem man durch allerlei Beimengungen eine gewisse elektrische Leitfähigkeit gibt. Während sich in den Spaltfunkenzündern bei geringem Zusatz solcher Stoffe ein Wärmeeffekt dadurch einstellt, daß zwischen den einzelnen Partikelchen kleine Funken überspringen, wird bei den Spaltglühzündern die Erwärmung des Zündsatzes durch Erglühen des in größerer Menge zugesetzten leitenden Materials herbeigeführt. Die Brückenglühzünder, meistens Glühzünder genannt, endlich enthalten einen zwischen den Enden der Zuleitungen ausgespannten metallischen (sehr dünnen Platin-) Draht, welcher durch den Strom zum Erglühen gebracht, eine Temperatur von annähernd 1000° erreicht.

Die Zündsicherheit aller dieser Zünder ist um so größer, je höher die Endtemperatur der Zündstrecke über der Zündtemperatur des Zündsatzes liegt und je schneller letztere erreicht wird; man wird daher bei allen Zündern mit einem möglichst großen Stromüberschuß arbeiten. Andererseits ist es aber wieder nicht ratsam, zu viel Strom zuzuführen (bei einer Glühzünderkette z. B.), weil bei zu großer Stromstärke der Strom den feinen Glühdraht sehr schnell durchschmelzt, ohne daß die benachbarten Zündsatzteilchen zur Entzündung gelangten. Die Feststellung des benötigten Stromes geschieht meistens auf experimentellem Wege, da die Empfindlichkeit des Zünders in hohem Maße von der Innigkeit der Berührung des Zündsatzes mit der Zündstrecke, der Sorgsamkeit in der Zusammensetzung, dem Material usw. abhängig ist. Ferner ist zu beachten, daß der Widerstand eines Zünders keine konstante Größe ist, sondern sich mit dessen Erwärmung bedeutend ändert.

Einrichtung und Herstellung der Zünder.

Bei der Fabrikation der Zündung muß das Hauptbestreben darauf gerichtet sein, durch peinlichste Sorgfalt bei der Wahl und Zusammensetzung der zu verwendenden Materialien eine möglichst große Empfindlichkeit und Gleichmäßigkeit zu erzielen. Diese Eigenschaften müssen die Zünder auch bei längerem Lagern unverändert beibehalten. Sie sollen leicht transportierbar sein und sowohl beim Transport als auch beim Gebrauch eine rauhere Behandlung ohne Schaden ertragen.

Die für elektrische Zündung bestimmten Satzmischungen müssen aus leicht explodierbaren Stoffen von möglichst niedriger Zündtemperatur bestehen, deren chemische Zusammensetzung und Leitfähigkeit gegen Wärme und Elektrizität sich mit der Zeit nicht verändert. Der Zündsatz besteht in der Regel aus Kaliumchlorat und Schwefelantimon, welchen zwei Bestandteilen zur Herabminderung des elektrischen Widerstandes Holzkohle, Metallstaub, Halbschwefelkupfer oder ähnliche Stoffe zugesetzt werden; daneben kommen aber auch Knallquecksilber und andere hochbrisante Explosivstoffe einzeln oder in Mischung vor. Zu Mischungen müssen die Stoffe aufs feinste gepulvert und sorgfältig und gleichmäßig miteinander vermengt werden, entweder trocken oder durch Zusatz von Gummilösung, ähnlich wie bei der Zündsatzbereitung für Sprengkapseln oder Zündhütchen. Sehr gut als Zündmasse eignet sich Schießbaumwolle, welche sich bereits bei 175° entzündet, dabei wenig hygroskopisch ist und bei verschiedener Dichte ihre Leitfähigkeit für Elektrizität sehr wenig, für Wärme fast gar nicht ändert. Doch ist es infolge ihrer Struktur schwieriger, einen innigen Kontakt mit der Zündstrecke zu erzielen, weshalb sie hauptsächlich nur für Glühzünder zur Anwendung kommt.

Das günstigste Mischungsverhältnis für die gewünschte Empfindlichkeit elektrischer Zündsätze ist Sache der Erfahrung; folgende Zusammensetzungen werden als bewährt angegeben:

Für Zünder mit hohem Widerstand:

Schwefelantimon	44%
Kaliumchlorat	44%
Wasserblei	12%

Für Zünder mit mittlerem Widerstand:

Schwefelantimon	44	47	50	—	—
Kaliumchlorat	44	47	50	—	—
Kaliumnitrat	6	—	—	—	—
Knallquecksilber	—	—	—	87	25
Kupferstaub	—	—	—	—	75
Retortenkohle	6	6	—	13	—

Für Zünder mit niedrigem Widerstand:

Kaliumchlorat	22%
Halbschwefelkupfer	64%
Halbphosphorkupfer	14%

Die elektrischen Zünder (Fig. 138) bestehen fast durchweg aus einer Papier- oder Messinghülse *R*, welche die Zündstrecke *D* und den Zündsatz *A* enthält. Die Zuleitungsdrähte *Z* werden von der einen Seite isoliert in die Höhe eingeführt und hier durch eine Gußmasse *M* von Kitt, Gips, Schwefel, Gummi, Guttapercha, Zement oder ähnlichen Stoffen festgehalten, wodurch gleichzeitig ein dichter Abschluß der Hülse bewirkt wird. Innerhalb der Hülse enden die Zuleitungen in der Zündstrecke, welche je nach der Art der Zünder verschieden ausgebildet sein kann. Die in der Zündstrecke durch den elektrischen Strom erzeugte Wärme wird mittels eines besonderen Zündsatzes *A* auf die Sprengkapselladung übertragen; es entsteht hierbei eine Stichflamme, die groß genug ist, kleine Zwischenräume oder dünne Zwischenlagen zwischen dem elektrischen Satz und dem Knallsatz zu überbrücken.

Für Pulverladungen sind solche Zünder ohne weiteres verwendbar; zum Detonieren brisanter Sprengstoffe dagegen werden sie in die Sprengkapseln derart eingesetzt, daß sie den ungefüllten Raum derselben einnehmen und der überstehende Kapselrand den elektrischen Zünder umfaßt. Häufiger jedoch findet man die umgekehrte Anordnung, bei welcher der Zünder selbst einen überstehenden Rand besitzt, in den die Sprengkapsel eingeschoben wird. Bis zum Gebrauch ist der Zünder dann für gewöhnlich mit einem paraffinierten Kork geschlossen. Es werden auch Zünder gefertigt, welche mit der Sprengkapsel in einer Hülse untrennbar verbunden sind, wie der Bornhardtsche Zünder (Fig. 139), doch haben diese Zünder den Nachteil größerer Gefährlichkeit. Wenn die Zünder für unterseeische Zwecke und bei Arbeiten in sehr nassem Gestein benutzt werden, erhalten sie noch eine wasserdichte Umpressung aus Gummi oder Guttapercha.

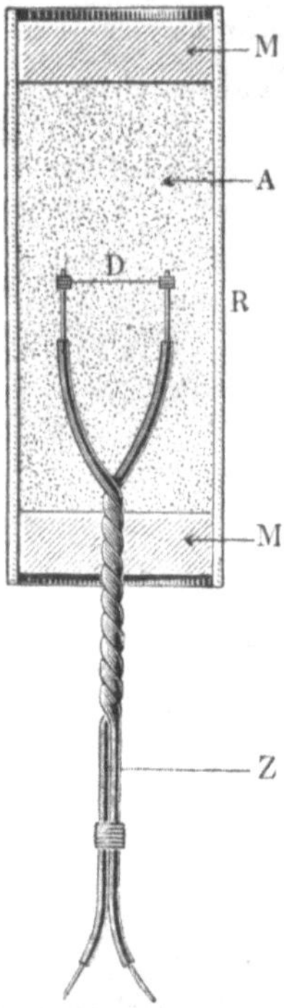

Fig. 138.
Elektrischer Zünder.

Die Anfertigung[1] der elektrischen Zünder geschieht auf einfache Weise. Ein mit Guttapercha überzogener Kupferdraht wird von einem vertikal stehenden Eisenstifte straff angespannt und über die Biegungsstelle eine scharf anpassende Hülse aus dünnem Kartonpapier (20 mm Länge) gezogen. Die Hülse taucht man in eine durch Erhitzen stets flüssig gehaltene Masse aus gleichen Teilen Kolophonium und Paraffin, durchzwickt dann nach dem Erkalten die Biegungsstelle mit einer Zange und läßt die Drahtenden etwa 2 bis 3 mm aus der Papierhülse hervorragen. Nachdem die Kupferdrahtspitzen vollkommen blank gelegt worden sind, werden die so zugerichteten Drähte in den leerstehenden Teil einer Sprengkapselhülse gebracht, die zwar teilweise mit elektrischer Zündsatzmischung gefüllt worden ist. Der obere Teil wird dann mit einer Mischung von Terpentinharz und Paraffin an die Kupferhülse befestigt. Die Drähte, die an den anderen Enden ebenfalls blank gemacht werden, können mittels Klemmschrauben mit der elektrischen Leitung verbunden werden.

Bei den reinen Funkenzündern, welche nur noch geringe Anwendung finden, schwankt der Zwischenraum zwischen den Enden der metallischen Zuleitungsdrähte von 0·1 bis 1·2 mm.

---

[1] R. Knoll, Das Knallquecksilber, S. 144.

Die Pole der Zündstrecke sind mit dem Sprengsatz umgeben, welcher insofern von einigem Einfluß auf das elektrische Verhalten der Zünder ist, als die erforderliche Überschlagspannung mit der Veränderung des Zündsatzes wechselt. Deshalb sind Funkenzünder gegen Witterungseinflüsse besonders empfindlich. Folgende Abbildung (Fig. 139) zeigt den gebräuchlichen Funkenzünder von Bornhardt. Der Zünder besteht aus zwei zusammengedrehten und am Ende scharf abgeschnittenen Guttapercha-Kupferdrähten *dd*, welche in eine kupferne, mit dem Zündsatz *b* und dem Knallsatz *a* angefüllte Sprengkapsel *k* eingeführt sind. Der Funke überschlägt den von der Guttaperchaisolation gebildeten Zwischen-

Fig. 139. Funkenzünder von Bornhardt.

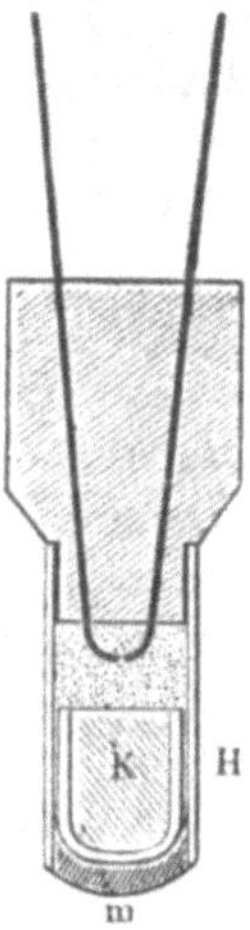

Fig. 140. Nobelscher Funkenzünder.

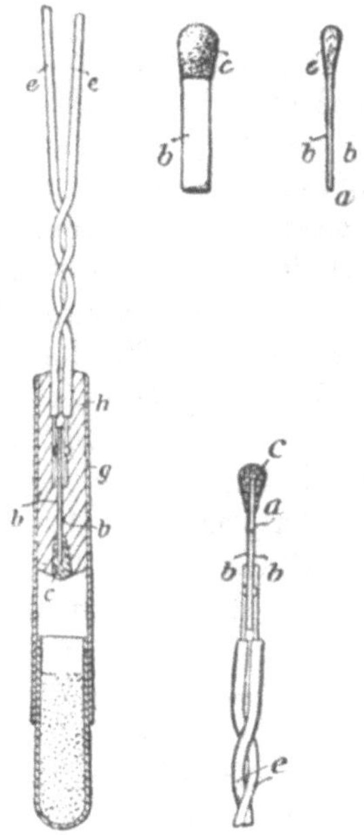

Fig. 141. Spaltzünder.

raum zwischen den Drahtenden. Der Verschluß des Zünders wird durch einen wasserdichten, langsam erhärtenden Kitt und durch Abkneifen der Kapsel bei *c* gebildet, und verhindert unter gewöhnlichen Umständen das Eindringen von Wasser. Für Sprengungen in großer Wassertiefe werden die Zünder mit Kautschuküberzug noch besonders abgedichtet. — Die Nobelschen Funkenzünder (Fig. 140) besitzen einen U-förmig gebogenen, in einer isolierenden Gußmasse aus Schwefel und Glaspulver *A* festgelegten Messing- oder Kupferdraht, an dessen Biegungsstelle mit einer feinen Säge ein Schnitt angebracht wird. Hier ist der Zündsatz aufgetragen und zusammen mit der Knallquecksilberkapsel *K* durch eine Schutzhülle *H* aus Papier oder Metall gehalten. Als Abschluß dient ein Kittverguß *M*.

Größere Verbreitung als die Funkenzünder haben die Spaltglühzünder, besonders diejenigen der Fabrik elektrischer Zünder in Köln gefunden. Diese Spaltzünder (Fig. 141) bestehen aus einem Zündkörper, der sich aus einem beiderseits mit den Metallblättchen *bb* belegten Kartonstreifen *a* als Isolator zusammensetzt. An dem einen Ende des isolierenden Kartonstreifens ist der Zündsatz *c* wie bei einem Streichholz durch Eintauchen angebracht, und an den beiden als Pole dienenden Metallbelegungen sind die Kupferdrähte *e* angelötet. Das Zündköpfchen samt den Lötstellen ist mit einem wasserdichten Überzug versehen und dann mit einer Zementmasse *h* so in die Hülse festgegossen, daß nur die Spitze des Zündkopfes heraussteht. Der in dieser Weise gerade auf den Sprengsatz gerichtete Zündstrahl wirkt sehr kräftig und sicher. Diese Zünder besitzen den Vorteil, daß sie außergewöhnlich gleichmäßig hergestellt werden können, und daß die Polstellung während und nach der Fabrikation genau bestehen bleibt.

Bei den Brückenglühzündern ist, wie schon oben gesagt, keine Unterbrechung des äußeren metallischen Stromkreises vorhanden, sondern die beiden Polenden sind durch ein sehr feines Metalldrähtchen miteinander verbunden. Die Drähte sollen aus zähem, dehnbarem und festem Material gefertigt sein, um in der nötigen Feinheit gezogen werden zu können. Auch muß das Metall eine geringe Empfindlichkeit gegen den Einfluß des Zündsatzes und der Atmosphäre besitzen und die Erwärmung darf weder ein Zerbrechen noch ein Schmelzen verursachen. Silber, Bronze, Aluminium, Stahl und Blei erfüllen diese Bedingungen nur zum Teil, nur Platin gibt gute Resultate. Doch ist Platin schwer rein erhältlich und sein spezifischer Widerstand variiert deshalb beträchtlich. Eine große Präzision ist mit Platiniridium (9 Teile Platin und 1 Teil Iridium) erzielbar. Kleine Widerstandsdifferenzen der Zünder werden dadurch unschädlich gemacht, daß die Glühzünder nach Fertigstellung gemessen und nach dem Widerstand sortiert werden. Der Durchmesser dieser Drähtchen schwankt zwischen 0·02 und 0·05 mm, die Länge zwischen 2 und 11 mm. Die größeren Längen werden in einer Spirale von 3 bis

7 Windungen verwendet: die Wärmeableitung der Enden fällt dann nicht mehr so sehr ins Gewicht und der Draht bricht bei Verschiebungen der Zuleitungsdrähte nicht so leicht. Die Drähtchen werden mit einem Zinntropfen sorgsam, damit kein Übergangswiderstand entsteht, an die Zuleitungen festgelötet; infolge der Wärmeableitung der letzteren erfolgt das Erglühen und Zünden, bevor sie sich in den Befestigungsstellen ablöten können. Der elektrische Widerstand wird auf etwa 0·6 bis 1·6 Ohm bemessen. Wenn die Zünder, wie es meistens der Fall sein wird, für das gleichzeitige Abtun mehrerer Schüsse gebraucht werden sollen, so kommt es auf besondere Gleichmäßigkeit ihrer Widerstände an: die Unterschiede sollen 0·05 Ohm nicht übersteigen.

Ein Brückenglühzünder der Firma Siemens und Halske ist in Fig. 142 dargestellt. Es sind *a* die beiden Zünderdrähte, *P* das die Polenden schräg verbindende Platindrähtchen, *b* ein Papierbund, *c* eine Papierhülse, *f* langfaserige, das Platindrähtchen umgebende Schießbaumwolle und *e* die Sprengkapsel. Die Brückenglühzünder der Fabrik elektrischer Zünder zu Köln entsprechen etwa den Spaltglühzündern (Fig. 141, S. 467). Nur sind die beiden Metallblättchen *b* durch ein angelötetes bügelförmig gebogenes Platindrähtchen miteinander verbunden. Auch hier wird der Zündsatz durch Eintauchen des Kartonendes in breiartigem Zustande aufgetragen und erstarrt daran zu einer harten Masse. Als wirksame Sprengfüllung enthalten die neueren elektrischen Zündkapseln, zumal diejenigen der Fabrik elektrischer Zünder in Köln, Tetranitromethylanilin.

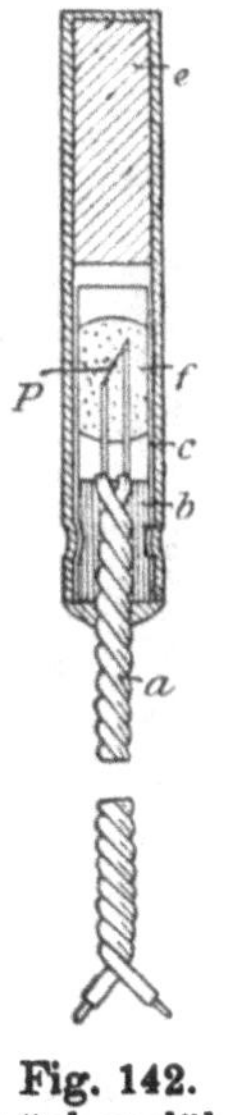

Fig. 142. Brückenglühzünder.

Die Glühzünder haben vor den anderen Zünderarten den besonderen Vorteil, daß sie in Hintereinanderschaltung benützt werden können und eine Überprüfung nach fertiggestellter Zündungsanlage kurz vor dem Abfeuern möglich ist. Gegenüber der Parallelschaltung hat die Hintereinanderschaltung außer der verhältnismäßig einfachen Herstellung auch den Vorteil, daß, wenn bei einem oder mehreren Zündern der Zuleitungsdraht oder der Glühdraht unterbrochen ist, überhaupt kein Zünder zur Entzündung gelangt, bevor nicht der Fehler behoben bzw. der schlechte Zünder ausgewechselt ist. Hingegen spielt bei hintereinandergeschalteten Zündern die ungleiche Entzündungsempfindlichkeit eine große Rolle, — insofern, als diese Differenzen, die praktisch nie verhindert werden können, bei größeren Beträgen den Stromkreis der Zünderkette unterbrechen, indem der Glühdraht eines Zünders durchschmolzen wird, bevor die anderen zur Entzündung gelangt sind. Diesen Übelstand vermeidet ein neuer verbesserter Minenzünder[1] der Firma Schaffler & Co., gleichgültig ob die verschiedene Entzündungsempfindlichkeit der in Serien geschalteten Zünder vom Zündsatz oder vom Glühdraht herrührt; maßgebend ist nur, daß der Zündsatz überhaupt entzündungsfähig und der Zündstrom hinreichend stark genug ist, um Glühdrähte ins Glühen zu bringen. Diese vorteilhafte, absolut sichere Wirkungsweise wird durch eine im Zünder selbst vorgesehene Kurzschlußvorrichtung erreicht, die im ersten Moment, sobald der Zünder sich entzündet, die beiden Zünderdrähte kurzschließt und so den Stromkreis der Zünderkette im Moment der Zündung automatisch schließt. Dieser, in allen Industriestaaten patentierte elektrische Minenzünder bedeutet zweifellos einen wichtigen Fortschritt, da die Entzündung größerer Schußserien nicht mehr so vielen Zufälligkeiten unterworfen ist, wie es früher der Fall war.

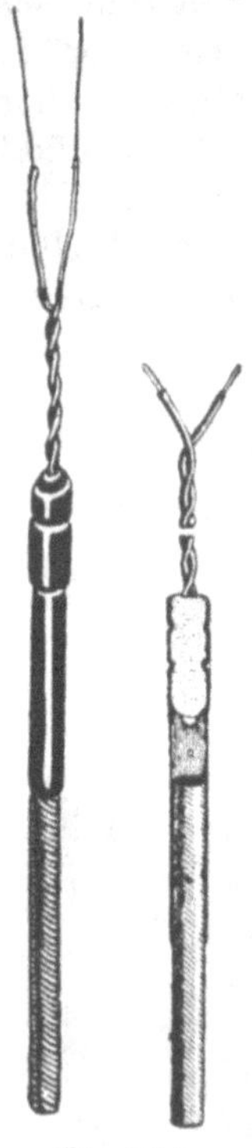

Fig. 143. Zeitzünder.

Eine besondere Art elektrischer Zünder sind die sogenannten Zeitzünder, welche den Zweck haben, beim Zünden mehrerer Schüsse ein Kommen derselben mit Zeitunterschieden zu bewirken. Zu diesem Zwecke wird zwischen dem eigentlichen Zünder und die Sprengkapsel ein Stückchen Zündschnur eingeschaltet, welches je nach der Länge die Explosion der Sprengkapsel verzögert. Man kann ebensowohl Funken- wie Spat- oder Brückenglühzünder für die Zeitzündung benutzen; in der Regel pflegt man aber die letzteren dafür zu wählen. Bei den Zeitzündern ist es wichtig, daß möglichst bald nach der Entflammung des Zündsatzes die Verbindung zwischen Zünder und Zündschnur durch Schmelzen der Verkittung sich löst, damit, wenn beim Fallen des ersten Schusses etwa die übrigen Zünderdrähte aus den Bohrlöchern gerissen werden sollten, die Zündschnur mit der Kapsel im Loche verbleiben kann. Aus demselben Grunde ist es nicht ratsam, Zeitzünder gemeinsam mit gewöhnlichen, sofort kommenden Zündern zu benutzen. Vorstehende Fig. 143 zeigt einen

[1] Zeitschr. f. Schieß- u. Sprengst. 1912, S. 459.

Zeitzünder der Fabrik elektrischer Zünder zu Köln. Ein mit Garnschutz versehenes, 20 bis 50 cm langes, Guttaperchazündschnurstück ist wasserdicht schließend in die Zündhülse eingeklebt und eingepreßt; am anderen Ende des Zündschnurstückes folgt dann die Sprengkapsel. Damit die Hülse durch die entstehenden Brandgase nicht gesprengt wird, sind in ihr leicht verklebte Entgasungslöcher oder seitliche Abzugskanäle vorgesehen.

Bei einem Rückblick auf die hauptsächlichsten Eigenschaften der drei Zündungsarten erhält man nach Heise[1] etwa folgendes Bild:

Zündungsart	Stromquellen	Leitungen	Zünder		Bemerkungen
			Prüfbarkeit	Schaltung	
Funkenzündung	teuer und empfindlich gegen Grubenfeuchtigkeit, weil auf Reibungselektrizität beruhend	gute Isolation erforderlich wegen Kurzschluß- und Nebenschlußgefahr. Kleine Querschnitte genügen	nicht vorhanden	nur Reihenschaltung zulässig	schlagwettergefährlich
Spaltglühzündung	dauerhaft u. haltbar, weil magnet- od. dynamoelektrische Maschinen od. Trockenelemente	bei hohen Spannungen ist Isolation notwendig, bei niedrigen nicht	in beschränktem Maße vorhanden	je nach d. Stromquelle ist Parallelschaltung erforderlich oder Reihenschaltung zulässig	nicht schlagwettergefährlich
Brückenglühzündung	wie bei der Spaltglühzündung	blankeLeitungen sind zulässig; größere Querschnitte im Hinblick auf die Leitungsfähigkeit erforderlich	in jeder Beziehung vorhanden	Reihen- und Parallelschaltung in gleicher Weise zulässig	nicht schagwettergefährlich

Bei einem Vergleiche insgesamt wird man zu dem Schlusse gelangen, daß die Verwendung von Zündern mit niederen Widerständen — Spaltglühzünder für niedrige Spannungen und Brückenglühzünder — für den Grubenbetrieb infolge der Dauerhaftigkeit und des geringen Gewichts der Zündmaschinen, der Zulässigkeit blanker Leitungen und der Möglichkeit einer vorherigen Prüfung besondere Vorteile bietet. Tatsächlich bürgen sich diese Zünder auf Kosten der älteren Zünder für höhere Spannungen immer mehr ein.

---

[1] Bergbaukunde, S. 263 (1913).

Die Leitungen.

Der Ort, von dem aus die Zünder betätigt werden, soll 50 m vom Sprengort entfernt sein, wenn er nicht durch Biegungen im Stollen, Gesteinsvorsprünge usw. anderweitig geschützt ist. Im offenen Felde dagegen, z. B. auf Flugplätzen zur Vornahme militärischer Detonationsversuche (Bomben, Minen, Granaten usw.), wendet man längere Kabel, vorteilhaft von 500 m Länge, entsprechend einer Entfernung von 250 m, an. Für die Leitungen kommt hauptsächlich Eisen- und Kupferdraht in Betracht. Kupfer ist teurer, leitet aber die Elektrizität erheblich besser als Eisen, verbraucht also weniger Strom, was bei der Wahl der Stromquelle oft angenehm ins Gewicht fällt. Die folgende Tabelle gibt die Widerstände von Eisen und Kupfer für einige Drahtdicken bei 100 m Leitungsdraht, entsprechend 50 m Entfernung vom Schußorte, wieder:

Durchmesser	Widerstand in Ohm bei 100 m Länge	
	Verzinkter Eisendraht	Kupferdraht
0·7 mm	31·2	4·7
1·0 „	15·2	2·3
1·2 „	10·6	1·6
1·5 „	6·8	1·0
2·0 „	3·8	0·6
4 Drähte von je 1·5 mm	1·7	0·25

Aus Gründen der Dauerhaftigkeit wird man im allgemeinen Drähte unter 1 mm nicht wählen. Sehr starke Leitungen bestehen zweckmäßig aus einer Anzahl dünner verseilter Kupferdrähte, denen man aus Rücksicht auf die Festigkeit Stahldrähte zufügt. Die Zuführungsdrähte sind entweder blank oder isoliert. Oft, wird auch isolierte Hinleitung und blanke Rückleitung angeordnet, welch letztere dann nach dem Vorschlag der Fabrik elektrischer Zünder in Köln um die isolierte Leitung herumgewickelt wird. Blanke Leitungen haben den Vorteil leichter Handhabung und direkter Fehlerkontrolle; andererseits besteht aber die Gefahr, daß durch Unvorsichtigkeit bei der Verlegung Kurzschlüsse entstehen und Versager die Folge sind. Bei isolierten Leitungen sind schadhafte Stellen schwerer aufzufinden und auch umständlicher auszubessern; die Isolierung soll deshalb recht dauerhaft sein. Einfache Umspinnung ist ganz ungenügend; doppelte Umklöppelung ist erforderlich. Die Fabrik elektrischer Zünder in Köln liefert isolierte Leitungen mit und ohne Gummihülle: Die ersten sind mit Gummi überzogen, mit Hanfgarn doppelt umflochten und imprägniert, die zweiten doppelt umklöppelt und imprägniert. Kabel, welche unter Wasser geführt werden, erhalten meistens eine doppelte Hülle von Guttapercha.

Je höher die Stromspannung ist, mit welcher geschossen wird, desto sorgfältiger muß die Zuleitung isoliert, desto geringer kann aber die Leitfähigkeit derselben sein. Funkenzünder und Spaltfunkenzünder können also durch dünne Eisendrähte als Leitung gefeuert werden, wenn diese gut isoliert sind. Bei Zündern mit niedrigen Widerständen, wie bei den Brückenglühzündern, darf man blanke Leitungen anwenden; der Leitungswiderstand soll in diesem Falle 10 Ohm nicht überschreiten, wenn der Zünder bloß einen solchen von 1 Ohm hat. Beträgt aber der Widerstand eines Funkenzünders 1000000 Ohm, so ist es völlig gleichgültig, ob als Leitungswiderstand noch 10 bis 15 Ohm hinzukommen. Hohe Widerstände erfordern natürlich eine möglichst vollkommene Isolation, da sonst leicht Kurzschlüsse und Stromverluste eintreten. Bei blanken Leitungen ist Nebenschlußgefahr da, besonders in nassen Strecken und bei Verlegung der Leitungen auf der Sohle.

Für gleichzeitige Zündung mehrerer Schüsse schaltet man die Zünder entweder hintereinander (Reihenschaltung) (Fig. 144) oder nebeneinander (Parallelschaltung) (Fig. 145).

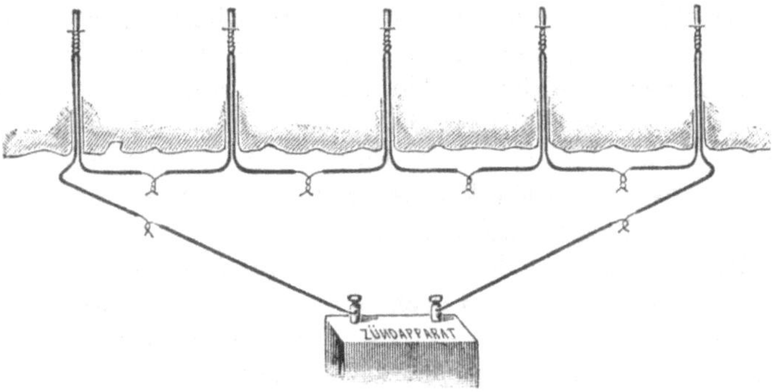

Fig. 144. Hintereinanderschaltung.

Im Bergbau am bekanntesten ist die Hintereinanderschaltung, auch Reihen- oder Serienschaltung genannt. Es ist dies eine einfache, leicht verständliche Schaltung, die am wenigsten zu Irrtümern Anlaß gibt, die aber, was Stromausnutzung und Zündsicherheit betrifft, nicht immer die günstigste ist. Bei der Wahl der Schaltung hat man insbesondere auf die Eigenart der Zündmaschinen und Zünder Rücksicht zu nehmen. Für Funkenzünder kommt allein die Reihenschaltung in Betracht; denn da die Funkenzündmaschinen einen plötzlich einsetzenden Strom von hoher Spannung und sehr geringer Stromstärke liefern, so würde bei Parallelschaltung jeder einzelne Zünder zu wenig Strom erhalten. Anders liegen die Verhältnisse bei der Spaltglühzündung. Die Zündmaschinen liefern einen stärkeren Strom, der entweder mit der wachsenden Schnelligkeit der Betätigung anwächst oder plötzlich in voller Stärke auf die Zünd

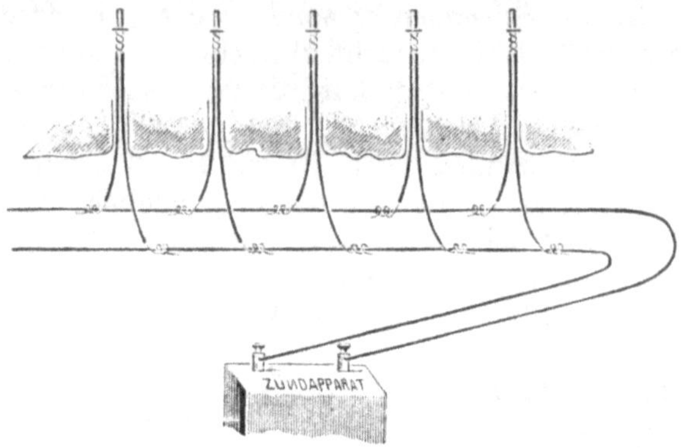

Fig. 145. Parallelschaltung.

anlage wirkt. Im ersten Falle ist Parallelschaltung anzuwenden, weil bei der Verschiedenheit der Zünderwiderstände die Zünder mit den höheren Widerständen als die empfindlicheren zuerst kämen; im letzteren Falle ist auch Reihenschaltung zulässig. Für Brückenglühzünder, die in ihren Widerständen sehr gleichmäßig hergestellt werden können, kommen beide Schaltungsweisen in Betracht; welches die günstigste Schaltungsart ist, ergibt die Rechnung [1]. Nur wird man zum Ausgleich der niemals ganz zu vermeidenden Unterschiede in den Zünderwiderständen bei Reihenschaltung einen höheren Strombedarf in die Rechnung einzusetzen haben, als es in Berücksichtigung des einzelnen Zünders nötig scheinen würde. Wenn z. B. der Einzelzünder 0·35 Ampère gebraucht, so tut man gut, bei Hintereinanderschaltung für

3 Schüsse	0·6 Ampère
6 „	0·8 „
12 bis 15 „	1·0 „
und für noch mehr Schüsse	1·2 bis 1·5 Ampère

Stromstärke zu benutzen.

[1] Glückauf 1902, Nr. 15, S. 325.

Bei Herstellung von Verbindungen in der Leitung, der Zünder unter sich, sowie bei deren Anschluß an die Zündleitung, ist es von größter Wichtigkeit, daß die Drähte nicht einfach ineinandergehakt, sondern sorgfältig miteinander verdreht werden, und zwar um so mehr, je niedriger gespannt die zur Verwendung kommende Elektrizität ist. Das Verdrehen soll immer mit abgekratzten, blankgeputzten Drahtenden geschehen.

Die Stromquellen.

Da es sich bei der elektrischen Minenzündung um die Erzeugung sehr geringer Energiemengen handelt, so sind die Anforderungen in elektrischer Hinsicht, welche an die Stromquellen gestellt werden, verhältnismäßig gering. Als Stromquellen sind bei der elektrischen Zündung im Bergbau hauptsächlich reibungselektrische, magnetelektrische, dynamoelektrische Maschinen und Trockenelemente eingeführt, während Starkstromleitungen nur ausnahmsweise benutzt werden. Dagegen kann der Anschluß an eine elektrische Lichtleitung manchmal recht erwünscht sein, ganz besonders, wenn ein kräftiger Strom erforderlich ist und sich — wie bei einmaligen Versuchen — die Mitnahme eines großen Stromerzeugapparates zu umständlich erweist. Die Stromerzeuger müssen der Zünderart, der sie den Strom liefern sollen, angepaßt sein. Es kommen jedoch für die Beurteilung einer Zündstromquelle noch eine Reihe praktischer Gesichtspunkte in Frage. Vor allem ist zu berücksichtigen, daß die Handhabung durch ungeschultes Personal erfolgt, — demnach äußerste Einfachheit der Inbetriebnahme und Wartung und große Stabilität der Konstruktion erforderlich sind. Da die Apparate sehr häufig ihren Aufstellungsort wechseln, ist geringes Gewicht und leichte Beweglichkeit Bedingung; nicht minder erforderlich ist auch eine absolute Unempfindlichkeit gegen atmosphärische Einflüsse, Nässe und Kälte. Von diesen Gesichtspunkten aus betrachtet, verhalten sich die verschiedenen Arten der Stromquellen nicht gleichmäßig gut im Betriebe.

Reibungselektrische Maschinen.

Für die Betätigung von Funkenzündern sehr geeignet sind die Elektrisiermaschinen, da sie imstande sind, hohe Spannungen zu erzeugen. Ihrer ausgedehnten Verwendung steht jedoch der Übelstand im Wege, daß diese Maschinen gegen Nässe und Temperaturschwankungen empfindlich sind, — Übelstände, die auch bei den sorgfältigst ausgeführten, passendst ausgewählten Systemen nie ganz auszuschalten sind. Gute Reibungs-Elektrisiermaschinen haben eine Spannung von rund 100000 Volt; für ihre Leistungsfähigkeit ist die Größe der reibenden Fläche maßgebend. Die in den Elektrisiermaschinen gewonnene Elektrizitätsmenge wird durch einen Kondensator gesammelt, welcher die Ladung im Augenblick der Zündung weitergibt. Als Vertreterin dieser nach Art der Elektrisiermaschinen gebauten Vorrichtungen mag die Bornhardtsche Maschine kurz besprochen werden (geliefert von K. Winter, A. Bornhardts Nachfolger in Braunschweig).

Die Zündmaschine (Fig. 146) besitzt als Elektrizitätserreger eine Hartgummischeibe *B*, welche mittels Kurbel und Vorgelege gedreht und an einem dagegengedrückten Pelzwerk reibend vorbeigeführt wird.

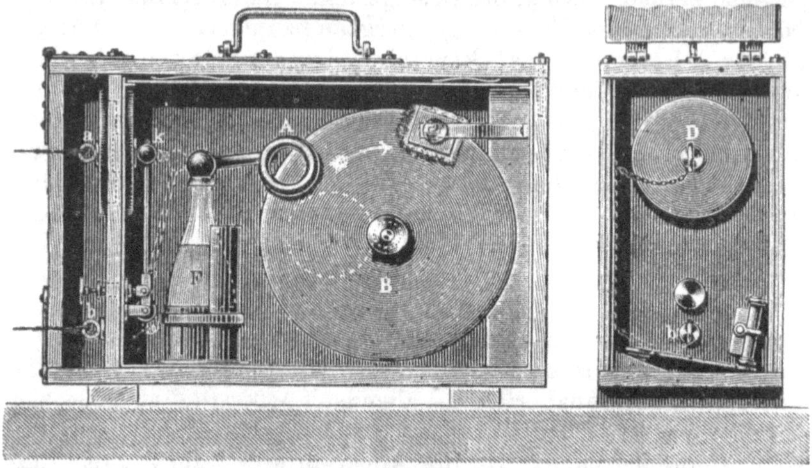

Fig. 146. Bornhardtsche Zündmaschine (innere Ansicht).

Die auf der Scheibe entwickelte Elektrizitätsmenge wird von einem auf der Innenseite mit feinen Spitzen versehenen Sauger *A* aufgenommen und dem Kondensator *F* zugeführt; das Reibzeug ist mit dem Gehäuse und der äußeren Belegung der Leydner Flasche *F* leitend verbunden. Die äußere Belegung der Flasche steht mit der Öse *b* in Verbindung, während die innere Belegung durch einen Druck auf den über *b* befindlichen Knopf durch den Ausschlag des Entladers *k* mit der Öse *a* in Stromverbindung gebracht werden kann. Nachdem die Enden der Leitungsdrähte in die Ösen *a* und *b* eingehängt sind und der Elektrizitätssammler geladen ist, bewirkt ein Druck auf den Entladerknopf den Elektrizitätsausgleich durch den äußeren Stromkreis und damit das Kommen des Schusses oder der Schußreihe.

Um die Maschine jederzeit auf Gebrauchsfähigkeit prüfen zu können, enthält sie seitlich am Kopfende des Kastens eine aus

15 Metallknöpfen gebildete Funkenstrecke (in der rechten Figur an der linken Wand sichtbar), welche durch ein Metallkettchen an die Maschine angeschlossen werden kann. Will man die Prüfung vornehmen, so schließt man die Knopfreihe mittels des Kettchens an der Öse *a* an und entlädt die Maschine wie gewöhnlich: der Elektrizitätsausgleich erfolgt jetzt über die Knopfreihe, indem Funken zwischen den einzelnen Metallknöpfen überspringen. — Die ganze Maschine ist von einem Blechgehäuse umgeben, das sich wieder in einem Holzkasten befindet. Der Apparat ist 13 kg schwer, liefert bei einem Scheibendurchmesser von 258 mm nach 20 bis 25 Kurbelumdrehungen Funkenlängen von 45 bis 55 mm und vermag 15 bis 20 hintereinandergeschaltete Zünder mit Sicherheit zu zünden.

Ein anderer, von der Fabrik elektrischer Zünder in Köln hergestellter Apparat (System Ebner-Nobel) zeichnet sich vor allem durch geringes Gewicht bei großer Leistungsfähigkeit aus. Die Elektrizität wird durch Rotation dreier Hartgummischeiben erzeugt, von einem Gummikondensator aufgenommen und von diesem durch Ausgleich in die Zündleitung entladen. Dimensionen: 240 × 220 × 120 mm; Gewicht: 4 kg; Leistung: 1 bis 20 Schüsse.

Influenzmaschinen haben sich für Minenzündung nicht eingeführt, da sie in erhöhtem Maße unter atmosphärischen Einflüssen leiden.

Magnetelektrische Zündapparate.

Die magnetelektrischen Maschinen sind für Brücken- und Spaltglühzünder bestimmt, liefern demgemäß Ströme von niederer bis mittlerer Spannung, von einigen wenigen Volt bis mehreren hundert Volt und darüber. Die Apparate sind einfach, dauerhaft und gegen atmosphärische Einflüsse wie auch gegen rauhe Behandlung ziemlich unempfindlich.

Die älteren Systeme bestehen aus einem permanenten Magneten, dessen Kraftlinien eine Induktionsspule und ein beweglicher Anker durchsetzen. Bei Veränderung der Lage des Ankers zum Magneten tritt eine Zu- oder Abnahme der Kraftlinien innerhalb der Spule auf, was die Erzeugung der Spannung zur Folge hat. Die meisten Magnetinduktoren besitzen eine Einrichtung, welche die Maschine automatisch in dem Augenblick an die Leitung schaltet, in welchem die Spannung ihren höchsten Wert hat; dadurch wird verhindert, daß bei Hintereinanderschaltung mehrerer Zünder der langsam ansteigende Strom die empfindlichsten Zünder zuerst zum Ansprechen bringt und dadurch den Stromkreis unterbricht, noch ehe die weniger empfindlichen zum Ansprechen gebracht worden sind. Diese Apparate entsenden bei der Betätigung einen einmaligen Stromstoß in die Leitung; man kann jedoch mit solchen Maschinen einen pulsierenden Dauerstrom erzeugen, wenn man rotierende Anker anordnet.

Bei den neueren Systemen ist die Wicklung auf dem rotierenden Anker untergebracht. Die Maschinen sind gewöhnlich so gebaut, daß zwischen den Polen eines oder mehrerer Magnete ein mit Drahtwicklungen versehener Doppel-T-Anker in schnelle Umdrehung versetzt wird, wodurch in den Drahtwicklungen Wechselströme induziert werden. Fig. 147 zeigt die innere Einrichtung der bekannten Apparate „Simplex“ und „Duplex“ der Fabrik elektrischer Zünder in Köln. S ist der Antriebsdreh-

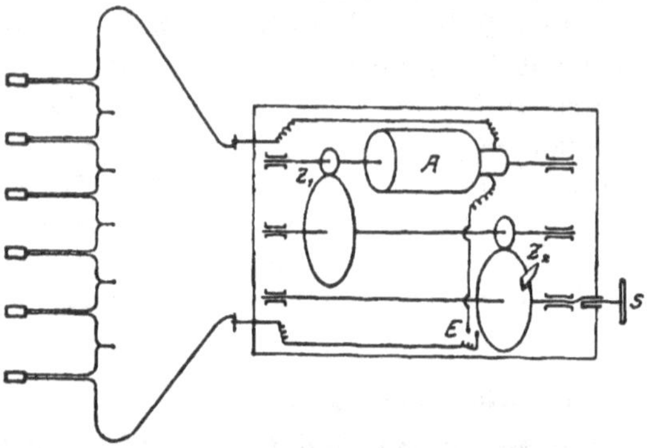

Fig. 147. Schema der „Simplex“-Maschine mit Drehschlüsselantrieb und Endkontakt.

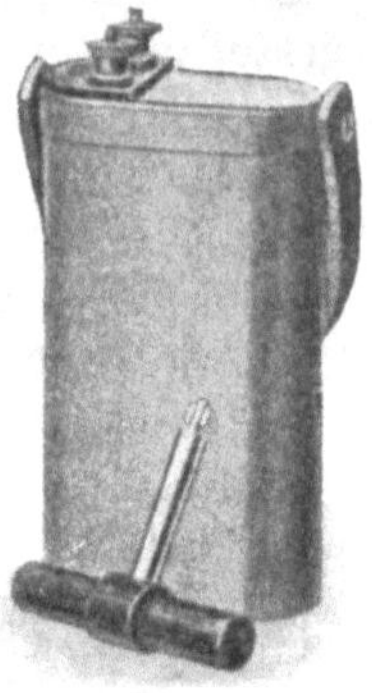

Fig. 148. Magnetelektrischer Apparat „Duplex“ mit Drehgriffantrieb.

schlüssel, mit dem das Zahnradgetriebe Z_2 in Umdrehung versetzt wird. Die Drehung wird über das mit Freilauf auf der Ankerachse versehene Zahnradgetriebe Z_1 auf den Anker A mit noch mehr vergrößerter Geschwindigkeit übertragen. Auf dem Triebrade Z_2 sitzt ein Anschlag, der, wenn der Drehschlüssel seine Endstellung erreicht, den Kontakt E niederdrückt und den äußeren Stromkreis schließt. Der Zündapparat Simplex besitzt 3 Magnete, mißt 95 × 85 × 50 mm und hat ein Gewicht von 1·4 kg; bei 12 bis 18 Volt und 1 bis 1·6 Ampère vermag er bis 5 Spaltglühzünder (Sirius) oder bis 3 Brückenglühzünder zu zünden. Duplex ist größer (Fig. 148): er besitzt 6 Magnete, die Dimensionen 170× 95 × 50 mm und leistet bei einem Gewicht von 2·5 kg 20 bis 25 Volt und 1·2 bis 1·8 Ampère, entsprechend bis 10 Spaltglühzündern oder 6 Brückenglühzündern. — Andere magnetelektrische Minenzündapparate haben Kurbelantrieb oder Zahnstangen als Triebmechanismen; bei einer Konstruktion der Firma Siemens und Halske A.-G. ist vorteilhaft Federantrieb verwendet.

Dynamoelektrische Zündapparate.

Für die gleichzeitige Betätigung einer größeren Anzahl von Schüssen bedient man sich kleiner Hauptstrom- oder Nebenschlußdynamomaschinen mit verschiedenartigem Antrieb. Die dynamoelektrischen Maschinen sind in vieler Beziehung den magnetelektrischen Apparaten ähnlich, beruhen aber auf dem Gedanken der Siemensschen Dynamomaschine (Fig. 149).

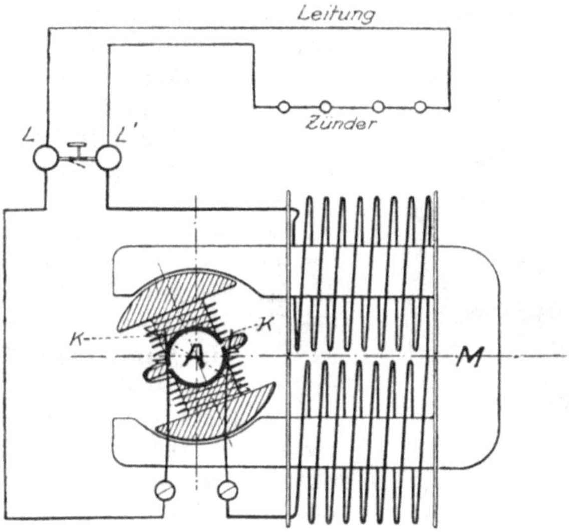

Fig. 149.
Schema der dynamoelektrischen Zündmaschine.

Ein mit Drahtwicklungen versehener Doppel-T-Anker *A* wird zwischen den Polen eines Elektromagneten *M* in Umdrehung versetzt. Infolge des in den Magnetschenkeln vorhandenen, sogenannten remanenten Magnetismus werden in den Ankerwicklungen Wechselströme induziert, die auf einem Kollektor *K* gleichgerichtet werden. Der Strom durchfließt entweder im Haupt- oder im Nebenschluß die Wicklungen des Elektromagneten und verstärkt so den Magnetismus und damit wiederum die Stromstärke. Die Steigerung der Maschinenleistung geht bis zu einem gewissen Höchstmaß; ist dieses erreicht, so wird der innere Stromkreis etwa durch Niederdrücken eines Unterbrechers, wie in der Figur angedeutet (zwischen *LL'*), geöffnet und der ganze verfügbare Strom geht, bei Hauptschluß noch verstärkt durch den Extrastrom, durch den äußeren Stromkreis LL'.

Die Unterschiede der vielen verschiedenen dynamoelektrischen Zündmaschinen betreffen in der Hauptsache den Antrieb, der mittels Federkraft oder mit Hand durch Zahnstangen, Zahnrädervorgelege o. dgl. erfolgen kann, und ferner die Art der Stromunterbrechung, die selbsttätig nach einer gewissen Zeit vor sich geht oder von der Schnelligkeit der Drehung oder von der Stellung oder der Stromstärke der Maschine abhängig ist. Diese Unterschiede haben indessen nichts weniger als eine etwa nur untergeordnete, lediglich bauliche Bedeutung; vielmehr hängt von der Sicherstellung einer raschen und gleichmäßigen Betätigung und von der Einschaltung des äußeren Stromkreises im richtigen Augenblicke der Erfolg der Zündung um so mehr ab, je mehr Schüsse gleichzeitig gezündet werden sollen.

Fig. 150.
Glühzündmaschine „Atlas“ mit Zahnstangenantrieb.

Dynamoelektrischer Zündmaschinen gibt es viele Arten, von denen die der Siemens & Halske A.-G., der Fabrik elektrischer Zünder zu Köln, der Firma Schaffler & Co. in Wien oder der Fabrik Ch. Gomant in Paris die gebräuchlichsten sind. Häufig angewendet werden die Zahnstangenmaschinen „Prometheus“ und „Atlas“ (Fig. 150) der Fabrik elektrischer Zünder in Köln. Die Betätigung geschieht in der Weise, daß man die Zahnstange so weit als möglich herauszieht, um sie alsdann mittels des Griffels kräftig nach unten zu stoßen. Zwischen das Antriebszahnrad, das mit der Zahnstange in Eingriff steht, und das große Zahnrad, das die Drehbewegung auf den Anker übermittelt, ist ein Sperrrad mit Schubklinken geschaltet, das also nur eine Drehrichtung auf den Anker zu übertragen gestattet. Es tritt demnach kein Wechsel in der Polarität der Maschine ein. Während des Niederstoßens der Zahnstange ist die Maschine kurzgeschlossen, sobald aber die Stange am Ende ihres Weges angelangt ist und die höchste Geschwindigkeit erreicht hat, stößt sie auf eine unten angebrachte Feder und reißt diese von einem Stifte ab, wodurch der Strom unterbrochen und auf den äußeren Zündkreis geleitet wird. Bei den neueren Zündmaschinen, wie denen obengenannter Art, ist die Zahnstange in einer runden Führungsstange versenkt angeordnet und hierdurch eine bessere Abdichtung der Maschine gegen Eindringen von Feuchtigkeit und Kohlenstaub erreicht; ferner ist das Gesperre mit Schubklinken durch einen Kugelfreilauf ersetzt. Das oben abgebildete „Atlas"-Modell hat die Dimensionen 370 × 250 × 200 mm, ein Gewicht von 25 kg, erzeugt 180 Volt und 3 Ampère und vermag bis 80 Glühzünder an Kupferdrähten und bis 40 Glühzünder an Eisendrähten zu zünden.

Bei Apparaten mit Schraubenantrieb wird die Drehbewegung durch Niederstoßen einer Schraubenmutter auf einer steilgängigen Schraube eingeleitet (Drillbohrer-Antrieb) und durch Zahnradgetriebe auf den doppel-T-förmigen Anker übertragen. Solche Maschinen liefern die Fabrik elektrischer Zünder zu Köln und die Dynamit-A.-G. Nobel in Wien.

Während bei den bisher besprochenen Maschinen die Unterbrechung und Umschaltung des Stromes mechanisch geschieht, wird bei anderen Maschinen (z. B. denjenigen von Gomant in Paris) in besonderer Leitung zunächst ein Elektromagnet erregt, dessen Anker bei einer gewissen Stromstärke angezogen wird und den äußeren Stromkreis der Zündleitung schließt. Eine derartige Umschaltung entspricht den Anforderungen am besten, weil sie die Erreichung der erforderlichen Stromstärke zur Voraussetzung hat.

Galvanische Elemente und Akkumulatoren.

Galvanische Elemente sind infolge ihrer Fähigkeit, bei geringem Gewicht große Stromstärken von kleiner Spannung zu erzeugen, für Glühzünder sehr geeignet; sie werden dann in der für die Erzielung der nötigen Spannung erforderlichen Anzahl hintereinander geschaltet, da die von einem einzigen Element gelieferte Spannung von 1 bis 2 Volt mit Rücksicht auf den Widerstand der Leitung nicht ausreichen würde. Die Klemmenspannung steigt alsdann im selben Verhältnis wie die Zahl der Elemente.

Nasse Elemente und ebenso Akkumulatoren sind bisher weniger benutzt worden, weil sie einer aufmerksamen Wartung und sorgsamen Behandlung bedürfen, die ihnen in der Grube nicht regelmäßig zuteil werden kann. Sie besitzen den Übelstand, daß sie nur vorsichtig transportiert werden können, und daß die verwendeten elektrolytischen Flüssigkeiten die Klemmen und Metallteile leicht angreifen, so daß eine dauernde und häufige Reinigung notwendig ist. Dagegen bewähren sich die Trockenelemente gut, da sie keiner Wartung bedürfen und ohne besondere Vorsicht transportiert werden können. Gegenüber den magnet- und dynamoelektrischen Maschinen haben die Elemente als Stromquellen den Vorteil, daß bei ihnen Gleichmäßigkeit der Betätigung durch die Bedienung wenig oder gar nicht ins Gewicht fällt. Die Klemmenspannung neuerer Trockenelemente beträgt bei Einschaltung des Stromes 1·4 Volt und sinkt im Laufe der Zeit ständig in dem Maße, als ihre Depolarisationsfähigkeit ab- und der innere Widerstand zunimmt.

Die Fabrik elektrischer Zünder in Köln und Siemens & Halske in Berlin bringen Zündbatterien mit Stellessen-Trockenelementen auf den Markt. Dieselben bestehen, dem Léclanché-Typus entsprechend, aus einer runden Zinkelektrode und der mit Braunstein als Depolarisator umgebenen Kohlenelektrode, welche in die erstere zentrisch eingesetzt wird. Zwischen beiden befindet sich der Elektrolyt, eine teigige, breiige, in Gipsmischung suspendierte Salmiaklösung, die wasserdicht nach außen abgeschlossen ist. Jedes Element liefert etwa 1·3 bis 1·4 Volt Spannung bei 0·55 bis 0·60 Ohm innerem Widerstande. Die Fabrik elektrischer Zünder in Köln liefert eine Zündbatterie für Einzelschuß, bestehend aus 8 Trockenelementen in starkem Blechkasten mit losem Kontaktschlüssel; die Spannung beträgt 11 bis 12 Volt, die Dimensionen 220 × 100 × 23 mm und das Gewicht 800 g. Diese Batterie wird entweder für Zündung mit Spaltglühzündern (Sirius) oder für Zündung mit Brückenglühzündern (Vulkan) geliefert.

Alle diese Apparate tragen als Besonderheit im Hartgummideckel des Kastens eine Kontakteinrichtung, die zumeist mittels abnehmbaren Schlüssels betätigt werden kann. Es hat dies den Zweck, bei Handhabung der Vorrichtung eine erhöhte Sicherheit gegen unbeabsichtigte oder unberufene Einschaltung dadurch zu schaffen, daß für das eigentliche Abtun der Schüsse ein besonderer Handgriff des Schießmeisters notwendig wird.

Zündung durch Anschluß an Starkstromleitungen.

Es liegt der Gedanke nahe, die Zündung der Schüsse durch Anschluß an Starkstromleitungen zu bewirken, um die Beschaffung einer besonderen Zündmaschine zu ersparen. In der Tat sind auch bereits zu diesem Zwecke Einschaltevorrichtungen konstruiert worden, welche das exakte und gleichzeitige Anlegen beider Zündleitungen an die Starkstromdrähte sichern sollen. Doch stehen der Anwendung dieses Verfahrens erhebliche Bedenken entgegen, weil infolge des stets vorhandenen Erdschlusses solcher Anlagen eine besonders gute Isolation der Zündleitungen erforderlich ist. Jedenfalls muß bei dieser Zünderart große Vorsicht angewendet werden, welche nicht immer beachtet wird, noch werden kann. In Deutschland hat sie sich daher nicht einbürgern können.

Bequemer und weniger gefährlich ist dagegen der Anschluß an elektrische Lichtleitungen, und für den Fall, daß man irgendwo eine gefährliche Mine, ein nicht krepiertes Geschoß oder eine ungeplatzte Bombe unschädlich zu machen hat, kann nichts erwünschter sein, als eine derartige Stromquelle, — vorausgesetzt, daß die Entfernung nicht zu groß ist.

Die Prüfapparate.

Eine systematische, nach jeder Richtung durchgeführte Untersuchung der Zündanlage vor dem Gebrauch ist für die Sicherheit des Betriebes von großer Wichtigkeit. Vor jeder Zündung sollte eine Prüfung vorgenommen werden, zumal dieselbe nicht zeitraubend und mit den einfachsten Apparaten durchzuführen ist. Zur Prüfung der gesamten Zündanlage und ihrer einzelnen Bestandteile (Zünder z. B.) sind eine Anzahl für diesen Zweck besonders konstruierter Meßapparate im Gebrauch. Der einfachste Zünder- und Leitungsprüfer ist das Galvanoskop. Dieses besteht aus einem Trockenelement, das wohl einen für die Anzeigevorrichtung, nicht aber für die Sprengkapselzündung ausreichenden Strom liefert. Sobald von Klemme zu Klemme durch einen angeschlossenen äußeren Stromkreis, der ein einzelner Zünder eine Leitung oder ganze Zündanlage sein kann, Strom fließt, zeigt die Anzeigenadel einen Ausschlag. Bei Prüfung von nicht verbundenen Leitungen darf die Nadel dagegen keinen Ausschlag zeigen, da andernfalls ein Kurzschluß oder Nebenschluß vorhanden wäre.

Bei mehreren Zündmaschinen ist die Prüfvorrichtung im Apparat selbst untergebracht; es wird dann durch einen Umschalter vor der Zündung ein Stromanzeiger mit großem Widerstand in die Leitung eingeschaltet. Häufig wird dazu ein einfacher Wecker benutzt. — Den Galvanoskopen vorzuziehen sind die Ohmmeter und Meßbrücken, die nicht allein das Fließen des Stromes, sondern auch den jeweiligen Widerstand des Stromkreises anzeigen. Man kann aus der Feststellung, ob dieser Widerstand dem nach der Vorausberechnung zu erwartenden entspricht, einen besseren Schluß auf die Gebrauchsfähigkeit der Anlage machen. Fig. 151 zeigt ein Ohmmeter der Fabrik elektrischer Zünder in Köln. Dieses hat die Dimensionen 130 × 75 mm, ein Gewicht von 650 g und gibt Messungen des Gesamtwiderstandes der Zündleitung. Das Instrument kann aber auch zum Prüfen von

Leitungen, einzelnen Brückenglühzündern, sowie von fertigen Minen in der Grube Verwendung finden. Die Handhabung eines Ohmmeters mag aus folgendem Beispiel[1] erhellen:

Bei einem Schachtabteufen stellt man zunächst den Widerstand der Leitungen für alle ferneren Messungen fest, nachdem man die Kabelenden auf der Schachtsohle miteinander verbunden hat. Derselbe sei, über Tag gemessen, 10 Ohm. Für eine Sprengung sollen 15 Schuß angeschlossen werden. Der Widerstand der einzelnen Zünder mit je 1 Ohm beträgt also 15 Ohm; der Prüfer muß demnach insgesamt 25 Ohm Widerstand anzeigen. Zeigt er etwa 35 Ohm an, so ist die Verbindung der Zünder unter sich oder mit der Leitung schlecht; bei nur 20 Ohm Widerstand sind nicht alle Zünder eingeschaltet; bei nur 10 Ohm liegt wahrscheinlich Kurzschluß am Ende der Leitung und bei weniger als 10 Ohm in der Leitung selbst vor. Entspricht der Widerstand den zu erwartenden 25 Ohm, so ist alles in Ordnung unddie Zündung wahrscheinlich.

Fig. 151. Ohmmeter.

Neben diesem kleinen Ohmmeter liefert die Fabrik elektrischer Zünder zu Köln seit kurzem ein handliches Instrument für den gleichen Zweck, welches nach Art der Wheatstoneschen Brücke gebaut ist und schnell genaue Messungen ermöglicht.

Stromquellenprüfer. Zur Prüfung der Zündmaschinen wendet man ebenfalls besondere Apparate an. Die Stromquellen werden entweder durch direkte Strom- und Spannungsmessungen oder unter Anschaltung eines den praktischen Verhältnissen möglichst angepaßten Belastungswiderstandes geprüft. Nach dem ersten Verfahren geschieht die Untersuchung galvanischer Elemente mittels eines Batterieprüfers: aus der elektromotorischen Kraft im unbenutzten Zustande und der Klemmenspannung bei Einschaltung eines in den Apparat eingebauten Widerstandes kann man den Zustand der Batterie leicht beurteilen.

Für alle anderen Stromquellen ist die zweite Methode besser geeignet. Bei der Prüfung werden oft besonders hergestellte Normalzünder verwendet; eine brauchbare Stromquelle muß dann imstande sein, einen solchen Normalzünder zu betätigen, wenn er mit einem Widerstand hintereinander geschaltet ist, welcher die Zuleitungen und eventuell vorgeschaltete Zünder ersetzt. Der Stromquellenprüfer der Fabrik elektrischer Zünder zu Köln gestattet nicht allein den Widerstand der Zündleitung selbst, sondern auch den Nebenschluß infolge mangel-

[1] **Heise-Herbst**, Bergbaukunde, S. 260.

hafter Isolation durch Einschaltung äquivalenter Widerstände zu berücksichtigen. Da die Verwendung von Normalzündern bei häufigen Prüfungen zu kostspielig ist, werden dieselben auch durch kleine Glühlampen ersetzt, deren Aufleuchten das richtige Arbeiten der Stromquelle anzeigt.

Dreizehnter Abschnitt.

Sprengtechnisches.

Wie bereits im ersten Abschnitt einleitend erwähnt worden ist, bedürfen fast alle Sprengstoffe zur Einleitung der Explosion eines besonderen Initialimpulses; sie sind nicht direkt detonierbar, sondern explodieren erst durch Vermittlung einer Sprengkapsel — im Gegensatz zu Schießpulver und einigen wenigen, erst neuerdings dargestellten Sprengstoffmischungen, die direkt detonierbar, d. h. schon durch Flamme oder Zündschnurzündung zur Explosion zu bringen sind. Abgesehen von diesen wenigen, in der Praxis verschwindenden Ausnahmen ist also die Sprengkapsel stets der unumgängliche Vermittler und Erzeuger jeder Spreng- und Explosionswirkung. Besonders für die große Klasse der Sicherheits-(Ammonsalpeter-)Sprengstoffe ist die Sprengkapsel ein so unbedingtes Erfordernis, daß diese Sprengmittel sonst gar nicht verwendbar wären; die Sicherheit, die wir in den Kohlenbergwerken gegen schlagende Wetter und Kohlenstaub durch deren Benutzung erfahren haben, verdanken wir ebenso der Sprengkapsel, die solche Sprengstoffe erst anzuwenden ermöglichte.

Bekanntlich zeigen die verschiedenen Sprengstoffe ein unterschiedliches Verhalten in bezug auf Detonierbarkeit; viele Sprengstoffe sind leicht, andere schwer bis sehr schwer detonierbar, bedürfen also zur sicheren Einleitung der Explosion mehr oder weniger starker Sprengkapseln. In Hinsicht auf die zahllosen Sprengstofftypen und deren wechselnde Detonationsfähigkeit hat man für die Praxis 10 verschiedene Sprengkapselgrößen eingeführt, um für jeden Fall ein geeignetes, abgepaßtes Zündmittel in der Hand zu haben. Die einzelnen Sprengkapselnummern sind eingangs des siebenten Abschnittes, S. 231, beschrieben; ihre Verwendung verteilt sich auf die meistbenutzten Sprengstoffe ungefähr wie folgt:

Nr. 3 für Gurdynamit, Gelatinedynamit und Gummidynamit,
„ 5 „ Sprenggelatine und Gelignit,
„ 6 „ Dynammon, Karbonite und Wetter-Gelatinedynamite,
„ 8 „ Wetterdynammon, Dahmenit und Roburit.

Diese Klassifikation ist indessen nur eine durchschnittliche, angenäherte, da die Praxis hierin keine scharfen Grenzen macht. Als Grundsatz darf indessen gelten, daß man für einen bestimmten Sprengstoff nie die zur Detonation gerade ausreichende, sondern immer die nächsthöhere Sprengkapselnummer anwenden soll. Die Praktiker müssen immer und immer wieder betonen, an der Größe der Sprengkapsel nicht zu sparen. So lassen sich Nitroglyzerin und Dynamit bei guter Vorbereitung schon mit Sprengkapsel Nr. 1 völlig detonieren; in der Praxis jedoch, wo die Verhältnisse oft ungünstig liegen und Sprengstoff und Sprengkapsel nicht immer auf gewünschte Art appliziert werden können, benutzt man stets Nr. 3. Aber selbst für Dynamit nimmt man gegenwärtig schon häufig Nr. 6 statt der früher verwendeten Nr. 3. In England wird für Ammonsalpeter-Sprengstoffe meist Nr. 7, in Deutschland fast ausschließlich Nr. 8 gebraucht. Diese letztere Nummer mit 2 g Füllung ist am besten zu empfehlen; noch stärkere Nummern bieten keinen Vorteil mehr. Die kleine Mehrausgabe für größere Kapseln bezahlt sich durch die bessere und sichere Wirkung und eine kleine Verminderung der Hauptladung. Bei großen Sprengschüssen macht der Kapselpreis ohnehin nur eine unerhebliche Quote des Ladungspreises aus. Da die Kapseln durch Einwirkung der Feuchtigkeit stark leiden, ist auf trockene Lagerung zu achten. In der Sprengpraxis werden verdorbene Kapseln häufiger angetroffen, als man glauben sollte; für Dynamit reichen solche dann gerade noch aus, für Ammonpräparate aber nicht mehr. Da bei den Sprengstoffen, ganz besonders aber bei den Sicherheitssprengstoffen, der erste Impuls alles bedeutet, so ist genau darauf zu achten, daß die oberste Patrone,

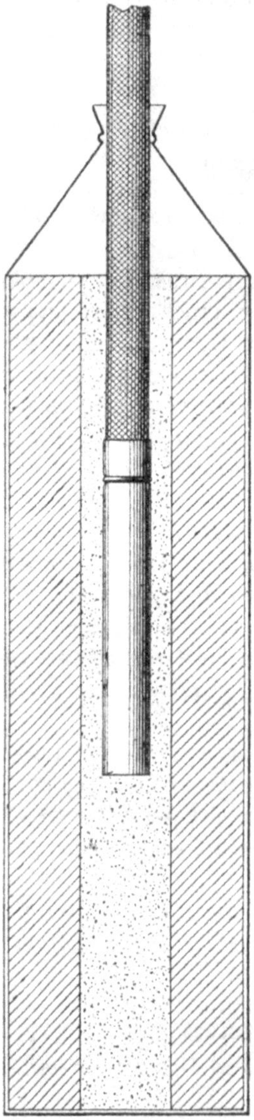

Fig. 152. Sicherheits-Sprengpatrone mit Zündschnur und Sprengkapsel Nr. 8. (Natürl. Größe.)

welche die Sprengkapsel enthält, frisch und trocken sei. Selbst wenn die eigentliche Ladung feucht geworden wäre, wird sie durch eine gute, trockene Zündpatrone mit starker Kapsel noch immer genommen, während mit feuchter Zündpatrone oder schwacher Kapsel selbst eine fehlerfreie Ladung versagen kann.

Zum Sprengen werden die Sprengstoffe in Patronenform von der Größe des betreffenden Bohrloches verwendet. Die Sprengpatronen sind zylindrig, haben eine Länge von 10 bis 20 cm, einen Durchmesser von 18 bis 40 mm und enthalten den Sprengstoff in mehr oder weniger komprimierter Form, je nach der zulässigen Grenze des betreffenden Typs. Fig. 152 zeigt eine fertig geladene, mit Sprengkapsel Nr. 8 und Zündschnur versehene Sicherheits-Sprengpatrone in natürlicher Größe. Die Ladung besteht aus gepreßtem Favierschem Sicherheits-Sprengstoff; da aber solche unempfindlichen Sprengstoffe durch Pressung schwer detonierbar werden, ist in der Mitte ein Kanal frei gelassen zur Aufnahme von gepulvertem, lose aufgeschichtetem Sprengstoff gleicher Art als Detonationsüberträger. Die Patronen sind entweder in Pergamentpapier oder in paraffiniertes Papier, einfach oder doppelt, eingeschlagen.

Vor dem Gebrauch werden die Patronen am oberen Teile geöffnet, mittels eines Stabes oder besonderen Bohrers in der Sprengstoffmasse ein Kanal zur Aufnahme der Sprengkapsel erzeugt, die bereits mit Zündschnur versehene Kapsel vorsichtig eingeführt und das freiliegende Patronenpapier fest um die Zündschnur gebunden. Die Anordnung einer Sprengladung im Bohrloch veranschaulicht Fig. 153. Nur die oberste Patrone wird mit Sprengkapsel versehen, da deren Explosion die Detonation aller anderen zur Folge hat.

Fig. 154 zeigt eine mit elektrischer Zündung versehene Sprengpatrone in einem fertig besetzten Bohrloch zur Gewinnung von Kohle. Die Patrone füllt das Bohrloch nicht aus, sondern läßt einen beträchtlichen Luftraum frei, welcher in Verbindung mit dem losen, nicht an die Patrone grenzenden Besatz eine günstigere Sprengwirkung erzeugen soll, derart, daß die Kohle, statt teilweise gepulvert, in großen, groben Stücken erhalten wird.

Neben der alten Sprengkapselzündung scheint die in neuerer Zeit eingeführte Zündung mittels detonierender Zündschnüre mehr und mehr praktischen Boden zu gewinnen. Die Initiierung mit der Lheureschen Trinitrotoluol-Zündschnur soll namentlich große Vorteile für Ammonsalpeter-Sprengstoffe bieten; nach Versuchen der französischen Kommission beseitigt dieses Verfahren folgende Übelstände: unvollkommene Zersetzung, verzögerte Ex-

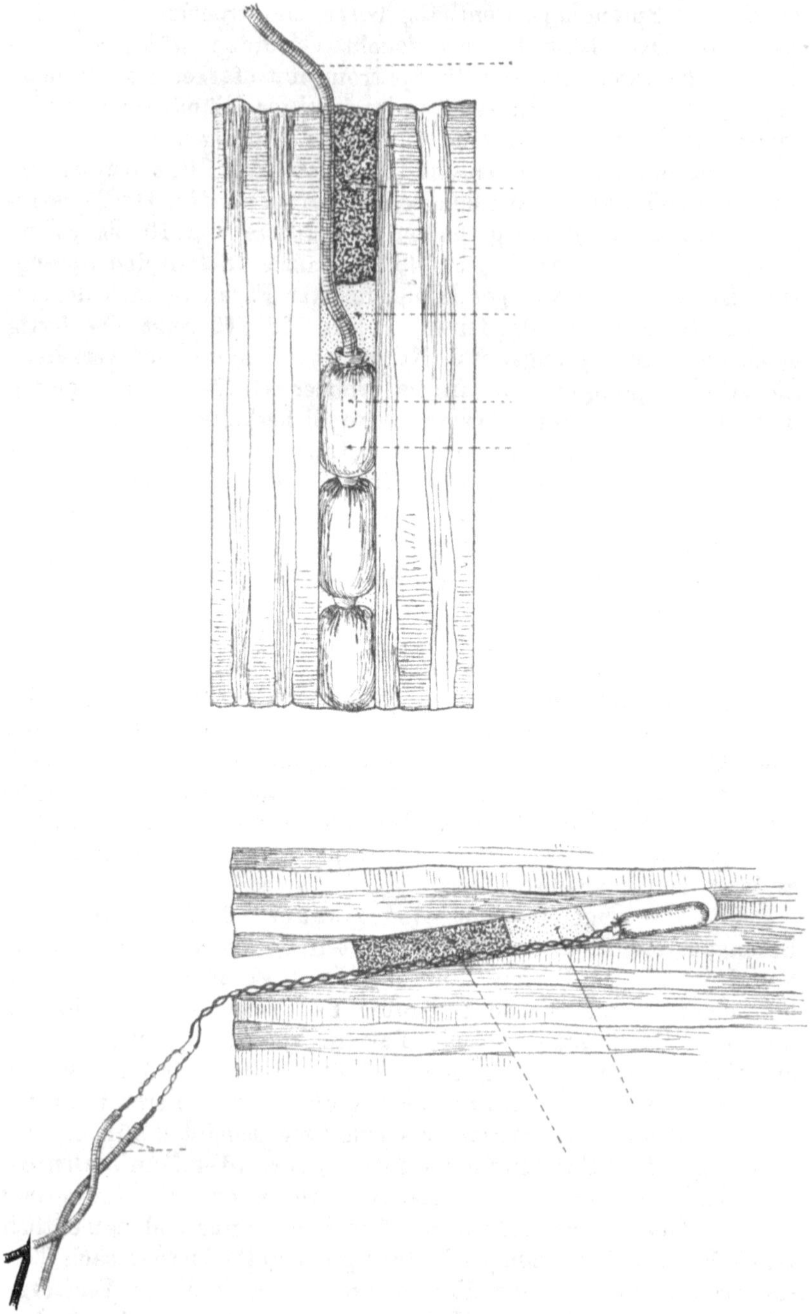

Fig. 154. Sprengpatrone mit elektrischer Zündung.

plosion und Auskochen. Sie erlaubt die Herabsetzung der Ladung um 20 %, bewirkt also eine raschere, durchgreifendere Detonation der Sprengladung, als es mit Sprengkapseln möglich ist. Folgende zwei Skizzen geben eine derartige Anordnung zur Initiierung von Sprengschüssen mittels detonierender Zündschnur wieder:

Fig. 155 zeigt die fest aneinander gedrückten Sprengpatronen mit mittendurchgehender Detonationszündschnur. Das untere

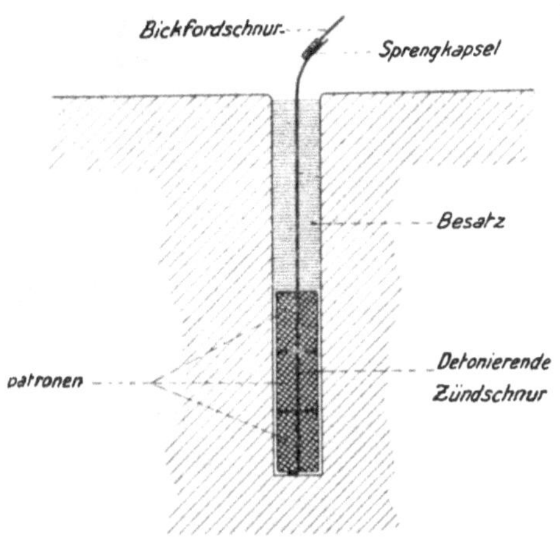

Fig. 155. **Zentralzündung.**

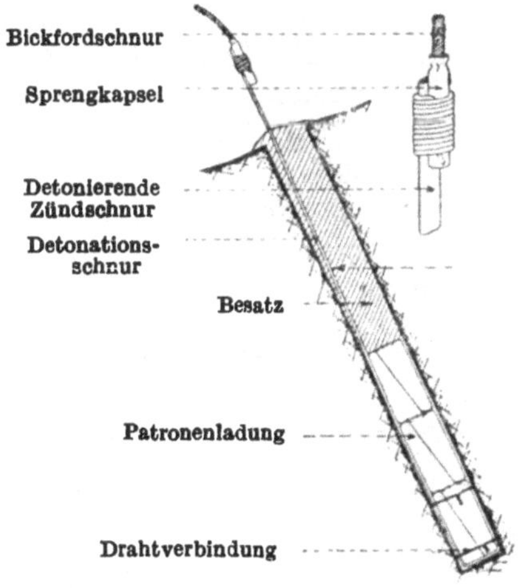

Fig. 156. **Lateralzündung.**

Sprengen mit detonierender Zündschnur.

Schnurende ist etwas umgeknickt, damit die Patronen zusammengehalten und als Ganzes in das Bohrloch eingeführt werden können. Fig. 156 zeigt eine seitliche Führung der Zündschnur, welche das Einführen von Patronen viel einfacher und praktischer als bei zentraler Bohrung gestattet. Die beiden Bohrlöcher werden in üblicher Weise verdämmt und dann die Zündschnure durch eine außerhalb liegende Sprengkapsel zur Detonation gebracht. Die Anbringung der Sprengkapsel an die Detonationsschnur ist in der Nebenzeichnung zu Fig. 2 angedeutet. Zur sicheren Befestigung der detonierenden Schnur ist diese mit der Bodenpatrone durch Drahtligaturen verbunden und so mit sämtlichen Patronen in innigen Kontakt gebracht.

Die französische „Commission des Substances explosives“ hat Untersuchungen darüber angestellt, ob die direkte, zentrale oder die seitliche, laterale Detonationsschnurzündung wirksamer sei, und gefunden, daß die erstere der zweiten etwas überlegen ist.

Die laterale Zündung ist aber bedeutend einfacher in der Ausführung.

Folgende Zusammenstellung gibt eine interessante Übersicht über den Zündmittelverbrauch beim österreichischen Bergbaubetrieb (ausgenommen Salz- und Naphthabergbau) im Jahre 1906. Es wurden verbraucht:

Elektrische Zünder	1120879	Stück
Tirmannsche Perkussionszünder	474290	„
Lauersche Friktionszünder	16603	„
Teerzünder	429	„
Kautschukzünder	12235	„
Sumpfzünder	2318	„
Minenzünder	2000	„
Sprengkapseln	5709789	„
Bickfordsche Zündschnüre	75077	„
Guttapercha-Zünder	5683	Stück
	852	Ringe
Gewöhnliche Zündschnüre	292324	Stück
	407748	Ringe

Vierzehnter Abschnitt.

Gesetze und Verordnungen.

Eisenbahn-Verkehrsordnung.

Vorschriften über bedingungsweise zur Beförderung zugelassene Gegenstände.

I. Explosionsgefährliche Gegenstände.

Ib. Munition.

Zur Beförderung sind zugelassen:

1. Leucht- und Signalmittel.
2. Zündschnüre ohne Zünder.

a) Schwarzpulverzündschnüre (gesponnene Hanfschnüre mit Schwarzpulverseele von geringem Querschnitt).

b) Schnellzündschnüre (Zündschnüre aus dickem Schlauch mit Schwarzpulverseele von großem Querschnitt oder mit Seele aus nitrierten Baumwollfäden).

c) Detonierende Zündschnüre (dünnwandige Metallröhren von geringem Querschnitt mit Seele aus Sprengstoffen von nicht größerer Gefährlichkeit als reine Pikrinsäure).

d) Elektrische Zünder ohne sprengkräftige Zündung.

3. Nichtsprengkräftige Zündungen (Zündungen, die weder durch Sprengkapseln, noch infolge sonstiger Einrichtungen eine brisante Wirkung äußern).

a) Zündhütchen für Schußwaffen, Zündspiegel.

b) Schlagröhren, Zündschrauben, Sicherheitszündschnuranzünder (Hebelzünder), Schlagzündschrauben oder ähnliche Zündungen mit kleiner Schwarzpulverladung, die durch Reibung oder Elektrizität zur Wirkung gebracht werden.

c) Geschoßzünder ohne Sprengkapseln oder Einrichtungen, die eine brisante Wirkung hervorrufen. Zündmittel zu Geschoßzündern und dergleichen.

d) Platz-(Manöver-)Patronen für Handfeuerwaffen.

4. Sprengkräftige Zündungen.

a) Sprengkapseln (Sprengzündhütchen).

b) Minenzündungen, die durch Elektrizität oder Reibung oder durch Sicherheitszünder zur Wirkung kommen.

c) Geschoßzünder, in denen eine Sprengkapsel und brisanter Sprengstoff im Gewichte von höchstens 20 g oder Einrichtungen für brisante Zündungen enthalten sind, ähnlich wie sie durch Sprengkapsel und Sprengstoff hervorgerufen wird (sogenannte brisante Geschoßzünder ohne Detonatoren).

d) Zündladungen (gepreßte Körper aus brisanten, nicht gefährlicher als reine Pikrinsäure sich verhaltenden Sprengstoffen von höchstens 20 g Gewicht mit eingesetzter Sprengkapsel — Sprengzündhütchen —).

e) Geladene Gefechtspistolen für Torpedos ohne Zünder.

5. Brisante Sprengladungen für Geschosse, Torpedos und Minen, ferner Sprengpatronen, Sprengbüchsen und dergleichen, sämtlich ohne Zünder.

a) Sprengladungen aus reiner Pikrinsäure oder aus Sprengstoffen, die sich bei der Prüfung nach Ia A 1. Gruppe b nicht gefährlicher als reine Pikrinsäure erwiesen haben.

b) Petarden für Knallhaltsignale auf Eisenbahnen in Blechkapseln.

6. Patronen für Handfeuerwaffen.

a) Leere Patronenhülsen jeder Art mit Zündvorrichtungen.

b) Fertige Metallpatronen mit ausschließlich aus Metall bestehenden Hülsen. Die Geschosse müssen mit den Hülsen so fest verbunden sein, daß sie sich nicht ablösen können und ein Ausstreuen der Pulverladung verhindert ist.

c) Fertige Patronen, deren Hülsen nur zum Teil aus Metall bestehen. Die ganze Menge des Pulvers muß sich in dem metallenen Patronenunterteil befinden und durch einen Pfropfen oder Spiegel abgeschlossen sein. Die Pappe muß so beschaffen sein, daß ein Brechen bei der Beförderung ausgeschlossen ist.

d) Fertige Patronen in Papierhülsen, die einzeln in gut verschlossene Blechhülsen eingelegt sind.

e) Fertige Zentralfeuerpappepatronen. Die Pappe muß eine Wandstärke von mindestens 0,7 mm haben und so beschaffen sein, daß ein Brechen bei der Beförderung ausgeschlossen ist.

f) Kugelzündhütchen (Flobertmunition).

g) Schrotzündhütchen (Flobertmunition).

h) Flobertzündhütchen ohne Kugel und Schrot.

7. Geladene Munition für Geschütze bis 15 cm Kaliber aus einer zu ihrer Herstellung berechtigten deutschen oder aus einer zum Versand auf deutschen Bahnen besonders ermächtigten ausländischen Fabrik.

a) Fertige Metallpatronen.

α) Granatpatronen (Schwarzpulver als Geschoßfüllung).

β) Schrapnellpatronen (Schwarzpulver in Form einer Bodenkammerladung im Geschoß, darüber Kugeln im Geschoß, mit Kolophonium oder dergleichen oder mit Schwarzpulver festgelegt).

γ) Panzergranatpatronen (Schwarzpulver als Füllung in dem mit massiver Spitze versehenen Geschoß).

δ) Kartätschenpatronen, bei denen die Kugeln mit einer Metallbüchse mit einem ungefährlichen, keine explosiven Eigenschaften besitzenden Mittel festgelegt sind.

ε) Schrapnellgranatpatronen (Granate und Schrapnell in sich vereinigende Geschosse oder getrennter Granat- und Schrapnellteil; Zusammensetzung ähnlich wie bei β unter Verwendung eines brisanten Sprengstoffs, der nicht gefährlicher ist als reine Pikrinsäure).

ζ) Sprenggranatpatronen (brisanter Sprengstoff, nicht gefährlicher als reine Pikrinsäure, außerdem Rauchentwickler).

b) Metallpatronen in getrenntem Zustande.

α) Geschützladungen (rauchschwaches Pulver in Metallkartuschen). β) Geschosse.	Zusammensetzung wie bei den Patronen zu a.

8. Signalfeuerwerk, wie Kanonenschläge und dergleichen für Zwecke des Krieges oder des Rettungswesens, bestehend aus einer mit Bindfaden umschnürten und geleimten Papierhülse, die höchstens 200 g Kornpulver mit Zündschnur, aber ohne Detonationszünder, enthält.

Beförderungsvorschriften.

A. Verpackung.

Zu 1.

1. Leucht- und Signalmittel sind in haltbare Holzbehälter aus mindestens 18 mm starken Brettern zu verpacken. Die Wände müssen gezinkt, Boden und Deckel durch Messingschrauben oder verzinnte eiserne Schrauben gut befestigt sein. Die Behälter müssen im Innern mit gutem, zähem Papier vollständig ausgelegt sein.

2. Höchstes Rohgewicht eines Behälters 100 kg.

3. Die Anzündestelle muß so verwahrt sein, daß ein Ausstreuen des Satzes ausgeschlossen ist.

4. Die Leucht- und Signalmittel sind in die Behälter dergestalt einzubetten, daß jede Bewegung bei der Beförderung verhindert ist. Die Behälter müssen die Aufschrift tragen: „Leuchtmittel" oder „Signalmittel" „I b".

Zu 2.

1. Zündschnüre ohne Zünder sind in haltbare, dichte, sicher verschlossene Holzbehälter (Kisten oder Tonnen) fest zu verpacken, die das Verstreuen oder Verstauben sicher verhindern und die nicht mit eisernen Reifen oder Bändern versehen sind. Statt der hölzernen Behälter können auch sogenannte amerikanische Pappefässer verwendet werden. Die Behälter dürfen nicht mit eisernen Nägeln verschlossen sein.

2. Höchstgewicht der Zündschnüre in einem Behälter 60 kg, höchstes Rohgewicht des Behälters 90 kg. Die Behälter müssen die deutliche und haltbare, auf rotem Papier gedruckte Aufschrift „Zündschnüre I b" tragen.

Zu 3.

1. Nichtsprengkräftige Zündungen sind in starke, dichte, sicher verschlossene Holzbehälter (Kisten) zu verpacken; bei den Zündungen unter a sind auch Holzfässer zulässig.

2. Höchstes Rohgewicht eines Behälters mit Zündungen unter a 200 kg, mit Zündungen unter b und c 50 kg.

3. Vor Einlegung in die Behälter sind die Zündungen unter a in Mengen bis 1000 Stück in Blechbehälter, Holzkisten oder steife Pappschachteln fest zu verpacken, Manöverpatronen unter d in Schachteln, die höchstens 100 Stück enthalten.

4. Die Zündungen unter b und c sind in die Behälter so zu verpacken, daß sie sich nicht verschieben können.

5. Eiserne Nägel dürfen zum Verschlusse nur verwendet werden, wenn sie gut verzinkt sind.

6. Die Behälter müssen eine den Inhalt deutlich kennzeichnende Aufschrift sowie einen Plombenverschluß oder ein auf zwei Schraubenköpfen des Deckels angebrachtes Siegel (Abdruck der Marke) oder ein über Deckel und Wände geklebtes Zeichen mit der Schutzmarke tragen.

Zu 4.

3) Sprengkapseln.

1. *α*) Höchstens 100 Stück müssen stehend nebeneinander mit der Öffnung nach oben in starken Blechbehältern so verpackt sein, daß eine Bewegung der einzelnen Kapseln (auch bei Erschütterungen) ausgeschlossen ist.

β) Der leere Raum in den einzelnen Kapseln und zwischen ihnen muß mit trockenem Sägemehl oder einem ähnlichen sandfreien Stoffe ausgefüllt sein, wenn nicht die Einrichtung der Kapseln, z. B. eine den Sprengsatz abschließende innere Schutzkapsel, Gewähr dafür bietet, daß der Sprengsatz bei der Beförderung nicht gelockert wird.

γ) Der Boden und die innere Seite des Deckels des Blechbehälters müssen mit einer Filz- oder Tuchplatte, die inneren Wände der Behälter mit Kartonpapier so bedeckt sein, daß eine unmittelbare Berührung der Sprengkapseln mit dem Bleche ausgeschlossen ist.

2. α) Die so gefüllten Blechbehälter sind mit einem haltbaren Papierstreifen so zu umkleben, daß der Deckel fest auf den Inhalt gepreßt und ein Schlottern der Sprengkapseln verhindert wird. Je 5 Blechbehälter sind in einem Umschlag aus starkem Packpapier zu einem Pakete zu vereinigen oder in eine Pappschachtel fest einzulegen.

β) Die Pakete oder Schachteln sind in eine haltbare Holzkiste von mindestens 22 mm Wandstärke oder in einem starken Blechbehälter so einzuschließen, daß möglichst keine Hohlräume im Innern der Behälter entstehen. In jeder Schicht ist mindestens ein Paket oder eine Schachtel mit einem festen Bande zu umwinden; an diesem Bande muß das Paket oder die Schachtel ohne Schwierigkeit herausgenommen werden können.

γ) Hohlräume in den Behältern sind mit Papier, Stroh, Heu, Werg, Holzwolle oder Hobelspänen — alles völlig trocken — auszustopfen, worauf der Deckel des Behälters, wenn dieser aus Blech besteht, aufgelötet, wenn er von Holz ist, mit Messingschrauben oder verzinnten Holzschrauben befestigt wird. Die Löcher für die Schrauben müssen im Deckel und in den Wänden schon vor dem Füllen der Behälter vorgebohrt sein.

3. Der Behälter, dessen Deckel den Inhalt so niederzuhalten hat, daß ein Schlottern verhindert wird, ist in eine starke, dichte und mit Messingschrauben oder verzinnten Holzschrauben sicher zu verschließende hölzerne Überkiste von wenigstens 25 mm Wandstärke mit dem Deckel nach aufwärts einzulegen. Der Raum zwischen Behälter und Überkiste muß allseitig mindestens 30 mm betragen und mit Sägespänen, Stroh, Werg, Holzwolle oder Hobelspänen — alles völlig trocken — ausgefüllt sein.

4. Die Überkiste muß die Aufschrift tragen: „Sprengkapseln Ib. Nicht stürzen!". Sie ist mit einem Plombenverschluß oder mit einem auf zwei Schraubenköpfen des Deckels angebrachten Siegel (Abdruck oder Marke) oder mit einem über Deckel und Wände geklebten, die Schutzmarke enthaltenden Zeichen zu versehen.

5. Jede Kiste darf an Sprengsatz nicht mehr als 20 kg enthalten; Kisten, deren Gewicht 25 kg übersteigt, müssen mit Handhaben oder Leisten versehen sein.

b) Minenzündungen:

1. Elektrische Zündungen mit kurzen Drähten oder festem Kopfe sind zu höchstens 100 Stück aufrecht stehend in starke Blechbehälter oder in starke Pappschachteln zu verpacken. Im übrigen gelten die Vorschriften unter a Abs. 1 und 2.

2. Elektrische Zündungen an langen Guttaperchadrähten oder -bändern oder an einem Schafte aus getränkter Pappe sind zu höchstens 100 Stück in Pakete zu vereinigen. In einem Paket dürfen höchstens

10 Stück zusammengebunden sein. Die Zündungen müssen abwechselnd an das eine oder das andere Ende des Pakets gelegt sein. Je höchstens 10 Pakete sind in starkes Papier einzuwickeln, zu verschnüren und in eine starke Holz- oder Blechkiste zu verpacken, in der sie mittels Heu, Stroh oder ähnlichen Stoffen — alles völlig trocken — gegen Verschiebung gesichert sein müssen.

3. Elektrische Zündungen an Holzstäben sind zu höchstens 100 Stück in hölzerne Kisten von mindestens 12 mm Deckel-, Boden- und Seitenwandstärke und mindestens 20 mm Stirnwandstärke zu verpacken. Die Kisten müssen mindestens 80 mm länger sein als die Zünder. An jeder Stirnwand muß die Hälfte der Zünder mit Drähten sicher befestigt sein, so daß kein Zünder den andern oder die Wandungen berühren kann und jedes Schlottern verhindert ist. Höchstens 10 solcher Kisten sind in eine hölzerne Überkiste zu verpacken.

4. Friktionszünder sind zu je höchstens 50 Stück in ein Bündel zu vereinigen; ihr Reiberdrahtende muß mit einer über die Reiberdrahtöse greifenden Papierverklebung versehen sein. Die Bündel sind am Zünderkopfende in Holzwolle und dann in Papier einzuschlagen; ihre umgebogenen Reiberdrahtenden sind zuerst in eine aufgebundene, ungefüllte und dann in eine zweite mit Holzwolle gefüllte Papierkappe zu legen. Hierbei muß darauf gesehen werden, daß die Holzwolle nicht in unmittelbare Berührung mit den Reiberdrähten kommen kann, damit der Reiberdraht beim Herausnehmen der Zünder oder beim Abnehmen der Papierkappe nicht hängen bleiben oder herausgerissen werden kann. Höchstens 20 Bündel sind in eine Kiste aus mindestens 22 mm starken gezinkten Brettern von der Länge der Zünder zu verpacken und mit Papier oder Holzwolle — beides völlig trocken — gegen Verschiebung zu sichern.

5. Zünder mit Sicherheitszündschnüren sind zu höchstens 100 Stück in eine Holzkiste aus mindestens 12 mm starken Brettern zu verpacken, jeder Zünder für sich zusammengerollt und höchstens 10 Zünder zu einem in starkes Papier eingeschlagenen und verschnürten Paket vereinigt. Die Pakete müssen unter sich und von den Kistenwandungen mindestens 20 mm abstehen und durch Hobelspäne, Holzwolle oder Werg — alles völlig trocken — gegen Verschiebung gesichert sein. Höchstens 10 solcher Kisten dürfen zusammengepackt werden.

6. Die Behälter mit Minenzündungen der Abs. 1 bis 5 sind, wie unter a Abs. 2 für die Behälter der Sprengkapseln vorgeschrieben ist, zu verschließen und nach a Abs. 3 bis 5 in Überkisten zu verpacken, deren Aufschrift zu lauten hat: „Minenzündungen Ib“.

c) Sprengkräftige Geschoßzünder und

d) Zündladungen sind bis zu höchstens 25 Stück in Holzkisten aus 22 mm starken Brettern zu verpacken; die Kistenwände müssen gezinkt, Boden und Deckel durch Messing- oder verzinnte eiserne Schrauben verschlossen sein. In den Holzkisten sind die Zünder und Zündladungen mittels Einlagen aus Holz oder Metall derart zu lagern, daß sie unter sich und von den Kistenwänden mindestens 10 mm abstehen und gegen Bewegung gesichert sind. Bei Verwendung von Zinkblecheinsätzen muß die Holzkiste mindestens 17 mm Wandstärke haben. Mehr als vier Kisten dürfen nicht zusammengepackt werden.

Verschluß der Holzkisten wie zu a Abs. 2 für Sprengkapseln. Verpackung in Überkisten wie zu a Abs. 3 bis 5, jedoch lichter Raum zwischen Kiste und Überkiste mindestens 100 mm.

Die Aufschrift der Kisten hat zu lauten: „Sprengkräftige Geschoßzünder Ib“ oder „Zündladungen Ib“.

e) Geladene Gefechtspistolen für Torpedos ohne Zünder sind zu höchstens 10 Stück in Holzkisten aus 22 mm starken Brettern zu verpacken; die Kistenwände müssen gezinkt, Boden und Deckel durch Messing- oder verzinnte eiserne Schrauben verschlossen sein. Bei Verwendung von Zinkblecheinsätzen muß die Wandstärke der Holzkiste mindestens 17 mm betragen. In den Holzkisten sind die Gefechtspistolen mittels Holzeinlagen derart zu lagern, daß sie unter sich und von den Kistenwänden mindestens 20 mm abstehen und gegen Verschiebung gesichert sind. Mehr als 5 Kisten dürfen nicht zusammengepackt werden.

Verschluß der Kisten wie zu a Abs. 2 für Sprengkapseln. Verpackung in Überkisten wie zu a Abs. 3 bis 5, jedoch lichter Raum zwischen Kisten und Überkiste mindestens 100 mm.

Die Aufschrift der Kisten hat zu lauten: „Geladene Gefechtspistolen für Torpedos Ib“.

Zu 5.

1. Für die Sprengladungen unter a sind starke, dichte, sicher verschlossene Holzkisten zu verwenden; für die Petarden unter b Kisten aus mindestens 26 mm starken, gespundeten Brettern, die durch Holzschrauben zusammengehalten, völlig dicht und von einer dichten Überkiste umgeben sind. Letztere darf höchstens 0·06 cbm groß sein.

2. Die Sprengladungen unter a sind so zu verpacken, daß sie sich nicht verschieben können. Die Petarden unter b müssen fest in Papierschnitzel, Sägemehl oder Gips oder auf andere Weise so fest und getrennt gelegt sein, daß die Blechkapseln sich weder untereinander, noch die Kistenwände berühren. können.

3. Die Aufschrift der Kisten hat zu lauten: „Brisante Sprengladungen Ib“ oder „Petarden für Haltesignale Ib“.

Zu 6.

1. Die Patronen für Handfeuerwaffen sind in Behälter aus Blech, Holz oder steifer Pappe so fest zu verpacken, daß sie sich nicht verschieben können. Die Behälter sind dicht neben- oder übereinander in starke, dichte, sicher verschlossene Überkisten zu verpacken. Zwischenräume sind mit Pappe, Papier, Werg, Holzwolle oder Hobelspänen — alles völlig trocken — so fest auszufüllen, daß jedes Schlottern verhindert ist.

2. Das Rohgewicht einer Kiste darf 200 kg nicht übersteigen.

3. Eiserne Nägel dürfen zum Verschluß nur verwendet werden, wenn sie gut verzinkt sind. Die Kisten müssen eine den Inhalt deut-

lich kennzeichnende Aufschrift und einen Plombenverschluß oder ein auf zwei Schraubenköpfen des Deckels angebrachtes Siegel (Abdruck oder Marke) oder ein über Deckel und Wände geklebtes Zeichen mit der Schutzmarke tragen.

Zu 7.

1. Die Munition für Geschütze bis zu 15 cm Kaliber darf nicht mit Zündern versehen sein, sondern muß an Stelle der Zünder Zinkverschlußschrauben mit hohlen Zapfen enthalten.

2. Die Patronenhülsen dürfen Zündschrauben oder Zündhütchen enthalten. In diesem Falle muß das Zündhütchen entweder durch eine wenigstens 1 mm starke Metallplatte bedeckt sein oder um wenigstens 0·5 mm gegen den Boden der Patronenhülse versenkt liegen. Die Zündschrauben oder Zündhütchen müssen durch Metallbügel mit Gummieinlage, die mit drei Armen den Rand der Patronenhülse umgreifen und dadurch in ihrer Lage gesichert sind, gegen Stoßwirkungen geschützt sein. Bei Munition von weniger als 10 cm Kaliber können statt der Metallbügel mit Gummieinlage auch mindestens 3 mm starke Pappscheiben verwendet werden, die in Packkisten zwischen den Böden der Patronen und den Kistenwänden liegen und an den Stellen für die Zündschrauben oder Zündhütchen entsprechende Auslochungen haben. Haben die Hülsen keine Zündschrauben, so müssen Zinkverschlußschrauben vorhanden sein. In diesem Falle sind die Pappscheiben oder Metallbügel nicht erforderlich.

3. Die Munition ist in haltbare Holzkisten so fest zu verpacken, daß eine Verschiebung verhindert ist.

4. Zum Schließen der Kisten dürfen nur Schrauben verwendet werden.

5. Die Kisten müssen, wenn sie nicht mit Zinkblecheinsatz versehen sind, innen und außen einen haltbaren Firnisanstrich haben. Sie sind mit sicheren Handhaben und mit der deutlichen, gedruckten oder schablonierten Aufschrift zu versehen:

„Zusammengesetzte Munition für Geschütze“

oder

„Getrennte Munition für Geschütze“

oder

„Geladene Geschösse für Geschütze“

oder

„Geschützladungen mit Metallkartuschen“.

Zu 8.

1. Signalfeuerwerk muß in haltbare Holzbehälter fest verpackt sein, deren Fugen so gedichtet sind, daß kein Ausstreuen stattfinden kann. Auch sogenannte amerikanische Pappefässer sind zulässig. Die Behälter dürfen keine eisernen Nägel, Schrauben oder sonstigen eisernen Befestigungsmittel (Reifen, Bänder oder dergleichen) haben.

2. Das Rohgewicht eines Behälters darf höchstens 90 kg betragen.

3. Die Behälter müssen die deutliche Aufschrift „Signalfeuerwerk Ib“ tragen.

B. Aufgabe.

Geladene Munition für Geschütze (Ziffer 7) und Signalfeuerwerk (Ziffer 8) dürfen nicht als Eilgut aufgegeben werden. Für die Gegenstände der Ziffern 7 und 8 gelten bezüglich der Aufgabe außerdem die Vorschriften unter I a B für die Sprengmittel der 3. Gruppe.

C. Bescheinigungen. Frachtbriefe.

1. Bei den Leucht- und Signalmitteln der Ziffer 1 muß auf dem Frachtbriefe vom Absender bescheinigt sein, daß Beschaffenheit und Verpackung der Sendung den unter I b Ziffer 1 der Anlage C zur Eisenbahnverkehrsordnung getroffenen Vorschriften entsprechen.

2. Bei den detonierenden Zündschnüren der Ziffer 2c muß auf dem Frachtbriefe durch einen von der Eisenbahn anerkannten Chemiker bescheinigt sein, daß die Beschaffenheit des Sprengstoffs den Bedingungen unter I b Ziffer 2c in Anlage C zur Eisenbahnverkehrsordnung entspricht.

3. Bei den nicht sprengkräftigen Zündungen der Ziffer 3 hat der Absender im Frachtbrief eine von ihm unterzeichnete Erklärung abzugeben, worin auch das Zeichen der Plombe, des Siegels, der Siegelmarke oder der Schutzmarke angegeben ist. Die Erklärung hat zu lauten:

„Der Unterzeichnete erklärt, daß die zu diesem Frachtbriefe gehörige, mit dem Zeichen ..... verschlossene Sendung in Beschaffenheit und Verpackung den in Anlage C zur Eisenbahnverkehrsordnung unter I b für nichtsprengkräftige Zündungen getroffenen Vorschriften entspricht."

4. Bei den sprengkräftigen Zündungen der Ziffer 4 muß der Frachtbrief eine vom Absender und von einem von der Eisenbahn anerkannten Chemiker ausgestellte Bescheinigung über die Beachtung der in Anlage C zur Eisenbahnverkehrsordnung unter I b für sprengkräftige Zündungen getroffenen Verpackungsvorschriften enthalten. Bei den sprengkräftigen Zündungen unter Ziffer 4c bis e muß außerdem durch einen von der Eisenbahn anerkannten Chemiker bescheinigt sein, daß die Beschaffenheit der Sprengstoffe den Bestimmungen für reine Pikrinsäure entspricht.

5. Bei der Munition der Ziffer 5 hat der Absender im Frachtbriefe zu bescheinigen, daß die Sendung nach der Vorschrift unter I b in Anlage C zur Eisenbahnverkehrsordnung verpackt ist. Bei den Sprengladungen unter a muß außerdem durch einen von der Eisenbahn anerkannten Chemiker auf dem Frachtbriefe bescheinigt sein, daß die Beschaffenheit der Sprengstoffe den Bedingungen unter I b 5a entspricht. Bei der Weiterbeförderung von Teilsendungen und Sprengladungen durch andere Absender als die herstellenden Fabriken kann von der Bescheinigung eines von der Eisenbahn anerkannten Chemikers abgesehen werden, wenn der Absender auf dem Frachtbrief erklärt, daß die Sprengladungen einer geprüften und bescheinigten Lieferung entstammen. Auf Erfordern ist dies glaubhaft nachzuweisen.

6. Bei den Patronen für Handfeuerwaffen der Ziffer 6 hat der Absender im Frachtbrief eine Erklärung zu unterzeichnen, in der auch das Zeichen der Plombe, des Siegels, der Siegelmarke oder der Schutzmarke angegeben ist. Die Erklärung hat zu lauten:

„Der Unterzeichnete erklärt, daß die zu diesem Frachtbriefe gehörige, mit dem Zeichen ..... verschlossene Sendung in Beschaffenheit und Verpackung den in der Anlage C zur Eisenbahnverkehrsordnung unter Ib für Patronen für Handfeuerwaffen getroffenen Vorschriften entspricht."

7. Bei geladener Geschützmunition der Ziffer 7 ist eine durch einen von der Eisenbahn anerkannten Chemiker ausgestellte Bescheinigung beizufügen, daß die in der Munition befindlichen Spreng- oder Schießmittel von guter Beschaffenheit und Lagerbeständigkeit sind, daß sie in den Geschossen und Hülsen sicher festgelegt sind, und daß die Verpackung der Munition den in Anlage C zur Eisenbahnverkehrsordnung unter Ib zu 7 Abs. 2 bis 5 getroffenen Vorschriften entspricht. Außerdem muß ein vom Fabrikanten ausgestelltes, amtlich beglaubigtes Ursprungszeugnis beigefügt werden.

8. Bei Signalfeuerwerk der Ziffer 8 muß auf dem Frachtbriefe vom Absender bescheinigt sein, daß Art und Verpackung der Sendung den Vorschriften in Anlage C zur Eisenbahnverkehrsordnung unter Ib entspricht.

D. Beförderungsmittel.

1. Zur Beförderung aller Munitionsgegenstände müssen bedeckte Güterwagen verwendet werden.

2. Für Geschützmunition (Ziffer 7) und Signalfeuerwerk (Ziffer 8) gelten die Vorschriften[1] unter Ia D für die Sprengmittel der 3. Gruppe.

E. Verladung.

1. Die Zündungen der Ziffer 4 dürfen nicht mit Sprengstoffen unter Ia und nicht mit Geschützmunition oder mit Signalfeuerwerk (Ib Ziffer 7 und 8) in denselben Wagen verladen werden.

---

[1] Für die Sprengmittel der 2. Gruppe in Mengen über 200 kg und für die Sprengmittel der 3. Gruppe gilt folgendes:

a) Nur Wagen mit federnden Stoß- und Zugvorrichtungen, fester, sicherer Bedachung, dichter Verschalung und gut schließenden Türen, möglichst ohne Bremsvorrichtung, dürfen verwendet werden.

b) Wagen, in deren Innerem eiserne Nägel, Schrauben, Muttern oder dergleichen hervorstehen, dürfen nicht verwendet werden.

c) Wagentüren und Fenster sind verschlossen zu halten und zu dichten. Papier darf hierzu nicht verwendet werden.

d) Wagen, deren Achsenlager kürzlich erneuert worden oder die demnächst zur Untersuchung in der Werkstätte bestimmt sind, dürfen nicht verwendet werden.

e) Die Sendungen müssen von der Aufgabe- bis zur Bestimmungsstation in demselben Wagen befördert und dürfen unterwegs nur bei unabweislicher Notwendigkeit umgeladen werden.

f) Die beladenen Wagen müssen oben auf der Vorder- und Hinterwand oder an den beiden Längsseiten deutlich sichtbare viereckige schwarze Flagge mit einem weißen „P" tragen.

2. Für die Verladung geladener Geschützmunition (Ziffer 7) und von Signalfeuerwerk (Ziffer 8) gelten die Vorschriften[1] unter Ia 𝔈 für die Sprengmittel der 3. Gruppe.

𝔉. Sonstige Vorschriften.

Bei der Beförderung von geladener Geschützmunition (Ziffer 7) und von Signalfeuerwerk (Ziffer 8) sind die Vorsichtsmaßregeln[2] unter Ia 𝔉 bis 𝔎 zu beachten.

---

[1] Für das Verladen der Sprengmittel der 2. Gruppe in Mengen über 200 kg und der Sprengmittel der 3. Gruppe ist noch folgendes zu beachten:

a) Die Behälter müssen in den Eisenbahnwagen so fest lagern, daß sie gegen Scheuern, Rütteln, Stoßen, Umkanten und Herabfallen aus oberen Lagen gesichert sind. Insbesondere dürfen Tonnen nicht aufrecht gestellt, sie müssen vielmehr gelegt, gleichlaufend mit den Längsseiten des Wagens verladen und durch Holzunterlagen unter Haardecken gegen jede rollende Bewegung gesichert werden.

b) Die Wagen dürfen nur bis zu zwei Dritteln ihres Ladegewichts beladen werden.

c) Es dürfen nur Mengen bis zu 1000 kg mit anderen Gütern zusammen verladen werden, vorausgesetzt, daß letztere nicht leicht entzündlich sind und nicht früher als die Sprengmittel ausgeladen werden.

d) Die Sprengmittel dürfen nicht von den Güterböden oder Gütersteigen aus, sondern müssen auf möglichst abgelegenen Seitensträngen und tunlichst kurz vor Abgang des Zuges, mit dem sie befördert werden sollen, verladen werden. Das Verladen hat der Absender unter sachverständiger Aufsicht zu besorgen. Die besonderen Ladegeräte und Warnungszeichen (Decken, Flaggen u. dergl.) sind vom Absender herzugeben und werden dem Empfänger mit dem Gute ausgeliefert.

e) Unberufene sind von dem Verladungsplatze fern zu halten, und dieser ist, wenn ausnahmsweise bei Dunkelheit verladen wird, mit fest- und hochstehenden Laternen zu erleuchten, die aber nicht mit Petroleum gespeist sein dürfen.

[2] F. Vorsichtsmaßregeln in den Bahnhöfen und während der Fahrt.

Weder beim Verladen noch während der Beförderung darf in oder an den Wagen geraucht oder Feuer oder offenes Licht gehalten werden.

Vorüberfahrende Lokomotiven haben — tunlichst auch beim Begegnen auf freier Strecke — Feuertür und Aschenklappen geschlossen zu halten, auch darf das Blaserohr nicht verengt sein. Während der Vorüberfahrt muß die Verladung unterbrochen, die Wagentüren müssen verschlossen und der noch unverladene Teil der Sendung muß mit einer Decke feuersicher geschützt sein.

Beladene Wagen müssen von ihrer Lokomotive mindestens durch vier andere, nicht mit feuergefährlichen Stoffen beladene Wagen getrennt sein. Im Sinne dieser und der Bestimmung unter G, Abs. 2 sind Steinkohlen, Braunkohlen, Koks und Holz nicht feuergefährlich.

Wagen mit Sprengstoffen dürfen niemals abgestoßen werden, sind auch zum Verkuppeln mit größter Vorsicht anzuschieben.

Bei längerem Halten auf Unterwegsstationen sind die Wagen in möglichst abgelegene Nebengeleise zu fahren. Dauert der Aufenthalt voraussichtlich länger als eine Stunde, so ist der Ortspolizeibehörde Anzeige zu machen.

G. Bestimmung der Züge und Einstellung der mit Sprengstoffen beladenen Wagen in die Züge.

Sprengstoffe dürfen niemals mit Personenzügen, mit gemischten Zügen nur da befördert werden, wo keine Güterzüge fahren.

Güterzügen und gemischten Zügen dürfen nicht mehr als 8 mit Sprengmitteln der 2. Gruppe in Mengen über 200 kg oder mit Sprengmitteln der 3. Gruppe beladene Achsen beigegeben werden. Größere Mengen dürfen nur in Sonderzügen befördert werden.

Die Wagen mit solchen Stoffen sind in die Züge möglichst entfernt von der Lokomotive, jedoch so einzureihen, daß ihnen noch drei Wagen folgen, die nicht mit leicht feuerfangenden Stoffen beladen sind. Mindestens vier solcher Wagen müssen den mit Sprengstoffen beladenen Wagen vorangehen. Diese sind unter sich und mit den vorangehenden und nachfolgenden Wagen fest zu verkuppeln; die gehörige Verbindung ist auf jeder Zwischenstation, wo der Aufenthalt es gestattet, sorgfältig zu prüfen. Vor und nach Wagen, worin loses Pulver in Mengen von höchstens 15 kg Rohgewicht oder andere Sprengstoffe in Mengen von höchstens 35 kg Rohgewicht verladen sind, ist die Einstellung besonderer Schutzwagen nicht erforderlich.

Weder an den mit Sprengstoffen beladenen, noch, wenn die Beförderung mit den gewöhnlichen Zügen erfolgt, an dem nächsten hinter und vor ihnen laufenden Wagen dürfen die Bremsen besetzt werden. Dagegen muß der am Schlusse des Zuges befindliche Wagen eine bediente Bremse haben.

H. Begleitung der Sprengstoff-Sendungen.

Bei Aufgabe mehrerer Wagenladungen ist der Absender verpflichtet, zur Bewachung der Ladung besondere Begleitung beizugeben. Die Begleiter dürfen während der Fahrt ihren Platz weder in, noch auf den beladenen Wagen nehmen.

I. Benachrichtigung der Unterwegsstationen und der an der Beförderung beteiligten Verwaltungen.

Sämtliche auf der Fahrt zu berührenden Stationen und das Persona der Züge, mit denen unterwegs gekreuzt wird, oder die überholt werden, sind von Abgang und Ankunft der Sendungen rechtzeitig zu benachrichtigen, damit jeder unnötige Aufenthalt vermieden und jede Gefahr möglichst ausgeschlossen wird.

Wenn eine Sendung auf eine andere Bahn übergehen soll, so ist deren Verwaltung so bald als möglich von der Zuführung in Kenntnis zu setzen.

K. Ankunft auf der Bestimmungsstation und Auslieferung der Sendungen.

Der Empfänger muß durch die Empfangsstation im voraus, außerdem aber sofort nach Ankunft der Sendung, die Empfangsstation durch eine Vorstation unter Bezeichnung des Zuges von dem Eintreffen benachrichtigt werden. Die Übernahme hat innerhalb 3 Tagesstunden, die Entladung innerhalb weiterer 9 Tagesstunden nach Ankunft und Anmeldung zu erfolgen.

Begleitete Sendungen (vgl. H), die der Empfänger nicht innerhalb 3 Tagesstunden übernimmt, sind ohne Verzug von den Begleitern zu übernehmen.

Ist das Gut 12 Tagesstunden nach der Ankunft nicht abgefahren, so ist es ohne Verzug vom Bahnhofe zu entfernen und der Ortspolizeibehörde zu weiterer Verfügung zu übergeben. Die Übergabe von Sprengstoffen aller Art an die Ortspolizeibehörde hat auch dann — und zwar auch auf Unterwegsstationen — zu erfolgen, wenn die Sendung in einen solchen Zustand geraten ist, daß die weitere Aufbewahrung auf der Station oder die Weiterbeförderung bedenklich erscheint.

Bis zur Übernahme ist die Ladung besonders zu bewachen.

Die Sprengstoffe dürfen nicht auf den Gütersteigen oder in den Güterböden entladen und gelagert werden, sondern nur auf möglichst abgelegenen Seitensträngen oder in räumlich von den Güterböden getrennten, nicht gleichzeitig anderen Zwecken dienenden Schuppen unter Beachtung der unter E und F gegebenen Vorschriften.

(Vgl. ferner den Entwurf einer Abänderung der Polizeiverordnung, betreffend den Verkehr mit Sprengstoffen, vom 14. September 1905.)

Ie. Stoffe, die in Berührung mit Wasser entzündlich oder die Verbrennung unterstützende Gase entwickeln.

Zur Beförderung sind zugelassen:

4. Natriumazid[1].

Beförderungsvorschriften.

A. Verpackung.

1. Zur Verpackung sind starke, dichte, sicher verschlossene Gefäße aus Eisen (auch Eisenblech) zu verwenden.

2. Die Packgefäße müssen in Schutzumhüllungen eingesetzt sein, und zwar:

a) die Gefäße aus Eisen oder Eisenblech in Holzkisten oder in eiserne Schutzkörbe,

b) die Glasgefäße in Holzkisten mit verlötetem Blecheinsatz. Die in solche Kisten eingesetzten Glasgefäße sind mit trockener Kieselgur oder mit ähnlichen nicht brennbaren Stoffen fest einzubetten. Bei Glasgefäßen mit Mengen bis zu 250 g dürfen statt der Holzkisten sicher und dicht verschlossene Blechgefäße verwendet werden.

3. Auf den Versandstücken muß ihr Inhalt fest und dauerhaft angegeben sein, auch müssen sie die Aufschrift tragen: „Vor Nässe zu schützen!“.

B. Sonstige Vorschriften.

1. Mengen bis zu 5 kg, die gemäß Abschnitt A verpackt sind, dürfen anderen Gegenständen beigepackt werden.

2. Die Versandstücke sind besonders sorgfältig zu behandeln. Sie dürfen nicht geworfen und müssen im Wagen so fest gelagert werden, daß sie gegen Scheuern, Rütteln, Stoßen, Umkanten und Herabfallen aus den oberen Lagen gesichert sind.

3. Zur Beförderung sind bedeckte Wagen zu verwenden.

Besondere Unfallverhütungsvorschriften für Fabriken von Zündern jeder Art.

A. Vorschriften für Arbeitgeber.

1. Allgemeine Bestimmungen.

§ 1. In Räumen, in denen mit Zündsatz bzw. Pulver gearbeitet wird, dürfen nur nüchterne, zuverlässige Leute beschäftigt werden. Die jugendlichen Arbeiter dürfen in diesen Räumen nicht verwendet werden.

§ 2. Fremden Personen soll der Zutritt nur unter besonderer Erlaubnis und nur unter zuverlässiger Begleitung gestattet sein.

§ 3. Das Rauchen in den Arbeitsräumen und auf dem engeren Fabrikgrundstück ist zu verbieten, ebenso das Mitbringen und die Benutzung von Feuerzeug, jedoch darf letzteres, soweit es der Betrieb erfordert, bestimmten Arbeitern erlaubt werden.

---

[1] Seit 1. Mai 1909.

Bauanlagen und Gebäude.

§ 4. Bei Neuanlagen ist das Fabrikgrundstück zweckentsprechend zu umfrieden. An den Eingängen sind Warnungstafeln anzubringen, welche das unbefugte Betreten sowie das Rauchen verbieten.

Bei bestehenden Anlagen müssen jedenfalls an den Zugängen und öffentlichen Verkehrswegen derartige Warnungstafeln aufgestellt sein.

§ 5. Die vorhandenen Wälle müssen bei genügender Böschung bis zur Firsthöhe des Gebäudes reichen. Die Walleingänge dürfen nicht Gebäuden mit Explosionsgefahr gegenüberliegen.

§ 6. Das Hineintragen oder Hineinwehen von Erde oder Sand in die Gebäude mit Explosionsgefahr ist möglichst zu verhindern. Der Eingang dieser Gebäude ist mit einem Vorbau zu versehen, in welchem das Schuhzeug zu wechseln ist.

Die Vorplätze der einzelnen Gebäude müssen so hergestellt sein, daß sie sich leicht rein halten lassen.

§ 7. Gebäude mit Explosionsgefahr sind mit einer zuverlässigen Blitzschutzanlage zu versehen, wenn diese bei der örtlichen Lage, Bodenbeschaffenheit und Bauart geboten erscheint. Unnötige Ansammlungen von Metallmassen in den Gebäuden sind zu vermeiden. Die Blitzschutzanlagen sind stets in gutem Zustande zu erhalten und müssen jährlich mindestens einmal sachverständig geprüft werden. Die Prüfung hat sich sowohl auf die oberirdische, wie auf die Erdleitung zu erstrecken. Das Ergebnis der Prüfung ist in ein Revisionsbuch einzutragen, welches dem technischen Aufsichtsbeamten auf dessen Wunsch vorzulegen ist.

§ 8. Die Türen der Gebäude, in denen explosible Stoffe lagern oder verarbeitet werden, müssen nach außen aufschlagen. In Räumen, in welchen sich loses Pulver oder Zündsatz befindet, müssen die Fenster auf der Sonnenseite geblendet sein.

§ 9. Die Fußböden der Räume, in denen Sprengstoffe oder Zündsatz verarbeitet oder verpackt werden, müssen aus Asphalt oder Zement oder aus Brettern durchaus glatt und dicht hergestellt sein. Im letzteren Falle sind die metallenen Befestigungsmittel zu versenken und zu verkitten. Diese Fußböden müssen einen Belag aus Kautschuk, Linoleum oder einem ähnlichen dichten, weichen Stoff enthalten.

§ 10. Die Wände und Decken der Räume, in denen Sprengstoff und Zündsatz verarbeitet wird, müssen dicht und glatt und so gearbeitet bzw. gesichert sein, daß sie nicht abbröckeln.

Bei den Tür- und Fensterbändern, den Schlössern und Riegeln darf nicht Eisen auf Eisen gehen.

§ 11. Für die Arbeiter sind besondere Räume zur Einnahme der Mahlzeiten und zur Aufbewahrung der Kleider einzurichten.

Beleuchtung.

§ 12. Die künstliche Beleuchtung darf nur mittels zuverlässig isolierter Lampen bewirkt werden. Elektrische Glühlampen müssen Doppelbirnen haben oder mit Überglocken versehen sein. Hauptleitung, Ausschalter und Sicherungen müssen außerhalb der beleuchteten Räume liegen. Die Schutzglocken der elektrischen Glühlampen sind von Staubansammlungen frei zu halten.

Die elektrische Beleuchtungsanlage ist mindestens einmal jährlich auf ihre Feuersicherheit sachverständig zu untersuchen und hierüber ein Revisionsbuch zu führen.

Die Besorgung der Lampen und Laternen ist bestimmten zuverlässigen Arbeitern zu übertragen.

Arbeits- oder Lagerräume, in welchen sich loses Pulver oder Zündsätze befinden, dürfen nicht mit offenem Licht betreten werden, auch ist die Benutzung von Streichhölzern oder sonstigem Feuerzeug in solchen Räumen strengstens verboten. Als bewegliche Beleuchtungskörper sind nur elektrische, mit Elementen oder Akkumulatoren versehene Glühlampen zulässig.

Heizung.

§ 13. Die Heizung der Räume muß durch Dampf oder heißes Wasser bewirkt werden. Die Heizkörper sind gegen das Auflagern von explosiblem Staub möglichst zu schützen, müssen sich reinigen lassen und ebenso wie die Leitungsrohre in genügender Entfernung von Holz oder anderen brennbaren Materialien angebracht werden.

Abfallstoffe und Staub.

§ 14. Verschüttetes Pulver, Pulverkehricht, Zündsatz und Abfallstücke von fertigen Zündern müssen durch Eintragen in Wasser oder in sonst geeigneter Weise unschädlich gemacht werden.

Überall, wo Sprengstoffe zur Verwendung gelangen, ist streng darüber zu wachen, daß sich der entwickelnde Staub nicht in gefahrbringender Menge irgendwo ansammeln kann. Wände, Fußboden und Heizkörper sind von Staubansammlungen frei zu halten.

2. Bestimmungen für die besonderen Fabrikationen.

a) Zündschnüre.

§ 15. Das Pulvermagazin muß in hinreichender Entfernung von den übrigen Fabrikgebäuden gelegen sein.

Das in der Nähe der Arbeitsgebäude gelegene Siebhaus muß zwischen Erdwällen oder im Erdboden liegen und darf nie mehr als 150 kg Pulver enthalten.

Das Betreten des Pulvermagazins, des Siebhauses sowie der Pulverfüllräume ist nur einem bestimmten männlichen Arbeiter zu übertragen. Diese Räume sind bei Nichtgebrauch stets verschlossen zu halten.

Eiserne und gelötete Transportgefäße dürfen für Pulver nicht benutzt werden.

Zu Sieben darf Eisendrahtgeflecht nicht verwendet werden.

§ 16. Die einzelnen Spinnräume müssen entweder durch Brandmauern voneinander geschieden sein oder sich in einzelnen Gebäuden befinden, welche zweckentsprechend durch Hofräume oder Wälle getrennt sind. Brandmauern müssen 50 cm über das Dach hinausragen.

§ 17. Die Aufstellung der Pulvertrichter muß im Dachraum über der Decke des Spinnraumes erfolgen. Die Bedachung soll möglichst leicht gehalten werden. Der Zugang zu den Dachräumen muß von außen mittels Treppen erfolgen, auch kann der Zugang zu den einzelnen Abteilungen durch eine Außengalerie vermittelt werden.

§ 18. Jeder Pulvertrichter darf höchstens 3 kg Pulver enthalten. Eine Füllung bis zu 5 kg ist jedoch zulässig, wenn die Trichter einzeln vom Fußboden bis über das Dach hinaus mit einem Schutzrohr umgeben sind und auch das Zuführungsrohr im Spinnraum besonders geschützt ist.

Die Schutzrohre müssen oberhalb der Trichter einen Durchmesser von mindestens 40 cm haben und aus mindestens 6 mm starkem Eisenblech bestehen. Ihre Mündung über dem Dach ist durch lose aufliegende leichte Kapseldecken abzudecken. Die Füllöffnung im Schutzmantel muß dicht abgeschlossen und gut gesichert werden.

Die Zuführungsrohre im Spinnraum sind in ihrer ganzen Länge mit starken, mindestens 10 cm weiten Rohren zu umgeben, die nach der Rückseite zu mit Löchern oder Schlitzen versehen sein können.

§ 19. Das Pulverzuführungsrohr muß zum Pulveraufnahmerohr an der Spinnmaschine so genau zentriert sein, daß jede Reibung ausgeschlossen ist. Auch dürfen die Rohre nicht gelötet sein.

§ 20. Die Spinnräume müssen zu ebener Erde liegen; in jedem Raume dürfen nicht mehr als zwei Personen beschäftigt werden. Die Arbeitsplätze müssen sich in der Nähe der Ausgangstüren befinden.

Wenn bei bestehenden Anlagen vier Arbeiter in einem Spinnraum beschäftigt sind, muß für je zwei Arbeiter ein Ausgang vorhanden sein.

§ 21. Die Zündschnüre müssen, wenn sie von den Spinnmaschinen abgenommen sind, baldigst aus den Spinnräumen entfernt werden.

§ 22. Bei Neuanlagen ist das Montieren der Spinnmaschine im Holzrahmen verboten; bei bestehenden Anlagen sind locker werdende Holzrahmen durch Metallrahmen zu ersetzen.

Bei der ersten Fadenführung darf nur Bronze Verwendung finden.

Unregelmäßigkeiten am Mechanismus der Spinnmaschinen dürfen nur von einem dafür bestimmten, mit der Maschine genau vertrauten Angestellten oder Arbeiter beseitigt werden.

Bei Reparaturen ist der Pulvertrichter zu entleeren, Pulverstaub sorgfältig zu entfernen, die betreffende Stelle in genügendem Umfange zu benetzen und während der Ausbesserung feucht zu halten.

§ 23. Die Arbeiter in den Spinnräumen sind anzuweisen und streng anzuhalten, sich der für diese Arbeitsräume bestimmten Fußbekleidung zu bedienen.

Die für den äußeren Verkehr benutzten Schuhe sind im Vorraum abzulegen.

§ 24. Den Arbeitern in den Spinnräumen müssen Sicherheitskleider oder Überwürfe zur Benutzung bei der Arbeit zur Verfügung gestellt werden.

§ 25. In den Überspinnräumen müssen genügend Ausgänge vorhanden sein, welche von den Arbeitern leicht erreicht werden können.

§ 26. Die Gebäude, in denen das Teeren der Zündschnüre stattfindet, müssen von den anderen Gebäuden getrennt sein.

Die Zündschnüre müssen durch eine enge Öffnung in der massiven Wand in den Trockenraum geführt werden, zugleich muß Vorsorge getroffen werden, daß bei Feuersgefahr eine Abtrennung der Zündschnur und Schließung der Öffnung sofort bewirkt werden kann.

Die Teerkocherei ist feuersicher herzustellen und mit nach außen aufschlagenden eisernen Türen und eisernen Fensterläden zu versehen. Bei Neuanlagen ist Dampfkocherei anzuwenden.

Der Teer muß von den leichtflüchtigen Ölen befreit sein.

§ 27. Der Leim darf nicht über freiem Feuer erwärmt werden.

§ 28. In Räumen, in denen Guttapercha mit leicht entzündlichen Lösungsmitteln verarbeitet wird, muß elektrische oder Außenbeleuchtung angewendet werden.

b) Elektrische Zünder.

§ 29. Die Verwendung von eisenhaltigem sowie von künstlich dargestelltem Schwefelantimon ist nicht gestattet.

§ 30. Das Mahlen der Rohmaterialien muß in besonderen Gebäuden, und zwar für chlorsaures Kali und für Schwefelantimon getrennt stattfinden.

§ 31. Das Mischen und Sieben des Zündsatzes muß in einem Gebäude, dessen Ausblaseseite durch einen Wall geschützt ist, vorgenommen werden. Zum Sieben ist eine mechanische Vorrichtung anzuwenden, die von einem Punkt außerhalb der Wälle bzw. Mauern bedient wird. Die einzelnen Abteilungen sind durch genügend hohe Brandmauern zu trennen. In jeder Abteilung dürfen jeweilig nicht mehr als 300 g Zündsatz sich befinden und verarbeitet werden.

Zündsatz mit chlorsaurem Kali darf nur in glatten Gefäßen von Gummi, Leder oder ähnlichem weichen haltbaren Material transportiert und aufbewahrt werden.

§ 32. Zündsatz, welcher chlorsaures Kali enthält, darf in Füllräume nur durch eine kleine Öffnung in der sonst massiven Wand hineingereicht werden. Diese Öffnungen müssen durch Schieber oder Drehteller mit senkrechter Mittelwand verschließbar sein.

§ 33. In den Füllräumen dürfen sich jeweilig nicht mehr als 200 g Zündsatz befinden.

Den einzelnen Arbeitern ist der Zündsatz in glatten Schälchen von Gummi u. dgl. zuzuteilen.

Bei der Verwendung von Klebmasse hat die Erwärmung durch Dampf zu erfolgen.

Die Füllarbeit darf bei trockenem Satz nur unter dem Schutz starker Glasplatten vorgenommen werden und müssen dabei die Arbeiter mit anschließenden Ledermanschetten und Sicherheitskleidern oder solchen Überwürfen versehen sein. Das Schuhzeug muß Filzsohlen haben.

Die zur Verwendung gelangenden metallenen Handwerkzeuge dürfen nur auf weiche Unterlage niedergelegt werden. Die Arbeitsstellen der Füller sind durch Blechschirme gegen das Überschlagen von Flammen zu sichern.

Der Fußboden muß mit Linoleum oder einem ähnlichen dichten weichen Stoffe bedeckt sein. Für die Erwärmung ist Dampf- oder Wasserheizung, zur Beleuchtung elektrisches Licht oder Außenlicht zu verwenden.

Für je drei Arbeiter muß ein Ausgang ins Freie vorhanden sein. Mindestens jedoch ist jedes Gebäude mit zwei ins Freie führenden Ausgängen zu versehen.

§ 34. Wenn das Füllen in Ladelöffeln geschieht, so hat das Einbringen der leeren Zünder in die Ladelöffel in einem vom Füll- oder Preßraum abgetrennten Raume zu erfolgen, der mit dem Füllraum nur durch Durchreichöffnungen verbunden ist, die durch Schieber oder Drehteller mit Wand verschließbar sind.

§ 35. Das Einbringen der Zünder in die Sprengkapseln muß in besonderen Gebäuden erfolgen, in denen die einzelnen Arbeitsräume voneinander in sicherer Weise getrennt sind.

In jedem dieser Arbeitsräume dürfen nicht mehr als vier Personen beschäftigt werden, deren Arbeitsstellen durch Panzerschirme voneinander genügend getrennt sind. Es darf jedesmal nur ein einziges Zündhütchen aus dem Vorrat entnommen, aufgesteckt und befestigt werden. Die fertigen Zünder sowie der Vorrat von Sprengzündhütchen müssen in einer vom Arbeiter durch einen Panzerschirm getrennten Abteilung sich befinden; in einer solchen dürfen nie mehr als 60 g Knallquecksilber vorhanden sein.

§ 36. Für das Montieren der Zünder auf Stäbchen und das Fertigstellen gelten sinngemäß die Bestimmungen des § 35.

§ 37. In allen Räumen muß größte Ordnung und Reinlichkeit herrschen. Namentlich ist darauf zu achten, daß sich im Kehricht keine Zünder oder Sprengkapseln befinden.

§ 38. Das Trocknen der mit Lack überzogenen Zünder darf nur unter Anwendung von Dampf oder Heißwasser erfolgen. Die Temperatur in den zum Trocknen benutzten Räumen darf 50° C nicht überschreiten.

§ 39. Das Sortieren und Packen darf nur in besonderen Einzelgebäuden erfolgen. In jedem Sortierraum und in jedem Packraum dürfen nicht mehr als drei Personen beschäftigt werden.

Kisten mit fertigen Zündern dürfen nur zugeschraubt, nicht aber zugenagelt werden. Die Schrauben dürfen nicht mit dem Hammer eingetrieben werden.

§ 40. Die Räume, in denen Sprengzündhütchen und fertige Zünder gelagert werden, müssen einzeln mit sicheren Erdwällen oder Mauern umgeben sein.

B. Vorschriften für Arbeitnehmer.

§ 41. Es darf in den Arbeitsräumen und auf dem Fabrikgrundstück nicht geraucht werden. Das Mitbringen und die Benutzung von Feuerzeugen jeder Art ist verboten, soweit es nicht bestimmten Arbeitern zu Fabrikzwecken aufgetragen ist.

§ 42. Die Arbeiter dürfen Räume mit Explosions- und Entzündungsgefahr, in denen sie nicht zu arbeiten haben, ohne besondere Erlaubnis nicht betreten.

§ 43. Die Vorrichtungen zum Reinigen des Schuhzeuges müssen vor dem Betreten der Arbeitsräume stets benutzt werden.

§ 44. Räume mit Explosionsgefahr dürfen nur unter Benutzung der hierfür bestimmten Schuhzeuge betreten werden. Das Wechseln des Schuhzeuges hat in den Vorbauten der Gebäude zu erfolgen.

§ 45. Die Arbeiter müssen die ihnen überwiesenen Sicherheitskleider benutzen. Das Anlegen derselben hat in dem dafür bestimmten Raume zu erfolgen.

§ 46. Bei Verarbeitung von Pulver und Zündsatz dürfen nur die hierfür überwiesenen Geräte benutzt werden.

§ 47. Verschüttetes Pulver, Zündsatz, Abfallstücke von fertigen Zündern und Kehricht müssen durch Eintragen in Wasser oder in sonst von der Fabrikleitung vorgeschriebener Weise unschädlich gemacht werden. Namentlich ist sorgfältig nachzusehen, ob nicht Zünder oder Sprengkapseln sich in dem Abfall finden, die dann auszulesen sind.

§ 48. Während eines sich über der Fabrik entladenden Gewitters soll sich niemand in den Räumen aufhalten, in denen Sprengstoff, Zündsatz bzw. Pulver verarbeitet oder gelagert wird.

§ 49. Die Mahlzeiten dürfen nur in den dazu bestimmten Räumen eingenommen werden.

§ 50. In Brand geratener Teer darf nur durch Ersticken der Flamme (Aufwerfen von Sand oder Bedecken des Kessels), nicht aber durch Flüssigkeiten irgendwelcher Art, auch nicht durch sogenannte Löschpräparate, gelöscht werden.

Besondere Unfallverhütungsvorschriften für Sprengkapsel- und Zündhütchenfabriken.

Vorschriften für Arbeitgeber und Arbeitnehmer.

(Die von den Arbeitnehmern besonders zu beachtenden Vorschriften sind durch gesperrten Druck hervorgehoben.)

1. Bauliche Anlagen.

Umzäunung und Warnungsschilder.

§ 1. Der Teil des Fabrikgrundstücks, auf welchem die Gebäude mit Explosionsgefahr liegen, muß mit einer geeigneten Umzäunung umgeben sein. An den Eingängen sind Schilder augenfällig anzubringen, welche das Rauchen und den Zutritt Unbefugter verbieten.

Aufenthalts- und Umkleideräume.

§ 2. In der Nähe des Fabrikeinganges oder der einzelnen Betriebsabteilungen müssen sich Räume zum Waschen, Umkleiden und zum Aufenthalt während eines Gewitters für die Arbeiter des explosionsgefährlichen Betriebes befinden.

Einteilung und Abstand der Gebäude.

§ 3. a) Die Herstellung des Knallquecksilbers und der Sätze, die Aufbewahrung der trockenen Sätze und deren Ladung in Sprengkapseln und Zündhütchen, sowie die Verpackung und Lagerung der Sprengkapseln und Zündhütchen hat in voneinander getrennten Gebäuden zu erfolgen.

b) Die Gebäude sind (vgl. § 40) so anzuordnen, daß die Gebäude des Satzbetriebes von den Gebäuden des Ladebetriebes und der ungefährlichen Betriebsabteilung einen Abstand von mindestens 30 m haben. Der gleiche Mindestabstand ist zwischen den Gebäuden des Ladebetriebes für sprengkräftige Zündhütchen und der ungefährlichen Betriebsabteilung innezuhalten.

c) Als sprengkräftig gelten alle Zündhütchen, deren Ladung 280 g oder mehr in 1000 Stück beträgt. Sprengkräftige Zündhütchen und Sprengkapseln sind als gleich zu erachten.

d) Zum Satzbetriebe gehören: Die Anlage zur Darstellung des Knallquecksilbers — das Kochhaus und Waschhaus —, die Gebäude zum Mischen, Körnen, Tocknen und Sieben der Sätze und die Satzmagazine.

e) Der Ladebetrieb besteht aus den Gebäuden oder Räumen zum Laden, Pressen, Reinigen, Trocknen und Verpacken der Sprengkapseln und Zündhütchen.

f) Den ungefährlichen Betriebsteil bilden der Hülsenbetrieb, das Kontor und sonstige Gebäude ohne Explosionsgefahr.

g) Innerhalb ihrer Gruppen müssen die Gebäude und Magazine des Satzbetriebes unter der Voraussetzung, daß die Menge des explosionsfähigen Satzes (vgl. § 21) an keiner Stelle 50 kg überschreitet, einen Abstand von mindestens 10 m haben. Bei einer Sprengstoffmenge über 50 kg bis zu der größten zulässigen Menge von 75 kg für Trockenhäuser und Magazine ist der Mindestabstand unter sich und von den nächsten Gebäuden auf 15 m zu bemessen.

h) Alle Abstände gelten von Außenwand zu Außenwand.

i) Der Abstand der Gebäude zum Laden und Pressen sprengkräftiger Zündhütchen von den Gebäuden zum Reinigen und Trocknen derselben muß 10 m betragen. Den gleichen Abstand müssen die Gebäude zum Verpacken sprengkräftiger Zündhütchen von vorstehenden Gebäuden haben. Die Packräume dürfen nicht in der Ausblaserichtung der Laderäume liegen.

k) Die Lagerräume für sprengkräftige Zündhütchen sind untereinander und von allen übrigen Gebäuden im Abstande von mindestens 20 m zu errichten und dürfen nicht mehr als 1000 kg Ladung enthalten. Nur wenn zur Lagerung der fertig verpackten Sprengzündhütchen bei demselben Abstande überwölbte, mit einer 1 m dicken Erdschicht bedeckte Magazine aus Beton verwendet werden, die gegen gefährliche Einwirkungen von außen Widerstand bieten, darf die Menge der Ladung bis 3000 kg betragen.

l) Die Gebäude des Satz- und Ladebetriebes sind einzeln mit Schutzwällen oder anderen die gleiche Sicherheit bietenden Schutzeinrichtungen (vgl. § 4) zu umgeben. Von dieser Bestimmung sind ausgenommen: Die Ladehäuser für Sprengkapseln und Zündhütchen, bei denen jedoch die Ausblaseseite einen Schutzwall haben muß; ferner die Anlagen zur Darstellung des Knallquecksilbers und die Gebäude zum Pressen, Verpacken und Lagern nicht sprengkräftiger Zündhütchen.

m) Die Gebäude des Ladebetriebes für nicht sprengkräftige Zündhütchen unterliegen bezüglich ihres Abstandes unter sich keiner bestimmten Vorschrift.

Schutzwälle, Erdschutzwände, Schutzmauern.

§ 4. a) Schutzwälle, Erdschutzwände oder Schutzmauern müssen den First der eingeschlossenen Gebäude bzw. den Anbau für Lademaschinen, Pressen usw. um mindestens 1 m überragen und bei Magazinen, den Gebäuden des Satzbetriebes und des Ladebetriebes für sprengkräftige Zündhütchen mindestens eine Höhe von 4 m haben. Schutzwälle sind mit einer 1 m starken Krone im natürlichen Böschungswinkel herzustellen und mit Mutterboden und gutem Pflanzenwuchs zu bekleiden. Die Erdschutzwände bestehen aus zwei senkrecht aufgestellten Wellblechwänden, denen ein Abstand von 1 m zu geben und deren Zwischenraum mit Sand oder Erde auszufüllen ist. Den Schutzmauern ist eine Kronenbreite von 50 cm und eine Basis von 75 cm zu geben.

b) Erdschutzwände und Schutzmauern müssen einen Abstand von mindestens 2 m von der Gebäudewand haben und die Schutzwälle einen Gang von 1 m freilassen.

Schutz durch Anpflanzungen.

§ 5. Das Fabrikgelände des gefährlichen Betriebsteiles und die Schutzwälle sind, soweit es die Bodenbeschaffenheit gestattet, mit Laubholzbäumen und Strauchwerk zu bepflanzen; außerdem ist, besonders in der Nähe der Gebäude mit Explosionsgefahr, für einen guten, kurz zu haltenden Graswuchs zu sorgen.

Ausführung der Gebäude.

§ 6. a) Die Gebäude des Satzbetriebes, in denen sich trockener Sprengstoff befindet, müssen so beschaffen sein, daß im Falle einer Explosion die Gase leicht entweichen können und durch Gebäudeteile keine schweren Wurfstücke gebildet werden.

b) Magazine und Trockenhäuser sind aus Holz oder einem Material zu erbauen, welches durch den Explosionsdruck in ungefährliche Teile zerfällt.

c) Für im Trockenhaus aufgestellte Vakuumschränke sind Einzelräume nach dem Ausblasesystem, d. h. aus drei mindestens 50 cm starken, die Dachfläche um 30 cm überragenden Mauern, einer Glasfensterwand und leichtem Pultdach herzustellen. In gleicher Weise sind die Räume für die hydraulischen Pressen zum Abpressen des nassen Knallquecksilbers einzurichten.

d) Die Misch-, Körn- und Siebhäuser, die sonst gleichfalls aus leichtem Material bestehen müssen, können massiv gebaut werden, wenn die Apparate zur Bearbeitung der Sätze in einem besonderen Raume mit leichter Vorderwand und leichtem Dach aufgestellt sind, der von dem anstoßenden Vorbereitungs- bzw. Aufenthaltsraume zweckentsprechend (vgl. § 10) getrennt ist.

e) Bei den Gebäuden des Ladebetriebes, die sämtlich massiv gebaut werden können, ist der Anbau für die Lademaschinen mit einer Ausblasewand und leichtem Dach herzustellen.

f) Zwischenlager und Packhäuser für sprengkräftige Zündhütchen, ebenso die Gebäude und Räume zum Pressen, Sammeln, Absieben und Nachtrocknen derselben sind leicht zu überdachen.

g) Die Wände der Räume, in denen sich trockener, noch nicht in die Hütchen eingepreßter Satz befindet, oder in welchen sprengkräftige Zündhütchen abgesiebt werden, also überall, wo Zündsatz verstäuben kann, müssen dicht und an ihren Innenseiten glatt und leicht zu reinigen sein.

h) Die Türen aller Räume mit Explosionsgefahr müssen nach außen aufschlagen, die der Sonnenseite zugekehrten Fenster geblendet sein. Die Fußböden sind aus nicht zu hartem Material mit dichter und glatter Oberfläche (Holzdielen, Steinholz) herzustellen oder mit entsprechendem Belag, wie z. B. Linoleum, zu versehen. Bei genagelten Fußböden sind die Nägel zu versenken und deren Vertiefungen sowie Fugen und Risse im Boden mit elastischem Material sorgfältig auszufüllen.

i) Vor den Eingängen der Gebäude zum Mischen, Trocknen, Körnen und Sieben der Zündsätze, sowie der Lade- und Packhäuser muß sich ein Holzrost zum Abtreten befinden.

Blitzschutz.

§ 7. Gebäude mit Explosionsgefahr sind mit einer zuverlässigen Blitzschutzanlage zu versehen, wenn diese bei der örtlichen Lage, Bodenbeschaffenheit und Bauart geboten erscheint. Unnötige Ansammlungen von Metallmassen in den Gebäuden sind zu vermeiden. Die Blitzschutzanlagen sind stets in gutem Zustande zu erhalten und müssen jährlich mindestens einmal sachverständig geprüft werden. Die Prüfung hat sich sowohl auf die oberirdische, wie auf die Erdleitung zu erstrecken. Das Ergebnis der Prüfung ist in ein Revisionsbuch einzutragen, welches dem technischen Aufsichtsbeamten auf dessen Wunsch vorzulegen ist.

Beleuchtung.

§ 8. Die Beleuchtung der Gebäude des Satz- und Ladebetriebes darf nur durch elektrische Glühlampen in Doppelbirnen, deren Schaltungen und Sicherungen außerhalb des Gebäudes liegen, oder durch Außenbeleuchtung erfolgen.

Heizung.

§ 9. Die Heizung der Räume des Satz- und Ladebetriebes ist durch Dampf oder heißes Wasser zu bewirken.

2. Besondere Einrichtungen einzelner Gebäude.

Misch-, Körn- und Siebhaus für trockene Sätze.

§ 10. a) Die Gebäude, in welchen trockene Sätze unter Verwendung von Apparaten (Mischmaschinen) gemischt werden, sowie die Gebäude zum Sieben und Körnen trockener Sätze sind so einzurichten, daß die mit der Bedienung der Apparate beschäftigten Personen gegen eine Explosion, die während des Mischens, Siebens oder Körnens in den Apparaten eintreten könnte, geschützt sind. Zu diesem Zwecke ist der Teil des Gebäudes, in welchem sich die Apparate befinden, von dem Aufenthaltsraume durch Mauern oder Panzerwände, deren Stärke nach der größten zu verarbeitenden Satzmenge (§ 21) zu bemessen ist, zu trennen oder es ist außerhalb der Umwallung ein gegen herabfallende Wurfstücke gesicherter Unterstand einzurichten.

b) Die Durchgangsöffnungen für den Bewegungsmechanismus sind, falls Staubbildung stattfindet, so abzudichten, daß kein Staub entweichen, aber auch keine Reibung entstehen kann. Zu den Körn- und Siebvorrichtungen dürfen nur Haar- und Seidensiebe verwendet werden.

c) Zur Vermeidung unnötiger Materialansammlungen und zur Erleichterung des Transportes bei zusammenhängender Wallanlage ist es zulässig, für nach dem Ausblasesystem gebaute Werke, bei denen die Beschickung der Apparate 1000 g nicht übersteigt, an der inneren Wallseite kleine Holzkästen anzubringen, in welche der fertige Satz bis zu seinem Abtransport geschafft werden kann. Die Aufstellung der Kästen hat so zu erfolgen, daß sie sich keinen Fenster- oder Türöffnungen gegenüber befinden und gegenseitig durch zwei starke Mauern oder Stahlpanzer von 20 mm Stärke voneinander getrennt sind. Die Zahl der Kästen bestimmt sich aus der Zahl der Arbeitsstätten, ihr Inhalt darf 1 kg nicht überschreiten.

Trockenhaus für Knallquecksilber und Sätze.

§ 11. a) Die Trockenhorden sind aus behobeltem Holz herzustellen und an den Auflagerstellen für abnehmbare Trockenrahmen mit weichem Stoff zu versehen, der noch einen glatten, den Staub nicht durchlassenden Überzug haben muß. Die Trockenrahmen, zu welchen leichtes glattes Holz zu verwenden ist, sind mit einem Geflecht aus Bindfaden oder mit Seide, Gaze oder einem ähnlichen Stoff zu bespannen. Zur Kontrolle der Temperatur im Trockenraum ist ein Thermometer anzubringen.

b) Vakuumtrockenschränke müssen so eingerichtet sein, daß sich darin keine Stellen befinden, die sich der leichten Reinigung entziehen könnten. Die Trockenrahmen für Vakuumschränke sind an der unteren Seite mit Filzauflagen zu versehen.

Ladehaus für Sprengkapseln.

§ 12. a) Das Ladehaus für Sprengkapseln besteht aus einem Raume zur Bedienung der Lademaschinen und Pressen, in dem ein Raum mit Durchreichöffnungen zum Einfüllen der leeren Kapseln in die Ladelöffel eingebaut ist, und den Anbauten für die Lademaschinen, Pressen und Sammelbehälter. Die nach den Anbauten zu gelegenen Wände sowie die vor den Lademaschinen und Pressen anzubringenden Panzerwände müssen stark genug sein, um einer Explosion in der Lademaschine oder Presse genügenden Widerstand entgegenzusetzen und die Übertragung auf den Arbeitsraum zu verhindern. (Wände zirka 40 bis 50 cm, Panzerplatten für 500 g 15 und für 1000 g 20 mm.)

b) Lademaschinen, Pressen und Sammelbehälter sind unter sich gegen Explosionsübertragungen durch Zwischenwände, die mindestens 30 cm über das Dach hinausragen müssen, oder durch Panzerplatten zu schützen.

c) Der Füllkasten der Lademaschinen darf nicht mehr als 1000 g Zündsatz fassen.

Ladehaus für nicht sprengkräftige Zündhütchen.
Maschinelle Laderei.

§ 13. a) Bei einer zulässigen Zündsatzmenge von über 100 g im Füllkasten der Lademaschine ist, wie bei Sprengkapseln, ein Anbau für die Lademaschine erforderlich. Die Öffnungen in der Mauer, hinter welcher sich die Lademaschinen befinden, sind durch Eisenplatten von mindestens 1 cm Stärke abzuschließen.

b) Der Füllkasten der Lademaschinen darf höchstens 500 g Zündsatz fassen.

c) Die Lademaschinen sind gegeneinander in der ganzen Höhe des Vorbaues durch Schutzwände von 1 m Tiefe gegen Explosionsübertragungen zu sichern; ebenso sind die Plätze zur Bedienung der Lademaschinen durch Verschläge voneinander zu trennen.

d) Die Pressen können in dem Raume zur Bedienung der Lademaschinen aufgestellt werden.

e) Bei einem Inhalt des Füllkastens von nicht mehr als 100 g kann der Anbau für die Lademaschine fehlen. Im übrigen ist die Einrichtung von der vorhin beschriebenen nur dadurch verschieden, daß die Trennung des Lademaschinenraums von dem Bedienungsraum beliebig durch eine Schutzwand aus Bohlen, Mauerwerk oder Eisenblech ausgeführt werden kann.

Handladerei.

f) Bei Verwendung von Handladeapparaten ist ebenfalls kein Anbau erforderlich und eine Trennung des Preßraumes vom Laderaum nur dann nötig, wenn die an einer Ladestelle befindliche Zündsatzmenge mehr als 30 g beträgt.

g) Die einzelnen Ladestellen sind gegeneinander zu sichern.

h) Die Zündsatzmengen von 100 g bei getrenntem und 30 g bei nicht getrenntem Füllraum dürfen an keiner Ladestelle überschritten werden.

i) Zum Schutz der Arbeiter gegen Verbrennungen sind an den Ladestellen Glasplatten anzubringen.

Absiebhaus für sprengkräftige Zündhütchen.

§ 14. a) Das Absiebhaus für Sprengkapseln ist so einzurichten, daß die Drehung der Siebtrommel und auch, falls die Sprengkapseln sich nicht in verschlossenen Beuteln oder Säcken befinden, die Entleerung der Trommel von geschützter Stelle aus, am besten von einer außerhalb der Umwallung befindlichen Schutzhütte erfolgen muß.

b) Die Siebvorrichtung kann abweichend von § 3, der getrennte Gebäude verlangt, auch in einem Anbau des Lademaschinenhauses aufgestellt werden. Der Bewegungsmechanismus ist dann entweder vom genügend geschützten Arbeitsraum oder von einer Schutzhütte aus zu betätigen.

Packhäuser für sprengkräftige Zündhütchen.

§ 15. a) Für das Einfüllen der Sprengkapseln in Schachteln und deren weitere Behandlung einschließlich ihrer Verpackung müssen getrennte Gebäude oder, bei Verwendung von nur einem Gebäude, getrennte Räume vorhanden sein. In letzterem Falle muß die Trennungsmauer eine Stärke von mindestens 40 cm haben und 30 cm über das Dach hinausragen. Eine in der Mauer befindliche Durchreichöffnung ist zu beiden Seiten mit starken Eisentüren zu versehen, die jedoch nicht gleichzeitig zu öffnen sein dürfen.

b) Die einzelnen Arbeitsplätze (§ 32) sind durch zirka 2 m tiefe Zwischenwände voneinander zu trennen.

3. Sonstige Betriebseinrichtungen und Ausrüstungen.

Schutzvorrichtungen in Ladehäusern.

§ 16. a) Die Öffnungen in den Panzerplatten zur Bedienung der Lademaschinen sind möglichst klein zu halten und mit einer Verschlußvorrichtung zu versehen, die mit dem Bewegungsmechanismus der Lademaschine derart im Abhängigkeitsverhältnis steht, daß das Ziehen des Füllschiebers nur erfolgen kann, nachdem die Durchreichöffnung abgeschlossen ist.

b) Nach dem gleichen Prinzip müssen die Öffnungen zur Bedienung der Pressen für Sprengkapseln eingerichtet sein. Das Pressen darf erst erfolgen können, wenn die Bedienungsöffnung ganz abgeschlossen ist.

c) Bei getrenntem Füll- und Preßraum in Handladereien sind die Verbindungsöffnungen ebenfalls möglichst klein zu halten und mit selbsttätigem Abschluß (z. B. Tourniquet) zu versehen.

d) In den Ladehäusern mit einem Anbau für die Lademaschinen müssen Signalvorrichtungen (Glocke oder Signalscheibe) vorhanden sein, die beim Betreten des Lademaschinenanbaues in Wirksamkeit zu setzen sind.

e) Die Füllkästen der Lademaschinen sind mit einer Vorrichtung zu versehen, mittels welcher ihre Entleerung vom Arbeitsraum aus geschehen kann, ohne daß der Lademaschinenraum betreten zu werden braucht.

f) Bei Ladestellen, wo die Führung für den Ladelöffel nicht genügend weit in den Arbeitsraum vorspringt, ist der Rand der Öffnung in der Panzerplatte mit Leder, Hartgummi oder einem ähnlichen Stoff zu verkleiden.

g) Der Zulauf in die Sammelbehälter für Sprengkapseln ist durch weiche Stoffe, Leder usw. oder Sägemehl, auf das die Kapseln fallen, stoßmildernd einzurichten.

h) Sprengkapseln und Zündhütchen müssen, bevor sie in den Sammelbehälter gelangen, zur Beseitigung des anhaftenden Zündsatzes über ein Sieb rollen oder auf eine andere sichere Weise von Staub befreit werden. In ersterem Falle ist der Zündstaub in einem unter dem Siebe befindlichen Kasten, in welchem sich Wasser befinden muß, aufzufangen.

Ladelöffel.

§ 17. Das Oberteil der Ladelöffel für sprengkräftige Zündhütchen muß aus einem durch die Luftfeuchtigkeit nicht beeinflußten Material, wie z. B. Hartgummi, hergestellt sein. Für gewöhnliche und Flobertzündhütchen können die Ladelöffel ganz aus Eisen oder Stahl bestehen. Die Kapseln und Hülsen dürfen in den Löchern nur wenig Spielraum haben.

Verschiedene Schutzvorrichtungen.

§ 18. Alle nicht durch Panzerplatten mit Verschlußvorrichtung bereits geschützten Pressen sind durch Schutzbleche oder in sonstiger Weise so zu sichern, daß bei Explosionen in den Ladelöffeln Verletzungen der Arbeiter möglichst ausgeschlossen sind. Ebenso sind die Pressen zum Austauchen der Ränder, soweit die Konstruktion nicht bereits Verletzungen ausschließt, mit geeignetem Schutz zu versehen.

Arbeitstische.

§ 19. a) Die Tische in den Räumen zum Trocknen, Sieben und Körnen der Sätze, sowie die Plätze zum Aufbewahren und Absetzen der mit trockenem Satz gefüllten Behälter müssen mit Filz oder dickem Wollgewebe und darüber mit Wachstuch belegt sein. Der Belag ist gegen Abrutschen zu sichern.

b) In gleicher oder ähnlicher Weise sind die Schalen der Wage zum Abwägen trockener Zündsätze gegen harte Stöße zu schützen. Beim Mischen feuchter Sätze können auch Tische mit Hartgummiplatten, Marmor oder Glas ohne besonderen Belag verwendet werden.

Gefäße und Behälter.

§ 20. Die zur Herstellung, zum Transport und zur Aufbewahrung der Sätze verwendeten Gefäße und Behälter müssen sich in gutem Zustande befinden. Behälter für trockene Sätze sind aus Guttapercha, Pappe oder einem ähnlichen geeigneten Material glatt und haltbar herzustellen. Transportbehälter müssen mit leicht aufsetzbarem Kapseldeckel versehen sein und sich bequem handhaben lassen. Bewegliche Griffe dürfen sich an den Behältern nicht befinden.

4. Besondere Vorschriften für den Betrieb.

Zulässige Zündsatzmengen.

§ 21. Die nachstehend für die einzelnen Arbeits- und Lagerstellen angegebenen größten zulässigen Mengen an Zündsatz dürfen nicht überschritten werden. Bei den Gebäuden des Satzbetriebes sind die Mengen an geeigneter Stelle deutlich sichtbar anzugeben.

1. Trockenhaus und Magazine für trockene Sätze:		
a) bei einem Mindestabstand der Gebäude von 10 m .	50	kg
b) bei einem Mindestabstand der Gebäude von 15 m .	75	„
c) Vakuumtrockenschrank	0·5	„
2. Beschickung der Presse für feuchtes Knallquecksilber und feuchtem Zündsatz	3	„
3. Mischhaus, Körnhaus, Siebhaus für trockene Sätze . .	10	„
4. Füllung der Misch-, Körn- oder Siebvorrichtung für trockene Sätze	5	„
5. Ladestelle für sprengkräftige Zündhütchen	1	„
6. Ladestelle für nicht sprengkräftige Zündhütchen		
a) Maschinenladerei mit Anbau für die Lademaschinen	500	g
b) Maschinenladerei ohne Anbau für die Lademaschinen	100	„
c) Handladerei mit getrenntem Füllraum	100	„
d) Handladerei ohne getrennten Füllraum	30	„
e) Handladerei an panzergeschützten Stellen ein Vorrat von	500	„
f) Inhalt von Transportbehältern	1500	„
7. Lagerhäuser für sprengkräftige Zündhütchen	1000	„
8. Betonmagazine für sprengkräftige Zündhütchen (vgl. § 31)	3000	„

Aufbewahrung und Verarbeitung von feuchtem Knallquecksilber und feuchten Sätzen.

§ 22. a) Das Knallquecksilber ist bis zu seiner weiteren Verarbeitung unter Wasser aufzubewahren. Abgepreßte Beutel, deren Inhalt nicht unmittelbar nach dem Pressen weiter verarbeitet wird, dürfen bei einer Lagerdauer von nicht über zwei Tagen in Behältern aus Guttapercha, die mit einer festschließenden Kautschukmembrane versehen sein müssen, aufbewahrt werden.

b) Beim Vermischen des Knallquecksilbers mit dem Zumischpulver in feuchtem Zustande dürfen keine harten Instrumente verwendet werden. Als Gefäße sind kräftige Schüsseln mit glatter, dichter Oberfläche zu verwenden, mit Ausnahme von Holz und Metallen. Beim Vermischen, Auspressen und Körnen sind die Gefäße und Geräte zur Verhütung des Antrocknens feucht zu halten und nach beendeter Arbeit naß zu reinigen oder unter Wasser aufzubewahren. Zum Körnen feuchter Sätze dürfen nur Haar- und Seidensiebe verwendet werden, wobei zum Durchdrücken Spatel aus Holz, Horn oder Hartgummi zu benutzen sind.

Trocknen des Knallquecksilbers und der Sätze.

§ 23. Die feuchten Sätze sind auf Wachstuch oder starken Papierbögen und beim Trocknen in Vakuumschränken auf Pappschalen mit hochgebogenen Rändern auszubreiten, die mit den Trockenrahmen vorsichtig auf die Trockenhorden bzw. in die Trockenschränke zu legen sind. Beim Auflegen und Abnehmen der Rahmen ist jede Reibung zu vermeiden. Die Beschickung der einzelnen Vakuumtrockenschränke darf 0·5 kg Knallquecksilber nicht überschreiten. Dieses ist in Portionen von höchstens 50 g auf die einzelnen Trockenrahmen zu verteilen. Der Reinhaltung der Trockenschränke von Staubablagerung ist besondere Aufmerksamkeit zuzuwenden. Die Temperatur darf, in der Mitte des Trockenraumes gemessen, 50° C und in den Vakuumschränken 75° C nicht übersteigen.

Beseitigung der Abwässer und Laugen der Knallquecksilberfabrikation und Vernichtung der Zündsatzabfälle.

§ 24. Die vom Knallquecksilber abfiltrierte Mutterlauge sowie Spül- und Waschwässer mit Rückständen von Knallquecksilber dürfen erst beseitigt werden, nachdem ihnen die Explosionskraft entzogen ist. Dies geschieht zweckmäßig durch vier- bis fünfstündiges Kochen der stark salpetersauren Flüssigkeit in Gefäßen aus Ton oder Holz mittels Heizschlangen oder durch Einblasen von Dampf. Alkalische Zusätze, durch deren Gegenwart gefährliche Zwischenverbindungen entstehen können, sind unzulässig. In gleicher Weise können feuchte Zündsatzabfälle beseitigt werden, doch ist es auch zulässig, sie entweder durch Eintragen in ein Gemisch von 3 Teilen Salzsäure und 1 Teil Salpetersäure unter häufigem Umrühren bis zur vollständigen Lösung des in dem Zündsatz enthaltenen Knallquecksilbers zu vernichten oder unter Beobachtung geeigneter Vorsichtsmaßregeln zu beseitigen. Beim Entleeren der Gefäße, in welchen die Zerstörung der explosiven Verbindungen stattgefunden hat, ist der Niederschlag entweder in einem Filtriertuch aufzufangen oder der Ablaßhahn ist so anzubringen, daß nur die Flüssigkeit ablaufen kann. Letztere ist, bevor sie zur Senke abgelassen wird, erforderlichenfalls mit Kalk zu neutralisieren. Der Niederschlag ist auf seine Explosionsfähigkeit zu untersuchen und solange solche noch vorhanden ist, zu kochen.

Vernichtung von Filtertüchern und dergleichen.

§ 25. Abgenutzte Filtertücher, Preßtücher, Schwämme und dergleichen sind bis zu ihrer Vernichtung unter Wasser aufzubewahren und nach Anweisung der Betriebsleitung im feuchten Zustande zu verbrennen. Ebenso sind die mit Zündsatz in Berührung gekommenen Sägespäne zu vernichten.

Beseitigung und Vernichtung von Ausschuß-Sprengkapseln und Zündhütchen.

§ 26. a) Sprengkapseln, die als unbrauchbar ausgeschlossen werden, sind mit Zugabe von Sägemehl vorsichtig in Behälter zu legen und in diesen auf dem geschützten Brandplatze mindestens wöchentlich abzuschießen.

b) Nicht sprengkräftige Ausschußzündhütchen sind bis zu ihrer Vernichtung mit Sägemehl vermischt aufzubewahren und in längstens wöchentlichen Zwischenräumen in kleinen Partien im Schießofen abzubrennen.

Vorsicht beim Betreten der Räume mit Explosionsgefahr.

§ 27. Die Räume zum Mischen, Trocknen, Körnen und Sieben der Sätze, die Lademaschinenräume und die Räume zum Absieben der Sprengkapseln dürfen nur mit Filzschuhen oder auf Strümpfen betreten werden.

Körnen und Sieben der Sätze. Absieben sprengkräftiger Zündhütchen.

§ 28. a) Das Körnen und Sieben von trockenen Sätzen und das Tummeln der Sprengkapseln darf nur mittels der zu dem Zwecke vorgeschriebenen mechanischen Vorrichtungen von gesicherter Stelle aus geschehen.

b) Das Betreten der Räume, in denen sich die Misch-, Körn- und Siebvorrichtungen für trockene Sätze befinden, ist nur während des Stillstandes dieser Apparate gestattet. Die Bedienung darf nur von je einem Arbeiter erfolgen.

c) Die beim Sieben der Sätze auf dem Siebe verbliebenen zusammengeballten Satzteilchen dürfen nicht von Hand durchgerieben werden.

Beseitigung von Zündsatzstaub.

§ 29. Wände, Fußböden, Heizkörper und die Schutzglocken der elektrischen Glühlampen sind von Staubansammlungen freizuhalten.

Bedienung der Lademaschinen.

§ 30. a) Die Lademaschinen müssen täglich wiederholt gereinigt werden. Zu diesem Zwecke ist, bevor der Lademaschinenraum betreten wird, der Füllkasten vom Arbeitsraum aus zu entleeren.

b) Sowohl das Füllen der Ladekästen wie das Reinigen der Lademaschinen hat von den damit besonders betrauten, als zuverlässig bekannten Arbeitern zu geschehen. Andere

Arbeiter dürfen die Lademaschinenräume nicht betreten. Zum Reinigen sind weiche Pinsel oder Federn zu benutzen. Jede gewaltsame Bewegung an den Lademaschinenteilen ist, so lange sich Zündsatz daran befindet, zu vermeiden. Das Betreten und Verlassen des Lademaschinenraumes muß durch ein hörbares oder ein für die Dauer des Aufenthalts sichtbares Zeichen angekündigt werden.

c) Die Bedienung der Lademaschinen ist nur erwachsenen, zuverlässigen Personen anzuvertrauen.

Handladerei.

§ 31. Bei der Handladerei müssen die Füllkästen vor der Bewegung des Füllschiebers so zur Seite gestellt werden, daß eine Explosionsübertragung auf dieselben nicht stattfinden kann. Zum Abstreichen des Zündsatzes ist ein Gegenstand aus weichem Gummi zu benützen. Zum Schutz gegen Verbrennungen sind Ledermanschetten und, soweit es die Arbeitsweise gestattet, Gummi- oder Lederhandschuhe zu tragen. Manschetten und Handschuhe sind den Arbeitern zur Verfügung zu stellen.

Verpackung.

§ 32. a) Das Verpacken von Sprengkapseln ist in zwei voneinander getrennten Gebäuden oder Räumen vorzunehmen. Der eine Raum dient zum Einfüllen in Schachteln, der andere zum Verkleben, Etikettieren und Verpacken.

b) In jedem Raum dürfen höchstens drei Personen beschäftigt werden.

c) Das Einschachteln und Verpacken von gewöhnlichen und Flobert-Zündhütchen darf nicht mit Sprengkapseln zusammen in denselben Räumen oder Gebäuden ausgeführt werden. Eine Trennung wie bei Sprengkapseln ist nicht erforderlich.

5. Sonstige Vorschriften.

Arbeiter der explosionsgefährlichen Betriebsabteilung.

§ 33. Bei der Darstellung der Zündsätze, deren Ladung in Sprengkapseln und Zündhütchen, ebenso beim Verpacken der Sprengkapseln und Zündhütchen dürfen nur zuverlässige und nüchterne Leute beschäftigt werden. Die Einstellung jugendlicher Arbeiter im Satzbetrieb ist nicht zulässig.

Fremde Personen.

§ 34. Fremden Personen soll der Zutritt zur explosionsgefährlichen Betriebsabteilung nur mit besonderer Erlaubnis und in zuverlässiger Begleitung gestattet sein. Sie haben sich in den Räumen mit Explosionsgefahr der Filzschuhe zu bedienen, welche zu diesem Zwecke bereit zu halten sind.

Verbot geistiger Getränke. Mahlzeiten.

§ 35. Während der Arbeitszeit ist der Genuß geistiger Getränke verboten. Das Einnehmen von Mahlzeiten in den Räumen mit Explosionsgefahr ist nicht gestattet.

Kleiderwechsel und Staubbeseitigung.

§ 36. Die Arbeiter, welche mit losem Satz in Berührung kommen, haben vor Beginn der Arbeit besondere Anzüge anzuziehen und sie vor dem Verlassen der Fabrik wieder abzulegen. Gesicht und Hände sind von Zündsatzstaub zu reinigen.

Ordnung und Reinlichkeit.

§ 37. a) Fußwege und Treppen innerhalb des Fabrikgeländes, auf denen Zündsätze transportiert werden, sind im Winter möglichst schneefrei zu halten und bei Glätte zu bestreuen.

b) In der Fabrik muß überall die größte Ordnung und Reinlichkeit herrschen.

c) Das Hineintragen oder Hineinwehen von Erde oder Sand in die Räume mit Explosionsgefahr ist durch Reinigen des Schuhzeuges, Auswechseln desselben und durch rechtzeitiges Schließen der Fenster und Türen sowie durch sonstige geeignete Maßregeln (Loheschüttung, Besprengung usw.) zu verhindern.

Wirkungskreis. Hinweis auf die wichtigsten Bestimmungen.

§ 38. a) Jedem Arbeiter ist ein bestimmter Wirkungskreis anzuweisen.

b) Die Arbeiter der gefährlichen Betriebsabteilungen sind auf die mit ihrer Tätigkeit verbundenen Gefahren unter Hinweis auf die für sie bestimmten Vorschriften aufmerksam zu machen. Neu eingestellten Arbeitern sind die wichtigsten Bestimmungen mündlich mitzuteilen.

c) Die Arbeiter dürfen nur diejenigen Arbeitsstätten betreten, in denen sie nach Anweisung der Betriebsleitung zu tun haben.

Gewitter.

§ 39. Während eines sich über dem Betriebsorte entladenden Gewitters ist die Arbeit in den Räumen, in denen Zündsätze gemischt, gekörnt, gesiebt und in Sprengkapseln oder Zündhütchen geladen resp. sprengkräftige Zündhütchen eingeschachtelt und verpackt werden, zu unterbrechen. Die Arbeiter haben die Arbeitsstätten zu verlassen und sich in die für den Aufenthalt bestimmten Räume zu begeben.

Literatur.

Beilstein, Handbuch der organischen Chemie.

Berthelot, Sur la force des matières explosives d'après la thermochimie. Paris 1883.

C. E. Bichel, Untersuchungsmethoden für Sprengstoffe. Berlin 1913.

R. Biedermann, Die Sprengstoffe, ihre Chemie und Technologie. Leipzig 1910.

H. Blücher, Auskunftsbuch für die chemische Industrie. Berlin 1913.

H. Brunswig, Explosivstoffe. Leipzig 1909.

H. Brunswig, Die Explosivstoffe. Einführung in die Chemie der explosiven Vorgänge. Leipzig 1914. (Sammlung Göschen).

Paul F. Chalon, Les Explosifs modernes. Paris et Liège 1911.

J. Daniel, Dictionnaire des matières explosives. Paris 1902.

F. M. Feldhaus, Die Technik der geschichtlichen Zeit. Leipzig u. Berlin 1914.

O. Guttmann, Schieß- und Sprengmittel. Braunschweig 1900.

O. Guttmann, Die Industrie der Explosivstoffe. Braunschweig 1895.

C. Haeussermann, Sprengstoffe und Zündwaren. Stuttgart 1894.

Heise-Herbst, Bergbaukunde. 1913.

H. Kast, Anleitung zur chemischen und physikalischen Untersuchung der Spreng- und Zündstoffe. Braunschweig 1909.

R. Knoll, Das Knallquecksilber und ähnliche Sprengstoffe. Hartlebens Verlag.

G. Lunge, Chemisch-technische Untersuchungsmethoden. Berlin 1911.

G. Lunge und E. Berl, Taschenbuch für die anorganisch-chemische Großindustrie. Berlin 1913.

J. Meyer und P. Jacobson, Lehrbuch der Chemie. Leipzig 1907.

Rheinisch-Westfälische Sprengstoff-A.-G., Bleiazid. 1913.

V. v. Richters Chemie der Kohlenstoffverbindungen. Bonn 1909 und 1913.

R. Scholl, Entwicklungsgeschichte der Theorien über die Natur der sog. Knallsäure und ihrer Derivate. 1893.

L. Spiegel, Der Stickstoff. Braunschweig 1903.

L. Vennin et G. Chesneau, Les Poudres et Explosifs. Paris et Liège 1914.

H. Wieland, Die Knallsäure. Stuttgart 1909.

E. M. Weaver, Notes on Military Explosives. New York 1912.

Zeitschrift für das gesamte Schieß- und Sprengstoffwesen. München.

Mémorial des Poudres et Salpêtres. Paris.

Annalen der Chemie.

Annales des mines.
Berichte der deutschen chemischen Gesellschaft.
Gazetta chimica italiana.
Glückauf.
Liebigs Annalen der Chemie.
Meyers Jahrbuch der Chemie.
Mitteilungen über Gegenstände des Artillerie- und Geniewesens. Wien.
Prometheus. Leipzig.
Rendiconti della Reale Accademia dei Lincei. Rom.
Verhandlungen des Vereins zur Beförderung des Gewerbefleißes. Berlin.
Zeitschrift für analytische Chemie.
Zeitschrift für angewandte Chemie. Leipzig.

Patente.

Autorenregister.

Sachregister.

FSC
www.fsc.org
MIX
Papier | Fördert
gute Waldnutzung
FSC® C083411

Kolibri 360 GmbH
Ferdinand-Jühlke-Straße 7
99095 Erfurt, Deutschland
produktsicherheit@kolibri360.de